▶ 国家卫生和计划生育委员会"十二五"规划教材
▶ 全国高等医药教材建设研究会规划教材
▶ 全国高等学校医药学成人学历教育（专科）规划教材
▶ 供药学专业用

U0292419

有 机 化 学

第 3 版

主　　编　李柱来

副 主 编　闫福林　李发胜

编　　者　（以姓氏笔画为序）

马　成（新疆医科大学）　　　许秀枝（福建医科大学）

王　艰（福建医科大学）　　　李发胜（大连医科大学）

叶　玲（首都医科大学）　　　李柱来（福建医科大学）

叶晓霞（温州医科大学）　　　张美慧（沈阳药科大学）

刘　华（江西中医学院）　　　张静夏（中山大学）

刘　清（浙江大学）　　　　　秦志强（长治医学院）

闫福林（新乡医学院）

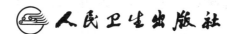

人民卫生出版社

图书在版编目（CIP）数据

有机化学/李柱来主编.—3 版.—北京：人民卫生出版社，
2013.7

　ISBN 978-7-117-17320-9

　Ⅰ.①有…　Ⅱ.①李…　Ⅲ.①有机化学－医学院校－
教材　Ⅳ.①O62

　中国版本图书馆 CIP 数据核字（2013）第 102402 号

人卫社官网	www.pmph.com	出版物查询，在线购书
人卫医学网	www.ipmph.com	医学考试辅导，医学数据库服务，医学教育资源，大众健康资讯

有 机 化 学
第 3 版

主　　编：李柱来
出版发行：人民卫生出版社（中继线 010-59780011）
地　　址：北京市朝阳区潘家园南里 19 号
邮　　编：100021
E - mail：pmph @ pmph.com
购书热线：010-59787592　010-59787584　010-65264830
印　　刷：三河市博文印刷有限公司
经　　销：新华书店
开　　本：787×1092　1/16　　印张：28
字　　数：699 千字
版　　次：2000 年 7 月第 1 版　　2013 年 7 月第 3 版
　　　　　2017 年 10 月第 3 版第 8 次印刷（总第 18 次印刷）
标准书号：ISBN 978-7-117-17320-9/R·17321
定　　价：46.00 元

打击盗版举报电话：010-59787491　E-mail：WQ @ pmph.com
（凡属印装质量问题请与本社市场营销中心联系退换）

全国高等学校医药学成人学历教育规划教材第三轮

修订说明

随着我国医疗卫生体制改革和医学教育改革的深入推进，我国高等学校医药学成人学历教育迎来了前所未有的发展和机遇，为了顺应新形势、应对新挑战和满足人才培养新要求，医药学成人学历教育的教学管理、教学内容、教学方法和考核方式等方面都展开了全方位的改革，形成了具有中国特色的教学模式。为了适应高等学校医药学成人学历教育的发展，推进高等学校医药学成人学历教育的专业课程体系及教材体系的改革和创新，探索医药学成人学历教育教材建设新模式，全国高等医药教材建设研究会、人民卫生出版社决定启动全国高等学校医药学成人学历教育规划教材第三轮的修订工作，在长达2年多的全国调研、全面总结前两轮教材建设的经验和不足的基础上，于2012年5月25～26日在北京召开了全国高等学校医药学成人学历教育教学研讨会暨第三届全国高等学校医药学成人学历教育规划教材评审委员会成立大会，就我国医药学成人学历教育的现状、特点、发展趋势以及教材修订的原则要求等重要问题进行了探讨并达成共识。2012年8月22～23日全国高等医药教材建设研究会在北京召开了第三轮全国高等学校医药学成人学历教育规划教材主编人会议，正式启动教材的修订工作。

本次修订和编写的特点如下：

1. 坚持国家级规划教材顶层设计、全程规划、全程质控和"三基、五性、三特点"的编写原则。

2. 教材体现了成人学历教育的专业培养目标和专业特点。坚持了医药学成人学历教育的非零起点性、学历需求性、职业需求性、模式多样性的特点，教材的编写贴近了成人学历教育的教学实际，适应了成人学历教育的社会需要，满足了成人学历教育的岗位胜任力需求，达到了教师好教、学生好学、实践好用的"三好"教材目标。

3. 本轮教材的修订从内容和形式上创新了教材的编写，加入"学习目标"、"学习小结"、"复习题"三个模块，提倡各教材根据其内容特点加入"问题与思考"、"理论与实践"、"相关链接"三类文本框，精心编排，突出基础知识、新知识、实用性知识的有效组合，加入案例突出临床技能的培养等。

本次修订医药学成人学历教育规划教材药学专业专科教材14种，将于2013年9月陆续出版。

全国高等学校医药学成人学历教育规划教材药学专业

（专科）教材目录

教材名称	主编	教材名称	主编
1. 无机化学	刘 君	8. 人体解剖生理学	李富德
2. 有机化学	李柱来	9. 微生物学与免疫学	李朝品
3. 生物化学	张景海	10. 药物分析	于治国
4. 物理化学	邵 伟	11. 药理学	乔国芬
5. 分析化学	赵怀清	12. 药剂学	曹德英
6. 药物化学	方 浩	13. 药事管理学	刘兰茹
7. 天然药物化学	宋少江	14. 药用植物学与生药学	周 晔 李玉山

前　言

　　本书是根据第三轮全国高等学校医药学成人学历教育规划教材主编人工作会议的精神,按照教材修订的原则和基本要求,并遵循医药学成人学历教育教学规律、特点和培养目标,按药学专业发展要求进行修订。本轮修订伊始,编委会广泛征求一线授课教师对第2版教材的使用意见,聆听广大读者的学习感触,在此基础上制定了本轮修订的指导思想,力求做到:内容合理、深浅适宜、论述严谨、语言流畅、层次分明、图文并茂,适应成人学历教育教学的需求。

　　依据延续性原则,本书基本保持了第2版的特色,各章节撰写过程通过剖析官能团结构,阐明化合物的性质与反应规律,简单介绍有机化合物合成,使章节条理清晰。总体上新版教材突出了以学生为本,在编排上对部分章节进行了调整,注重循序渐进、有机衔接、力求精简、严控字数。本轮修订主要变更如下:

　　1. 每章节前新加"学习目标"这一模块,中间插入"问题与思考",每章后加上"本章小结"模块。

　　2. 原第2版第十五章"萜类和甾体化合物"标题改为"类脂化合物";删除第十八章"药用高分子化合物";新增"有机化合物波谱分析"章节,主要介绍红外吸收光谱、紫外吸收光谱、核磁共振谱和质谱。原第2版第四章"立体化学"构象异构与几何异构分别归到"烷烃和环烷烃"与"不饱和链烃"章节相关处介绍,避免重复出现相同内容,以利于简化。第九章"羧酸和取代羧酸"对羟基酸内容进行补充,并新增羰基酸的相关内容,羟基酸和羰基酸合并作为第二节进行讨论以体现标题内容。第十章"羧酸衍生物"内容做部分调整,将羧酸衍生物的结构、命名和物理性质归为第一节,亲核取代反应、酯缩合反应、酰胺的特殊反应、碳酸衍生物分为第二、第三、第四和第五节,使该章节内容更完善。

　　3. 在形式的编排上,采用常见的脂肪族和芳香族化合物混合编排的方式,按官能团体系为主线组织内容,使教材更为系统。

　　4. 进一步统一了化学结构格式,规范医药学术语和法定计量单位,更新了插图。每章末尾配以有针对性的复习题,便于学生更好地掌握有机化学的内容。书后配套习题的参考答案,供读者复习参考。

　　参加本书编写的有福建医科大学李柱来教授(主编并编写第一章和第八章)、新乡医学院闫福林教授(副主编并编写第七章)、大连医科大学李发胜教授(副主编并编写第十二章)、首都医科大学叶玲教授(编写第十章)、温州医科大学叶晓霞教授(编写第三章)、中山大学张静夏副教授(编写第十五章和第十八章)、浙江大学刘清副教授(编写第十六章)、长治医学院秦志强副教授（编写第四章和第十三章）、江西中医学院刘华副教授（编写第六章和第十七章）、新疆医科大学马成副教授（编写第十四章）、沈阳药科大学张美慧副教授（编写第二章）、福建医科大学王艰副教授（编写第九章和第十一章）、福建医科大学许秀枝副教授（编写第五章）。

　　限于编者的水平，加之时间仓促，书中难免有不妥和错误之处，敬请读者批评指正。

编 者

2013 年 2 月于福建福州

目　录

第 一 章

绪 论

学习目标 ▮▮▮

1. 掌握　有机化合物和有机化学的定义；共价键的形成理论、基本属性及结构表示方法；官能团的定义及以其为依据对有机化合物种类的划分。
2. 掌握　勃朗斯德酸碱理论和路易斯酸碱理论。
3. 熟悉　有机化合物的特点；共价键的断裂方式及有机化学反应类型。
4. 了解　有机化学的发展历史；研究有机化合物的一般步骤和方法。

第一节　有机化合物和有机化学

一、有机化学的发展和有机化合物

　　人类对有机化合物的认识和对其他事物的认识一样，经历了一个由浅入深、由表及里的过程。在两百多年前化学作为一门学科刚刚问世，当时人们把从矿物中得到的化合物称为无机物，而把从动植物体内获得的化合物称为有机物。有机化合物与无机化合物相比，在性质上确有明显差异，如对热不稳定、加热后易分解等。在化学发展史的长河中曾经有很长一段时期，认为有机化合物只能来源于有生命的机体，不可能由无机物合成。直到 1828 年德国年轻的化学家韦勒，在实验过程中发现无机化合物氰酸铵加热能转化为有机化合物尿素，用科学事实打破了只能从有生命的机体中得到有机化合物的错误理念，并启迪了人们的哲学思想，开辟了人工合成有机化合物的新时期。

$$NH_4CNO \longrightarrow NH_2CONH_2$$
氰酸铵　　　　尿素

　　现在绝大多数有机化合物已不是从天然的有机体内取得，而是通过人工的方式合成出来的。但是鉴于这类化合物的结构特点和庞大的数量及历史习惯等原因，仍然沿用有机化合物这个名称。随着有机合成的发展，人们愈来愈清楚地认识到，在有机物和无机物之间并没有一个绝对的界限，但是在组成和性质上这两类物质的确存在着不同之处。

从成分上讲,所有的元素都能相互结合形成无机物,而在有机物中,只发现了为数有限的几种元素。所有的有机化合物都含有碳元素,绝大多数还含有氢元素,有的还含有氧、氮、卤素、硫、磷等元素。所以人们把有机化合物定义为含碳的化合物或碳氢化合物及其衍生物。但像 CO、CO_2 和碳酸盐仍然归于无机物。研究含碳化合物,或研究碳氢化合物及其衍生物的科学称为有机化学。有机化学主要研究有机化合物的组成、结构、性质、合成及化合物间相互转变的规律。

二、有机化合物的一般特性

碳元素位于元素周期表的第二周期第四主族,碳原子的最外层有四个电子,化合价为四价,正好处于金属元素与非金属元素的交界线上。碳原子的结构特点决定了在有机化合物中碳原子与其他原子或碳原子之间相结合易于通过电子对的共用形成四个共价键,使碳原子达到稳定的电子八隅体结构。即有机化合物的化学键主要是共价键,碳在有机化合物中的化合价为四价。与无机化合物相比较,一般有机化合物具有以下特性:

(一) 结构复杂、数量庞大

无机化合物分子往往是由几个原子组成,且结构简单;而有机化合物分子有的由几个原子组成,有的由几十、几百甚至成千上万个原子组成。有机化合物分子中碳原子和碳原子结合的方式也很多,可以通过一个共价单键,也可以通过双键或三键连接在一起;碳原子和碳原子既可以连接成链状,也可以连接成环状。因此,尽管参与形成有机化合物的元素种类比形成无机化合物的少得多,但有机化合物的数目却比无机化合物的数目多得多,结构也复杂得多。

(二) 易燃烧

除少数有机化合物外,一般的有机化合物都容易燃烧。有机化合物燃烧时生成二氧化碳、水和分子中所含碳氢元素以外的其他元素的氧化物。可根据生成物的组成和数量来进行元素的定性和定量分析。无机化合物一般不燃烧,可以利用这一性质来区别无机物和有机物。

(三) 熔点较低

有机化合物的熔点较低,一般在 400℃以下。因为固态有机化合物是靠分子间的范德华力结合而成的晶体,破坏这种晶体所需用的能量较少。而无机化合物的晶体通常是靠离子键的静电引力结合而成的,破坏这种离子晶体所需要的能量较多,因而熔点较高。有机化合物的熔点是重要的物理常数之一,实验室中常通过测定熔点鉴别有机化合物或判断其纯度。

(四) 难溶于水

有机化合物一般难溶于水而易溶于有机溶剂。这是因为有机化合物大多是非极性或弱极性分子,根据"相似相溶"原则,有机化合物易溶于非极性或弱极性的有机溶剂,如四氯化碳、苯、乙醚等,而难溶于极性溶剂水中。

(五) 反应速度慢、副反应较多

有机化合物分子中的共价键,在进行反应时不像无机化合物分子中的离子键那样容易离解成离子,所以一般有机化合物反应速度比无机化合物慢,反应需要几天甚至更长时间才能完成。进行有机化学反应时,常需要采用加热、搅拌或加入催化剂等措施提高反应速度。有机化合物分子是由较多原子结合而成的复杂分子,当它和一个试剂发生反应时,分子的多个部位可能都受到影响,因此除主反应外,常常伴有多种副反应发生,反应产物也为多种生成物的混合物。这也是造成有机化学反应大都收率较低的主要原因。

问题与思考

在迄今已知的2000多万个化合物中，为什么绝大多数是含碳化合物？

第二节 共价键和有机化合物的结构

一、共价键的形成

有机化合物都含有碳元素，碳的核外电子排布是$1s^2 2s^2 2p^2$，它既不容易得到也不容易失去四个电子达到稀有气体稳定的电子构型。事实上，碳原子不仅能与氧、硫、氮、磷、氢和卤素等许多其他元素相结合，碳原子之间也能相互结合，形成长达几千个原子的长链。碳原子是以何种化学键结合成有机分子的呢？

(一) 路易斯共价键理论

1916年美国物理化学家路易斯(G. N. Lewis，1875—1946)提出了著名的"八隅学说"。认为通常化学键的生成只与成键原子的最外层价电子有关。惰性元素原子中，电子的构型是最稳定的。其他元素的原子，都有达到这种稳定构型的倾向，因此它们可以相互结合形成化学键。惰性元素最外层电子数为8或2，故一般情况下，原子相互结合生成化学键时，其外层电子数应达到8或2。为了达到这种稳定的电子层结构，它们采取失去、获得或共用电子的方式成键。

1. 化学键

(1) 离子键：原子间通过电子转移产生正、负离子，两者相互吸引所形成的化学键称离子键。如：

$$Na\cdot + \cdot\ddot{\underset{\cdot\cdot}{Cl}}: \longrightarrow Na^+ :\ddot{\underset{\cdot\cdot}{Cl}}:^-$$

这两个离子的最外电子层都有8个电子，都达到了最稳定的构型。

(2) 共价键：有机化合物中的主要元素是碳原子，其外层有4个电子，它要失去或获得4个电子都不容易，因此，采用折中的办法，即和其他原子通过共用电子的方式成键。

例如：

$$\cdot\dot{\underset{\cdot}{C}}\cdot + 4H\times \longrightarrow \begin{matrix} & H & \\ & \cdot\times & \\ H\overset{\times}{\cdot} & C & \overset{\times}{\cdot}H \\ & \times\cdot & \\ & H & \end{matrix}$$

甲烷

在甲烷分子中，碳原子和氢原子最外层分别有8个和2个电子，都达到了最稳定的构型。

原子间通过共用一对电子而形成的化学键称共价键。有机化合物中绝大多数的化学键是共价键。

(3) 配位键：是一种特殊的共价键，其特点是形成共价键的一对电子是由一个原子提供的。例如：氨分子与质子结合生成铵离子时，由氨分子中的氮原子提供一对电子形成氮氢(N—H)共价键。

2. 路易斯(Lewis)结构式　用电子对表示共价键的结构式称路易斯(Lewis)结构式,路易斯结构中一对电子,在凯库勒结构式中用一短横线来表示。

两个原子间共用两对或三对电子,就生成双键或三键。例如:

乙烯　$\overset{H}{\underset{H}{\cdot}} \overset{}{C} :: \overset{}{C} \overset{H}{\underset{H}{\cdot}}$　　　$\overset{H}{\underset{H}{C}} = \overset{H}{\underset{H}{C}}$

乙炔　$H : C ::: C : H$　　　$H-C \equiv C-H$

路易斯结构式　　　凯库勒结构式

书写路易斯结构式时,要将所有的价电子都表示出来。将凯库勒式改写成路易斯式时,未共用的电子对应标出。例如:

乙醇　$H-\overset{H}{\underset{H}{C}}-\overset{H}{\underset{H}{C}}-O-H$　　　$H : \overset{H}{\underset{H}{C}} : \overset{H}{\underset{H}{C}} : \overset{\cdot\cdot}{\underset{\cdot\cdot}{O}} : H$

凯库勒结构式　　　　　路易斯结构式

有机化合物的一些性质与未共用电子对有关。

(二) 现代共价键理论(价键法)

价键法把键的形成看作是原子轨道的重叠或电子配对的结果。原子在未化合前所含的未成对电子如果自旋反平行,则可两两偶合构成电子对,每一对电子的偶合就生成一个共价键,所以价键法又称电子配对法。

价键法的主要内容如下:

1. 形成共价键的两个电子必须自旋反平行($\uparrow\downarrow$)。

2. 共价键有饱和性　元素原子的共价键数等于该原子的未成对电子数。如果一个原子的未成对电子已经配对,它就不能再与其他原子的未成对电子配对。例如,氢原子的 1s 电子与一个氯原子的 3p 电子配对形成 HCl 分子后,就不能再与第二个氯原子结合成 HCl_2。

3. 共价键有方向性　原子轨道重叠成键时,轨道重叠越多,形成的键越强,即最大重叠原理。因此,成键的两个原子轨道必须按一定方向重叠,以满足两个轨道最大程度的重叠,形成稳定的共价键。例如:在形成 H—Cl 时,只有氢原子的 1s 轨道沿着氯原子的 3p 轨道对称轴的方向重叠,才能达到最大重叠而形成稳定的键,如图 1-1。这就是共价键的方向性。

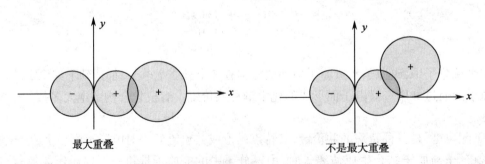

最大重叠　　　　　　　　　　不是最大重叠

图 1-1　s 轨道和 p 轨道的重叠

（三）杂化轨道理论

价键理论简明地阐明了共价键的形成过程和本质,成功解释了共价键的方向性和饱和性,但在解释一些分子的空间结构方面却遇到了困难。例如 CH_4 分子的形成,按照价键理论,C 原子只有两个未成对的电子,只能与两个 H 原子形成两个共价键,而且键角应该大约为 $90°$。但这与实验事实不符,因为 C 与 H 可形成 CH_4 分子,其空间构型为正四面体,$\angle HCH=109.5°$。为了更好地解释多原子分子的实际空间构型和性质,1931 年鲍林提出了杂化轨道理论,丰富和发展了现代价键理论。

杂化轨道理论从电子具有波动性、波可以叠加的观点出发,认为一个原子和其他原子形成分子时,中心原子所用的原子轨道(即波函数)不是原来纯粹的 s 轨道或 p 轨道,而是若干不同类型、能量相近的原子轨道经叠加混杂、重新分配轨道的能量和调整空间伸展方向,组成了同等数目的能量完全相同的新的原子轨道——杂化轨道,以满足化学结合的需要。这一过程称为原子轨道的杂化。

杂化是一个能量的均化过程。经过了能量均化后的杂化轨道,其形状更有利于形成共价键时的轨道间重叠,从而形成能量更低和更稳定的共价键。在有机化合物中,碳原子的杂化形式有 sp^3、sp^2 和 sp 杂化(图 1-2)。它们具体的杂化过程分别见第二、三章及其他章节的结构部分介绍。

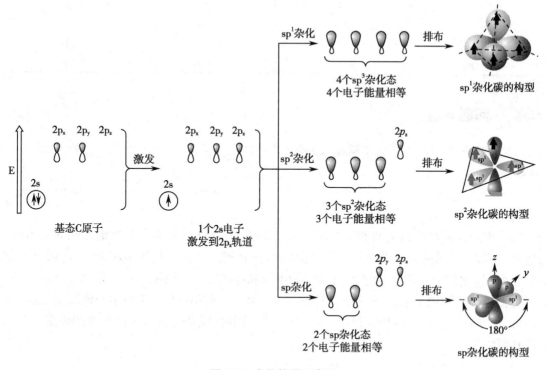

图 1-2 杂化轨道示意图

二、共价键的基本属性

共价键的属性可通过键长、键角、键能以及键的极性等物理量表示。这些特性对进一步了解有机化合物的结构和各种性质是很有益的。

（一）键长

以共价键相结合的两个原子核间的距离称为键长。相同的共价键在不同的分子中其键长会稍有不同。因为成键的 2 个原子在分子中不是孤立的，它们要受到分子中其他原子的影响。

化学键的键长是考察化学键稳定性的指标之一。一般来说，键长越长，越容易受到外界的影响而发生极化。

现在应用 X 射线衍射法、电子衍射法等物理方法已可测定各种键的键长。表 1-1 列出了一些常见共价键的键长。

表 1-1 一些常见共价键的键长

键	键长（pm）	键	键长（pm）
H—H	74	N—H	104
N—N	145	O—H	96
C—C	154	H—Cl	126
C—H	109	C=C	133
C—F	140	N=N	123
C—Cl	177	C=N	128
C—Br	191	C=O	120
C—I	212	C≡C	121
C—N	147	C≡N	116
C—O	143	N≡N	110

问题与思考

试从碳原子的杂化类型不同比较乙烷、乙烯和乙炔三者的碳碳键哪一个最长，哪一个最短？

（二）键角

当一个两价或两价以上的原子与其他原子形成共价键时，每两个共价键之间的夹角称之为键角。例如，前面提到的甲烷分子中，每两个 C—H 键之间的夹角为 109°28′。乙烯分子中，两个 C—H 键之间的夹角为 120°。这是因为甲烷和乙烯分子中碳原子的杂化状态不同。显然键角的大小与成键的中心原子的杂化状态有关。此外，键角的大小还与中心碳原子上所连的基团有关。当中心碳原子相同而与之相连的基团不同时，键角也将有不同程度的改变。例如，甲烷和丙烷分子：

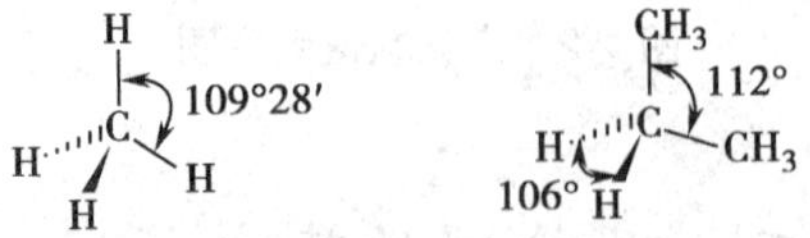

甲烷
每2个C—H键的夹角为
109°28′，是正四面体形

丙烷
与中间C相连的2个C—H键的
夹角为106°，是变形的四面体

因此,键角与有机分子的立体形象有关。以上表示甲烷和丙烷的立体形象的式子称楔形式,式中的楔形实线表示该价键朝向纸平面前面,楔形虚线表示该价键朝向纸平面后面。

(三) 键能和键的离解能

共价键断裂时需要从外界吸收能量,反之则要放出能量。将分子中某一共价键均裂成原子或自由基所需要的能量称之为该共价键的离解能(dissociation energy,用 Ed 或 DH 表示),离解能亦称解离能。例如:

离解能(kJ/mol)

$$H—H \longrightarrow 2H· \quad 435.4$$

$$H_3C—CH_3 \longrightarrow 2CH_3· \quad 368.4$$

反之,2 个氢原子结合成氢分子或 2 个甲基自由基结合成乙烷,则分别放出 435.4 和 368.4 kJ/mol 的能量。表 1-2 列出了一些分子中常见共价键的离解能。

表 1-2 一些分子中常见共价键的离解能

键	离解能(kJ/mol)	键	离解能(kJ/mol)
F—F	153.2	CH_3—Cl	351.6
H—F	565.1	Br—Br	192.6
CH_3—H	435.4	H—Br	364.2
C_2H_5—H	410.3	CH_3—Br	293.0
$(CH_3)_2CH$—H	397.4	I—I	150.6
$(CH_3)_3C$—H	380.9	H—I	297.2
C_6H_5—H	468.8	CH_3—CH_3	368.4
$C_6H_5CH_2$—H	355.8	$(CH_3)_2CH$—CH_3	351.6
CH_2=CH—H	452.1	$(CH_3)_3C$—CH_3	339.1
Cl—Cl	242.8	CH_2=CH—CH_3	406.0
H—Cl	431.2	CH_2=$CHCH_2$—CH_3	309.0

但是,甲烷分子中的 4 个 C—H 键的离解能是不相同的,其数值如下:

离解能(kJ/mol)

$$H_3C—H \longrightarrow ·CH_3+H· \quad 435.4$$

$$H_2\dot{C}—H \longrightarrow ·\dot{C}H_2+H· \quad 443.8$$

$$\dot{C}—H \longrightarrow \dot{C}H+H· \quad 443.8$$
$$|$$
$$H$$

$$\dot{C}—H \longrightarrow \dot{C}·+H· \quad 339.1$$

若将断裂这 4 个 C—H 键总共需要的能量(1662.1kJ/mol)除以 4,即为断裂甲烷分子中每个 C—H 键平均需要的能量。将一个多原子分子中几个同种共价键均裂时每个键平均需要的能量称之为平均键能,可见平均键能与键的离解能的含义是不同的。表 1-3 列出了一些常见共价键的平均键能。

表 1-3 常见共价键的平均键能（kJ/mol）

键	键能	键	键能	键	键能	键	键能
O—H	464.7	C—C	347.4	C—Cl	339.1	C=N	615.3
N—H	389.3	C—O	360	C—Br	284.6	C≡N	891.6
S—H	347.4	C—N	305.6	C—I	217.8	C=O	736.7（醛）
C—H	414.4	C—S	272.1	C=C	611.2		749.3（酮）
H—H	435.3	C—F	485.6	C≡C	837.2		

通常将平均键能简称为键能。对于双原子分子来说,键能就是离解能。键能是衡量共价键牢固度的一个重要参数。共价键的键能越大,说明键越牢固。

（四）键的极性和极化性

由两个相同的原子形成的共价键,由于它们对成键电子的吸引力相同,其电子云在两个原子之间对称分布,这种共价键是没有极性的,称非极性共价键,例如:H—H 键和 Cl—Cl 键。

由不相同的原子形成的共价键,由于两个原子的电负性不同,它们对共享电子对的吸引力不同。共享电子对偏向于电负性较大的原子,结果电子云在两个原子之间的分布就不对称,这种共价键具有极性,称极性共价键。例如:氯化氢分子中,氯的电负性比氢大,成键的一对电子偏向于氯,使氯附近的电子云密度大一些,而氢附近的电子云密度小一些,这样 H—Cl 键就产生了偶极,氯带上部分负电荷,而氢带上部分正电荷。H—Cl 是极性共价键。极性共价键两端的带电状况一般用"δ^-"或"δ^+"标在有关原子的上方来表示。"δ^-"表示带有部分负电荷,"δ^+"表示带有部分正电荷。例如:

$$\overset{\delta^+}{H}—\overset{\delta^-}{Cl}$$

共价键极性的大小,主要取决于成键两原子的电负性之差。两种原子的电负性差越大,形成的共价键的极性越大。图 1-3 为有机化合物中几种常见元素的电负性值。

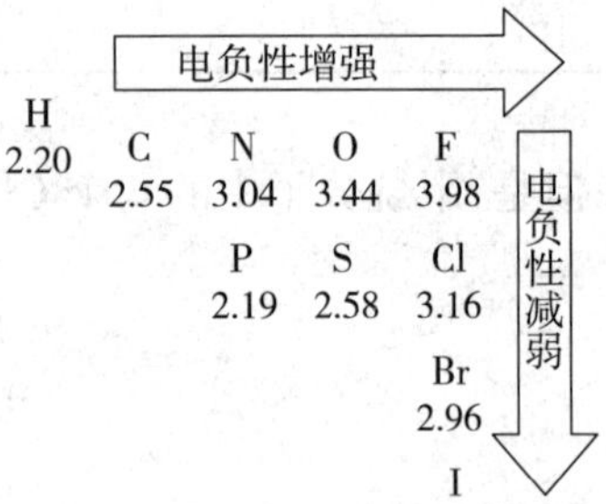

共价键极性的大小可以用偶极矩（μ）来度量。偶极矩是指正负电荷中心间的距离 d 和正电荷或负电荷中心的电荷值 q 的乘积:

$$\mu = q \times d$$

μ 的单位为库仑·米（C·m）。偶极矩是一个向量,用符号"$\rightarrow$"表示,箭头指向带负电荷的一端。例如:

电负性增强 →	
H 2.20	C 2.55　N 3.04　O 3.44　F 3.98
	P 2.19　S 2.58　Cl 3.16
电负性减弱 ↓	Br 2.96
	I

图 1-3 有机化合物中常见元素的电负性

$$\overset{\delta^+}{H}—\overset{\delta^-}{Cl} \qquad \overset{\delta^+}{C}—\overset{\delta^-}{X}$$

多原子分子的偶极矩是各极性共价键电偶极矩的向量和。图 1-4 是几种化合物的偶极方向和偶极矩。

共价键的极性是键的内在性质,它是一种永久的极性（或称永久偶极）。

在外界电场的影响下,共价键的电子云分布会发生改变,即分子的极化状态发生了改变。但当外界电场消失后,共价键以及分子的极化状态又恢复原状。共价键对外界电场的这种敏感性称为共价键的极化性（或极化度）。

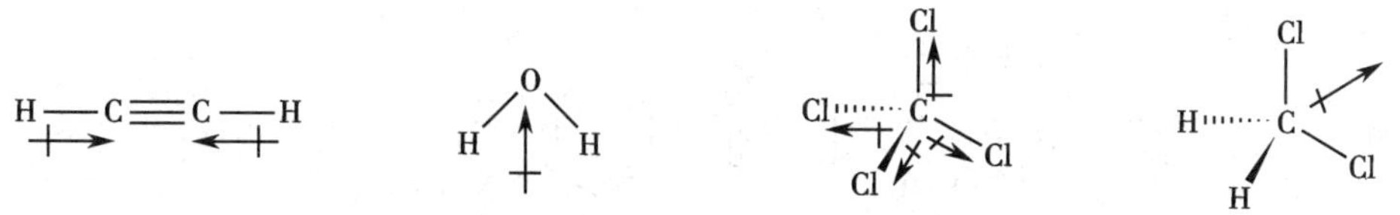

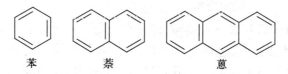

$$\mu=0 \qquad \mu=6.18\times10^{-30}\text{C}\cdot\text{m} \qquad \mu=0 \qquad \mu=5.23\times10^{-30}\text{C}\cdot\text{m}$$

图 1-4 几种化合物的电偶极矩及偶极方向

各种共价键的极化性是不同的。共价键的极化性与其键内电子的流动性有关。电子的流动性越大,键的极化性越大。例如 C—X 键的极化性大小顺序为:

$$C—Cl<C—Br<C—I$$

共价键的极化性与极性是共价键的很重要的性质,它们和化学键的反应性能间有着密切的关系。因为有机反应无非是旧键的断裂和新键的形成过程,而极性共价键就已孕育了断裂的因素。

三、有机化合物的分类

有机化合物虽然数目繁多,但结构相近的化合物性质相似。因此为了便于系统研究有机化合物,有必要将有机化合物按结构特征进行分类。常用的分类方法有两种,一种是按碳原子连接的方式来分类,另一种是按分子中的官能团来分类。

(一) 按碳原子连接方式(碳架)分类

根据有机化合物中碳原子的基本骨架,可将有机化合物分为三大类。

1. 链状化合物 这类化合物分子中的碳原子相互连接成链状,或在长链上连有支链。由于脂肪分子中主要是这种链状结构,所以链状化合物又称为脂肪族化合物。例如:

$$CH_3—CH_2—CH_2—CH_2—CH_2—CH_3 \qquad CH_3(CH_2)_{16}COOH$$
$$\text{正己烷} \qquad\qquad\qquad \text{硬脂酸}$$

2. 碳环化合物 这类化合物含有完全由碳原子连成的环状结构。根据碳环的结构特点,又可分为两类:

(1) 脂环族化合物:这类化合物可以看作是由链状化合物闭合而得,其性质也与相应的链状化合物相似,故亦称脂环族化合物。例如:

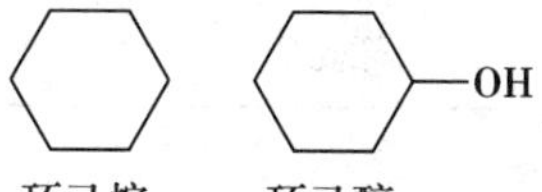

环己烷 环己醇

(2) 芳香族化合物:这类化合物分子中含有苯环或稠合苯环的结构,具有与脂环族化合物不同的性质。例如:

苯 萘 蒽

3. 杂环化合物 这类化合物分子中含有碳原子和其他杂原子如氧、硫、氮等所连接的环状化合物。

呋喃　　　嘧啶　　　吲哚

(二) 按官能团分类

官能团(functional group)又称功能基,是决定有机化合物主要性质和反应的原子或原子团。官能团是有机化合物分子中比较活泼的部位,一旦条件具备,它们就充分发生化学反应。含有相同官能团的有机化合物具有类似的化学性质。因此,将有机化合物按官能团进行分类,便于对有机化合物的共性进行研究。表1-4列出了有机化合物中常见的官能团及有关的化合物。

表 1-4　常见的官能团及有关化合物

化合物类别	官能团	官能团名称	实	例
烷烃	C—C	碳碳单键	CH_3CH_3	乙烷
烯烃	C=C	碳碳双键	$CH_2=CH_2$	乙烯
炔烃	C≡C	碳碳三键	CH≡CH	乙炔
卤代烃	—X(F、Cl、Br、I)	卤素	CH_2Cl_2	二氯甲烷
醇	—OH	羟基	C_2H_5OH·	乙醇
酚	Ar—OH	羟基,芳基	C_6H_5OH	苯酚
醚	C—O—C	醚键	$C_2H_5OC_2H_5$	乙醚
醛	—CHO	醛基(甲酰基)	CH_3CHO	乙醛
酮	—CO—	羰基	CH_3COCH_3	丙酮
羧酸	—COOH	羧基	CH_3COOH	乙酸
酯	—COOR	酯基	$CH_3COOCH_2CH_3$	乙酸乙酯
腈	—C≡N	氰基	CH_3CN	乙腈
硝基化合物	—NO₂	硝基	CH_3NO_2	硝基甲烷
胺	—NH₂	氨基	$C_6H_5NH_2$	苯胺
	—NHR	亚氨基	$(CH_3)_2NH$	二甲胺
偶氮化合物	—N=N—	偶氮基	$C_6H_5N=NC_6H_5$	偶氮苯
重氮化合物	—N≡N⁺X⁻	重氮基	$C_6H_5N≡N^+Cl^-$	氯化重氮苯
硫醇	—SH	巯基	C_2H_5SH	乙硫醇
磺酸	—SO₃H	磺酸基	$C_6H_5SO_3H$	苯磺酸

使用时,常将两种分类方法结合起来。

四、有机化合物结构的表示方法

在无机物中一个分子式代表一种物质,而在有机物中一个分子式常常代表几种不同的物质。例如:C_2H_6O 既可代表乙醇,也可代表甲醚,但二者的结构不同,性质也不同,属于不同的物质。有机化合物中这种具有相同分子式不同结构的现象,称为同分异构现象。同分异构现象广泛存在于有机化合物中,是造成有机化合物数目庞大的一个主要原因。具有同分异构现象的化合物互称为同分异构体,如乙醇和甲醚就是同分异构体。因此为了避免混淆,有机化合物一般都用结构式来表示。常用的结构式表示方法有以下几种(以丁烷为例):

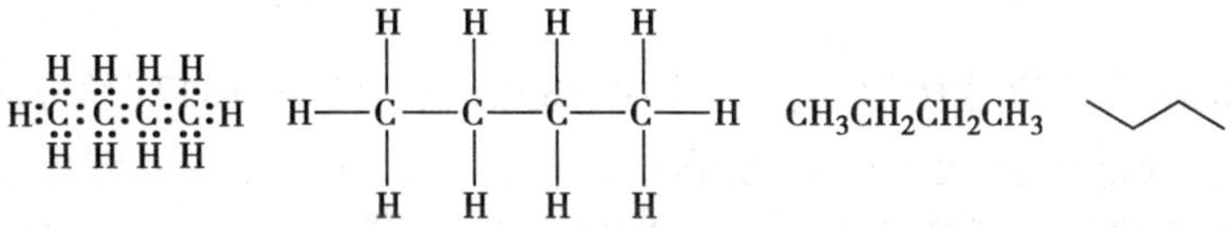

电子式　　　　　　　构造式　　　　　　构造简式　　键线式

五、有机化学反应类型

任何有机化学反应都是原有键的断裂和新键的形成。有机化合物中的化学键主要是共价键,共价键的断裂有两种方式,即均裂和异裂。

(一) 均裂及自由基反应

共价键的均裂是指组成共价键的一对电子,在共价键断裂后平均分给两个原子或原子团。可表示为:

$$A\overset{\vdots}{\vdots}B \longrightarrow A\cdot + B\cdot$$

共价键均裂后产生的带有单电子的原子或原子团称为自由基或游离基。自由基是有机化学反应中一种活泼中间体,极易发生化学反应。这种通过均裂生成自由基而发生的化学反应,称为自由基反应或游离基反应。自由基反应一般在光、热或自由基引发剂的作用下进行。

(二) 异裂及离子型反应

共价键的异裂是指共价键断裂后,成键的一对电子完全归成键的一个原子或原子团所有,产生正离子和负离子。可表示为:

$$A\overset{\vdots}{\vdots}B \longrightarrow A^+ + B^-$$

正离子、负离子也是有机反应中的活泼中间体。这种通过异裂生成离子而发生的化学反应称离子型反应。离子型反应常常是在酸、碱或极性条件下进行。

第三节 酸 碱 理 论

有机化合物的许多化学性质与酸碱或电子的转移有关,许多有机反应是酸碱反应,有不少反应是在酸或碱的催化下进行的。酸碱概念对理解有机化学反应(如机制,选择试剂、溶剂、催化剂等)都很有益处。

酸和碱最早定义是根据物质在水中电离所产生的离子,凡能给出氢离子(H^+)的称为酸,给出氢氧根离子(OH^-)的称为碱。这个概念,尤其是这种酸碱的概念在有机化学中的应用非常有限。在此介绍两种在有机化学中非常有用的酸碱概念——质子酸碱理论和电子酸碱理论,即勃朗斯德 - 劳瑞(Bronsted-Lowry)酸碱理论和路易斯(Lewis)酸碱理论。

一、勃朗斯德酸碱理论

勃朗斯德酸碱理论是荷兰化学家勃朗斯德(Bronsted,1879—1947)和劳瑞于 1923 年提出来的。根据此理论,酸是质子的给予体,碱是质子的接受体,简称质子酸碱理论。

酸给出质子后生成的物质称作该酸的共轭碱;而碱接受质子后生成的物质称作该碱的共轭酸。例如:当无机酸盐酸溶于水,发生了酸碱反应。

$$HCl + H_2O \rightleftharpoons Cl^- + H_3O^+$$
酸　　　　碱　　　　共轭碱　共轭酸

其他无机酸和有机酸在水中,也有类似情况。例如:

$$CH_3-\overset{\overset{\textstyle O}{\|}}{C}-OH+H_2O \rightleftharpoons CH_3-\overset{\overset{\textstyle O}{\|}}{C}-O^-+H_3O^+$$
酸　　　　碱　　　　　　　共轭碱　　　　共轭酸

酸的强度可用 K_a 或 pK_a 表示,pK_a 值越大,酸性越弱;pK_a 值越小,则酸性越强。表 1-5 为一些无机和有机化合物的 pK_a 值(25℃)。

表 1-5　一些无机和有机化合物的 pK_a 值(25℃)

分子式	pK_a	分子式	pK_a
HI	−5.2	CH_3COCH_3	20.0
HBr	−4.7	CH_3CH_2OH	15.9
HCl	−2.2	HOH	15.7
HF	3.18	CH_3CH_2SH	10.6
HCN	9.22	C_6H_5OH	10.0
$HONO_2$	−1.3	NH_4^+	9.24
$HOSO_2OH$	(1) −5.2	CH_3COOH	4.74
	(2) 1.99	CF_3COOH	0.2

共轭酸碱强弱的相互关系是:一个酸的酸性越强,其共轭碱的碱性越弱;反之,一个碱的碱性越强,则其共轭酸的酸性越弱。例如,一些化合物的 pK_a 值知其酸性的强弱次序,同时也就可推知它的共轭碱的碱性强弱次序。表 1-6 列出了 CH_3CH_2OH、HOH、CH_3COOH 的 pK_a 的酸性强弱次序和它们的相应共轭碱的碱性强弱次序。

表 1-6　三种酸的酸性强弱次序和它们的相应共轭碱的碱性强弱次序

化合物	CH_3COOH		HOH		CH_3CH_2OH
pK_a	4.74		15.7		15.9
酸性次序	CH_3COOH	>	HOH	>	CH_3CH_2OH
共轭碱的碱性次序	CH_3COO^-	<	HO^-	<	$CH_3CH_2O^-$

在酸碱反应中,总是较强的酸和较强的碱反应生成较弱的碱和较弱的酸。因此,可从各化合物的 pK_a 值预测反应能否进行。例如,下列中反应物 HCl(pK_a=−2.2)的酸性比生成物中

$CH_3COOH(pK_a=4.74)$的酸性强;而它们的共轭碱的碱性则是$CH_3COO^->Cl^-$。故该反应可以发生。

$$HCl + CH_3COO^- \longrightarrow Cl^- + CH_3COOH$$
较强的酸　较强的碱　　较弱的碱　较弱的酸

再如,反应物$CH_3CH_2OH(pK_a=15.9)$的酸性比生成物$CH_3COOH(pK_a=4.74)$的酸性弱,而它们的共轭碱的碱性则是$CH_3CH_2O^->CH_3COO^-$。故该反应不能发生。

$$CH_3CH_2OH + CH_3COO^- \xrightarrow{\quad\times\quad} CH_3CH_2O^- + CH_3COOH$$
较弱的酸　　较弱的碱　　　较强的碱　　较强的酸

在此要指出的是,按照质子酸碱的概念,一个化合物是酸还是碱,不再是绝对的。有许多化合物,当和较强的碱反应时,它可以给出质子,因而是酸;而当和较强的酸相遇时,它可以接受质子,因而又是碱。例如醋酸,在水中可以给出质子,是酸;在硫酸中可以接受质子,是碱,因为硫酸是更容易给出质子的强酸,而其共轭碱HSO_4^-则是难于接受质子的弱碱。

$$\underset{\text{酸}}{CH_3\overset{O}{\overset{\|}{C}}-O-H}+H\ddot{O}H \rightleftharpoons \underset{\text{碱}}{CH_3\overset{O}{\overset{\|}{C}}-O^-}+H_3O^+$$

$$\underset{\text{碱}}{CH_3\overset{\ddot{O}:}{C}-OH}+H\underset{\text{酸}}{OSO_2OH} \rightleftharpoons CH_3\overset{\overset{+}{OH}}{C}-OH+HOSO_2O^-$$

二、路易斯酸碱理论

一个更广泛的酸碱理论是1909年由美国物理学家路易斯(C.N. Lewis,1875—1946)提出的路易斯(Lewis)酸碱理论。

路易斯酸碱理论认为:凡能提供电子对的物质称Lewis碱,而能接受电子对的物质则称为Lewis酸。因此路易斯酸碱理论又称电子酸碱理论。

按照电子酸碱理论,路易斯酸不仅是带正电荷的H^+、金属离子(如Cu^{2+}、Ag^+、Na^+等)以及其他正离子,而像$AlCl_3$、$FeCl_3$、BF_3、$SnCl_2$、$ZnCl_2$等分子也是路易斯酸,因为该类分子的中心原子Al、Fe、B、Sn、Zn等都没有完成八隅体结构,都有空轨道,可以接受电子对。

按照电子酸碱理论,路易斯碱不仅是带负电荷的OH^-、RO^-、SH^-、R^-(负碳离子),像NH_3、RNH_2(胺)、ROH(醇)、ROR(醚)、RSH(硫醇)、$RCHO$(醛)、R_2CO(酮)具有未共用电子对的化合物,有给出电子的倾向,亦称为路易斯碱。

根据这一理论,以下的反应都可以看作是酸碱反应。

$$\overset{\text{酸}}{H^+} + \overset{\text{碱}}{:\overset{H}{\underset{H}{O}}} \rightleftharpoons H_3O^+$$

$$F:\overset{F}{\underset{F}{\ddot{B}}} + :NH_3 \rightleftharpoons F_3B-NH_3$$

$$Cl:\overset{Cl}{\underset{Cl}{\ddot{Al}}} + Cl^- \rightleftharpoons [Cl_3Al-Cl]^- \text{ 即 } AlCl_4^-$$

电子酸碱理论是以电子变化来确定物质是酸还是碱,是更广泛的酸碱理论。路易斯酸碱比勃朗斯德酸碱的范围扩大了,因此又称广泛酸碱。

第四节 研究有机化合物的一般步骤和方法

研究某一新的有机化合物或某中草药中的有效成分主要的步骤和方法为:

(一) 分离、提纯

人工合成的有机化合物或天然产物中得到的生理活性很强的物质,一般都不是单一的纯净化合物,而是多种物质的混合物,因此在对某种成分研究之前,必须使用各种方法进行分离和纯化,将杂质除去。对固态有机化合物,常用重结晶分离提纯法;对于液态有机化合物,常用蒸馏或分馏提纯法,有的还可使用色谱法或离子交换法等进行分离纯化。

纯净的有机化合物一般都有固定的物理常数,如熔点、沸点、密度及折光率等。因此可以通过测熔点的方法检测固态有机化合物的纯度;采用测沸点的方法检验液态有机化合物的纯度。

(二) 元素分析

将纯净的化合物经过元素的定性分析,确定该有机化合物的元素组成。再将该有机化合物通过元素的定量分析,得出组成元素的质量比,经计算就可得出该有机化合物分子中各组成元素原子比例的最简式,即实验式。

(三) 测定分子量、确定分子式

对气态或易挥发的有机化合物,可以通过测定蒸气的密度法测定其分子量;对于固态有机化合物,常通过凝固点下降法测定其分子量。在实际工作中目前普遍使用的是用质谱仪来测定有机化合物的分子量,该方法快速、准确、用样量少。当获得有机化合物的分子量后,可根据分子量和实验式的式量比确定该有机化合物的分子式。

(四) 确定结构式

当有机化合物的分子式确定后,需进一步确定该化合物的结构,有机物结构确定是最复杂和最困难的一步。有的可以通过降解、合成或衍生物制备等化学方法来确定;有的可以通过红外光谱、紫外光谱、核磁共振谱、质谱、X射线衍射和电子衍射等现代物理分析方法来确定。在很多场合下,这两种方法是相辅相成的,往往由一种方法得到初步结论,再通过另一种方法加以验证。

第五节 有机化学与药学的关系

有机化合物数量庞大,分布甚广,与工业、农业、卫生、国防、交通以及人们的衣、食、住、行关系极为密切。因此,研究有机化合物的有机化学,已成为当今人类社会发展具有重要意义的一门基础科学。

有机化学是医学和药学专业课程中很重要的一门基础理论课,医学科学的研究对象是复杂的人体,组成人体的物质除了水和一些无机盐外,大部分都是有机物,如蛋白质、核酸和酶等生命物质在人体中进行一系列的化学变化,维持人体内新陈代谢的各种平衡,保证人体的基本生理和健康。有机化学与药学的关系甚为密切,据统计,现用于防治疾病的药品中,95%以上的是有机化合物,特别在天然药物的有效成分中几乎全部是有机化合物。对研究药物的合成、提取、纯化、剂型、分析方法、药物的稳定性及贮存方式等均需要掌握有机化合物的组成、结构、性质,新药的研究和创制需要研究者具备丰富的有机化学知识。

有机化学是一门以实验为基础的自然科学。科学家们通过长期艰辛的实验,得到了有机化学的基本理论。因此在有机化学的学习中,实验课占有相当大的比例,学习和掌握实验知识不但是验证有机化学的基本理论,更重要的是学会应用这些实验知识来指导自己今后的实际工作。通过认真学习有机化学理论课和实验课,掌握有机化学的基本知识、基本技能、基本操作,为学习生物化学、药物化学、天然药物化学、药物分析和药剂学等后续课程奠定一个良好的基础。

本章小结

有机化学是药学各专业的重要基础课程,每个药学工作者都必须具备扎实的有机化学理论知识和良好的实验技能。

有机化学可认为是碳原子的共价键化学,共价键的形成涉及路易斯共价键理论、现代共价键理论和杂化轨道理论。共价键的基本属性包括键长、键角、键能和键的离解能、键的极性和极化性。

有机化合物具有结构复杂、数量庞大、易燃烧、熔点较低、难溶于水等特点。有机化学反应涉及共价键的断裂,包括均裂和异裂两种方式,相应的反应类型有自由基反应和离子型反应。有机化学反应速度慢,副反应较多。有机化合物可按碳原子的连接方式和特征官能团进行分类。由于存在同分异构,现在有机化合物常用结构式进行表示。

勃朗斯德酸碱理论和路易斯酸碱理论是本章的重点,也是难点。勃朗斯德酸碱理论也称为质子酸碱理论,认为凡能给出质子的物质是酸,而能接受质子的物质是碱。路易斯酸碱理论也称为电子酸碱理论,把凡能够接受电子对的物质称为路易斯酸,而能提供电子对的物质是路易斯碱。路易斯酸碱理论是以电子变化来确定物质是酸还是碱,这是一个更广泛的酸碱理论。

研究一种新的有机化合物的主要步骤和方法是分离、提纯、确定结构。一般先通过结晶或者色谱法(液体可用蒸馏)得到纯净的有机化合物;然后通过元素定性、定量分析确定该有机化合物的最简式,即实验式;最后通过质谱、核磁共振谱等现代物理分析方法确定该有机化合物的最终结构。

(李柱来)

 复习题

1. 下列化合物各含有什么官能团? 按官能团分类属于哪类化合物?

(1) $CH_3CH_2CH=CHCH_3$

(2) $CH_3C\equiv CCH_3$

(3) $CH_3CH_2OCH_3$

(4) $CH_3CH_2NH_2$

(5) $CH_3CH_2\overset{O}{\overset{\|}{C}}-OH$

(6) $CH_3CH_2\overset{O}{\overset{\|}{C}}-CH_3$

(7) CH_3CH_2Br

(8) $CH_3CH_2\overset{O}{\overset{\|}{C}}-H$

(9) 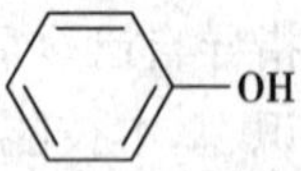 ⬡—OH

(10) 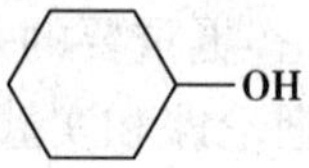 ⬡—OH

2. 写出下列化合物可能的结构式，并指出其所含的官能团。

(1) C_3H_7Cl (2) C_3H_8O (3) C_4H_8

3. 下列化合物哪些具有相似的性质？哪些互为同分异构体？

(1) $CH_3CH=CHCH_3$

(2) $CH_3CH_2OCH_2CH_2CH_3$

(3) $CH_3CH=CH_2$

(4) CH_3COCH_3

(5) CH_3CH_2COOH

(6) 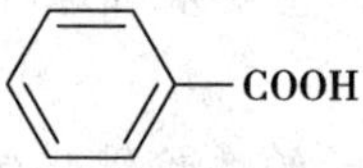 ⬡—COOH

(7) CH_3CH_2Br

(8) $CH_3CH_2\overset{O}{\overset{\|}{C}}-H$

(9) 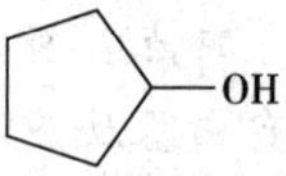 ⬠—OH

(10) 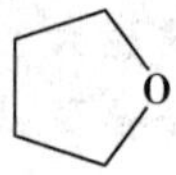 ⬠O

(11) 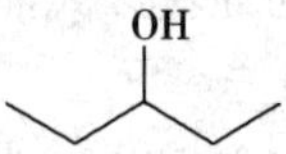 OH

(12) 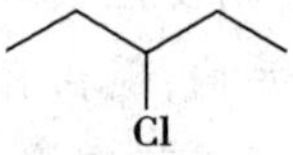 Cl

(13) 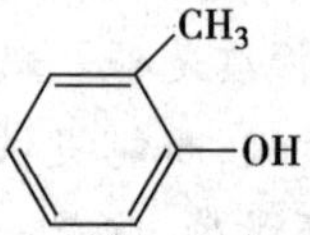 CH₃ ⬡—OH

(14) 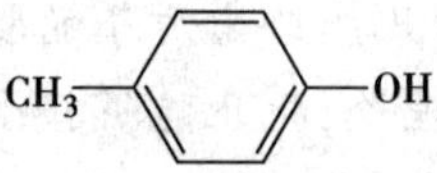 CH_3—⬡—OH

4. 将下列化合物的缩写式改写成构造式。

(1) CH_3CHO

(2) CH_3COOH

(3) $C_2H_5OC_2H_5$

(4) $(CH_3)_2CHCH_2CH_3$

(5) $CH_3CH=CHCH_2OH$

(6) 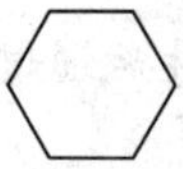 ⬡

5. 指出下列反应中哪个化合物是路易斯酸，哪个化合物是路易斯碱？

(1) $(CH_3)_3C^+ + H_2O \longrightarrow (CH_3)_3C\overset{+}{O}H_2$

(2) $HOSO_2O-H + HO-NO_2 \rightleftharpoons HOSO_2O^- + H_2\overset{+}{O}-NO_2$

6. 某化合物分子量为74，含碳64.9%、含氢13.5%、含氧21.6%，确定该化合物的分子式。

第 二 章

烷烃和环烷烃

学习目标

1. 掌握 烷烃和环烷烃的命名和化学性质;卤代反应的机制;乙烷、丁烷、环己烷和取代环己烷的优势构象;环烷烃的顺反异构现象。
2. 熟悉 烷烃的同系列和构造异构;自由基的稳定性。
3. 了解 烷烃的物理性质,熔点和沸点的变化规律。

仅由碳和氢两种元素组成的有机化合物称为烃(hydrocarbon)。烃是其他有机化合物的母体,其他各类有机化合物可视为烃的衍生物。

在烃类化合物中,根据分子中四价碳原子之间的连接方式不同,可分为链烃和环烃两大类。前者是指碳原子自身相互结合形成各种链状骨架,而后者指碳原子自身相互结合连成环状骨架,其余的价键均与氢原子连接。根据链烃分子中碳原子之间化学键的不同,又把它分为饱和烃与不饱和烃。饱和烃又称为烷烃,不饱和烃包括烯烃和炔烃。环烃按其结构可分为脂环烃和芳香烃。脂环烃包括环烷烃、环烯烃和环炔烃。芳香烃又可分为苯型芳香烃和非苯型芳香烃。

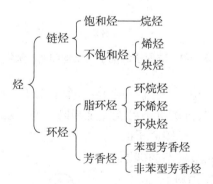

烷烃广泛存在于自然界中,主要来源于石油和天然气。烷烃主要用作燃料以及有机化工和医药产品的基本原料。例如:甲烷是天然气的主要成分,正己烷可用作植物油萃取时的溶剂、仪器洗涤剂和颜料的稀释剂,医药中常用的凡士林是液状石蜡和固体石蜡的胶质分散体,可用作药物软膏基质和皮肤保护油膏等。脂环烃及其衍生物也广泛存在于自然界中,如动物体内的胆固醇、香料中的樟脑等。

第一节 烷　　烃

烷烃(alkane)是指分子中所有碳原子彼此都以单键(C—C)相连,碳原子的其余价键都与氢结合的化合物。分子中氢原子数与碳原子数的比值达到了最高值,故亦称饱和烃。

一、烷烃的结构

(一)碳原子的 sp^3 杂化轨道

甲烷是最简单的烷烃。甲烷的结构式只能表示出分子中有四个氢原子与碳原子直接相连,而不能说明氢原子和碳原子在空间的相对位置,即分子的立体形象。近代物理方法测得:甲烷为正四面体结构,碳原子居于正四面体中心,与碳原子相连的四个氢原子分别位于四面体的四个顶角(如图 2-1)。四个C—H 键的键长完全相等,均为 110pm,两个 C—H 键的夹角为 $109°28'$。

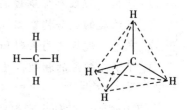

图 2-1　甲烷的结构

甲烷的正四面体结构是由碳原子成键时的杂化轨道类型决定的。如图 2-2 所示,基态碳原子的外层电子结构为:$(2s)^2(2p_x)^1(2p_y)^1$,其中有两个未成对的 p 电子,但是在化学反应中碳原子表现为四价。杂化轨道理论认为,甲烷中的碳原子成键时,2s 轨道中的一对电子被成键所释放的能量拆开,其中一个电子跃迁到能量较高的 $2p_z$ 空轨道上,形成 $(2s)^1(2p_x)^1(2p_y)^1(2p_z)^1$ 四个原子轨道,这种跃迁过程叫做激发,此时碳原子的状态称为激发态。

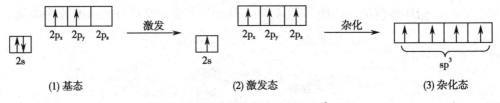

(1) 基态　　　　　　　　　(2) 激发态　　　　　　　　　(3) 杂化态

图 2-2　碳原子的电子层结构和 sp^3 杂化

激发态的碳原子有四个单电子:一个 s 电子,三个 p 电子。它们的能量、所处原子轨道的形状均不相同,所形成的四个共价键也不可能完全相同。而甲烷的四个 C—H 键的键长相等,键角均为 $109°28'$,由此可知成键时碳原子的四个轨道是完全相同的。因此激发态的碳原子用一个 2s 轨道和三个 2p 轨道进行 sp^3 杂化,组成四个能量、形状完全相同的 sp^3 杂化轨道,碳原子此时所处的状态称为杂化态。如图 2-3,每个 sp^3 杂化轨道都含有 1/4 s 成分和 3/4p 成分,轨道的形状为一头大一头小,成键时,其大头一端为重叠区域。四个 sp^3 杂

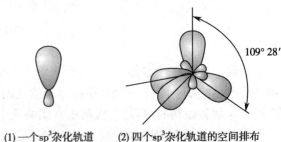

(1) 一个sp^3杂化轨道　　(2) 四个sp^3杂化轨道的空间排布

图 2-3　碳原子的 sp^3 杂化轨道

化轨道的对称轴在空间上的取向是从正四面体的中心伸向四个顶角,所以各轨道之间的夹角相同,均为109°28′。此时成键价电子间的斥力最小,有利于形成稳定的化学键。显然,这种形状的轨道较未杂化的s轨道和p轨道的重叠程度大,成键能力强。因此,由sp^3杂化轨道形成的共价键更牢固。

（二）σ 键的形成及其特性

如图2-4,烷烃碳原子的一个sp^3杂化轨道与氢原子的1s轨道沿对称轴重叠交盖而成的共价键称为C—H σ键。σ键是成键原子轨道沿其对称轴(原子核之间的连线)发生最大程度的重叠所形成的共价键。烷烃分子中的C—C键也是σ键。C—C σ键是由两个碳原子各以一个sp^3杂化轨道在对称轴的方向交盖而成。

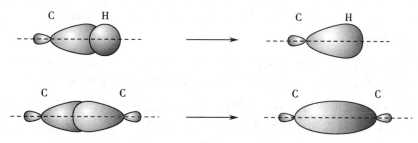

图2-4 C—Hσ 键和 C—Cσ 键的形成

如图2-5,甲烷碳原子的四个sp^3杂化轨道分别与四个氢原子的1s轨道在对称轴方向重叠交盖,形成四个C—Hσ键。

如图2-6,乙烷分子中的两个碳原子各以一个sp^3杂化轨道形成C—C σ键,其余sp^3杂化轨道分别与六个氢原子形成六个C—Hσ键。

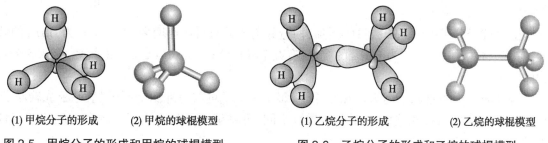

(1) 甲烷分子的形成　　(2) 甲烷的球棍模型

图2-5 甲烷分子的形成和甲烷的球棍模型

(1) 乙烷分子的形成　　(2) 乙烷的球棍模型

图2-6 乙烷分子的形成和乙烷的球棍模型

σ键广泛存在于含有共价键的有机化合物分子中,而且在分子中可以单独存在。由于σ键是在轨道对称轴的方向上重叠交盖而成,电子云密集于两原子核之间,重叠的程度较大,且重叠部分沿键轴对称分布,可以沿键轴自由旋转,所以σ键的键能较大,可极化性较小。

二、烷烃的同系列和同分异构现象

（一）同系列和同系物

最简单的烷烃是含一个碳原子的甲烷,分子式是CH_4;含两个碳原子的烷烃是乙烷,分子

式是 C_2H_6。下面列出了含 1~4 个和 n 个碳原子烷烃分子的构造式：

$$CH_4 \qquad C_2H_6 \qquad C_3H_8 \qquad C_4H_{10} \qquad C_nH_{2n+2}$$

由上述例子可以看出，相邻的两个烷烃在组成上相差一个 CH_2，烷烃的分子通式为 C_nH_{2n+2}，即含有 n 个碳原子的烷烃分子中，氢原子的数目为 2n+2 个。这种具有相同分子通式和结构特征的一系列化合物称为同系列。同系列中的各化合物互称为同系物。CH_2 称为同系列差。同系物的结构和性质相似，一般随着碳原子数的增减，在性质上表现出一些量变的规律。碳原子数目相差较多的同系物之间，在性质上也会表现出较大的差异。因此，只要深入研究同系列中少数几个化合物的性质，就可以基本了解这一类化合物的主要性质。

(二) 同分异构现象

有机化合物普遍存在同分异构现象。同分异构现象是指分子式相同、结构式不同的现象。分子中的原子或基团连接的方式或顺序不同而引起的同分异构属于构造异构，习惯称为结构异构。这些异构体分子互为构造异构体。甲烷、乙烷和丙烷分子中的原子都只有一种连接顺序，不产生构造异构现象。从含四个碳原子的烷烃开始，碳链中的碳原子不仅可以直链的形式连接，也可以分支的形式连接。例如，符合分子式为 C_4H_{10} 的烷烃的构造式有两种，它们互为构造异构体，有不同的性质，是两种不同的化合物。分子式为 C_5H_{12} 的烷烃有三种构造异构体。

$$C_4H_{10} \qquad CH_3-CH_2-CH_2-CH_3 \qquad \begin{array}{c} CH_3 \\ | \\ CH_3-CH-CH_3 \end{array}$$

$$C_5H_{12} \qquad CH_3-CH_2-CH_2-CH_2-CH_3 \qquad \begin{array}{c} CH_3 \\ | \\ CH_3-CH-CH_2-CH_3 \end{array} \qquad \begin{array}{c} CH_3 \\ | \\ CH_3-C-CH_3 \\ | \\ CH_3 \end{array}$$

随着烷烃分子中碳原子数目的增加，构造异构体的数目迅速增多，如分子式为 C_6H_{14} 的烷烃，有五个异构体；分子式为 C_7H_{16} 的烷烃，有九个异构体；分子式为 $C_{12}H_{26}$ 的烷烃，有 355 个异构体。

烷烃分子中的碳原子均为饱和碳原子，每个碳原子可与另外四个原子（氢原子或碳原子）相连。根据与它直接相连的碳原子的数目不同，可将碳原子分为伯、仲、叔和季碳原子四种类型。

伯碳原子是只与一个碳直接相连的碳原子，又称为一级碳原子，常用 1° 表示；如与两个、三个或四个碳相连，则分别称为仲、叔和季碳原子，或二级、三级和四级碳原子，常用 2°、3° 和 4° 表示。例如：

$$\begin{array}{ccccc} & \overset{1°}{CH_3} & & \overset{1°}{CH_3} & \\ & | & & | & \\ \overset{1°}{CH_3}-\overset{4°}{C}-\overset{2°}{CH_2}-\overset{3°}{CH}-\overset{1°}{CH_3} \\ & | & & & \\ & \underset{1°}{CH_3} & & & \end{array}$$

连接在这些碳上的氢原子，则相应的叫做伯氢（1° H）、仲氢（2° H）和叔氢（3° H），季碳原子不能再连接氢原子。不同类型氢原子的反应活性不同。

问题与思考

写出符合分子式为 C_7H_{16} 的所有烷烃的构造式,并指出每个构造异构体中各碳原子和氢原子的类型。

三、烷烃的命名

许多有机化合物可以根据它们的来源或性质来命名。例如,甲烷是由沼气池中的植物腐烂而产生的,因此俗称沼气。酒精、醋酸、水杨酸等都是俗名。随着新化合物的种类和数量不断增多,而且结构也越来越复杂,又存在多种同分异构现象,这种命名方法已不能完全满足新的要求,因此,须有一个完善的命名方法才能把它们区别开来。不过许多俗名因沿用已久,仍旧保留下来与新的名称一同使用。烷烃的命名原则是各类有机化合物命名的基础。

(一)普通命名法

烷烃普通命名法的原则是:

1. 根据分子中碳原子的数目称为"某烷"。含有 1~10 个碳原子的直链烷烃用"甲、乙、丙、丁、戊、己、庚、辛、壬、癸"表示碳原子的个数,如 C_2H_6 乙烷,C_3H_8 丙烷。十个碳原子以上的直链烷烃用"十一、十二"等中文数字表示碳原子的数目,如 $CH_3(CH_2)_9CH_3$ 十一烷。

2. 用"正、异、新"区别同分异构体。"正"表示直链烷烃,称为"正某烷",但"正"字通常被省略;"异"表示碳链一端具有 $CH_3-\overset{\overset{\displaystyle CH_3}{|}}{CH}-$ 结构且无其他支链的异构体,称为"异某烷";"新"表示碳链一端具有 $CH_3-\overset{\overset{\displaystyle CH_3}{|}}{\underset{\underset{\displaystyle CH_3}{|}}{C}}-$ 结构且无其他支链的异构体,称为"新某烷"。例如:

$$CH_3-CH_2-CH_2-CH_3$$
(正)丁烷

$$CH_3-\overset{\overset{\displaystyle CH_3}{|}}{CH}-CH_3$$
异丁烷

$$CH_3-CH_2-CH_2-CH_2-CH_3$$
(正)戊烷

$$CH_3-\overset{\overset{\displaystyle CH_3}{|}}{CH}-CH_2-CH_3$$
异戊烷

$$CH_3-\overset{\overset{\displaystyle CH_3}{|}}{\underset{\underset{\displaystyle CH_3}{|}}{C}}-CH_3$$
新戊烷

普通命名法的特点是命名简便,适用于结构简单的烷烃,但对于结构复杂的烷烃则必须使用系统命名法。

(二)系统命名法

1892 年,日内瓦国际化学会议首次拟定了有机化合物系统命名原则。后经国际纯粹与应用化学联合会(简称 IUPAC)多次修订,为世界各国普遍采用,所以也称为 IUPAC 命名法。我国根据 IUPAC 的命名原则,结合汉字特点,制订出我国的有机化合物系统命名法,即有机化合物命名原则。系统命名法是目前普遍采用的命名方法,适用于各类有机化合物。

1. 直链烷烃 系统命名法与普通命名法基本相同,根据烷烃分子中的碳原子数称"某烷",某烷前面不需加"正"字。

$$CH_3—CH_2—CH_2—CH_3 \qquad\qquad CH_3—CH_2—CH_2—CH_2—CH_3$$
丁烷   戊烷

2. 含支链的烷烃 可看作是直链烷烃的衍生物,将支链作为取代基,直链部分作为母体(主链)。

取代基(支链)
┌─────┐
┊ CH_3 ┊
└──┊──┘
$CH_3—CH—CH_2—CH_3$ 母体(主链)

烷烃分子中去掉一个氢原子后剩余的基团称为烷基,通式为 C_nH_{2n+1}。常用"R—H"表示烷烃,用"R—"表示烷基。取代基在此即指各种烷基。烷基的命名是把相应的烷烃名称中的"烷"字改成"基"字。常见烷基的结构和名称如下:

$CH_3—$	$CH_3—CH_2—$	$CH_3—CH_2—CH_2—$	$CH_3—CH—$ 上接 CH_3
甲基	乙基	(正)丙基	异丙基

$CH_3—CH_2—CH_2—CH_2—$	$CH_3—CH_2—CH—$ 上接 CH_3	$CH_3—CH—CH_2—$ 上接 CH_3	$CH_3—C—$ 上接 CH_3 下接 CH_3
(正)丁基	仲丁基	异丁基	叔丁基

含支链的烷烃系统命名法的原则如下:

(1) 选择主链:选择最长的碳链作为主链,支链作为取代基,并按主链碳原子数称为"某烷"。当含有多个碳数相等的最长碳链可供选择时,应选择含有取代基最多的最长碳链作主链。例如,下列化合物的主链虽有多种选择,但只有虚线标出的主链是正确的。

$CH_3—CH_2—CH_2┼CH—CH_3$ $CH_3—C—CH_2┼CH—CH_2—CH_2—CH_3$
|
$CH_2—CH_3$

(2) 主链编号:当主链上连有取代基时,要对主链上的各个碳原子进行编号,以确定取代基的位次。从靠近取代基一端开始,依次用阿拉伯数字"1、2、3"等给主链碳原子编号。

(3) 命名:将取代基的位次(用主链上碳原子的编号表示)、名称写在主链名称之前,阿拉伯数字与汉字之间用半字线"-"隔开。

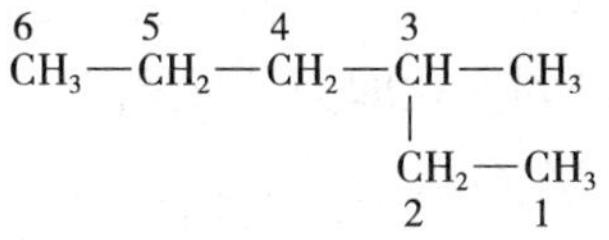

$$\overset{6}{C}H_3-\overset{5}{C}H_2-\overset{4}{C}H_2-\overset{3}{C}H-\overset{}{C}H_3$$
$$\underset{\overset{|}{\underset{2}{C}H_2}-\underset{1}{C}H_3}{}$$

3- 甲基己烷

(4) 若主链上连有几个相同的取代基时,相同基团合并书写,并在取代基名称前用中文数字"二、三、四"等表明其数目;若有两个取代基连接在同一个碳原子上,则该碳原子的位次要重复写两次,各取代基的位次之间用逗号","隔开。

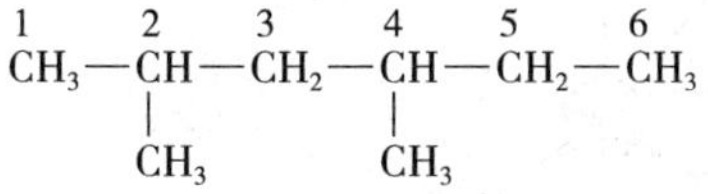

$$\overset{1}{C}H_3-\overset{2}{C}H-\overset{3}{C}H_2-\overset{4}{C}H-\overset{5}{C}H_2-\overset{6}{C}H_3$$

2,4- 二甲基己烷

$$\overset{1}{C}H_3-\overset{2}{C}-\overset{3}{C}H-\overset{4}{C}H_2-CH_2-CH_3$$

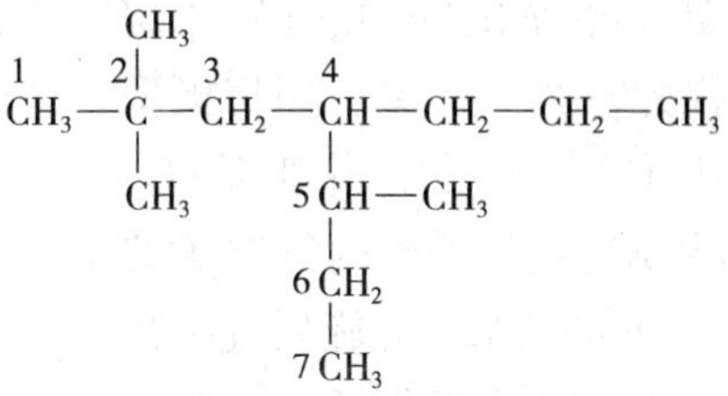

2,2,5- 三甲基 -4- 丙基庚烷

(5) 若主链上连有不同取代基时,取代基的编号参照"次序规则"(详见第三章),从靠近较小基团的一端开始编号,使小的基团编号较小,大的基团编号较大。常见烷基的大小次序为:

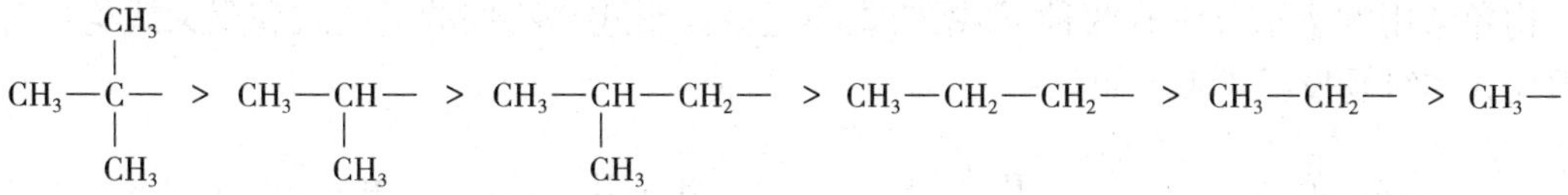

叔丁基　　＞　　异丙基　　＞　　异丁基　　＞　　丙基　　＞　　乙基　　＞　　甲基

若两个不同的取代基位于碳链两端相同位置时,应使次序规则中小的基团具有较小的位次。若两个相同的取代基位次相同时,应使第三个取代基的位次最小。

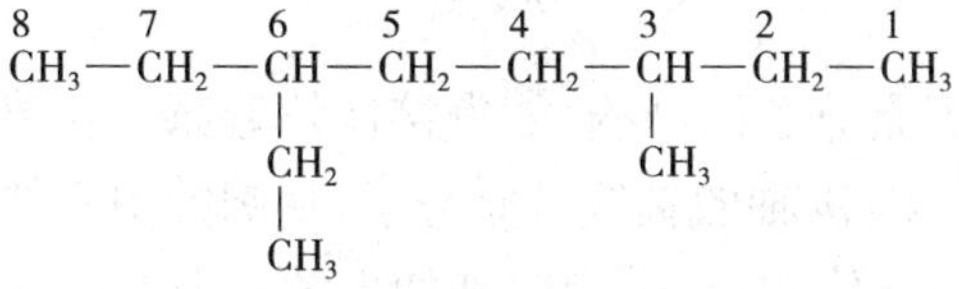

3- 甲基 -6- 乙基辛烷 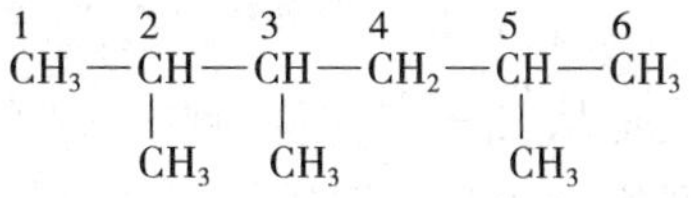　　　　　　　　　2,3,5- 三甲基己烷

?　问题与思考 •••

写出下列化合物的构造式。

(1) 3- 乙基戊烷　　　(2) 2,4- 二甲基庚烷　　　(3) 2,2- 二甲基戊烷

四、烷烃的构象

构象是一个分子由于单键旋转而产生的各种立体形象。当围绕烷烃分子的 C—Cσ 键旋

转时,虽然组成分子的各原子的连接顺序和方式没有改变,但分子中的氢原子或烷基在空间的排列方式可发生变化,其中每一种排列方式即为一种构象。

(一) 乙烷的构象

乙烷分子由于 C—C 单键的旋转,使分子中的原子或基团在空间产生不同的排列方式,可以产生无数种构象。不同种排列方式之间互称为构象异构体。

图 2-7 是乙烷的两种典型构象。(1) 表示乙烷分子的一种立体形象,沿 C_1—C_2 键的轴向观察,前后两个碳原子上的氢原子处于重叠位置,此时的乙烷的立体形象称为重叠式构象。如将模型中的一个甲基(C_1)不动,另一个甲基(C_2)围绕 C_1—C_2 键旋转,分子中的氢原子的空间排列顺序不断变化,当旋转至 60° 时,C_1 和 C_2 上所连接的氢原子处于交叉位置,称为乙烷的交叉式构象,如图 2-7

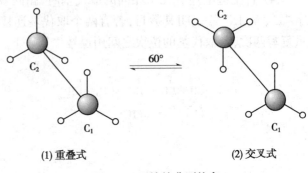

(1) 重叠式   (2) 交叉式

图 2-7　乙烷的典型构象

(2) 所示。围绕(1)的 C_1—C_2 键旋转 60°、180° 和 300° 都是交叉式构象,而旋转 120°、240° 和 360° 仍是重叠式构象。

构象常用的表示方法有两种,即锯架式和纽曼投影式。乙烷的重叠式和交叉式构象分别用锯架式和纽曼投影式表示如下:

锯架式　　　纽曼投影式　　　　　　锯架式　　　纽曼投影式

重叠式　　　　　　　　　　　　　　**交叉式**

锯架式是从 C_1—C_2 键轴侧面 45° 的方向观察分子的结构,能直接反映氢原子和碳原子在空间的排列相对位置。纽曼投影式是沿着 C_1—C_2 键轴的轴线观察分子,从圆圈中心伸出的三条线段表示离观察者近的碳原子(C_1)上的三个共价键,从圆周向外伸出的三条线段表示离观察者远的碳原子(C_2)上的三个共价键。

交叉式中两个碳原子上的氢原子均处于交错的位置,氢原子间相距最远,相互间的排斥力最小,因而分子的内能最低,是稳定的构象,称为优势构象。而在重叠式中,两个碳原子上的氢原子两两重叠,距离最近,相互间的斥力最大,分子的内能最高,最不稳定。实际上,交叉式与重叠式是乙烷的两种极端构象,介于这两者之间的其他构象称为扭曲式。从乙烷的交叉式开始旋转 C—C 键向其他任何一种构象转变都需要一定的力,称扭转张力,扭转张力越大,分子内能越高,也越不稳定。

从乙烷 C_1—C_2 键旋转时各种构象的能量曲线图可以看到(图 2-8),由交叉式转变为重叠式分子的内能升高 12.6kJ/mol;相反,由重叠式转为交叉式要放出 12.6kJ/mol 的能量。室温下,因为分子间的碰撞就可产生 83.8kJ/mol 的能量,足以使 C—C 键"自由"旋转,各构象间迅速互变,所以乙烷是无数个构象异构体的动态平衡混合物,无法分离出某种构象异构体,但稳定的

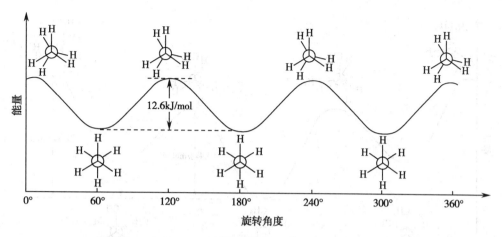

图 2-8　乙烷 C_1—C_2 键旋转时各种典型构象的能量曲线

交叉式构象出现的几率较大。

（二）正丁烷的构象

正丁烷分子在围绕 C_1—C_2 键、C_2—C_3 键、C_3—C_4 键旋转时，都可以产生无数种构象。这里只讨论正丁烷分子中 C_2—C_3 键旋转产生的构象。

在正丁烷分子围绕 C_2—C_3 键旋转产生的构象异构体中，有四种典型的构象，即全重叠式、邻位交叉式、部分重叠式和对位交叉式。各种构象异构体之间可以通过 C_2—C_3 单键的旋转相互转化。用锯架式和纽曼投影式分别表示如下：

$$\overset{4}{C}H_3 - \overset{3}{C}H_2 - \overset{2}{C}H_2 - \overset{1}{C}H_3$$

全重叠式　　　　邻位交叉式　　　　部分重叠式　　　　对位交叉式

在对位交叉式中，两个体积较大的甲基相距最远，能量最低，是正丁烷的优势构象。邻位交叉式中，两个甲基间的距离仍小于范德华半径之和，因此有排斥作用，能量高于对位交叉式。全重叠式中，两个体积较大的甲基处于重叠位置，斥力较大，因此能量最高。部分重叠式中，甲基和氢原子以及氢和氢处于重叠位置，能量亦较高。因此，四种典型构象的稳定性顺序为：对位交叉式 > 邻位交叉式 > 部分重叠式 > 全重叠式。室温下的正丁烷分子约68%为对位交叉式，约32%为邻位交叉式，部分重叠式和全重叠式极少。

正丁烷围绕 C_2—C_3 键旋转时产生的典型构象和能量变化如图 2-9 所示。

正丁烷各种构象间的能量差别亦较小，其中对位交叉式和全重叠式间能量差别最大，为22.3kJ/mol。在室温下，分子的热运动就可使各种构象迅速互变，故也无法分离出某种构象异构体。

25

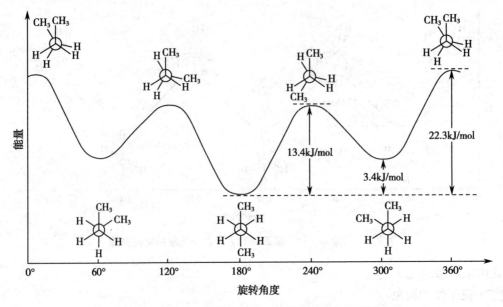

图 2-9 正丁烷 C₂—C₃ 键旋转时各种典型构象的能量曲线

在正丁烷的优势构象中,四个碳原子呈锯齿形排列。随着碳原子数的增加,烷烃的构象也变复杂,但其优势构象与正丁烷的优势构象相似,是能量最低的对位交叉式。

由于 sp³ 杂化碳原子的轨道间夹角约为 109°28′,所以烷烃碳链中 C—C—C 的键角也必然在 109°28′ 左右,且 C—Cσ 键可以自由旋转,各种构象间迅速转化,使三个碳原子以上的直链烷烃的碳骨架排列呈锯齿状,而不是直线型,C—H 键都处于交叉位置,这种构象不仅能量低,且在晶格中排列较紧密(图 2-10)。

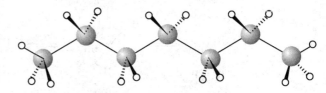

图 2-10 正庚烷的分子模型

值得注意的是,在化学反应中,分子不一定都以优势构象参与反应。另外,影响构象稳定性的因素往往较复杂,除了扭转张力和范德华斥力以外,有时还包括氢键、偶极 - 偶极作用力等,因此,分子的优势构象不一定都是对位交叉式。

五、烷烃的物理性质

有机化合物的物理性质一般是指物质状态、沸点、熔点、相对密度、溶解度、折光率、旋光度和光谱性质等。烷烃的物理性质常随碳原子数目的增加而呈规律性变化。

(一) 物质状态

在室温和常压下,$C_1 \sim C_4$ 的直链烷烃为无色气体,$C_5 \sim C_{17}$ 的直链烷烃为无色液体,C_{18} 以上的直链烷烃为无色固体。

(二) 沸点

直链烷烃的沸点随着分子中碳原子数的增多而呈规律性升高。除了某些小分子烷烃外,链上每增加一个碳原子,沸点升高 20~30℃。这是由于液体的沸点高低主要取决于分子间作用力的大小。随着烷烃分子中碳原子数的增多,其分子间的作用力就越大,因此沸点就越高。

在碳原子数相同的烷烃异构体中,其沸点随着支链的增多而降低。这是由于支链增多,减小了分子间有效接触面积,从而使分子间的作用力减弱,沸点随之降低。戊烷的三种异构体中,正戊烷的沸点为 36.1℃,异戊烷为 28℃,新戊烷为 9.5℃。

(三)熔点

直链烷烃的熔点随着碳原子数的增多而升高。这是由于分子量增加,电子个数也越多,电子云的变形性也越大,范德华力也随之增大之故。

含偶数碳原子烷烃比含奇数碳原子烷烃的熔点升高幅度大。由图 2-11 可以看出,烷烃的熔点曲线(实线部分)呈锯齿形,而含偶数碳和奇数碳烷烃则分别构成两条熔点曲线(虚线部分),即偶数碳烷烃在上、奇数碳烷烃在下(甲烷除外),且二者随着碳原子数的增加而趋于一致。

这种现象也存在于其他同系列烷烃中,其原因是有机化合物的熔点不仅涉及分子间作用力,还与分子的对称性有关。含偶数碳烷烃较含奇数碳烷烃的对称性好,晶格排列比较紧密,分子间作用力较大,导致其熔点高于相邻的两个含奇数碳原子烷烃的熔点。分子对称性对同系列烷烃中各异构体的熔点影响更加明显。如在戊烷的三种异构体中,新戊烷对称性最好,熔点最高(-17℃);异戊烷对称性最差,熔点也最低(-160℃)。

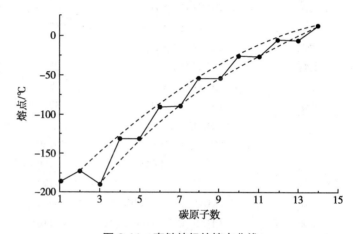

图 2-11 直链烷烃的熔点曲线

(四)溶解度

烷烃属于非极性或极性极弱的分子,根据"相似相溶"原理,烷烃难溶于水,而易溶于非极性或弱极性的有机溶剂中,如四氯化碳、氯仿、乙醚和苯等。

(五)相对密度

直链烷烃的密度随分子中碳原子数的增多而增大,在 0.8g/cm^3 左右时趋于稳定。所有烷烃的密度都小于 1g/cm^3,是有机化合物中密度最小的一类化合物。

常见烷烃的物理常数如表 2-1。

表 2-1 常见烷烃的物理常数

烷烃	结构式	熔点(℃)	沸点(℃)	相对密度(g/cm^3,20℃)
甲烷	CH_4	-182.6	-161.6	0.424(-160℃)
乙烷	CH_3CH_3	-183	-88.5	0.546(-88℃)
丙烷	$CH_3CH_2CH_3$	-187.1	-42.1	0.582(-42℃)
丁烷	$CH_3(CH_2)_2CH_3$	-138	-0.5	0.597(0℃)
戊烷	$CH_3(CH_2)_3CH_3$	-129.7	36.1	0.626

续表

烷烃	结构式	熔点（℃）	沸点（℃）	相对密度（g/cm³, 20℃）
己烷	CH₃(CH₂)₄CH₃	−95	68.8	0.659
庚烷	CH₃(CH₂)₅CH₃	−90.5	98.4	0.684
辛烷	CH₃(CH₂)₆CH₃	−56.8	125.7	0.703
壬烷	CH₃(CH₂)₇CH₃	−53.7	150.7	0.718
癸烷	CH₃(CH₂)₈CH₃	−29.7	174.1	0.730
十一烷	CH₃(CH₂)₉CH₃	−25.6	195.9	0.740
十二烷	CH₃(CH₂)₁₀CH₃	−9.7	216.3	0.749
十三烷	CH₃(CH₂)₁₁CH₃	−5 .5	235.4	0.756
十四烷	CH₃(CH₂)₁₂CH₃	6	253.5	0.763
十五烷	CH₃(CH₂)₁₃CH₃	10	270.5	0.769
十六烷	CH₃(CH₂)₁₄CH₃	18	287	0.773
十七烷	CH₃(CH₂)₁₅CH₃	22	303	0.778
十八烷	CH₃(CH₂)₁₆CH₃	28	316.7	0.777
十九烷	CH₃(CH₂)₁₇CH₃	32	330	0.777
二十烷	CH₃(CH₂)₁₈CH₃	36.4	343	0.789
异丁烷	(CH₃)₂CHCH₃	−159	−12	0.603（0℃）
异戊烷	(CH₃)₂CHCH₂CH₃	−160	28	0.620
新戊烷	C(CH₃)₄	−17	9.5	0.614
异己烷	(CH₃)₂CH(CH₂)₂CH₃	−154	60.3	0.654
3-甲基戊烷	CH₃CH₂CH(CH₃)CH₂CH₃	−118	63.3	0.676
2,2-二甲基丁烷	(CH₃)₃CCH₂CH₃	−98	50	0.649
2,3-二甲基丁烷	(CH₃)₂CHCH(CH₃)₂	−129	58	0.662

六、烷烃的化学性质

烷烃的化学性质取决于结构，烷烃分子中的 C—C 和 C—H 键都是 σ 键，键能较大，且 C—H 键的极性又很小，因此，烷烃具有较高的化学稳定性。通常在室温下，与强酸（如浓硫酸、盐酸）、强碱（如氢氧化钠）、强氧化剂（如高锰酸钾、重铬酸钾）和强还原剂（如锌、盐酸）都不发生化学反应。但在适当条件下（如光照、加热或催化剂），C—C 和 C—H 键也可断裂而发生一些化学反应。

（一）氧化反应

有机化学中的氧化反应一般是指在分子中加入氧或从分子中去掉氢的反应。烷烃在空气或氧气存在下点燃，完全燃烧生成二氧化碳和水，并放出大量的热，这就是内燃机工作时进行的主要反应。气体烷烃与空气或氧气混合，会形成爆炸性混合物。甲烷和氧气的摩尔比接近 1∶2 时，遇火花即发生剧烈的爆炸。

$$C_nH_{2n+2} + \frac{3n+1}{2}O_2 \longrightarrow nCO_2 + (n+1)H_2O$$

因此烷烃最广泛的用途就是用作燃料。如在燃烧时供氧不足，会产生一氧化碳等有毒物质。汽车所排放的废气中含有相当多的一氧化碳，因而造成空气污染。

如果在催化剂的作用下,控制氧化条件,也可以将烷烃氧化成醇、醛、酮和酸等含氧化合物,这是工业上制备含氧有机化合物的一个重要方法。例如,高级烷烃石蜡经部分氧化可生成高级脂肪酸的混合物,其中 C_{12}~C_{18} 的脂肪酸可以代替动物油脂制造肥皂,从而节约大量食用油脂。

$$R\text{—}CH_2CH_2\text{—}R' + O_2 \xrightarrow{KMnO_4} RCOOH + R'COOH$$

（二）卤代反应

有机化合物分子中的原子或基团被其他原子或基团取代的反应,称为取代反应。烷烃分子中的氢原子被卤素原子取代的反应称为卤代反应。这是烷烃最重要的反应。

$$R\text{—}H + X_2 \xrightarrow[\text{或高温}]{\text{光照}} R\text{—}X + HX$$

1. 甲烷的氯代反应　甲烷和氯气在日光(或紫外光)照射、高温(250~400℃)或催化剂的作用下,可发生取代反应,甲烷分子中的氢原子被氯原子所取代,生成一氯甲烷和氯化氢。

$$CH_4 + Cl_2 \xrightarrow[\text{或加热}]{\text{光照}} \underset{\text{一氯甲烷}}{CH_3Cl} + HCl$$

甲烷的氯代反应较难停留在一取代阶段。一氯甲烷可继续氯代生成二氯甲烷、三氯甲烷(氯仿)和四氯甲烷(四氯化碳)的混合物。氯仿是一种麻醉剂。四氯化碳可用作灭火材料。二氯甲烷、氯仿、四氯化碳都是很好的溶剂。该反应是工业制备氯甲烷的重要反应。

$$CH_4 \xrightarrow[\text{光照}]{Cl_2} \underset{\text{一氯甲烷}}{CH_3Cl} \xrightarrow[\text{光照}]{Cl_2} \underset{\text{二氯甲烷}}{CH_2Cl_2} \xrightarrow[\text{光照}]{Cl_2} \underset{\text{氯仿}}{CHCl_3} \xrightarrow[\text{光照}]{Cl_2} \underset{\text{四氯化碳}}{CCl_4}$$

不同卤素与甲烷反应活性顺序为:$F_2>Cl_2>Br_2>I_2$。其中,甲烷与氟的反应非常剧烈,难以控制,碘代反应则难以进行。因此,卤代反应一般指氯代和溴代反应。

2. 甲烷氯代反应机制　反应方程式一般只表示反应物与产物之间的数量关系,不能说明反应物是如何逐步转变成产物的,而这正是研究反应机制所要解决的问题。反应机制又称为反应历程,是描述反应物转变为产物所经历的过程,学习反应机制有助于认识反应本质,从而达到控制和利用反应的目的。反应机制是综合大量现有实验事实后提出的理论假设,随着新现象和事实的发现,现有的机制可能得到进一步的完善和肯定,也可能要加以修正,或者完全被废弃。

研究表明,甲烷氯代反应机制是自由基反应机制,可分为链引发、链增长和链终止三个阶段。

(1) 链引发(形成自由基):在光照下,氯分子吸收光能,Cl—Cl 键发生均裂,分解成化学活性很高的两个 Cl·(氯自由基)。

$$Cl:Cl \xrightarrow{\text{光照}} Cl\cdot + Cl\cdot$$

(2) 链增长(延续自由基、形成产物):氯自由基十分活泼,一旦形成极易与甲烷分子碰撞,使甲烷分子中的一个 C—H 键均裂,生成氯化氢分子,同时甲烷变为·CH_3(甲基自由基)。

$$Cl\cdot + CH_4 \longrightarrow \cdot CH_3 + HCl$$

·CH₃同样很活泼,与Cl₂碰撞时,夺取一个氯原子,使Cl—Cl键均裂,形成CH₃Cl(一氯甲烷)和新的Cl·。

$$Cl_2 + \cdot CH_3 \longrightarrow CH_3Cl + Cl\cdot$$

上述两个反应重复进行。当体系中CH₃Cl达到一定浓度时,·Cl除与CH₄碰撞外,也可与CH₃Cl碰撞,产生新的自由基(·CH₂Cl)。·CH₂Cl再与Cl₂分子作用生成二氯甲烷和新的Cl·。反应如此循环下去,生成三氯甲烷和四氯甲烷,最终得到各种氯代物的混合物。

$$Cl\cdot + CH_3Cl \longrightarrow \cdot CH_2Cl + HCl$$
$$\cdot CH_2Cl + Cl_2 \longrightarrow Cl\cdot + CH_2Cl_2$$
$$Cl\cdot + CH_2Cl_2 \longrightarrow \cdot CHCl_2 + HCl$$
$$\cdot CHCl_2 + Cl_2 \longrightarrow Cl\cdot + CHCl_3$$
$$Cl\cdot + CHCl_3 \longrightarrow \cdot CCl_3 + HCl$$
$$\cdot CCl_3 + Cl_2 \longrightarrow Cl\cdot + CCl_4$$

甲烷的氯代反应,每一步都消耗一个自由基,同时又产生一个新的自由基引发下一步反应,从而引起一系列反应,像链锁一样一环扣一环,因此自由基反应又称为自由基链反应。

(3) 链终止(消除自由基):自由基链反应不会无限制地进行下去,当活泼的低浓度的自由基互相碰撞时,可以生成稳定的分子,而使自由基消失,链反应终止。

$$\cdot Cl + Cl\cdot \longrightarrow Cl_2$$
$$\cdot CH_3 + Cl\cdot \longrightarrow CH_3Cl$$
$$\cdot CH_3 + \cdot CH_3 \longrightarrow CH_3CH_3$$

所有的自由基反应都经过上述三个阶段。甲烷的氯代反应机制同样也适用于甲烷的溴代反应以及其他烷烃的卤代反应。在一般条件下,反应不能控制在某一个阶段,因此得到四种氯代产物的混合物。若控制好反应条件,可得到某一阶段的产物为主要产物。

3. 自由基的结构和稳定性 自由基又称游离基,甲基自由基(·CH₃)的碳原子为sp²杂化,中心碳原子以三个sp²杂化轨道分别与三个氢原子的1s轨道形成三个共平面的C—Hσ键,碳原子的一个单电子位于未杂化的p轨道上,且垂直于σ键所在平面(如图2-12)。其他烷基自由基也有类似的结构。由于自由基中心碳原子周围只有七个电子,未达到八隅体,因此,属于缺电子的活泼中间体。

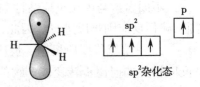

图 2-12 甲基自由基的结构和sp²杂化态

如表2-2,自由基的稳定性与C—H键的离解能有关,不同类型C—H键的离解能不同。

表 2-2 各种类型自由基及键离解能

自由基名称	自由基类型	自由基结构	键离解能(kJ/mol)
甲基自由基	—	CH₃·	435
乙基自由基	伯碳自由基	CH₃CH₂·	410
丙基自由基	伯碳自由基	CH₃CH₂CH₂·	410
异丙基自由基	仲碳自由基	(CH₃)₂CH·	397
叔丁基自由基	叔碳自由基	(CH₃)₃C·	385

C—H键的离解能越小,生成自由基时所需要的能量越低,自由基越容易形成,稳定性越

大。因此,常见自由基稳定性顺序如下:$R_3C\cdot$(叔碳自由基)$>R_2CH\cdot$(仲碳自由基)$>RCH_2\cdot$(伯碳自由基)$>CH_3\cdot$(甲基自由基)。自由基稳定性顺序决定了烷烃中伯、仲、叔氢原子被取代的难易程度。

4. 烷烃卤代反应的取向　随着分子中碳原子数目的增加,单卤代物往往不止一种,反应产物较复杂。例如丙烷分子中有两种不同的氢原子,其单卤代产物有两种,1-氯丙烷是伯氢原子被取代的产物,2-氯丙烷是仲氢原子被取代的产物。

$$CH_3CH_2CH_3 + Cl_2 \xrightarrow{\text{光照}} CH_3CH_2CH_2Cl + CH_3\underset{\underset{Cl}{|}}{CH}CH_3$$

1-氯丙烷　　2-氯丙烷

(43%)　　　(57%)

如果从每个氢原子被取代的平均几率考虑,丙烷分子中有六个伯氢原子和两个仲氢原子,在单氯代产物中 1-氯丙烷和 2-氯丙烷的比例应为 3:1,而实际却是 43:57。这表明仲氢的反应活性比伯氢大,容易被取代。

仲氢与伯氢的相对反应活性:仲氢:伯氢 =(57/2):(43/6) ≈ 4:1

又如异丁烷的一氯代反应:

$$CH_3\underset{\underset{CH_3}{|}}{CH}CH_3 + Cl_2 \xrightarrow{\text{光照}} CH_3\underset{\underset{CH_3}{|}}{CH}CH_2Cl + CH_3\underset{\underset{CH_3}{|}}{\overset{\overset{Cl}{|}}{C}}CH_3$$

2-甲基-1-氯丙烷　　2-甲基-2-氯丙烷

(64%)　　　　　　(36%)

异丁烷分子中,伯氢和叔氢原子数之比为 9:1,而这两种氢原子被取代的概率为 64:36。这说明叔氢比伯氢更活泼。

叔氢与伯氢的相对反应活性:叔氢:伯氢 =(36/1):(64/9) ≈ 5:1

通过多种烷烃氯代反应的研究表明,在室温下光引发的卤代反应,不同类型氢原子的反应活性顺序为:叔氢原子 > 仲氢原子 > 伯氢原子,其相对反应活性之比为 5:4:1。由此得出这与反应中产生的自由基的稳定性有关,自由基的稳定性越大,反应越容易进行。

在溴代反应中,氢原子的活性顺序与氯代一致,但各种类型的氢原子相对活性差别更大,叔氢:仲氢:伯氢≈1600:82:1。例如丙烷溴代可得 97% 的 2-溴丙烷,而 1-溴丙烷只有 3%,异丁烷溴代时几乎全部生成 2-甲基 2-溴丙烷。

$$CH_3CH_2CH_3 + Br_2 \xrightarrow{\text{光照}} CH_3CH_2CH_2Br + CH_3\underset{\underset{Br}{|}}{CH}CH_3$$

1-溴丙烷　　2-溴丙烷

(3%)　　　(97%)

$$CH_3\underset{\underset{CH_3}{|}}{CH}CH_3 + Br_2 \xrightarrow{\text{光照}} CH_3\underset{\underset{CH_3}{|}}{CH}CH_2Br + CH_3\underset{\underset{CH_3}{|}}{\overset{\overset{Br}{|}}{C}}CH_3$$

2-甲基-1-溴丙烷　　2-甲基-2-溴丙烷

(痕量)　　　　　　(>99%)

由此可知,溴对三种氢的选择性比氯高。这是由于氯原子活性较强,取代时对不同类型的氢原子选择性较差,而溴不如氯活泼,绝大多数情况下选择夺取活性较强的叔氢原子。因此,氯原子的活性较强而选择性较小,而溴原子的活性较弱而选择性较大。

七、有代表性的烷烃及烷烃混合物

烷烃广泛存在于自然界,其混合物主要用作燃料、化工及医药产品的原料。

(一)甲烷

甲烷是无色无味气体,几乎不溶于水,能溶于乙醇。甲烷大量存在于自然界中,是天然气、沼气、石油气的主要成分。煤矿的巷道中甲烷含量可达 20%~30%。甲烷与空气或氧气混合能生成易爆炸的混合物。煤矿矿井的瓦斯爆炸就是甲烷与空气的混合物(体积比约为 1∶10)燃烧时造成的。

(二)石油醚

石油醚常温下为无色透明液体,是低级烷烃的混合物,主要用作有机溶剂。沸点范围为 30~60℃ 的石油醚是戊烷和己烷的混合物;沸点范围在 90~120℃ 的石油醚是庚烷和辛烷的混合物。石油醚极易燃烧并具有毒性,使用和储存时要特别注意安全。

(三)液状石蜡和石蜡

液状石蜡是一种无色透明油状液体,主要成分是 18~24 个碳原子的烷烃的混合物,不溶于水,能溶于乙醚和氯仿等有机溶剂。由于不能被皮肤吸收,而且化学性质稳定,医学上用作软膏基质,也用作润滑肠道的缓泻剂。

石蜡是一种白色或淡黄色的蜡状固体,主要成分是 25~34 个碳原子的高级烷烃的混合物,不与常见的化学试剂反应,医药上用作蜡疗、药丸包衣、封瓶、理疗等。

第二节 环 烷 烃

由碳氢两种元素组成而性质与脂肪烃相似的一类环状化合物,称为脂环烃。根据环上碳原子的饱和程度不同,可分为环烷烃、环烯烃和环炔烃。本节主要讨论环烷烃。环烷烃(cycloalkane)是一类烷烃碳链首尾两个碳原子以单键相连所形成的具有环状结构的化合物。

一、环烷烃的分类、同分异构和命名

(一)环烷烃的分类

根据环烷烃分子中所含碳环的数目,可分为单环环烷烃、双环环烷烃和多环环烷烃。

单环环烷烃是指分子中只含一个碳环结构的烷烃,根据组成环的碳原子数不同,单环环烷烃可分类如下:

$$单环环烷烃\begin{cases} 小环(3~4 元环) \\ 普通环(5~6 元环) \\ 中环(7~11 元环) \\ 大环(\geqslant 12 元环) \end{cases}$$

双环或多环环烷烃是指分子中含有两个或两个以上碳环结构的烷烃,包括螺环烃、桥环烃等。例如:

螺环烃　　　　桥环烃

(二)单环环烷烃的同分异构现象

单环环烷烃与开链烷烃相比,由于两端碳原子相连而减少两个氢原子,故其分子通式为 C_nH_{2n},与碳原子数相同的烯烃互为构造异构体。单环环烷烃的构造异构较开链烷烃复杂,成环碳原子数的不同、取代基的种类、数目的不同以及取代基在环上的位次不同均可引起构造异构现象。除了含有三个碳原子的环丙烷无异构体外,其他环烷烃均存在构造异构体。例如,分子式为 C_4H_8 和 C_5H_{10} 的单环环烷烃分别有两个和五个构造异构体。

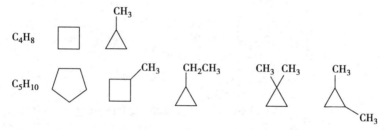

在环烷烃及其衍生物中,环的结构限制了 C—C 单键的自由旋转。当成环的两个碳原子各自连接的原子或基团不相同时,可产生两种异构体。两个取代基在环平面同一侧称为顺式,在环平面异侧称为反式。例如:

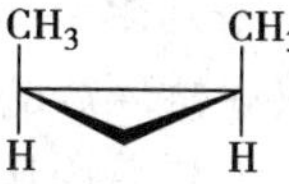

顺式 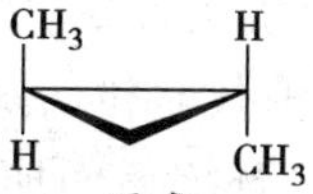　　　　反式

顺反异构体的构造式相同,只是原子或基团在空间的排列方式不同。这种分子中的原子或基团在空间的排列方式称为构型,顺反异构是一种构型异构(详见第四章)。顺反异构体属于不同的化合物,在室温下不会相互转变,可以被分离成单一物质。

(三)环烷烃的命名

1. 单环环烷烃的命名　单环环烷烃的命名与烷烃相似,即在同数碳原子的烷烃名称前加一个“环”字,称为“环某烷”。例如:

环丙烷　　环丁烷　　环戊烷　　环己烷

当环上连有一个取代基时,取代基的位次可省略;若连有两个或两个以上取代基时,应按照“次序规则”(详见第三章),使小的取代基位次较小;如果连有复杂取代基时,可将环作为取代基来命名;当存在顺反异构体时,在名称前面标出构型。例如:

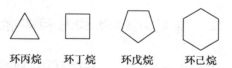

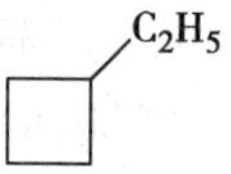

乙基环丁烷 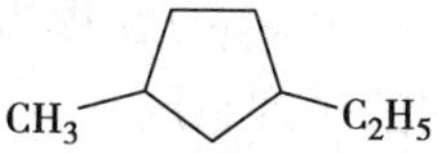　　　　1-甲基-3-乙基环戊烷

33

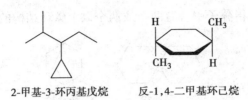

2-甲基-3-环丙基戊烷　　　　　反-1,4-二甲基环己烷

2. 螺环烃和桥环烃的命名　　螺环烃是单环之间共用一个碳原子的多环烃。分子中共用的碳原子称为螺原子,分子中的碳环称为螺环。

螺环的编号是从螺原子邻位碳开始,由小环经螺原子至大环,并使环上取代基的位次最小。螺环烷烃的命名是根据螺环上碳原子的总数,称为"螺某烷",在螺字后面加方括号,方括号内用阿拉伯数字按由少到多的次序注明连接在螺原子上的两个成环的碳原子数,数字之间在下角用圆点"."隔开。例如:

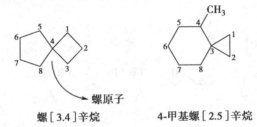

螺[3.4]辛烷　　　　　　4-甲基螺[2.5]辛烷

桥环烃是由两个碳环共用两个或两个以上碳原子的化合物。二环桥环烃亦称双环桥环烃,环与环间相互连接的两个碳原子称为"桥头"碳原子,连接在桥头碳原子之间的碳链则称为"桥路"。

桥环的编号顺序是从一个桥头开始,沿最长桥路到第二桥头,再沿次长桥路回到第一桥头,最后给最短桥路编号,并使取代基位次最小。双环桥环烃的命名是根据化合物分子中成环碳原子的总数称为"二环某烷",环字后面加方括号,方括号内用阿拉伯数字按桥路所含碳原子个数由多到少的次序列出,数字之间在下角用圆点"."隔开。例如:

二环[4.1.0]庚烷　　　　　二环[2.2.1]庚烷　　　　6-乙基二环[3.2.0]庚烷

二、环烷烃的结构与稳定性

环烷烃分子中的碳原子均采用 sp^3 杂化,C—C 键均为牢固的 σ 键,由此推测环烷烃应具有与烷烃相似的化学稳定性。但事实不尽如此。实验证明,环烷烃的稳定性与环的大小有关。例如六元环以内环烷烃的稳定性顺序:环己烷 > 环戊烷 > 环丁烷 > 环丙烷。其中,环己烷的稳定性与开链烷烃相似,最稳定。而环丙烷极易发生各种加成反应而开环,稳定性最小。

1885 年,德国化学家拜尔(Baeyer)曾提出张力学说来解释上述实验事实。他假设环烷烃的所有成环碳原子是 sp^3 杂化,排列在同一平面内,呈正多边形(图 2-13),然后比较不同环烷烃中 C—C—C 键角与正四面体的碳原子键角(109°28′)的偏差程度,这些偏差均会使环烷烃碳

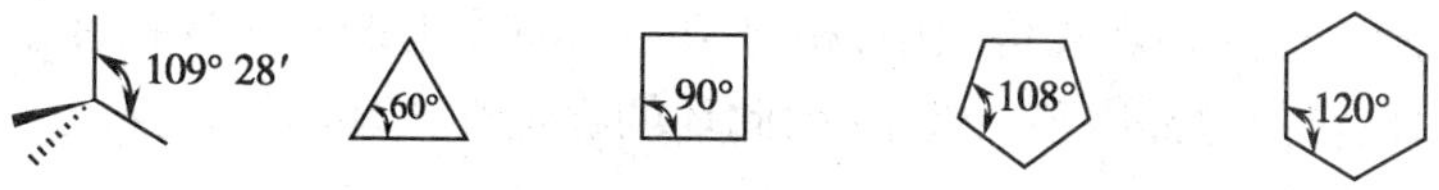

图 2-13 拜尔张力学说中环烷烃分子的键角

原子间的键角向内或向外偏转,环将变得不稳定,从而使每个碳环产生恢复正常键角的力,这种力被称为角张力。角张力越大,环的稳定性越差。因此,按照张力学说推断,环丙烷的角张力最大,最不稳定,极易发生各种加成反应而开环。环戊烷的角张力最小,应该最稳定。环己烷的键角必须向外偏转一定角度才可能恢复正常键角,应不如环戊烷稳定,但实际上环己烷具有与开链烷烃相似的稳定性。后来研究发现,实际上只有环丙烷的三个成环碳原子在同一平面内,拜尔张力学说中将成环碳原子都看做共平面的假设是不符合事实的。

三、环烷烃的构象

(一) 环丙烷的构象

环丙烷的结构如图 2-14 所示,三个碳原子在同一平面上形成正三角形,碳原子之间的夹角为 60°,而链状烷烃的 sp^3 杂化碳原子键角应接近 109°28′,因此,环丙烷的 C—C 键受到环状骨架的约束,不能像链状烷烃那样沿轴向重叠,而只能以弯曲的方式重叠,形成香蕉状的键(图 2-15),重叠程度不及正常键,这种弯曲键使环丙烷的 C—C 键比链状烷烃中的 C—C 键弱。整个分子像被拉紧了的弓一样存在较大的角张力,导致了环丙烷的不稳定性,易发生开环反应,以便恢复正常的键角。环丙烷不稳定的另一个原因,是分子中的 C—H 键在空间上均处于重叠式的位置,存在着较大的扭转张力。

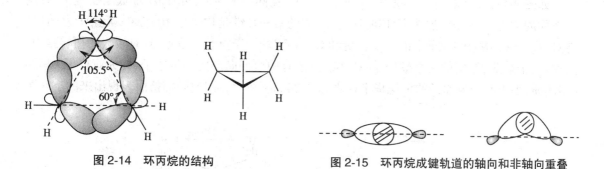

图 2-14 环丙烷的结构   图 2-15 环丙烷成键轨道的轴向和非轴向重叠

(二) 环丁烷的构象

物理方法测定表明,环丁烷的四个碳原子不在同一平面内,其中一个碳原子以约 25° 的角度离开另三个碳原子构成的平面,可形象化地称其为蝶式构象(图 2-16),其"两翼"上下摆动,

图 2-16 环丁烷的构象

两个构象迅速变换。在这种蝶式构象中,相邻两个碳原子上的C—H键在空间上不处于重叠式位置,角张力和扭转张力都比环丙烷小,因此环的稳定性比环丙烷略强。

(三) 环戊烷的构象

如图 2-17 所示,环戊烷若以平面形构象存在,没有显著的角张力(C—C 键夹角将为 108°,接近正常四面体键角 109°28′)。但是相邻碳原子上的 C—H 键在空间上均处于重叠式位置,存在着很大的扭转张力,因此,这种构象不稳定。

事实上,环戊烷通过环内 C—C 单键的旋转,呈信封式构象存在。四个碳原子在同一个平面上,一个碳原子离开此平面。在信封式构象中,离开平面的碳原子与相邻碳原子上的氢原子以接近交叉式构象的方式排列,部分解除了扭转张力,因此信封式构象是环戊烷的优势构象。在室温下,环戊烷环上的每一个碳原子依次轮流离开平面,从一个信封式构象转换成另一个信封式构象。

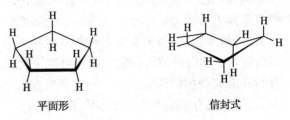

平面形　　　　　　信封式

图 2-17　环戊烷的构象

(四) 环己烷的构象

1. 椅式和船式构象　环己烷若以平面式构象存在,分子内存在较大的角张力;同时,相连碳原子上的 C—H 键在空间上均处于重叠式位置,存在着很大的扭转张力;因此环己烷以平面式构象存在时十分不稳定。

实际上,环己烷通过成环 C—C 单键的旋转以非平面的构象存在,其中椅式构象和船式构象是环己烷的两种典型构象。

如图 2-18,环己烷船式构象中,C_2、C_3、C_5、C_6 在同一平面上,可看成"船底",C_1 与 C_4 在这个平面的上方,可看成"船头"和"船尾"。环内的 C—C 键角均接近 109°28′,无角张力;但 C_2 与 C_3、C_5 与 C_6 两对碳原子上的 C—H 键和 C—C 键均处于重叠式位置,具有较大的扭转张力;另外,处于船头、船尾的两个碳原子(C_1 与 C_4)上有两个伸向环内的氢原子(称为旗杆氢),相距 0.183nm,小于两个氢原子的范德华半径之和(0.24nm),故存在因空间拥挤而表现出来的空间张

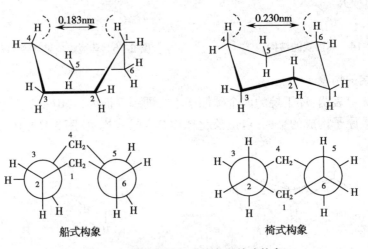

船式构象　　　　　　椅式构象

图 2-18　环己烷的船式构象和椅式构象

力,称为跨环张力(或旗杆氢效应)。

若转动船式构象中的一个船头碳原子(C_1),使其翻转到船底平面的下方,此时的形状与椅子相似,被称为椅式构象,是环己烷的另一种典型构象。在椅式构象中,环内的C—C键角均接近109°28′,没有角张力;其中任何两个相邻碳原子上的C—H键和C—C键都处于交叉式位置,几乎没有扭转张力;两个旗杆氢原子间的空间距离(0.230nm)比船式构象大,因此椅式构象比船式构象内能低,是环己烷的优势构象。在室温下,这两种构象可以快速的不断转换,99.9%的环己烷分子以稳定的椅式构象存在。

2. 椅式构象中的竖键和横键 如图2-19所示,在椅式环己烷分子中共有十二个C—H键,它们可分为两类。一类与垂直于环平面的对称轴平行,称为竖键(直立键、a键),其中三个竖键相间分布于环平面之上,另外三个竖键则相间分布于环平面之下;另一类是与竖键形成约109.5°夹角的C—H键,称为横键(平伏键、e键),其中三个横键相间的斜向上,在环的上方,另外三个横键相间的斜向下,在环的下方。竖键垂直于环的平面,横键分布于环的四周。环上的每个碳原子都有一个竖键和一个横键,在一个碳原子上若竖键向上则横键向下,反之竖键向下则横键向上。

垂直于环平面的对称轴　　　六个竖键　　　　六个横键

图 2-19　环己烷椅式构象中的竖键和横键

3. 环己烷的椅式构象的翻环作用 如图2-20所示,环己烷的椅式构象通过环内C—C键的旋转,可发生翻环作用,从一种椅式构象转变为另一种椅式构象。翻环后原来环上的竖键全部变为横键,原来环上的横键则全部变为竖键,但键在环上方或环下方的空间取向不变。

图 2-20　椅式环己烷的翻环作用

实际上,环己烷的构象情况,比上述还要复杂些。在翻环过程中能够产生无数个构象,各种构象的内能差别较小。因此在室温下,不能拆分出环己烷中的某一种构象异构体。

(五) 取代环己烷的构象

1. 一取代环己烷的构象 环己烷分子中的一个氢原子被其他原子或原子团取代时,取代基可位于竖键或横键。如图2-21所示,当1-甲基环己烷的甲基位于竖键上时,甲基与C_3和C_5位竖键上的氢原子距离较近,空间上比较拥挤,相互间斥力较大,被称为1,3-效应,使内能升高而不稳定;当位于横键时,甲基避开了 1,3- 竖键上氢原子的排斥作用,成为相对稳定的优势构象,约占 95%。这两种构象内能差别较小,可以在室温下相互转化。

5%　　　　　　95%

甲基环己烷

随着取代基的体积增大,两种构象的内能相差也越大,取代基在横键的构象所占的比例就增大。例如,叔丁基环己烷的构象平衡混合物中,99.99% 的分子以横键取代的优势构象存在(图 2-21)。

0.01%　　　　　　99.99%

叔丁基环己烷

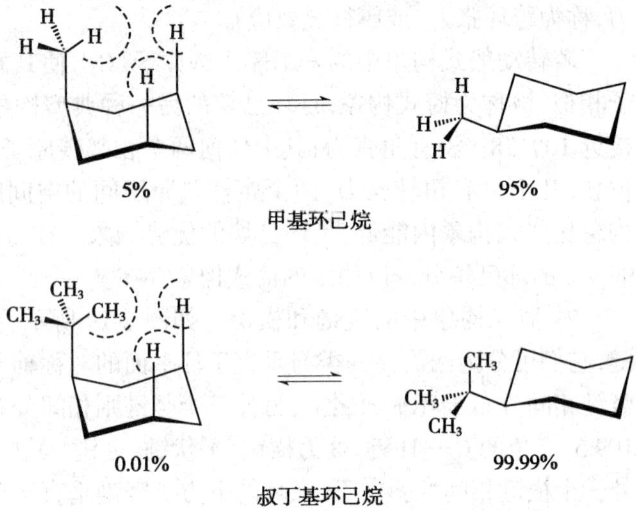

图 2-21　甲基环己烷和叔丁基环己烷中的 1,3- 效应

总之,一取代环己烷的椅式构象比船式构象稳定,最稳定的椅式构象是最大基团在横键的构象。

2. 二取代环己烷的构象　二取代环己烷根据取代基的位置,可分为 1,1-、1,2-、1,3- 和 1,4- 二取代物,其中 1,1- 二取代环己烷只有一种椅式构象,其余三种不仅有构象异构,而且还有顺反异构。

如图 2-22 所示,1,2- 二甲基环己烷有顺式和反式两种构型。顺 -1,2- 二甲基环己烷的两种椅式构象稳定性相同,都是 ae 键构象;反 -1,2- 二甲基环己烷的两种椅式构象,一种是两个甲基都在竖键,即 aa 键构象,另一种是两个甲基在横键,即 ee 键构象。显然 ee 键构象比 aa 键构象稳定,ee 键构象是稳定的优势构象。

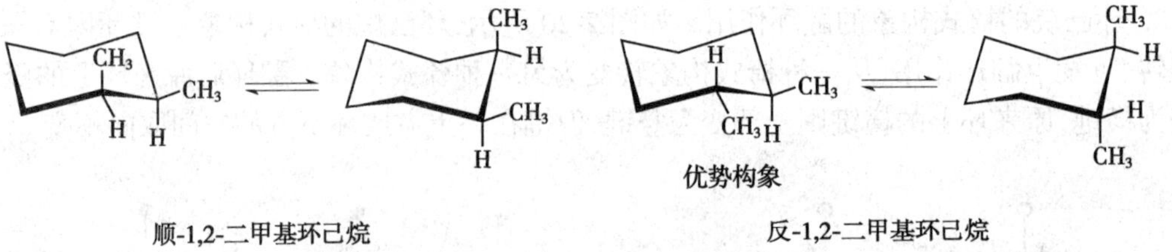

顺-1,2-二甲基环己烷　　　　　　反-1,2-二甲基环己烷

图 2-22　1,2- 二甲基环己烷的构象

值得注意的是:在常温下,构象异构体之间可以相互转换,而顺反构型异构体之间不能相互转换。

如图 2-23,顺 -1,3- 二甲基环己烷有 ee 键构象和 aa 键构象,显然顺式 ee 键构象较稳定,

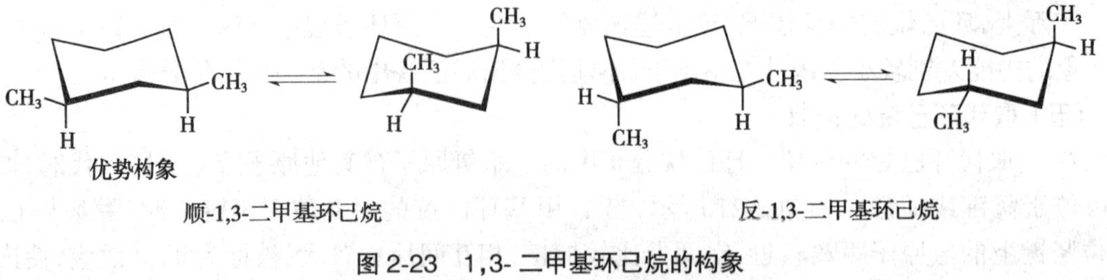

顺-1,3-二甲基环己烷　　　　　　反-1,3-二甲基环己烷

图 2-23　1,3- 二甲基环己烷的构象

为优势构象;反-1,3-二甲基环己烷的两种椅式构象稳定性相同,都是 ae 键构象。

如图 2-24 所示,两个 1-甲基-4-叔丁基环己烷顺反异构体的构象中,叔丁基位于横键的构象为优势构象。因为庞大的叔丁基具有很强的 1,3-效应的相斥作用,倾向于占据横键的位置。

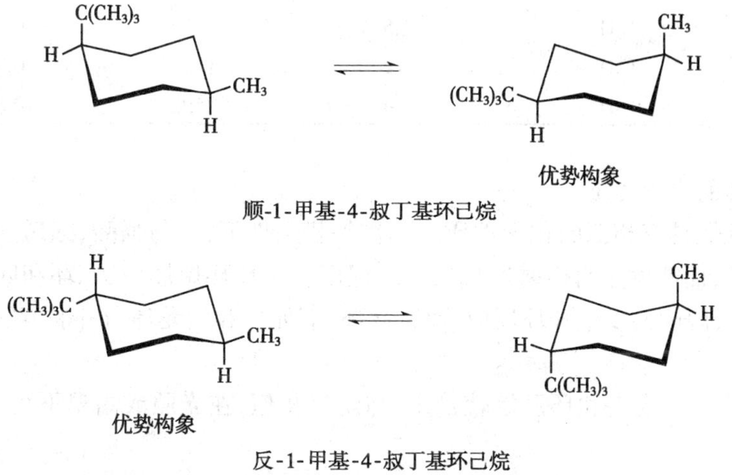

H $C(CH_3)_3$

CH$_3$

优势构象

顺-1-甲基-4-叔丁基环己烷

优势构象

CH$_3$

反-1-甲基-4-叔丁基环己烷

图 2-24　1-甲基-4-叔丁基环己烷的优势构象

综上所述,判断取代环己烷的优势构象的一般规律为:

（1）椅式构象是最稳定的优势构象;

（2）e 键取代基最多的构象为优势构象;

（3）有不同取代基时,较大取代基处于 e 键的构象为优势构象;叔丁基等庞大基团通常处于 e 键的构象为优势构象。

在化学反应方面,官能团处于横键与竖键的空间环境不同,反应活性也有差别。

问题与思考

请给出反-1,4-二甲基环己烷的优势构象。

四、环烷烃的性质

（一）环烷烃的物理性质

环烷烃的物理性质与烷烃基本相似。在常温下,小环环烷烃为气体,中环环烷烃为液体,大环环烷烃为固体。环烷烃的单键旋转受到环的限制,因此环烷烃分子具有一定的对称性和刚性,沸点、熔点和相对密度都比相应的开链烷烃高。一些常见环烷烃的物理常数见表 2-3。

表 2-3　常见环烷烃的物理常数

环烷烃	分子式	熔点（℃）	沸点（℃）	密度（g/cm³,20℃）
环丙烷	C_3H_6	−127	−33	0.720（−79℃）
环丁烷	C_4H_8	−80	12	0.703（0℃）
环戊烷	C_5H_{10}	−94	49	0.745
环己烷	C_6H_{12}	6.5	81	0.779
环庚烷	C_7H_{14}	−12	118	0.810
环辛烷	C_8H_{16}	14	149	0.836

（二）环烷烃的化学性质

环烷烃与烷烃具有相似的化学性质。如在一般条件下,不与强酸、强碱、强氧化剂和强还原剂等发生反应,而能发生自由基取代反应。但由于小环环烷烃（三元环和四元环）分子中存在较大的角张力,因此易发生开环反应,而普通环（五元环和六元环）在同样条件下不易发生开环反应。

1. 卤代反应　环戊烷和环己烷较稳定,与烷烃相似,在光照或高温下可以发生自由基取代反应。例如:

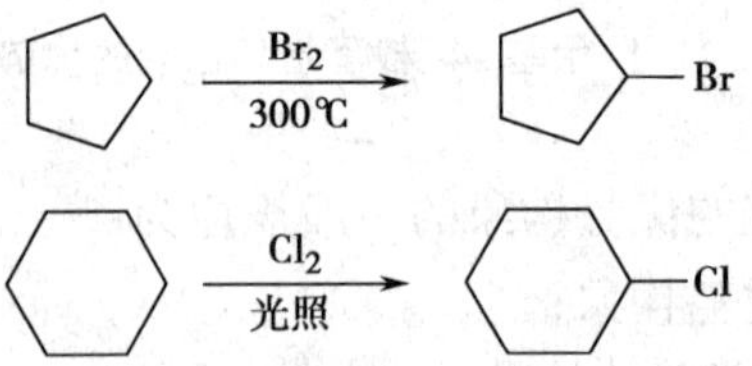

2. 加成反应　环烷烃的加成反应是指环上的一个 C—Cσ 键发生断裂,试剂中的两个原子分别与碳链两端的两个原子相连的开环反应。在环烷烃中,小环环烷烃在一定条件下,可分别与氢气、卤素及卤化氢等发生加成反应而开环。

（1）加氢反应:在催化剂镍的存在下,环丙烷和环丁烷均可以发生加氢反应,生成相应的开链烷烃。

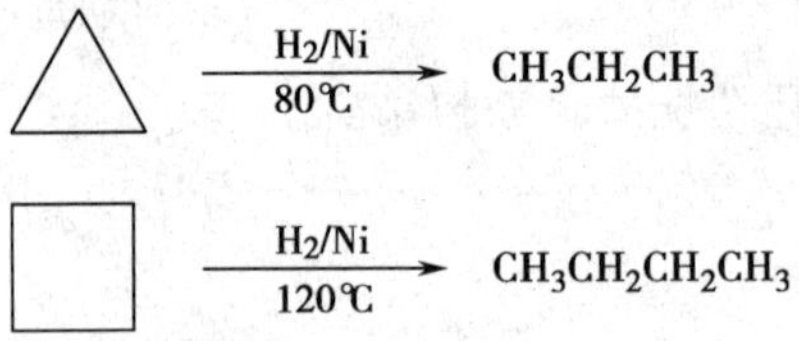

从上述反应可看出,环丁烷的开环反应不如环丙烷容易,需 120℃ 才能生成丁烷。环戊烷则需在更高的温度（300℃）下才会与 H_2 作用开环,环己烷则很难与氢加成。

（2）与卤素反应:环丙烷在室温下即可与溴发生加成反应,使溴褪色。环丁烷与溴必须加热才能发生开环加成反应。

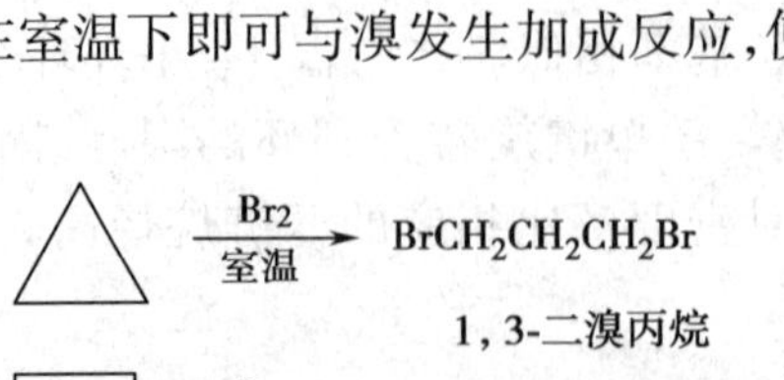

（3）与卤化氢反应：环丙烷在室温下可与溴化氢发生加成反应，生成溴代烷烃。

$$\triangle \xrightarrow{\text{HBr}} CH_3CH_2CH_2Br$$

1-溴丙烷

当环丙烷环上连有取代基时，开环主要发生在含氢较多和含氢较少的相邻碳原子之间，且卤化氢中的卤原子加在含氢较少的碳原子上，而氢原子则加在含氢较多的碳原子上。例如：

$$\overset{CH_3}{\triangle} \xrightarrow{\text{HBr}} CH_3CHBrCH_2CH_3$$

2-溴丁烷

在常温下环丁烷以上的环烷烃难以与卤化氢发生开环加成反应。

由以上的例子可以看出，单环环烷烃的反应活性顺序为：环丙烷＞环丁烷＞环戊烷＞环己烷。

本章小结

烷烃通式为 C_nH_{2n+2}。甲烷碳原子为 sp^3 杂化态，正四面体结构。单环环烷烃的通式为 C_nH_{2n}。三元环和四元环不稳定，五元环和六元环较稳定。烷烃和环烷烃的系统命名法首先要确定母体（即主链），然后给主链编号，书写时取代基放在母体的前面，注意汉字和数字的格式和顺反构型的标记。

烷烃分子中的 C—C 键和 C—H 键均是牢固的 σ 键，成键原子轨道沿轴线发生最大程度的重叠所形成。C—C 单键可绕对称轴自由转动，从而使分子产生无数种构象。乙烷绕 C—C 键旋转可产生交叉式（优势构象）和重叠式两种典型构象。丁烷在围绕 C_2—C_3 键旋转时产生四种典型构象：全重叠式、邻位交叉式、部分重叠式和对位交叉式（优势构象）。环己烷的典型构象有两种：船式和椅式（优势构象）。环己烷可以通过环内 C—C 键的旋转，从一种椅式构象转变为另一种椅式构象。翻环前后，C—H 键的方向不变，但原来的竖键全部变成横键，而原来的横键全部变为竖键。取代环己烷的优势构象一般是大体积基团位于横键的椅式构象。

烷烃化学性质稳定。在光照或高温下可以与 Br_2 或 Cl_2 发生自由基链反应生成卤代物。不同的氢原子活性次序为：叔氢＞仲氢＞伯氢。卤素的相对活性顺序为：$F_2>Cl_2>Br_2>I_2$。溴代反应的活性虽然不如氯代，但是选择性较高。环丙烷和环丁烷化学性质活泼，容易与 H_2、卤素、卤化氢等发生加成反应而开环。

（张美慧）

 复习题

1. 用系统命名法命名下列化合物。

(1) $CH_3CH_2CH_2CH_2CH_2CHC(CH_3)_3$
                        |
                        $CH_2CH_2CH_3$

(2) $CH_2CH_2CH_3$
                          |
    $CH_3CH_2CH_2CHCH_2CH_2CH_2CH_3$

(3) CH_3 C_2H_5
      | |
  $CH_3CCH_2CH_2CHCH_2CH_3$
      |
    CH_3

(4)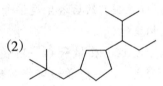

(5)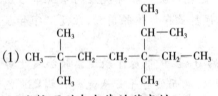

(6) $(CH_3)_4C$

2. 写出下列化合物的构造式。

(1) 2,5- 二甲基 -3- 环戊基己烷

(2) 1,2,3- 三甲基环丙烷

3. 写出下列化合物的优势构象式。

(1) 顺 -1- 甲基 -2- 异丙基环己烷

(2) 反 -1- 甲基 -3- 异丙基环己烷

4. 写出戊烷围绕 C_2—C_3 单键旋转产生的典型构象,用纽曼投影式表示,并指出优势构象。

5. 指出下列化合物中各碳原子的类型。

(1) CH_3
                      |
      CH_3 $CH-CH_3$
      | |
$CH_3-C-CH_2-CH_2-C-CH_2-CH_3$
      | |
     CH_3 CH_3

(2)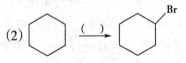

6. 比较下列自由基的稳定性。

(1) $(CH_3)_2CH\cdot$ (2) $CH_3\cdot$ (3) $(CH_3)_3C\cdot$ (4) $CH_3CH_2\cdot$

7. 完成下列反应。

(1)

(2)

8. 有一分子式为 C_6H_{14} 的饱和烃,只含有一个叔碳原子,试写出其可能的构造式。

第三章

不饱和链烃

学习目标

1. 掌握　烯烃和炔烃的命名方法和结构特点。
2. 掌握　烯烃和炔烃的化学性质，并理解亲电加成反应机制。
3. 熟悉　共轭二烯烃的结构及其亲电加成反应。
4. 熟悉　有代表性的烯烃和炔烃化合物。
5. 了解　烯烃和炔烃的物理性质。

第一节　烯　　烃

烯烃是一类含有碳碳双键(C=C)的化合物，比相应的烷烃少两个氢原子，故其通式为C_nH_{2n}。碳碳双键是烯烃的官能团，烯烃的化学反应主要在不饱和键上。烯烃在化工、医药和生命科学中有着十分重要的地位。这一节主要介绍含有一个碳碳双键的单烯烃。

一、烯烃的结构

乙烯是最简单的烯烃，双键碳原子均采用 sp^2 杂化，即 1 个 2s 轨道和 2 个 2p 轨道进行杂化，得到的 3 个 sp^2 杂化轨道能量相等、性质相同、处于同一平面，杂化轨道相互之间的夹角为 120°。两个碳原子各以 1 个 sp^2 杂化轨道“头对头”重叠形成 1 个碳碳 σ 键，其余的 4 个 sp^2 杂化轨道分别与 4 个氢原子的 1s 轨道“头对头”重叠形成 4 个碳氢 σ 键，5 个 σ 键和 6 个原子都处于同一平面。此外，两个碳原子上还各有 1 个未参与杂化的 p 轨道，该轨道垂直于所有 σ 键组成的平面，相互平行的 p 轨道从侧面以“肩并肩”的形式重叠形成 π 键，π 键的键能约为 265kJ/mol。图 3-1 为乙烯分子结构示意图。

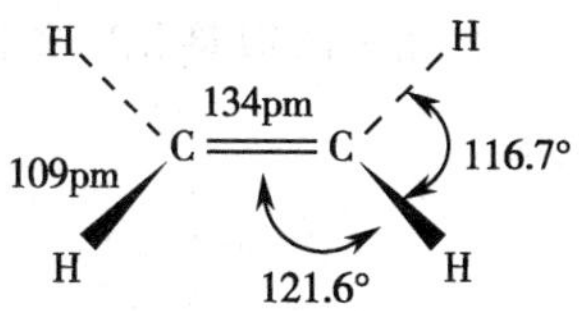

图 3-1　乙烯分子的结构

现代物理方法测定表明，碳碳双键的键能为 610kJ/mol，键长为 134pm(图 3-2)，而乙烷分子中碳碳单键的键能为 345kJ/mol，键长为 154pm，故乙烯中的 π 键弱于 σ 键。

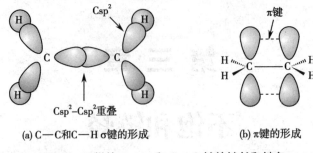

(a) C—C和C—H σ键的形成   (b) π键的形成

图 3-2　乙烯的 C—H 和 C=C 键的键长和键角

二、烯烃的异构现象和命名

（一）异构现象

1. 构造异构　烯烃的构造异构比烷烃复杂,不仅存在碳链异构,而且存在双键位置不同的位置异构。例如:丁烯存在三种构造异构体,1-丁烯与 2-丁烯为官能团位置异构,1-丁烯与 2-甲基丙烯为碳链异构。此外,单烯烃和碳原子数目相同的环烷烃亦互为构造异构,如丁烯、环丁烷和甲基环丙烷互为构造异构。

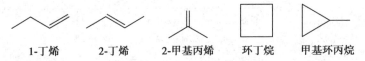

1-丁烯　　2-丁烯　　2-甲基丙烯　　环丁烷　　甲基环丙烷

2. 顺反异构　碳碳双键由一个 σ 键和一个 π 键组成,由于 π 键是通过侧面重叠形成的,故双键碳原子不能再以碳碳 σ 键为轴自由旋转,否则将会导致 π 断裂(图 3-3),因此当两个双键碳原子各连有两个不同的基团时,这四个基团就有两种不同的空间排列方式,产生顺反异构体。两个相同基团在双键同侧时称为顺式异构体;反之,两个相同基团在双键异侧时称为反式异构体。

图 3-3　碳碳双键旋转将使 p 轨道间不能重叠,破坏 π 键

$$\begin{matrix} a \\ b \end{matrix} C=C \begin{matrix} a \\ c \end{matrix} \qquad\qquad \begin{matrix} a \\ b \end{matrix} C=C \begin{matrix} c \\ a \end{matrix}$$

顺式　　　　　　　　　　　　　反式

b 和 c 可以是相同基团,也可以是不同基团。如:

$$\begin{matrix} H_3C \\ H \end{matrix} C=C \begin{matrix} CH_3 \\ H \end{matrix} \qquad\qquad \begin{matrix} H_3C \\ H \end{matrix} C=C \begin{matrix} CH_3 \\ CH_2CH_3 \end{matrix}$$

顺-2-丁烯　　　　　　　　　　顺-3-甲基-2-戊烯

顺反异构体具有不同的物理性质,化学性质上也存在一定差异,相互之间不能随意转化。这种由于键不能绕轴自由旋转,而使烯烃分子呈现不同几何形象的异构称为几何异构。几何异构属于立体异构中的构型异构,但并不是所有烯烃都存在几何异构。只有两个双键碳原子都连有不同的基团时,才会产生几何异构。若其中一个双键碳上所连两个基团相同,则不存在异构。如:

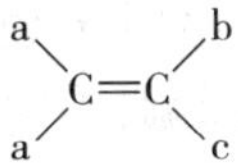

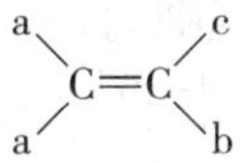

为同一化合物,不是几何异构。

当烯烃的两个双键碳原子连接的四个基团完全不同时,同样存在几何异构。

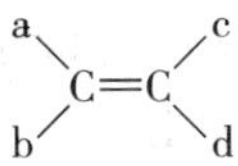

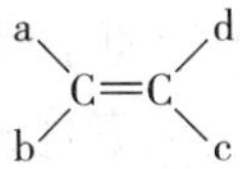

用顺反异构显然不能确定其几何构型,国际上统一用 Z、E 标记法。在烯烃的命名中详细介绍。

? 问题与思考 ●●●

指出下列烯烃是否有顺反异构体,若有,试写出其两种异构体。

(1) $CH_3CH_2CH{=}CHCH_2CH_3$　(2) $(CH_3CH_2)_2C{=}CH_2$　(3) $CH_3CH_2CH{=}CHCH_3$

(二) 命名

1. **命名规则**　烯烃命名的原则与烷烃相似。简单烯烃的命名可采用普通命名法。如:

$$H_2C{=}CH_2 \qquad CH_3CH{=}CH_2 \qquad CH_3\overset{\displaystyle CH_3}{\underset{}{C}}{=}CH_2$$

乙烯　　　　　　　丙烯　　　　　　　异丁烯

烯烃中碳原子数在十以内时用天干顺序表示,称为"某烯";在十以上时则要用中文数字表示,并在"烯"前面加上一个"碳"字。如:$C_{12}H_{24}$ 十二碳烯。

对于复杂的烯烃,则需要用系统命名法进行命名。

(1) 选择含有碳碳双键在内的最长碳链作为主链,按主链碳原子的数目,称为"某烯"。

(2) 从距离双键最近的一端给主链编号,使双键的碳原子编号较小。

(3) 命名时将取代基的位次与名称写在母体名称前面。若有多个取代基,则按"次序规则"确定基团的优先顺序,将不优先基团放在前面,优先基团放在后面即靠近母体的地方。对于对称的烯烃,应使第一个取代基的位置编号最小。

(4) 双键的位置不同,则存在官能团的位置异构,因而需标明双键的位次。以双键碳原子中编号较小的数字表示双键的位次,置于母体之前,并与母体及前面的取代基名称用"—"相隔。

2. **烯基的命名**　烯烃分子去掉一个氢原子后剩余的基团称为烯基。烯基的编号从带有自由价的碳原子开始。下面为一些常见烯基:

$$H_2C=CH- \qquad CH_3CH=CH- \qquad H_2C=CH-CH_2-$$

乙烯基   1-丙烯基(丙烯基)   2-丙烯基(烯丙基)

3. 几何异构体的标记 在几何异构体中,若两个双键碳原子上分别连有一个相同基团,可用顺/反构型命名法。当碳碳双键上连有四个互不相同的原子或基团时,顺反异构来命名显然不能胜任,需要用 Z、E 标记法。

Z、E 命名时,按照次序规则,分别比较几何异构体中两个双键碳原子上各自连接的两个基团优先次序,若两个双键碳上各自的优先基团在双键的同侧,则用字母"Z"表示其构型(Z 是德文 Zusammen 的字头,意为"同在一处");若在双键的异侧,则用字母"E"表示其构型(E 是德文 Entgegen 的字头,意为"相反的")。

确定基团排列先后的次序规则要点:

(1) 若双键碳上所连基团为原子时,按原子的原子序数进行比较,较大者优先,称为"较优基团"。若是同位素,则原子量大者优先。如:Br>Cl>O>N>D。

(2) 若双键碳上所连基团为原子团时,首先比较与双键碳直接相连的第一个原子的原子序数,较大者优先。如:$OCH_3>CH_3$。若两个基团的第一个原子相同,则比较与它相连的其他原子,按原子序数的大小,先比较最大的,原子序数较大者优先;若最大原子相同,则顺次比较中等和较小原子的原子序数;否则依次继续进行比较,直到有差别为止。如:$CH_2OH>CH(CH_3)_2$ 可以看作:

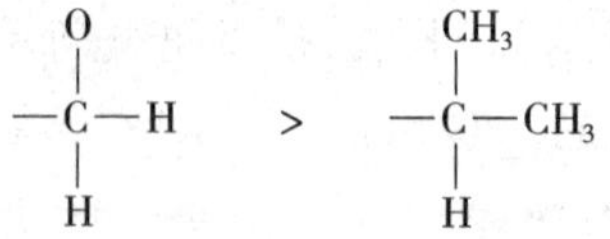

第一个原子均为碳,依次比较其他原子,前者第一个原子碳相连的原子是 O、H、H,而后者第一个原子碳相连的原子则是 C、C、H,比较其中最大者 O>C,因此 CH_2OH 优先。

如:$C(CH_3)_3>CH(CH_3)_2>CH_2CH_3>CH_3$ 可以看作:

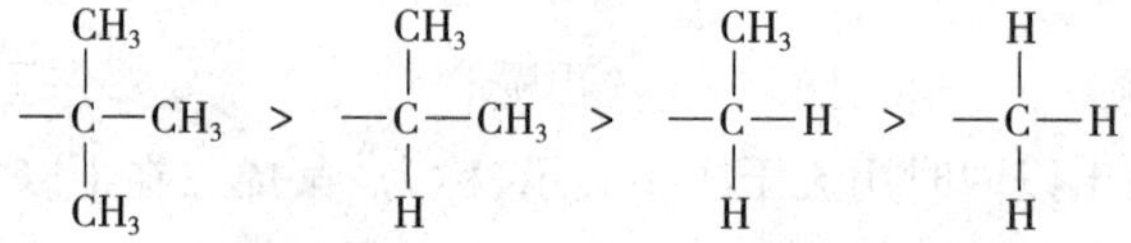

第一个原子均为碳,比较与其相连的其他原子,$C(CH_3)_3$ 中第一个原子碳相连的原子是 C、C、C,而 $CH(CH_3)_2$ 中第一个原子碳相连的原子为 C、C、H,CH_2CH_3 中第一个原子碳相连的原子为 C、H、H,CH_3 中第一个原子碳相连的原子为 H、H、H,依次比较得出如上结论。

(3) 若双键碳上所连基团为不饱和基团时,应将双键或三键看作连接两个或三个相同的原子。如:$C≡CH>C(CH_3)_3$ 可以看作:

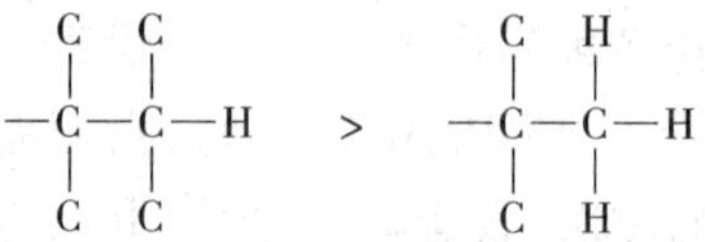

第一个原子碳所连原子均为 C、C、C,依次比较其他原子,$C≡CH$ 中第二个原子碳相连的原子是 C、C、H,而 $C(CH_3)_3$ 中第二个原子碳相连的原子是 H、H、H,因此 $C≡CH$ 优先。

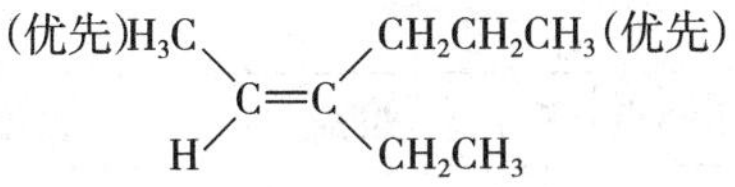

(Z)-3-乙基-2-己烯 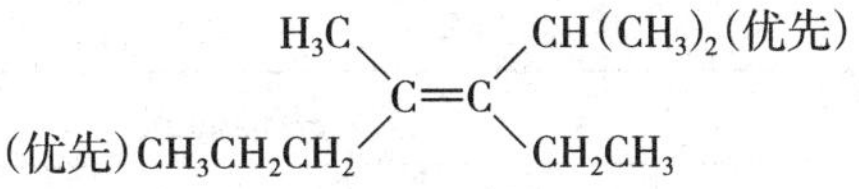　　　　　　　　(E)-2,4-二甲基-3-乙基-3-庚烯

若两个双键碳上连有相同基团时,也可用顺反异构进行命名。如:

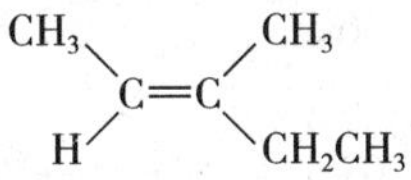

顺-3-甲基-2-戊烯　　　　　　　　反-3-甲基-2-戊烯
(E)-3-甲基-2-戊烯　　　　　　　　(Z)-3-甲基-2-戊烯

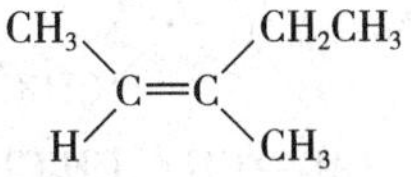

? 问题与思考 ●●●

以顺反和 Z/E 命名法命名上述问题 3-1 中具有顺反异构烯烃。

三、烯烃的物理性质

烯烃的物理性质类似于烷烃。含有 $C_2 \sim C_4$ 的烯烃常温下为气态,$C_5 \sim C_{15}$ 的烯烃为液态,高级烯烃则为固态。烯烃的沸点、熔点和相对密度均随分子量的增加而升高,带支链的烯烃沸点低于其直链的异构体烯烃。在顺反异构体中,顺式异构体的沸点略高于反式,这是由于顺式异构体的偶极距大于反式的原因;而反式异构体的熔点则高于顺式,这是由于反式异构体具有较高的对称性,在晶格中排列更为紧密的原因。烯烃极难溶于水而易溶于非极性的有机溶剂,如苯、烷烃、氯仿和四氯化碳等。常见烯烃的物理常数见表 3-1。

表 3-1　一些烯烃的物理常数

名称	结构简式	沸点(℃)	熔点(℃)	密度(g/cm³)
乙烯	$CH_2{=}CH_2$	−103.7	−169.3	0.570
丙烯	$CH_3{-}CH{=}CH_2$	−47.6	−185.1	0.6101
1-丁烯	$CH_3CH_2CH{=}CH_2$	−6.2	−185.2	0.626
顺-2-丁烯	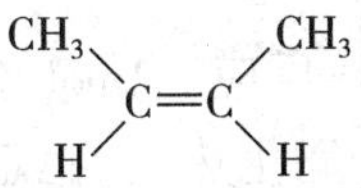	4	−139	0.621
反-2-丁烯	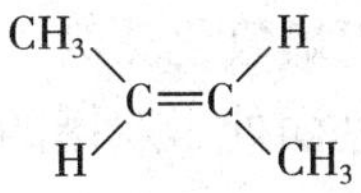	1	−106	0.604
异丁烯	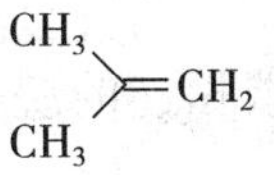	−6.9	−140.8	0.6311
1-戊烯	$CH_2{=}CH{-}CH_2CH_2CH_3$	29.9	−165	0.641

续表

名称	结构简式	沸点（℃）	熔点（℃）	密度（g/cm³）
顺 -2- 戊烯	CH_3＼ ＼C＝C／ ／H（CH₂CH₃／ H＼）	37	−151	0.655
反 -2- 戊烯	CH_3＼ ＼C＝C／ ＼H H／ CH₂CH₃	36	−136	0.6481
1- 己烯	$CH_2{=}CH{-}CH_2CH_2CH_2CH_3$	63.5	−138	0.6731
1- 庚烯	$CH_2{=}CH{-}CH_2CH_2CH_2CH_2CH_3$	93.1	−119	0.6973
2- 甲基 -1- 丁烯	CH_3 | $CH_2{=}C{-}CH_2CH_3$	31.2	−137.5	0.6482
3- 甲基 -1- 丁烯	CH_3 | $CH_2{=}CH{-}CHCH_3$	20.1	−168.5	0.6213

四、烯烃的化学性质

烯烃的 π 键电子云对称分布在双键平面的上下方，受原子核的束缚较弱，可极化性较大，键能较小，故烯烃的化学性质较活泼。烯烃的化学性质主要包括两个方面：一是发生碳碳双键断裂的反应，是烯烃的主要化学反应；另一个是发生在与双键直接相连的 α 碳原子上，即 α-H 的取代反应，反应中双键保持不变。

（一）催化氢化反应

1. 催化氢化　烯烃在铂（Pt）、钯（Pd）、镍（Ni）等金属催化下，与氢气反应生成相应的烷烃，称为催化氢化反应。催化氢化是还原反应的一种重要形式。

$$CH_2{=}CH_2{+}H_2 \xrightarrow{\text{催化剂}} \underset{H\quad H}{CH_2{-}CH_2} \quad 放热$$

催化氢化中，两个氢原子是从双键同侧在金属催化剂表面上完成的加成，称为顺式加成。

利用烯烃的催化氢化可以制备具有特殊作用的烷烃。如油脂中含有双键则为液态，将油脂进行催化氢化使油脂转化为固态即为人造奶油；在制造肥皂的过程中，催化氢化后的油脂皂化就得到固体肥皂，不加氢的油脂难以形成有形的肥皂。

2. 氢化热和烯烃的稳定性　烯烃的催化氢化是放热反应。1mol 单烯烃氢化时放出的热量称为氢化热，氢化热的大小可以反映烯烃的稳定性。氢化热大，稳定性差；氢化热小，稳定性好。顺反异构体中的反式一般比顺式稳定，如顺 -2- 丁烯氢化热为 120kJ/mol，反 -2- 丁烯为 116kJ/mol。这是由于在顺式异构体中，两个体积较大的基团处于双键的同侧，在空间上比较拥挤，存在范德华斥力，所以能量较高，相对稳定性较差（图 3-4）。

烯烃的稳定性还与双键上的烷基数目有关，即与双键碳相连的烷基数目越多，烯烃越稳定。如：

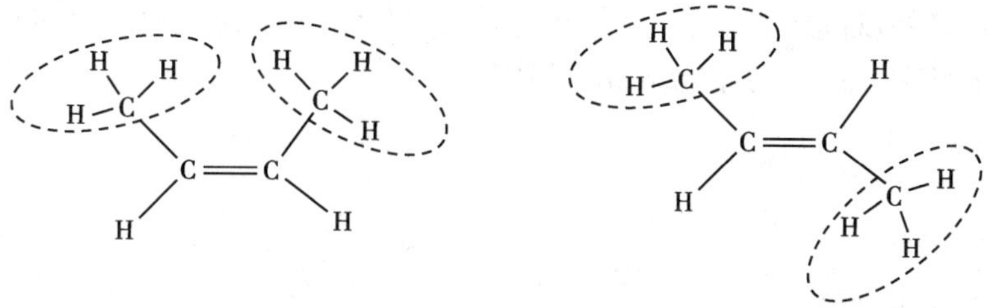

图 3-4 顺式和反式 2- 丁烯二个甲基空间障碍的比较

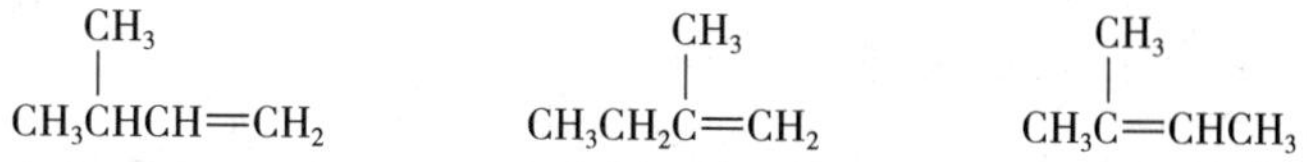

	CH_3 $CH_3CHCH{=}CH_2$	CH_3 $CH_3CH_2C{=}CH_2$	CH_3 $CH_3C{=}CHCH_3$
氢化热（kJ/mol）	126	120	112
稳定性	最差	其次	最好

一般烯烃的相对稳定性顺序如下：

$$CH_2{=}CH_2 < RCH{=}CH_2 < R_2C{=}CH_2 \approx RCH{=}CHR < R_2C{=}CHR < R_2C{=}CR_2$$

（二）亲电加成反应

烯烃中 π 键电子处于双键平面的上下方，暴露在外，容易受缺电子试剂的进攻，π 键发生断裂，形成两个更稳定的 σ 键的加成反应，缺电子的试剂称为亲电试剂，这种加成反应称为亲电加成反应。亲电试剂包括质子、电中性分子和路易斯酸等。

1. 与卤素加成　烯烃与卤素发生加成反应，得到邻二卤代烷。氟太活泼，与烯烃反应非常剧烈而难以控制，碘与烯烃一般不反应。所以烯烃与卤素的加成一般是指氯或溴。

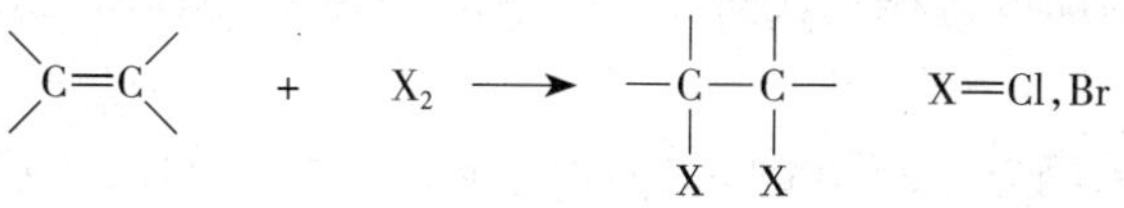

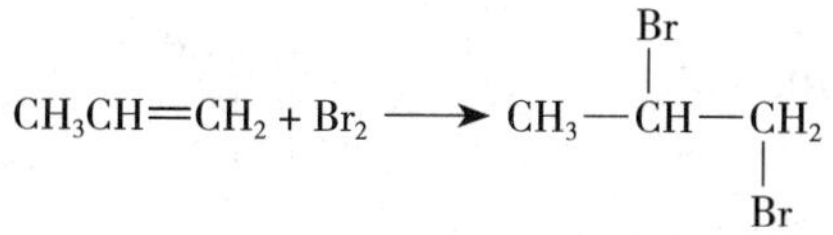

$$\mathrm{C{=}C} \ + \ X_2 \longrightarrow \ \overset{|}{\underset{X}{C}}{-}\overset{|}{\underset{X}{C}} \qquad X{=}Cl, Br$$

$$CH_3CH{=}CH_2 + Br_2 \longrightarrow CH_3{-}\overset{Br}{\underset{|}{CH}}{-}\overset{}{\underset{|}{CH_2}}{Br}$$

烯烃与溴的加成反应现象非常明显，而且是定量进行的，溴的颜色立即褪去。因而常用溴的四氯化碳溶液来鉴别烯烃及检测烯烃中双键的数量。

烯烃与卤素加成是亲电型加成，因而 π 键电子云密度越高，越有利于反应进行；而烷基为供电子基团，所以丙烯与卤素的加成要比乙烯容易。

2. 与卤化氢加成　烯烃与卤化氢加成生成一卤代烷。

（1）对称烯烃与卤化氢加成：

$$R{-}CH{=}CH{-}R' + HX \longrightarrow R{-}\overset{}{\underset{H}{CH}}{-}\overset{}{\underset{X}{CH}}{-}R' + R{-}\overset{}{\underset{X}{CH}}{-}\overset{}{\underset{H}{CH}}{-}R'$$

$$CH_3{-}CH{=}CH{-}CH_2CH_3 + HBr \longrightarrow CH_3{-}\overset{}{\underset{H}{CH}}{-}\overset{}{\underset{Br}{CH}}{-}CH_2CH_3 + CH_3{-}\overset{}{\underset{Br}{CH}}{-}\overset{}{\underset{H}{CH}}{-}CH_2CH_3$$

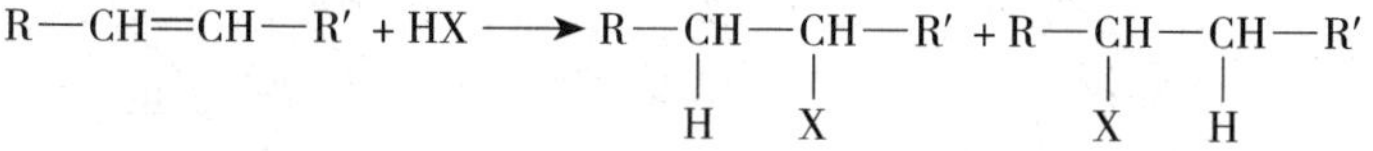

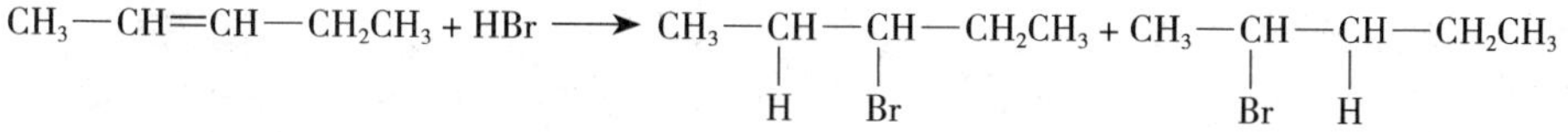

同一烯烃与不同卤化氢加成的活性顺序为 HI>HBr>HCl。

（2）不对称烯烃与卤化氢加成：不对称烯烃与卤化氢发生亲电加成反应，HX 中的氢原子主要加成到含氢较多的双键碳原子上,而亲电试剂的其余部分则加成到另一个双键碳原子上,这一规则称为马尔科夫尼科夫(Markovnikov)规则。

$$R-\underset{\underset{R''}{|}}{C}=CH-R' + HX \longrightarrow R-\underset{\underset{X}{|}}{\overset{\overset{R''}{|}}{C}}-\underset{\underset{H}{|}}{C}H-R'$$

$$CH_3-\underset{\underset{CH_3}{|}}{C}=CH-CH_2CH_3 + HBr \longrightarrow CH_3-\underset{\underset{Br}{|}}{\overset{\overset{CH_3}{|}}{C}}-CH_2-CH_2CH_3$$

烯烃与 HBr 加成时,若没有过氧化物存在,则发生亲电加成反应,主要产物为马氏加成产物。若反应过程中有过氧化物存在,则发生自由基加成反应,主要产物为反马氏加成产物。常用的过氧化物为过氧化苯甲酰,这种效应称为过氧化物效应。

$$CH_3-\underset{\underset{CH_3}{|}}{C}=CH-CH_2CH_3 + HBr \xrightarrow{\text{过氧化物}} CH_3-\underset{\overset{CH_3}{|}}{CH}-\underset{\underset{Br}{|}}{CH}-CH_2CH_3$$

3. 与水加成 在稀磷酸或稀硫酸催化下,烯烃与水直接水合得到醇。

$$H_2C=CH_2 + H_2O \xrightarrow[300℃,7MPa]{H_3PO_4} CH_3CH_2OH$$

不对称烯烃与水的加成遵循马氏规则,主要得到仲醇和叔醇。这是工业上制备醇的一种方法,称为直接水合法。

4. 与硫酸加成 烯烃与冷的(0℃左右)浓硫酸发生加成反应,生成硫酸氢酯。

$$CH_2=CH_2 + HOSO_2OH \longrightarrow \underset{\underset{H}{|}}{H_2C}-\underset{\underset{OSO_2OH}{|}}{CH_2} \xrightarrow[90℃]{H_2O} CH_3CH_2OH + H_2SO_4$$

硫酸氢酯在有水存在时,加热水解得到醇,这是工业上制备醇的一种方法,称为间接水合法。

不对称烯烃与硫酸的加成遵循马氏规则。

$$CH_3-CH=CH_2 + HOSO_2OH \longrightarrow CH_3-\underset{\underset{OSO_2OH}{|}}{CH}-CH_3$$

5. 与次卤酸加成 烯烃与次卤酸的加成生成 β- 卤代醇。

$$\underset{}{C}=C + X_2 \xrightarrow{H_2O} -\underset{\underset{X}{|}}{C}-\underset{\underset{OH}{|}}{C}- \qquad X=Cl,Br$$

$$CH_2=CH_2 + X_2 \xrightarrow{H_2O} \underset{\underset{OH}{|}}{H_2C}-\underset{\underset{X}{|}}{CH_2} + HX$$

当烯烃为不对称结构时,卤原子最终与连有更多氢原子的碳成键。

$$CH_3-CH=CH_2 + Br_2 \xrightarrow{H_2O} CH_3-\underset{\underset{OH}{|}}{CH}-\underset{\underset{Br}{|}}{CH_2}$$

由于次卤酸不稳定,因而常用卤素的水溶液与烯烃加成。

卤代醇是重要的化工原料,可制成多种化工产品,如环氧化物、甘油等。

(三) 氧化反应

由于 π 键的存在,烯烃很容易发生氧化反应。氧化产物取决于试剂和氧化条件。

1. 冷稀、碱性高锰酸钾氧化　在冷稀、碱性高锰酸钾溶液中,烯烃很容易被氧化成邻二醇(两个羟基分别连在两个相邻的碳原子上)。

$$\underset{H}{\overset{CH_3}{>}}C=C\underset{CH_3}{\overset{H}{<}} + KMnO_4 \longrightarrow H-\underset{\underset{OH}{|}}{C}-\underset{\underset{OH}{|}}{C}-CH_3$$

环状的烯烃也可以发生类似的反应。

邻二醇不稳定,很容易被氧化成酮或羧酸,因而该反应邻二醇的收率并不高,但是反应过程中高锰酸钾的紫红色很快褪去,故该反应可用来鉴别烯烃。

2. 酸性高锰酸钾氧化　酸性高锰酸钾溶液氧化能力极强,与烯烃迅速发生反应,高锰酸钾的紫红色立即褪去,故该反应可用来鉴别烯烃。此时,不仅键打开,σ 键也彻底断裂。

$$CH_3CH_2CH=CH_2 \xrightarrow[H^+]{KMnO_4} CH_3CH_2COOH + CO_2$$

$$CH_3CH_2\underset{\underset{}{\overset{|}{\underset{CH_3}{}}}}{C}=CHCH_3 \xrightarrow[H^+]{KMnO_4} CH_3CH_2\underset{\underset{O}{\|}}{C}CH_3 + CH_3COOH$$

由上述反应可知,不同的烯烃结构,氧化产物不同。因此,可以根据氧化产物来推测烯烃的结构。$R_2C=$、$RCH=$ 和 $H_2C=$ 分别被氧化成酮、羧酸和二氧化碳。

3. 臭氧化反应　将含臭氧的氧气通入烯烃或烯烃的溶液中,臭氧迅速而定量地与烯烃反应,生成黏稠状的臭氧化物,称为臭氧化反应。

$$\underset{R'}{\overset{R}{>}}C=C\underset{R''(H)}{\overset{H}{<}} \xrightarrow{O_3} \underset{R'}{\overset{R}{>}}\underset{O-O}{\overset{O}{\underset{}{C}}}\underset{R''(H)}{\overset{H}{<}} \xrightarrow{H_2O} \underset{R'}{\overset{R}{>}}C=O + O=C\underset{R''(H)}{\overset{H}{<}} + H_2O_2$$

臭氧化物在游离状态下很不稳定,容易发生爆炸,故一般不必从反应体系中分离出来,可以直接加水进行水解。水解产物为羰基化合物及过氧化氢。为了避免产物进一步被氧化,可在还原剂(如:Zn 粉)存在下进行水解。

$$\underset{CH_3}{\overset{CH_3}{>}}C=C\underset{H}{\overset{CH_3}{<}} \xrightarrow{O_3} \xrightarrow{Zn/H_2O} \underset{CH_3}{\overset{CH_3}{>}}C=O + O=C\underset{CH_3}{\overset{H}{<}}$$

由上述反应可知,不同的烯烃结构,臭氧化反应所得产物不同。因此,也可以根据产物来推测烯烃的结构。烯烃的结构和产物有如下对应关系：$R_2C=$、$RCH=$ 和 $H_2C=$ 分别被氧化成酮、醛。

（四）α-H 的卤代反应

与碳碳双键直接相连的碳原子上的氢称为 α-H，由于受双键的影响，具有特殊的活泼性。

$$CH_3CH=CH_2 + Cl_2 \xrightarrow{500℃} ClCH_2CH=CH_2$$

在高温或光照条件下，α-H 很容易被卤素取代。

α-H 的卤代反应属于自由基取代。

实验中常用 N-溴代琥珀酰亚胺（NBS）作为溴代试剂，可在温和条件下选择性地进行 α-溴代反应。

$$CH_3CH=CH_2 \xrightarrow{NBS} BrCH_2CH=CH_2$$

烯烃的结构不同，反应过程中生成的自由基稳定性也不同。自由基的稳定性顺序如下：

$$·CH_2CH=CH_2 > (CH_3)_3C· > (CH_3)_2CH· > CH_3CH_2· > ·CH_3 > ·CH=CH_2$$

自由基越稳定，反应过程中就越容易生成，相应氢的反应活性就越高，越容易发生卤代反应。在烯丙基自由基中，由于 p-π 共轭效应的存在，电子离域范围较大，使其有很好的稳定性，因而烯烃易发生 α-H 的卤代反应。

（五）烯烃亲电加成反应的机制

1. 亲电加成反应的机制

（1）烯烃与卤素加成的反应机制：将乙烯通入含溴的氯化钠水溶液时，反应的主要产物为 $BrCH_2CH_2Br$，另外还有少量的 $BrCH_2CH_2Cl$，但没有 $ClCH_2CH_2Cl$。

这一事实表明，乙烯与溴的加成不是简单地将 π 键打开，溴分子分成两个溴原子，同时分别加到两个碳原子上一步完成。如果是这种反应机制，加成产物应只有 $BrCH_2CH_2Br$，而不应有 $BrCH_2CH_2Cl$。因此，乙烯与溴的加成反应不是一步完成，而是分两步进行的。

第一步：当溴分子接近烯烃分子中的 π 键时，Br—Br 键极化成 $Br^{δ+}$—$Br^{δ-}$，离 π 键近的溴原子带部分正电荷，另一溴原子带部分负电荷。带正电的一端进攻 π 键电子云，Br—Br 键同时发生异裂，生成环状的溴鎓离子（三元环溴正离子）和一个溴负离子。这一步反应较慢，是决定整个反应速度的控制步骤。

三元环溴正离子

第二步：溴负离子从溴鎓离子背后进攻其中的一个碳原子，得到加成产物邻二溴化物。该步反应为离子型反应，速度很快。两个溴原子分别加到双键的两侧，加成的方式是反式加成。

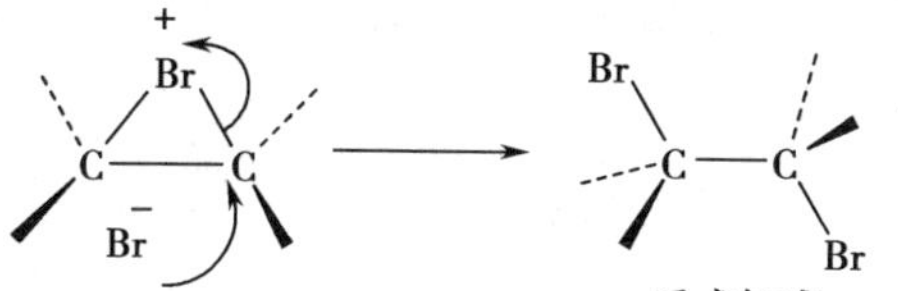

反式加成

若在反应体系中还含有其他负离子,它们也能够进攻溴鎓离子,形成相应的产物。如乙烯与溴的加成反应在含氯化钠的溶液中进行时,产物中除 $BrCH_2CH_2Br$ 外,还有少量的 $BrCH_2CH_2Cl$。

(2) 烯烃与卤化氢加成的反应机制:烯烃与卤化氢加成的反应机制同样是分两步进行,只不过亲电试剂是 H^+,由于氢原子体积太小,且没有孤电子对,难以形成三元环的正离子,而是形成碳正离子。

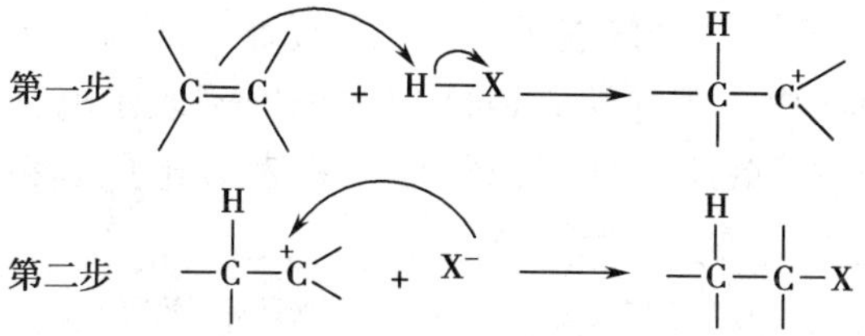

第一步是 H^+ 加成,生成碳正离子中间体,反应较慢,是决定整个反应速度的控制步骤。第二步是正负离子结合,属离子型反应,反应速度较快,加成的方式是反式加成。

2. 马氏规则的解释 乙烯为对称烯烃,与卤化氢加成时,无论卤原子和氢原子加成到哪个碳原子上,产物是唯一的。但是丙烯与卤化氢的加成就有所不同,有两种可能的加成产物。

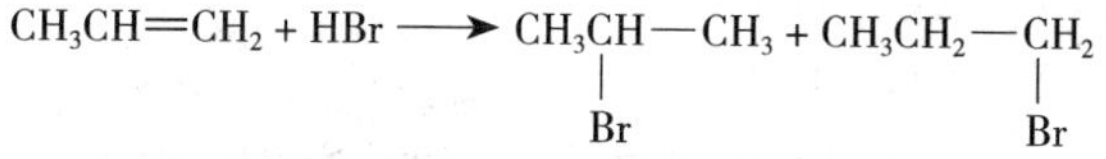

2- 溴丙烷   1- 溴丙烷

到底哪种为主要产物,取决于中间体碳正离子的稳定性。碳正离子的电荷越分散,中间体就越稳定。与碳正离子相连的供电子烷基越多,正电荷的分散程度越好,碳正离子的稳定性越高。不同的碳正离子稳定性顺序如下:$(CH_3)_3C^+ > (CH_3)_2CH^+ > CH_3CH_2^+ > CH_3^+$;$R_3C^+ > R_2CH^+ > RCH_2^+ > CH_3^+$。

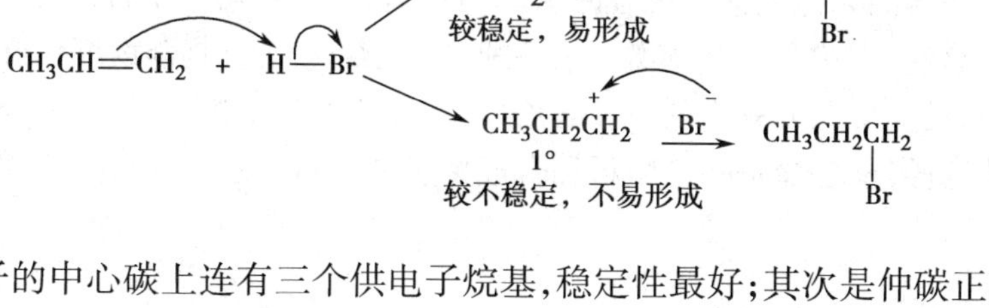

叔碳正离子的中心碳上连有三个供电子烷基,稳定性最好;其次是仲碳正离子、伯碳正离子,甲基碳正离子的中心碳上没有连接供电子基团,因而稳定性最差。丙烯与溴化氢加成时主要生成较稳定的仲碳正离子 $(CH_3)_2CH^+$。因此 2- 溴丙烷为主要产物。

但是,3,3,3- 三氟丙烯与氯化氢加成时,得到的却是反马氏产物:

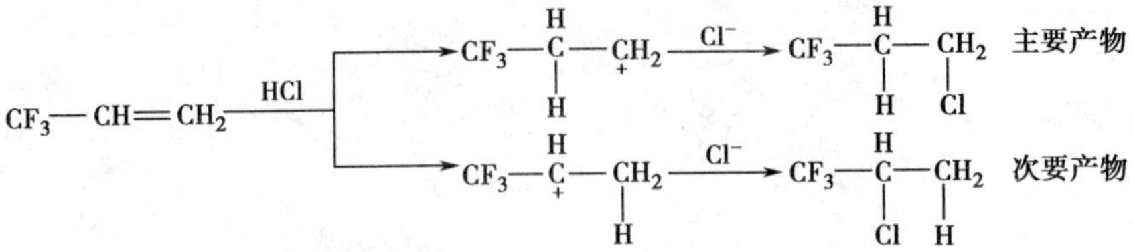

原因在于,3,3,3- 三氟丙烯与氯化氢加成时,可能形成两种碳正离子:

$CF_3CH^+CH_3$ 和 $CF_3CH_2CH_2^+$。虽然 $CF_3CH^+CH_3$ 为仲碳正离子,但由于氟的电负性很大,三氟甲基($—CF_3$)为强吸电子基团,此时与中心碳直接相连,存在强吸电子效应,使得 $CF_3CH^+CH_3$ 要比 $CF_3CH_2CH_2^+$ 稳定性差。因此,$CF_3CH_2CH_2Cl$ 为主要产物。其本质仍然遵循马氏规则,即反应总是朝着生成稳定的中间体方向进行的。

像上述这种由于成键原子间电负性不同,而使整个分子的电子云沿着碳链向某一方向移动的效应,称为诱导效应。用符号"I"表示。某原子或原子团的 I 效应是以氢原子为基准,比氢原子"吸"电子的,称其吸电子诱导效应(–I),以符号"←"表示电子云移动的方向;比氢原子"给"电子的,则为给电子诱导效应(+I),并以符号"→"表示电子云移动的方向:

$$\overset{\delta+}{Y}\longrightarrow\overset{\delta-}{CR_3} \qquad H—CR_3 \qquad \overset{\delta-}{X}\longleftarrow\overset{\delta+}{CR_3}$$
$$Y具有+I效应 \qquad 标准 \qquad X具有-I效应$$

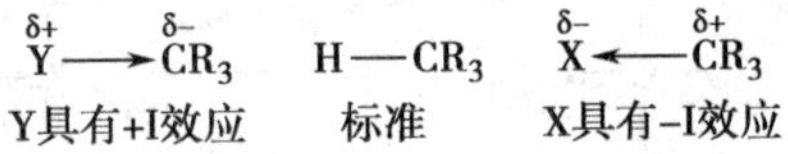

卤素是有吸电子诱导效应(–I)的元素。四种卤原子的 –I 效应大小与它们的电负性大小顺序一致,即氟 > 氯 > 溴 > 碘。诱导效应可沿着共价键在碳链上传递,影响到链上的其他原子。但这种影响随着距离的增加而迅速减弱,一般通过三个单键以后,已基本消失。如在 1- 氯丙烷中的 β- 和 γ- 碳原子都受氯原子的 –I 效应影响而带有部分正电荷,但 β- 碳的正电荷少于 α- 碳,γ- 碳的正电荷更少。

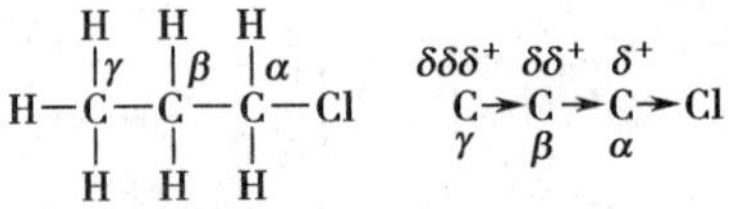

马氏规则应当理解为:当不对称烯烃与不对称试剂发生亲电加成时,亲电试剂的加成反应主要形成较稳定的碳正离子。因此,上述例子与马氏规则并不矛盾。

五、有代表性的烯烃

(一)乙烯

乙烯为稍有甜味的无色气体。燃烧时火焰明亮但有烟;当空气中含乙烯 3%~33.5% 时,则形成爆炸性的混合物,遇火星发生爆炸。在医药上,乙烯与氧的混合物可作麻醉剂。工业上,乙烯可以用来制备乙醇,也可氧化制备环氧乙烷,环氧乙烷是有机合成上的一种重要物质。还可由乙烯制备苯乙烯,苯乙烯是制造塑料和合成橡胶的原料。乙烯聚合后生成的聚乙烯,具有良好的化学稳定性。

(二)丙烯

丙烯为无色气体,燃烧时产生明亮的火焰。在工业上大量地用丙烯来制备异丙醇和丙酮。另外,可用空气直接氧化丙烯生成丙烯醛,这是工业上生产丙烯醛的主要方法。

$$CH_3CH=CH_2 + O_2 \xrightarrow[350℃,\ 0.25MPa]{Cu_2O} CH_2=CHCHO + H_2O$$

丙烯经聚合后得到聚丙烯,具有相对密度小、耐热性好、机械强度高于聚乙烯等优点,主要用作薄膜、纤维、耐热和耐化学腐蚀的管道和装置、医疗器械、电缆和电线包皮等。

第二节　炔　　烃

分子中含有碳碳三键(C≡C)的链烃称为炔烃。炔烃比相应的烯烃少两个氢原子,故其通式为 C_nH_{2n-2}。碳碳三键是炔烃的官能团,炔烃的性质主要由它决定。

一、炔烃的结构

乙炔是最简单的炔烃,分子式为 C_2H_2,结构式为:HC≡CH。

根据杂化轨道理论,乙炔分子中的 2 个碳原子均为 sp 杂化,即 1 个 2s 轨道和 1 个 2p 轨道进行杂化,重新组合成 2 个能量相等、性质相同、处于同一直线的 sp 杂化轨道,相互之间夹角为 180°。2 个碳原子各以 1 个 sp 杂化轨道"头对头"相互重叠形成 1 个碳碳 σ 键,另外 1 个 sp 杂化轨道分别与氢原子的 1s 轨道重叠形成 C—Hσ 键,乙炔分子中的 3 个 σ 键和 4 个原子都处于同一直线,即乙炔分子为直线型分子(图 3-5a)。而每个三键碳原子上剩余的 2 个未参与杂化的 p 轨道,它们的轴相互垂直。2 个碳原子上的 p 轨道,两两平行"肩并肩"重叠,形成 2 个相互垂直的键,这 2 个键分别垂直于两个碳核连线的轴线(图 3-5b)。2 个键电子云围绕两碳核连线旋转而形成一个圆柱体(图 3-5c)。在乙炔分子中由于碳原子间存在 2 个 π 键,电子云

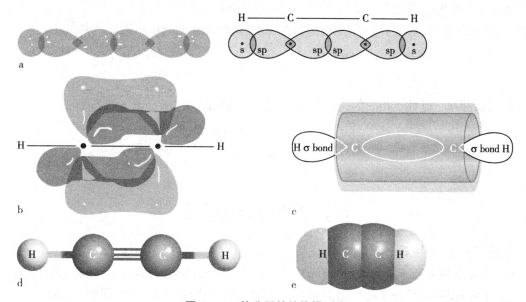

图 3-5　乙炔分子的结构模型图

a. 乙炔分子中 σ 键的形成;b. 乙炔分子中 π 键的形成;c. 乙炔分子中 π 键电子云的分布;d. 乙炔分子的凯库勒模型;e. 乙炔分子的斯陶特模型

密度更大,使得碳原子间距离更近,键长更短,键长约为 0.12nm。碳碳三键的总键能为 828kJ/mol。乙炔分子的结构模型如图 3-5 所示。

二、炔烃的异构现象和命名

乙炔和丙炔没有异构现象。从丁炔开始,存在碳碳三键的位置异构,从戊炔开始还有碳链异构,但炔烃没有顺反异构。

炔烃的命名规则与烯烃类似。简单炔烃的命名可采用普通命名法。如:

$$CH\equiv CH \qquad\qquad CH_3C\equiv CH$$
乙炔   丙炔

对于复杂炔烃,则需要用系统命名法进行命名。

1. 选择含有碳碳三键在内的最长碳链作为主链,侧链作为取代基,按主链碳原子的数目,母体称为"某炔"。

2. 从距离碳碳三键最近的一端给主链进行编号。

3. 书写时和烯烃类似,将取代基的位次与名称写在母体名称前面。如果有不同的取代基,按"次序规则"不优先的基团在前,优先基团在后靠近母体。

4. 碳碳三键的位置不同,则存在官能团位置异构,因而需标明碳碳三键的位次。以碳碳三键碳原子中编号较小的数字表示三键的位次,置于母体之前,并与母体及前面的取代基名称用"-"相隔。

$$CH_3CH_2C\equiv CH \qquad CH_3-C\equiv C-CH_3 \qquad CH_3-\underset{\underset{CH_3}{|}}{CH}-C\equiv CH \qquad CH_3-\underset{\underset{CH_2CH_3}{|}}{CH}-C\equiv CCH_2CH_3$$

1- 丁炔   2- 丁炔   3- 甲基 -1- 丁炔   5- 甲基 -3- 庚炔

若分子中同时有双键及三键时,应选择含有双键和三键在内的最长碳链作为主链,并将其命名为烯炔(烯在前,炔在后)。对主链进行编号时,应使双键和三键所在位次和最小。

$$CH_3-CH=CH-C\equiv CH \qquad\qquad CH_3-C\equiv C-CH=CH_2$$

3- 戊烯 -1- 炔   1- 戊烯 -3- 炔

但当双键和三键处在相同的位次时,应优先考虑双键。

$$CH_3-CH=CH-CH_2-C\equiv C-CH_3$$

2- 庚烯 -5- 炔

三、炔烃的物理性质

常温下乙炔、丙炔和丁炔是气体,戊炔以上是液体,高级炔烃是固体。炔烃和烷烃、烯烃类似,熔点和沸点都随分子量的增加而升高。但由于碳碳三键中电子增多,且碳碳三键呈直线型结构,分子间较易接近,分子间作用力略增大,所以简单炔烃的沸点、熔点和相对密度比碳原子数相同的烷烃和烯烃略高。炔烃极性较弱,难溶于水,易溶于石油醚、乙醚、苯、丙酮和四氯化碳等非极性或弱极性的有机溶剂。表 3-2 为常见炔烃的物理常数。

表 3-2 常见炔烃的物理常数

名称	结构简式	沸点（℃）	熔点（℃）	密度（g/cm³）
乙炔	CH≡CH	-83.4	-82	0.618
丙炔	CH₃C≡CH	-23	-101	0.671
1-丁炔	CH₃CH₂C≡CH	8.6~6.2	-122.5	0.668
2-丁炔	CH₃C≡CCH₃	27.2	-32.5	0.694
1-戊炔	CH₃CH₂CH₂C≡CH	39.7	-98	0.695
2-戊炔	CH₃C≡CCH₂CH₃	55.5	-101	0.713
1-己炔	CH₃CH₂CH₂CH₂C≡CH	71	-124	0.719
2-己炔	CH₃C≡CCH₂CH₂CH₃	84	-88	0.730
3-己炔	CH₃CH₂C≡CCH₂CH₃	81	-105	0.725
1-十八碳炔	CH₃(CH₂)₁₅C≡CH	180	22.5	0.869

 问题与思考 ●··

炔烃是否有顺反异构体？

四、炔烃的化学性质

炔烃与烯烃一样，分子中均含有 π 键，因而炔烃同样可以发生催化加氢、亲电加成、氧化、聚合等反应。但由于炔烃中的两个三键碳原子均为 sp 杂化，而 sp 杂化轨道和 sp² 杂化轨道相比，含较多的 s 成分，电子离核比较近，不易给出电子，电子云更集中于两个碳原子之间。因此，炔烃的亲电加成反应活性要比烯烃差。另外，炔烃三键碳原子上的氢（炔氢）易被金属置换生成金属炔化物等。

（一）催化氢化反应

炔烃在钯、铂、镍等金属催化剂的作用下，可与氢发生加成反应。反应中首先生成相应的烯烃，再继续加成生成相应的烷烃。

$$RC{\equiv}CR' + H_2 \xrightarrow{\text{Pt 或 Pd}} RCH{=}CHR' \xrightarrow[\text{Pt 或 Pd}]{H_2} R{-}CH_2CH_2{-}R'$$

$$CH_3C{\equiv}CCH_3 + 2H_2 \xrightarrow{\text{Pt 或 Pd}} CH_3CH_2CH_2CH_3$$

Pt、Pd、Ni 等作催化剂时，反应很难控制在烯烃阶段。但若用活性较低的林德拉（Lindlar）催化剂（将金属钯沉淀在 BaSO₄ 或 CaCO₃ 上，用喹啉或醋酸铅使钯部分中毒以降低其活性），可以使炔烃只加一分子氢，使产物控制在烯烃阶段。

$$C_2H_5C{\equiv}CC_2H_5 + H_2 \xrightarrow[\text{喹啉}]{Pd/CaCO_3} \begin{array}{c} C_2H_5 \quad\ C_2H_5 \\ C{=}C \\ H \qquad\quad H \end{array}$$

顺式加成

单纯的烯烃或炔烃分别进行加氢时，烯烃比炔烃的速度大约快十倍，但是，若用烯烃和炔烃的混合气体进行催化加氢时,则炔烃先加氢。这是由于炔烃比烯烃更容易被吸附在催化剂表面,而使炔烃首先发生反应。工业上利用炔烃的这一性质,可以除去乙烯中含有的微量乙炔,以提高乙烯的纯度。

$$CH_3C{\equiv}C(CH_2)_nCH{=}CH_2 + H_2 \xrightarrow[\text{喹啉}]{Pd/BaSO_4} CH_3CH{=}CH(CH_2)_nCH{=}CH_2$$

(二) 亲电加成反应

1. 与卤素加成　炔烃与卤素加成先生成二卤代物,在过量的卤素存在下,可继续加成生成四卤代物。

$$CH{\equiv}CH \xrightarrow{Br_2} \underset{Br}{\overset{H}{C}}{=}\underset{H}{\overset{Br}{C}} \xrightarrow{Br_2} H{-}\underset{Br}{\overset{Br}{C}}{-}\underset{Br}{\overset{Br}{C}}{-}H$$

在二卤代物分子中,两个烯碳原子上都连有吸电子的卤素,使 C=C 双键的亲电加成活性减小,所以加成可停留在第一步。通过控制反应条件,可使产物停留在二卤代物阶段。

炔烃与溴的加成现象明显,可使溴水褪色,因而该反应可用来鉴别炔烃。

由于炔烃的亲电加成反应活性比烯烃差,因此,当分子中同时存在碳碳双键和碳碳三键时,首先是双键和卤素加成,三键保持不变,称为选择性加成反应。例如,在低温下缓慢地加入溴:

$$CH{\equiv}C(CH_2)_2CH{=}CH_2 \xrightarrow{Br_2}_{\text{低温}} CH{\equiv}C(CH_2)_2\underset{Br}{\overset{Br}{C}H}{-}\overset{Br}{CH_2}$$

2. 与卤化氢加成　炔烃与一分子卤化氢加成,生成单卤代烯烃,进一步加成形成偕二卤化物(偕表示两个卤素连在同一个碳原子上)。

$$CH{\equiv}CH + HCl \xrightarrow{HgCl_2} CH_2{=}CHCl \xrightarrow[HgCl_2]{HCl} CH_3CH_2Cl_2$$

与烯烃相比,炔烃与卤化氢的加成较困难,一般需在催化剂存在下进行,常用的催化剂为汞盐。

不同卤化氢加成的活性顺序为 HI>HBr>HCl。

不对称炔烃与卤化氢加成,符合马氏规则。

$$CH_3C{\equiv}CH \xrightarrow{HBr} CH_3{-}\underset{Br}{\overset{}{C}}{=}CH_2 \xrightarrow{HBr} CH_3{-}\underset{Br}{\overset{Br}{C}}{-}CH_3$$

在光或过氧化物的作用下,炔烃和 HBr 的加成为反马氏加成,即存在过氧化物效应。

$$CH_3C{\equiv}CH + HBr \xrightarrow{\text{过氧化物}} CH_3C{=}\underset{Br}{\overset{}{C}H}_{\,H}$$

3. 与水加成　乙炔在硫酸汞和硫酸的催化下与水反应,首先得到乙烯醇,乙烯醇不稳定通过互变异构很快转变成乙醛。

$$CH \equiv CH + HOH \xrightarrow[H_2SO_4]{HgSO_4} \left[\begin{array}{c} CH_2=CH \\ | \\ OH \end{array} \right] \longrightarrow CH_3CHO$$

乙烯醇

反应中生成的乙醛,可使汞盐还原成金属汞,汞和汞盐都是剧毒物质,污染环境,严重影响人们的生活与健康。如日本的水俣病就是由于水俣市生产氯乙烯和乙醛使用汞盐作催化剂而引起的疾病。所以,现在有用铜、锌或镉的磷酸盐代替汞盐作催化剂,在较高的温度(250~400℃)下,使炔烃水化。

不对称炔烃与水加成,符合马氏规则。除乙炔水合生成醛外,其他炔烃水合则生成相应的酮。

$$CH_3C \equiv CH + H_2O \xrightarrow[H_2SO_4]{HgSO_4} CH_3\overset{\overset{\displaystyle O}{\|}}{C}CH_3$$

(三)亲核加成反应

炔烃与烯烃的另一个差别是它与醇钾(钠)、氢氰酸等试剂可进行亲核加成。

$$CH \equiv CH + HCN \xrightarrow[NH_4Cl]{Cu_2Cl_2} CH_2=CHCN$$

(四)氧化反应

炔烃被高锰酸钾溶液氧化时,可发生碳碳三键断裂,生成羧酸或二氧化碳。

$$CH_3C \equiv CH \xrightarrow[pH7.5]{KMnO_4/H_2O} CH_3COOH + CO_2$$

$$CH_3C \equiv CCH_2CH_3 \xrightarrow[pH7.5]{KMnO_4/H_2O} CH_3COOH + CH_3CH_2COOH$$

该反应现象明显,可使高锰酸钾的紫红色褪去,常用来鉴别炔烃。炔烃的结构不同时,则氧化产物各异,也可利用氧化产物的结构来推测原炔烃的结构。

(五)金属炔化物的生成

与末端炔键碳直接相连的氢原子,表现出一定的酸性,与强碱反应可生成金属化合物。

$$CH_3C \equiv CH \xrightarrow{NaNH_2/液氨} CH_3C \equiv CNa$$

炔化钠

$$CH \equiv CH \xrightarrow{Na} CH \equiv CNa \xrightarrow{Na} NaC \equiv CNa$$

乙炔一钠　　　　乙炔二钠

末端炔烃具有一定的弱酸性,是由于在末端炔烃中,末端的碳氢键是由碳原子的 sp 杂化轨道与氢原子的 s 轨道组成的,在碳原子的 sp 杂化轨道中,s 成分占 1/2。s 轨道和 p 轨道相比较,s 轨道距原子核较近,在杂化轨道中 s 成分愈大,电子云愈靠近原子核。故 sp 杂化的碳原子,与 sp^2、sp^3 杂化的碳原子相比较,表现出更大的电负性。所以在 sp 杂化轨道与 s 轨道组成的碳氢键的电子对主要位于碳原子周围,氢原子具有比一般 C—H 键较大的解离倾向,显微弱的酸性。但其酸性比水和醇弱,比氨强。

炔化钠与卤代烃(一般为伯卤代烷)作用,可在炔烃分子中引入烷基,常利用该方法来制备更高级的炔烃。如：

$$CH_3C{\equiv}CNa + CH_3CH_2Br \longrightarrow CH_3C{\equiv}CCH_2CH_3 + NaBr$$

末端炔烃与某些重金属离子反应，生成重金属炔化物。例如，将乙炔通入硝酸银的氨溶液或氯化亚铜的氨溶液时，则分别生成白色的乙炔银沉淀和砖红色的乙炔亚铜沉淀：

$$CH{\equiv}CH + [Ag(NH_3)_2]^+NO_3^- \longrightarrow AgC{\equiv}CAg\downarrow 白色$$

$$CH{\equiv}CH + [Cu(NH_3)_2]^+Cl^- \longrightarrow CuC{\equiv}CCu\downarrow 砖红色$$

$$CH_3C{\equiv}CH + [Ag(NH_3)_2]^+NO_3^- \longrightarrow CH_3C{\equiv}CAg\downarrow$$

$$CH_3C{\equiv}CH + [Cu(NH_3)_2]^+Cl^- \longrightarrow CH_3C{\equiv}CCu\downarrow$$

上述反应很灵敏，现象也很明显，常用来鉴别末端炔烃。

金属炔化物在干燥状态下易爆炸，不易保存，生成后应及时用盐酸或硝酸等处理。

（六）聚合反应

在不同的催化剂作用下，乙炔可以分别聚合成链状或环状化合物。与烯烃不同，炔烃一般不聚合成高分子化合物。例如，将乙炔通入氯化亚铜和氯化铵的强酸溶液时，可发生二聚或三聚作用。这种聚合反应可以看作是乙炔的自身加成反应。

$$2CH{\equiv}CH \xrightarrow[NH_4Cl]{Cu_2Cl_2} CH_2{=}CH{-}C{\equiv}CH \xrightarrow{CH{\equiv}CH} CH_2{=}CH{-}C{\equiv}C{-}CH{=}CH_2$$

五、有代表性的炔烃

纯乙炔是无色无臭的气体，沸点 −84℃，微溶于水而易溶于有机溶剂。由电石制得的乙炔，因含有磷化氢和硫化氢等杂质而有难闻的气味。乙炔易燃易爆，在空气中含乙炔 3%~65% 时，组成爆炸性混合物，遇火则爆炸。乙炔在实验室的制备是采用电石加水的方法，但此反应因过于剧烈，故用饱和的食盐水来代替水。乙炔在氧气中燃烧，可产生 3000℃ 以上的高温，常称氧炔焰，广泛用于焊接和切割金属。

第三节 二 烯 烃

分子中含有两个或两个以上碳碳双键的不饱和链烃称为多烯烃。多烯烃中最重要的是分子中含有两个碳碳双键的二烯烃。二烯烃的通式为 C_nH_{2n-2}。

一、二烯烃的分类和命名

（一）分类

根据二烯烃中两个双键的相对位置不同，可将二烯烃分为三类：

1. 累积二烯烃　两个双键与同一个碳原子相连接，即分子中含有 C=C=C 骨架结构的二烯烃称为累积二烯烃。例如：丙二烯 $CH_2{=}C{=}CH_2$。

2. 隔离二烯烃　两个双键被两个或两个以上的单键隔开，即分子骨架为 C=C—$(CH_2)_n$—C=C

(n≥1)的二烯烃称为隔离二烯烃。例如,1,4-戊二烯 $CH_2=CHCH_2CH=CH_2$。

3. 共轭二烯烃　两个双键被一个单键隔开,即分子骨架为 C=C—C=C 的二烯烃为共轭二烯烃。例如,1,3-丁二烯 $CH_2=CH—CH=CH_2$。本节重点讨论的是共轭二烯烃。

(二) 命名

二烯烃的命名与烯烃相似,选择含有两个双键在内的最长的碳链作为主链,从距离双键最近的一端给主链上的碳原子进行编号,主链有几个碳原子,母体称为"某二烯",两个双键的位次用阿拉伯数字标明在前,并用","相隔,双键位次与母体之间短线相隔。若有取代基时,则将取代基的位次和名称加在前面。例如:

$$CH_2=C=CH_2 \qquad\qquad CH_2=CHCH=CH_2$$
丙二烯　　　　　　　　　　　　1,3-丁二烯

某些双键不在链端的二烯烃及多烯烃,若存在几何构型,则需要用 Z、E 标记法进行标记。

$$\overset{1}{CH_3}\overset{2}{C}=\overset{3}{C}\overset{H}{}\quad\overset{4}{C}=\overset{5}{C}\overset{H}{}\overset{6}{CH_3}$$

(2E,4E)-2,4-己二烯

二、共轭二烯烃的结构

以 1,3-丁二烯为例(图 3-6),分子中的 4 个碳原子均为 sp^2 杂化,彼此各以 1 个 sp^2 杂化轨道相互重叠形成碳碳 σ 键,其余的 sp^2 杂化轨道分别与氢原子的 1s 轨道重叠形成 6 个碳氢 σ 键。分子中所有 σ 键和全部碳原子、氢原子都在同一平面上。此外,每个碳原子还有 1 个未参与杂化的与分子平面垂直的 p 轨道,在形成碳碳 σ 键的同时,对称轴相互平行的 4 个 p 轨道可以侧面重叠形成 2 个 π 键,即分子中的两个 π 键是由 C_1 和 C_2 的两个 p 轨道及 C_3 和 C_4 的两个 p 轨道分别侧面重叠形成的。这两个 π 键靠得很近,在 C_2 和 C_3 间可发生一定程度的重叠,这样,两个 π 键不是孤立存在,而是相互结合成一个整体,有人把这个整体,称为大 π 键(图 3-6b)。但 C_2 和 C_3 间键所具有的 π 键性质要比 $C_1—C_2$ 和 $C_3—C_4$ 键所具有的 π 键性质弱一些。像这种电子不是局限于 2 个碳原子之间,而是分布于 4 个(2 个以上)碳原子的分子轨道,称为离域轨道,这样形成的键叫离域键,具有离域键的体系称为共轭体系。在共轭体系中,由于原子间的相互影响,使整个分子电子云的分布趋于平均化的倾向称为共轭效应。由电子离域而体现的共轭效应称为 π-π 共轭效应。

共轭效应与诱导效应是不相同的。诱导效应是由键的极性所引起的,可沿 σ 键传递下去,这种作用是短程的,一般与作用中心直接相连的碳原子中影响最大,相隔一个原子,所受的作用力就很小了。而共轭效应是由于 p 电子在整个分子轨道中的离域作用所引起的,其作用可沿共轭体系传递。

共轭效应不仅表现在使 1,3-丁二烯分子中的碳碳双键键长增加,碳碳单键键长缩短,单双键趋向于平均化,而且由于电子离域的结果,使化合物的能量降低,稳定性增加,在参加化学反应时,也体现出与一般烯烃不同的性质。

0.134nm
0.146nm
122.8°
107.8°
a
b
c
d

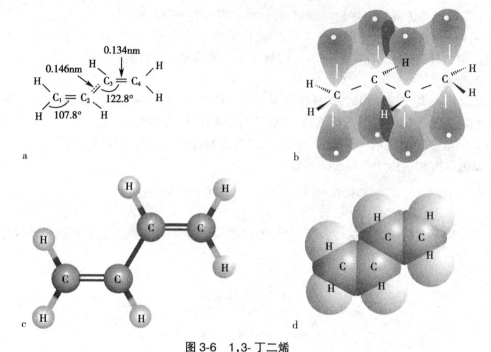

图 3-6 1,3- 丁二烯

a. 1,3- 丁二烯分子中的键长和键角；b. 1,3- 丁二烯分子中的键；c. 1,3- 丁二烯分子的凯库勒模型；d. 1,3- 丁二烯分子的斯陶特模型

三、共轭二烯烃的性质

共轭二烯烃的化学性质和单烯烃相似，可以发生加成、氧化等反应。但由于两个双键的共轭表现出一些特殊的性质。

(一) 稳定性

物质的稳定性取决于分子内能的高低，分子的内能越低，越稳定。共轭二烯烃中的这种电子离域使分子内能降低。分子内能的高低，通常可通过测定其氢化热来进行比较。

从图 3-7 可以看出，虽然 1,3- 戊二烯与 1,4- 戊二烯氢化后都得到相同的产物，但其氢化热不同，1,3- 戊二烯的氢化热比 1,4- 戊二烯的氢化热低，即 1,3- 戊二烯的内能比 1,4- 戊二烯的内能低，1,3- 戊二烯较为稳定。说明共轭二烯烃内能较低，较稳定。

由于共轭体系的存在，使得共轭二烯烃具有较高的稳定性。因此，在一些合成反应中，往往以共轭二烯烃为主要产物。

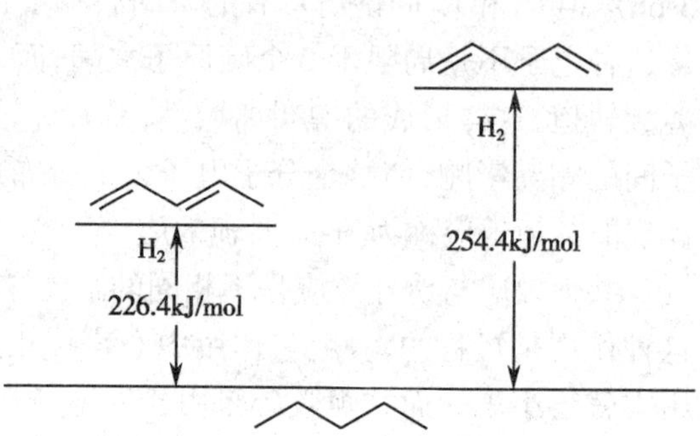

H_2
226.4kJ/mol
H_2
254.4kJ/mol

图 3-7 1,3 和 1,4- 戊二烯的氢化热

(二) 亲电加成反应

与烯烃相似，1,3- 丁二烯能与卤素、卤化氢发生亲电加成反应。但由于其结构的特殊性，加成产物通常有两种。例如，1,3- 丁二烯与溴化氢的加成反应：

$$CH_2=CHCH=CH_2 + HBr \longrightarrow \underset{\text{1,2-加成}}{CH_3\overset{Br}{C}HCH=CH_2} + \underset{\text{1,4-加成}}{CH_3CH=CHCH_2\overset{Br}{|}}$$

又如,1,3-丁二烯与溴的加成反应:

$$CH_2=CHCH=CH_2 + Br_2 \longrightarrow \underset{\text{1,2-加成}}{CH_2\overset{Br}{|}CH\overset{Br}{|}CH=CH_2} + \underset{\text{1,4-加成}}{CH_2\overset{Br}{|}CH=CHCH_2\overset{Br}{|}}$$

这说明共轭二烯烃与亲电试剂加成时,有两种不同的加成方式。一种是发生在一个双键上的加成,称为 1,2-加成;另一种加成方式是试剂的两部分分别加成到共轭体系的两端,即加到 C_1 和 C_4 两个碳原子上,分子中原来的两个双键消失,而在 C_2 与 C_3 之间,形成一个新的双键,称为 1,4-加成,即共轭加成。

共轭二烯烃能够发生 1,4-加成的原因,是由于共轭体系中电子离域的结果。当 1,3-丁二烯与溴化氢反应时,由于溴化氢极性的影响,不仅使一个双键极化,而且使分子整体产生交替极化。

$$\overset{\delta^+}{C}H_2=\overset{\delta^-}{C}H\overset{\delta^+}{C}H=\overset{\delta^-}{C}H_2$$

按照不饱和烃亲电加成反应的机制,进攻试剂 H^+ 首先进攻交替极化后电子云密度较大的部位 C-1 和 C-3。

$$\underset{\delta^+}{\overset{4}{C}H_2}=\underset{\delta^-}{\overset{3}{C}H}\underset{\delta^+}{\overset{2}{C}H}=\underset{\delta^-}{\overset{1}{C}H_2} + H^+ \begin{cases} \overset{4}{C}H_2=\overset{3}{C}H\overset{2}{\overset{+}{C}}H-\overset{1}{C}H_3 \quad (\text{I}) \\ \overset{4}{\overset{+}{C}}H_2-\overset{3}{C}H_2\overset{2}{C}H=\overset{1}{C}H_2 \quad (\text{II}) \end{cases}$$

当 H^+ 进攻 C_1 时,生成的烯丙基碳正离子(I)中 C_2 的 p 轨道与双键可发生共轭,称为 p-π 共轭,电子离域的结果使 C_2 上的正电荷分散,烯丙基正碳离子(I)较稳定;而碳正离子(II)不能形成共轭体系,不稳定,难以形成,所以 H^+ 首先进攻 C_1。

在碳正离子(I)的共轭体系中,由于电子的离域,使 C_2 和 C_4 都带上部分正电荷。

$$\underset{4}{\overset{\delta^+}{C}H_2}\cdots\underset{3}{CH}\cdots\underset{2}{\overset{\delta^+}{C}H}-\underset{1}{CH_3}$$

反应的第二步,是带负电荷的试剂 Br^- 加到带正电荷的碳原子上,因 C_2 和 C_4 都带部分正电荷,所以 Br^- 既可以加到 C_2 上,也可以加到 C_4 上,既可发生 1,2-加成,也可发生 1,4-加成。

$$\underset{4}{\overset{\delta^+}{C}H_2}\cdots\underset{3}{CH}\cdots\underset{2}{\overset{\delta^+}{C}H}-\underset{1}{CH_3} + Br^- \begin{cases} \text{进攻 C-2} \to CH_2=CH-\overset{|}{\underset{Br}{C}}H-CH_3 \quad \text{1,2-加成} \\ \text{进攻 C-4} \to \overset{|}{\underset{Br}{C}}H_2-CH=CH-CH_3 \quad \text{1,4-加成} \end{cases}$$

共轭二烯烃加成的特点是,1,2-加成和 1,4-加成同时发生,加成产物的比例受多种因素的影响,如二烯烃的结构、反应温度、所选溶剂、产物稳定性等。就温度而言,一般在较低的温度下以 1,2- 加成为主,在较高的温度下以 1,4- 加成为主。

(三) 双烯合成

共轭二烯烃与某些具有碳碳双键的不饱和化合物发生 1,4- 加成反应,生成环状化合物的反应称为双烯合成,也叫狄尔斯 - 阿尔德(Diels-Alder)反应。这是共轭二烯烃特有的反应,它将链状化合物转变成环状化合物,因此又叫环合反应。

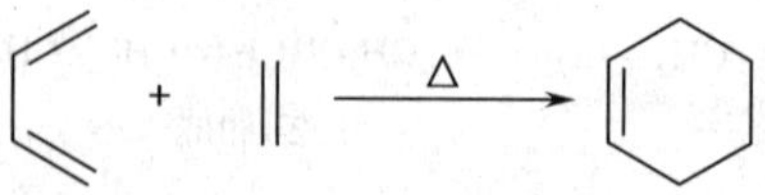

一般把进行双烯合成的共轭二烯烃称作双烯体,另一个不饱和的化合物称为亲双烯体。实践证明,当亲双烯体的双键碳原子上连有吸电子基团时,则反应易于进行。如:

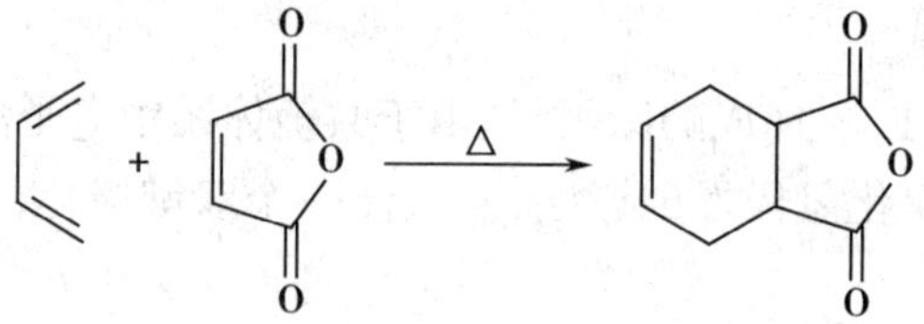

顺丁烯二酸酐与共轭二烯烃经过双烯合成,得到的产物为固体。因此,常利用该反应鉴别共轭二烯烃。

第四节　烯烃的聚合反应和应用

一、烯烃的聚合反应

在催化剂或引发剂的作用下,烯烃 π 键打开,发生分子间的自身加成,形成分子量很大的大分子,该过程称为烯烃的聚合反应。

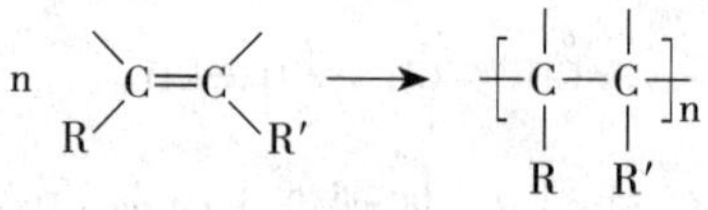

烯烃分子称为单体,n 称为聚合度,形成的大分子产物称为聚合物,属于高分子化合物范畴。烯烃的聚合反应在医药卫生方面有其广泛的用途,聚合反应产物作为高分子材料在医学上的应用,可大致分为机体外和机体内两个方面。各种器械、输血用具、导管、手术衣、覆盖材料等属于前者;外科和口腔科等使用的修补材料、植入物以及人工脏器、黏合剂等属于后者。

二、聚合反应产物在医学上的应用

(一) 聚氯乙烯
聚氯乙烯是由单体氯乙烯经聚合反应生成的高分子。

$$n\ CH_2{=}CH{-}Cl \longrightarrow {+\!\!{\Big[}CH_2{-}\overset{\displaystyle Cl}{\underset{\displaystyle }{CH}}{\Big]}\!\!+}_n$$

聚氯乙烯是具有弹性的高分子材料,有良好的耐有机溶剂和化学药品的性质,有较好的耐曲折、耐日光和耐氧化性。医学上用作输血袋、输液袋、心导管、体外循环的血液导管及其他医用各种导管。

聚氯乙烯本身并无毒性,但在保存单体时加入的稳定剂有些是有毒的。医用材料应选用无毒性的稳定剂。聚氯乙烯因有增塑剂迁移问题,故不宜长期植入体内。

(二) 聚乙烯

聚乙烯是由单体乙烯经聚合反应而生成的高分子。

$$n\ CH_2{=}CH_2 \longrightarrow {+\!\!{\Big[}CH_2{-}CH_2{\Big]}\!\!+}_n$$

聚乙烯是白色或淡白色的固体物质,具有柔曲性、热塑性和弹性。薄膜状聚乙烯几乎透明。由于聚乙烯的制造方法不同,其机械强度也有所不同。高密度聚乙烯的韧性、抗张强度、耐热性以及对溶剂的抵抗能力均比低密度聚乙烯好。

聚乙烯塑料可作人工髋关节的髋臼、输液容器、各种医用导管、引流管、整形材料包装材料等。聚乙烯纤维可作缝合线。

聚乙烯的优点是加工时可以不加增塑剂,但与聚氯乙烯相比,有不易被黏合剂黏合、强度低、耐热性差等缺点。

(三) 聚四氟乙烯

聚四氟乙烯是由单体四氟乙烯经聚合反应而生成的高分子。

$$n\ CF_2{=}CF_2 \longrightarrow {+\!\!{\Big[}F_2C{-}CF_2{\Big]}\!\!+}_n$$

聚四氟乙烯是白色的粒状或粉末状的物质,具有高度的化学稳定性、耐热性和耐老化性等优点。聚四氟乙烯塑料医学上用作人工心脏瓣膜和整形用材料,聚四氟乙烯可用作人工血管。

本章小结

烯烃含碳碳双键不饱和键,其 π 电子云分布在烯烃分子平面的上下,因此受核的吸引力较小;炔烃含碳碳三键不饱和键,其两个 π 键相互垂直,π 电子云围绕碳碳 σ 键呈筒形对称分布,不易给出电子,因此炔烃的亲电加成反应活性要比烯烃差。

烯烃和炔烃的构造异构要比烷烃复杂,不仅存在碳链异构,而且由于分子中存在 π 键,π 键的位置不同而产生位置异构;烯烃两个双键碳原子各连有两个不同的基团存在顺反异构,而炔烃没有顺反异构。

烯烃和炔烃均能发生亲电加成反应(加卤素、加卤化氢、加水等),且遵循马尔科夫尼科夫规则;还都可以发生氧化反应和聚合反应。

在过氧化物存在下,烯烃与溴化氢发生自由基加成反应,主要产物为反马氏加成产物;在高温或光照条件下,烯烃的 α-H 很容易被卤素取代属于自由基取代反应。

炔烃的亲电加成反应活性不如烯烃,可以发生亲核加成反应而烯烃不能;与末端炔键碳直接相连的氢原子,表现出一定的"酸性",能被Ag^+、Cu^+等重金属离子取代生成炔化物,常用于末端炔烃的鉴别。

不同的碳正离子稳定性顺序如下:$(CH_3)_3C^+>(CH_3)_2CH^+>CH_3CH_2^+>CH_3^+$;$R_3C^+>R_2CH^+>RCH_2^+>CH_3^+$。

1,3-丁二烯结构中由于存在π-π共轭体系,与亲电试剂可发生1,2-加成和1,4-加成反应。

（叶晓霞）

复习题

1. 命名下列化合物:

(1) $CH_3CH_2C=CH_2$
$\quad\quad\quad\quad |$
$\quad\quad\quad CH_2CH_2CH_3$

(2) $CH_3CHCH_2CCH_2CH_3$
$\quad\quad\quad |\quad\quad\quad ||$
$\quad\quad\quad CH_3\quad CH_2$

(3) $CH_3CH_2CHCH=CHCH_2CH_2CH_3$
$\quad\quad\quad\quad\quad |$
$\quad\quad\quad\quad\quad CH_3$

(4) $CH_3(CH_2)_{15}CH=CH_2$

(5) 顺反式结构，$C=C$ 连 CH_3、H、H、CH_2CH_3

(6) 顺反式结构，$C=C$ 连 H、H、CH_3、CH_2CH_3

(7) $C=C$ 连 CH_3、H、CH_2CH_3、$CH_2CH_2CH(CH_3)_2$

(8) $CH_3—CH—C\equiv CH$
$\quad\quad\quad\quad |$
$\quad\quad\quad\quad CH_3$

(9) $CH_3—CH—C\equiv CCH_2CH_3$
$\quad\quad\quad |$
$\quad\quad\quad CH_2CH_3$

(10) $CH_2=CHC\equiv CCH=CH_2$

2. 写出下列化合物的结构式:

(1) 2-甲基-1-戊烯

(2) 2,3-二甲基-2-丁烯

(3) 2-戊炔

(4) 1,5-己二炔

(5) 2,5-二甲基-3-己炔

(6) (Z)-3-甲基-2-己烯

(7) 顺-2-戊烯

(8) 反-3,4-二甲基-3-庚烯

(9) (E)-2-甲基-4-异丙基-3-庚烯

(10) 1,4-戊二烯

3. 写出1-丁烯与下列试剂反应式:

(1) Br_2

(2) HBr

(3) H_2O

(4) H_2SO_4

(5) $HOBr$

(6) 酸性 $KMnO_4$

4. 完成下列反应式(写出主要产物即可):

(1)  $\xrightarrow{HBr}$

(2) $CH_3CH_2CH=CH_2 \xrightarrow{HOBr}$

(3) $CH_3CH=CH_2 \xrightarrow[H_2O_2]{HBr}$

(4) $CH_3CH=CH_2 \xrightarrow{NBS}$

(5) 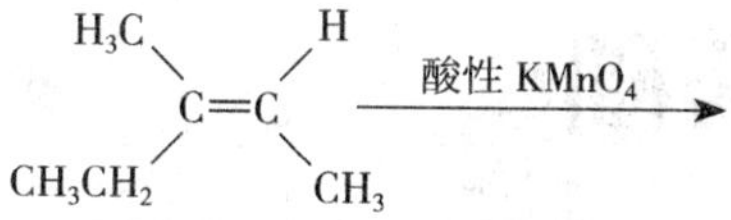 $\xrightarrow{\text{酸性 } KMnO_4}$

(6) $CH_3CH_2C\equiv CH \xrightarrow{AgNO_3/NH_3(1)}$

(7) $CH_3-C\equiv C-CH_3 \xrightarrow[H_2O]{Hg^{2+}}$

(8) $H_3C-CH_2-C\equiv CH \xrightarrow[H^+]{KMnO_4}$

(9) $CH_2=CH-CH=CH_2 + HCl \longrightarrow$

(10) 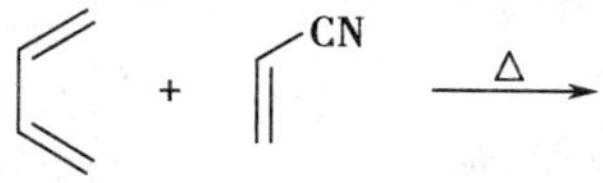 $+$ $\xrightarrow{\Delta}$

5. 比较 $CH_2=CH\overset{+}{C}H-CH_3$ 和 $\overset{+}{C}H_2-CH_2CH=CH_2$ 的稳定性。

6. 用简便的化学方法鉴别下列各组化合物。

(1) 乙烷、乙烯、乙炔

(2) 1-戊炔、2-戊炔

(3) 1,3-丁二烯、1-丁炔

7. 化合物 A 和 B 的分子式均为 C_6H_{12}，A 经臭氧化并与锌和酸反应后得到乙醛和丁酮，B 经酸性高锰酸钾溶液氧化只得到丙酸，写出 A 和 B 的结构式。

8. 化合物 A 和 B 互为同分异构体，二者都可使溴水褪色。A 能与硝酸银的氨溶液反应而 B 不能。A 用酸性高锰酸钾氧化后生成 $(CH_3)_2CHCOOH$ 和 CO_2，B 用酸性高锰酸钾溶液氧化后生成 $CH_3COCOOH$ 和 CO_2。试推测 A 和 B 的结构式和名称，并写出相关反应式。

第 四 章

立体化学基础

学习目标

1. **掌握** 手性分子、手性碳原子、对映体、非对映体、内消旋体、外消旋体的概念；Fischer 投影式的书写方法；用 R/S 构型标记手性碳原子的方法。
2. **熟悉** 光学活性、旋光度、比旋光度、左旋体、右旋体的概念；用 D/L 构型标记对映体的方法。
3. **了解** 旋光仪工作原理及对映体的差异对药物活性的影响。

有机化合物的结构特点之一就是普遍存在同分异构现象，简称异构现象。有机化合物的异构现象可分为两类：一类是分子式相同而分子中的原子或原子团相互连接顺序和方式不同引起的异构，称为构造异构，它包括碳架异构（分为碳链异构、碳环异构）、位置异构、官能团异构和互变异构；另一类是有机化合物的分子构造式相同，而组成分子的原子或原子团在空间排列方式不同而引起的异构，称为立体异构，它包括构象异构和构型异构，构型异构分为顺反异构与光学异构（包括对映异构、非对映异构）。各种异构的相互关系如下：

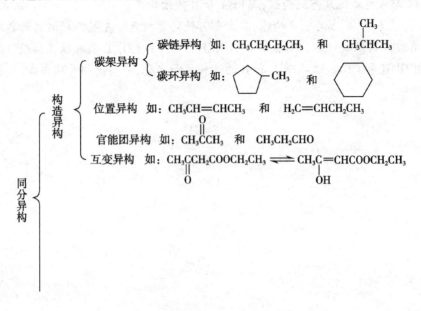

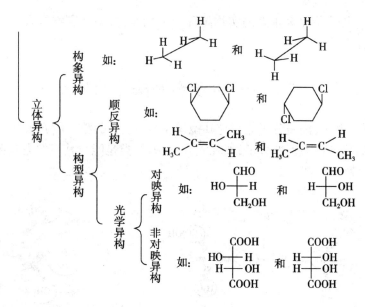

构造异构、构象异构和顺反异构的知识前面已经学过,本章将重点介绍光学异构的有关知识。

第一节 手 性

一、手 性

自然世界中的任何实物都有其镜像,实物与其镜像是对映关系。按照实物能否与其镜像完全重合,可把实物分为两类:一类是能与其镜像完全重合的实物,如圆的乒乓球、长方体的香烟盒等;另一类是不能与其镜像完全重合的实物,如左右手、左右脚等,如图 4-1,左右手互为实物与镜像关系彼此不能完全重合。

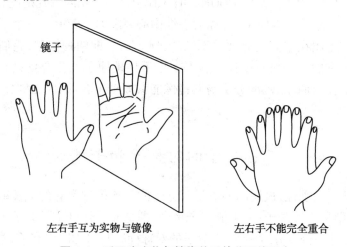

左右手互为实物与镜像   左右手不能完全重合

图 4-1 手互为实物与镜像关系彼此不能重合

我们把不能与其镜像完全重合的实物统称为手性实物,手性实物具有与其镜像关系彼此不能重合的性质称为手性。

二、手性分子和对映异构体

同样,在微观世界中,按照分子能否与其镜像完全重合,可把分子分为两类:一类是不能与其镜像完全重合的分子称为手性分子,如乳酸分子;另一类是能与其镜像完全重合的分子称为非手性分子,如乙醇分子(图 4-2)。

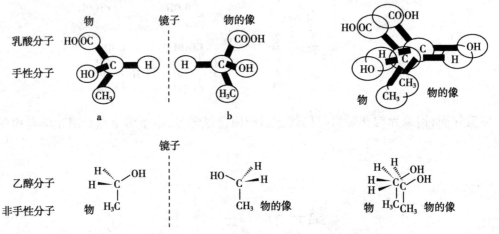

图 4-2 乳酸分子(球棒模型)和乙醇分子(伞形式)立体结构式

从图中可以看到,两种乳酸的立体结构之间存在实物与镜像的关系,犹如左右手那样,相互对应而不能完全重合,这样的立体异构体称为对映异构体,简称对映体。对映体是两种不同的物质。而看似两种互为实物与镜像关系的乙醇立体结构之间,它们彼此能完全重合,这说明乙醇分子不具有手性,乙醇分子的两个立体结构式代表同一化合物。

为什么乳酸分子存在对映体,而乙醇分子却没有?从分子的结构中可以发现,乳酸分子中有一个碳原子(C_2)所连的四个基团($COOH$、OH、CH_3、H)均不相同。凡是连有四个不同的原子或原子团的碳原子称为手性碳原子,又称为手性中心,用"C^*"表示。一个手性碳原子所连的四个不同原子或原子团在空间具有两种不同的排列方式,即两种构型,它们之间互为镜像关系,而又不能重合,它们是一对对映体。含有一个手性碳原子的化合物只有一对对映体。乙醇分子中不含有手性碳原子,乙醇分子与其镜像能够完全重合,因此乙醇分子没有手性,没有对映体。

三、分子的对称性和手性

判断一个分子有无手性,最好的办法是看分子的结构模型和它的镜像能否完全重合。如果不能完全重合,则是手性分子;如果能完全重合,则是非手性分子。分子与其镜像能否完全重合取决于分子本身是否具有对称性,而分子的对称性又与对称因素有关,常见的对称因素主要有对称面和对称中心。

1. 对称面(符号 σ) 设想分子中有一个平面,它能够把分子分割成互为实物与镜像关系的两半,此平面即称为该分子的对称面。例如,顺 -1,2- 二溴乙烯具有两个对称面,一个是 6 个原子所在的平面 σ₁,另一个是通过双键中部并且垂直于 6 个原子所在的平面的对称面 σ₂,如图 4-3 所示。再如,顺 -1,2- 二溴环丙烷有一个通过亚甲基垂直于环平面的对称面,如图 4-4 所示。

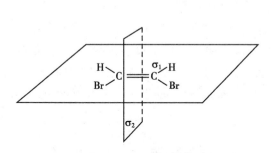

图 4-3 顺 -1,2- 二溴乙烯的对称面

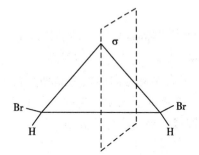

图 4-4 顺 -1,2- 二溴环丙烷的对称面

2. 对称中心(符号 i) 设想分子有一点,从分子中任何一个原子或原子团出发,向这个点作一直线,再从这个点将直线延长出去,在离此点等距离处,遇到一个相同的原子或原子团,这个点就称为该分子的对称中心。例如,1,3- 二氯 -2,4- 二溴环丁烷分子的对称中心,如图 4-5 所示。再如,2,3- 二羟基丁二酸(酒石酸)分子的对称中心(图 4-6)。

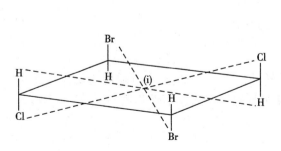

图 4-5 1,3- 二氯 -2,4- 二溴环丁烷的对称中心

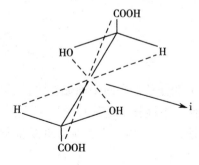

图 4-6 2,3- 二羟基丁二酸(酒石酸)的对称中心

一般说来,一个分子若存在对称面或对称中心,这样的分子能与其镜像重合,具有对称性,为非手性分子,无对映异构体;反之,若不存在对称面或对称中心,则是手性分子。因此,可通过考察其是否存在对称因素判断分子是否具有手性。分子具有手性是存在对映异构体的充分和必要条件。分子如果只含有一个手性碳原子,它一定是手性分子,但含有多个手性碳原子未必一定是手性分子。

问题与思考

水没有光学活性,空气有没有光学活性?

第二节 旋 光 性

一、旋光性的概念

光是一种电磁波,光波的振动方向与其前进的方向垂直。如图 4-7 所示,普通光在垂直于其前进方向上各个不同的平面上振动。如果使普通光通过尼可尔棱镜,部分光就被阻挡不能通过,只有振动方向和棱镜晶轴平行的光才能通过,通过棱镜的光只在一个平面上振动,这种只在一个平面上振动的光称为平面偏振光,简称偏振光,偏振光前进的方向和其质点振动的方向所构成的平面称为偏振面。

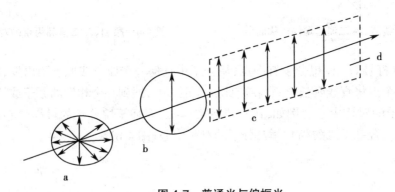

图 4-7　普通光与偏振光
a. 普通光;b. 尼可尔棱镜;c. 偏振光;d. 偏振面

手性分子具有使平面偏振光的偏振面发生旋转的性质,物质的这种性质称为旋光性或光学活性。手性分子是具有光学活性的物质,称为旋光性物质或光学活性物质;非手性分子不具有这种旋光性,称非旋光性物质或非光学活性物质。

二、旋 光 度

旋光性物质的旋光方向和旋光度的大小可由旋光仪测定。旋光仪工作原理如图 4-8,它是由一个钠光灯和两个尼可尔棱镜组成的,在两个尼可尔棱镜之间有一个盛放样品的盛液管。

当旋光仪的起偏镜晶轴与检偏镜晶轴平行时,与检偏镜相连的刻度盘所示的旋光度为 0°。

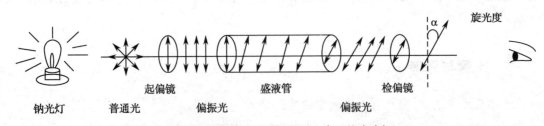

图 4-8　旋光仪工作原理图(α 表示旋光度)

当盛液管中装有旋光性物质时,平面偏振光通过盛液管后,偏振光的偏振面就会被向右(或向左)旋转一个角度。平面偏振光的偏振面向右旋转,称为右旋,用符号"d"或"+"表示,具有这种性质的物质称为右旋体;平面偏振光的偏振面向左旋转称为左旋,用符号"l"或"-"表示,具有这种性质的物质称为左旋体。偏振面旋转过的角度称为旋光度,用"α"表示。

三、比 旋 光 度

旋光性物质的旋光能力不仅与物质的结构有关,而且与测定时的条件有关。这些条件包括被测物质溶液的浓度、盛液管的长度、测定时的温度、光源波长以及所用溶剂等。因此,为了统一标准,通常采用比旋光度[α]来表示。旋光度和比旋光度的关系如下:

$$[\alpha]_{\lambda}^{t} = \frac{\alpha}{c \cdot l} \quad 或 \quad \alpha = [\alpha]_{\lambda}^{t} \times c \times l$$

式中:[α]为比旋光度,α为实测的旋光度,c为被测溶液的浓度(g/ml),l为溶液厚度,即盛液管的长度(dm),t为测定时的温度(℃)。

比旋光度即是指被测物质的浓度为1g/ml,溶液的厚度为1dm时的旋光度。但因光波波长和温度对旋光度有影响,所以应将所用光波的波长(λ)和测定时的温度表示出来。当用钠光灯作为光源时,钠光波长为589nm,用D表示。比旋光度是旋光性物质的一个物理常数,测定旋光度可用来鉴定旋光性物质,或测定旋光性物质的纯度和含量。例如:测得一个葡萄糖溶液的旋光度为+3.4°,而葡萄糖的比旋光度为+52.5°,若盛液管长度为2dm,则可计算出葡萄糖的浓度为:

$$c = \frac{\alpha}{[\alpha]_{D}^{t} \cdot l} = \frac{+3.4}{+52.5 \times 2} = 0.0323(g/ml)$$

在制糖工业上常用测定旋光度的方法来控制糖液的浓度。

第三节 费歇尔投影式

立体异构体结构的最好方法就是画出其三维结构,但对一些结构较为复杂的化合物而言,该方法就显得十分烦琐与不便。因此,1891年,德国化学家费歇尔提出用投影式表示对映异构体的立体结构。

费歇尔投影式的表示规则是:将与手性碳原子相连的四个基团中的两个置于水平方向、朝向观察者;另两个置于垂直方向、远离观察者,然后将其向纸面投影。这样,朝向观察者的两个原子或基团处于水平方向,而远离观察者的两个原子或基团处于垂直方向,手性碳原子

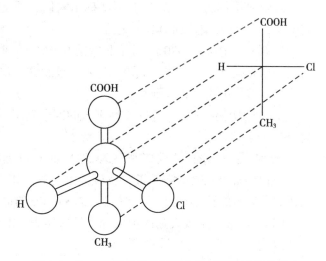

图4-9 2-氯丙酸分子的费歇尔投影操作及其投影式

则处于两条垂直交叉直线的交点,省略不写。如图 4-9 所示 2- 氯丙酸的费歇尔投影式。

需要强调的是,费歇尔投影式是用一种平面图形表示一种立体结构,绝不能把手性碳原子相连的原子或原子团看成在同一个平面上,费歇尔投影式不能离开平面翻转。根据费歇尔投影式的规则,投影式在纸面上旋转 180° 或其整数倍,则构型保持不变,得到的投影式仍然代表原来的化合物;旋转 90° 或其奇数倍,则构型发生变化,得到的投影式是其对映异构体。

在费歇尔投影式中,如果一个基团保持固定,把另外三个基团顺时针或逆时针地依次调换位置,不会改变原化合物的构型。

$$
H_2N\underset{CH_3}{\overset{COOH}{\rule{0pt}{0pt}|\rule{0pt}{0pt}}}H = CH_3\underset{H}{\overset{COOH}{\rule{0pt}{0pt}|\rule{0pt}{0pt}}}NH_2 = H\underset{NH_2}{\overset{COOH}{\rule{0pt}{0pt}|\rule{0pt}{0pt}}}CH_3 = H\underset{CH_3}{\overset{NH_2}{\rule{0pt}{0pt}|\rule{0pt}{0pt}}}COOH
$$

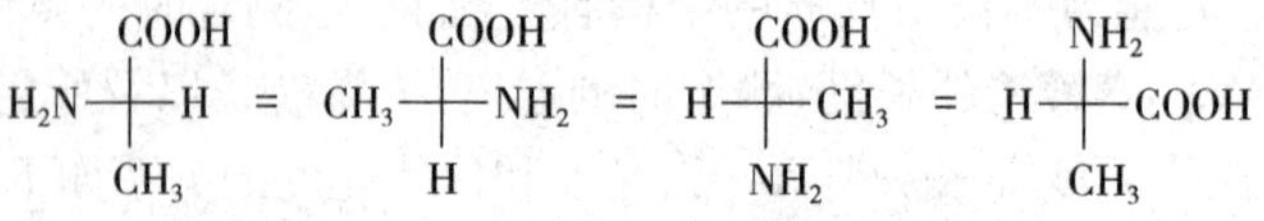

若将手性碳原子上所连的任何两个原子或基团相互交换奇数次,其构型变为它的对映体。如果交换偶数次则不会改变原化合物的构型。

$$
HO\underset{CH_2OH}{\overset{CHO}{\rule{0pt}{0pt}|\rule{0pt}{0pt}}}H = OHCH_2\underset{OH}{\overset{H}{\rule{0pt}{0pt}|\rule{0pt}{0pt}}}CHO = H\underset{CH_2OH}{\overset{OH}{\rule{0pt}{0pt}|\rule{0pt}{0pt}}}CHO = OHC\underset{OH}{\overset{CH_2OH}{\rule{0pt}{0pt}|\rule{0pt}{0pt}}}H
$$

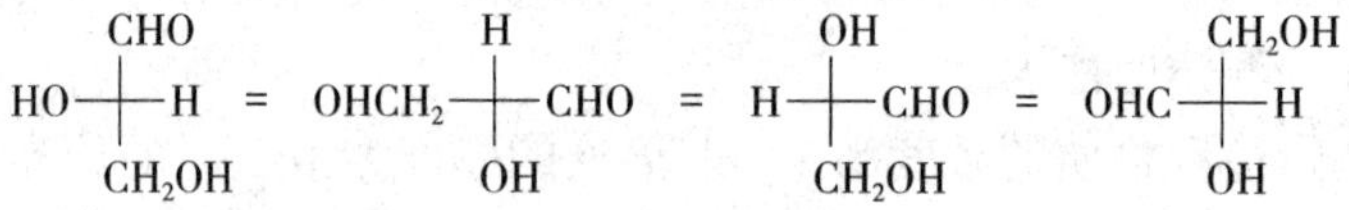

我们此前已经学过表示有机化合物结构的其他方法,如锯架式、伞形式、纽曼式等。它们与费歇尔投影式之间的转换可采用下面的方法进行。

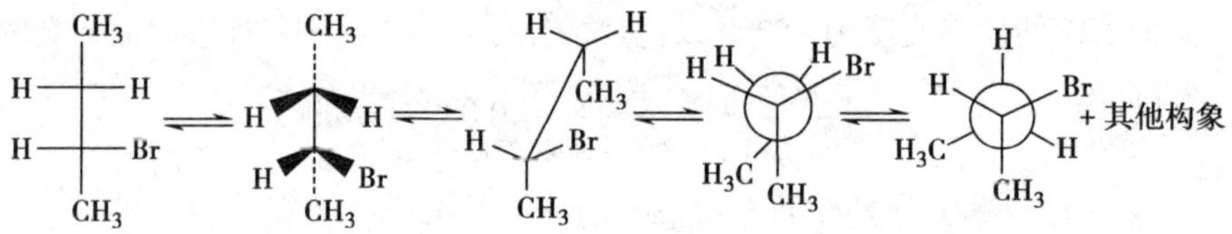

第四节 手性化合物构型的标示

对映异构体属于构型异构,因此标示它们必须反映出构型上的差异。常用的构型标记法有两种,即 R/S 标记法和 D/L 标记法。

1. R/S 标记法 1970 年国际上根据 IUPAC 的建议采用了 R/S 构型系统命名法。这种命名法是根据旋光性物质的实际构型,或其投影式,以"次序规则"为基础的标记方法。所以称为绝对构型标记法。其法则是:

(1) 根据次序规则,将连在手性碳上的四个基团(a、b、d、e)由大到小排成序(假设优先顺序为 a>b>d>e)。

(2) 将最小基团(e)远离观察者,然后面对较近的三个基团由大到小的顺序观察,若由 a→b→d 依顺时针方向旋转,此手性碳为 R- 构型(R 来自拉丁文 Rectus 的词头,意为"右");若以逆时针方向旋转,则为 S- 构型(拉丁文 Sinister 的词头,意为"左")(图 4-10)。

例如,乳酸三个较大基团由大到小的次序为(OH)→(COOH)→(CH₃),三者按逆时针方向旋转,此手性碳为 S- 构型。

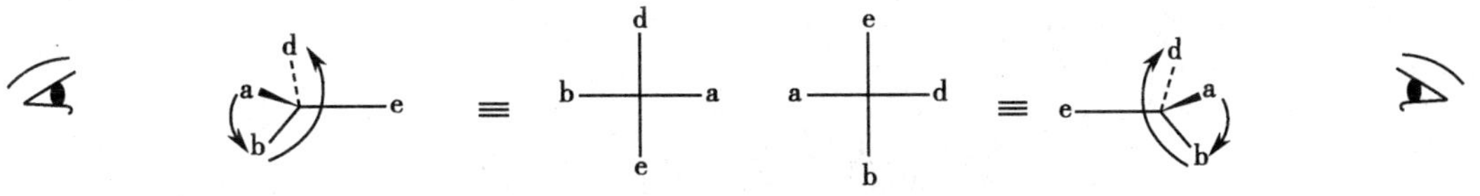

(a→b→d以顺时针方向旋转)R-构型　　　　　　(a→b→d以逆时针方向旋转)S-构型

图 4-10　R/S 构型的标定

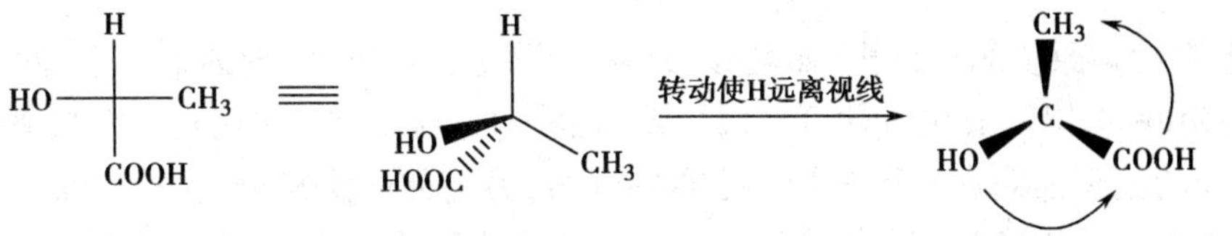

费歇尔投影式　　　　　　伞形式　　　　　　S- 构型(逆时针方向)

分子中含有一个以上手性碳原子化合物构型的标记同样遵循上述原则,除了必须标明手性碳原子构型外,还需要注明碳原子的位次。例如:

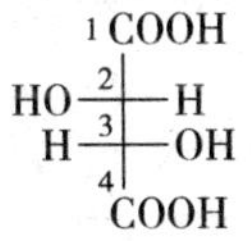

(2S,3S)-2,3- 二羟基丁二酸

2. D/L 标记法　　D/L 标记法是一种构型的相对标记法,它是以甘油醛为标准,将甘油醛的主链竖向排列,氧化态高的碳原子位于上方,氧化态低的碳原子位于下方,写出其费歇尔投影式,人为规定羟基位于碳链右侧的甘油醛为 D- 型,羟基位于左侧的甘油醛为 L- 型。

D- 甘油醛　　　　　　L- 甘油醛

这种构型的标记法有很大的局限性,现仅在氨基酸和糖类中使用。在氨基酸中,按 D/L 标记法的规定,费歇尔投影式中手性碳原子上的氨基位于右侧的为 D- 型,位于左侧的为 L- 构型。在糖类中,按费歇尔投影式表示糖的结构,竖键表示碳链,使羰基编号尽可能最小,然后将编号最大的手性碳原子的构型与 D-(+)- 甘油醛进行比较,构型相同属于 D- 构型,反之属于 L- 构型。

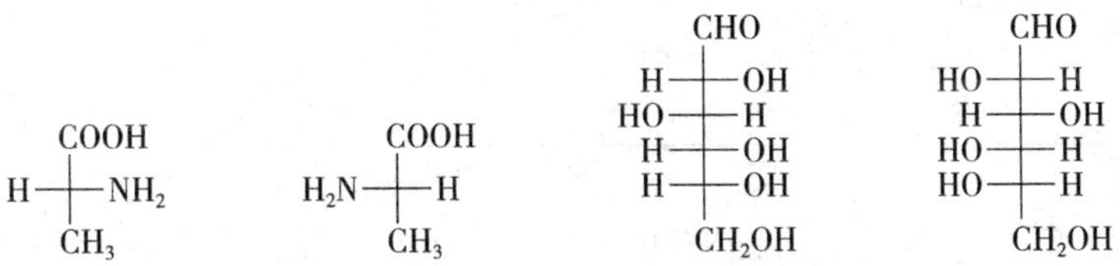

D- 丙氨酸　　　　L- 丙氨酸　　　　D- 葡萄糖　　　　L- 葡萄糖

值得注意的是,R/S 或 D/L 构型标记法与分子的旋光方向(+)或(-)之间没有必然联系。

第五节　外消旋体

一、外消旋体的概念

含一个手性碳原子的化合物,如乳酸(2-羟基丙酸),是人们发现的第一个旋光性化合物。乳酸有一对对映异构体,其中一种可使偏振光的偏振面向右旋转,如从肌肉组织中分离出的乳酸,使偏振光的偏振面向右旋转3.82°,称右旋乳酸;另一种可使偏振光的偏振面向左旋转,称左旋乳酸,如由左旋乳酸杆菌使葡萄糖发酵而产生的乳酸,使偏振光的偏振面向左旋转3.82°。若将其左旋体和右旋体等量混合,不显旋光性。这是由于两种组分的旋光度相同,旋光方向相反,旋光性恰好互相抵消,所以不显旋光性。

这种由等量的一对对映体所组成的物质称为外消旋体。外消旋体常用符号(±)或以dl表示。一般由化学方法合成出的乳酸(如丙酮酸经还原反应得到的乳酸)是外消旋体。

 问题与思考 ●●●

用费歇尔投影式表示乳酸的一对对映体结构,并用R/S构型标记之。

二、对映体和外消旋体的性质

对映异构体具有很多相同的性质。在化学性质方面,除了与手性试剂反应外,对映体的其他化学性质是相同的,一对对映体分别与非手性试剂反应,两者具有完全相同的反应速率。在物理性质方面,除了旋光方向相反外,其他物理性质(如熔点、沸点、旋光度大小、折光率、相对密度等)都相同。对映体组成的外消旋体具有固定的熔点。乳酸的一些物理常数见表4-1。

表 4-1　乳酸的一些物理常数

乳酸	熔点(℃)	$[\alpha]_D^{20}$水	$pK_a(25°)$	溶解度(g/100ml 水)
右旋体	26	+3.82°	3.79	∞
左旋体	26	−3.82°	3.79	∞
外消旋体	18	0°	3.79	∞

一对对映体之间在生理活性方面有明显差别。如左旋氯霉素有抗菌作用,右旋氯霉素则无效;(+)-可的松有激素活性,而左旋体无效;在生命中起着重要作用的葡萄糖,只有右旋异构体才能被人体吸收,而左旋异构体被排出体外不发生变化,故血浆代用品葡萄糖酐是右旋糖酐等。

第六节　非对映体和内消旋体

一、非 对 映 体

(一) 概念

如果两个碳原子上分别连有不完全相同的四个不同基团,则称这两个碳原子为不相同手性碳原子。含有两个不相同手性碳原子的分子,其中的手性碳原子连接的原子或基团有四种不同的空间排列,存在四个光学异构体,组成两对对映体。例如麻黄碱分子中有两个不相同的手性碳原子,一个手性碳原子与 H、NH(CH_3)、CH_3 和 CH(OH)(C_6H_5)相连,而另一个手性碳原子则与 H、OH、C_6H_5 和 CH(CH_3)〔NH(CH_3)〕相连,它们的四个旋光异构体的费歇尔投影式如下:

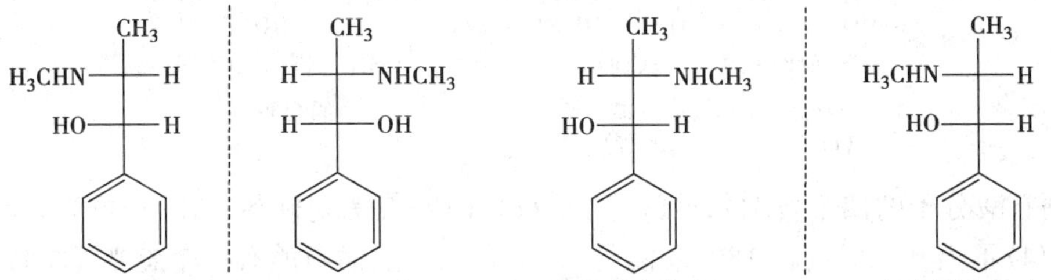

　　(+)-麻黄碱　　　　(−)-麻黄碱　　　　(+)-伪麻黄碱　　　　(−)-伪麻黄碱

在上面费歇尔投影式中, (+)-麻黄碱和(−)-麻黄碱、(+)-伪麻黄碱和(−)-伪麻黄碱分别组成一对对映体;(+)-麻黄碱和(+)-伪麻黄碱不是互为实物和镜像关系,像这种不是彼此互为实物和镜像关系的立体异构体称为非对映异构体,简称非对映体。因此, (+)-麻黄碱和(−)-伪麻黄碱、(−)-麻黄碱和(+)-伪麻黄碱、(−)-麻黄碱和(−)-伪麻黄碱也都是非对映体。

由上可知,含一个手性碳原子的分子有两个旋光异构体,组成一对对映体;含两个不相同手性碳原子的分子有四个旋光异构体,组成两对对映体;依此类推,含有 n 个不相同手性碳原子的分子,它的旋光异构体数目应为 2^n 个,组成 2^{n-1} 对对映体。

(二) 性质

由于非对映体的结构不同,非对映体之间也不是实物与镜像关系,故它们性质存在很大差异。在化学性质方面,由于非对映体含有相同的官能团,所以表现出相似的化学性质,如(i)-酒石酸与(−)-酒石酸因都含有羧基而表现出酸的性质。但是非对映体分别与同一种试剂反应速率不相同;在物理性质(如熔点、沸点、旋光度、折光率、相对密度等)方面是不相同的,因此非对映体组成的混合物能够利用组分的沸点不同采用蒸馏的方法进行分离,而外消旋体不能用蒸馏的方法进行分离。内消旋体是纯净物,具有固定的熔点。麻黄碱及伪麻黄碱的一些物理常数见表4-2。

二、内 消 旋 体

如果两个手性碳原子各自连接的四个基团分别相同,则称它们为相同手性碳原子。如酒

表4-2 麻黄碱及伪麻黄碱的一些物理常数

名称	熔点（℃）	$[\alpha]_D^{20}$	溶解性
（−)- 麻黄碱	38	盐酸盐 −34.9°	溶于水、乙醇和乙醚
（+)- 麻黄碱	40	盐酸盐 +34.9°	溶于水、乙醇和乙醚
（±)- 麻黄碱	77	—	溶于水、乙醇和乙醚
（+)- 伪麻黄碱	118	+51.24°	溶于水,溶于乙醇和乙醚
（−)- 伪麻黄碱	118	−51.24°	难溶于水,溶于乙醇和乙醚
（±)- 伪麻黄碱	118	—	难溶于水,溶于乙醇和乙醚

石酸分子每个手性碳原子都连有 OH、H、COOH 和 CH(OH)COOH 四个基团,因此,酒石酸是含两个相同手性碳原子的化合物。按照每一个手性碳原子有两种不同构型,酒石酸分子可写出下面四个费歇尔投影式:

（+)- 酒石酸 （1）　　（−)- 酒石酸 （2）　　i- 酒石酸 （3）　（4）

在酒石酸分子的四个费歇尔投影式中,（1）和（2）互为对映体;（3）和（4）为相同的化合物,因为（4）不离开纸面旋转 180° 就能与（3）重合,因此,酒石酸有三个旋光异构体,其中 i-酒石酸无旋光性。从 i-酒石酸两个相同手性碳原子的构型来看,一个为 R 构型,另一个为 S 构型,它们所引起的旋光度大小相同而方向相反,恰好在分子内抵消,故不显旋光性。像 i-酒石酸这种结构的分子称为内消旋体,用“i”或“meso”表示。另外从分子的对称性来看,i-酒石酸分子中存在一个对称面,因此,是非手性分子。内消旋体与左旋体或右旋体互为非对映体。

内消旋体和外消旋体都无旋光性,但本质不同。内消旋体（如 i- 酒石酸）为旋光异构体之一,由于分子内部旋光性互相抵消而无旋光性,不能拆分得到对映体,内消旋体为纯净物;外消旋体是由等量的一对对映体（如左旋酒石酸和右旋酒石酸）所组成,也无旋光性,但可以拆分为具有旋光性的左旋体和右旋体,外消旋体为混合物。但外消旋体与任意两种物质组成的混合物不同,内消旋体有固定的熔点。酒石酸的一些物理常数见表4-3。

表4-3 酒石酸的一些物理常数

名 称	熔点（℃）	溶解度 (g/100g H_2O)	$[\alpha]_D^{20}$(20% H_2O)	pK_{a1}/pK_{a2}
（−)- 酒石酸	170	139.0	−12°	2.96/4.16
（+)- 酒石酸	170	139.0	+12°	2.96/4.16
（i)- 酒石酸	140	125.0	0°	2.96/4.16
（±)- 酒石酸	206	20.6	0°	3.11/4.80

第七节 外消旋体的拆分

在很多情况下,通过有机合成得到的往往是外消旋体,但是经常只需要其中某一种光学活性物质,因此就需设法将单一的光学异构体从外消旋体混合物中分离出来。这种把一对对映体组成的混合物分开的过程称为外消旋体的拆分。外消旋体的拆分和普通混合物的分离不同。普通混合物的分离,可根据混合物中各个组分的物理性质不同,通过蒸馏或结晶等方法将其分开。可是,由一对对映体组成的混合物,两种物质除了旋光性不同外,其他物理性质都相同,所以不能采用常用的普通混合物的分离方法,需要采用特殊的方法。

1. 化学拆分法　化学拆分法的原理是用有光学活性的手性拆分试剂把一对对映体设法转变为非对映体,由于非对映体具有不同的物理性质,就可以用蒸馏方法或结晶方法把它们分开。当非对映异构体分离后,再经一定方法处理使其转化成原来的化合物。

例如,外消旋体有机酸(dl)-乳酸的拆分,可用光学纯的碱(d)-奎宁与其反应,生成两种物理性质不同的非对映异构(d)-奎宁-d-乳酸盐和(d)-奎宁-l-乳酸盐的混合物,非对映异构体的物理性质不同,可在适当的溶剂中用重结晶法进行分离,最后再分别用盐酸把乳酸从盐中置换出来,就得到较纯的(d)-乳酸和(l)-乳酸。拆分过程表示如下:

(dl)-乳酸 + 2(d)-奎宁 ⟶ (d)-奎宁-d-乳酸盐 +(d)-奎宁-l-乳酸盐

(d)-奎宁-d-乳酸盐 +(d)-奎宁-l-乳酸盐 —分离→ (d)-奎宁-d-乳酸盐 / (d)-奎宁-l-乳酸盐

(d)-奎宁-d-乳酸盐 + HCl ⟶ d-乳酸 +(d)-奎宁·HCl

(d)-奎宁-l-乳酸盐 + HCl ⟶ l-乳酸 +(d)-奎宁·HCl

如果要拆分的外消旋体是一种碱,就可以选择具有光学活性的酸。其拆分原理与拆分外消旋体酸相同。如果要拆分的外消旋体既不是酸也不是碱,可用光学活性的试剂直接与其反应,将其转变成非对映异构体,再行拆分。也可先在化合物上引入一个羧基使其变成酸,再按上述方法进行拆分。

常用的碱性拆分剂有人工合成的,如 α-苯基乙胺,有来自植物体的生物碱如(−)-吗啡碱、(−)-番木鳖碱、(−)-马钱子碱、(+)-辛可宁碱、(−)-奎宁碱、(−)-麻黄碱等。常用的酸性拆分剂有(+)-酒石酸、(−)-二乙酰酒石酸、(−)-二苯甲酰酒石酸、(+)-樟脑磺酸、(−)-苹果酸等。

2. 酶作用下的生物拆分法　酶是由光学活性的氨基酸组成的手性大分子。它与外消旋体的化合物作用时,可选择性地作用于一种对映体而对另一对映体不起作用。例如,外消旋酒石酸铵盐在酵母(一种酶)作用下发酵,天然的右旋酒石酸铵盐可逐渐被消耗(与酵母作用生成其他产物),发酵液中最后可分离出纯的左旋酒石酸铵盐。

3. 手性吸附剂的色谱分离法　其原理同酸、碱拆分法。用手性的物质如淀粉、蔗糖粉或某些人工合成的手性大分子作为柱层析的吸附剂。当外消旋的被拆分物质通过层析柱时,可与吸附剂产生非对映异构的两种物质,它们在层析柱中被吸附的程度不同,因此在用溶剂洗脱时,有的先被洗脱下来,有的后被洗脱下来,从而达到分离目的。

第八节　取代环烷烃的立体异构

立体异构包括构象异构和构型异构。构象异构体的特点是在室温下能通过单键旋转而互相转变,构象异构体不能在室温下分开。构型相同而构象不同的异构体组成的是纯净物(如既存在重叠式构象同时又存在交叉式构象的 R- 乳酸是纯净物),构象异构体之间的转化是物理变化;构型异构体的特点是在室温下不能通过单键旋转而互相转变,构型异构体能够在室温下分开,构型不同的同分异构体组成的是混合物(如 R- 乳酸与 S- 乳酸混合),一种构型转变为另一种构型必然要经过旧键的断裂和新键的形成过程,因此构型之间的转化是化学变化。

一、二取代环己烷的构型

环己烷分子中的两个氢原子被其他原子或原子团取代时,形成 1,1 位、1,2 位、1,3 位和 1,4 位四种位置异构,除 1,1- 二取代环己烷只有构象异构体外,其余三种还符合产生顺反异构的两个条件,一个是限制碳键旋转的环,另一个是环上有两个碳分别连接两个不同的基团,因此它们同时还存在顺反异构体。如果二取代环己烷具有手性,则同时还存在对映异构体。第二章已经介绍过二取代环己烷构象的知识,下面主要讨论涉及立体化学的二取代环己烷的构型情况。

(一)1,2- 二取代环己烷

当 1,2- 二取代环己烷的取代基相同时,其中的两个手性碳决定它最多有四种构型异构体,而实际上只有三种构型异构体。因为顺式的 1,2- 二取代环己烷中的两个手性碳原子所连接的四个基团相同,一个为 R,另一个为 S,故旋光性在分子内部抵消,是内消旋体。虽然在顺式的 1,2- 二取代环己烷中看不到对称面,但是可以通过椅式和船式相互转化,从其船式构象中找到对称面。反式的 1,2- 二取代环己烷为手性分子,存在一对对映异构体。例如,1,2- 二甲基环己烷三种构型异构体的优势构象如下:

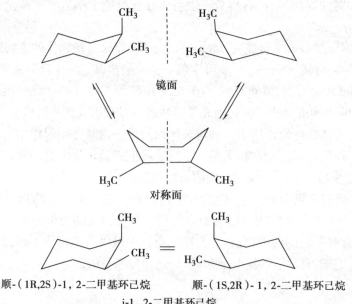

镜面

对称面

顺-(1R,2S)-1, 2-二甲基环己烷　　　顺-(1S,2R)-1, 2-二甲基环己烷

i-1, 2-二甲基环己烷

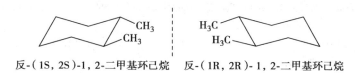

反-(1S, 2S)-1, 2-二甲基环己烷　　反-(1R, 2R)- 1, 2-二甲基环己烷

其中,反-(1S, 2S)-1, 2-二甲基环己烷和反-(1R, 2R)-1, 2-二甲基环己烷为一对对映异构体,都是手性分子,具有光学活性;而顺-(1R, 2S)-1, 2-二甲基环己烷和顺-(1S, 2R)-1, 2-二甲基环己烷是同一种结构分子,是内消旋体,无光学活性。实际上只有三种构型异构体。

当 1,2-二取代环己烷的取代基不相同时,无论是顺式还是反式都存在两个不相同的手性碳原子,因此反式的 1,2-二取代环己烷和顺式的 1,2-二取代环己烷分别存在一对对映异构体,共有四种构型异构体。例如,1-甲基 -2-叔丁基环己烷四种构型异构体的优势构象如下:

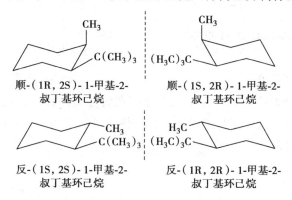

顺-(1R, 2S)-1-甲基-2-　　顺-(1S, 2R)-1-甲基-2-
　　叔丁基环己烷　　　　　　叔丁基环己烷

反-(1S, 2S)-1-甲基-2-　　反-(1R, 2R)-1-甲基-2-
　　叔丁基环己烷　　　　　　叔丁基环己烷

(二) 1,3-二取代环己烷

当 1,3-二取代环己烷的取代基相同时,反式的 1,3-二取代环己烷存在一对对映异构体,而顺式的 1,3-二取代环己烷含有两个相同的手性碳原子,存在对称面,是内消旋体。实际上只有三种构型异构体。例如,1,3-二甲基环己烷三种构型异构体的优势构象如下:

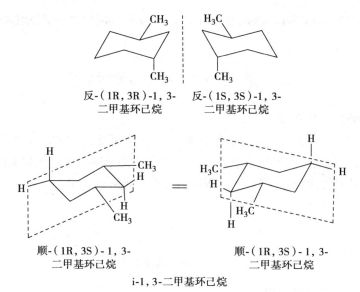

反-(1R, 3R)-1, 3-　　反-(1S, 3S)-1, 3-
　二甲基环己烷　　　　二甲基环己烷

顺-(1R, 3S)-1, 3-　　　　顺-(1R, 3S)-1, 3-
　二甲基环己烷　　　　　　二甲基环己烷

i-1, 3-二甲基环己烷

当 1,3-二取代环己烷的取代基不相同时,无论是顺式还是反式都存在两个不相同的手性碳原子,因此反式的 1,3-二取代环己烷和顺式的 1,3-二取代环己烷分别存在一对对映异构体,

共有四种构型异构体。例如,1- 甲基 -3- 叔丁基环己烷的四种构型异构体的优势构象如下:

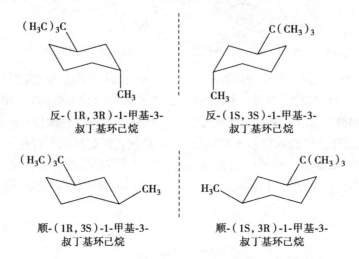

反-(1R, 3R)-1-甲基-3-
叔丁基环己烷   反-(1S, 3S)-1-甲基-3-
叔丁基环己烷

顺-(1R, 3S)-1-甲基-3-
叔丁基环己烷   顺-(1S, 3R)-1-甲基-3-
叔丁基环己烷

(三) 1,4- 二取代环己烷

1,4- 二取代环己烷无论是顺式还是反式都存在对称面,故都没有手性,没有光学活性,不存在对映异构体。实际上它只存在二种构型异构体。例如 1- 甲基 -4- 叔丁基环己烷二种构型异构体的优势构象分别为:

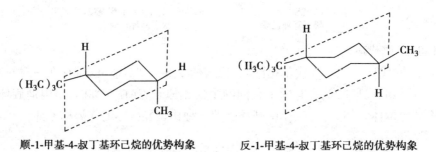

顺-1-甲基-4-叔丁基环己烷的优势构象   反-1-甲基-4-叔丁基环己烷的优势构象

二、其他取代环烷烃的构型

(一) 小环系的二环化合物

例如降冰片烷也即二环[2.2.1]庚烷,虽然符合产生顺反异构的两个条件,由于它的桥头位置的立体结构是固定的,亚甲基只能以顺式的方式连接于环己烷船式构象的 1,4 位,若以反式的方式连接能量太大,则不可能存在。所以只存在一种顺式构型。

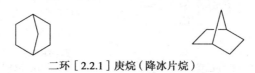

二环 [2.2.1] 庚烷(降冰片烷)

(二) 较大环系的二环化合物

例如十氢萘也即二环[4.4.0]癸烷,相当于两个环己烷通过 1 条公用边稠合而成的桥环化合物。

十氢萘也符合产生顺反异构的两个条件,因此存在顺反异构。C_1、C_6 上的 2 个 H 位于萘环平面同侧的称为顺式十氢萘、位于萘环异侧的称为反式十氢萘。十氢萘的平面结构及椅式构象如下:

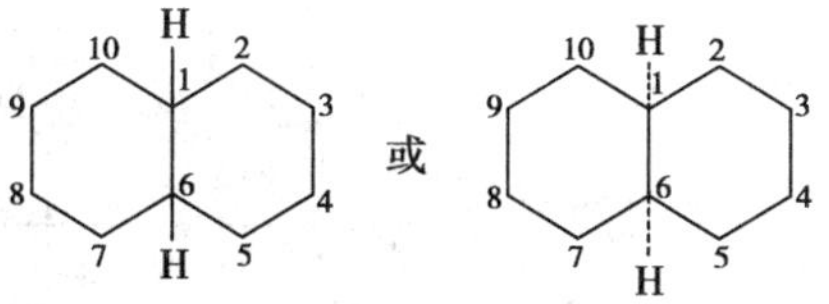

顺式十氢萘的平面结构 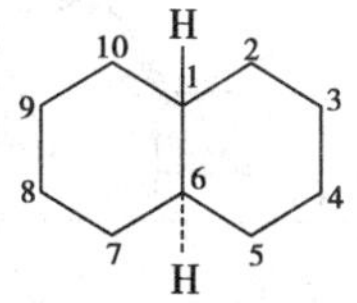　　　　　　反式十氢萘的平面结构

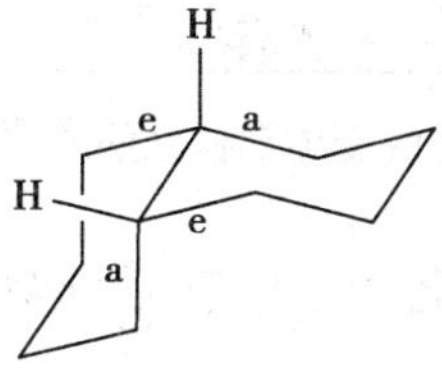

顺式十氢萘的椅式构象 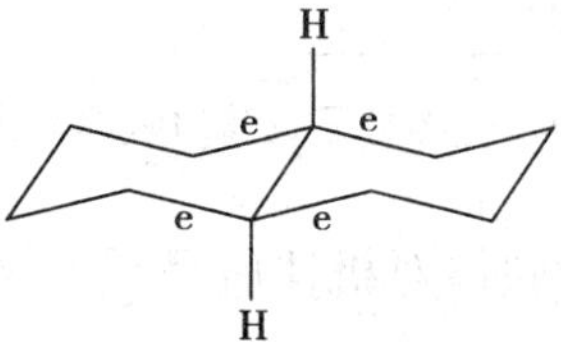　　　　　反式十氢萘的椅式构象

从结构上看,十氢萘是由两个环己烷环相骈合的结构,由于环己烷的优势构象是椅式构象,因此十氢萘的两个环都以椅式构象存在。因为顺式十氢萘的两个环己烷环相互以 ae 键骈合,并具有较多的跨环张力,其燃烧热为 5286kJ/mol;而反式十氢萘的两个环己烷环相互以 ee 键骈合,没有跨环张力,其燃烧热为 5277kJ/mol。反式十氢萘的燃烧热小于顺式十氢萘,所以反式十氢萘比顺式十氢萘稳定。

虽然顺式十氢萘是手性分子,但无旋光性。这是因为在室温下,顺式十氢萘的两个椅式环可以同时翻环,所得的构象是原来的对映体,两者能量相等,在平衡混合物中各占 50%,形成一个外消旋混合物。

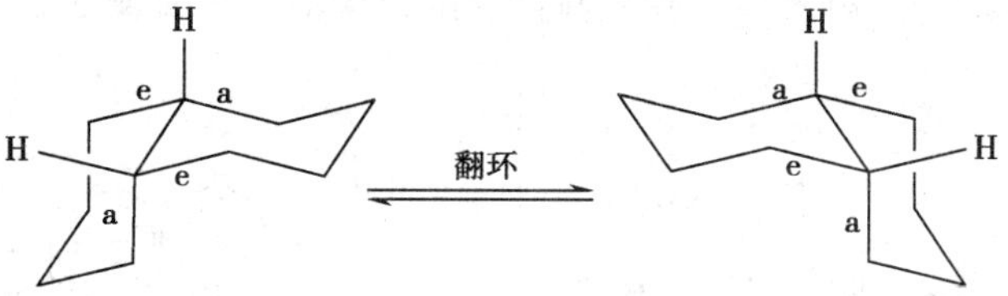

反式十氢萘没有手性,也不能翻环,如果发生翻环,得到的分子结构是两个椅式环己烷相互以反式 aa 键骈合,在空间上是不可能的。因此,反式十氢萘为刚性结构,只有一种构象,无构象异构体。

第九节　手性与生物学活性之间的关系

在人体(或动物体)内存在着许多手性化合物,有的手性分子是人体的组成成分,有的手性分子是人体内的功能分子。当治疗某些疾病的药物进入人体后,由于药物分子为手性分子,药物受体一般也为手性分子(如蛋白质分子),具有疗效的手性药物分子与其受体手性部位的立体结构有互补关系,能进入受体的靶位,产生应有的生理作用,而药物分子的对映体不能进入受体的靶位。药物分子及其对映体与同一种受体手性部位之间的结合情况如图 4-11 所示。

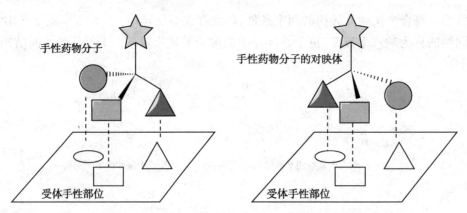

图 4-11 药物分子及其对映体与同一种手性受体部位之间的结合情况

因此,药物分子与其对映体对机体所呈现的生理和药理效应有显著差异,表现出不同的生物活性。

手性药物分子存在一对对映体,只有一种有疗效,另一种没有疗效或者有害。例如,布洛芬含有一个手性碳原子,存在一对对映体——S-布洛芬和 R-布洛芬,S-布洛芬异构体具有抗炎、抗风湿、解热镇痛作用,但 R-布洛芬没有活性。

S-布洛芬　　　　　　　　　　　　R-布洛芬

左氧氟沙星为 S-构型有抗菌作用,其对映体为 R-构型无抗菌作用。左氧氟沙星与其对映体组成的外消旋体称为氧氟沙星。左氧氟沙星的抗菌活性是氧氟沙星的两倍,且副作用小。

R　　　　　　　　　　　　　　　S
无抗菌作用　　　　　　　　　　左氧氟沙星

目前,上市的药物一半以上具有手性,由于生产技术和成本的原因,往往以外消旋体形式上市,这就使得手性药物的药效降低,甚至使得手性药物变成毒物。最典型的是"反应停事件",患儿母亲在妊娠期间服用反应停,导致新生婴儿"海豹肢畸形"。

造成灾难性事件的沙利度胺(thalidomide),又名反应停,含有一个手性碳原子,存在一对对映体,(S)-(−)-thalidomide 具有镇静作用,但(R)-(+)-thalidomide 不仅没有镇静作用,反而对人体胚胎有强烈致畸作用。

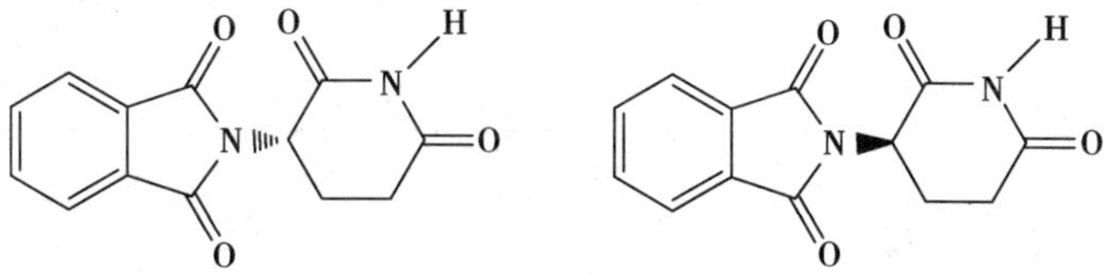

（S）-（-）-thalidomide　　　　　（R）-（+）-thalidomide

惨痛的教训警示人们,手性药物要慎重上市。为此,1992年美国食品药物管理局已经规定,一种新的手性药物上市之前,必须对左旋体、右旋体进行药效和毒性实验。2006年1月我国食品药物管理局也出台了《手性药物药学技术指导》草案。随着手性药物制备技术的不断提高,以单一光学异构体上市的目标一定能实现。

问题与思考

哪一种反应停造成了"海豹肢畸形"婴儿的出生?

哪一种反应停有镇静作用?

本章小结

光学异构产生的原因是手性,实物与其镜像不能完全重叠的性质称为手性。凡是连有四个不同的原子或原子团的碳原子称为手性碳原子,又称为手性中心,用"C*"表示。不能与其镜像完全重叠的分子称为手性分子。手性分子不存在对称面,也不存在对称中心,具有使平面偏振光的偏振面发生旋转的性质称为手性分子的旋光性或光学活性。

手性药物分子存在一对对映体,只有一种有疗效,另一种没有疗效或者有害。一对对映体的等量混合物称为外消旋体,用符号(±)或dl表示。外消旋体可以拆分为具有旋光性的左旋体和右旋体。拆分法有化学拆分法、酶作用下的生物拆分法、手性吸附剂的色谱分离法等。

分子中存在两个相同手性碳原子,一个为R构型,另一个为S构型,它们所引起的旋光度相同而方向相反,恰好在分子内抵消,故不显旋光性,此类分子称为内消旋体。

费歇尔投影式是用两条垂直交叉直线的交点表示手性碳原子,横线所连的两个基团朝向观察者;竖线所连的两个基团远离观察者。

R/S构型标记法是将最小基团远离观察者,若面对较近的三个基团由大到小依顺时针方向旋转,此手性碳为R-构型;反之为S-构型。D/L构型标记法是以甘油醛为标准,将甘油醛的主链竖向排列,氧化态高的碳原子位于上方,氧化态低的碳原子位于下方,写出其费歇尔投影式,人为规定羟基位于碳链右侧的甘油醛为D-型,羟基位于左侧的甘油醛为L-型。现仅在氨基酸和糖类中使用。

含有n个手性碳原子的分子,存在$\leq 2^n$个旋光异构体,其中任意一对映异构体中的左旋体(其右旋体不参加比较)与其他旋光异构体之间互称为非对映异构体。

R/S构型、D/L构型、左旋体和右旋体没有必然联系。

（秦志强）

复习题

1. 举例说明下列名词术语。

(1) 构象异构体　　　　　(2) 手性分子　　　　　(3) 对映异构体

(4) 手性碳原子　　　　　(5) 对称面　　　　　　(6) 对称中心

(7) 外消旋体　　　　　　(8) 非对映体　　　　　(9) 内消旋体

2. 比较构象异构和构型异构的异同点。

3. 将下面 R-2- 溴 - 丁烷的纽曼投影式改写为费歇尔投影式。

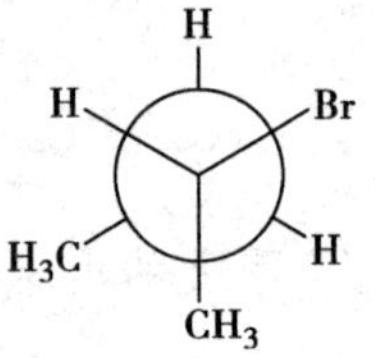

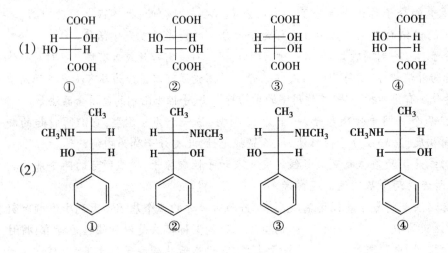

4. 写出下列化合物的优势构象。

(1) 乙基环己烷　　　　　　　　(2) 反 -1- 甲基 -2- 叔丁基环己烷

(3) 顺 -1- 甲基 -2- 叔丁基环己烷

5. 指出下列化合物中,哪些是对映异构体? 哪些是非对映异构体? 哪些是内消旋体? 哪些是同一化合物?

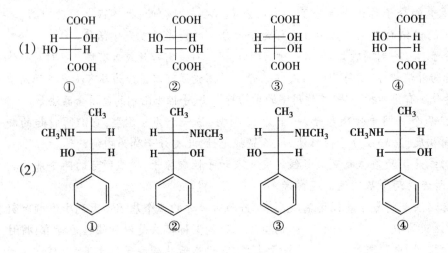

6. 按次序规则排出下列基团的优先顺序。

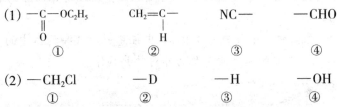

$$(1)\quad -\overset{\overset{\|}{O}}{C}-OC_2H_5 \qquad CH_2=\overset{\overset{|}{H}}{C}- \qquad NC- \qquad -CHO$$

$$\qquad\quad ①\qquad\qquad\qquad ②\qquad\qquad\quad ③\qquad\qquad ④$$

$$(2)\quad -CH_2Cl \qquad\quad -D \qquad\qquad -H \qquad\qquad -OH$$

$$\qquad\quad ①\qquad\qquad\qquad ②\qquad\qquad\quad ③\qquad\qquad ④$$

7. 下列化合物中各有几个手性碳原子? 理论上各有多少个立体异构体? 理论上各有多少对对映异构体?

(1)

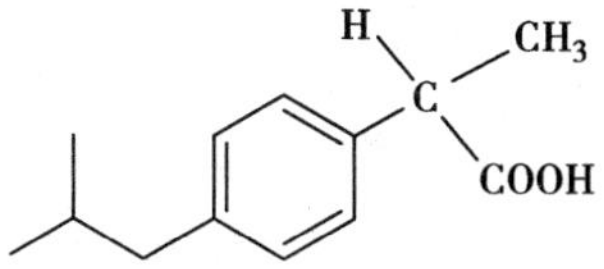

(2)

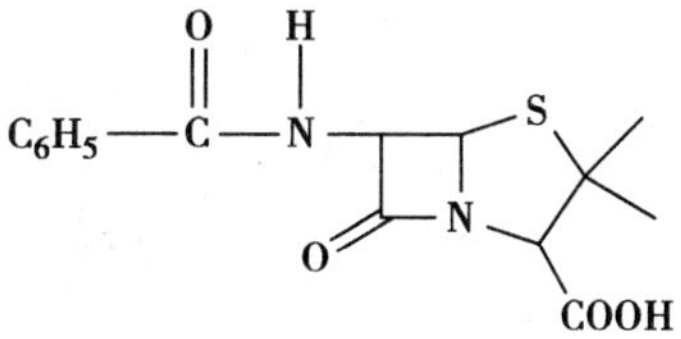

8. 将 260mg 胆固醇溶于 5ml 氯仿中,然后将其装满 5cm 长的盛液管,在室温 20℃通过偏振的钠光测得旋光度为 −2.5°,试计算胆固醇的比旋光度。

9. 判断下列说法是否正确?

(1) 含有手性碳原子的分子一定是手性分子。

(2) 存在对称面的分子一定是非手性分子。

(3) 多取代环己烷的优势构象一定是所有取代基都位于 e 键的构象。

(4) 手性分子一定具有旋光性。

(5) 因为外消旋体是混合物,所以外消旋体可以用蒸馏的方法分离和提纯。

(6) 含有 3 个手性碳原子的化合物,其对映异构体的个数一定是 8。

10. 有一化合物分子式为 $C_5H_8O_2$,和碳酸氢钠作用放出 CO_2,它本身可以存在两种构型,但都无旋光性。氢化后生成 $C_5H_{10}O_2$,后者可以分离为一对对映体,试写出原化合物的结构式。

第 五 章

芳 香 烃

学习目标 ▐▌▐

1. 掌握　苯的结构；苯及其衍生物的结构异构和命名；单环芳烃的化学性质、苯环上亲电取代反应的定位规则。
2. 掌握　芳香性及其判别方法(休克尔规则)。
3. 熟悉　稠环芳香烃结构和化学性质。
4. 了解　重要的单环芳烃和多环芳烃的来源及物理性质。

　　芳香烃是芳香族化合物的母体。最初是指天然树脂提取得到的具有芳香气味的物质,它们的化学性质与烷、烯、炔等相比有很大不同。后来研究发现,它们大都含有苯环的结构单元,于是人们将苯及含有苯环结构的化合物称为芳香族化合物。大多数芳香族化合物并没有香味,只是"芳香"两字被继续沿用下来。

　　现在芳香烃的概念,是指一类高度不饱和的化合物,且具有特殊的稳定性,如难加成、难氧化,却易发生取代反应,这种特殊的性质称作"芳香性"。

　　芳香烃可分两种,一种是指分子中含有苯环结构的碳氢化合物,称苯型芳烃;另一种是不含苯环结构而具有芳香性的化合物,称为非苯型芳烃。含苯芳烃又可分为单环芳烃和多环芳烃。分子中只含有一个苯环的芳香烃称为单环芳烃,分子中含有两个及两个以上苯环的芳香烃称为多环芳烃。

　　多环芳烃根据苯环连接的方式,又可分为三类:①多苯代脂肪烃:可以看成脂肪烃分子中的氢原子被苯环取代的产物;②联苯和联多苯:苯环通过单键相连而成的化合物;③稠环芳烃:指两个或两个以上苯环共用两个相邻碳原子稠合而成的多环芳香烃。

　　芳香烃是重要的有机化工原料,某些具有三个或三个以上苯环的稠环烃具有致癌作用。它们多数存在于煤焦油、沥青和烟草的焦油等物质中。

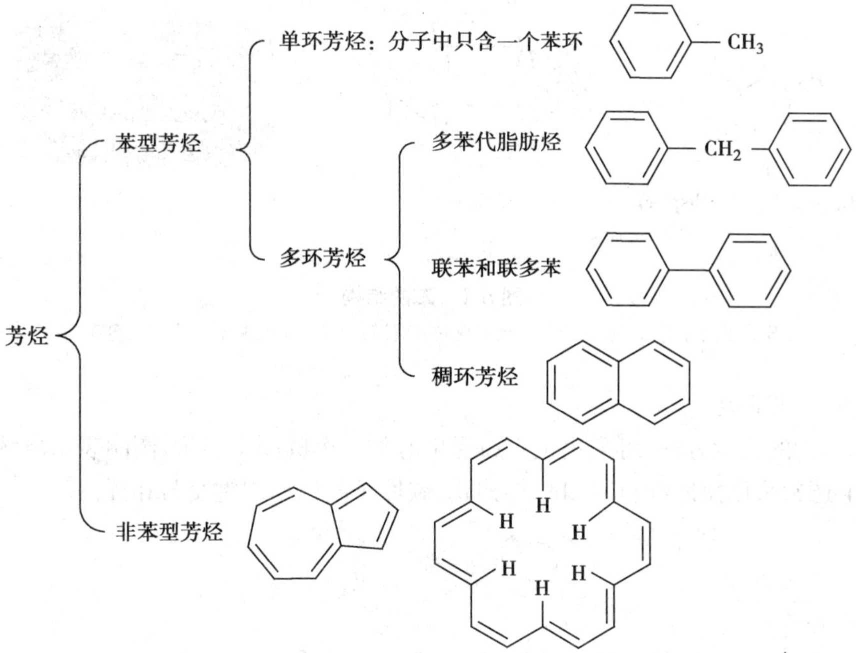

第一节 苯及其同系物

一、苯 的 结 构

苯是苯系芳烃分子中最具典型的基本结构。通过组成元素分析及相对分子量的测定,苯的分子式为 C_6H_6,应该是含有不饱和键的化合物,但事实上苯非常稳定,一般条件下不易发生加成反应,也不易被高锰酸钾氧化,而容易发生取代反应,并且一元取代产物只有一种,这说明苯分子中的六个氢原子是等同的。因此,苯一定有其特殊的结构。

按照杂化轨道理论,苯分子中的六个碳原子都是以 sp^2 杂化轨道相互沿对称轴的方向重叠形成六个碳碳 σ 键,组成一个正六边形;每个碳原子又各以同样的杂化轨道分别与氢原子的 1s 轨道沿对称轴的方向重叠,形成六个碳氢 σ 键。由于碳原子的三个 sp^2 杂化轨道共平面,键角为 120°,所以,六个碳原子和六个氢原子都在同一平面上(图 5-1a)。每一个碳原子还有一个垂直于苯环平面的未杂化 p 轨道,每个轨道上有一个未配对的 p 电子,每个 p 轨道都从侧面与左右两个相邻的 p 轨道彼此重叠,形成含六个碳原子在内、六个 π 电子的闭合"大 π 键"(图 5-1b),其电子云对称分布于碳环平面的上下两侧(图 5-1c)。因此,苯分子中没有单、双键交替的结构。

在苯分子中电子云均匀地分布在苯环的上下,形成一个闭合的共轭体系。共轭体系能量降低使苯具有稳定性。同时电子云发生了离域,键长发生了平均化,在苯分子中没有单双键之分,所以邻位二元取代物没有异构体。现代物理方法如 X 射线法、光谱法等,均证明了苯分子是平面正六边形构型,键角都是 120°,碳碳的键长都是 139pm。这种特殊的结构使苯具有独特

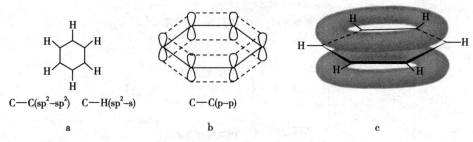

图 5-1 苯的结构

a. 苯分子的 σ 键;b. 苯分子中彼此重叠的 p 轨道;c. 苯分子的大 π 键电子云分布图

的化学性质——芳香性。

对于苯结构的表示方法,可采用正六边形中心加一个圆圈来表示,圆圈表示离域的 π 电子云;但习惯上还常采用凯库勒(Kekulé)结构式,碳原子间以单双键交替相连。

二、苯衍生物的异构现象和命名

苯环上的氢原子被烃基取代的衍生物称为苯的同系物。分为一烃基苯、二烃基苯和三烃基苯等。

1. **一烃基苯** 简单的烷基苯命名是以苯环作为母体,把烷基当作取代基,称为"某烃基苯"("基"字常略)。烯基或炔基苯则把不饱和烃基作为母体,苯作为取代基,称为"苯某"。如:

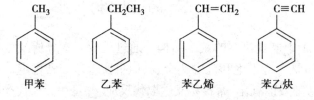

2. **二烃基苯** 有邻、间和对位三种同分异构体。这是由于取代基在苯环上的相对位置不同产生的,也称位置异构。命名时用 1,2- 或邻位(也可用 o-);1,3- 或间位(也可用 m-);1,4- 或对位(也可用 p-)标明取代基的位置。如二甲苯有三种同分异构体,它们的构造式和命名如下:

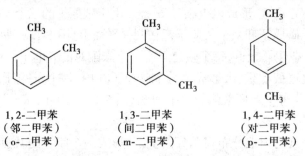

3. **三烃基苯** 一般有三种以上同分异构体。若三个烃基相同,则只有三种同分异构体。常用"连"字表示三个烃基处于相邻的位置,或用 1,2,3- 表示;"均"字表示三个烃基处于对称的位置,或用 1,3,5- 表示;三个烃基处于不对称的位置用"偏"字表示,或用 1,2,4- 表示。如

三甲苯有三种异构体，它们的构造式和命名如下：

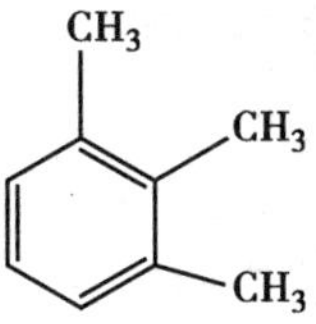

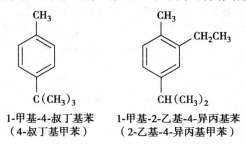

CH₃
CH₃
CH₃

1,2,3-三甲苯
（连三甲苯）

CH₃
H₃C
CH₃

1,3,5-三甲苯
（均三甲苯）

CH₃
CH₃
CH₃

1,2,4-三甲苯
（偏三甲苯）

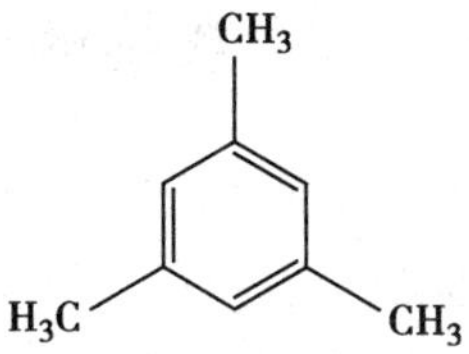

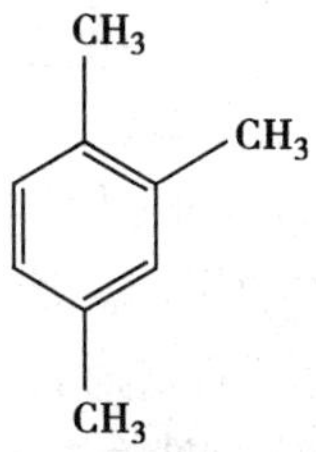

4. 若苯环上连接不同的烷基时，烷基名称按“次序规则”先小后大的原则依次列出，其位置的编号应将最小的烷基所连的碳原子定为1-位，并以“位号总和最小”为原则来命名。另外，如果苯环上连有甲基的同时，还连接其他不同烃基，一般可以甲苯为母体，其他烃基作为取代基命名。如：

CH₃
C(CH₃)₃

1-甲基-4-叔丁基苯
（4-叔丁基甲苯）

CH₃
CH₂CH₃
CH(CH₃)₂

1-甲基-2-乙基-4-异丙基苯
（2-乙基-4-异丙基甲苯）

5. 芳香烃分子中去掉一个氢原子剩下的原子团叫芳基，用—Ar 表示。如：

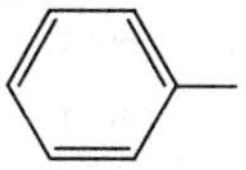

简写：C_6H_5—
苯基

CH₂—

$C_6H_5CH_2$—
苄基

对于较复杂的烃基或含有两个以上苯环的苯衍生物，可把苯环当作取代基，烃基作为母体来命名。如：

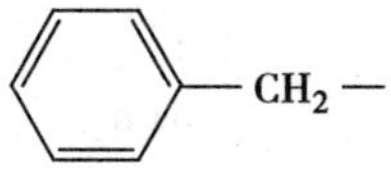

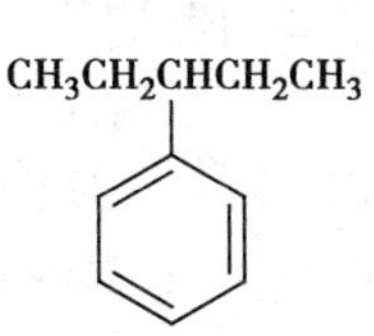

CH₃CH₂CHCH₂CH₃

3-苯基戊烷

C
H

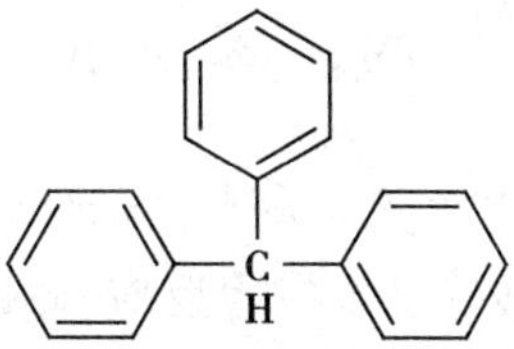

三苯甲烷

问题与思考

命名下列化合物：

(1)

CH₂CH₃
CH(CH₃)₂
CH₂CH₂CH₃

(2)

CH₂

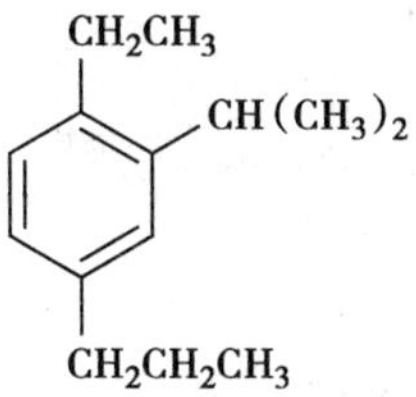

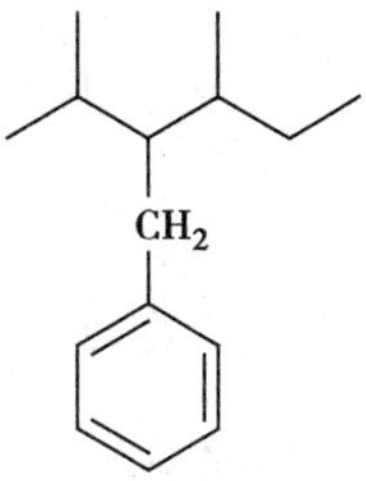

三、苯及其同系物的物理性质

苯及其同系物一般为无色有特殊气味的液体,不溶于水,密度在 0.86~0.93g/cm³ 之间,燃烧时火焰带有较浓的黑烟。液态芳烃是很多有机化合物的良好溶剂。它们具有一定的毒性,苯的蒸气可以通过呼吸道对人体产生损害,高浓度的苯蒸气主要作用于人的中枢神经,引起急性中毒,长期接触低浓度的苯蒸气会损害人的造血器官。

在苯的同系物中,沸点随着相对分子量的增加而升高,一般每增加一个 CH_2 沸点升高 20~30℃。含同数碳原子的各种异构体,由于结构不同,其沸点相差较大,而结构对称的异构体,却具有相对较高的熔点。表 5-1 列出了苯及其部分同系物的一些物理常数。

表 5-1 苯及其部分同系物的一些物理常数

化合物	熔点（℃）	沸点（℃）	密度（g/cm³）
苯	5.5	80.1	0.8765
甲苯	-9.5	110.6	0.8669
邻二甲苯	-25.2	144.4	0.8802
间二甲苯	47.9	139.1	0.8624
对二甲苯	13.2	138.4	0.8610
1,2,3-三甲苯	-15	176.1	0.8942
1,2,4-三甲苯	-57.4	169.4	0.8758
乙苯	-94.9	136.2	0.8667
正丙苯	-101.6	159.2	0.8620
异丙苯	-69.9	152.4	0.8617

四、苯及其同系物的化学性质

苯及其同系物的化学反应发生在苯环和侧链两部分。苯环上主要发生亲电取代反应,如与卤素、浓硫酸、浓硝酸等试剂发生反应;侧链易发生氧化反应和卤代反应。

(一) 苯环上的亲电取代反应

苯环上没有典型的 C＝C 双键性质,但环上电子云密度高,易被亲电试剂进攻,引起 C—H 键的氢被取代,这种由亲电试剂的进攻而引起的取代反应,称为亲电取代反应。

从苯的结构可知,苯环碳原子所在平面上下电子密度高,不利于亲核试剂进攻,相反,有利于亲电试剂的进攻。其反应机制可表示如下:

$$E — Nu \longrightarrow E^+ + Nu^-$$

亲电试剂　　　　π络合物　　　　σ络合物

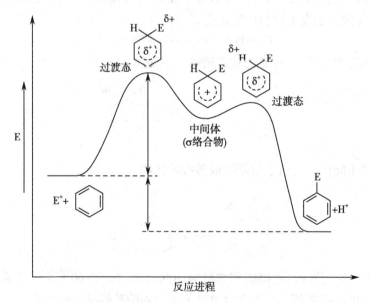

第一步:进攻试剂 E—Nu 在催化剂路易斯酸作用下,发生异裂生成亲电试剂 E^+。

第二步:苯与亲电试剂 E^+ 作用时,亲电试剂先与离域的 π 电子结合,生成 π 络合物,接着亲电试剂从苯环的 π 体系中得到两个 π 电子,与苯环上一个碳原子形成 σ 键,生成 σ 络合物。此时,这个碳原子由 sp^2 杂化变成 sp^3 杂化状态,苯环中六个碳原子形成的闭合共轭体系被破坏,变成四个 π 电子离域在五个碳原子上。

第三步:σ 络合物的能量比苯高,不稳定,存在时间很短。它很容易从 sp^3 杂化碳原子上失去一个质子,使该碳原子恢复成 sp^2 杂化状态,再形成六个 π 电子离域的闭合共轭体系——苯环,从而降低了体系的能量,产物比较稳定,生成取代苯。

苯环上亲电取代反应过程的能量变化如图 5-2。

图 5-2　苯的亲电取代反应过程能量变化示意图

苯及其同系物易发生卤化、硝化、磺化、傅 - 克烷基化和酰基化反应。

卤化反应

酰基化反应

硝化反应

磺化反应

烷基化反应

1. 卤代反应　在铁粉或三卤化铁等催化剂作用下,苯与卤素反应生成卤代苯。

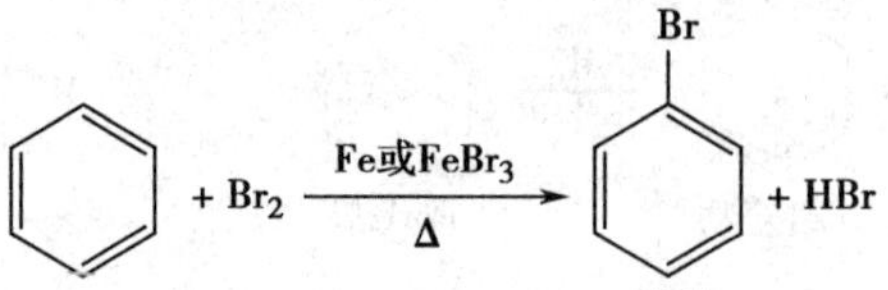

溴苯

烷基苯的卤代反应较苯容易,且主要生成邻、对位取代产物。

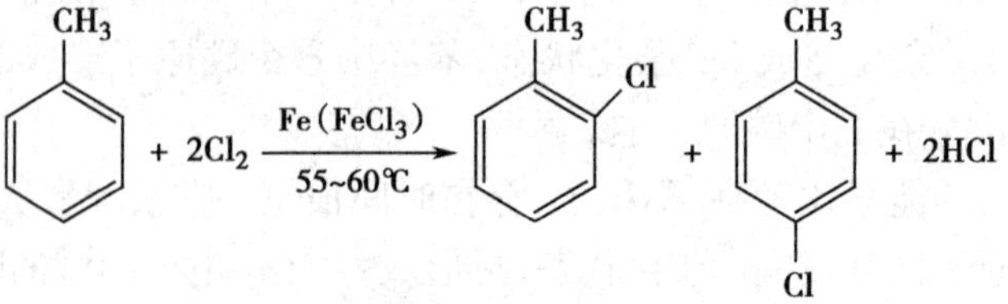

以苯的溴代为例,其反应机制如下:

(1) 亲电试剂是溴正离子(Br^+)。溴本身不能直接与苯发生取代反应,必须在路易斯酸$FeBr_3$的催化下,使溴分子发生异裂产生亲电试剂 Br^+:

$$Br - Br + FeBr_3 \longrightarrow Br^+ + [FeBr_4]^-$$

(2) 亲电试剂进攻苯环,形成非芳香正碳离子中间体:

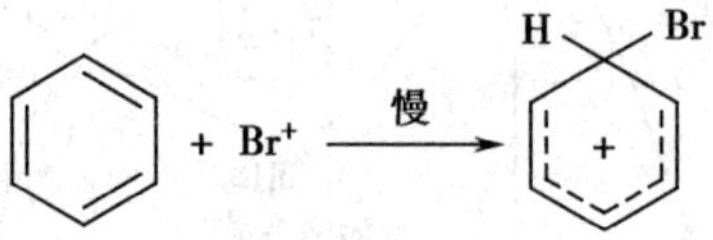

(3) 正碳离子中间体脱去质子重新生成芳香取代物:

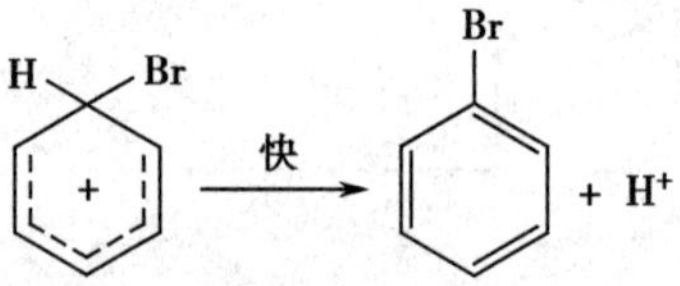

2. 硝化反应　苯与混酸(浓硝酸和浓硫酸的混合物)在55~60℃情况下反应,苯环上的氢原子被硝基取代,生成硝基苯。有机化合物分子中引入硝基的反应称为硝化反应。

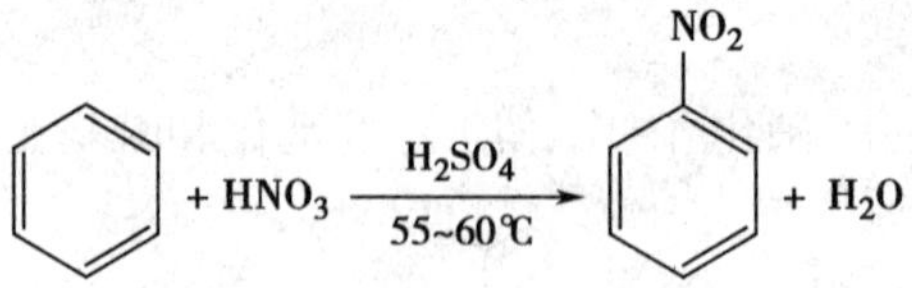

硝基苯

硝基苯不易进一步硝化,需要更高的温度或用过量的发烟硝酸和浓硫酸才能继续硝化,主要生成间二硝基苯,但是第二次硝化要比第一次慢得多。

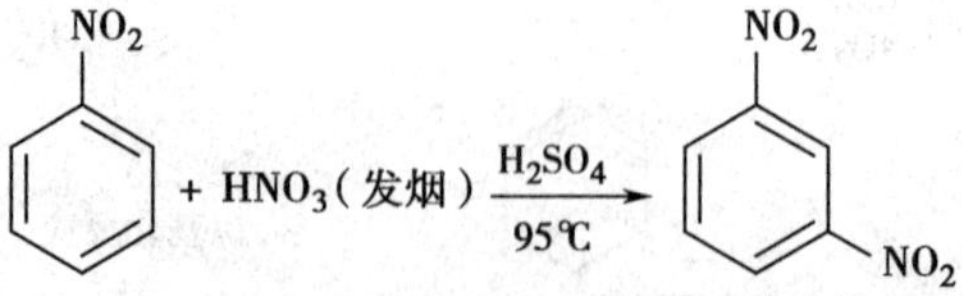

间二硝基苯

烷基苯比苯容易硝化,主要生成邻、对位产物。

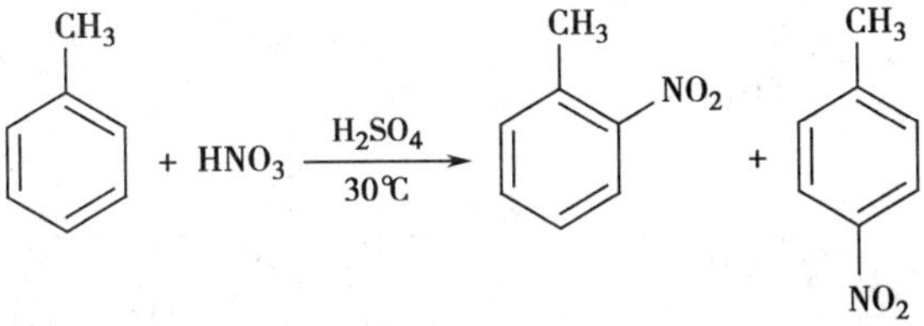

$$2H_2SO_4 + HONO_2 \rightleftharpoons NO_2^+ + 2HSO_4^- + H_3O^+$$

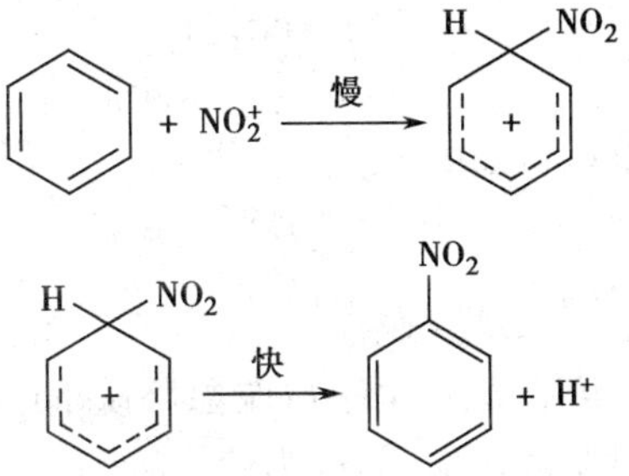

硝化反应的亲电试剂是硝基正离子(NO_2^+),硝基正离子产生过程及亲电取代反应机制如下:

3. 磺化反应 在75~80℃温度下,苯与98%浓硫酸发生作用,苯环上的氢原子被磺酸基(SO_3H)取代生成苯磺酸。有机化合物分子中引入磺酸基的反应叫做磺化反应。磺化反应与卤代、硝化反应不同,它是可逆反应,反应中生成的水使浓硫酸浓度降低,磺化反应速度变慢,相反苯磺酸水解速度加快,因此,通常在30~50℃温度下,用发烟硫酸与苯进行磺化反应。

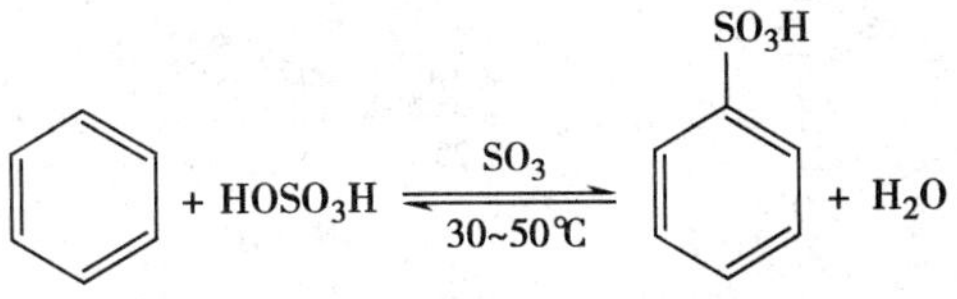

目前多数学者认为磺化反应的有效亲电试剂是SO_3。浓硫酸与苯的磺化反应历程如下:

$$2H_2SO_4 \rightleftharpoons SO_3 + HSO_4^- + H_3O^+$$

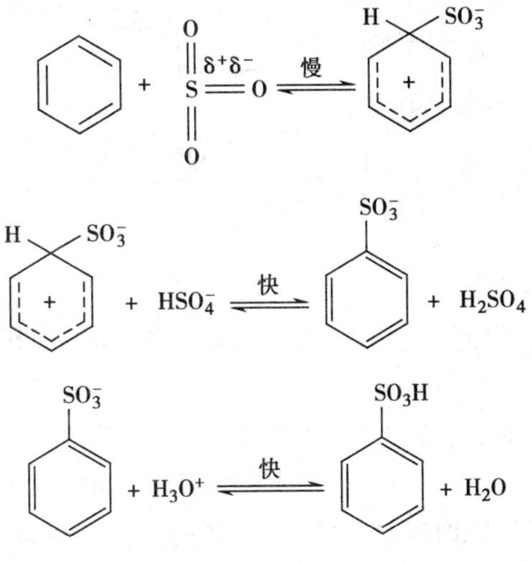

95

苯磺酸是一种有机强酸,在过热的水蒸气作用下或与稀硫酸共热时可以发生水解反应,脱去磺酸基又生成苯。

$$\underset{}{\overset{SO_3H}{\bigcirc}} + H_2O \xrightarrow{180℃} \bigcirc + H_2SO_4$$

磺化反应的可逆性在有机合成上十分有用,常用于基团的定位、导向等;苯磺酸易溶于水,可通过磺酸基的引入增加有机物的水溶性。

烷基苯的磺化反应较苯容易,在常温下就可与浓硫酸作用,主要生成邻、对位产物。

$$\underset{CH_3}{\bigcirc} + H_2SO_4 \longrightarrow \underset{CH_3}{\overset{SO_3H}{\bigcirc}} + \underset{SO_3H}{\overset{CH_3}{\bigcirc}}$$

4. 傅 - 克反应　早在 1877 年,法国化学家傅瑞德(Friedel)和美国化学家克拉夫茨(Crafts)就发现了向芳环上引入烷基或酰基的反应,简称为傅 - 克反应。前者被称为傅 - 克烷基化反应;后者被称为傅 - 克酰基化反应。

(1) 傅 - 克烷基化反应:在无水三氯化铝等催化剂作用下,芳烃与卤代烷反应,向芳环上引入烷基。例如:

$$\bigcirc + C_2H_5Br \xrightarrow[0\sim25℃]{AlCl_3} \underset{76\%}{\overset{CH_2CH_3}{\bigcirc}} + HBr$$

烷基化反应是卤代烃在催化剂作用下,产生碳正离子,碳正离子进攻苯环发生亲电取代反应。

$$R-X + AlX_3 \longrightarrow R^+ + AlX_4^-$$

$$\bigcirc + R^+ \longrightarrow \overset{H \quad R}{\underset{+}{\bigcirc}}$$

$$\overset{H \quad R}{\underset{+}{\bigcirc}} + AlX_4^- \longrightarrow \overset{R}{\bigcirc} + HX + AlX_3$$

傅 - 克烷基化反应的催化剂除常用无水三氯化铝外,还有三氯化铁、三氟化硼、四氯化锡等路易斯酸。

应用傅 - 克烷基化反应时,必须注意以下几点:

1) 当引入的直链烷基大于乙基时,随着反应条件的不同,引入的烷基往往不是原先卤代烷中的烷基,而易于发生碳链异构现象。例如,1- 氯丙烷在加热条件下与苯反应,得到的主要产物是异丙苯。

$$\text{苯} + CH_3CH_2CH_2Cl \xrightarrow[-18\sim80℃]{AlCl_3} \text{（}CH_2CH_2CH_3\text{苯）} + \text{（}CH(CH_3)_2\text{苯）} + 2HCl$$

31%~35%　　　　65%~69%
正丙苯　　　　　异丙苯

1-氯丙烷在无水三氯化铝作用下,生成的正丙基碳正离子,碳正离子易发生重排产生较为稳定的异丙基碳正离子,故主要产物是异丙苯。

$$CH_3CH_2CH_2Cl + AlCl_3 \longrightarrow CH_3CH_2CH_2^+ + AlCl_4^-$$

$$CH_3CH_2CH_2^+ \Longleftrightarrow CH_3CH^+CH_3$$

在烷基化反应中,碳链重排普遍存在,但在0℃以下进行反应,可以减少或避免碳链重排现象的发生。

2）傅-克烷基化反应不易停留在一元取代阶段,通常不能获得单一的产物,而是得到一、二和多元取代物的混合物。

$$\text{苯} \xrightarrow[AlCl_3]{CH_3Cl} \text{甲苯} \xrightarrow[AlCl_3]{CH_3Cl} \text{（邻二甲苯）} + \text{（对二甲苯）} \xrightarrow[AlCl_3]{CH_3Cl} \text{（三甲苯）}$$

由于傅-克烷基化反应是一个可逆反应,因此,可通过加入过量苯的办法,使多烷基苯发生脱烷基反应,从而得到一烷基取代产物。

3）常用的烷基化试剂除卤代烷外,还可以用烯或醇在酸催化下发生烷基化反应。

$$\text{苯} + CH_2{=}CH_2 \xrightarrow[95℃]{AlCl_3, HCl} \text{（}CH_2CH_3\text{苯）}$$

$$\text{苯} + CH_2{=}CHCH_3 \xrightarrow{H^+} \text{（}CH(CH_3)_2\text{苯）}$$

$$\text{苯} + (CH_3)_2CHOH \xrightarrow[65℃]{H_2SO_4} \text{（}CH(CH_3)_2\text{苯）}$$

工业上常用烯烃作烷基化剂,在酸性条件下与苯反应,一般其反应的历程为:

$$CH_2{=}CH_2 + H^+ \longrightarrow CH_3CH_2^+$$

$$\text{（苯）} + CH_3CH_2^+ \longrightarrow \text{（乙苯）} + H^+$$

$$CH_2=CHCH_3 + H^+ \longrightarrow CH_3CH^+CH_3$$

$$\text{（苯）} + CH_3CH^+CH_3 \longrightarrow \text{（异丙苯）} + H^+$$

傅 - 克烷基化反应是制备芳香烃特别是苯同系物的主要方法。

（2）傅 - 克酰基化反应：在路易斯酸催化作用下，苯与酰卤或酸酐反应，向芳环引入酰基。例如：

$$\text{（苯）} + CH_3\overset{\displaystyle O}{\overset{\|}{C}}-Cl \xrightarrow{AlCl_3} \text{（苯乙酮）} + HCl$$

乙酰氯　　　　　　　　　　苯乙酮

$$\text{（苯）} + (CH_3C)_2O \xrightarrow{AlCl_3} \text{（苯乙酮）} + CH_3COOH$$

乙酸酐

催化剂的作用是形成酰基碳正离子。反应机制：

$$CH_3\overset{\displaystyle O}{\overset{\|}{C}}-Cl + AlCl_3 \longrightarrow CH_3\overset{\displaystyle O}{\overset{\|}{C}}{}^+ + AlCl_4^-$$

$$\text{（苯）} + CH_3\overset{O}{C}{}^+AlCl_4^- \longrightarrow \left[\begin{array}{c} \text{（中间体）} \end{array} \right]AlCl_4^- \xrightarrow{-HCl} \text{（产物）}$$

$$\text{（产物）} + 3H_2O \longrightarrow \text{（苯乙酮）} + Al(OH)_3 + 3HCl$$

傅 - 克酰基化反应特点：①酰基化反应不发生酰基异构现象；②酰基化反应不能生成多元酰基取代产物；③酰化产物含有羰基，能与路易斯酸络合，消耗催化剂，催化剂用量一般至少是酰化试剂的两倍；④苯环上有强吸电子基时，不发生酰基化反应。

但是，长期以来傅 - 克反应使用的催化剂多数为 $AlCl_3$，它有两个缺点：反应后有大量的水合三氯化铝需要处理；在进行烷基化反应时，反应选择性差，常常伴随着大量的二取代或多取代物生成，甚至产生焦油，需要分离、处理，产物难纯化。现已开发出一些新的试剂或催化剂，常称为"绿色"工艺，提高了产物的选择性，更重要的是改善了环境的质量。

（二）苯环侧链的反应

当苯环上连有侧链时,与苯环直接相连的碳原子上的氢(称 α-H),由于受苯环的影响而活化,通过此 α-H 易发生氧化反应和卤代反应。

1. 侧链的氧化反应 苯环不易被氧化,但苯环侧链的烃基易被氧化成酸,且不论侧链多长,最后都被氧化成苯甲酸。如果 α- 碳上没有氢原子,则不能被氧化。

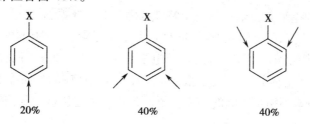

2. 侧链卤代 在高温或光照射下,烷基苯与氯或溴反应,芳环侧链上的 α-H 被卤代。

五、苯环上亲电取代反应的定位规律

（一）单取代苯亲电取代定位规律和反应活性

1. 定位规律 苯环上六个碳原子的电子云分布是均匀的,但当苯环上引入一个取代基时,苯环原有的电子云分布就会改变,在改变了苯环电子云密度(增加或降低)的同时,也影响了苯环上各碳原子的活性程度。

一取代苯的亲电取代反应,新引入的取代基可以进入原来取代基的邻、对和间位,生成三种二元取代物。如果新取代基进入的五个位置几率相同,得到的三种二元取代物的比率应为:对位占 20%、间位和邻位各占 40%。

但实际情况并非如此,如乙苯进行硝化反应时只得到两种二元取代物,而硝基苯进行硝化反应时得到三种二元取代物,它们所占比率分别为:

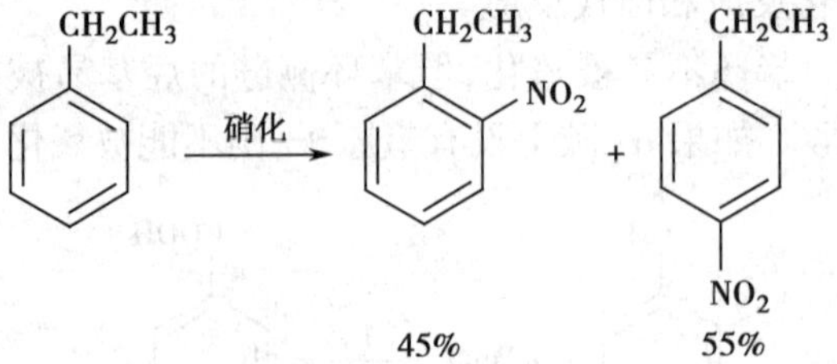

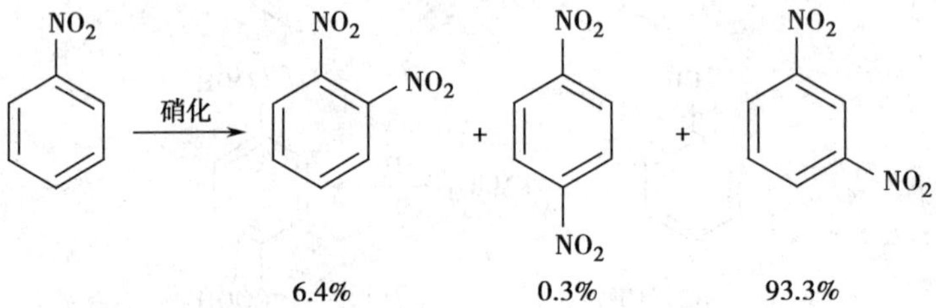

可见,一取代苯继续发生亲电取代反应时,苯环上新导入基团的位置及反应活性与新引入基团的性质无关,而与苯环上原有取代基有关,受环上原有取代基的控制。这种效应称为芳环上亲电取代反应的定位规律,环上原有的取代基称定位基。

2. 定位基　定位基大致可分为两类:

第一类定位基:又称邻、对位定位基,使新导入的取代基主要进入其所在苯环的邻位或对位,邻位取代物和对位取代物总量大于产物总量的60%,如羟基、烷基等。芳环上有第一类定位基时,亲电取代反应一般更容易进行。所以第一类定位基一般是使芳环活化(卤素除外)。

第二类定位基:又称间位定位基,使新导入的取代基主要进入其所在苯环的间位,间位取代物大于产物总量的40%,如硝基、酰基等。芳环上有第二类定位基时,亲电取代反应总是更困难。所以第二类定位基总是使芳环钝化。

表5-2列出了一些常见取代基对芳环亲电取代反应的定位作用。

表 5-2　常见取代基对芳环亲电取代的定位作用

第一类定位基		第二类定位基	
邻、对位定位基	对活性影响	间位定位基	对活性影响
—NH(R),—OH	强活化	—N$^+$R$_3$,—NO$_2$,—CF$_3$	很强钝化
—OR,—NHCOR,—OCOR	中等活化	—SO$_3$H,—CN	强钝化
—R,—Ar	弱活化	—CHO,—COCH$_3$,—COOH	强钝化
—X,—CH$_2$Cl	弱钝化	—COOR,—CONH$_2$	强钝化

3. 定位规律的理论解释　苯环是一个特殊的闭合共轭体系,π电子高度离域,环上电子云密度完全平均化。但当苯环上引入取代基以后,由于相互影响,环上的电子云密度的分布就要发生变化,由完全平均化变为不均匀,出现了电子云密度较大和较小的稀密交替现象(或称为极性交替现象),从而使苯环其他不同位置上进行亲电取代反应的难易程度有所不同。可以说,定位效应是定位基和苯环相互影响的结果。下面讨论两类定位基的定位效应。

（1）邻、对位定位基的定位效应：一般来说，邻、对位定位基是通过斥电子效应（卤素除外）使苯环上电子云密度增大，但各位置的增大是不均匀的，运用分子轨道计算法计算可知，邻位和对位碳原子上的电子云密度增大得更多一些，故主要在邻位和对位上易发生亲电取代反应。例如：

甲苯。甲苯分子中的甲基在苯环上产生斥电子的诱导效应（+I），使苯环上电子云密度增大。同时，甲基的 C—H 键的 σ 电子和苯环大 π 键形成了 σ-π 共轭体系（+C）。这个 σ-π 共轭效应（或称超共轭效应）也使苯环活化。诱导效应和超共轭效应都使苯环上电子云密度增大，而且甲基的邻、对位增加较多，所以甲苯比苯容易发生亲电取代反应，主要为邻、对位取代物。

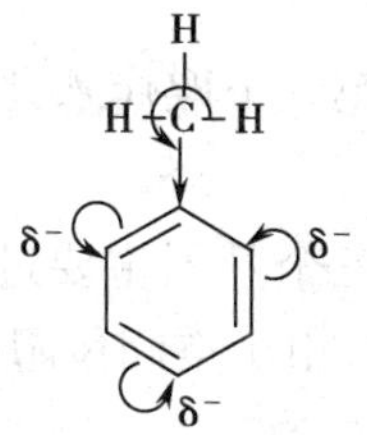

诱导效应（+I），超共轭效应（+C）

苯酚。羟基是一个较强的邻、对位定位基。羟基对苯环有两方面的影响：第一，羟基氧的电负性较大，产生吸电子的诱导效应（-I），使苯环上电子云密度降低；第二，羟基氧上的孤电子对与苯环大 π 键形成 p-π 共轭体系（+C），共轭效应的结果使苯环上电子云密度增大。已有实验证明，在这两个相反的电子效应中，共轭效应占优势，总的结果是使苯环上电子云密度增大，而且邻位和对位上的电子云密度增加更多些，所以苯环活化，主要产生邻、对位取代物。

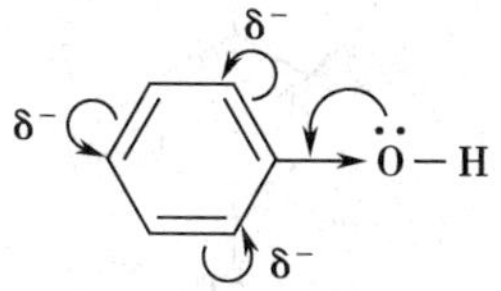

诱导效应（-I），共轭效应（+C），且 +C>-I

氨基和卤素对苯环的影响与羟基很相似。不过卤原子的情况比较特殊，一方面通过 p-π 共轭效应，使卤原子的邻、对位上电子密度较大，但另一方面，又由于卤素的电负性较大，会使环上的电子云密度降低，所以它又是致钝基。从总的效应来看，卤代苯中的 -X 仍是一个邻、对位定位基，但它的亲电取代反应速度比苯小。

（2）间位定位基的定位效应：间位定位基一般都是吸电子基团，直接与苯环相连的原子大多数含有不饱和键或是正离子基团，它们通过吸电子的诱导效应和吸电子共轭效应，使苯环上的电子云密度降低，所以苯环钝化。而电子云稀密交替分布的结果使间位的电子云密度较大，故亲电取代主要在间位上进行。例如：

硝基苯。由于组成硝基的氮和氧的电负性比较大，所以硝基是吸电子基，它对苯环的诱导效应（-I）使苯环上的电子云密度降低，同时硝基氮氧双键中的 π 键，又可与苯环的大 π 键形成 π-π 共轭体系，共轭效应（-C）的结果也使苯环上的电子云密度降低。

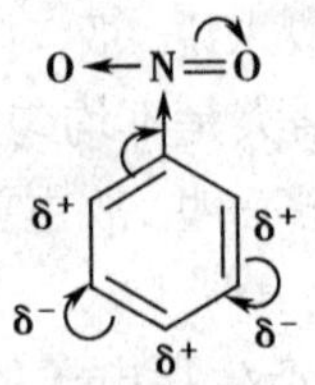

诱导效应（-I）,共轭效应（-C）

所以在硝基苯分子中,诱导效应和共轭效应使电子云偏移方向一致,其结果都是使苯环上的电子云密度降低,尤其是硝基的邻位和对位降低更甚,稀、密交替分布的结果是间位上的电子云密度稍大些。因此苯环钝化,比苯更难产生亲电取代,而且亲电取代主要在间位上进行。

（二）二取代苯亲电取代的定位规律

苯环上已有两个取代基时,再引入第三个取代基,原有两个取代基的性质和位置就决定了第三个取代基进入的位置。

1. 两个取代基定位方向一致 第三个基团主要进入原来两个定位基定位效应相互加强的位置。但相间两个取代基中间的位置,由于空间位阻的影响,一般不易进入新的基团。

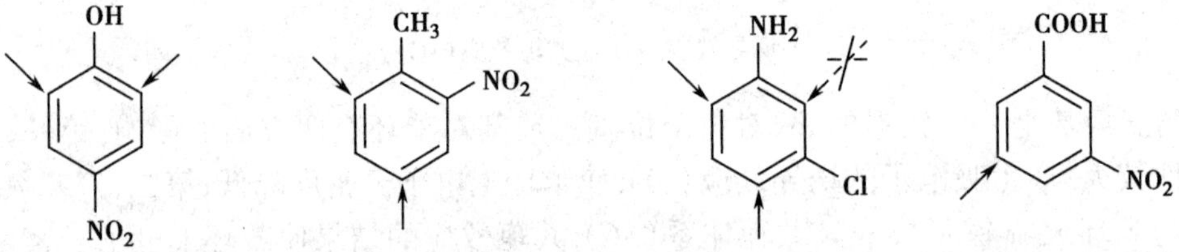

2. 两个取代基定位方向不一致 若原取代基为同类定位基,新引入的基团进入苯环的位置主要由定位作用强的取代基所决定;如果两个取代基定位作用强度相差较小,得到混合物。

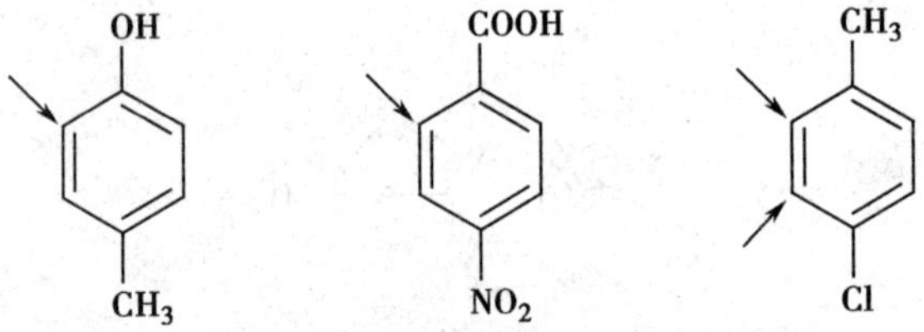

| 主产物 | 主产物 | 混合物 |

若原取代基为不同类定位基,新引入的基团进入苯环的位置主要由第一类定位基决定。

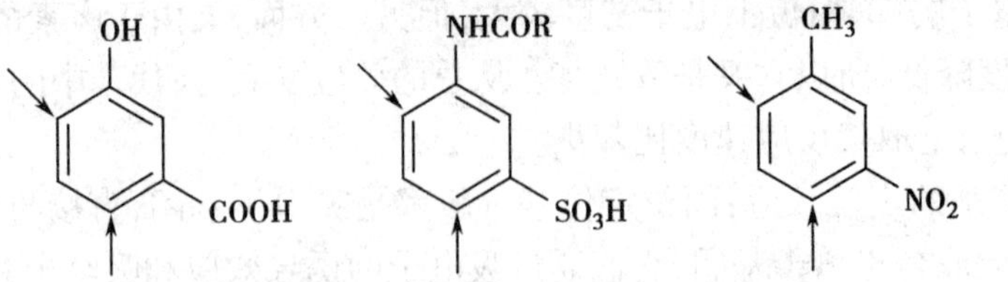

（三）定位规律在有机合成上的应用

应用定位规律,不仅可以解释某些反应现象、预测反应的主产物,还有助于选择最佳的合成线路,获得较好的收率,减少产物的分离过程。

1. 以苯为原料制备间硝基氯苯 第一步硝化得到硝基苯。第二步氯代,因硝基是间位基,则氯主要进入硝基的间位,得到间硝基氯苯。

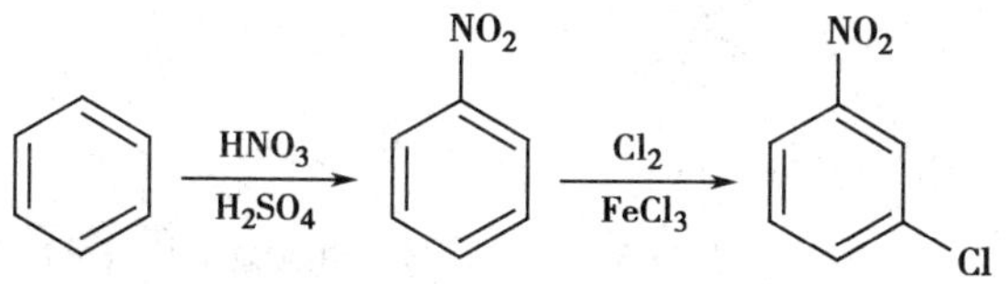

若第一步氯代得到氯苯,第二步硝化时,因氯是邻、对位定位基,则主要得到邻位硝基氯苯和对位硝基氯苯,而几乎无间硝基氯苯产生。

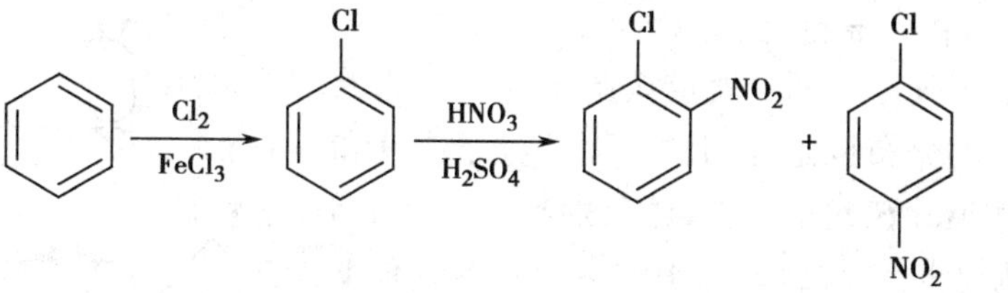

2. 以苯为原料合成间硝基苯甲酸　第一步傅-克烷基化生成甲苯;第二步氧化反应得到苯甲酸;第三步硝化得到间硝基苯甲酸。

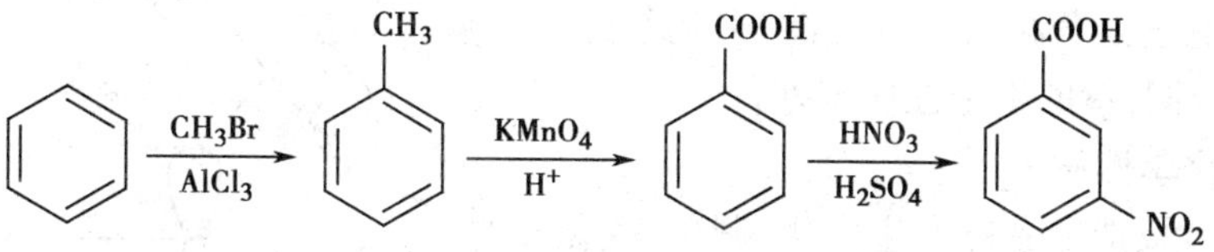

问题与思考 •••

以苯为原料合成间溴苯甲酸和对溴苯甲酸。

第二节　稠环芳烃和非苯芳烃

一、稠　环　芳　烃

稠环芳烃是指两个或多个苯环,彼此通过共用相邻的两个碳原子稠合而成的化合物,如萘、蒽和菲等。

萘是煤焦油成分中含量最高的一种化合物。常温下,它是一种白色片状晶体,熔点是80.6℃,沸点218℃,有特殊气味,能挥发易升华,不溶于水。萘是重要的化工原料,也常用作防蛀剂。

(一) 萘的结构

萘的分子式为 $C_{10}H_8$,是两个苯环共用两个相邻的碳原子稠合而成。X 射线衍射分析显示,两个苯环处于同一平面上,碳碳键长不完全相同,因此萘的键长平均化不如苯,键长数值如下。

分子中碳原子的位次   分子中碳碳键长（pm）

萘成键的形式与苯类似，分子中的碳原子也是以 sp^2 杂化轨道形成碳碳 σ 键，各碳原子的未杂化 p 轨道通过侧面相互重叠形成一个共轭体系，即形成平面环状的芳香大 π 键（图 5-3）。

在苯分子中各碳原子的 p 轨道彼此重叠都是均等的，因此，电子云的分布也是均匀的。而萘分子中 9 和 10 位的两个 p 轨道除彼此重叠外，还分别与 1、8 及 4、5 位碳原子的 p 轨道重叠，导致萘分子中电子云的分布不均匀。共用碳原子的四个邻位称为 α 位，电子云密度最高；距共用碳原子较远的四个位置称为 β 位，电子云密度较低。由于电子云分布的不均匀性，引起萘分子中碳碳键长不完全等同，萘的稳定性比苯差。

（二）萘的化学性质

1. 亲电取代反应 萘能发生卤代、硝化、磺化和傅-克酰化等亲电取代反应。反应时 α 位易于 β 位。

（1）卤代反应：萘和溴在加热的情况下反应，可得到纯度较高的 α-溴萘产物。

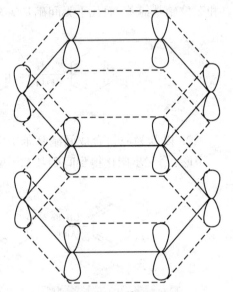

图 5-3　萘的芳香大 π 键

$$\text{萘} \xrightarrow[\text{加热}]{Br_2/CCl_4} \text{1-溴萘（Br）}$$

（2）硝化反应：萘与混酸在常温下就可以反应，产物几乎都是 α-硝基萘。

$$+ HNO_3 \xrightarrow{25\sim50℃} \text{（NO}_2\text{）}$$

（3）磺化反应：温度对磺化反应有明显影响。低温时主要产物是 α-萘磺酸，较高温度时主要产物是 β-萘磺酸。

$$+ H_2SO_4 \quad\begin{cases} \xrightarrow{0\sim60℃} & SO_3H \\ \xrightarrow{165℃} & SO_3H \end{cases}$$

（4）傅-克酰化反应：一般情况下，此反应得到的是混合产物，产物与反应温度和溶剂的极性有关。低温和非极性溶剂(如二硫化碳),得到的主要产物是α-酰化产物;而在较高的温度和极性溶剂(如硝基苯),主要得到β-酰化产物。

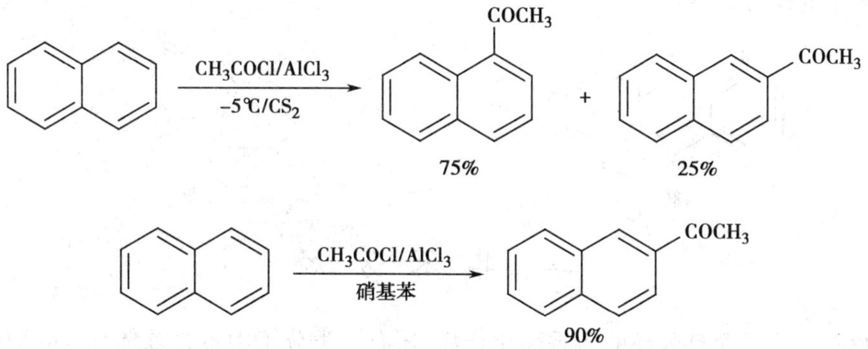

2. 氧化反应　萘比苯易于被氧化,主要发生在α位碳原子上。反应条件不同可以得到不同的产物。例如:

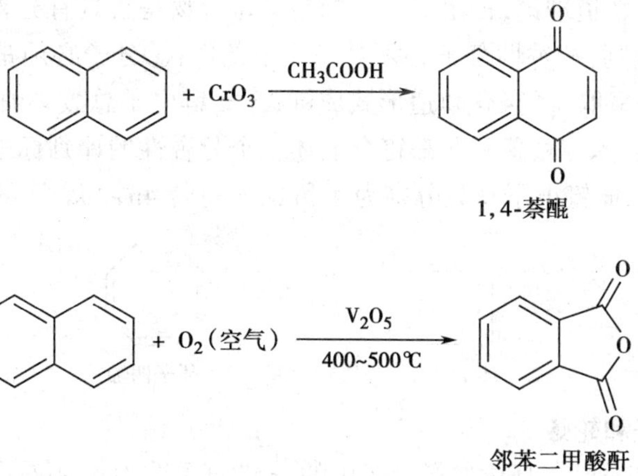

1,4-萘醌

邻苯二甲酸酐

3. 还原反应　萘的活性还表现在比苯容易还原,还原产物与试剂及条件有关。

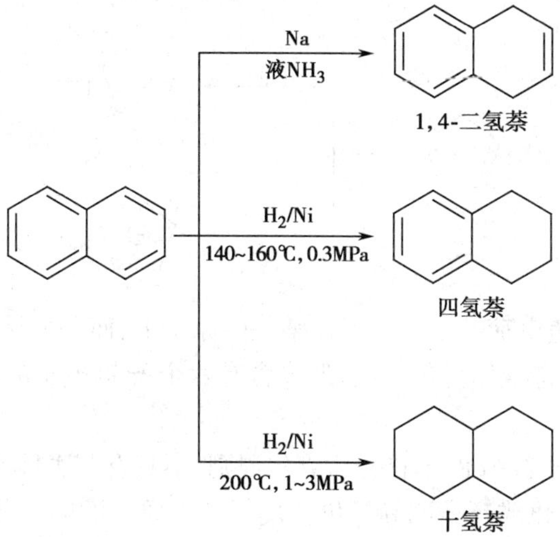

（三）蒽和菲

蒽和菲都存在于煤焦油中,分子式均为 $C_{14}H_{10}$,都是由三个苯环稠合而成。通过物理学方法测定证明,蒽和菲的分子中所有原子都处在同一平面上,蒽分子中的三个苯环呈线形排列;菲分子中的三个苯环呈角形排列,分子中具有芳香大 π 键,具有一定的芳香性。它们的结构及分子中碳原子的编号如下:

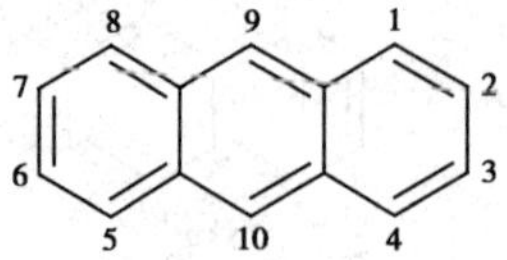

蒽 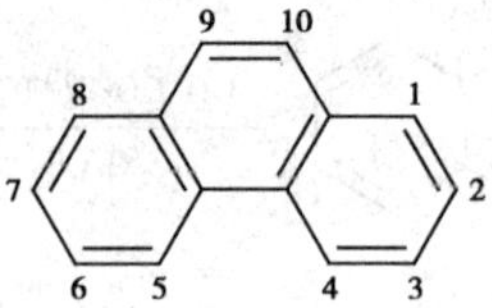　　　　　　　　　　菲

二、非苯芳烃

以上我们讨论了含有苯环的芳香性化合物,还有一类分子中不含苯环,但却具有芳香性的烃类化合物,这类化合物被称之为非苯芳烃。

(一)休克尔规则

休克尔根据分子轨道理论,提出了一个判断某化合物是否具有芳香性的规则,称为休克尔规则。根据休克尔规则,芳香性分子必须具备三个条件:①分子必须是环状的平面结构;②环上的各原子必须都是采取 sp^2 杂化轨道形式成键;③π 键电子总数必须满足 4n+2 规则。

根据休克尔规则,苯、萘、蒽和菲符合上述三个芳香性的评判标准,它们都有芳香性。而环丁二烯和环辛四烯,π 键电子总数分别为 4 和 8,不符合 4n+2 规则,不具有芳香性。

环丁二烯 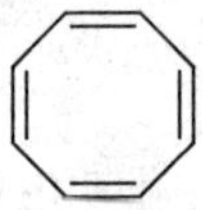　　　　　　　　环辛四烯

(二)芳香性离子和轮烯

1. 环状离子的芳香性　环戊二烯分子中的 π 键电子数为 4,不符合休克尔规则,不具有芳香性。但环戊二烯在强碱或金属钠的作用下,可转化为环戊二烯负离子,生成环戊二烯的金属化合物。

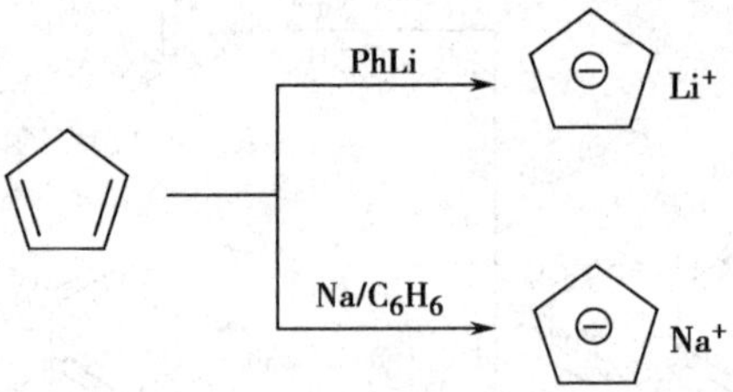

PhLi

Na/C_6H_6

环戊二烯负离子的负电荷并不是局限在某一碳原子上,而是离域于整个碳环,环戊二烯负离子的 π 键电子数为 6,符合休克尔规则,形成含有六个 π 键电子的环状共轭平面体系,具有芳香性。

环辛四烯的 π 键电子数为 8,不符合休克尔规则,不具有芳香性。但环辛四烯在四氢呋喃溶液中能与钾作用,可转化成环辛四烯二价负离子。由原来的船型分子结构转变为平面正八边形,π 键电子数为 10,符合休克尔规则,具有芳香性。

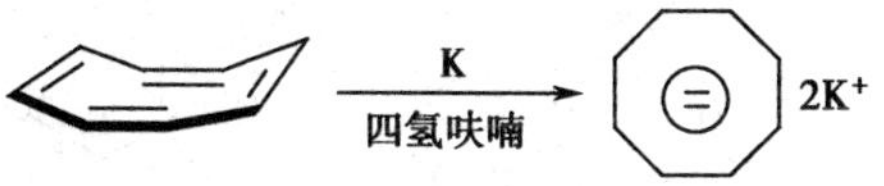

环辛四烯

2. 轮烯　具有单双键交替的单环多烯烃统称为轮烯。命名时一般将碳原子数写在方括号中，称为某轮烯。如分子中含有 10、14 和 18 个碳原子，则分别称为 [10] 轮烯、[14] 轮烯和 [18] 轮烯。

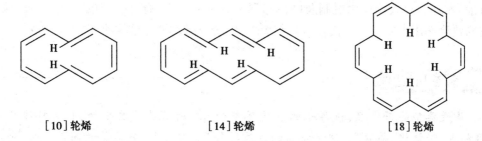

[10]轮烯　　　　　　　　[14]轮烯　　　　　　　　[18]轮烯

在 [10] 轮烯和 [14] 轮烯分子中，由于环内的氢原子间具有强烈的排斥作用，导致无法形成环状的平面分子结构。

[18] 轮烯分子环内虽有六个氢原子，但因环较大，氢原子间的排斥作用微弱，具有环状的平面分子结构。

[10] 轮烯、[14] 轮烯和 [18] 轮烯的 π 键电子数和环上碳原子轨道杂化类型都满足休克尔规则要求，但由于分子环内氢原子的空间排斥作用，影响并破坏了分子的平面性，导致 [10] 轮烯和 [14] 轮烯不具有芳香性。而 [18] 轮烯则完全满足休克尔规则的要求，具有芳香性。因此，判断这类化合物是否具有芳香性，还必须要考虑分子的空间结构。

三、有代表性的芳烃

芳香烃早期主要来源于煤焦油，随着石油工业的发展，石油冶炼和石油化工过程逐渐成为芳香烃的主要来源。经过长期的实验研究，多环芳烃领域逐渐得到很好的开发，发现并合成了大量的稠环芳烃。

最初发现从事与煤焦油接触工作的人员易患皮肤癌，后来从煤焦油中分离提取出一种致癌物质 3,4- 苯并芘，其结构如下：

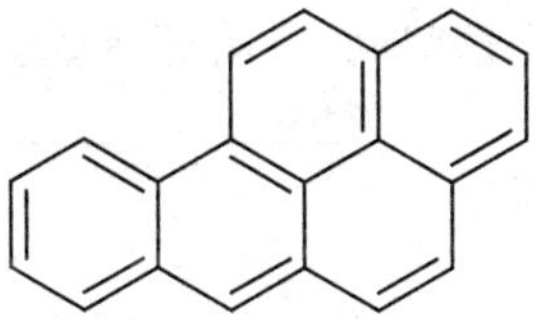

3,4-苯并芘

同时，发现合成的 10- 甲基 -1,2- 苯并蒽及 2- 甲基 -3,4- 苯并菲都是强致癌物质，它们的结构如下：

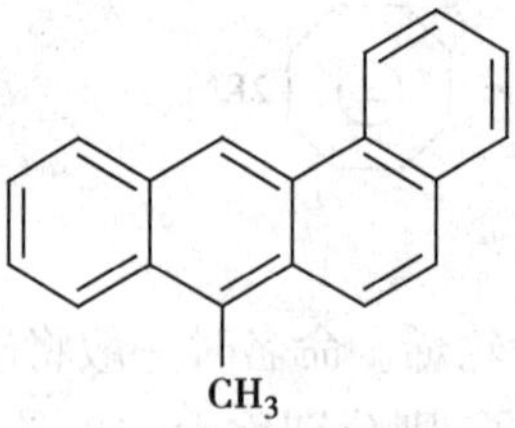

10-甲基-1,2-苯并蒽 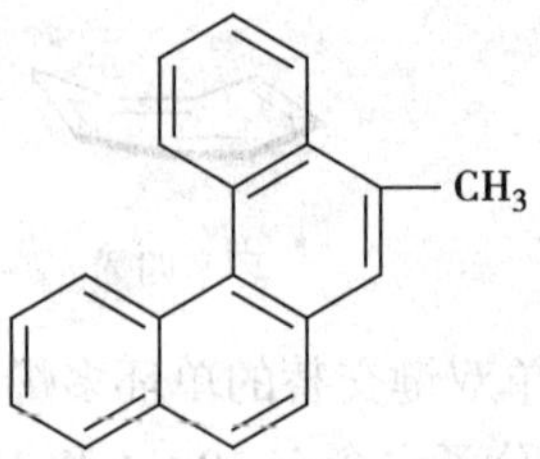　　　　　2-甲基-3,4-苯并菲

目前,稠环芳烃致癌作用机制及结构与毒性关系的研究,有了一定的进展。一般认为,这类物质的致癌作用主要是通过代谢产物与 DNA 结合,导致 DNA 结构改变,引起基因突变。

本章小结

苯是最典型的芳香烃,碳原子的杂化类型为 sp^2,所有原子共平面,具有特殊的稳定性,难加成、难氧化、易取代,这种特殊的性质称作"芳香性"。命名苯的同系物时,可以苯做母体、取代基"位号总和最小"原则;或侧链较为复杂时,可以苯基作为取代基,烃基等作为母体。

苯易发生卤化、硝化、磺化、烷基化和酰基化等亲电取代反应。具有 α-H 的烷基苯被氧化时,烷基均被氧化成羧基,与烷基的碳链长短无关。

苯的同系物及其衍生物进行亲电取代反应时,苯环上原有的取代基(或称定位基)将影响新导入的取代基在环上的位置和取代反应活性,这种影响称为定位效应。定位基有两类:一类是邻、对位定位基,如—NH(R)、—OH、—OR、—NHCOR,—OCOR、—R、—Ar、—X 等,其取代苯的反应活性大于苯(除—X 外);另一类是间位定位基,如—N$^+$R$_3$、—NO$_2$、—CF$_3$、—SO$_3$H、—CN、—CHO、—COCH$_3$、—COOH、—COOR,—CONH$_2$ 等,其取代苯的反应活性比苯小。

稠环芳烃萘、蒽、菲的性质与苯相似,但它们的芳香性比苯差,即环上电子云密度分布不均,键长没有完全平均化。因此,芳香稠环上的亲电取代反应的活性不一样,α 位 > β 位。

休克尔规则判断芳香性分子必须具备的三个条件:①分子必须是环状的平面结构;②环上的各原子必须都是采取 sp^2 杂化轨道形式成键;③π 键电子总数必须满足 4n+2 规则。凡符合休克尔规则的为芳香性化合物。除苯型芳香烃外,非苯型芳香性离子如环戊二烯负离子和环辛四烯二负离子符合休克尔规则,具有芳香性。[18]轮烯也有芳香性。

(许秀枝)

复习题

1. 写出分子式为 C_9H_{12} 所有芳香烃的同分异构体的构造式,并命名。
2. 命名下列化合物。

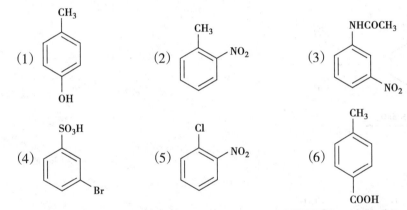

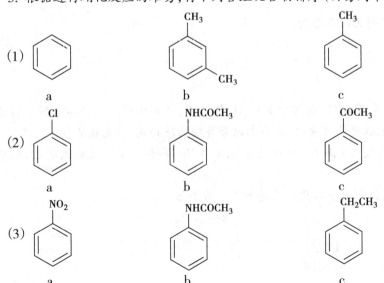

(1) 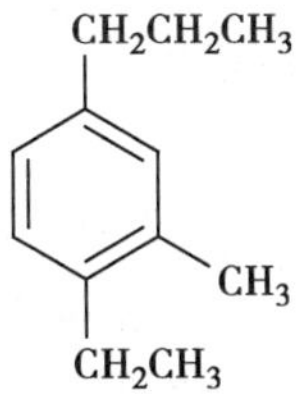 [结构图: 对位含 CH₂CH₂CH₃, CH₃, CH₂CH₃ 的苯]

(2) 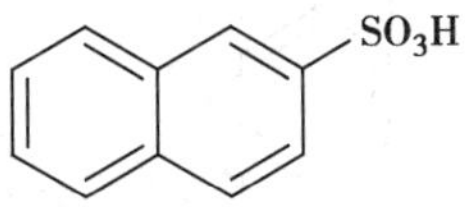 [萘-2-磺酸结构, SO₃H]

(3) 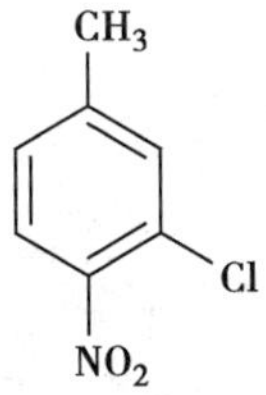 [结构图: CH₃, Cl, NO₂ 的苯]

(4) 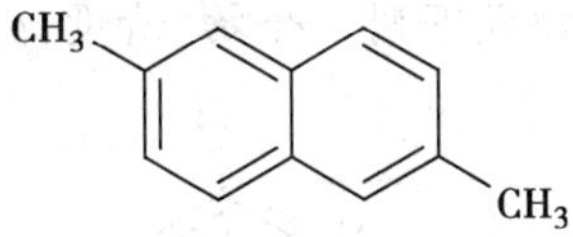 [2,6-二甲基萘结构, CH₃ 和 CH₃]

3. 写出下列化合物的结构。

(1) 3,5-二氯甲苯　　　　　　(2) 3-苯基戊烷

(3) 4-甲基-2-硝基苯磺酸　　(4) 间溴苯乙烯

(5) 2,6-二硝基甲苯　　　　　(6) 3-苯丙炔

4. 将下列化合物进行硝化时,请判断硝基进入苯环的位置(用箭头标示)。

(1) [甲苯酚结构: CH₃, OH]

(2) [邻硝基甲苯: CH₃, NO₂]

(3) [结构: NHCOCH₃, NO₂]

(4) [结构: SO₃H, Br]

(5) [结构: Cl, NO₂]

(6) [结构: CH₃, COOH]

5. 根据进行硝化反应的难易,将下列各组化合物排序(由易到难)。

(1) a [苯]　　b [1,3-二甲苯, CH₃ CH₃]　　c [甲苯, CH₃]

(2) a [氯苯, Cl]　　b [NHCOCH₃]　　c [COCH₃]

(3) a [硝基苯, NO₂]　　b [NHCOCH₃]　　c [乙苯, CH₂CH₃]

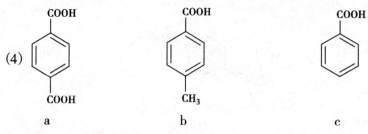

a　　　　　　　　　　b　　　　　　　　　　c

6. 以苯为主要原料合成下列化合物,请设计合理的合成路线。

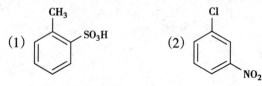

7. 完成下列反应式

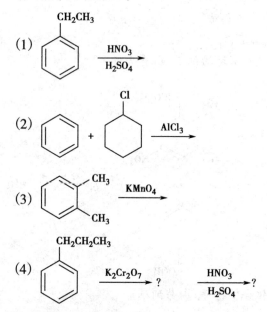

8. 用化学方法区别下列各组化合物。

(1) 苯、环己烯

(2) 苯乙烯、苯乙炔

(3) 甲苯、异丁烷

9. 分子式为 C_9H_{12} 的某芳香烃,在酸性 $K_2Cr_2O_7$ 作用下,经氧化得到一种二元酸。将原芳香烃进行硝化,得到的一元取代物有两种,请写出该芳香烃的结构式,并完成各步反应式。

10. 某化合物 A,实验式为 C_3H_2Br,分子量 236,A 与 $Br_2(FeBr_3)$ 经一次取代反应,仅得一种化合物 B,推测 A、B 的结构。

11. 根据休克尔规则,请判断下列化合物是否具有芳香性?

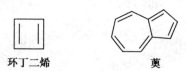

环丁二烯　　　　　　薁

第 六 章

卤 代 烃

学习目标 ▸▸▸

1. 掌握 卤代烷的分类和命名;卤代烷的亲核取代反应和消除反应;格氏试剂的生成和性质;不同卤代烃的反应活性和鉴别;消除反应的扎依采夫规律。
2. 熟悉 卤代烷亲核取代反应历程(S_N1 和 S_N2);碳正离子的稳定性及对反应活性的影响。
3. 了解 卤代烷的结构和物理性质;卤代烃在医药上的应用。

烃分子中的氢原子被卤原子(X)取代后生成的化合物称为卤代烃,简称卤烃。卤原子(F、Cl、Br、I)是卤代烃的官能团。由于氟代烃的性质、用途和制法与其他卤代烃相差较大,故通常单独讨论,本章不作介绍。本章重点讨论氯代烃、溴代烃和碘代烃。

天然的卤代烃种类不多,主要存在于海洋生物如海绵、珊瑚和海藻中,大多数的卤代烃为人工合成的产物。卤代烃具有较强的反应活性,是烃转化为各种烃的衍生物时的桥梁化合物,在有机合成中占有重要地位。同时,卤代烃可用作农药、麻醉剂、灭火剂、溶剂等,与工业、农业、医药和日常生活关系密切。

一、卤代烃的结构、分类和命名

(一)卤代烃的结构

卤代烃中与卤素相连的碳原子为 sp^3 杂化,空间结构为四面体构型,碳与卤素原子以 σ 键相连,价键间的夹角接近 109.5°。卤素的电负性比碳大,成键电子对偏向卤原子,导致 C—X 键具有很强的极性。碳原子带有部分正电荷(δ^+),卤素原子带有部分负电荷(δ^-),偶极方向由碳指向卤素。C—X 键的极性强弱用偶极矩(μ)来度量,键的偶极距与原子所带电荷(δ)和 C—X 键的键长(d)成正比。表 6-1 中列出了 C—X 键的偶极矩、键长和键能。

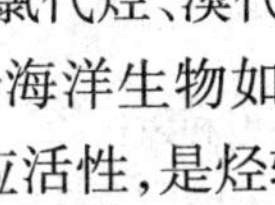

$$\begin{array}{c} H \\ \vdots \\ H \cdots C \xrightarrow{\delta^+} X \\ | \\ H \end{array}$$

卤素的电负性按 F > Cl > Br > I 的顺序减小;而碳卤键的键长随卤原子半径增大的顺序而增长,即 C—F<C—Cl<C—Br<C—I。这两种影响效果是相反的,半径较大的卤原子键长较长

111

表 6-1 C—X 键的偶极矩

C—X	C—F	C—Cl	C—Br	C—I
μ(D)	1.56	1.51	1.48	1.29
键长(pm)	142	178	190	212
键能(kJ/mol)	485.6	339.1	284.6	217.8

但电负性较弱。总的结果是键的偶极矩按下列顺序减弱:C—F>C—Cl>C—Br>C—I。

键的键能越大,键断裂所需的能力越高,键越难断裂,键越稳定;相反,键能越小,键越容易断裂。从表 6-1 可以看出,卤代烃 C—X 键断裂的由易到难的顺序为:C—I>C—Br>C—Cl>C—F。碘原子电负性最小,半径最大,键能最小,键最容易断裂;而氟原子的电负性最大,半径最小,键能最大,键最难断裂。

(二) 卤代烃的分类

卤代烃根据分子的组成和结构特点,可以从不同角度对卤代烃进行分类。

1. 根据卤素原子的种类 分为氯代烃、溴代烃和碘代烃。例如:

$$CH_3CH_2Cl \qquad CH_3CH_2Br \qquad CH_3CH_2I$$
氯代烃 溴代烃 碘代烃

2. 根据分子中所含卤原子的数目 可分为一卤代烃、二卤代烃和多卤代烃。

$$CH_3Cl \qquad CH_3Cl_2 \qquad CHCl_3$$
一氯甲烷 二氯甲烷 三氯甲烷(氯仿)

3. 根据烃基的结构 可分为饱和卤代烃、不饱和卤代烃和芳香族卤代烃。例如:

$$R—CH_2X \qquad R—CH=CH—X \qquad \text{（苯环）}—X$$
饱和卤代烃 不饱和卤代烃 卤代芳烃

不饱和卤代烃(卤代芳烃),根据不饱和键(苯环)和卤原子的相对位置,可分为乙烯型(苯型)、烯丙型(苄基型)卤代烃和孤立型卤代烯烃(卤代芳烃)。

$$R—CH=CH—X \quad R—CH=CH—CH_2—X \quad R—CH=CH—(CH_2)_n—X(n≥2)$$
乙烯型卤代烃 烯丙基卤代烃 孤立型卤代烯烃

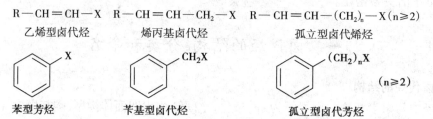

苯型芳烃 苄基型卤代烃 孤立型卤代芳烃

4. 根据卤原子连接饱和碳原子的种类 可分为伯卤代烃(1° 卤代烃)、仲卤代烃(2° 卤代烃)和叔卤代烃(3° 卤代烃)。例如:

$$CH_3CH_2Cl \qquad CH_3CHCH_3 \qquad CH_3—\overset{\displaystyle CH_3}{\underset{\displaystyle Cl}{C}}—CH_3$$
$$\qquad\qquad\qquad\qquad\; Cl$$

伯卤代烃 仲卤代烃 叔卤代烃

（三）卤代烃的命名

1. 普通命名法 简单的卤代烃可以用普通命名法命名,对应于结构中的烃基,称为"某烃基卤"。也可在母体烃的名称前面加上"卤代"两字,称为"卤代某烃","代"字常可省略。例如:

CH₃CH₂Cl	CH₂＝CHCl	CH₃CHCH₃ | Br	
乙基氯	乙烯基氯	异丙基溴	苄基溴
氯乙烷	氯乙烯	溴代异丙烷	溴化苄

有些卤代烃还常用俗名表示,如氯仿、碘仿、氟利昂等。

2. 系统命名法 复杂的卤代烃用系统命名法命名,即把卤原子视为取代基,以烃基为母体,按不同类型烃的各自命名原则进行命名。

（1）饱和卤代烃:命名原则与烷烃的命名相似。选择含连有卤原子的碳在内的最长碳链为主链,从靠近取代基一端开始编号,当出现卤原子与烷基的位次相同时,应给予烷基以较小的位次编号;不同卤原子的位次相同时,给予原子序数较小的卤原子以较小的编号。例如:

CH₃CHCH₂CH₂Cl | CH₃	CH₃CHCHCH₃ | | CH₃ Cl	CH₃CHCHCH₃ | | Br Cl
3-甲基-1-氯丁烷	2-甲基-3-氯丁烷	2-氯-3-溴丁烷

（2）不饱和卤代烃:选择含有不饱和键和连有卤原子的碳在内的最长碳链为主链,编号时使不饱和键的位次最小。例如:

CH₂＝CHCH₂Br	CH₂＝CHCH₂CH₂Cl
3-溴-1-丙烯(烯丙基溴)	4-氯-1-丁烯

（3）芳香族卤代烃:一般以芳烃作为母体,卤原子作为取代基。例如:

2-溴甲苯	β-氯丙苯
（邻溴甲苯）	（1-苯基-2-氯丙烷）

? 问题与思考 ●●●

用系统命名法命名下列化合物:

(1) (CH₃)₂CHCH₂CH(CH₃)₂
             |
             Br

(2) CH₃—CH—CH—CH₃
               |
               Br

(3) 环戊烯 Br / CH₃

二、卤代烃的物理性质

常温常压下,氯甲烷、氯乙烷和溴甲烷为气体,其他低碳数卤代烃为液体,而 15 个碳以上的高级卤代烃为固体。

一卤代烷的沸点随碳原子数的增加而升高。同分异构体中,直链异构体的沸点最高,支链越多,沸点越低。烃基相同、卤原子不同的卤代烃,分子量越大,沸点越高,其沸点顺序是:碘代烃 > 溴代烃 > 氯代烃。

卤代烃均不溶于水,而溶于弱极性或非极性的乙醚、苯和烃等有机溶剂,二氯甲烷和三氯甲烷本身就是常用的有机溶剂,常用于从水层中分离有机化合物。

除少数一氯代烷外,其余卤代烷的密度都比水重。

许多卤代烃具有强烈的气味,但一般都无色,只有碘代烃易分解产生游离的碘,所以碘代物常带有棕色,一般使用前需要重新蒸馏。

表 6-2 是一些常见卤代烃的沸点和相对密度。

表 6-2   一些常见的卤代烃的沸点和相对密度

X / 化合物	沸点（℃）			相对密度（g/cm^3）		
	Cl	Br	I	Cl	Br	I
CH$_3$X	-24	4	42	—	—	2.28
CH$_3$CH$_2$X	12	38	72	—	1.44	1.93
CH$_3$CH$_2$CH$_2$X	47	71	103	—	1.34	1.75
C$_6$H$_5$X	132	156	189	1.11	1.50	1.83
CH$_2$X$_2$	40	99	180 分解	1.37	2.49	3.33
CHX$_3$	61	151	升华	1.49	2.89	4.00
CX$_4$	77	190	升华	1.60	3.42	4.32

三、卤代烃的化学性质

卤代烃的化学性质主要由官能团卤原子决定。由于卤原子的电负性比碳原子强,卤代烷分子中的卤原子带部分负电荷(δ^-),与卤原子直接相连的 α- 碳原子带部分正电荷(δ^+),C—X 键为极性共价键,容易断裂。当带未共用电子对或负电荷的亲核试剂进攻 α- 碳原子时,C—X 键发生异裂,卤素以负离子的形式离去,进攻试剂与 α- 碳原子结合,从而发生亲核取代反应。另外,由于受卤原子吸电子诱导效应的影响,卤代烷 β- 位上碳氢键的极性增大,即 β-H 的酸性增强,在强碱性试剂作用下,易脱去 β-H 和卤原子,发生消除反应。卤代烃的主要化学反应归纳如下:

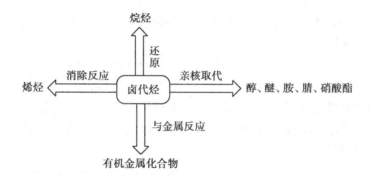

（一）亲核取代反应

卤代烃中与卤素原子相连的 α- 碳原子易受到带负电荷试剂或含有未共用电子对试剂的进攻。这种具有较大的电子云密度,进攻带部分正电荷的碳原子并形成共价键的试剂,称为亲核试剂(nucleophilic reagent),通常用 Nu^- 表示。由亲核试剂进攻显正电性的碳原子而引起的取代反应,称为亲核取代反应(nucleophilic substitution reaction),用 S_N 表示。亲核取代反应可用下列通式表示:

$$R \longrightarrow X + Nu: \longrightarrow R \longrightarrow Nu: + X^-$$

卤代烃的亲核取代反应实现了官能团的转变和新键的形成,在有机合成中应用十分广泛。能与卤代烃发生反应的常见亲核试剂有 OH^-、OR^-、CN^-、ONO_2^-、NH_3 等,对应的亲核取代反应和在合成中的应用见表 6-3。

表 6-3 常见亲核取代反应类型

底物	亲核试剂	产物	应用
RX	OH^-	ROH	制备醇
	OR^-	ROR′	制备醚(Williamson 法)
	CN^-	RCN	制备腈
	NH_3	RNH_2	制备胺及季铵盐
	ONO_2^-	$RONO_2$	产生卤化银沉淀,可鉴别卤代烃

1. 水解反应 卤代烷与强碱(氢氧化钠、氢氧化钾)水溶液共热,卤原子被羟基(—OH)取代生成醇的反应称为卤代烷的水解反应。

$$CH_3CH_2Br + NaOH \underset{}{\overset{H_2O}{\rightleftharpoons}} CH_3CH_2OH + NaBr$$

此反应可逆,且反应速率很慢。通常采用卤代烃与氢氧化钠(钾)的水溶液共热,使反应顺利进行。

2. 醇解反应 卤代烷与醇钠作用,卤原子被烷氧基(RO—)取代生成醚的反应称为卤代烷的醇解反应。

$$CH_3Br + CH_3CH_2ONa \xrightarrow{\triangle} CH_3OCH_2CH_3$$

卤代烷的醇解是合成混合醚的重要方法,称为 Williamson 合成法。反应中用的卤代烷为伯卤代烷。如果用叔卤代烷和醇钠作用,则主要发生消除反应得到烯烃。

3. 氰解反应 卤代烃与氰化钠或氰化钾的醇溶液共热,卤原子被氰基取代生成腈的反应称为卤代烃的氰解反应。

$$CH_3CH_2Br \xrightarrow{NaCN} CH_3CH_2CN \xrightarrow{H_3O^+} CH_3CH_2COOH$$

由于该反应的特点是产物比反应物多一个碳原子,在有机合成中常用作增长碳链的方法。此反应不仅可用于合成腈,而且可通过氰基转变为羧基或氨基,而合成羧酸或胺。

4. 氨解反应 卤代烷与氨(胺)的水溶液或醇溶液作用,卤原子被氨基取代生成胺的反应称为卤代烷的氨(胺)解。

由于产物胺具有亲核性,反应很难停留在一取代阶段,产物往往是各种取代胺的混合物。当使用大大过量的氨时,则主要生成 RNH_2。

$$
\begin{array}{c}
RX + NH_3 \longrightarrow RNH_2 + HX \\
\nearrow \qquad \boxed{RX} \to R_2NH \\
1° 胺 \qquad \nearrow \qquad \boxed{RX} \to R_3N \qquad 4°胺(季铵盐) \\
2° 胺 \qquad \nearrow \qquad \boxed{RX} \qquad \downarrow \\
3° 胺 \qquad \to R_4^+NX^-
\end{array}
$$

5. 与硝酸银的反应 卤代烷与硝酸银的醇溶液作用,卤原子被硝酸根取代生成硝酸酯,同时产生卤化银沉淀。

$$RX + AgNO_3 \xrightarrow{醇} RONO_2 + AgX\downarrow$$

该反应因生成的卤代银沉淀有颜色,可以作为卤代烃的鉴别反应。卤代烃的活性次序为: $RI > RBr > RCl$。当卤原子相同,烃基结构不同时,饱和卤代烃活性顺序为叔卤代烃 > 仲卤代烃 > 伯卤代烃。

不饱和卤代烃,有乙烯型(苯型)、烯丙型(苄基型)卤代烃和孤立型卤代烯烃(卤代芳烃)。

(1) 乙烯型卤代烃和卤代芳烃:这类卤代烃的结构特征为卤原子与 C＝C(或苯环)直接相连,卤原子极不活泼,很难与 $AgNO_3$ 的醇溶液反应。

$$CH_2=CHCl + AgNO_3 \xrightarrow{乙醇} \ 不反应$$

$$\text{—Cl} + AgNO_3 \xrightarrow{乙醇} \ 不反应$$

乙烯型(苯型)卤代烃中的卤原子,其孤对电子占据的 p 轨道与双键(或苯环)中的 π 键形成 p-π 共轭,导致 C—X 键有部分双键的性质,稳定性增强,卤原子的活泼性很低,不易发生取代反应。图 6-1 和图 6-2 分别是氯乙烯和氯苯分子的电子云分布示意图。

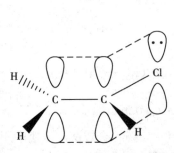

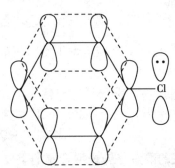

图 6-1 氯乙烯分子的 p-π 共轭体系　　　　图 6-2 氯苯分子的 p-π 共轭体系

(2) 烯丙型卤代烃和苄基型卤代烃:这类卤代烃的结构特征为卤原子与C＝C(或苯环)之间相隔一个饱和碳原子,卤原子很活泼,与$AgNO_3$的醇溶液反应,立即产生卤化银沉淀。

$$CH_2＝CHCH_2Cl + AgNO_3 \xrightarrow{乙醇} CH_2＝CHCH_2ONO_2 + AgCl\downarrow$$

$$\text{⬡} - CH_2Cl + AgNO_3 \xrightarrow{乙醇} \text{⬡} - CH_2ONO_2 + AgCl\downarrow$$

烯丙型(苄基型)卤代烃中,卤原子与双键(或苯环)中的 π 键不存在 p-π 共轭效应,但卤原子解离后碳正离子的 p 空轨道可以与双键(或苯环)上的 π 电子发生 p-π 共轭效应,生成比较稳定的烯丙型碳正离子(图 6-3)或苄基型碳正离子(图 6-4)。所以该类卤代烃中的卤原子比较活泼,其反应活性强于叔卤代烷。

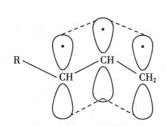

图 6-3 烯丙型碳正离子的共轭体系

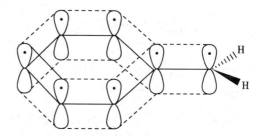

图 6-4 苄基型碳正离子的共轭体系

(3) 孤立型卤代烯烃和孤立型卤代芳烃:该类卤代烃中的卤原子与C＝C(或苯环)相隔较远,相互影响很小,基本保持正常卤代烷中卤原子的活泼性,不同类型卤代烃的活性顺序与饱和卤代烃相似。

这类卤代烃的结构特征为卤原子与C＝C(或苯环)之间相隔两个以上饱和碳原子,卤原子的活性介于乙烯型(苯型)和烯丙型(苄基型)卤代烃之间,加热条件下可与$AgNO_3$的醇溶液反应,产生卤化银沉淀。

$$CH_2＝CHCH_2CH_2Cl + AgNO_3 \xrightarrow[\triangle]{乙醇} CH_2＝CHCH_2CH_2ONO_2 + AgCl\downarrow$$

$$\text{⬡} - CH_2CH_2Cl + AgNO_3 \xrightarrow[\triangle]{乙醇} \text{⬡} - CH_2CH_2ONO_2 + AgCl\downarrow$$

综上,不同结构的卤代烃与$AgNO_3$醇溶液反应生成卤化银沉淀的速率不同,总体反应活性顺序为:烯丙型(苄基型)＞叔卤代烃＞仲卤代烃＞伯卤代烃＞乙烯型(苯型)卤代烃。利用此性质可以鉴别不同类型的卤代烃,$AgNO_3$醇溶与不同类型卤代烃的反应见图 6-5。

? 问题与思考 ···

请推测 1- 溴丁烷与下列试剂反应的产物:
(1) NaI   (2) NaCN   (3) $NaOH/H_2O$ (4) ①Mg ②水   (5) $NaOC_2H_5$

(二) 消除反应

卤代烃在强碱性条件(如氢氧化钠、氢氧化钾、氨基钠、醇钠、醇钾等)下,分子内脱去一分子卤化氢生成烯烃。这种分子内消去一个简单分子(如 HX,H₂O),形成不饱和烃的反应称为消除反应(elimination reaction),常以 **E** 表示。因消去的是 β-C 上的氢,故又称为 β- 消除反应。β- 消除反应的发生是由于卤素原子的电负性较大,卤代烷中的 C—X 的极性可以通过吸电子诱导效应影响到 β- 碳原子,使 β- 碳原子上的氢原子表现出一定的活泼性。

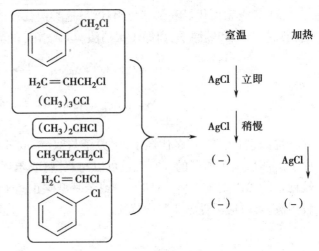

图 6-5 用 $AgNO_3$ 醇溶液鉴别不同类型卤代烃图示

$$CH_3CH_2\overset{\beta}{C}H_2CH_2Br \xrightarrow[C_2H_5OH]{C_2H_5ONa} CH_3CH_2CH=CH_2$$

$$\overset{\beta}{CH_3}-\underset{\underset{CH_3}{|}}{\overset{\overset{CH_3}{|}}{C}}-Br \xrightarrow[C_2H_5OH]{C_2H_5ONa} CH_3-\underset{\underset{CH_3}{|}}{C}=CH_2$$

消除反应可以在分子中引入双键,因此是制备烯烃的一种方法。

仲卤代烃和叔卤代烃发生消除卤化氢反应时,结构中存在两种或三种不同的 β- 碳时,消除反应可以有不同的取向,得到不同的烯烃。例如:

$$CH_3-\underset{\underset{H}{|}}{\overset{\beta}{C}H}-\underset{\underset{Br}{|}}{\overset{\alpha}{C}H}-\underset{\underset{H}{|}}{\overset{\beta}{C}H_2} \xrightarrow{KOH/醇} \begin{cases} CH_3-CH=CH-CH_3 \quad (81\%) \\ CH_3-CH_2-CH=CH_2 \quad (19\%) \end{cases}$$

在 2- 溴丁烷消除反应产物中,2- 丁烯的产率为 81%,1- 丁烯的产率只有 19%,即 2- 丁烯为主要产物。大量实验表明,仲、叔卤代烷消除卤化氢时,主要脱去含氢较少的 β-C 上的氢原子,生成双键上有较多烃基的烯烃。这一经验规律称为扎依采夫(Saytzeff)规则。

(三) 与金属反应

卤代烃能与某些金属反应,形成含有碳—金属价键的有机金属化合物。其中,与金属镁反应生成的有机镁化合物 RMgX 称为 Grignard(格利雅)试剂,简称格氏试剂。格氏试剂是由卤代烃和金属镁在无水乙醚中反应得到的。这个反应是由法国化学家 V.Grignard 发现并成功地应用于有机合成,为此于 1912 年获得诺贝尔化学奖。

$$CH_3CH_2Br + Mg \xrightarrow{THF} CH_3CH_2MgBr$$
$$乙基溴化镁$$

格氏试剂生成反应的反应速率与卤代烃的结构及种类有关。卤素相同的卤代烃,反应速率为:伯卤代烷 > 仲卤代烷 > 叔卤代烷。烃基相同的卤代烃,反应速率为:碘代烷 > 溴代烷 > 氯代烷。

所用溶剂,一般为乙醚、四氢呋喃(缩写为 THF)。在乙醚或四氢呋喃溶液中,格式试剂通过溶剂化形成络合物而稳定。例如:

$$\underset{CH_3CH_2}{CH_3CH_2}O \longrightarrow \underset{\underset{X}{|}}{\overset{\overset{R}{|}}{Mg}} \longleftarrow O\underset{CH_2CH_3}{\overset{CH_2CH_3}{}}$$

格氏试剂中含有强极性的 C—Mg 共价键,碳原子带有部分负电荷。它的性质非常活泼,是有机合成中一个重要的强亲核试剂。利用格氏试剂可以制备烷烃、醇、羧酸等许多有机物。

1. 与活泼氢的反应　格氏试剂很活泼,与水、醇、羧酸、氨(胺)及末端炔烃等具有活泼氢的化合物反应生成烷烃。

因此,在格氏试剂制备和使用时,反应仪器和所用试剂均需干燥,而且不能用含有活泼氢的化合物作试剂。同时,格氏试剂也可与空气中的二氧化碳、氧反应,所以有关格氏试剂反应都尽量避免与空气接触,常采用氮气进行保护。

2. 与活泼卤代烃的反应　格氏试剂可与烯丙型卤代烃、苄基型卤代烃发生亲核取代反应生成烃。

$$CH_3MgBr + CH_2{=}CHCH_2Cl \longrightarrow CH_2{=}CHCH_2CH_3 + MgClBr$$

较活泼的叔卤代烃也可发生类似的反应,但反应速率较低。

3. 与具有极性的双键或三键化合物反应　格氏试剂可与含羰基及腈基的化合物反应生成醇或酮(详见第八章醛酮的化学性质)。

问题与思考

完成下列反应:

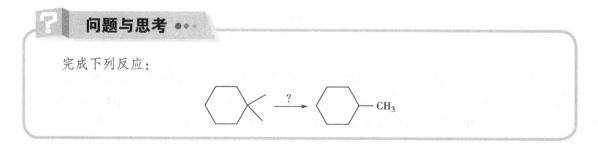

(四) 还原反应

卤代烃可被氢化铝锂($LiAlH_4$)、硼氢化钠($NaBH_4$)等多种可产生活泼氢的试剂还原生成烷烃。$LiAlH_4$ 是很强的还原剂,所有类型的卤代烃,包括乙烯型卤代烃均可被还原。但由于它遇水立即分解释放出氢气,所以反应必须在乙醚、四氢呋喃(THF)等无水介质中进行。例如:

$$CH_3-\underset{\underset{Br}{|}}{CH}-CH_3-CH_3 \xrightarrow[\text{THF}]{\text{LiALH}_4} CH_3-CH_2-CH_2-CH_3$$

$NaBH_4$ 是一个比较温和的还原剂。卤代烃分子中若同时存在 —COOH、—COOR、—CN 等易被还原的基团时,可使用硼氢化钠只将分子中的卤素还原为氢,而保留分子中的其他官能团。

$$BrCH_2COOCH_3 \xrightarrow{\text{NaBH}_4} CH_3COOCH_3$$

硼氢化钠溶于水呈碱性并较稳定,还原反应可在水溶液中进行。有关 $LiAlH_4$ 和 $NaBH_4$ 的还原特性,第八章(醛酮的化学性质)中还将作详细介绍。

四、亲核取代反应和消除反应的机制

(一)亲核取代反应机制

通过对卤代烷水解反应的动力学和立体化学研究发现,卤代烷的水解反应是按两种不同的反应机制进行的。

1. 双分子亲核取代反应(S_N2)　溴甲烷在碱性条件下的水解反应:

$$HO^- + CH_3-Br \longrightarrow H_3C-OH + Br^-$$

实验证明,溴甲烷在 80% 的乙醇水溶液中进行水解,其反应速率极低,若在 80% 的乙醇水溶液中加入碱,水解速率随 OH^- 浓度的增加而加快。反应速率与溴甲烷和碱的浓度有关,在动力学上属于二级反应。反应速率表达式为:

$$\nu = k\left[CH_3Br\right]\left[OH^-\right]$$

这种反应速率与两种反应物的浓度均有关的亲核取代反应称为双分子亲核取代反应,常用符号 S_N2 表示(S 为 substitution,取代;N 为 nucleophilic,亲核的;2 代表双分子)。S_N2 反应进程如图 6-6。

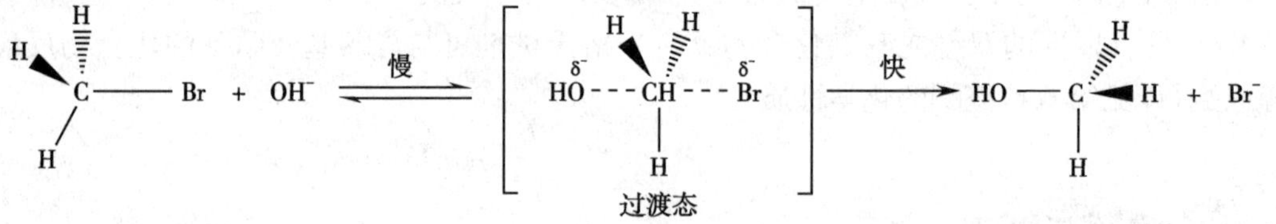

图 6-6　S_N2 反应进程示意图

S_N2 反应是协同过程,亲核试剂 OH^- 从离去基团 Br 的背面进攻带部分正电荷的 α 碳原子,形成一个过渡态。该过渡态可以看作是碳原子与羟基和溴原子部分键合的结构,$C—O$ 键没有完全形成,$C—Br$ 键也没有完全断裂,三个氢原子与碳原子在同一个平面内,相互间的键角为 $120°$,羟基和溴原子处于垂直于该平面的一条直线上。负电荷分散在羟基和溴原子之间,$C—Br$ 键逐渐变弱,$C—O$ 键逐渐增强。由于在过渡态中卤代烃的中心碳原子上同时连有五个基团,这一步是整个反应中能量最高的一步,整个反应速率的快慢取决于形成过渡态的速度。溴甲烷水解反应的能量变化如图 6-7。

S_N2 反应机制的特点是:①双分子反应,反应速率与卤代烃和亲核试剂 OH^- 浓度有关;

②反应一步完成,旧键的断裂和新键的生成同时进行,称为协同反应。③反应过程中伴有"构型转化"。亲核试剂是从离去基团的背面进攻碳原子,若作为反应底物的卤代烃分子的中心碳原子具有手性,取代产物的中心碳原子将发生构型翻转(瓦尔登转化,如图6-8所示)。从立体化学上说,瓦尔登(Walden)转化是S_N2反应的重要标志。

2. 单分子亲核取代反应(S_N1) 叔丁基溴在碱性溶液在的水解反应:

$$(CH_3)_3C—Br + OH^- \longrightarrow (CH_3)_3C—OH + Br^-$$

实验证明,叔丁基溴的水解反应与溴甲烷不同,叔丁基溴在80%乙醇水溶液中水解的速率非常快,而且在反应体系中加入碱其反应速率不变。即叔丁基溴的水解反应速率只取决于卤代烃的浓度,与 OH^- 的浓度无关,在动力学上属于一级反应,反应速率表达式为:

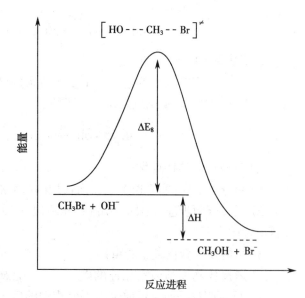

图6-7 溴甲基水解反应能量示意图

$$\nu = k[(CH_3)_3CBr]$$

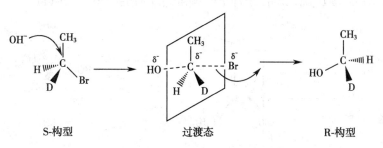

图6-8 瓦尔登转化示意图

该反应是分步进行的,其反应速率决定步骤(即慢反应步骤)是由卤代烃分子控制的,仅有卤代烃分子参与慢反应步骤过渡态的形成。此类反应称为单分子亲核取代反应(用 S_N1 表示)。

叔丁基溴的水解反应机制分两步进行,能量变化如图6-9。

第一步:反应底物叔丁基溴分子中的溴原子带着一对电子逐渐远离中心碳原子,碳溴键发生异裂,生成活性中间体叔丁基碳正离子和溴负离子,此步反应的反应速率很低,是反应速率的决定步骤。

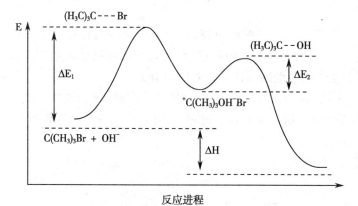

图6-9 叔丁基溴水解反应能量示意图

$$(CH_3)_3C—Br \xrightarrow{慢} \left[(CH_3)_3\overset{\delta-}{C}\cdots\overset{\delta-}{Br}\right] \longrightarrow (CH_3)_3C^+ + Br^-$$

叔丁基碳正离子

第二步:生成的叔丁基碳正离子很快与亲核试剂 OH^- 结合,经过过渡态形成碳氧键,生成取代产物叔丁醇。此步反应是快反应步骤。

$$(CH_3)_3C^+ + OH^- \xrightarrow{快} \left[(CH_3)_3\overset{\delta+}{C}\cdots\overset{\delta-}{OH}\right] \longrightarrow (CH_3)_3C—OH$$

S_N1 反应机制的特点是:

(1) 单分子反应:反应速率只与卤代烷的浓度有关,不受亲核试剂浓度的影响。

(2) 反应分两步进行:C—Br 键首先断裂,形成碳正离子,总的反应速率是由形成碳正离子步骤决定的。

(3) 可能发生碳正离子的重排。

(4) 若反应物中与卤素相连的碳原子为手性碳原子,产物外消旋化。反应历程是通过形成具有平面构型的碳正离子(图 6-10)进行的。亲核试剂可以从 sp^2 杂化平面的两侧进攻碳正离子,并且概率均等,因此可以得到外消旋产物("构型转化"和"构型保持"两种产物各为 50%)。理论上说,产物外消旋化可以作为 S_N1 反应立体化学的特征。

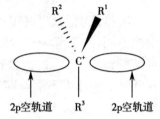

图 6-10 碳正离子轨道示意图

例如:3- 甲基 -3- 溴己烷在碱性条件下水解得到外消旋产物(图 6-11)。

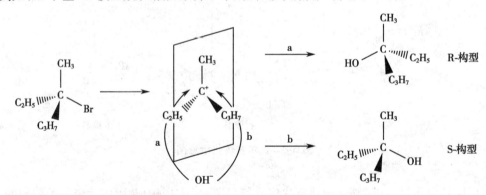

图 6-11 3- 甲基 -3- 溴己烷碱性条件下水解产物

3. 影响亲核取代反应的因素 亲核取代反应的两种机制,在反应中是同时存在、相互竞争的。卤代烃的亲核取代反应是按 S_N1 历程还是按 S_N2 历程进行,主要与反应底物烷基结构、亲核试剂的亲核能力、离去基团的离去能力和溶剂的极性大小等因素有关。

(1) 烷基的影响:卤代烃的烷基结构是通过电子效应和空间立体效应影响卤代烃的反应活性。这两种效应对不同反应机制的影响是不同的,其中电子效应主要影响 S_N1 机制,而空间立体效应主要影响 S_N2 机制。

烷基的结构对亲核取代反应的影响可以归纳为:

空间效应

$$3° \quad 2° \quad 1° \quad CH_3X \longrightarrow S_N2$$
$$S_N1 \longleftarrow$$

电子效应

在 S_N1 反应中决定反应速率的步骤是碳正离子的生成,碳正离子越稳定、越容易形成,S_N1 反应的相对反应速率就会越大。所以,不同结构的卤代烷进行 S_N1 反应的速率大小顺序与碳正离子的稳定性一致,即:

$$叔卤代烷 > 仲卤代烷 > 伯卤代烷 > 卤甲烷$$

由于烷基的给电子诱导效应使叔碳正离子最稳定,最有利于叔卤代烷离解为碳正离子,所以叔卤代烷最容易发生 S_N1 反应。

而 S_N2 反应是双分子反应,决定反应速率的步骤是过渡态的形成,此步骤与进攻试剂有关。由于卤素的电负性较大,亲核的进攻试剂只能从离去基团的背面进攻 α 碳原子,α 碳原子上连接的烷基越多,体积越大,空间位阻越大,越不利于亲核试剂的进攻,S_N2 反应的相对反应速率越小。另一方面,烷基是供电子基,α 碳原子上的烷基越多,该碳原子上的电子云密度也越大,越不利于亲核试剂的进攻。所以,不同结构的卤代烷进行 S_N2 反应的速率大小顺序与进行 S_N1 反应的速率大小顺序恰好相反。即:

$$卤甲烷 > 伯卤代烷 > 仲卤代烷 > 叔卤代烷$$

综上,通常伯卤代烷易按 S_N2 机制反应,叔卤代烷一般按 S_N1 机制反应,而仲卤代烷则介于二者之间,可以按 S_N2 机制反应,也可以按 S_N1 机制反应,或者二者兼而有之。

(2) 离去基团(卤原子)的影响:在亲核取代反应中,反应底物的 C—X 键断裂,X 带有一对电子离开,X 被称为离去基团。无论是进行 S_N1 反应还是 S_N2 反应历程,离去基团影响一样。离去基团离去能力越强,亲核反应越容易进行。一般来说,离去基团的碱性愈弱,形成的负离子愈稳定,就越容易离去。

氢卤酸是强酸,其酸性顺序为:$HI > HBr > HCl$。它们的共轭碱 X^- 为弱碱,很稳定,是好的离去基团,其碱性顺序为:$I^- < Br^- < Cl^-$。因此卤代烷中卤素作为离去基团的反应活性为:

$$碘代烷 > 溴代烷 > 氯代烷$$

(3) 亲核试剂的影响:对于 S_N1 反应,反应速率只与反应底物有关,与亲核试剂无关,亲核试剂的改变对反应速率不产生明显的影响。但是在 S_N2 反应中,亲核试剂提供一对电子与底物的碳原子成键,试剂的亲核性越强,成键越容易,越有利于反应的进行。

试剂的亲核能力主要是由两个因素决定的,一个是试剂的碱性,另一个是可极化性。亲核试剂属于路易斯碱,其亲核能力的大小与其碱性强弱相对应,一般情况下碱性越强它的亲核性也就越大;亲核试剂的可极化性是指它的电子云在外电场的影响下变形的难易程度。易变形的可极化性大,它进攻中心碳原子时,其外层电子云就容易变形而伸向中心碳原子,从而降低了形成过渡态时所需的能量,因此试剂的可极化性越强,其亲核性也就越大。除此之外,试剂的亲核性的大小还与它所带的电荷及体积的大小有关。

综合各种因素对试剂亲核性的影响,在质子溶剂中,一些常见的亲核试剂的亲核性顺序大概如下:

$$RS^- > ArS^- > CN^- \approx I^- > RO^- \approx OH^- > Br^- > PhO^- > Cl^- > H_2O > F^-$$

(4) 溶剂的影响:极性越大的溶剂,越有利于 S_N1 反应的进行,而不利于 S_N2 反应的进行。

溶剂的极性越大,溶剂化的程度也越大,越有利于 R—X 解离为碳正离子,而且转化为过渡态以后,极性大的溶剂也会使过渡态稳定性增强,有利于 S_N1 反应的进行。

而在 S_N2 反应中溶剂化作用增强,亲核试剂或反应底物被溶剂包围,亲核试剂与反应底物之间难于发生碰撞,不利于 S_N2 过渡态的形成。

综上所述,通过以上影响因素的调控可以人为地控制亲核取代反应按 S_N1 或 S_N2 历程进行,从而得到预期的产物。一般来说,卤代烃 α 碳原子上的取代基具有给电子的诱导效应(+I 效应)和给电子的共轭效应(+C 效应),碳正离子稳定性高,离去基团容易离开,溶剂的极性强,则有利于 S_N1 反应;若卤代烃的 α 碳或 β 碳上没有体积大的取代基,空间立体位阻小,试剂的亲核性强,离去基团的离去倾向较小,溶剂的极性较弱,则有利于 S_N2 反应的进行。

? 问题与思考 ••••

卤代烃与氢氧化钠在水中进行反应,指出哪些是 S_N2 反应? 哪些是 S_N1 反应?
(1) 产物与构型完全转化　　　　(2) 反应过程只有一步
(3) 伯卤代烃比仲卤代烃反应快　(4) 有碳正离子产生
(5) 叔卤代烃快于仲卤代烃　　　(6) 减少碱的量反应速度不变

(二) 消除反应机制

消除反应与取代反应相似,根据反应中共价键的断裂和生成的次序分为单分子消除反应和双分子消除反应两种,分别用 E1 和 E2 表示。

1. 双分子消除反应(E2)　双分子消除反应与 S_N2 相似也是一步完成的,试剂进攻卤代烃分子中的 β- 碳原子上的氢原子,形成过渡态。过渡态中 C—H 键及 C—X 键的断裂与碳碳双键的形成同时进行,碳氢键发生异裂,X 也带着一对电子离开,同时在两个碳原子之间形成 π 键。其反应速率取决于形成过渡态的速度,在决定反应速率的步骤中有两种分子参加,即反应速率与卤代烷和碱的浓度均有关, $\upsilon = k[R—X][OH^-]$。此类反应被称为双分子消除反应(E2 反应)。

E2 与 S_N2 反应历程也很相似,在化学动力学上均为二级反应,不发生重排。其不同点是 S_N2 反应中,亲核试剂进攻的是 α- 碳原子,而在 E2 反应中,试剂进攻的则是 β- 碳原子上的氢。例如:

$$H_3C-\overset{\overset{\displaystyle CH_3}{|}}{\underset{\underset{\displaystyle CH_3}{|}}{C}}-\overset{\beta}{\underset{\underset{\displaystyle H}{|}}{CH_2}} \quad OH^- \longrightarrow \left[H_3C-\overset{\overset{\displaystyle CH_3}{|}}{\underset{\underset{\displaystyle CH_3}{|}}{C}} \cdots \overset{\overset{\displaystyle X^{\delta-}}{|}}{\underset{\underset{\displaystyle H \cdots OH}{|}}{CH_2}} \right] \longrightarrow H_3C-\overset{\overset{\displaystyle}{|}}{\underset{\underset{\displaystyle CH_3}{|}}{C}}=CH_2 + H_2O + X^-$$

过渡态

2. 单分子消除反应(E1)　叔丁基溴在碱性溶液中发生消除反应分两步进行:第一步,卤代烃分子中的 C—X 键发生异裂,生成碳正离子;第二步,碳正离子在碱的作用下,β- 碳原子上的氢以质子的形式解离,α 和 β 碳原子之间形成 π 键,生成烯烃。

$$CH_3-\overset{\overset{\displaystyle CH_3}{|}}{\underset{\underset{\displaystyle CH_3}{|}}{C}}-X \xrightarrow[慢]{-X^-} CH_3-\overset{\overset{\displaystyle CH_2-H}{|}}{\underset{\underset{\displaystyle CH_3}{|}}{C^+}} \xrightarrow[快]{OH^-} CH_3-\overset{\overset{\displaystyle CH_3}{|}}{\underset{\underset{\displaystyle}{|}}{C}}=CH_2 + H_2O$$

此机制中第一步反应很慢,是反应速率决定步骤。在这一步中,只有卤代烷分子参加反应,即消除反应的速率只与卤代烷浓度有关, $\upsilon = k[R—X]$。此类反应被称为单分子消除反应(E1

反应）。

    E1 与 S_N1 反应相似，分两步进行，中间体均为碳正离子。只是在 E1 反应中，生成的碳正离子不像 S_N1 中与亲核试剂结合，而是 β- 碳原子上的氢以质子的形式离去生成烯烃。

    E1 反应也与 S_N1 反应一样，对于某些卤代烃会有重排反应发生。例如：

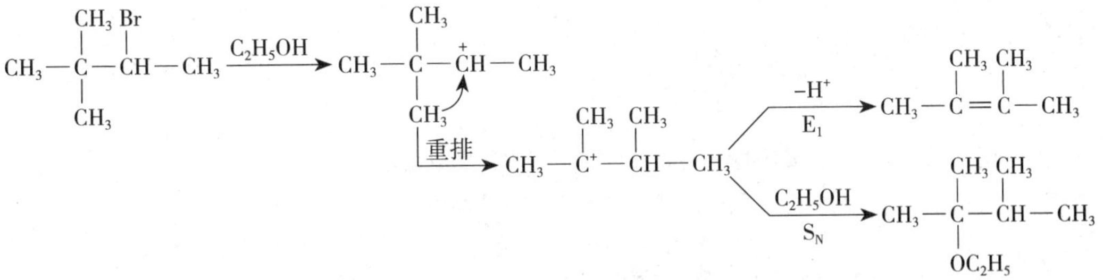

    消除反应，不论是 E1 机制还是 E2 机制，卤代烷反应活性的排列顺序是一致的：叔卤代烷 > 仲卤代烷 > 伯卤代烷。因为叔碳正离子最稳定，叔卤代烷生成的烯烃也是最稳定的。

问题与思考

    请推测 1- 氯 -1- 甲基环戊烷在乙醇溶液中与氢氧化钠反应的产物，并指出主产物。

（三）消除反应与亲核取代反应的竞争

    卤代烃和一个指定的试剂反应时，既可以发生消除反应，也可以发生亲核取代反应。这是由于 E1 与 S_N1、E2 与 S_N2 的反应历程很相似，有利于 E1 的反应条件，也有利于 S_N1 反应的进行；而有利于 E2 的反应条件，同样也有利于 S_N2 反应的进行。所以，当卤代烃受到亲核试剂的进攻时，在一般条件下 E1、E2、S_N1、S_N2 四种反应可能同时进行。哪一种占优势，则与卤代烃的结构和反应条件有关。

    例如：2- 甲基 -2- 溴丁烷在乙醇中反应可得到一种取代产物（2- 甲基 -2- 乙氧基丁烷）和两种消去产物（2- 甲基 -2- 丁烯和 2- 甲基 -1- 丁烯）。取代和消去产物的比例为 64：36。

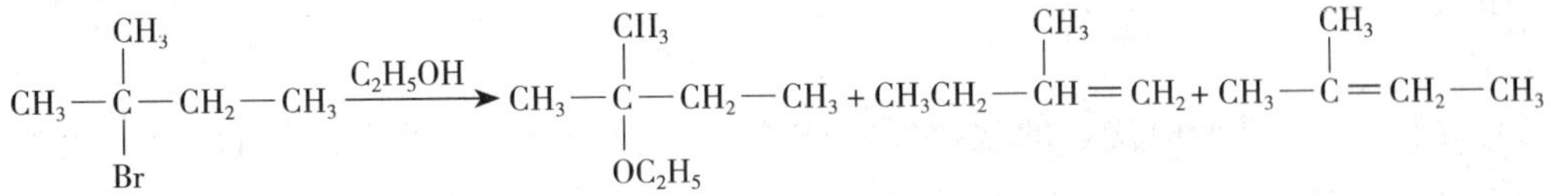

    消除反应和亲核取代反应历程相似。它们的区别在于：在亲核取代反应中，试剂进攻的是 α-C 原子；而在消除反应中，试剂进攻的是 β-C 原子上的氢原子（图 6-12）。

    因此，卤代烃的取代反应和消除反应同时发生，而且相互竞争。如何有效地控制反应条件，较大比例地获得取代反应或消除反应的产物，在有机合成上具有重要的意义。影响反应的因素包括卤代烃的结构、亲核试剂的种类、反应的溶剂以及反应温度。

    1. **卤代烃的结构**   一般来说，伯卤代烃消除反应速率慢，取代反应速率快；叔卤代烃消除反应速率快，而取代反应速率慢。

    表 6-4 列出了不同结构的溴代烷在 55℃时与浓的乙醇 / 乙醇钠溶液作用所得到的取代和消除产物的比例。

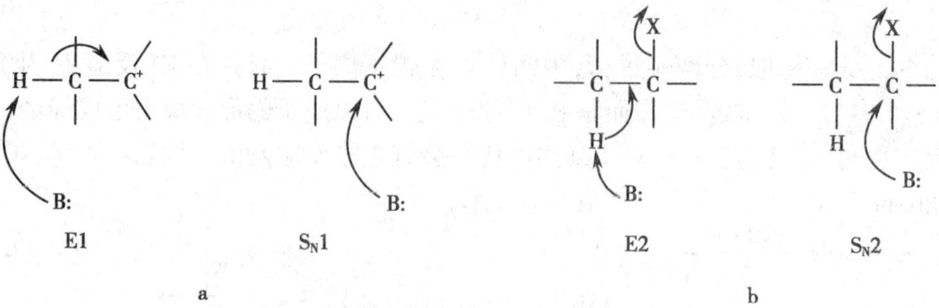

图 6-12 消除反应和亲核取代反应竞争示意图

a. E1 和 S_N1 的竞争；b. E2 和 S_N2 的竞争

表 6-4 不同结构溴代烷的取代和消除产物比例

反应底物	取代产物的比例 %	消除产物的比例 %
$CH_3CH_2CH_2Br$	91	9
$CH_3CHBrCH_3$	20	80
$(CH_3)_3CBr$	3	97

根据 E1 与 S_N1、或 E2 与 S_N2 的竞争机制，可以很好地解释表 6-2 中不同结构溴代烷的取代和消除产物的比例。

（1）无支链的伯卤代烃主要起 S_N2 反应：S_N2 反应主要是受空间立体效应的影响，伯卤代烃中心碳原子的空间位阻小，易于亲核试剂的进攻，取代反应速率快，取代产物比例高。

（2）仲卤代烃不利于 S_N2 反应而有利于 E2 反应：仲卤代烃相比伯卤代烃空间位阻增加，试剂难以从后面进攻 α- 碳原子，而较易进攻 β- 氢原子，所以不利于 S_N2 反应而有利于 E2 反应，消除产物比例增大。

（3）叔卤代烃一般有利于单分子反应，常得到 E1 消除产物与 S_N1 取代产物；在强碱条件下，叔卤代烷主要发生 E2 反应，得到消除产物，而很少有取代产物。

不同卤代烃中，α 碳原子所连的烃基越多，可供消除的 β 氢原子越多，被碱进攻的几率就越大，消除反应速率快。另外，叔卤代烃消除反应生成的烯烃热力学稳定性较高，也容易发生消除反应。

总体来说，不同类型卤代烃的取代反应（S_N1 与 S_N2）或消除反应（E1 与 E2）的活性顺序与前述一致，卤代烃的结构对取代反应和消除反应总的影响如下：

S_N2 增加

叔卤代烃　仲卤代烃　伯卤代烃　甲基卤代烃

S_N1，E 增加

2. 试剂的性质　试剂的碱性越强，亲核性越弱有利于消除反应的发生；反之，试剂的碱性越弱，亲核性越强，则有利于取代反应。

例如：仲卤代烃 2- 氯丙烷在不同的反应体系中，取代或消除产物的比例不同。

（1）用 NaOH 水解时：一般得到取代和消除两种产物，取代产物为主，OH^- 既是亲核试剂又是强碱；

（2）在 C_2H_5ONa/C_2H_5OH 溶液中反应时：由于 RO^- 碱性更强，仲卤代烃主要发生消除反应生成烯烃；

（3）反应体系是 CH_3COONa/CH_3COOH 时：试剂 CH_3COO^- 的碱性很弱，只发生取代反应，得到取代产物。

所以，如果要提高卤代烃的水解反应产率，不能直接使用 NaOH，而是采用 CH_3COONa 生成酯，然后再水解得醇。

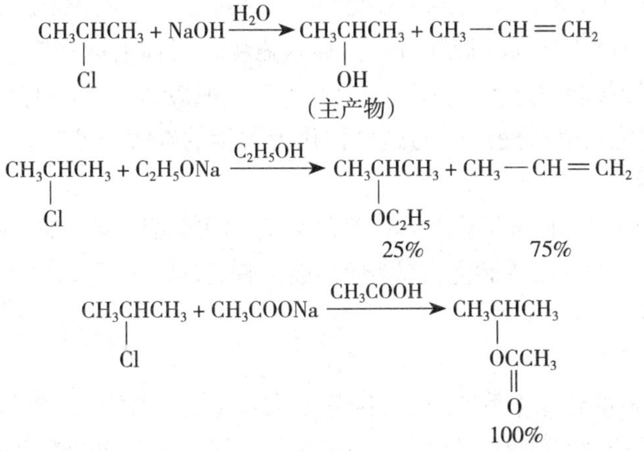

$$CH_3\underset{\underset{Cl}{|}}{C}HCH_3 + NaOH \xrightarrow{H_2O} CH_3\underset{\underset{OH}{|}}{C}HCH_3 + CH_3-CH=CH_2$$
（主产物）

$$CH_3\underset{\underset{Cl}{|}}{C}HCH_3 + C_2H_5ONa \xrightarrow{C_2H_5OH} CH_3\underset{\underset{OC_2H_5}{|}}{C}HCH_3 + CH_3-CH=CH_2$$
25%　　　　　75%

$$CH_3\underset{\underset{Cl}{|}}{C}HCH_3 + CH_3COONa \xrightarrow{CH_3COOH} CH_3\underset{\underset{\underset{O}{||}}{\underset{OCCH_3}{|}}}{C}HCH_3$$
100%

另外，进攻试剂的体积越大，越不利于接近 α 碳原子，而容易进攻 β 氢原子，则越有利于 E2 反应的进行。

3. 溶剂的极性　溶剂极性对反应有明显的影响，极性大的溶剂对单分子反应（E1 和 S_N1）有利，而对双分子反应（E2 和 S_N2）不利。一般来说，强极性溶剂有利于取代反应的进行，弱极性溶剂有利于消除反应的进行。所以，卤代烷在 NaOH 的水溶液中主要生成醇，而在 NaOH 的醇溶液中主要生成烯烃。

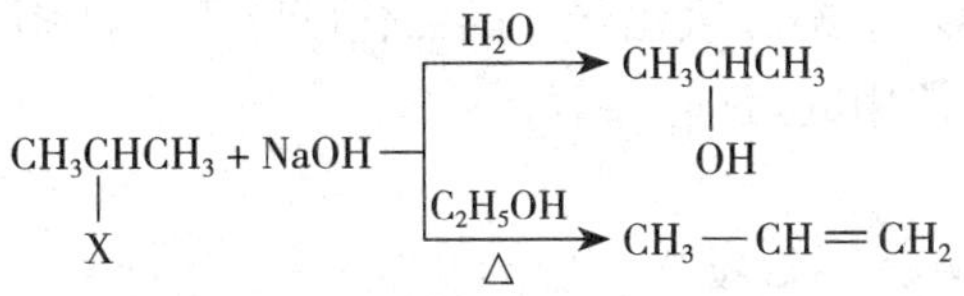

$$CH_3\underset{\underset{X}{|}}{C}HCH_3 + NaOH \begin{cases} \xrightarrow{H_2O} CH_3\underset{\underset{OH}{|}}{C}HCH_3 \\ \xrightarrow[\triangle]{C_2H_5OH} CH_3-CH=CH_2 \end{cases}$$

这是因为无论是双分子反应，还是单分子反应，取代反应的过渡态电荷分散程度比消除反应要小（图 6-13），极性相对较大，极性高的溶剂对其过渡态的稳定程度要大，相应的反应活化能降低较多。所以，溶剂极性的增加对取代反应有利。反之，低极性的溶剂有利于稳定较低极性的消除反应过渡态，溶剂极性的降低对消除反应有利。

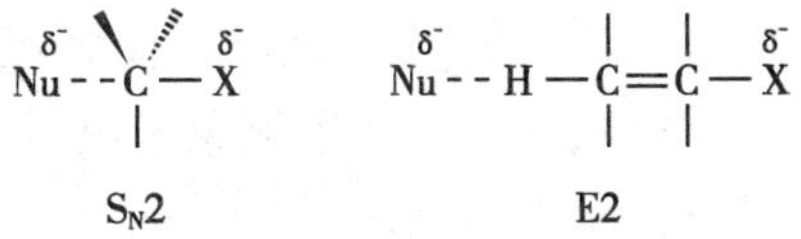

图 6-13　过渡态电荷分散示意图

4. 反应温度的影响　由于消除反应的活化过程需拉长 C—H 键；而在亲核取代反应中，则没有这一情况，所以消除反应的活化能比取代反应大，提高反应温度，有利于消除反应的进行。

综上所述，一般卤代烃的消除反应最好用叔卤代烃，采用高浓度的强碱性试剂，使用极性较小的溶剂，在较高的温度下进行。

五、有代表性的卤代烃

（一）氯仿

氯仿（$CHCl_3$）的化学名称为三氯甲烷，是一种无色有甜味的液体，沸点 $61.7℃$，相对密度为 1.489，不溶于水，不能燃烧。可溶解油脂和多种高分子化合物，是良好的有机溶剂。氯仿是最早（1847 年）应用于外科手术的全身麻醉药之一，因其对心脏、肝脏的毒性较大，目前临床已很少使用。作溶剂使用时也应在通风橱中进行，尽量避免对身体造成损害。

氯仿在光照条件下，能被逐渐氧化为剧毒的光气。所以，氯仿应用棕色瓶保存，并加入 1% 的乙醇破坏光气。因为乙醇可使产生的光气转化为无毒的碳酸二乙酯。

（二）聚四氟乙烯

四氟乙烯（$F_2CH = CHF_2$）的聚合物。商品名为"特氟隆"，英文缩写为 PTFE。耐腐蚀又具有较高的机械强度，是一种性能优良的塑料，被美誉为"塑料王"，广泛应用于各种需要抗酸碱和有机溶剂的材料。

（三）氟烷

氟烷（$F_3CCHClBr$）的化学名称为 1，1，1- 三氟 -2- 氯 -2- 溴乙烷。氟烷为无色液体，无刺激性，性质稳定，可以与氧气任意比例混合，不燃不爆。作为麻醉药，氟烷的麻醉强度比乙醚大 2~4 倍，比氯仿强 1.5~2 倍，对黏膜无刺激性，对肝、肾功能不会造成持久性的损害，是目前常用的吸入性全身麻醉药之一。

（四）四氯化碳

四氯化碳（CCl_4）是无色液体，沸点 $76.8℃$，相对密度 1.59，有特殊的气味。不能燃烧，易挥发，可用作灭火剂。在 $500℃$ 以上时可与水反应生成光气。所以用它灭火时，必须注意空气流通以防止中毒。四氯化碳与金属钠在较高温度时能猛烈爆炸，故当金属钠着火时不能用四氯化碳灭火，更不能用金属钠来干燥四氯化碳。四氯化碳能溶解油脂、油漆、树脂、橡胶等有机物质，是实验室和化学工业上常用的溶剂。

（五）氟利昂

氟利昂是几种氟氯代甲烷和氟氯代乙烷的总称，英文名称 freon。由于氟利昂化学性质稳定，具有不燃、无毒、易液化等特性，因而广泛用作冷冻设备和空气调节装置的制冷剂。它们的商业代号为 F_{abc}。F 表示氟代烃，百位 a 等于碳原子数减 1（如果是零就省略），十位 b 等于氢原子数加 1，个位 c 等于氟原子数目，氯原子数目不列。由于氟利昂可能破坏大气臭氧层，已限制使用。

本章小结

本章主要介绍了卤代烃的分类、结构及物理与化学性质。重点在于区分不同类型卤代烃表现出的不同的化学性质。

卤代烃碳卤键极性较强，决定了卤代烃易发生两大类反应：亲核取代反应和消除反应。亲核取代反应有 S_N1 和 S_N2 两种反应机制。S_N2 反应中亲核试剂从碳卤键的背面进攻，导致产物构型翻转。S_N1 反应中反应底物先生成碳正离子中间体,再与亲核试剂反应,最终导致外消旋产物的生成。亲核取代反应常见类型有与氢氧化钠的水溶液反应生成醇;与氰化钠(钾)反应生成腈;与醇钠反应生成醚;与氨反应生成胺;与硝酸银的醇溶液反应生成硝酸酯,通式有卤化银的沉淀产生,这个性质可以用来鉴别不同类型的卤代烃。不同类型卤代烃与硝酸银醇溶液反应的活性顺序为:烯丙型(苄基型)> 叔卤代烃 > 仲卤代烃 > 伯卤代烃 > 乙烯型(苯型)卤代烃。

消除反应有两种反应机制:E1 和 E2。它们和 S_N1、S_N2 反应是竞争的反应。当不对称的卤代烃发生消除反应时,优势产物的生成要遵循 Saytzeff 规则。

卤代烃和金属镁反应生成格氏试剂,此类反应必须在隔绝活泼氢的环境中进行,否则生成的格氏试剂会与活泼氢反应生成烷烃,破坏格氏试剂。

（刘 华）

复习题

1. 卤代烃结构特点是什么? 此特点决定了卤代烃有哪些主要的化学性质?

2. 列表比较 S_N1 和 S_N2 反应机制。

3. 命名或写出下列化合物的结构。

(1) $CH_3CHCHCHCH_2CHCH_3$ 带有取代基 Br、CH_3、Br、CH_3

(2) $CH_3CH = CHCH_2CHCH_3$ 带有 Cl

(3) $(CH_3CH_2CH_2)_3CBr$

(4) $CH_2 = CH - CH_2Br$

(5) 乙基碘化镁

(6) 烯丙基氯

(7) F_{12}

4. 完成下列反应:

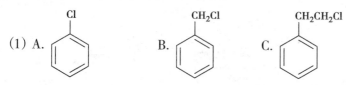

5. 用化学方法鉴别下列各组化合物:

(1) A. 苯环上 Cl   B. 苯环上 CH_2Cl C. 苯环上 CH_2CH_2Cl

(2) A. 2- 溴 -1- 丁烯   B. 3- 溴 -1- 丁烯   C. 4- 溴 -1- 丁烯

6. 将下列化合物按 S_N1 历程反应的活性由大到小排列:

(1) $(CH_3)_2CHBr$ (2) $(CH_3)_3CCl$ (3) $(CH_3)_3CBr$

7. 某卤代烃的分子式为 $C_6H_{13}Br$，与 KOH 的醇溶液共热后得到的产物进行臭氧化反应，氧化产物用 Zn/H_2O 处理，生成 $(CH_3)_2CHCHO$ 和 CH_3CHO。试推测该卤代烃的结构。

8. 分子式为 C_5H_{10} 的烃 A，与溴水不发生反应，在紫外光照射下与相同物质的量的溴作用得到产物 B(C_5H_9Br)，B 与 KOH 的醇溶液加热得到 C(C_5H_8)，C 经酸性 $KMnO_4$ 氧化得到戊二酸。写出 A、B、C 的结构简式以及相应的反应式。

第七章

醇、酚、醚

学习目标 ▉▶

1. **掌握** 醇、酚、醚的命名。醇的氢氧键断裂、碳氧键断裂、氧化脱氢及多元醇的特殊性质;酚的酸性及成醚、成酯反应、芳环上的亲电取代反应及氧化反应;醚的锌盐生成、醚键断裂及过氧化物生成等化学性质。
2. **熟悉** 醇、酚、醚的结构特点和分类;环氧化合物的开环反应。
3. **了解** 醇、酚、醚的物理性质;有代表性的醇、酚、醚化合物的性质和用途。

醇、酚和醚都是烃的含氧衍生物。醇和酚的官能团都是羟基,区别点是醇的羟基连在脂肪烃基上,而酚的羟基则直接与芳环相连。醚与前二者不同,是分子中含有 C—O—C 结构的一类化合物。三者可分别用以下通式表示:

$$R—OH \qquad Ar—OH \qquad R(Ar)—O—R'(Ar)$$
$$\text{醇} \qquad\qquad \text{酚} \qquad\qquad \text{醚}$$

这三类化合物是重要的有机化合物,广泛存在于自然界,许多药物具有醇、酚或醚的结构,有的还用作溶剂、食品添加剂、燃料添加剂以及香料等。

第一节 醇

一、醇的结构、分类、命名

(一)醇的结构

醇与水具有相似的结构,羟基中的氧原子为不等性 sp^3 杂化,外层的 6 个电子分布在 4 个 sp^3 杂化轨道上,其中两对未共用电子对各占据一个 sp^3 杂化轨道,其余的两个 sp^3 杂化轨道分别与一个饱和碳原子的 sp^3 杂化轨道及氢原子的 s 轨道形成 σ 键。例如,甲醇的结构可表示为:

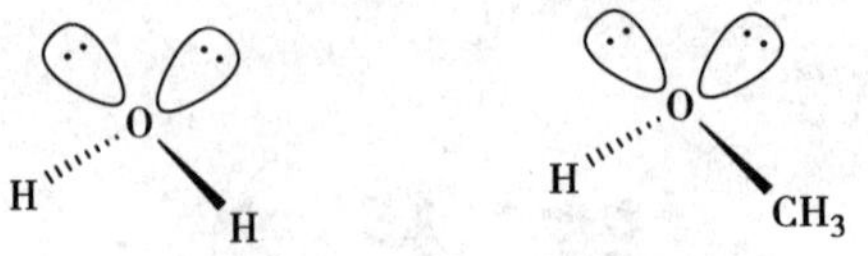

水　　　　　甲醇

（二）醇的分类

醇的分类方法有多种,通常可根据烃基的结构、羟基所连碳原子的种类以及羟基的数目对醇进行分类。

1. 根据醇分子中烃基的不同,将醇分为饱和醇、不饱和醇、脂环醇及芳香醇。例如:

$$CH_3CH_2OH \qquad CH_3CH = CHCH_2OH$$
乙醇(饱和醇)　　　　2-丁烯-1-醇(不饱和醇)

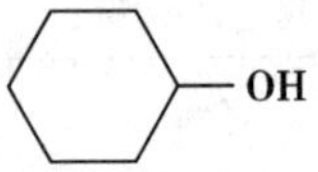

环己醇(脂环醇) 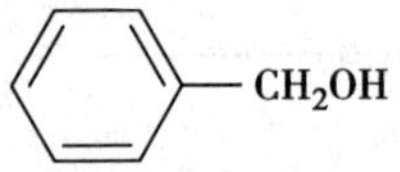　　　　苯甲醇(芳香醇)

2. 根据羟基所连碳原子类型的不同,醇可以分为伯醇、仲醇和叔醇,分别表示为1°醇、2°醇或3°醇。例如:

伯醇(1°醇)　　　仲醇(2°醇)　　　叔醇(3°醇)

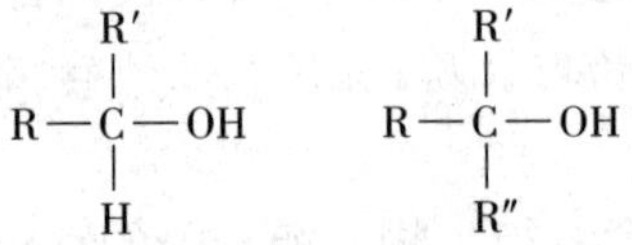

3. 根据醇分子中所含羟基数目的不同,可分为一元醇、二元醇、三元醇等。二元以上的醇称为多元醇。例如:

乙醇(一元醇)　　　乙二醇(二元醇)　　　丙三醇(三元醇)

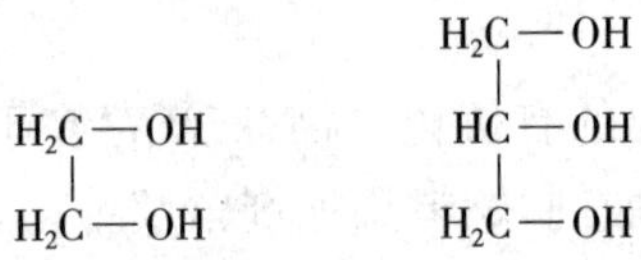

多元醇的羟基通常连接在不同的碳原子上,因为同一碳原子上连接两个或三个羟基的分子结构是不稳定的,容易脱水生成结构稳定的醛、酮或羧酸。

（三）醇的命名

1. 普通命名法　简单的一元醇多用普通命名法。通常是在烃基名称后面加"醇"字,"基"字省略,用"正、异、叔、仲、新"等字头来区分异构体。例如:

正丁醇　　　　异丁醇　　　　叔丁醇 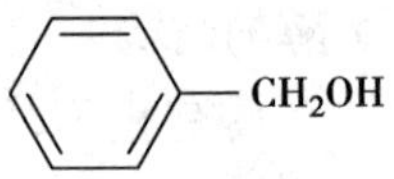　　　　苯甲醇(苄醇)

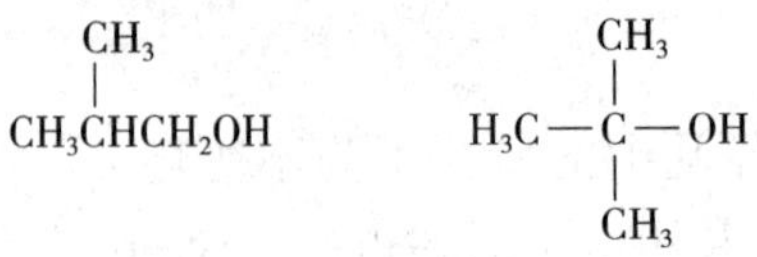

2. 系统命名法　结构复杂的醇多用系统命名法。命名原则是选择连有羟基的最长碳链为主链,从靠近连有羟基的碳原子一端开始编号,根据主链碳原子数称为"某醇",并将羟基的位置以及其他取代基的位置、名称依次写在"某醇"的前面。例如:

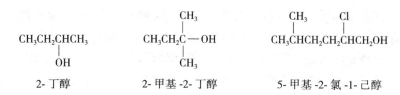

2- 丁醇　　　　　　　2- 甲基 -2- 丁醇　　　　　5- 甲基 -2- 氯 -1- 己醇

不饱和醇的命名,应选择既包括连接羟基的碳,又包括不饱和键上两个碳原子在内的最长碳链作为主链,根据主链所含碳原子数目叫做"某烯(或炔)醇",然后从靠近羟基的一端开始编号,并分别指出羟基与不饱和键的位置。例如:

$$H_2C=CHCHCH_2CH_2OH \qquad HC\equiv CCHCH_2CHCH_3$$
$$\quad | \qquad\qquad\qquad\quad | \quad\ \ |$$
$$\quad CH_3 \qquad\qquad\qquad\ CH_3\ \ OH$$

3- 甲基 -4- 戊烯 -1- 醇　　　　　　4- 甲基 -5- 己炔 -2- 醇

脂环醇的命名,是根据环上碳原子的数目称为"环某醇",如环上还有其他取代基,则从羟基所连碳原子开始对环进行编号,使取代基的位次尽可能小。

例如:

环己醇　　　　　　3-甲基环戊醇　　　　　反-1,2-环己二醇

芳香醇的命名,通常是把链醇作为母体,芳烃基作为取代基。例如:

3-苯基-2-丁醇　　　　　　　　　3,3-二甲基-2-苯基-2-戊醇

多元醇的命名应选择连有尽可能多的羟基的碳链作为主链,依羟基数目称为"某二醇"、"某三醇"等,并在名称前标明羟基的位次。因为羟基是连在不同的碳原子上,所以当羟基数目与主链碳原子数相同时,可以不注明羟基的位次。例如:

$$\begin{array}{ccc} CH_3 & H_2C-OH & H_2C-OH \\ | & | & | \\ HC-OH & H_2C & HC-OH \\ | & | & | \\ H_2C-OH & H_2C-OH & H_2C-OH \end{array}$$

1,2- 丙二醇　　　　　　1,3- 丙二醇　　　　　　丙三醇

二、醇的物理性质

$C_1\sim C_5$ 的低级饱和一元醇是易挥发的液体,$C_6\sim C_{11}$ 的醇为黏稠的液体,十二碳以上的醇为蜡状固体。醇的沸点,与相对分子质量相近的烷烃及卤代烃相比较要高得多。例如,正丙醇(相

对分子质量 60),沸点 97.4℃,正丁烷(相对分子质量 58),沸点仅 –0.5℃;氯乙烷(相对分子质量 65),沸点也只有 12.3℃。这是因为醇分子中含有羟基,醇分子间可以形成氢键,所以醇在液态下是缔合的。要使液态醇汽化,不仅要破坏醇分子间的范德华力,而且还需用额外的能量破坏氢键。氢键是一种弱的化学键,键能约为 25kJ/mol。因此,醇的沸点比相对分子质量相近的烷烃及卤代烃高得多。同时,醇的沸点随相对分子质量的增加而呈规律性的增高。对于直链饱和一元醇来说,每增加一个 CH_2 系差,沸点升高 18~20℃。碳原子数目相同的醇,支链越多,沸点越低。至于多元醇,随着分子结构中羟基数目的增多,形成氢键的数目也就增多,所以多元醇具有更高的沸点。

由于醇羟基可以与水形成氢键,因此低级醇如甲醇、乙醇可与水无限混溶。但是当醇中烃基增大时,一方面长的碳链起了屏蔽作用,使得醇羟基与水形成氢键的能力下降;另一方面羟基所占的比重下降,烃基比重增加,起主导作用,故高级醇不溶于水而溶于有机溶剂。多元醇因羟基多,在水中的溶解度也随之增大。

一般脂肪醇的相对密度比水小,但芳香醇的相对密度则大于 1。

一些常见醇的物理常数见表 7-1。

表 7-1 常见醇的物理常数

名称	结构式	熔点 (℃)	沸点 (℃)	密度 (g/ml)	水中溶解度 (g/100ml)
甲醇	CH_3OH	–97.8	64.7	0.792	∞
乙醇	CH_3CH_2OH	–117.3	78.3	0.789	∞
丙醇	$CH_3CH_2CH_2OH$	–126.0	97.8	0.804	∞
异丙醇	$(CH_3)_2CHOH$	–88.0	82.3	0.789	∞
正丁醇	$CH_3CH_2CH_2CH_2OH$	–89.6	117.7	0.810	8.3
异丁醇	$(CH_3)_2CHCH_2OH$	–108	107.9	0.802	10.0
仲丁醇	$CH_3CH_2CH(CH_3)OH$	–114	99.5	0.808	12.5
叔丁醇	$(CH_3)_3COH$	26	82.5	0.789	∞
正戊醇	$CH_3(CH_2)_3CH_2OH$	–78.5	138.0	0.817	2.4
正己醇	$CH_3(CH_2)_4CH_2OH$	–52	156.5	0.819	0.6
正庚醇	$CH_3(CH_2)_5CH_2OH$	–34	176	0.822	0.2

名称	结构式	熔点 （℃）	沸点 （℃）	密度 （g/ml）	水中溶解度 （g/100ml）
正辛醇	$CH_3(CH_2)_6CH_2OH$	−15	195	0.827	0.05
正壬醇	$CH_3(CH_2)_7CH_2OH$	−5.5	212	0.827	—
正癸醇	$CH_3(CH_2)_8CH_2OH$	6	232.9	0.829	—
正十二醇	$CH_3(CH_2)_{10}CH_2OH$	24	259	0.831	—
环戊醇	C_5H_9OH	−19	140	0.949	微溶
环己醇	$C_6H_{11}OH$	24	161.5	0.962	3.6
苯甲醇	$C_6H_5CH_2OH$	−15	205	1.046	4
乙二醇	$HOCH_2CH_2OH$	12.6	197.5	1.113	∞
1,2-丙二醇	$HOCH_2CH(OH)CH_3$	−59	189	1.040	∞
丙三醇	$HOCH_2CH(OH)CH_2OH$	18	290	1.261	∞

此外，一些无机物，例如 $CaCl_2$、$MgCl_2$ 等可与低级醇形成结晶醇配合物，它们可溶于水而不溶于有机溶剂。如：$CaCl_2\cdot4C_2H_5OH$、$MgCl_2\cdot6CH_3CH_2OH$、$MgCl_2\cdot6CH_3OH$。因此醇类不能用氯化钙、氯化镁干燥。

三、醇的化学性质

化合物的结构决定其性质，醇的化学性质主要由其官能团羟基来决定。由于氧的电负性比 C 和 H 大，因此 C—O 键和 O—H 键都是极性较大的共价键，在化学反应中醇分子中的 C—O 键和 O—H 键都可以发生断裂。另外，由于羟基的吸电子诱导作用，使羟基所连碳上的氢（α—H）容易氧化和脱去。

（一）氢氧键断裂的反应

1. 醇与活泼金属的反应　由于氧原子的电负性大，O—H 键的成键电子对偏向于氧原子，所以醇表现出酸性，能与钠、钾、镁、铝等活泼金属发生反应，羟基上的氢被金属取代。例如，乙醇和金属钠反应生成乙醇钠并放出氢气。这个反应与水和金属钠的反应极为相似，只是反应较温和，放出的热也不足以使产生的氢气自燃。

$$2ROH + 2Na \longrightarrow 2RONa + H_2 \uparrow$$
$$\text{醇钠}$$

$$2CH_3CH_2OH + 2Na \longrightarrow 2CH_3CH_2ONa + H_2 \uparrow$$
$$\text{乙醇钠}$$

这是因为醇羟基是与供电子的烃基相连，烃基的 +I 诱导效应使羟基中氧原子上的电子云密度增加，减弱了氧吸引氢氧间成键电子对的能力，即降低了 O—H 的极性，使醇羟基中的氢不及水中的氢那么活泼，所以反应较为缓和。

$$H \longrightarrow O : H$$
$$R \longrightarrow O : H$$

由此可见,烃基的供电子能力愈强,醇羟基中氢原子的活泼性愈低,与金属钠的反应就愈缓慢。所以不同结构的醇与金属钠反应的活性顺序是:

甲醇 > 伯醇 > 仲醇 > 叔醇

事实上,甲醇与乙醇在室温下就能与金属钠剧烈反应,而叔丁醇只有在加热时才能与金属钠发生反应。

醇的酸性(pK_a=16~18)比水(pK_a=15.74)弱,换言之,其共轭碱醇钠的碱性比 NaOH 的碱性还要强。醇钠遇潮湿空气就能够分解成原来的醇和氢氧化钠,所以醇钠的水溶液具有强碱性,醇钠的保存需要无水、无氧条件。

在实验室中要处理掉反应容器内残留的少量金属钠,可以利用醇与金属钠的反应。常先加入乙醇,使钠完全作用变为白色固体状的乙醇钠,然后再加水洗去。这样就可避免金属钠与水接触引起燃烧和爆炸。

$$RONa + H_2O \longrightarrow ROH + NaOH$$

其他活泼的金属,例如,镁、铝等也可与醇作用生成醇镁和醇铝,其中异丙醇与铝反应生成的异丙醇铝可用于药物合成。

$$6(CH_3)_2CHOH + 2Al \longrightarrow 2\left[(CH_3)_2CHO\right]_3Al + 3H_2\uparrow$$
异丙酸铝

2. 与含氧无机酸的酯化反应　醇可与含氧无机酸如硝酸、亚硝酸、硫酸或磷酸等作用,失去一分子水生成无机酸酯。例如:

$$CH_3CH_2OH + HO - NO_2 \longrightarrow CH_3CH_2ONO_2 + H_2O$$
硝酸乙酯

$$(CH_3)_2CHCH_2CH_2OH + HO - NO \longrightarrow (CH_3)_2CHCH_2CH_2ONO + H_2O$$
亚硝酸异戊酯

甘油含有三个羟基,可与三分子硝酸发生酯化反应。

$$\begin{array}{c} CH_2OH \\ | \\ CHOH \\ | \\ CH_2OH \end{array} + 3HO-NO_2 \longrightarrow \begin{array}{c} CH_2ONO_2 \\ | \\ CHONO_2 \\ | \\ CH_2ONO_2 \end{array} + 3H_2O$$
硝酸甘油

亚硝酸异戊酯和硝酸甘油都是血管舒张剂,在临床上可用作缓解心绞痛的药物。亚硝酸异戊酯不稳定,储存和运输时必须加入分子筛等稳定剂。硝酸甘油最初是由诺贝尔发明的,它也是一种爆炸性很强的物质,通常将它与惰性材料混合以提高其安全性。

醇与硫酸作用,因硫酸是二元酸,随反应温度、反应物配比和反应条件不同,可生成酸性硫酸酯和中性酯。例如:

$$CH_3CH_2OH + HOSO_2OH \longrightarrow CH_3CH_2OSO_2OH + H_2O$$
乙醇　　　硫酸　　　　硫酸氢乙酯(酸性酯)

$$CH_3OH + HOSO_2OH \longrightarrow CH_3OSO_2OH + H_2O$$
甲醇　　　硫酸　　　　硫酸氢甲酯(酸性酯)

硫酸氢甲酯在减压下蒸馏可得到硫酸二甲酯。

$$2CH_3OSO_2OH \longrightarrow CH_3OSO_2OCH_3 + H_2SO_4$$

硫酸二甲酯（中性酯）

硫酸二甲酯是无色油状有刺激性的液体,有剧毒,对呼吸器官和皮肤有强烈刺激作用,使用时应小心。它和硫酸二乙酯在有机合成与药物合成中是重要的甲基化和乙基化试剂。

磷酸是一个三元酸,可以形成三种类型的磷酸酯,它们的通式分别如下所示:

磷酸烷基二氢酯　　　　磷酸二烷基一氢酯　　　　磷酸三烷基酯
（酸性酯）　　　　　　　（酸性酯）　　　　　　　（中性酯）

醇的无机酸酯具有多方面的用途。高级醇（$C_8 \sim C_{18}$ 的醇）的酸性硫酸酯的钠盐 $ROSO_2ONa$ 有去垢作用,可用作洗涤剂。

含有无机酸酯结构的物质也广泛地存在于人体内。如存在于软骨中的硫酸软骨素就具有硫酸酯结构。组成细胞的重要成分,如核酸、磷脂中都含有磷酸酯的结构。而体内代谢过程中也会产生某些特殊的磷酸酯。

醇不仅能与无机酸作用生成无机酸酯,也能与有机酸作用生成有机酸酯（参见第九章）。

（二）碳氧键断裂的反应

1. 与氢卤酸的反应　醇与氢卤酸（HCl、HBr 或 HI）作用时,醇羟基被卤素取代产生卤代烃和水。

$$R-OH + HX \rightleftharpoons R-X + H_2O$$

反应是可逆的,通常利用增加一种反应物用量或移去一种产物,促使平衡向右移动,从而提高卤代烃的产率。

醇与氢卤酸反应的快慢与氢卤酸的种类及醇的结构有关。对于同一种醇来说,不同种类的氢卤酸反应活性顺序为:

HI > HBr > HCl

对于相同的氢卤酸来说,不同结构的醇反应活性顺序为:

烯丙醇或苄醇 > 叔醇 > 仲醇 > 伯醇

根据不同结构的醇与氢卤酸反应速度不同,可以区别伯、仲、叔三种醇。所用的试剂是卢卡斯(Lucas)试剂（由无水氯化锌和浓盐酸配成的溶液）。Lucas 试剂与叔醇反应速度很快,立即生成卤代烷。由于卤代烷不溶于 Lucas 试剂,使溶液浑浊。仲醇反应较慢,需放置几分钟才见浑浊。伯醇在常温下不反应。例如:

$$H_3C-\underset{\underset{CH_3}{|}}{\overset{\overset{CH_3}{|}}{C}}-OH + HCl \xrightarrow[20℃]{\text{无水 } ZnCl_2} H_3C-\underset{\underset{CH_3}{|}}{\overset{\overset{CH_3}{|}}{C}}-Cl + H_2O$$

叔丁醇　　　　　　　　　　　　　　　立即浑浊

$$H_3C-\underset{\underset{OH}{|}}{CH}CH_2CH_3 + HCl \xrightarrow[20℃]{\text{无水 } ZnCl_2} H_3C-\underset{\underset{Cl}{|}}{CH}CH_2CH_3 + H_2O$$

仲丁醇　　　　　　　　　　　　　　　放置几分钟后浑浊

$$CH_3CH_2CH_2CH_2OH + HCl \xrightarrow[20℃]{\text{无水 } ZnCl_2} \text{无反应}$$

正丁醇(伯醇)　　　　常温下不变化

醇和氢卤酸的反应是酸催化下的亲核取代反应,伯醇一般按照 S_N2 历程进行,叔醇及其他的醇按 S_N1 历程进行。

叔醇反应时,首先是酸中的氢离子和醇的氧原子结合生成锌盐(醇是 Lewis 碱),锌盐再离解成水和碳正离子,然后碳正离子和卤素负离子结合生成卤代烷。

$$(1)\quad R-\underset{\underset{R''}{|}}{\overset{\overset{R'}{|}}{C}}-\ddot{O}-H + H^+ \xrightarrow{\text{快}} R-\underset{\underset{R''}{|}}{\overset{\overset{R'}{|}}{C}}-\overset{+}{\underset{}{O}}\overset{H}{\diagup}-H$$

$$(2)\quad R-\underset{\underset{R''}{|}}{\overset{\overset{R'}{|}}{C}}-\overset{+}{\underset{\cdot\cdot}{O}}\overset{H}{\diagup}-H \underset{\text{慢}}{\rightleftharpoons} R-\overset{+}{\underset{\underset{R''}{|}}{\overset{\overset{R'}{|}}{C}}}+H_2O$$

$$(3)\quad R-\overset{+}{\underset{\underset{R''}{|}}{\overset{\overset{R'}{|}}{C}}}+X^- \underset{\text{快}}{\rightleftharpoons} R-\underset{\underset{R''}{|}}{\overset{\overset{R'}{|}}{C}}-X$$

有的醇在与氢卤酸反应时,烷基发生重排,也是由于 S_N1 历程中有碳正离子生成的缘故。

伯醇反应时,也是首先生成锌盐,然后亲核试剂卤素负离子进攻 α- 碳原子形成过渡态,最后水作为离去基团离去而生成卤代烷。

$$ROH + H^+ \underset{\text{快}}{\rightleftharpoons} R-\overset{+}{O}\overset{\diagup H}{\diagdown H}$$

$$X^- + R-\overset{+}{O}\overset{\diagup H}{\diagdown H} \xrightarrow{\text{慢}} \left[\overset{\delta^-}{X}\cdots R\cdots\overset{\delta^-}{O}\overset{\diagup H}{\diagdown H}\right] \xrightarrow{\text{快}} X-R + H_2O$$

目前由醇(特别是伯醇)制备氯代物最常用的方法是用氯化亚砜($SOCl_2$,又称为亚硫酰氯)作试剂。

$$R-OH + SOCl_2 \xrightarrow{\text{吡啶}} R-Cl + SO_2\uparrow + HCl\uparrow$$

例如:

$$\underset{\qquad}{\overset{OH}{\underset{|}{CH_3CHCH_3}}} + SOCl_2 \xrightarrow{\text{吡啶}} \overset{Cl}{\underset{|}{CH_3CHCH_3}} + SO_2\uparrow + HCl\uparrow$$

这里的副产物 SO_2 和 HCl 都是气体,很容易与氯代物分离,因此产物较纯净。但使用氯化亚砜的缺点是价格较贵,腐蚀性较强。吡啶是一种碱性物质,它在这里的作用是去酸,促使反应更顺利地进行。

？ 问题与思考

伯、仲、叔醇在常温下与氢卤酸反应时,为什么叔醇反应速度最快而伯醇反应速度最慢?

2. 脱水反应　醇在某些酸性催化剂存在下,按反应条件不同可进行分子内的脱水或分子间脱水反应。

醇在浓硫酸作用下发生 C—O 键断裂,同时从 β- 碳上消去一个氢原子生成烯烃。这种从一个大分子中脱去简单分子(这里是水)而生成碳碳不饱和键的反应称为消去反应。由于羟基是与 β- 碳原子上的氢原子消去,所以又称为 β- 消去反应。如:

$$H_2C—CH_2 \xrightarrow[170℃]{浓\ H_2SO_4} H_2C=CH_2 + H_2O$$
$$\ \ \ |\ \ \ \ \ |$$
$$\ \ \ H\ \ \ OH$$

仲醇及叔醇的分子内脱水可能生成两种烯烃。例如:

$$CH_3CH_2CHCH_3 \xrightarrow{浓\ H_2SO_4} \begin{cases} CH_3CH=CHCH_3 \quad 81\% \\ \quad\quad 2-\ 丁烯 \\ CH_3CH_2CH=CH_2 \quad 19\% \\ \quad\quad 1-\ 丁烯 \end{cases}$$
$$\quad\quad\quad |$$
$$\quad\quad\quad OH$$

实验表明,醇在消除水时主要从含氢较少的 β- 碳原子上消去氢,生成的主要产物是碳碳双键上含烃基较多的烯烃,这个规则称为扎依采夫(Saytzeff)规则。

醇与浓硫酸共热还可进行分子间脱水形成醚。如:

$$2CH_3CH_2OH \xrightarrow[140℃]{浓\ H_2SO_4} CH_3CH_2—O—CH_2CH_3 + H_2O$$

醇的消除和成醚反应都是在酸的存在下进行的,二者是并存和相互竞争的反应,在较低温度下反应有利于成醚;在高温条件下有利于消除反应,主要生成烯烃。反应产物除与反应条件有关外,还与醇的结构有关。在较低温度下反应有利于成醚;在高温条件下有利于消除反应,主要生成烯烃。伯醇易发生成醚反应,而叔醇易进行消除反应。

醇脱水反应的速率,在很大程度上取决于碳正离子的生成速率,碳正离子的生成速率决定于它本身的稳定性。伯、仲、叔醇分别生成 1°、2° 及 3° 碳正离子,其稳定性次序为:

$$\begin{array}{ccc} R & R & \\ | & | & \\ R—C^+ > & CH^+ > & R—CH_2^+ \\ | & | & \\ R & R & \\ 3° & 2° & 1° \end{array}$$

因此三种类型的醇脱水反应的活性顺序是:叔醇 > 仲醇 > 伯醇。

醇分子内的脱水反应也常见于人体的代谢过程中。某些含有醇羟基的化合物在酶的作用下,也会发生分子内的脱水,形成含有双键的化合物。

? 问题与思考

为什么醇在脱水成烯时,一般遵循扎依采夫(Saytzeff)规则,生成双键上取代基较多的烯烃?

(三) 氧化和脱氢反应

在有机化合物分子中引入氧原子或脱去氢原子,都属于氧化反应。醇分子中由于羟基的影响,使得 α-H 较活泼,容易发生氧化脱氢作用。醇的结构不同或氧化剂不同时,氧化产物也各异。

1. **强氧化剂氧化**　以高锰酸钾为氧化剂,伯醇首先被氧化成醛,因醛比醇更容易被氧化,可继续被氧化为羧酸;仲醇被氧化为酮。如果该分子结构中含有不饱和键,则不饱和键将断裂。反应后高锰酸钾溶液的紫色褪去。叔醇因没有 α-H,在同样条件下不被氧化,高锰酸钾溶液的颜色不变。

同样,以重铬酸钾或铬酸(CrO_3 冰醋酸)为氧化剂,伯醇首先被氧化成醛,并可继续被氧化为羧酸:

$$R-CH_2OH \xrightarrow[\text{或 KMnO}_4]{K_2Cr_2O_7/H_2SO_4} [R-CHO] \xrightarrow[\text{或 KMnO}_4]{K_2Cr_2O_7/H_2SO_4} R-COOH$$

仲醇被氧化生成相应的酮:

$$R-\underset{\underset{OH}{|}}{\overset{\overset{H}{|}}{C}}-R' \xrightarrow[\triangle]{K_2Cr_2O_7/H_2SO_4/H_2O} R-\underset{\underset{O}{\|}}{C}-R'$$

伯醇或仲醇反应后,酸性的重铬酸钾溶液由橙红色变为淡绿色。叔醇在同样条件下不被氧化,重铬酸钾溶液的颜色不变。

因此,可以用高锰酸钾或重铬酸钾鉴别伯醇与叔醇、或仲醇与叔醇。

2. **弱氧化剂选择性氧化**　如以 CrO_3—吡啶配合物(Sarret 试剂)在常温下氧化伯醇,产物是醛。

$$CH_3(CH_2)_4CH_2OH \xrightarrow{\underset{\text{吡啶}}{CrO_3}} CH_3(CH_2)_4CHO$$
$$\underset{\text{1-己醇}}{\qquad} \qquad\qquad \underset{\text{己醛}}{\qquad}$$

含不饱和键的伯醇用 CrO_3—吡啶氧化时,$C=C$ 或 $C\equiv C$ 不受影响,得到烯(炔)醛。例如:

$$H_2C=CHCH_2OH \xrightarrow{\underset{\text{吡啶}}{CrO_3}} H_2C=CHCHO$$
$$\underset{\text{烯丙醇}}{\qquad} \qquad\qquad \underset{\text{丙烯醛}}{\qquad}$$

琼斯(Jones)试剂和活性二氧化锰是另外两种常见的选择性氧化剂,反应中醇被氧化而不饱和键不受影响。

将 CrO_3 溶于稀硫酸溶液中形成的氧化剂称为琼斯试剂,反应时将其滴加到被氧化醇的丙酮溶液中;活性二氧化锰则为新鲜制备的 MnO_2。例如:

$$\text{HO}\underset{}{\bigcirc}\text{OH} \xrightarrow[-5\sim0℃]{CrO_3/H_2SO_4/H_2O} \text{O}\underset{}{\bigcirc}\text{O}$$

$$CH_3CH_2CH=CHCH_2OH \xrightarrow{\text{活性 }MnO_2} CH_3CH_2CH=CHCHO$$

醇的氧化实质上是脱去两个氢原子,一个是羟基上的氢,另一个是 α-H。叔醇因 α-C 上没有氢原子,所以一般条件下不被氧化。但在酸性条件下,叔醇先脱水为烯烃,后者可再被氧化为较小分子的氧化物。例如:

$$H_3C-\overset{\overset{\displaystyle CH_3}{|}}{\underset{\underset{\displaystyle CH_3}{|}}{C}}-OH \xrightarrow{H^+} \overset{H_3C}{\underset{H_3C}{>}}C=CH_2 \xrightarrow{[O]} \overset{H_3C}{\underset{H_3C}{>}}C=O+CO_2$$

在实验室中可以利用醇能否发生氧化反应及氧化产物来区分伯、仲、叔醇。

3. **催化脱氢** 伯醇与仲醇的蒸气在高温下通过活性铜、银或镍等催化剂时,可发生脱氢反应,生成对应的醛和酮。叔醇因无 α-H,故不发生脱氢反应。

$$R-\overset{\overset{\displaystyle H}{|}}{\underset{\underset{\displaystyle H}{|}}{C}}-O\overset{.}{H} \xrightarrow[300℃]{Cu} \overset{H}{\underset{R}{>}}C=O+H_2\uparrow$$

$$R-\overset{\overset{\displaystyle R}{|}}{\underset{\underset{\displaystyle H}{|}}{C}}-O\overset{.}{H} \xrightarrow[300℃]{Cu} \overset{R}{\underset{R}{>}}C=O+H_2\uparrow$$

四、多元醇的性质

多元醇的化学性质大都与饱和一元醇类似,能够发生一元醇的所有反应,如酯化、氧化等等。但是由于多元醇所含的羟基比一元醇多,因此多元醇又存在着某些特殊的性质。

(一)连二醇的显色反应

连(邻)二醇除了能与碱金属反应外,还可与重金属的氢氧化物反应。如把丙三醇(甘油)加到氢氧化铜沉淀中去,沉淀立即消失,生成一种深蓝色的甘油铜溶液。

$$\overset{\displaystyle CH_2OH}{\underset{\displaystyle CH_2OH}{\overset{|}{\underset{|}{CHOH}}}} + \overset{HO}{\underset{HO}{>}}Cu \longrightarrow \overset{\displaystyle CH_2O}{\underset{\displaystyle CH_2OH}{\overset{|}{\underset{|}{CHO}}}}Cu + H_2O$$

甘油铜(深蓝色)

此反应是邻二醇类化合物的特有反应,一元醇及非邻二醇类化合物无此反应,因此在实验室常利用此反应来鉴定具有两个相邻羟基的多元醇。

❓ 问题与思考

在实验室怎样来鉴别丙三醇、1,3-丙二醇和烯丙醇?

(二)高碘酸氧化反应

对邻二醇分子来讲,用高碘酸或四醋酸铅氧化,可以断裂两个羟基之间的碳碳单键,生成两分子羰基化合物。

$$R-\overset{\overset{\displaystyle H}{|}}{\underset{\underset{\displaystyle OH}{|}}{C}}-\overset{\overset{\displaystyle H}{|}}{\underset{\underset{\displaystyle OH}{|}}{C}}-R' + HIO_4 \longrightarrow R-\overset{\overset{\displaystyle }{|}}{\underset{\underset{\displaystyle O}{\|}}{C}}-H + H-\overset{\overset{\displaystyle }{|}}{\underset{\underset{\displaystyle O}{\|}}{C}}-R' + HIO_3 + H_2O$$

$$R-\overset{\underset{\displaystyle OH}{|}}{\underset{\displaystyle R'}{C}}-\overset{\underset{\displaystyle OH}{|}}{\underset{\displaystyle H}{C}}-R'' + HIO_4 \longrightarrow R-\overset{\underset{\displaystyle O}{\|}}{C}-R' + H-\overset{\underset{\displaystyle O}{\|}}{C}-R'' + HIO_3 + H_2O$$

由于反应是定量进行的,每断裂一组邻二醇结构就要消耗一分子高碘酸,因此可用于邻二醇类化合物的结构测定。

$$H_2C-\overset{\underset{\displaystyle OH}{|}}{\underset{\displaystyle H}{C}}-\overset{\underset{\displaystyle OH}{|}}{\underset{\displaystyle H}{C}}-CH_3 + 2HIO_4 \longrightarrow H-\overset{\underset{\displaystyle O}{\|}}{C}-H + H-\overset{\underset{\displaystyle O}{\|}}{C}-OH + H-\overset{\underset{\displaystyle O}{\|}}{C}-CH_3$$

此外,由于多元醇中羟基之间的相互影响,在酸性条件下此类化合物还能发生碳架结构重排,生成系列不同结构的化合物。甘油的某些氧化产物的磷酸酯是人体内物质代谢的中间产物。

五、有代表性的醇

(一) 甲醇

甲醇(CH_3OH)最初经木材干馏制得,故俗称木精。甲醇是无色透明液体,沸点 64.5℃,能与水或多数有机溶剂混溶。甲醇有毒,内服少量(10ml)能使人双目失明,多量(30ml)可致死,这是因为甲醇可被肝脏的脱氢酶氧化生成甲醛,甲醛对视网膜有毒,其进一步氧化产物甲酸又不能被机体很快利用而潴留在血液中,使 pH 值下降,导致酸中毒而致命。

甲醇在工业上作为原料合成甲醛及其他化合物,甲醇也可作抗冻剂、溶剂及甲基化试剂等使用。

(二) 乙醇

乙醇(C_2H_5OH)是酒的主要成分,故俗名酒精,可通过淀粉或糖类物质发酵而得。工业上利用石油裂解气中的乙烯进行加水反应制得。乙醇为无色液体,沸点 78.5℃,能与水和大多数有机溶剂混溶。乙醇是重要的有机溶剂和化工原料,常用于制备中草药浸膏或用于中草药中的有效成分提取。乙醇能使细菌蛋白脱水变性,因而临床上用 70%~75% 乙醇水溶液作外用消毒剂。在医药上常用乙醇配制酊剂,如碘酊,俗称碘酒,就是碘和碘化钾的乙醇溶液作消毒剂。

工业或试剂用乙醇按规定添加少量甲醇变性,这种酒精不可饮用和医用。

人在饮酒后,进入体内的乙醇可被肝脏转化为乙醛,乙醛可被继续氧化成可被肌体细胞所同化的乙酸,所以人体可以承受适量的酒精,但饮酒过量会造成酒精在血液中潴留,导致酒精中毒。某种用于戒酒的药物就是使体内乙醛氧化成乙酸所需的酶暂时丧失活性,结果服药者即使服少量的酒也会因乙醛的积聚使人感到不适而戒酒。

(三) 乙二醇

乙二醇(CH_2OHCH_2OH)是无色且有甜味的黏稠液体,俗称甘醇。在工业上是由乙烯合成的,是重要的二元醇。乙二醇因分子结构中含有两个可以缔合的羟基,其熔点和沸点远远高于碳原子数相同的一元醇。乙二醇能与水、乙醇、丙酮混溶,但不溶于极性小的乙醚。乙二醇能降低水的冰点,如 40%(体积)的乙二醇水溶液,冰点是 −25℃;60% 的乙二醇水溶液冰点

是 −49℃,因此乙二醇可用于制备抗冻剂,如用做汽车发动机的防冻剂,使其在低温下工作也不结冰。由于乙二醇的吸水性能好,还可以用于染色等。作为结构最简单的多元醇,乙二醇具有多元醇的特殊化学性质。

(四) 1,2- 丙二醇

1,2- 丙二醇($CH_3CHOHCH_2OH$)为无色黏稠液体,微有辛辣味。能与硝酸、盐酸、硫酸等反应。1,2- 丙二醇能与水、乙醇、乙醚、氯仿、丙酮等多种有机溶剂混溶。1,2- 丙二醇对烃类、氯代烃、油脂的溶解度虽小,但比乙二醇的溶解能力强。在食品工业中 1,2- 丙二醇用作香料、食用色素的溶剂;在医药工业上,1,2- 丙二醇用作调合剂、防腐剂以及软膏、维生素、青霉素等的溶剂。1,2- 丙二醇也用作烟草润湿剂、水果催熟剂、防腐剂、防冻剂及热载体等。1,2- 丙二醇还能用于制造不饱和聚酯树脂、增塑剂、表面活性剂等。

(五) 丙三醇

丙三醇($CH_2OHCHOHCH_2OH$)俗名甘油,为无色、吸湿性强、有甜味的黏稠液体,沸点290℃,能与水或乙醇混溶。甘油有润肤作用,因它吸湿性很强,纯甘油会对皮肤产生刺激,所以在使用时须先用适量水稀释。在医药上甘油可用作溶剂,如酚甘油、碘甘油等。对便秘者,常用甘油栓剂或 50% 甘油溶液灌肠,既有润滑作用,又能产生高渗压,引起排便反射。甘油三硝酸酯(俗称硝化甘油)是缓解心绞痛的药物,它受到震动或撞击能猛烈分解引起爆炸,故可用作炸药。

(六) 山梨醇和甘露醇

山梨醇和甘露醇都是六元醇,二者互为异构体,其构型式为:

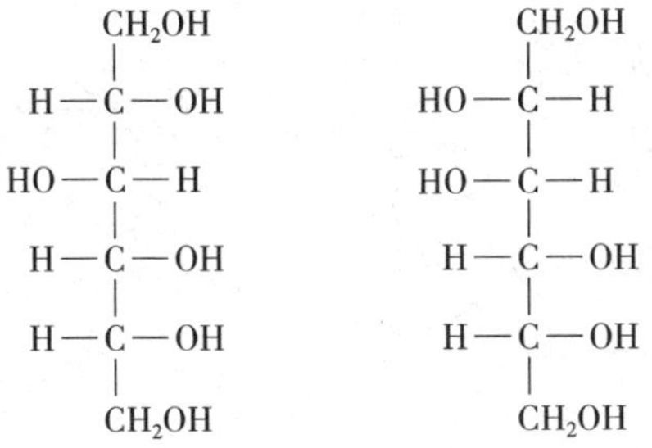

D- 山梨醇　　　　　D- 甘露醇

山梨醇和甘露醇均为白色结晶粉末,味甜,广泛存在于水果和蔬菜等植物中。山梨醇和甘露醇均易溶于水,它们的20%或25%的高渗溶液,在临床上用作渗透性利尿药,能降低脑内压,消除脑水肿。

(七) 苯甲醇

苯甲醇($C_6H_5CH_2OH$)又名苄醇,是无色液体,沸点 205℃,存在于植物精油中,具芳香味。微溶于水,可与乙醇、乙醚混溶。苯甲醇具有微弱的麻醉作用和防腐功能,故将含有苯甲醇的注射用水称为无痛水,作为青霉素钾盐的溶剂,常可减轻注射时的疼痛。10% 苯甲醇软膏或其洗剂是局部止痒剂。

(八) 肌醇

肌醇($C_6H_{12}O_6$)是一种环状六元醇,又名环己六醇。因羟基在空间排布位置的不同,可有多种异构体。肌醇具有如下结构:

肌醇以结合状态存在于所有活细胞中。它是白色细微结晶,熔点 225~227℃,味甜,易溶于水。肌醇能促进肝及其他组织中的脂肪代谢,也能降低血脂,可用作肝脏疾病的辅助治疗剂。

第二节　酚

一、酚的结构、分类和命名

(一) 酚的结构

酚类是指羟基与芳环直接相连的一类化合物,可用通式 Ar—OH 表示。在苯酚的结构中,酚羟基的氧原子为不等性的 sp^2 杂化,氧上有一对未共用电子对处于未杂化 p 轨道,与苯环的 π 轨道发生 p-π 共轭,使氧上的电子云向苯环分散,导致氧上电子云密度降低,苯环电子云密度增加。

(二) 酚的分类

按照分子中所含酚羟基的数目不同,可以把酚分为一元酚、二元酚、三元酚等。二元以上的酚称为多元酚。例如,对甲基苯酚与 β- 萘酚是一元酚;儿茶酚及间苯二酚是二元酚;连苯三酚及 1,3,5- 苯三酚是三元酚。

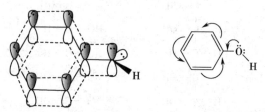

对甲基苯酚　　2-萘酚（β-萘酚）　　邻苯二酚（儿茶酚）　　1,3,5-苯三酚
（一元酚）　　　（一元酚）　　　　　（二元酚）　　　　　　（三元酚）

(三) 酚的命名

酚的命名是在酚字前加上芳环名称,以此做母体再冠以取代基的位置、数目和名称。例如:

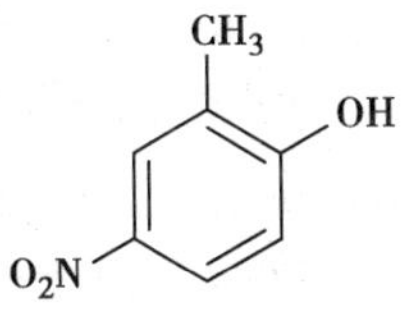

2-甲基-4-硝基苯酚 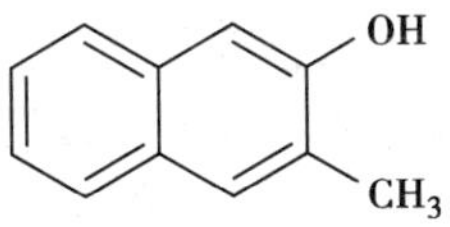　　　　3-甲基-2-萘酚 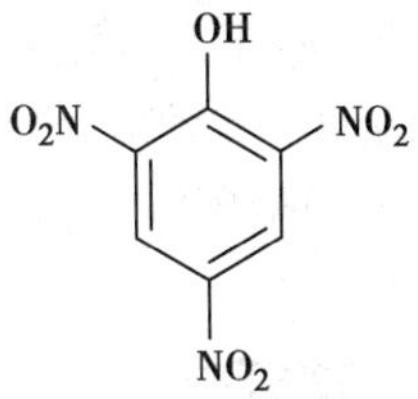　　　　2,4,6-三硝基苯酚

对苯二酚 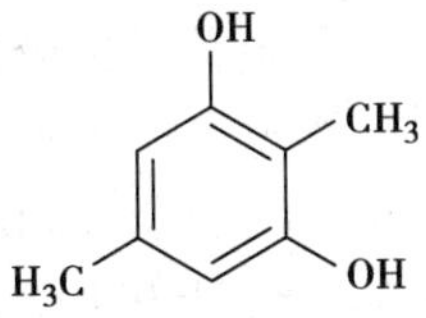　　　　2,5-二甲基-1,3-苯二酚 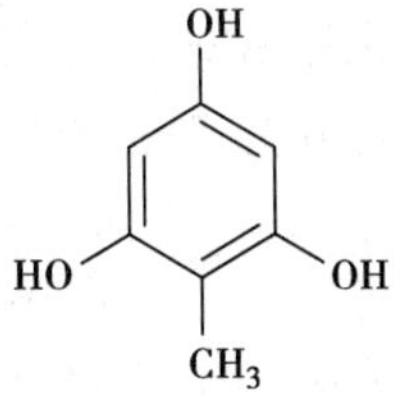　　　　2-甲基-1,3,5-苯三酚

二、酚的物理性质

大多数酚类化合物在室温下均为固体,一般没有颜色,但往往由于含有氧化产物而带黄色或红色。由于酚分子间以及酚与水分子间可以形成氢键,所以酚类的熔点、沸点和水溶性均比相应的芳香化合物高,酚类相对密度都大于1。酚类能溶于乙醇、乙醚等有机溶剂,微溶于水,多元酚随着分子中羟基数目的增多,水溶性相应增大。一些常见酚的物理常数见表7-2。

表 7-2　一些常见酚的物理常数

名称	结构式	熔点（℃）	沸点（℃）	水中溶解度（g/100ml）
苯酚	C_6H_5OH	43	181	9.3
邻甲苯酚	$o\text{-}CH_3C_6H_4OH$	30	191	2.5
间甲苯酚	$m\text{-}CH_3C_6H_4OH$	11	201	2.6
对甲苯酚	$p\text{-}CH_3C_6H_4OH$	35.5	201	2.3
邻苯二酚	$o\text{-}HOC_6H_4OH$	105	245	45.1
间苯二酚	$m\text{-}HOC_6H_4OH$	110	281	123
对苯二酚	$p\text{-}HOC_6H_4OH$	170	286	8
α-萘酚	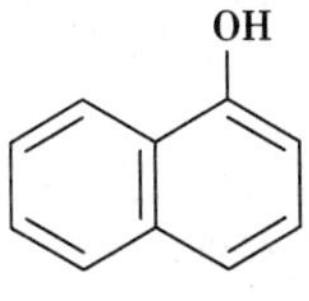	94	279	难溶
β-萘酚	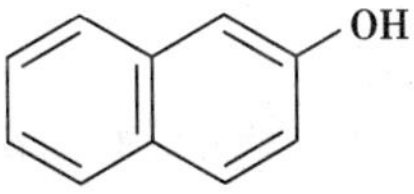	123	286	0.1

三、酚的化学性质

酚与醇一样都含有羟基,因此它们之间具有很多共性,如都具有一定的酸性、都能生成醚、都能发生成酯反应等。但在酚的结构中,酚羟基氧上的一对未共用 p 电子与芳环的 π 键可发生 p-π 共轭,其作用超过羟基的—I 效应,结果氧的电子云移向苯环,使 C—O 键极性降低,键更牢固,不容易发生羟基的取代和消除反应。而 O—H 键因极性增大而容易断裂,因此,酚的酸性比醇强,而且比醇更易于氧化。另一方面,酚羟基的给电子性使苯环的电子云密度加大,有利于苯环上的亲电取代。

(一) 酚羟基的反应

1. 酚羟基的酸性　苯酚由于分子结构中酚羟基的 O—H 键极性增大而易于断裂,且生成的苯氧基负离子由于 p-π 共轭,使氧原子上的负电荷得到分散而变得比较稳定,因而表现出弱酸性。酚羟基的氢除能被活泼金属取代外,还能与强碱溶液作用生成盐和水。

$$2C_6H_5OH + 2Na \longrightarrow 2C_6H_5ONa + H_2\uparrow$$
$$C_6H_5OH + NaOH \longrightarrow C_6H_5ONa + H_2O$$

苯酚的酸性($pK_a=10$)比水($pK_a=15.7$)和醇($pK_a=16\sim20$)强,但比碳酸($pK_a=6.37$)和有机酸($pK_a=3\sim5$)弱。因此,如果向苯酚钠的水溶液中通入二氧化碳,即游离出苯酚。用该方法可以分离和提纯酚类化合物。

$$C_6H_5ONa + CO_2 + H_2O \longrightarrow C_6H_5OH + NaHCO_3$$

由于酚的酸性弱于碳酸,所以酚能溶于氢氧化钠而不能溶于碳酸氢钠。根据酚的这一特性,在实验室里可以将酚与既能溶于氢氧化钠又能溶于碳酸氢钠的羧酸相区别。此法也可用于中草药中酚类成分与羧酸类成分的分离。

苯环上的取代基对酚的酸性有较大影响。当苯环上连有吸电子基(如硝基)时,将使酚的酸性增强,特别是当吸电子基在羟基的邻位或对位时,影响更大。如邻硝基苯酚($pK_a=7.21$)和对硝基苯酚($pK_a=7.15$)的酸性比苯酚强($pK_a=10$);2,4,6-三硝基苯酚(俗名为苦味酸)pK_a 值为 0.71,接近于无机强酸。当苯环上存在给电子基(如烷基)时,酚的酸性将减弱。例如,对甲苯酚的 pK_a 值为 10.9,比苯酚的酸性弱。

2. 酚醚的形成　由于酚羟基的 C—O 键极性降低,故酚醚的合成不能像醇醚那样可通过分子间脱水进行。通常采用威廉姆森(Williamson)反应,即首先在碱性条件下将酚转化为酚钠,然后酚钠和卤代烃反应,即可很方便地生成酚醚。

例如:

63%

另外,还可用酚与一些甲基化试剂(如 CH_3I 或 $(CH_3)_2SO_4$)反应来制备酚甲醚。

由于苯酚容易被氧化，在有机合成中经常将酚制备成酚醚以保护酚羟基。

3. 酚酯的形成　酚与醇不同，不能直接与酸反应成酯，一般需要用酰氯或酸酐与其反应。

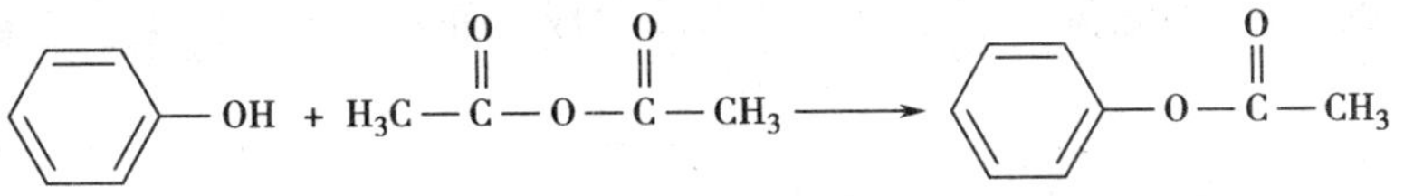

乙酸酐　　乙酸苯酯

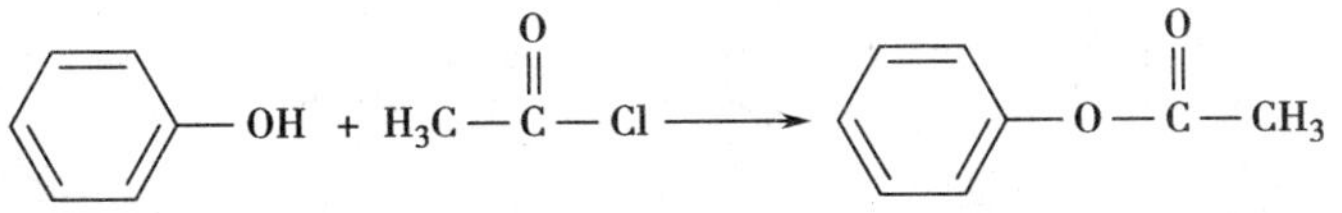

乙酰氯　　乙酸苯酯

水杨酸的乙酰化产物（又称乙酰水杨酸）是解热镇痛药阿司匹林（aspirin）。阿司匹林就是利用上述反应合成的。

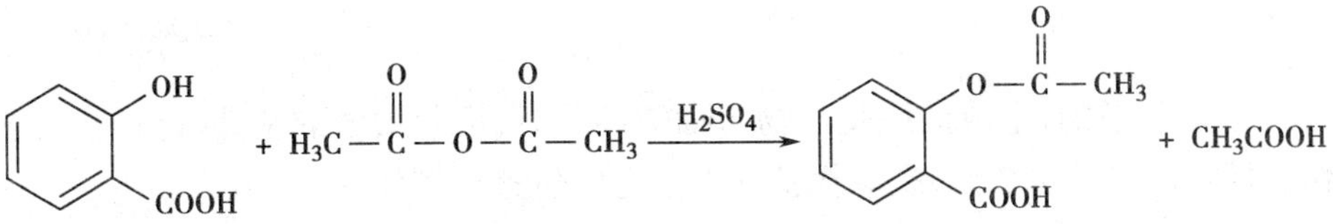

水杨酸　　乙酸酐　　乙酰水杨酸

4. 与三氯化铁的反应　含酚羟基的化合物大多数都能与三氯化铁的水溶液发生颜色反应。不同的酚产生的颜色是不相同的。例如，苯酚、间苯二酚、1,3,5- 苯三酚均显紫色；甲苯酚呈蓝色；邻苯二酚、对苯二酚呈绿色；1,2,3- 苯三酚呈红色，α- 萘酚生成紫色沉淀；β- 萘酚则生成绿色沉淀。酚与三氯化铁显色反应的作用机制目前尚不十分清楚，一般认为是生成了有颜色的配合物所致。

$$6ArOH+FeCl_3 \rightleftharpoons [Fe(OAr)_6]^{3-}+6H^++3Cl^-$$

除酚以外，凡具有烯醇式（$-\overset{\overset{OH}{|}}{C}=C-$）结构的化合物也能与三氯化铁溶液发生颜色反应。酚类化合物实际上也是烯醇型结构。醇羟基无此反应，应用显色反应可把醇与酚区分开来。

（二）芳环上的亲电取代反应

苯环连有羟基后由于 p-π 共轭效应，增加了苯环上的电子云密度，苯环被活化，特别是羟基的邻、对位电子云密度更高，更容易发生亲电取代反应。因此羟基是强的邻、对位定位基，苯酚比苯更容易发生亲电取代反应。

1. 卤代反应　苯的卤代反应一般较难进行，需要催化剂。但是苯酚的卤代反应就容易得多。例如，在室温下苯酚与溴水立即生成 2,4,6- 三溴苯酚的白色沉淀。此反应十分灵敏，即使少量的苯酚也可检出，故可用来鉴别苯酚。

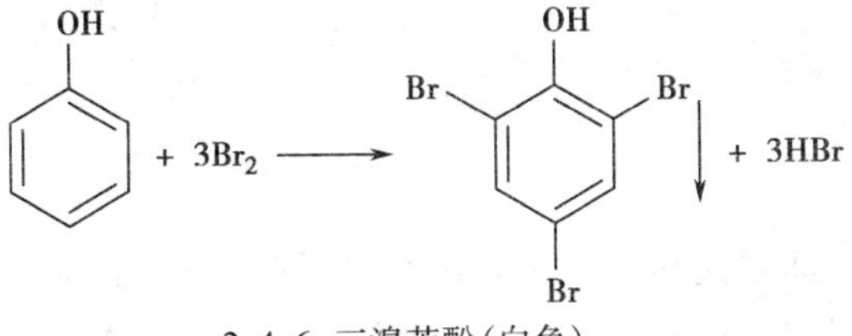

2,4,6- 三溴苯酚（白色）

若欲得到一溴代产物,反应需在非极性溶剂(如 CCl₄、CS₂)和低温条件下进行。

2. 磺化反应　苯酚与浓硫酸发生磺化反应,得到邻羟基苯磺酸和对羟基苯磺酸。低温有利于邻位产物的产生,而高温有利于对位产物的生成。邻对位异构体进一步磺化,均得到4-羟基 -1,3- 苯二磺酸。

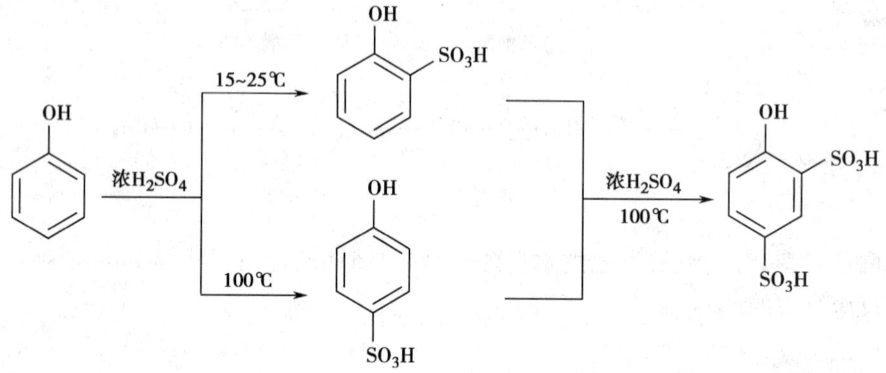

磺化反应是可逆的,生成的磺化产物与稀酸共热时,可脱去磺酸基,因此在有机合成上磺酸基可作为苯环的位置保护基,把取代基导入指定的位置。例如:

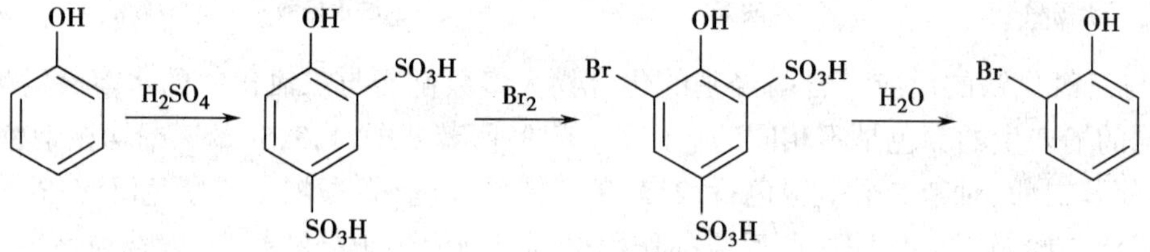

3. 硝化反应　苯酚与稀硝酸在室温下即可生成邻硝基苯酚和对硝基苯酚的混合物。

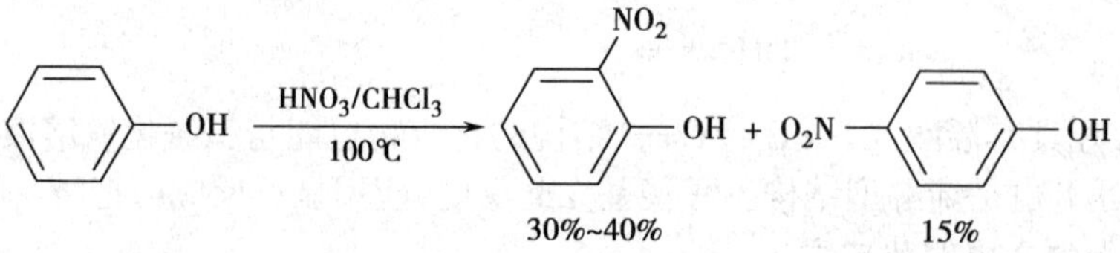

虽然该反应产率较低,且生成两种异构体,但邻硝基苯酚可形成较稳定的六元环分子内氢键,无法再与水缔合,也不容易形成分子间氢键,故邻硝基苯酚水溶性小、挥发性大,可随水蒸气蒸馏出来;而对硝基苯酚能通过分子间氢键相互缔合,且能与水缔合,其挥发性小,不能随水蒸气蒸出。所以二者可通过水蒸气蒸馏法进行分离。

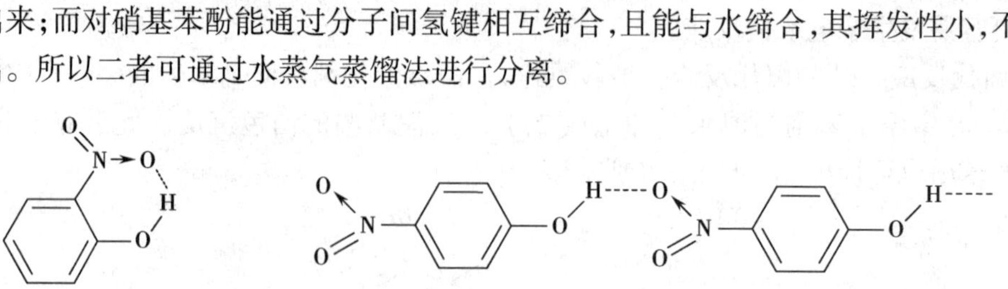

分子内氢键　　　　　　　　　　　分子间氢键

直接从苯酚制备多硝基取代酚需要用浓硝酸,但浓硝酸具有很强的氧化性,而苯酚又很容易被氧化,因此不宜用直接硝化法来制备。一般是先用浓硫酸磺化然后再与硝酸反应来制备多硝基酚;也可用混酸作为硝化剂,制备二硝基苯酚或三硝基苯酚。

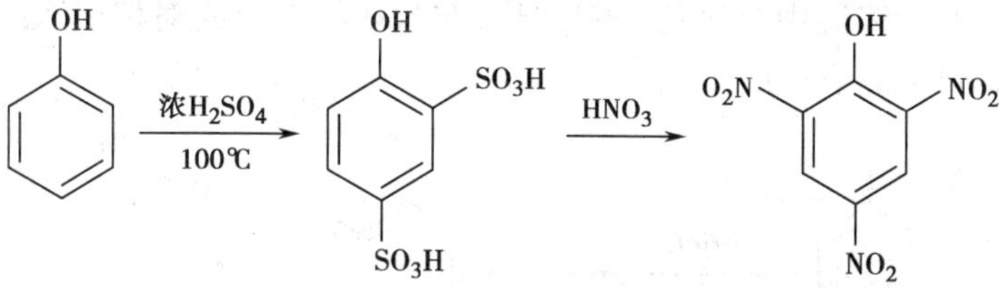

苦味酸

在实验室怎样来鉴别苯酚、对甲苯酚、甲苯、苯甲醇四种化合物?

(三)氧化反应

酚类易被氧化,但反应过程比较复杂。纯苯酚是无色结晶,在空气中放置后,就能逐渐被氧化变为粉红色、红色或暗红色。苯酚如用酸性重铬酸钾强烈氧化,则不仅羟基被氧化,羟基对位的氢也被氧化,生成对苯醌。

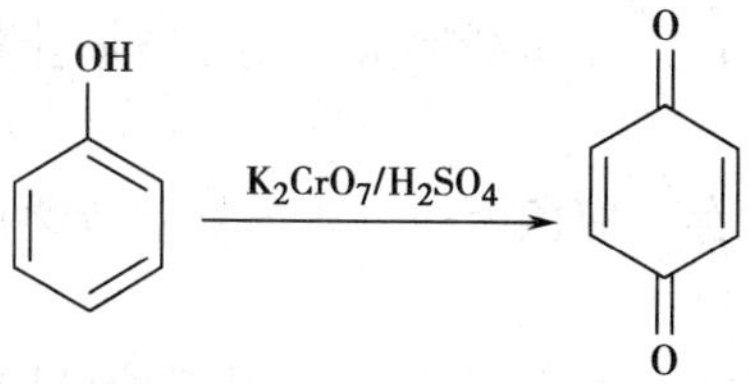

对苯醌

由于酚类容易被氧化,所以某些酚类化合物在食品、橡胶、塑料等工业上用作抗氧剂。例如食品添加剂 2,6- 二叔丁基 -4- 甲基苯酚(BHT)就是一个常用的抗氧剂,俗称"抗氧 246"。没食子酸丙酯也是一种常用的抗氧剂,简称"PG"。

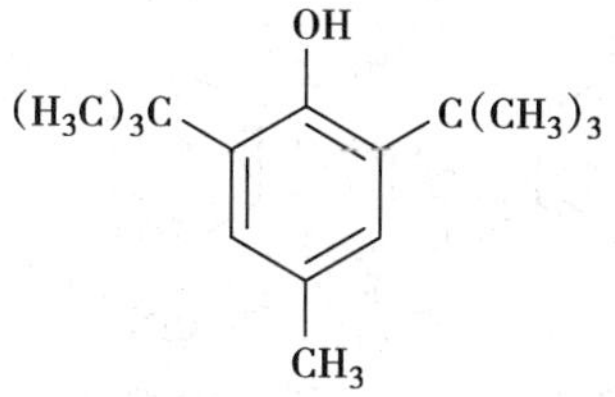

抗氧246 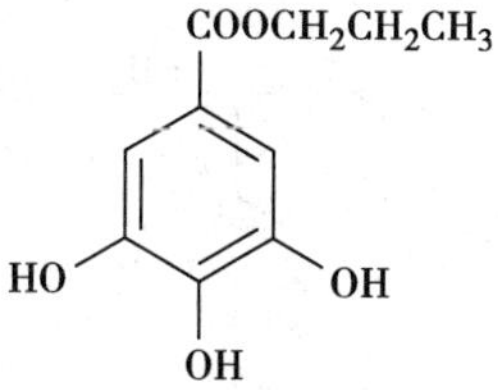   PG

多元酚更易被氧化,特别是邻位和对位异构体更是如此。例如,邻苯二酚和对苯二酚在室温下可被弱氧化剂(如氧化银)氧化成醌。冲洗照相底片时常用多元酚作为显影剂,就是利用对苯二酚可将底片上感光后的 Ag^+ 离子还原成金属银的性质。但间苯二酚不能被氧化为相应的醌。

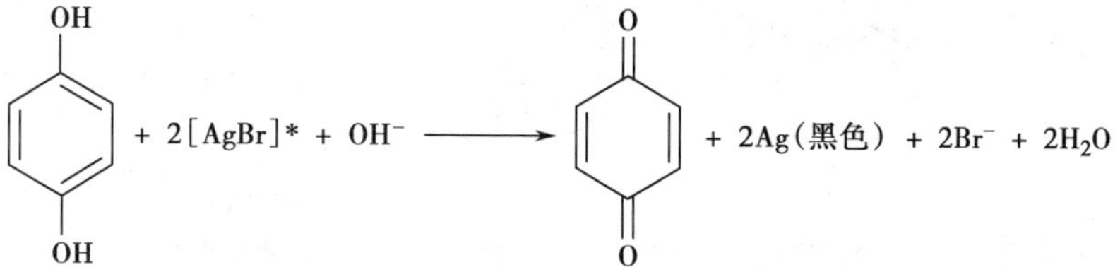

149

（四）瑞穆尔 - 梯曼反应

酚类化合物在碱性溶液中与氯仿一起加热，在苯环的邻位或对位引入醛基的反应称为瑞穆尔 - 梯曼（Reimer-Tiamann）反应。例如：

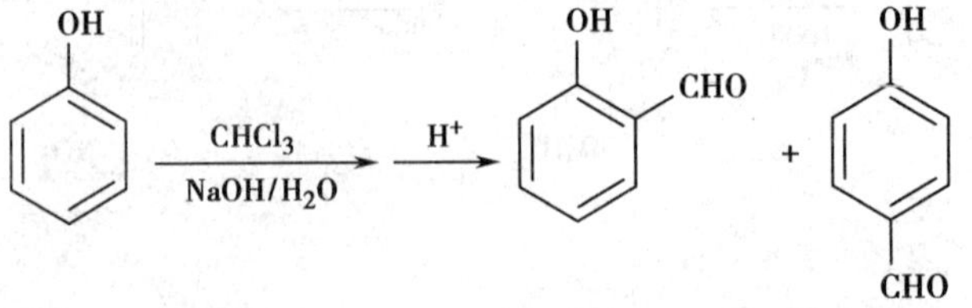

此反应醛基主要进入酚羟基的邻位，当邻位有取代基时才进入对位。

四、有代表性的酚

（一）苯酚

苯酚最初是从煤（石炭）中得到，故称石炭酸。它是无色结晶，有特殊气味，熔点 43℃，沸点 182℃，可溶于水，25℃时 100g 水中可溶解 6.7g，68℃以上可完全溶解。此外，苯酚还易溶于乙醇、乙醚、苯等有机溶剂。苯酚能凝固蛋白质，具杀菌能力，医药上用作消毒剂。苯酚的 3%~5% 溶液用于手术器械的消毒，1% 苯酚溶液外用于皮肤止痒，但苯酚的浓溶液对皮肤有腐蚀作用。

苯酚易被氧化，故应避光贮存于棕色瓶内。苯酚是制造塑料、染料及药物的重要原料。

（二）甲酚

甲酚来源于煤焦油，故又称为煤酚。有邻、间、对三种异构体，由于三者的沸点相近，不易分离，实际工作中常使用它们的混合物。煤酚的杀菌力比苯酚强，因为煤酚难溶于水，所以医药上常将其配制成 50% 的肥皂水溶液，称为煤酚皂溶液，又称来苏尔（Lysol），使用时加水稀释为 2% 的溶液供消毒之用。三种甲酚的结构如下：

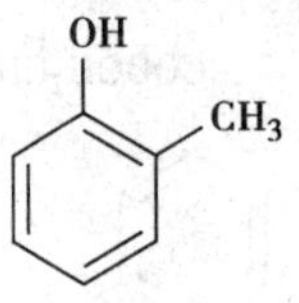

邻甲酚 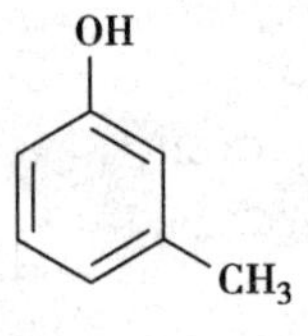　　　　　　　间甲酚 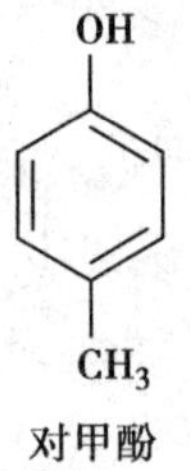　　　　　　　对甲酚

（三）苯二酚及其衍生物

苯二酚有邻、间、对三种异构体，均有俗名，都是无色晶体。

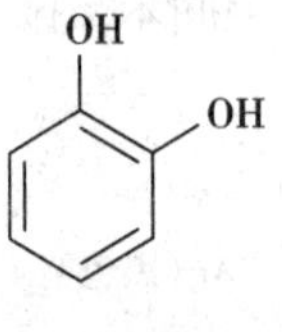

邻苯二酚 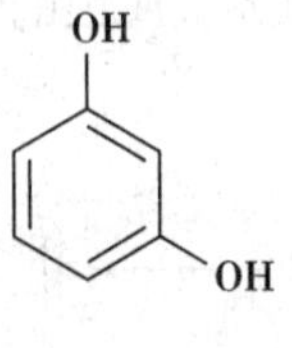　　　　　　间苯二酚 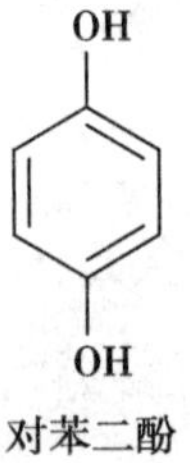　　　　　　对苯二酚

邻苯二酚又称儿茶酚,存在于自然界的许多植物中,熔点105℃,易溶于水、醇或醚中。邻苯二酚易被氧化成邻苯醌。邻苯二酚的一个重要衍生物是肾上腺素,它有升高血压和止喘的作用。人体代谢的中间产物3,4-二羟基苯丙氨酸(又名多巴)也含有儿茶酚的结构。

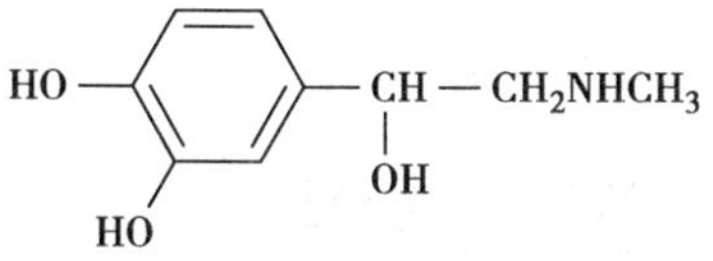

肾上腺素 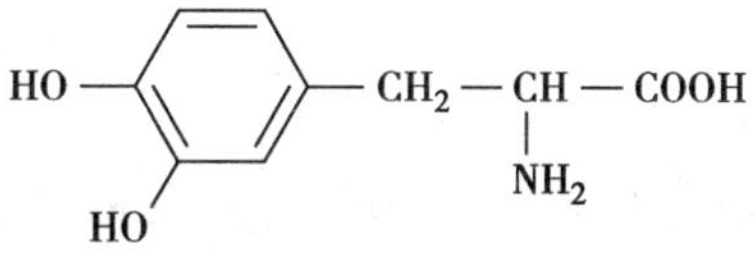　　　　　　　　　　　多巴（DOPA）

间苯二酚又称树脂酚或雷琐辛,自然界中不存在,由人工合成制得,它也是染料工业的一种原料。间苯二酚熔点110℃,易溶于水、乙醇或乙醚中。它具有杀细菌和真菌的作用,强度仅为苯酚的1/3,刺激性也小,其2%~10%的油膏及洗剂可用于治疗皮肤病。驱蛔虫药己基间苯二酚分子中就含有间苯二酚的结构。

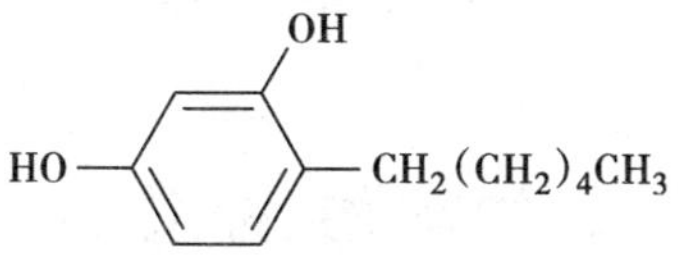

己基间苯二酚（己基雷琐辛）

对苯二酚又称氢醌,存在于植物中,熔点170.5℃,略溶于水,易溶于醇或醚中。对苯二酚是苯二酚中还原能力最强的,常用作显影剂。

(四) 1,2,3-苯三酚

1,2,3-苯三酚俗称焦性没食子酸,是无色且能溶于水的小叶状结晶,熔点133℃,可升华,遇三氯化铁即显红色。1,2,3-苯三酚的还原性很强,能使金、银和汞盐的溶液析出金属,因此常用做显影剂。在碱性溶液中1,2,3-苯三酚很容易吸收氧气而被氧化成褐色,因此在气体分析中常被用来吸收混合气体中的氧气。1,2,3-苯三酚对皮肤具有轻度的腐蚀作用,在医药上常用它的水溶液配成药膏以医治干癣、头癣等皮肤病。

(五) 维生素E

维生素E又名生育酚,是天然存在的酚,广泛存在于植物中,在麦胚油中含量最多,豆类及蔬菜中也很丰富。维生素E在自然界中有多种(α、β、γ、δ 等),其中α-生育酚活性最高。

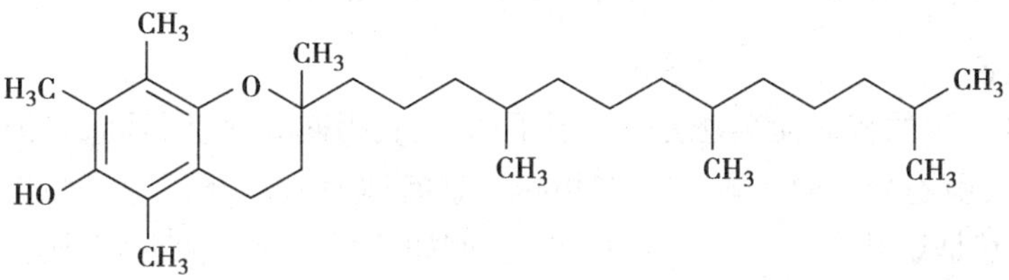

α-生育酚

维生素E为黄色油状物,熔点2.5~3.5℃,在无氧条件下对热稳定。临床用于治疗先兆流产和习惯性流产,或治疗痔疮、冻疮、各种类型的肌痉挛、间歇性跛行、十二指肠溃疡等。维生素E是脂质过氧化作用的阻断剂,据认为这是延缓衰老的机制之一。

(六) 萘酚

萘酚有两种异构体,即:

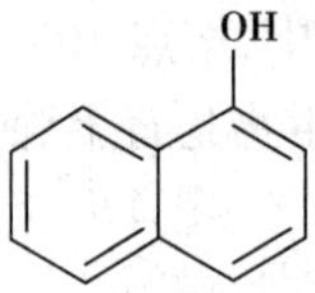

α-萘酚 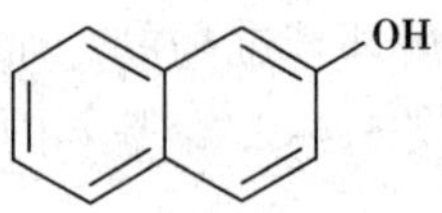　　　　　　　　　β-萘酚

α- 萘酚是黄色结晶,熔点 96℃;β- 萘酚是无色结晶,熔点 122℃。两者均能与三氯化铁产生颜色反应,α- 萘酚生成紫色沉淀,β- 萘酚生成绿色沉淀,因颜色不同,可用于鉴别。α- 萘酚和 β- 萘酚都是合成染料的原料,α- 萘酚在实验室可用作鉴定糖类的试剂,而 β- 萘酚则有抗细菌、真菌和寄生虫的作用。

第三节　醚

一、醚的结构、分类和命名

(一) 醚的结构和分类

醚可以看作是水分子中的两个氢原子分别被烃基取代的一类化合物,通式为 R—O—R(R')、Ar—O—R 或 Ar—O—Ar(Ar')。官能团(C—O—C)称为醚键。醚键中的氧为不等性 sp^3 杂化,杂化键角约为 110°。甲醚的结构如下:

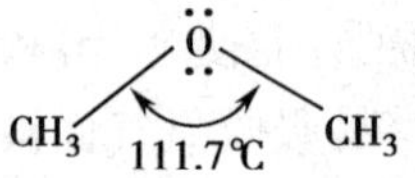

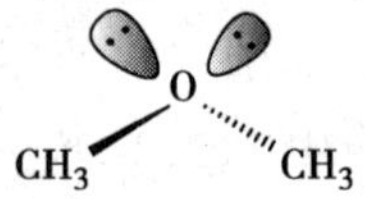

醚分子结构中与氧连接的两个烃基相同时称为简单醚,两个烃基不相同时被称为混合醚。例如:

C_2H_5—O—C_2H_5	C_6H_5—O—C_6H_5	$CH_3OC_2H_5$	$C_6H_5OCH_3$
乙醚	二苯醚	甲乙醚	苯甲醚
(简单醚)	(简单醚)	(混合醚)	(混合醚)

(二) 醚的命名

1. 醚的命名　　醚的普通命名法是先写出两个与氧相连的烷基名称(去掉"基"字),然后加上"醚"字。例如,甲乙醚。简单醚可以在相同烃基名称前冠以"二"字,例如,二苯醚。当构成简单醚的两个烃基是烷基时,"二"字也可省去,例如乙醚。对于混合醚,则把较小烃基写在较大烃基名称之前,芳香烃基的名称放在脂肪烃基名称之前。例如:

$$H_3C—O—CH_2CH_2CH_3$$

甲丙醚

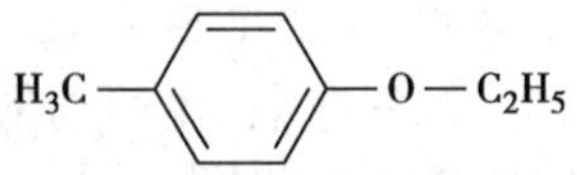

对甲苯乙醚

结构较复杂的醚,将较小的烷氧基作为取代基按系统命名法命名。例如:

3- 乙基 -2- 甲氧基己烷   2- 甲基 -4- 甲氧基 -2- 丁醇

2. 环醚的命名 具有环状结构的醚被称为环醚。命名时将词头"环氧"写在母体烃之前，也常用俗名。对较大环的环醚，习惯上按杂环规则进行命名。如：

环氧乙烷   四氢呋喃   1, 4-二氧六环

三元环的醚及其衍生物称为环氧化合物。环氧化合物的系统命名法通常将母体命名为"环氧乙烷"，三元环中氧原子编号为 1。例如：

$CH_3HC—CHCH_3$ $H_2C—CHCH_2CH_3$ $H_2C—C(CH_3)(CH_2CH_3)$

2,3- 二甲基环氧乙烷   2- 乙基环氧乙烷   2- 甲基 -2- 乙基环氧乙烷

3. 冠醚的命名 分子结构中具有—OCH_2CH_2O—重复单位的大环多醚，其分子形状很像皇冠，称为冠醚。例如：

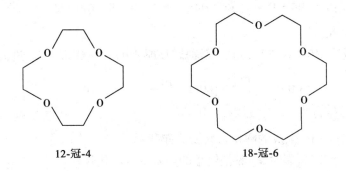

12-冠-4   18-冠-6

冠醚的名称可表示为"X- 冠 -Y"，X 表示环上的原子总数，Y 代表氧原子数。

二、醚的物理性质

除甲醚和甲乙醚在常温下是气体之外，其余的醚大多数是无色液体。与醇不同，醚分子间不能形成氢键，所以醚的沸点比相对分子质量相近的醇要低得多，接近于分子量相近的烷烃。醚的相对密度也比醇小。低级醚具有高挥发性，易燃。醚分子中的氧可与水分子形成氢键，因此醚的水溶性与相应的醇比较接近。

	$CH_3CH_2OCH_2CH_3$	$CH_3CH_2CH_2CH_2OH$	$CH_3CH_2CH_2CH_2CH_3$
	乙醚	正丁醇	正戊烷
b.p. /℃	35	117	36
水中溶解度 /（g/100ml）	7.5	9	不溶

三、醚的化学性质

醚分子中虽然有极性较大的碳氧键,但由于氧原子两端均与碳相连,整个分子的极性不是太大,因此醚的化学性质与醇或酚有很大的不同。除少数环醚(如环氧乙烷)外,醚是比较稳定的化合物,其稳定性仅次于烷烃。醚不与氧化剂、还原剂、金属钠、强碱、稀酸等发生反应。尽管醚分子中有极性的 C—O 键,也可以发生亲核取代反应,但与醇和酚比较而言,活性要低得多,需要更为强烈的条件才能够发生反应。因此,醚常用作有机反应的溶剂,例如,乙醚、四氢呋喃、二噁烷等常用作有机溶剂。但是醚的稳定性是相对的,在一定条件下,醚也可发生一些特有的化学反应。

(一)锌盐的生成

醚键上的氧原子具有未共用电子对,作为路易斯碱能接受强酸的 H^+,以配位键的形式与 H^+ 结合生成锌盐。例如:

$$R-O-R' + HCl \longrightarrow \left[R \overset{\overset{H}{\uparrow}}{-O-} R' \right]^+ Cl^-$$

锌盐

锌盐是弱碱强酸盐,只在低温条件下存在于浓酸中。如将其浓酸溶液稀释,则锌盐水解为原来的醚。因此利用浓的强酸可把醚与烷烃或卤代烃区分开来。

$$\left[R \overset{\overset{H}{\uparrow}}{-O-} R' \right]^+ Cl^- + H_2O \longrightarrow R-O-R' + H_3^+O + Cl^-$$

(二)醚键的断裂

醚与浓 HI(或浓 HBr)共热时,先形成锌盐,使醚中的 C—O 键变弱,进而断裂。例如:

$$CH_3OCH_3 \underset{}{\overset{HI}{\rightleftharpoons}} \overset{}{\underset{H}{CH_3\overset{+}{O}CH_3}} \overset{HI}{\longrightarrow} CH_3I + CH_3OH \overset{HI}{\longrightarrow} CH_3I$$

在过量的 HI 存在下,生成的醇也可转变为碘代烃。

1. 脂肪混醚 醚键断裂时,一般是较小的烃基变成卤代烃。

$$CH_3CH_2OCH_3 + HI \longrightarrow CH_3CH_2OH + CH_3I$$

该反应可用于天然产物分子中甲氧基的含量测定。因为醚与氢碘酸的反应是定量完成的,将生成的碘甲烷蒸出并用 $AgNO_3$ 的乙醇溶液吸收,称量生成的碘化银,可计算出原化合物分子中甲氧基的含量。

2. 芳基烷基醚 与 HX 反应时,烷氧键 R—O 断裂,生成酚和卤代烃。例如:

二芳基醚在氢碘酸作用下,醚键不容易断裂。

(三)过氧化物的生成

醚对一般氧化剂是稳定的,但含有 α-H 的烷基醚由于受烃氧基的影响,在空气中放置时会

被氧气氧化,生成过氧化物。例如,乙醚的氧化反应可表示如下:

$$CH_3CH_2OCH_2CH_3 + O_2 \longrightarrow CH_3CHOCH_2CH_3$$
$$\underset{O-OH}{|}$$

生成的过氧化物不稳定,在干燥受热时容易发生分解爆炸。醚的过氧化物沸点比醚高,故蒸馏乙醚时不能蒸干,以防意外。在使用乙醚、四氢呋喃等醚类时,应先检验有无过氧化物存在,其方法是用淀粉-碘化钾试纸,如果试纸变蓝,表明有过氧化物存在。除去过氧化物的方法是用硫酸亚铁饱和水溶液预先将醚充分洗涤,再进行蒸馏。也可使用氢化锂铝等还原剂除去乙醚中的过氧化物。

乙醚、四氢呋喃等醚类物质贮存时,宜放置于棕色瓶中,并加入少量抗氧剂(如对苯二酚)以防止过氧化物的生成。

四、环氧化合物

(一)结构

1,2-环氧化合物中最简单的化合物是环氧乙烷。因为是三元环,所以同环丙烷类似,是一个张力很大的环,其张力是 114.1kJ/mol。

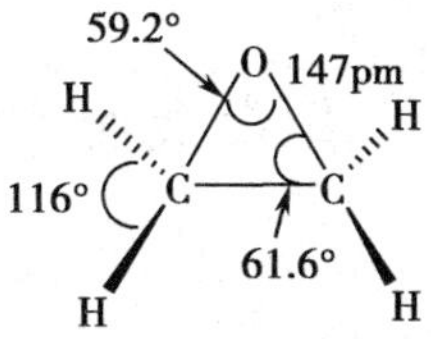

因此,环氧乙烷比开链的醚或一般的环醚要活泼,可与多种试剂作用而开环,以使环的张力得到缓解。

(二)化学性质

环氧乙烷由于三元环张力较大易开环,具有高度活泼性,在酸或碱催化下极易与多种试剂反应而开环。

1. 环氧乙烷的开环反应 环氧乙烷是极为活泼的化合物,在酸或碱催化下可与许多含活泼氢的化合物或亲核试剂作用开环。试剂中的负离子或带负电荷的原子或基团,总是和碳原子结合,其余部分和氧原子结合生成各类相应的化合物。例如:

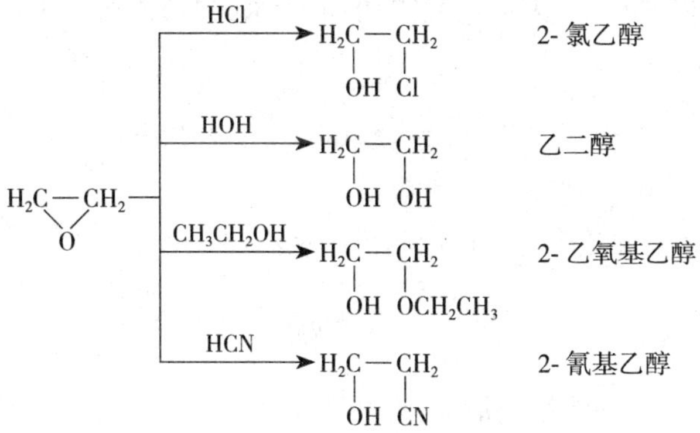

环氧乙烷与格氏试剂反应,生成多两个碳原子的醇,利用此反应可增长碳链。

$$H_2C \overset{}{\underset{O}{-}} CH_2 \xrightarrow{RMgX} RCH_2CH_2OMgX \xrightarrow[H^+]{H_2O} RCH_2CH_2OH$$

2. 取代环氧乙烷的开环反应　环氧乙烷环上有取代基时,开环方向与反应条件有关。一般规律是在酸催化下,开环主要发生在含有烃基较多的碳氧键之间;在碱催化下,开环主要发生在含有烃基较少的碳氧键之间。例如:

$$CH_3CH_2CH \overset{}{\underset{O}{-}} CH_2 \begin{cases} \xrightarrow{HBr} CH_3CH_2CH \underset{Br}{-} CH_2 \underset{OH}{} \\ \xrightarrow[CH_3ONa]{CH_3OH} CH_3CH_2CH \underset{OH}{-} CH_2 \underset{OCH_3}{} \end{cases}$$

酸催化开环　碱催化开环

问题与思考

取代环氧乙烷的开环反应,为什么用酸催化开环主要发生在含有烃基较多的碳氧键之间;用碱催化开环主要发生在含有烃基较少的碳氧键之间?

五、有代表性的醚

(一) 乙醚

乙醚为无色液体,沸点34.5℃,极易挥发和燃烧,故使用时要特别小心,防止接近明火。乙醚放置过久易被空气氧化,生成过氧化物。因此蒸馏时不宜蒸干以免引起爆炸。在使用乙醚前,应当检查是否含有过氧化物,如有,则须将过氧化物除去。

乙醚是一种应用广泛的有机溶剂,如提取中草药中某些脂溶性有效成分时,常用乙醚作提取剂。目前尚有一些低挥发性溶剂,如乙二醇甲醚($CH_3OCH_2CH_2OH$)沸点124℃、二甘醇二甲醚($CH_3OCH_2CH_2OCH_2CH_2OCH_3$)沸点161℃,它们既有很好的溶解性又能与水混溶。纯净乙醚在外科手术中是一种吸入全身麻醉剂,但目前已有不少新型吸入全身麻醉剂如氟烷($F_3CCHClBr$)、甲氧氟烷($Cl_2CHCF_2OCH_3$)等应用于临床。

(二) 环氧乙烷

环氧乙烷是最简单的环醚,为无色气体,能溶于水、醇及乙醚。工业制备环氧乙烷是将氯乙醇与氢氧化钙共热。

$$H_2C \underset{OH}{-} CH_2 \underset{Cl}{} \xrightarrow[\triangle]{Ca(OH)_2} H_2C \overset{}{\underset{O}{-}} CH_2 + CaCl_2 + H_2O$$

也可用乙烯在金属银催化下与氧作用制得环氧乙烷。

$$H_2C = CH_2 + O_2 \xrightarrow[250℃,高压]{Ag} H_2C \overset{}{\underset{O}{-}} CH_2$$

环氧乙烷具有三元环结构,性质活泼,易开环。在酸或碱催化下极易与多种试剂反应而开环。在有机合成中常用环氧乙烷增长碳链。

(三) 冠醚

冠醚是 20 世纪 70 年代发展起来的一类重要的化合物,它是一类分子中具有 $\left(OCH_2CH_2O\right)$ 重复单位的环醚,它对金属离子具有特殊的配位作用。不同的冠醚,其分子中的空穴大小不一样,因而对金属离子具有选择性的配位作用,只有与此空穴大小适合的金属离子才能进入空穴,通过氧原子上的未共用电子对与金属离子以离子 - 偶极键形成配合物。例如,18- 冠 -6 空穴的直径为 0.27nm,因而适合于直径为 0.266nm 的 K^+ 离子进入空穴;Rb^+,Cs^+ 离子则适合于与 24- 冠 -8 配位等。所以冠醚可用来分离、精制金属离子。

冠醚又是一种相转移催化剂,它可使只溶于水相的无机物转溶于有机相中,从而使有机反应物与无机反应物均处于同一相中,大大地加快了某些无机盐参与有机反应的速率。例如,氰化钾和卤代烷在有机溶剂中很难反应,若加入 18- 冠 -6,则反应立即发生。因为 18- 冠 -6 内圈的氧原子能与 K^+ 形成配合物,而 18- 冠 -6 的外圈碳氢结构又溶于有机相,这样无机物氰化钾通过与 18- 冠 -6 形成的配合物就从水相被带入了有机相,从而导致 CN^- 离子很容易与卤代烷发生反应,产率也得到了提高。

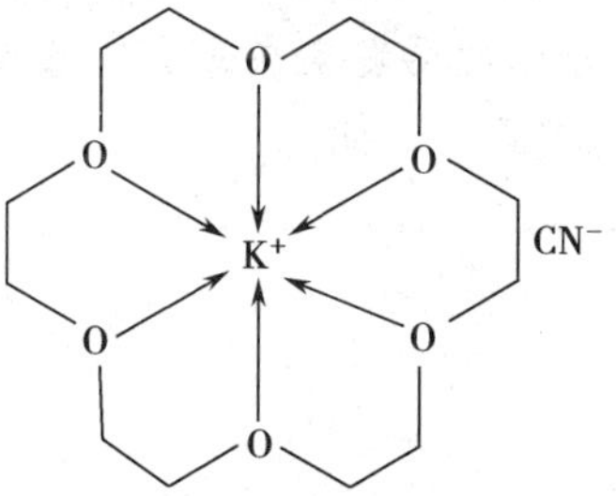

需要指出的是,冠醚的价格昂贵,并且毒性较大,因而冠醚在实验室未能得到广泛的应用,在工业上就更不宜使用了。目前在实验室仅限于使用 18- 冠 -6、15- 冠 -5、二苯并 -18- 冠 -6 及二环己烷并 -18- 冠 -6 等少数几种冠醚。

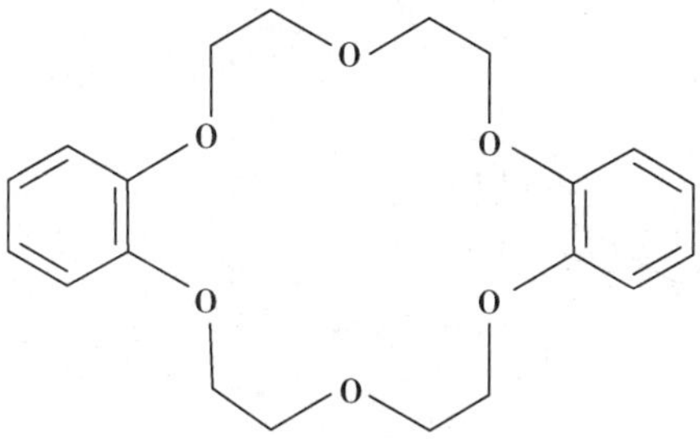

二苯并-18-冠-6 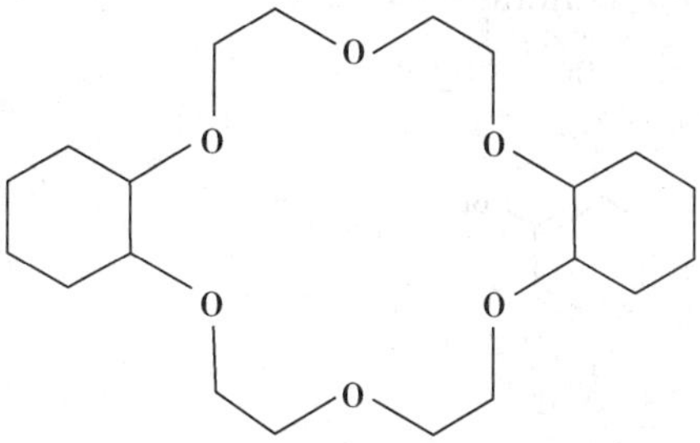　　　　　　　　　　二环己烷并-18-冠-6

本章小结

醇和酚是含有羟基的烃的含氧衍生物。醇的羟基连在脂肪烃基上,酚的羟基则直接与芳环相连。而醚可以看做是水分子中的两个氢原子分别被烃基取代的一类化合物。

　　醇分子中 C—O 键和 O—H 键都是极性较大的共价键,可以发生断裂。醇的 O—H 键断裂,游离出质子,显弱酸性,其和活泼金属反应放出氢气、和无机酸反应生成酯。醇的 C—O 键断裂,羟基被卤素取代生成卤代烃,或发生 β- 消去得到烯烃。醇可以被氧化,伯醇氧化成醛或羧酸,仲醇氧化成酮,叔醇不被氧化。连二醇可以和氢氧化铜反应生成深蓝色的铜配合物,一元醇及非邻二醇类化合物无此反应,用此作为连二醇类化合物的鉴别。

　　酚与醇一样都含有羟基,O—H 键极性比醇大,易断裂,酸性比醇和水强,比碳酸和有机酸弱,酚可以转化成醚或酯。在酚的结构中,由于酚羟基与苯环的 p-π 共轭作用,使苯环上电子云密度升高,易发生卤代、磺化、硝化等亲电取代反应;C—O 键的极性相比醇弱,不容易发生羟基的取代反应。另外,酚易被氧化成醌。酚与三氯化铁溶液显色,而醇不能反应,用此来鉴别醇和酚。

　　醚的化学性质与醇或酚有很大的不同。醚一般情况下比较稳定,不与氧化剂、还原剂、金属钠、强碱、稀酸等发生反应。但醚也可发生一些特有的化学反应,如形成𰒥盐、与浓的强酸(浓 HI 或 HBr)作用发生醚键断裂、形成过氧化物等反应。

　　环氧乙烷是最简单的三元环醚,性质活泼,在酸或碱催化下极易与多种试剂反应而开环。取代环氧乙烷在酸催化下,开环主要发生在含有烃基较多的碳氧键之间;在碱催化下,开环主要发生在含有烃基较少的碳氧键之间。

(闫福林)

复习题

　　1. 用系统命名法命名下列化合物。

(1)

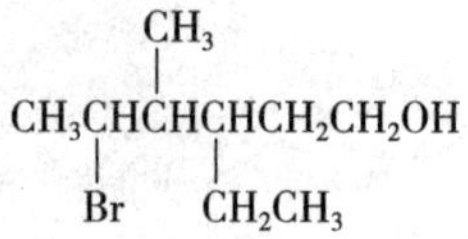

(2) 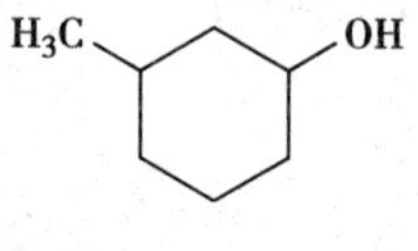 结构式（3-甲基环己-1-醇，H₃C 取代苯环上 OH）

(3) 结构式（2-溴-4-甲氧基苯酚）

(4) 结构式

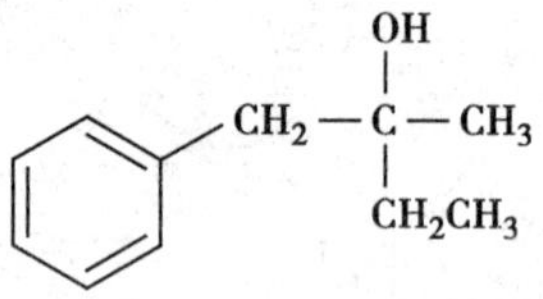

(5) 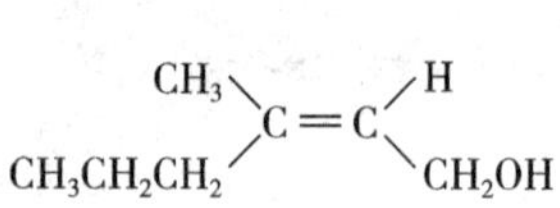 结构式

(6) 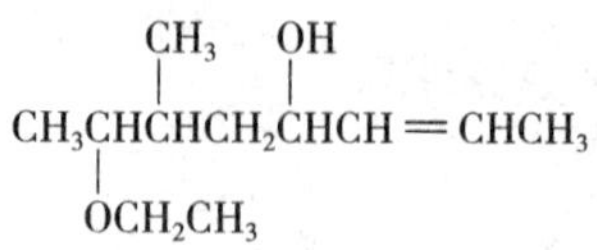 结构式

(7) 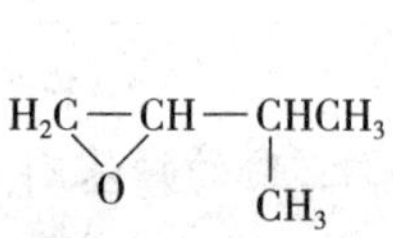 结构式

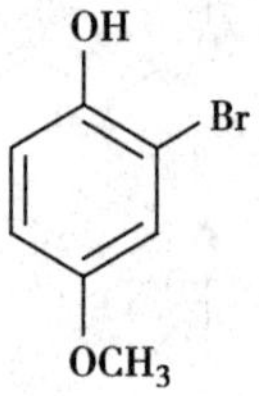

(8) 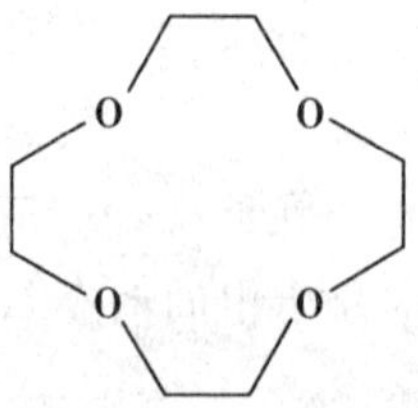 结构式

(9)

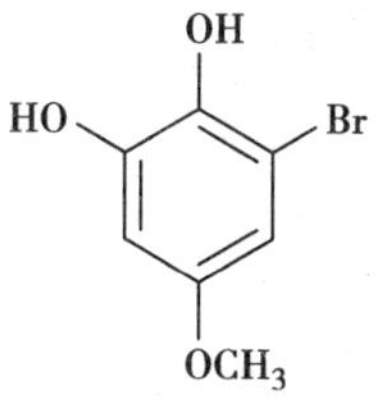

(10)

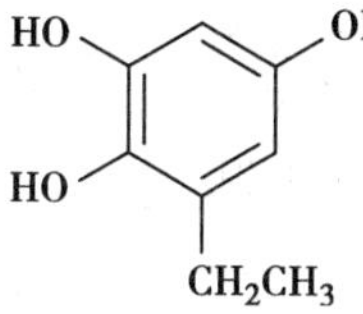

2. 写出下列化合物的构造式。

(1) 反 -1,3- 环己二醇 　　　　(2) 甘油

(3) 邻甲苯酚 　　　　(4) 2- 甲氧基戊烷

(5) 苦味酸 　　　　(6) 正丙基叔丁醚

(7) 对苯醌 　　　　(8) 2,2,3- 三甲基环氧乙烷

(9) 18- 冠 -6 　　　　(10) 3- 甲基 -3- 溴 -2- 丁醇

3. 将下列化合物按沸点高低排列次序。

(1) 甘油 　　　(2) 1- 丙醇 　　　(3) 1,2- 丙二醇 　　　(4) 乙醇 　　　(5) 甲醇

4. 将下列化合物按酸性大小排列次序

(1) 对硝基苯酚 　　　　(2) 间甲基苯酚 　　　　(3) 环己醇

(4) 2,4- 二硝基苯酚 　　　　(5) 间硝基苯酚

5. 使用简明化学方法鉴别下列化合物。

(1) 苯甲醇、苯酚和苯甲醚

(2) 正丙醇、异丙醇与 2- 丁烯 -1- 醇

(3) 2,3- 丁二醇、1,3- 丁二醇和丁甲醚

(4) 苯甲醇、环己醇与苯酚

6. 写出下列反应的主要产物。

(1)

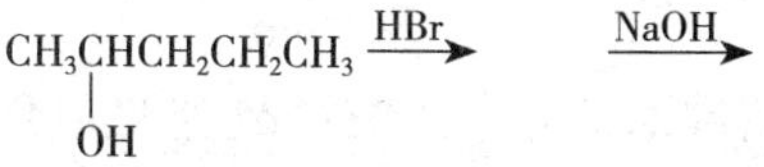

(2)

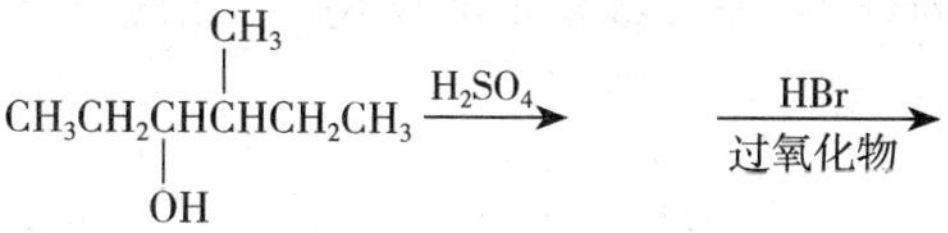

(3)

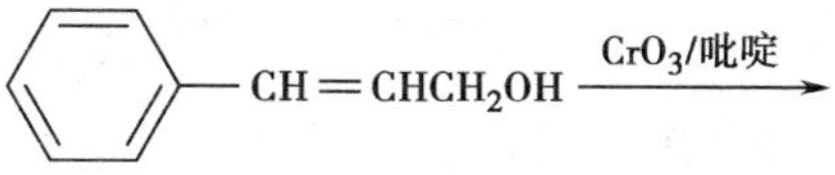

(4)

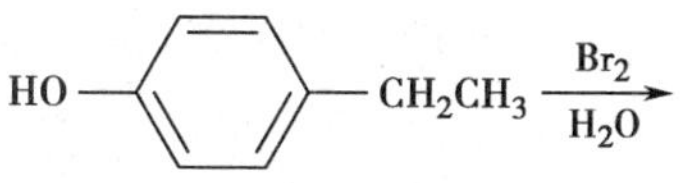

(5)

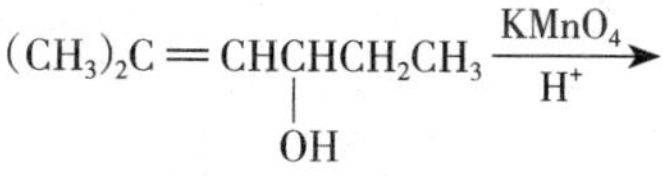

(6)

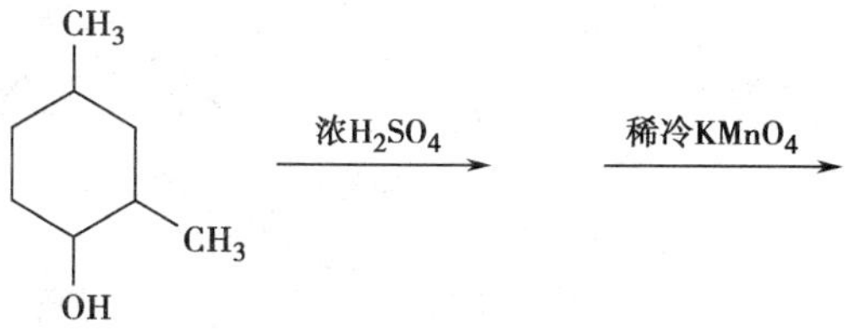

159

(7)  $CH_3OH \xrightarrow{Na} \xrightarrow[C_2H_5OH]{\triangle\ CH_3}$

(8) 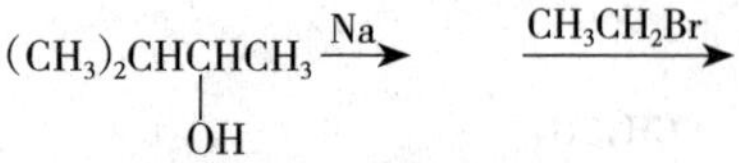 $(CH_3)_2CHCHCH_3 \xrightarrow{Na} \xrightarrow{CH_3CH_2Br}$
　　　　　　$\underset{OH}{|}$

(9) 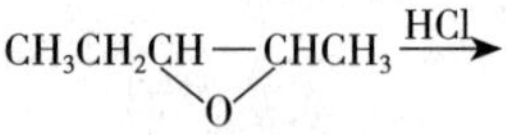 $CH_3CH_2CH-CHCH_3 \xrightarrow{HCl}$
　　　　　$\underset{O}{\diagdown\diagup}$

(10) 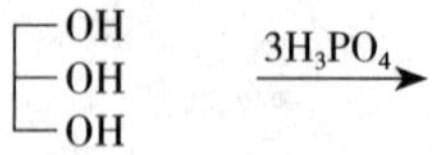 $\left[\begin{matrix}OH\\OH\\OH\end{matrix}\right. \xrightarrow{3H_3PO_4}$

(11) 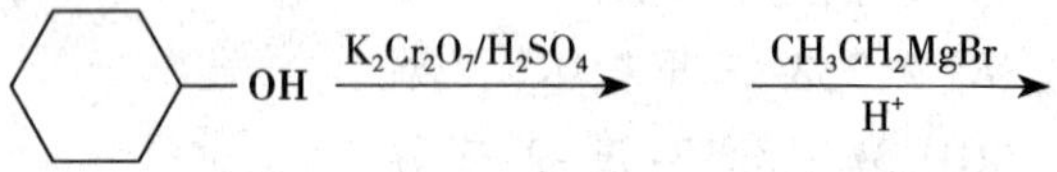 $\bigcirc-OH \xrightarrow{K_2Cr_2O_7/H_2SO_4} \xrightarrow[H^+]{CH_3CH_2MgBr}$

(12) 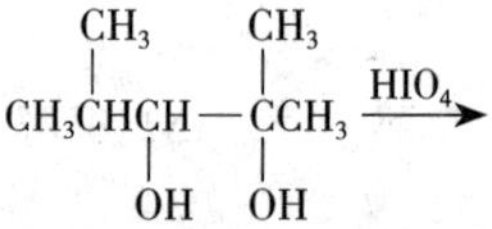 $\underset{OH\quad OH}{\overset{CH_3\quad\ CH_3}{CH_3CHCH-CCH_3}} \xrightarrow{HIO_4}$

7. 用反应式表示环己醇与下列试剂的反应。

(1) 冷的浓硫酸　　(2) 热的浓硫酸　　(3) $KMnO_4/H^+$

(4) Lucas 试剂　　(5) 金属钠

8. 由指定原料出发合成下列化合物。

(1) 由乙醇合成丙酸

(2) 由 2- 氯丙烷合成 1,2- 丙二醇

(3) 由环氧乙烷合成 1- 丁醇

9. 化合物(A)C_7H_8O不溶于$NaHCO_3$水溶液,但溶于$NaOH$水溶液。(A)用溴水处理得到(B)$C_7H_6OBr_2$。推导化合物(A)、(B)可能的结构式。

10. 醇依次与下列试剂相继反应①HBr;②KOH(醇溶液);③H_2O(硫酸催化);④$K_2Cr_2O_7+H_2SO_4$,最后得 2- 丁酮。试推测原来的醇可能的结构,并写出各步反应式。

第 八 章

醛、酮、醌

学习目标 ▶

1. 掌握　醛、酮的结构和命名;醛、酮与亲核试剂(氢氰酸、格氏试剂、醇、亚硫酸氢钠、氨的衍生物等)的亲核加成反应;羟醛缩合、卤仿反应、氧化、还原和歧化反应等。
2. 熟悉　醛、酮的分类;醌的结构和名称;醌的亲电加成、亲核加成反应、1,4- 和 1,6- 加成。
3. 了解　醛、酮、醌的物理性质及其各代表性的化合物。

醛和酮都是分子中含有羰基(碳氧双键)的化合物,因此又统称为羰基化合物。羰基与一个烃基相连的化合物称为醛,与两个烃基相连的称为酮。

$$
\underset{羰基}{\overset{\overset{\displaystyle O}{\parallel}}{\underset{|}{C}}}
\qquad
\underset{醛}{(H)R-\overset{\overset{\displaystyle O}{\parallel}}{C}-H}
\qquad
\underset{酮}{R-\overset{\overset{\displaystyle O}{\parallel}}{C}-R'}
$$

醛可以简写为 RCHO,基团—CHO 为醛的官能团,称为醛基,酮可以简写为 RCOR′,基团—CO—为酮的官能团,称为酮基。

醌(quinone)是一类特殊的环状不饱和二酮类化合物。例如:

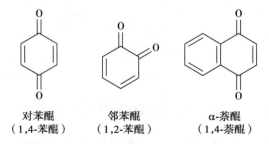

对苯醌　　　　邻苯醌　　　　α-萘醌
(1,4-苯醌)　　(1,2-苯醌)　　(1,4-萘醌)

本章重点讨论醛和酮。醛酮的化学性质活泼,易发生许多化学反应。

在医药学上,醛和酮是一类重要的化合物,它们是药物合成的重要原料和中间体,局麻药达克罗宁、催眠药水合氯醛、抗菌药诺氟沙星等很多药物具有醛酮的结构。在自然界中,醛和酮存在于一些高等动植物中,是参与生物代谢过程的重要物质,具有显著的生理活性。例如中草药中挥发油以及麝香的主要成分就是醛或酮,人体内的某些激素以及某些代谢中间体就含有羰基。

第一节　醛、酮

一、醛酮的结构、分类和命名

(一) 羰基的结构

羰基由碳氧双键组成,一个 σ 键和一个 π 键。羰基碳原子呈 sp^2 杂化,形成三个 sp^2 杂化轨道和一个未杂化的 p 轨道。三个 sp^2 杂化轨道分别与氧原子和另外两个原子形成三个 σ 键,三个 σ 键位于同一平面,键角近似120°。碳原子上未杂化的 p 轨道与氧原子上的 p 轨道从侧面相互重叠形成一个 π 键,与三个 σ 键所在的平面垂直。

由于羰基氧原子的电负性大于碳原子,双键电子云不是均匀地分布在碳和氧之间,而是偏向于氧原子,氧原子上电子云密度较高带有部分负电荷($δ^-$),碳原子上的电子云密度较低带有部分正电荷($δ^+$),形成一个极性双键,所以醛、酮是极性较强的分子。羰基的结构如图 8-1。

图 8-1　羰基的 π 电子云分布示意图

(二) 醛酮的分类

1. 根据羰基所连烃基结构的不同,醛、酮可分为脂肪族、脂环族和芳香族醛、酮等几类。例如:

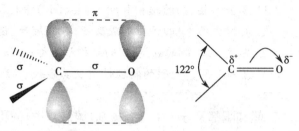

CH₃CHO　　脂肪醛

脂环醛

芳香醛

脂肪酮

脂环酮

芳香酮

2. 根据醛酮分子中烃基的饱和程度,可将醛酮分为饱和醛酮和不饱和醛酮。

CH_3CH_2CHO
饱和醛

$CH_3-CH=CH-CHO$
不饱和醛

饱和酮

不饱和酮

3. 根据分子中羰基的数目,醛、酮还可分为一元、二元和多元醛、酮等。例如:

$$HCHO \qquad\qquad OHC-CH_2-CHO$$

一元醛 　　　　　　　　　　二元醛

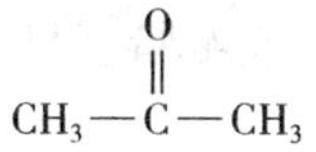

一元酮 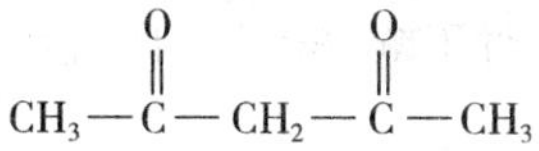　　　　　　　　　二元酮 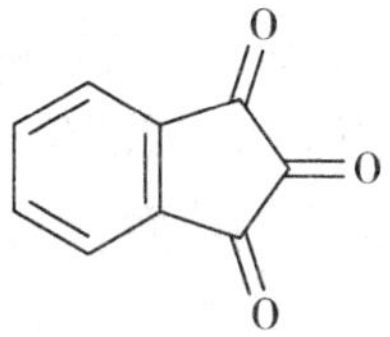　　　　　　　　多元酮

（三）同分异构

醛和酮都有同分异构现象,但由于醛的羰基总是位于碳链的链端,所以醛的异构现象仅由碳链的异构引起;而在酮的分子中,除碳链的异构外,还存在羰基的位置异构。

碳原子数相同的饱和一元醛、酮具有相同的分子式 $C_nH_{2n}O$,它们互为同分异构体。例如:分子式为 $C_5H_{10}O$ 的化合物可能构造式有:

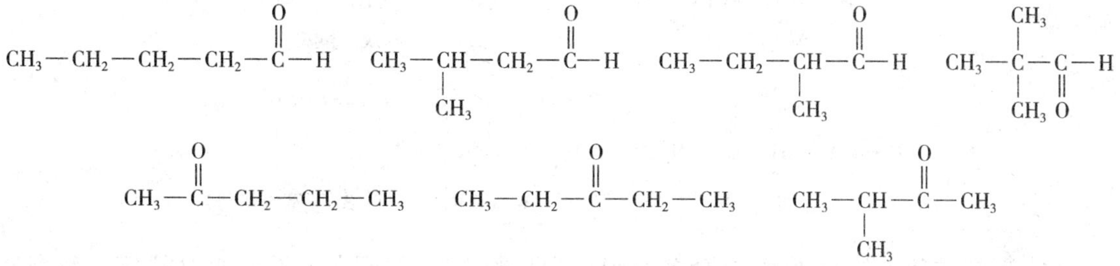

（四）醛酮的命名

1. 普通命名法　简单的醛、酮,可以采用普通命名法命名。对于脂肪醛的命名按含碳原子的个数称为某醛。脂肪酮则按酮基所连接的两个烃基来命名,按次序规则,简单的烃放前,复杂的烃放后,最后加上"酮"字来命名,称为某(基)某(基)酮。例如:

$$HCHO \qquad\qquad CH_3CHO$$

甲醛　　　　　　　　　　乙醛　　　　　　　　　异丁醛

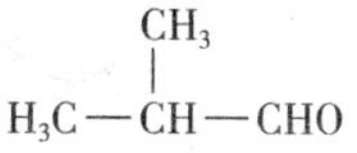

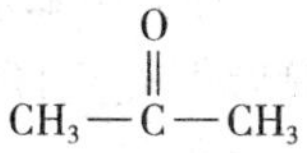

二甲(基)酮 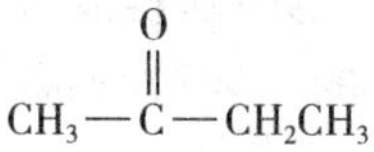　　　　　　甲(基)乙(基)酮 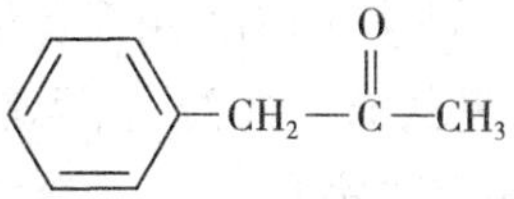　　　　甲基苄基酮

对于芳香醛酮的命名,则把芳香基作为取代基,放在母体名称的前面。例如:

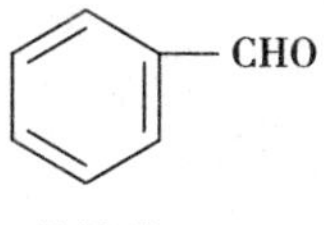

苯甲醛 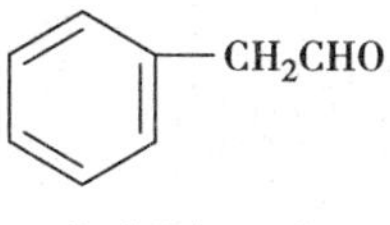　　　　　　　　　苯(基)乙醛 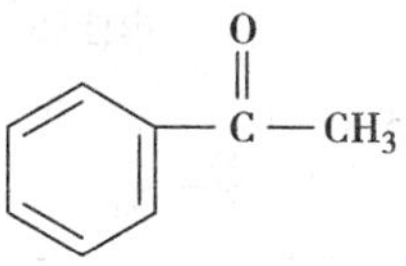　　　　　　苯乙酮

2. 系统命名法　对于结构复杂的醛酮采用系统命名法,其命名法与醇相似:

(1) 选择含羰基的最长碳链作主链。若有不饱和键,主链还应包括不饱和键。

（2）主链的编号从靠近羰基一端开始。若从主链的两端编号,出现羰基编号相同时,则主链的编号应使取代基的编号最小。

（3）根据主链碳原子的数目称母体为某醛或某酮。对于醛,由于羰基碳原子总是在链端,命名时不必用数字标明醛基的位置。对于酮,酮基的位置用数字或希腊字母 α、β、γ、δ、……ω 标明在母体"某酮"的前面。

$$\overset{\delta}{H_3C}-\overset{\gamma}{CH}=\overset{\beta}{CH}-\overset{\alpha}{CH_2}-\overset{O}{\overset{||}{C}}-H$$

3- 戊烯醛或 β- 戊烯醛

$$CH_3-\underset{\underset{CH_3}{|}}{CH}-CHO$$

2- 甲基丙醛（或 α- 甲基丙醛）

$$CH_3CH_2-\overset{O}{\overset{||}{C}}-\underset{\underset{H}{}}{\overset{CH_3}{\underset{|}{CH}}}-CH_3$$

2- 甲基 -3- 戊酮（或 α- 甲基 -3- 戊酮）

$$OHC-CH_2-CHO$$

丙二醛

$$CH_3-\overset{O}{\overset{||}{C}}-CH_2-\overset{O}{\overset{||}{C}}-CH_3$$

2,4- 戊二酮

$$H_3C-CH=CH-\overset{O}{\overset{||}{C}}-CH_2CH_3$$

4- 己烯 -3- 酮

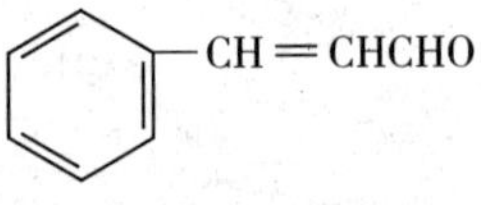

3- 苯基丙烯醛（或 β- 苯基丙烯醛）

（4）羰基在环上的脂环酮,其命名原则与脂肪酮相似,但要在名称前加"环"字。环酮分子中碳环的编号总是从羰基开始,使取代基编号最小。如果羰基在环外,则将环作为取代基。例如:

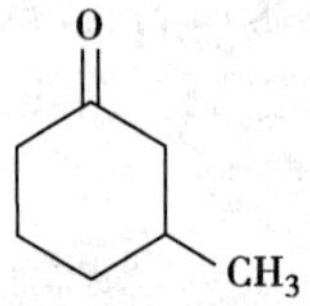

3- 甲基环己酮

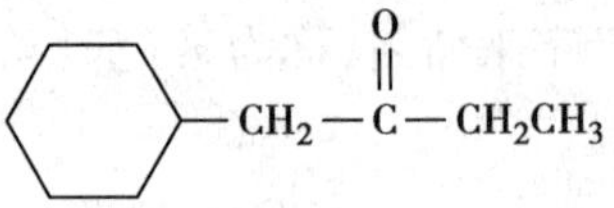

1- 环己基 -2- 丁酮

3. **俗名法** 许多天然醛酮都有俗名。例如:从桂皮油中分离出来的 3- 苯基丙烯醛称肉桂醛,芳香油中常见的有茴香醛等,天然麝香的主要香气成分麝香酮为十五元环酮,视黄醛是与视觉化学有关的重要物质。

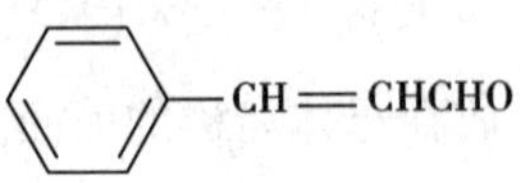

肉桂醛

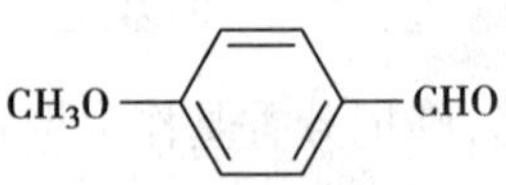

茴香醛

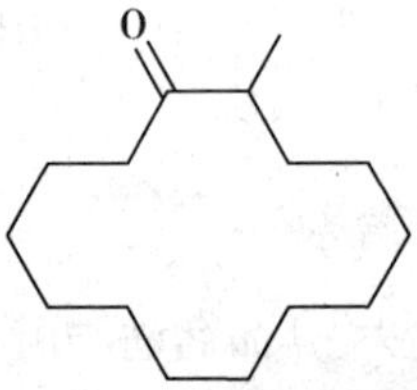

麝香酮

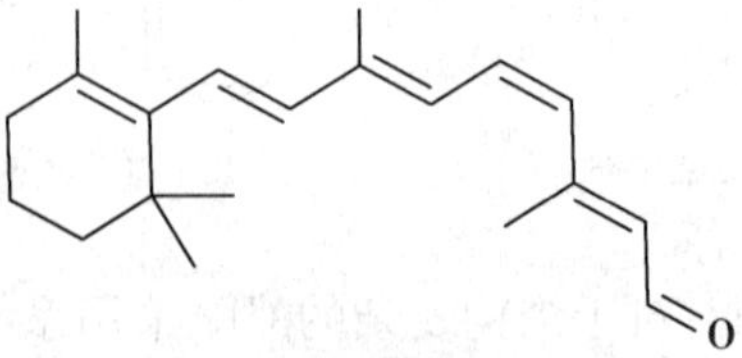

11- 顺视黄醛

问题与思考

写出下列化合物的名称。

(1) $CH_3CHCH_2CH_2CHCHO$
      | |
      Cl CH_3

(2) （结构式：带甲基的环己二酮）

(3) $CH_3-\overset{O}{\overset{\|}{C}}-CH_2-\overset{CH_3}{\overset{|}{C}}=CH_2$

二、醛酮的物理性质

室温下除了甲醛为气体外，十二个碳原子以下的脂肪醛、酮类均为无色液体。高级脂肪醛、酮和芳香酮多为固体，低级醛具有刺激性臭味，低级酮具有愉快的气味，某些中级（大约含7~16 个碳原子）醛、酮和芳香醛在较低浓度时往往具有花果香或特殊的香味，可用于香料和化妆品工业。

一些常见醛、酮的物理常数见表 8-1。

表 8-1 常见醛、酮的物理常数

醛、酮名称	熔点（℃）	沸点（℃）	密度（g/cm³）	溶解度（g/100g H₂O）
甲醛	-92	-21	0.815	55
乙醛	-121	20	0.781	溶
丙醛	-81	49	0.807	溶
丁醛	-99	76	0.817	4
丙烯醛	-87	52	0.841	溶
苯甲醛	-26	178	1.046	0.33
丙酮	-94	56	0.792	溶
丁酮	-86	80	0.805	35.3
2- 戊酮	-78	102	0.812	几乎不溶
3- 戊酮	-42	101	0.814	4.7
苯乙酮	20	202	1.026	微溶
二苯酮	48	306	1.098	不溶
环己酮	-16	156	0.942	微溶

醛、酮是极性分子，分子之间的范德华作用力较分子量相近的低极性化合物（如烷烃和醚）为大，所以醛、酮的熔点、沸点也较高；但醛、酮的分子间不能形成氢键，没有氢键所引起的缔合现象，所以沸点一般又比分子量相近的醇、羧酸低很多（表 8-2）。

表 8-2 分子量相近的烷烃、醚、醛、酮、羧酸的沸点比较

化合物	戊烷	乙醚	丁醛	丁酮	正丁醇	丙酸
分子量	72	72	72	72	74	74
沸点（℃）	36	35	76	80	118	141

羰基是亲水基,醛、酮羰基的氧原子能与水分子中的氢形成氢键,如图 8-2 所示。所以低级醛、酮可溶于水。甲醛、乙醛、丙酮都能与水混溶。但醛、酮在水中的溶解度随碳原子数增加而递减。含六个碳原子以上的醛、酮则微溶或不溶于水。醛、酮能溶于大部分常见有机溶剂。

图 8-2 醛、酮与水形成氢键

三、醛酮的化学性质

醛、酮中都含有极性不饱和的羰基官能团,羰基双键中碳原子带部分正电荷,易受到带负电的亲核试剂的进攻,生成加成产物。羰基对邻近碳原子有吸电子的诱导效应,使与羰基直接相连的碳原子上的氢原子(简称 α-H)有一定的酸性,可发生较活泼的 α-H 反应。此外,醛、酮处于氧化 - 还原反应的中间价态,它们既可被氧化,又可被还原,所以氧化 - 还原反应也是醛、酮的一类重要反应。

按醛、酮发生反应的部位,化学性质可分归纳如下:

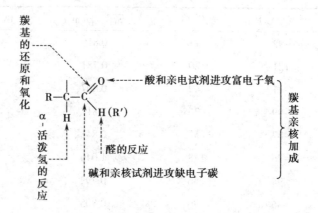

(一) 羰基的亲核加成反应

醛、酮中都含有极性的羰基官能团,羰基双键中氧原子电负性大于碳原子,碳氧双键间电子云偏向氧原子,使得氧原子带部分负电荷(δ^-),碳原子带部分正电荷(δ^+)。带部分正电荷的碳原子易受到带负电的亲核试剂的进攻,生成氧负离子中间体,然后再与试剂中带正电荷的部分结合,最终生成加成产物,这种由亲核试剂进攻所引起的加成反应称为亲核加成反应(nucleophilic addition reaction)。这类加成反应可用下式表示:

$$\underset{R'}{\overset{R}{>}}C\overset{\delta^+}{=}\overset{\delta^-}{O} + :NuA \underset{}{\overset{慢}{\rightleftharpoons}} \left[R-\underset{\underset{R'}{|}}{\overset{\overset{Nu}{|}}{C}}-O^- \right] \underset{A^+}{\overset{快}{\rightleftharpoons}} R-\underset{\underset{R'}{|}}{\overset{\overset{Nu}{|}}{C}}-OA$$

在加成反应过程中,反应的第一步是亲核试剂中带负电部分进攻到羰基的碳原子上,形成氧负离子中间体,速率较慢,反应速率只与 Nu: 的浓度有关;反应的第二步是试剂中带正电部分加到羰基氧原子上,速率较快。整个反应的速率决定于第一步的速率。

羰基亲核加成反应的活性大小,除了与亲核试剂的性质有关外,还取决于羰基碳上连接基团的电子效应和空间效应。

从电子效应考虑,羰基碳原子所带正电荷越多,反应越容易进行。羰基碳原子上连接的给电子基团(如烃基)愈多,羰基碳原子的正电性越弱,反应就越难进行,所以甲醛比其他脂肪醛易于反应;芳香醛因为连有苯环,π-π 共轭使电子由芳环向羰基转移,从而减少了羰基碳的正电性,不利于亲核加成反应,反应速率比脂肪醛慢;酮的羰基上连有两个烃基,反应速率更慢。

从空间效应考虑,羰基上连接的烃基越大,则空间位阻越大,亲核试剂就越不容易靠近,反应也就越不容易进行。

综合以上考虑,亲核加成反应进行的难易程度与醛、酮的结构有关。对于同一亲核试剂,不同结构的醛、酮发生亲核加成反应,其由易到难的次序如下:

$$\begin{array}{c} H \\ H \end{array}\!\!\!C{=}O \;>\; \begin{array}{c} R \\ H \end{array}\!\!\!C{=}O \;>\; \begin{array}{c} Ar \\ H \end{array}\!\!\!C{=}O \;>\; \begin{array}{c} R \\ R' \end{array}\!\!\!C{=}O \;>\; \begin{array}{c} R \\ Ar \end{array}\!\!\!C{=}O$$

按亲核试剂的种类,醛、酮亲核加成反应可分与含碳、氧、硫和氮的四种类型亲核试剂的加成。

1. 与含碳的亲核试剂加成

(1) 与氢氰酸加成:醛、脂肪族甲基酮和八个碳原子以下的环酮与氢氰酸发生加成反应生成 α- 羟基腈(又叫 α- 氰醇)。

$$\begin{array}{c} R \\ (CH_3)H \end{array}\!\!\!C{=}O \;+\; HCN \;\underset{}{\overset{OH^-}{\rightleftharpoons}}\; \begin{array}{c} R \\ (CH_3)H \end{array}\!\!\!\overset{OH}{\underset{CN}{C}}$$

α- 羟基腈

反应是可逆的,但少量碱存在可加速反应向正方向进行。由于氢氰酸是一个弱酸($pK_a{=}9.4$),不易解离成 CN^-,在溶液中存在下列平衡:

$$HCN \;\underset{H^+}{\overset{OH^-}{\rightleftharpoons}}\; H^+ + CN^-$$

加酸使 HCN 电离受到抑制,CN^- 离子浓度降低;而加碱中和 H^+ 则使 HCN 电离平衡向右进行,CN^- 离子浓度增加。实验证明:上述反应加入少量 NaOH 溶液,能加速反应的进行。反之,加入 HCl 溶液,则抑制反应的进行。这说明醛、酮和氢氰酸的加成反应中,CN^- 离子是决定该反应速度大小的关键。

醛、酮与氢氰酸加成时,虽然可以直接用氢氰酸作反应试剂,但是它极易挥发,且毒性很大,所以操作要特别小心,需要在通风橱内进行。为了避免直接使用氢氰酸,常将醛、酮与氰化钾或氰化钠的水溶液混合,然后缓缓加入无机酸来制备氰醇,这样可以一边产生氢氰酸,一边进行反应。

$$CH_3CH_2{-}\overset{O}{\overset{\|}{C}}{-}CH_3 \;\xrightarrow[(2)HCl]{(1)NaCN}\; CH_3CH_2{-}\overset{OH}{\underset{CN}{\overset{|}{C}}}{-}CH_3$$

羰基与氢氰酸的加成，产物 α- 羟基腈（或 α- 氰醇）是一类活泼化合物，易于转化成其他化合物，如丙酮氰醇可以发生脱水、水解、还原反应，分别得到相应的 α，β- 不饱和腈、α- 羟基酸和 β- 羟基胺；丙酮氰醇也可以经过水解、脱水、甲酯化后生成甲基丙烯酸甲酯，它是有机玻璃的单体。因而氰醇是有机合成的重要中间体，它可转变为多种化合物，在有机合成中被广泛应用，是增长碳链的方法之一。

$$(CH_3)_2CCN \begin{cases} \xrightarrow{-H_2O} CH_2=\overset{CH_3}{\underset{}{C}}-CN \xrightarrow[H^+]{CH_3OH} CH_2=\overset{CH_3}{\underset{}{C}}-COOCH_3 & \alpha,\beta\text{-不饱和酸酯} \\ \xrightarrow{H_2O/H^+} (CH_3)_2CCOOH & \alpha\text{-羟基酸} \\ \xrightarrow{[H]} (CH_3)_2CCH_2NH_2 & \beta\text{-羟基胺} \end{cases}$$

自然界中存在许多氰醇类化合物。例如桃、杏等果核中的苦杏仁苷是一种氰醇衍生物；又如由苯甲醛与氢氰酸加成形成的苯甲氰醇可存在于某些昆虫体内，当受到袭击时，昆虫就释放一种可使氰醇分解的酶，生成苯甲醛与氢氰酸来进行防御。

（2）与格氏（Grignard）试剂加成：格氏试剂是由卤代烃与金属镁在乙醚或者四氢呋喃溶液中反应制备，用 R-MgX 表示。格氏试剂中的碳镁键（$\overset{\delta^-}{C}-\overset{\delta^+}{Mg}$）极性很强，带部分负电荷的碳原子是很强的亲核试剂，因此可与大多数羰基化合物发生亲核加成反应，且反应是不可逆的，加成产物不必分离便可直接水解生成相应的醇，是制备醇的重要方法之一。反应通式如下：

$$\overset{\delta^+}{C}=\overset{\delta^-}{O} + \overset{\delta^-}{R}-\overset{\delta^+}{MgX} \xrightarrow{无水乙醚} \overset{OMgX}{\underset{R}{C}} \xrightarrow{H_2O} \overset{OH}{\underset{R}{C}} + Mg(OH)X$$

格氏试剂与甲醛作用，可以得到比格氏试剂多一个碳原子的伯醇；与其他醛作用，可得到仲醇，与酮加成则生成叔醇。

$$\overset{H}{\underset{H}{C}}=O + C_2H_5MgBr \xrightarrow[(2) H_3O^+]{(1) 无水乙醚} C_2H_5CH_2OH \quad \text{伯醇}$$

$$CH_3CH_2CHO + \bigcirc-MgBr \xrightarrow[(2) H_3O^+]{(1) 无水乙醚} CH_3CH_2\overset{OH}{\underset{}{CH}}-\bigcirc \quad \text{仲醇}$$

$$CH_3-\overset{O}{\underset{}{C}}-CH_2CH_3 + \bigcirc-MgBr \xrightarrow[(2) H_3O^+]{(1) 无水乙醚} CH_3-\overset{OH}{\underset{\bigcirc}{C}}-CH_2CH_3 \quad \text{叔醇}$$

2. 与含氧的亲核试剂加成

（1）与醇加成：在干燥氯化氢的催化下，一分子醛与一分子醇发生亲核加成反应，生成半缩醛。半缩醛分子中,羟基(又称半缩醛羟基)和烷氧基连在同一碳原子上,这样的结构一般是不稳定的,半缩醛羟基比较活泼,在酸性条件下,半缩醛与过量的醇进一步反应,失去一分子水而生成稳定的缩醛,是同碳二元醚(又称偕二醚)。该反应是可逆反应。缩醛对碱及氧化剂稳定,但在酸性溶液中易水解为原来的醛和醇。

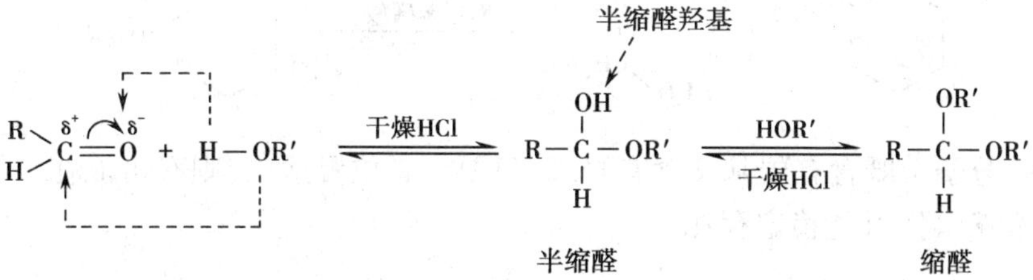

例如:

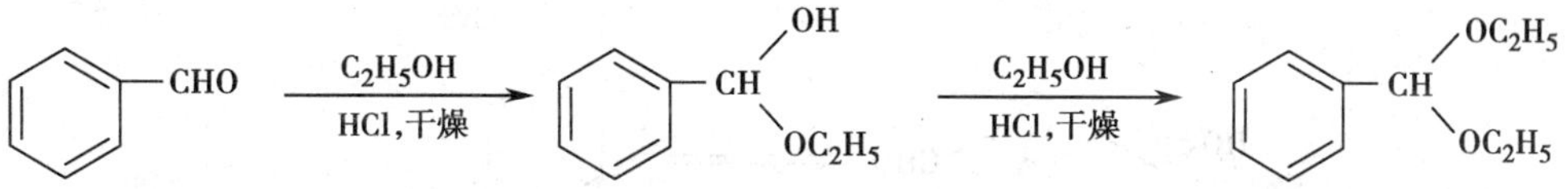

或缩写为:

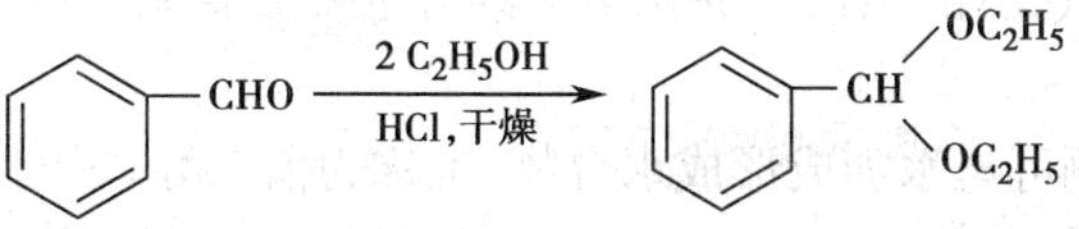

缩醛为偕二醚类化合物,比较稳定,不易被氧化。缩醛在蒸馏及碱液中加热时都不发生分解,但它在稀酸中易水解变成为原来的醛和醇。所以缩醛反应必须在无水条件下进行。在有机合成中,常利用生成缩醛的方法来保护活泼的醛基,即先将醛转变成缩醛,然后再进行分子中其他基团的转化反应,最后再用酸水解释放出原来的醛基。

例如,要将丙烯醛转化为丙醛或 2,3- 二羟基丙醛,不能通过直接的催化氢化或氧化的方法,因为醛基也将被破坏。如果先把不饱和醛转化为缩醛,然后催化氢化或氧化,最后用酸水解,即可得到产物。

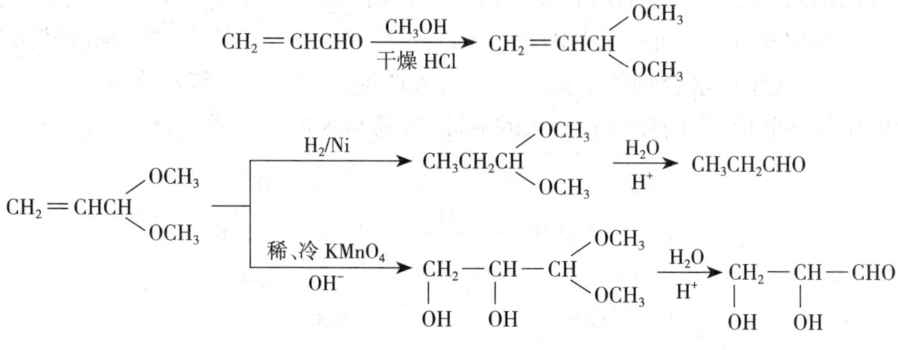

酮在上述条件下,很难得到半缩酮和缩酮。但酮在酸催化下与乙二醇等二元醇作用,并设法除去反应生成的水,可得到较易形成的环状缩酮,这个方法也常被用来保护邻二羟基和酮中的羰基。

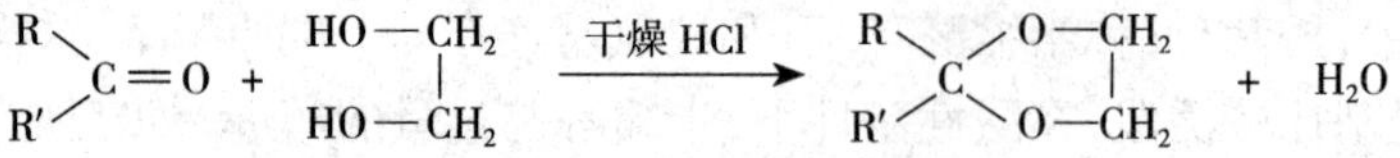

例如：

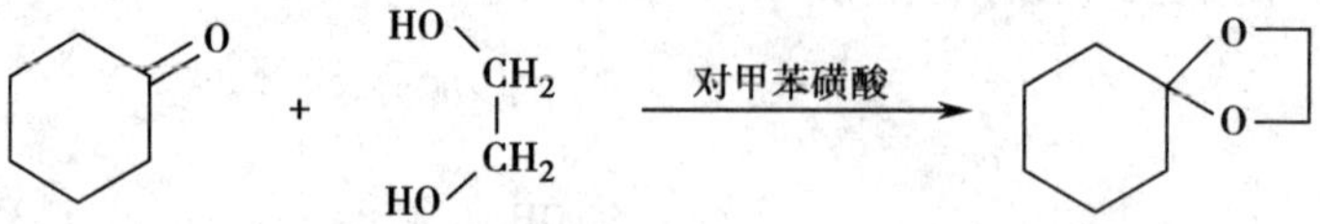

若在同一分子中既含有羰基又含有羟基，只要二者位置适当，则有可能在分子内生成五、六元环状半缩醛(酮)，并能稳定存在。

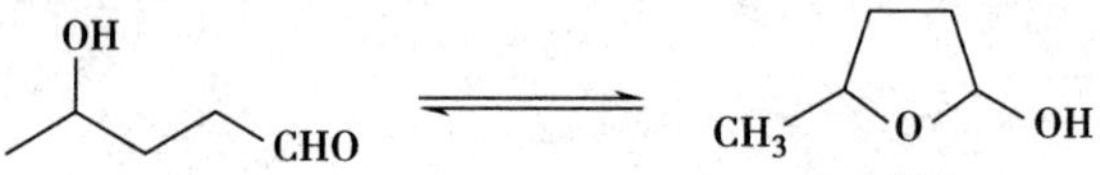

89%

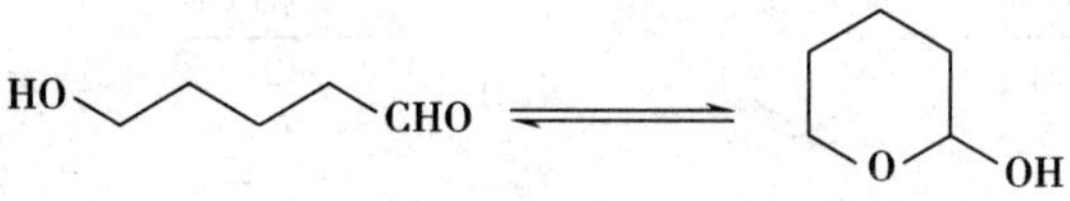

94%

半缩醛(酮)和缩醛(酮)的结构在糖化学上具有重要的意义，将在第十三章"糖类"中详细介绍。

(2) 与水加成：醛、酮可与水加成形成水合物，也称为偕二醇。由于水是极弱的亲核试剂(比醇更弱)，所以只有极少数活泼的羰基化合物才能与水加成生成相应的水合物。这是一个快速可逆平衡。

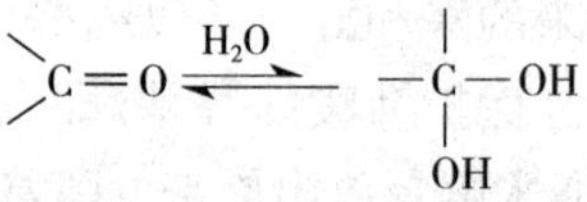

偕二醇

在一般条件下偕二醇是不稳定，它们易脱水而生成醛、酮。只有个别醛，如羰基活性较大的甲醛在水溶液中几乎全部以水合物形式存在(99.9%)，但因分离过程中很容易脱水而不能从水溶液中分离出来。乙醛水合物仅占58%，丙醛水合物含量很低，而丁醛的水合物可忽略不计。

若羰基与强吸电子基(如—COOH、—CHO、—COR、—CCl$_3$等)相连，则羰基碳的正电性大大增加，与水反应生成水合物的平衡常数也大大增加。例如在三氯乙醛分子中，由于三个氯原子的吸电子诱导效应，它的羰基有较大的活性，容易与水加成生成水合三氯乙醛。

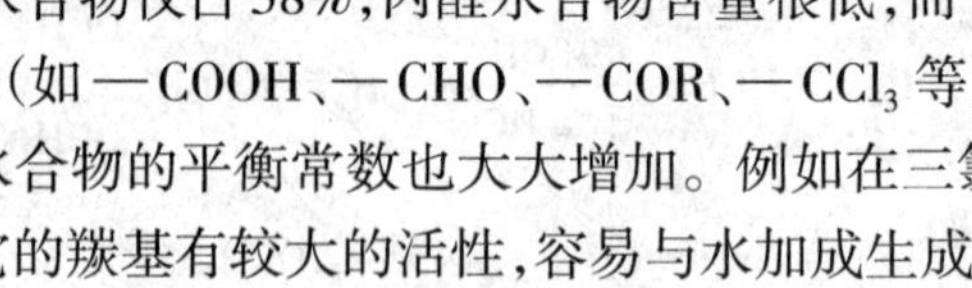

三氯乙醛　　　　　　　　　　水合三氯乙醛

水合三氯乙醛简称水合氯醛，为白色晶体，可作为催眠药和抗惊厥药。

在茚三酮分子中，由于相邻两羰基的吸电子诱导效应，中间的羰基也容易和水分子形成稳定的水合茚三酮。水合茚三酮可以作为氨基酸和蛋白质色谱分析的显色剂。

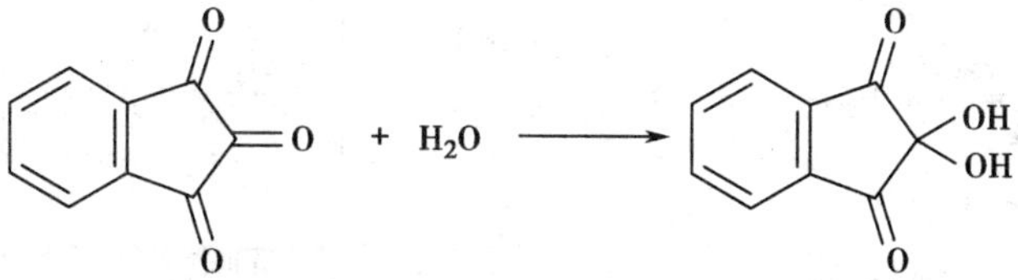

茚三酮　　　　　　　　　　　　　　　　　水合茚三酮

3. 与含硫的亲核试剂加成　醛、脂肪族甲基酮及八个碳以下的环酮可以与过量的饱和亚硫酸氢钠水溶液（约 40%）发生加成反应，生成 α-羟基磺酸钠。该加成产物易溶于水，但难溶于饱和亚硫酸氢钠水溶液，以白色晶体析出，所以该反应可用于醛、脂肪族甲基酮和小于八个碳环酮的鉴别。

在加成时，亚硫酸氢根负离子中硫原子上有未成键孤对电子，具有亲核性，可作为亲核试剂进攻羰基碳原子，生成磺酸盐。其反应历程如下：

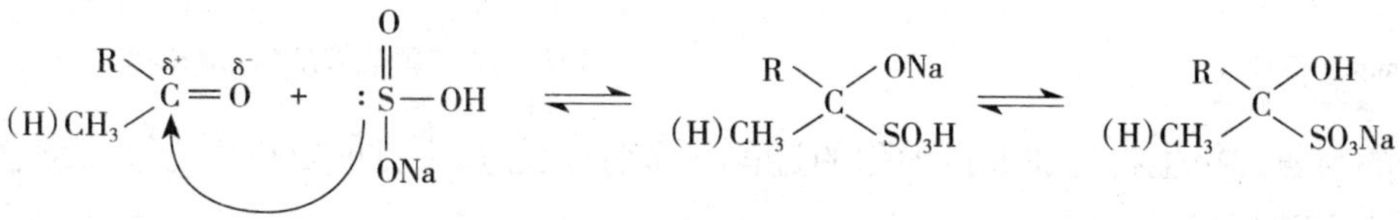

醛、酮与亚硫酸氢钠所生成的加成产物 α-羟基磺酸钠，可进一步与氰化钠作用生成 α-羟基腈，此方法可以避免采用有毒的氢氰酸与醛、酮反应制备氰醇。

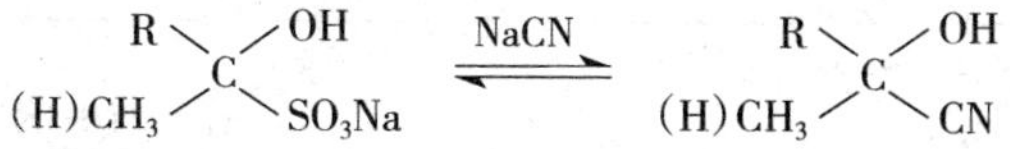

这些醛、酮与亚硫酸氢钠的加成反应是可逆的。如果在加成物中加稀酸或稀碱并加热时，反应平衡体系中的亚硫酸氢钠不断转化成亚硫酸或亚硫酸根，反应平衡被破坏，亚硫酸氢钠加成物不断分解而变成原来的醛、酮。因此，可用此性质来鉴别、分离和纯化这些化合物。

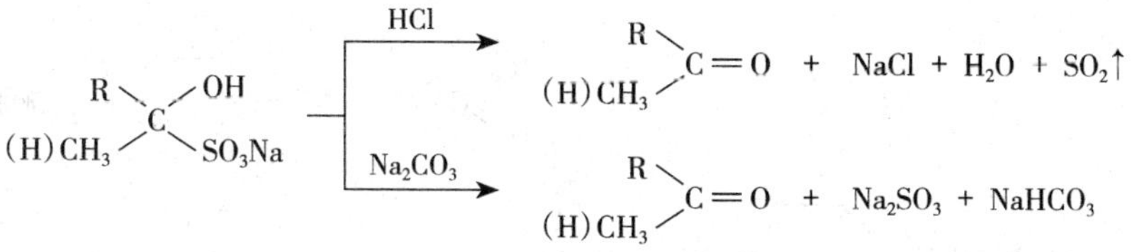

此外，药物分子中含磺酸基后，能增加药物分子的水溶性，例如合成鱼腥草素的分子中就含有磺酸基，可制成注射剂使用，用于治疗慢性支气管炎、慢性宫颈炎及小儿肺炎等。

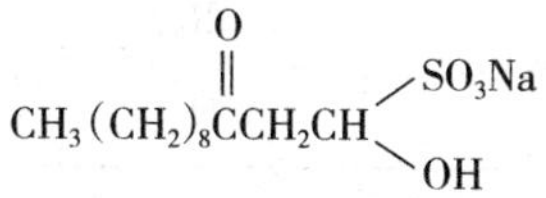

4. 与含氮的亲核试剂加成　醛、酮都能与氨的衍生物发生亲核加成反应，生成的加成产物 N-羟基中间体不稳定，很容易脱水生成含碳氮双键的 N-取代亚氨基化合物。具体如下列通式表示：

$$\overset{\delta^+}{C}=\overset{\delta^-}{O} + H_2N-G \longrightarrow \left[\begin{array}{c} OH\ \ H \\ -C-N-G \\ | \end{array}\right] \xrightarrow{-H_2O} \diagup C=N-G$$

常见的氨衍生物有：羟胺、肼、苯肼、2,4- 二硝基苯肼、氨基脲等（可用 H_2N-G 表示），反应所生成的肟、腙、苯腙、2,4- 二硝基苯腙和缩氨脲等，大部分是晶体，具有一定的晶形和熔点，收率高，易于提纯，在稀酸的作用下能水解为原来的醛、酮，这些性质可用来分离、提纯和鉴别醛、酮。

由于这些氨的衍生物可用于鉴别羰基化合物，有机分析中常把它们称为羰基试剂。尤其是 2,4- 二硝基苯肼与醛、酮反应生成的 2,4- 二硝基苯腙为黄色结晶，具有不同的熔点，它是最常用的鉴别醛、酮的羰基试剂之一。例如：

$$CH_3CH_2CH_2CH\overset{O}{\|}H + HN_2NH\text{—}(2,4\text{-二硝基苯}) \longrightarrow CH_3CH_2CH_2CH=N-NH\text{—}(2,4\text{-二硝基苯}) + H_2O$$

丁醛（m.p. –75℃）　　　　　　　　　　　　　　　丁醛-2,4-二硝基苯腙（m.p. 128℃）

醛、酮与氨的衍生物先加成再消除的过程称作缩合反应，常见的氨衍生物加成缩合产物的名称和结构式如表 8-3。

表 8-3　氨的衍生物与醛、酮反应的产物

氨的衍生物	结构	加成缩合产物的结构	名称
伯胺	H_2N-R	$\begin{array}{c}R\\(R)H\end{array}\!\!\diagup C=N-R$	Schiff 碱
羟胺	H_2N-OH	$\begin{array}{c}R\\(R)H\end{array}\!\!\diagup C=N-OH$	肟
肼	H_2N-NH_2	$\begin{array}{c}R\\(R)H\end{array}\!\!\diagup C=N-NH_2$	腙
苯肼	H_2N-NH—（苯基）	$\begin{array}{c}R\\(R)H\end{array}\!\!\diagup C=N-NH$—（苯基）	苯腙
2,4- 二硝基苯肼	H_2N-NH—（2,4-二硝基苯基）	$\begin{array}{c}R\\(R)H\end{array}\!\!\diagup C=N-NH$—（2,4-二硝基苯基）	2,4- 二硝基苯腙
氨基脲	$H_2N-NH-\overset{O}{\overset{\|}{C}}-NH_2$	$\begin{array}{c}R\\(R)H\end{array}\!\!\diagup C=N-NH-\overset{O}{\overset{\|}{C}}-NH_2$	缩氨脲

（二）α- 活泼氢的反应

醛、酮分子中的 α-H 原子因为受到羰基 –I 效应和 σ-π 超共轭效应的影响，削弱了 α- 碳氢键，使得 α-H 比较容易形成质子离去，表现出一定的酸性。

$$-\overset{\underset{|}{}}{\underset{|}{C}}-C=O \rightleftharpoons H^+ + \left[-\overset{\underset{|}{}}{\underset{|}{C}}-\overset{}{C}=\overset{..}{\overset{..}{O}} \longleftrightarrow -C=C-\overset{..}{\underset{..}{O}}:^- \right]$$

碳负离子　　　　烯醇负离子

如有碱存在,可以加速形成烯醇盐。而在酸的催化下,则加速生成烯醇;烯醇不稳定,能迅速转变为它的构造异构体,即原来的醛或酮。

在溶液中含有 α-H 的醛、酮是以酮式和烯醇式互变平衡而存在的,是烯醇式和酮式两种异构体的平衡混合物。

$$-CH_2-\overset{\overset{\displaystyle O}{\|}}{C}- \rightleftharpoons -CH=\overset{\overset{\displaystyle OH}{|}}{C}-$$

酮式　　　　　　　烯醇式

简单的脂肪醛、酮在平衡体系中的烯醇式含量极少,例如:

$$CH_3-\overset{\overset{\displaystyle O}{\|}}{C}-CH_3 \rightleftharpoons CH_3-\overset{\overset{\displaystyle OH}{|}}{C}=CH_2$$

酮式(99.9%)　　　　烯醇式(0.1%)

若在酮和烯醇的平衡体系中,烯醇式能被其他基团稳定,烯醇式含量会增多。烯醇式中存在着 C＝C 双键,可用溴水测定其含量。

1. 羟醛缩合反应　在稀碱的作用下,两分子的醛或酮互相作用,其中一个醛(或酮)分子中的 α-H 加到另一个醛(或酮)分子的羰基氧原子上,其余部分加到羰基碳原子上,生成一分子 β-羟基醛或一分子 β-羟基酮。这个反应叫做羟醛缩合或醇醛缩合。

在此应注意,这个反应名称不是指由醇与醛进行缩合,而是指在此加成失水的缩合反应过程中有醇醛生成。醇醛缩合反应仅适用于具有 α-H 的醛,如由两个不同的醛进行缩合时,也至少要有一个醛具有 α-H 以用于形成亲核试剂。例如:

$$CH_3-\overset{O}{\underset{}{\|}}{C}-H + CH_2-\overset{O}{\underset{}{\|}}{C}-H \xrightarrow{稀碱} CH_3-\overset{OH}{\underset{}{|}}{CH}-CH_2-\overset{O}{\underset{}{\|}}{C}-H \xrightarrow[\triangle]{-H_2O} CH_3CH=CHCHO$$

反应的总结果是使主碳链增长两个碳原子,羟醛缩合反应是有机合成中增长碳链的一种重要方法。

以乙醛缩合为例,羟醛缩合反应历程可分为以下三步:

第一步,碱与醛中的 α-H 结合,形成 α-负碳离子。

第二步,这个负离子作为亲核试剂,立即进攻另一个醛分子中的羰基碳原子,发生亲核加成反应后生成一个中间负离子(烷氧负离子)。

第三步,烷氧负离子从水分子中夺取一个质子,生成产物 β-羟基醛。

$$CH_3-\overset{O}{\underset{}{\|}}{C}-H + OH^- \rightleftharpoons \overline{C}H_2-\overset{O}{\underset{}{\|}}{C}-H \rightleftharpoons CH_3-\overset{O^-}{\underset{H}{|}}{C}-CH_2-\overset{O}{\underset{}{\|}}{C}-H$$

$$\xrightarrow{H_2O} CH_3-\overset{OH}{\underset{H}{|}}{C}-CH_2-\overset{O}{\underset{}{\|}}{C}-H + OH^-$$

产物 β- 羟基醛受热或在酸的作用下很容易发生分子内脱水而生成具有共轭双键的 α,β- 不饱和醛。

$$CH_3-\underset{\underset{H}{|}}{\overset{\overset{OH}{|}}{C}}-\underset{\underset{H(R)}{|}}{\overset{\overset{H}{|}}{C}}-\overset{\overset{O}{||}}{C}-H \xrightarrow[\triangle]{-H_2O} CH_3-\underset{\underset{H}{|}}{C}=\underset{\underset{H(R)}{|}}{C}-\overset{\overset{O}{||}}{C}-H$$

除乙醛外,其他含有 α- 氢的醛进行羟醛缩合的产物,都在 α- 碳原子上带有支链。

关于羟醛缩合反应的几点说明:

(1) 含有 α- 氢的酮在稀碱作用下,虽然也能起这类缩合反应,但由于电子效应、空间效应(酮羰基周围的空间位阻较大,负碳离子不易进攻)的影响,反应较难进行。如果采用特殊装置,将产物不断由平衡体系中移去,则可以使酮大部分转化为 β- 羟基酮。

(2) 在不同的醛酮分子间进行的缩合反应称为交叉羟醛缩合。如果所用的醛、酮都具有 α- 氢原子,则反应后可生成四种不同产物,实际得到的是复杂的混合物,没有实用价值。

(3) 不含 α- 氢原子的醛或酮(如 HCHO、R_3CCHO、ArCHO、R_3CCOCR_3、ArCOAr、$ArCOCR_3$ 等)在稀碱存在下不发生缩合反应,但可以与含 α-H 的醛或酮发生交叉的羟醛缩合反应,主要得到一种缩合产物,产率也较高。例如:

$$\bigcirc\!\!\!-CHO + CH_3CHO \xrightarrow{稀碱} \bigcirc\!\!\!-\underset{\underset{CH-CH_2}{}}{\overset{\overset{OH}{|}}{}}-\overset{\overset{O}{||}}{C}-H \xrightarrow[\triangle]{-H_2O} \bigcirc\!\!\!-CH=CH-CHO$$

肉桂醛

2. 卤仿反应 凡结构式为 $CH_3-\overset{\overset{O}{||}}{C}-H(R)$ 的醛、酮(如乙醛和甲基酮等)与卤素的氢氧化钠溶液(常用次卤酸钠或卤素的碱溶液)作用,甲基上的三个 α-H 原子完全被卤素取代,生成的 α- 三卤代物在碱性溶液中不稳定,$-\overset{\overset{O}{||}}{C}\!\!\not|\!\!-CX_3$ 碳碳键断裂分解,最终产物为三卤甲烷(俗称卤仿)和羧酸盐。该反应称为卤仿反应。

$$(R)H-\overset{\overset{O}{||}}{C}-CH_3 \xrightarrow{X_2/NaOH} (R)H-\overset{\overset{O}{||}}{C}-CX_3 \xrightarrow{NaOH} (R)H-\overset{\overset{O}{||}}{C}-ONa + CHX_3$$

如果用 I_2 的 NaOH 溶液作为反应试剂称为碘仿反应,生成的碘仿(CHI_3)是有特殊气味的黄色固体,水溶性很小,在反应中易析出。因此利用卤仿反应特别是碘仿反应可鉴别乙醛和甲基酮化合物。例如:

$$CH_3-\overset{\overset{O}{||}}{C}-CH_3 \xrightarrow{I_2/NaOH} CH_3-\overset{\overset{O}{||}}{C}-CI_3 \xrightarrow{NaOH} CH_3-\overset{\overset{O}{||}}{C}-ONa + CHI_3\downarrow$$

1,1,1,- 三碘代丙酮

此外,次碘酸钠不仅是一种碘代剂,也是一种氧化剂。乙醇和 α- 碳原子上连有甲基的仲醇也能被碘的氢氧化钠溶液氧化为相应的羰基化合物。

$$CH_3-\underset{\underset{OH}{|}}{CH}-H(R) \xrightarrow{\text{NaOI}} CH_3-\underset{\underset{OH}{|}}{\overset{\overset{O}{||}}{C}}-H(R)$$

因而碘仿反应也可用于鉴别具有 $CH_3-\underset{\underset{OH}{|}}{CH}-H(R)$ 结构的醇。中华人民共和国药典即利用此反应来鉴别乙醇。

在有机合成中,卤仿反应也可用于从甲基酮合成比它少一个碳原子的羧酸。例如:

$$(CH_3)_3C-\overset{\overset{O}{||}}{C}-CH_3 \xrightarrow[\triangle]{\text{NaOCl}} (CH_3)_3C-\overset{\overset{O}{||}}{C}-ONa \xrightarrow{H_3O^+} (CH_3)_3C-\overset{\overset{O}{||}}{C}-OH$$

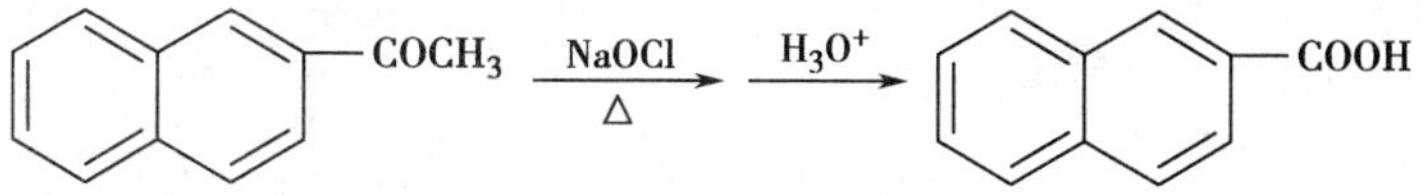

问题与思考

下列哪些化合物能发生碘仿反应?

(1) 乙醇　　　(2) 2-戊醇　　　(3) 3-戊醇　　　(4) 1-丙醇

(5) 2-丁酮　　　(6) 异丙醇　　　(7) 丙醛　　　(8) 苯乙酮

(三) 氧化还原反应

1. 氧化反应　醛与酮在化学性质上的最大差别是它们的还原性不同。醛羰基碳上连有氢原子,所以醛很容易被氧化为相应的羧酸,而酮一般不被氧化。不仅常用的强氧化剂(如高锰酸钾或重铬酸钾),甚至一些弱的氧化剂如托伦(Tollens)试剂、菲林(Fehling)试剂等也可以把醛氧化为相应的羧酸,甚至空气中的氧也可以使醛氧化。因此可以用这些弱氧化剂来鉴别醛和酮。

托伦试剂是由氢氧化银与氨溶液反应制得的无色的银氨络合离子 $[Ag(NH_3)_2]^+$。托伦试剂与醛反应,在光滑洁净的试管壁上形成明亮的银镜,故又称银镜反应。

$$RCHO + 2Ag(NH_3)_2^+ + 2OH^- \longrightarrow RCOO^-NH_4^+ + 2Ag\downarrow + H_2O + 3NH_3\uparrow$$

例如:

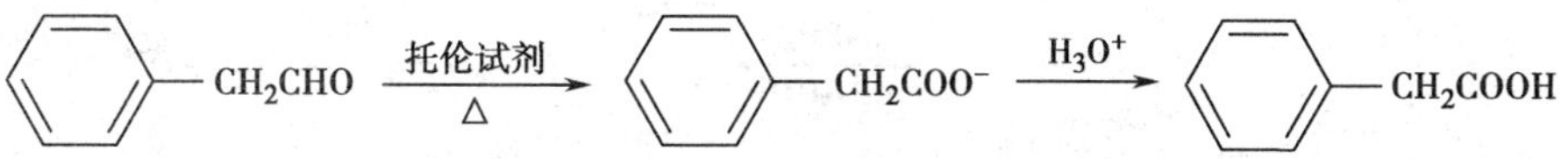

斐林试剂由 A、B 两种溶液组成:斐林试剂 A 是硫酸铜溶液,斐林试剂 B 是氢氧化钠的酒石酸钾钠的溶液。平时 A、B 分别贮存,应用时将 A、B 等体积混合生成一种深蓝色溶液(铜与酒石酸根成为深蓝色络离子)。脂肪醛与斐林试剂反应,生成氧化亚铜砖红色沉淀。

$$RCHO + Cu^{2+} \xrightarrow{OH^-} RCOO^- + Cu_2O\downarrow$$

例如:

$$CH_3-\overset{\overset{O}{||}}{CH} \xrightarrow{\text{菲林试剂}} \xrightarrow{H_3O^+} CH_3-\overset{\overset{O}{||}}{COH}$$

菲林试剂不能氧化苯甲醛等芳香醛。故可用菲林试剂鉴别脂肪醛与芳香醛。此外,这些弱氧化剂不能氧化不饱和键,因此可用于制备不饱和羧酸。例如:

$$CH_3CH = CHCHO \xrightarrow[\text{或菲林试剂}]{\text{托伦试剂}} CH_3CH = CHCOO^-$$

酮只有在剧烈条件下才被氧化,例如用强氧化剂 $KMnO_4$、HNO_3 等,在较高温度或较长时间作用下,酮发生碳碳键的断裂,生成较小分子的氧化产物,产物比较复杂。

2. 还原反应 醛、酮都可以被还原,在不同的条件下,用不同的试剂可以得到不同的产物。

(1) 羰基还原成醇羟基

1) 催化加氢:醛在 Ni、Cu、Pt、Pd 等金属催化剂存在下,可被还原成伯醇,而酮则被还原成仲醇。

$$R-\overset{\overset{\displaystyle O}{\|}}{C}-H + H-H \xrightarrow{Pt} R-CH_2-OH \quad 1°醇$$

$$\overset{R}{\underset{R'}{}}C=O + H-H \xrightarrow{Pt} \overset{R}{\underset{R'}{}}CH-OH \quad 2°醇$$

用催化加氢的方法还原羰基化合物时,分子中若含有碳碳不饱和键也会被还原。

$$CH_3CH = CHCHO + H_2 \xrightarrow{Ni} CH_3CH_2CH_2CH_2OH$$

醛、酮催化加氢虽然产率较高,但其缺点是催化剂较贵,并且还能将分子中的其他不饱和基团也同时还原。因此常采用其他还原剂将醛、酮还原成相应的醇。

2) 金属氢化物还原:除催化氢化外,在实验室中,也常用金属氢化物还原羰基。通常有硼氢化钠($NaBH_4$)、氢化锂铝($LiAlH_4$)等。金属氢化物还原剂的最大优点是选择性高,当还原含有碳碳双键的不饱和醛、酮时,只有羰基可被还原,而碳碳双键一般不被还原。因此在还原不饱和醛、酮成为不饱和醇时是很有用的。

氢化铝锂的还原性较硼氢化钠强,并能与水猛烈反应,因此反应需要用干燥乙醚作溶剂,反应完毕后,再小心地加入水以分解产物,便得到醇,产率也较高。硼氢化钠的优点是使用方便,因它能同时溶于水和醇,可使加成和水解这两步反应快速连续发生。例如:

$$\bigcirc\!\!-CH=CH-CHO \xrightarrow[C_2H_5OH]{NaBH_4} \bigcirc\!\!-CH=CH-CH_2-OH$$

$$CH_3-CH=CH-CHO \begin{cases} \xrightarrow[(2)H_3O^+]{(1)LiAlH_4,无水乙醚} CH_3-CH=CH-CH_2-OH \quad 巴豆醇 \\ \\ \xrightarrow{H_2/Ni} CH_3-CH_2-CH_2-CH_2-OH \end{cases}$$

巴豆醛

(2) 羰基还原成亚甲基

1) 克莱门森(Clemmensen)还原:将醛、酮与锌汞齐和浓盐酸一起回流反应,羰基可被还原为甲基或亚甲基,生成相应的烃。这个方法称为克莱门森还原法。

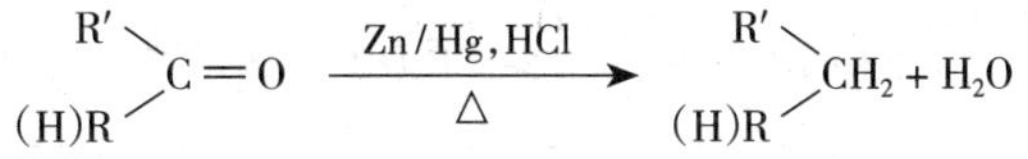

$$\underset{(H)R}{\overset{R'}{\diagdown}}C=O \xrightarrow[\triangle]{Zn/Hg,HCl} \underset{(H)R}{\overset{R'}{\diagdown}}CH_2 + H_2O$$

例如：

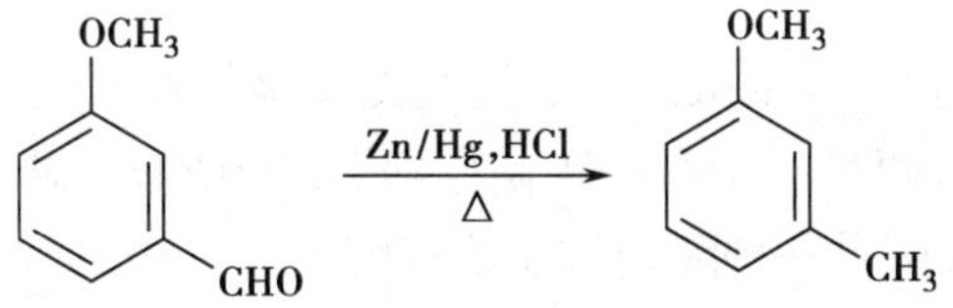

此法对于还原芳酮效果较好。如果将芳烃先进行傅 - 克酰基化反应,然后将羰基还原成亚甲基,这样能间接地把直链的烷基连到芳环上,这是合成带侧链芳烃的一种好方法。例如：

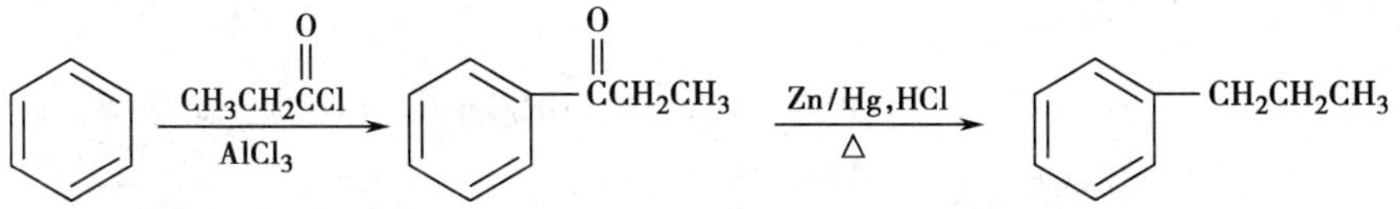

该方法是在浓盐酸介质中进行的。分子中若有对酸敏感的其他基团,如醇羟基、碳碳双键等就不能用这个方法还原。此法只适合对酸稳定的醛、酮。

2) Wolff-Kishner- 黄鸣龙反应:将醛、酮与肼反应生成腙,腙在碱性条件下加压受热分解,放出氮气而生成烃。

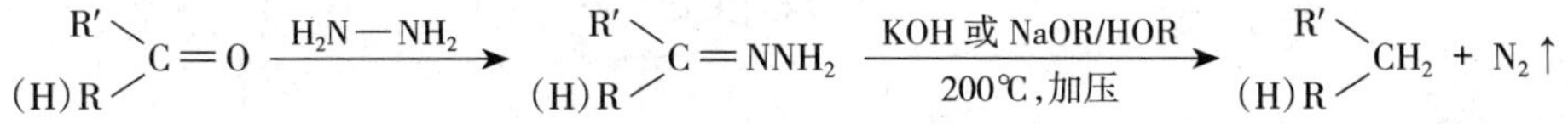

$$\underset{(H)R}{\overset{R'}{\diagdown}}C=O \xrightarrow{H_2N-NH_2} \underset{(H)R}{\overset{R'}{\diagdown}}C=NNH_2 \xrightarrow[200℃,加压]{KOH \text{ 或 } NaOR/HOR} \underset{(H)R}{\overset{R'}{\diagdown}}CH_2 + N_2\uparrow$$

此反应曾广泛用于天然产物的研究中,但条件要求高,操作不便。1946 年我国化学家黄鸣龙对上述方法进行了改进:将醛、酮与 NaOH、85% 水合肼和高沸点水溶性溶剂二缩乙二醇混合,与氢氧化钠一起加热回流,常压下羰基直接还原为亚甲基。此法称 Wolff-Kishner- 黄鸣龙还原。

例如：

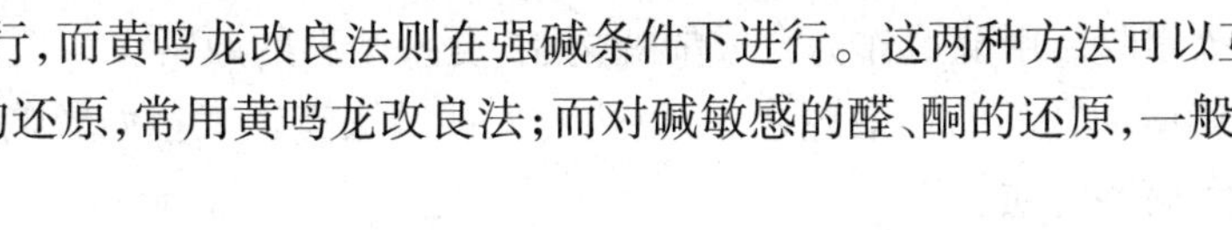

该反应是在碱性介质中进行的,此法只适合对碱稳定的醛、酮。

克莱门森还原法和黄鸣龙改良法都是把醛、酮的羰基还原成亚甲基。但克莱门森反应要在强酸条件下进行,而黄鸣龙改良法则在强碱条件下进行。这两种方法可以互相补充,凡是对酸敏感的醛、酮的还原,常用黄鸣龙改良法;而对碱敏感的醛、酮的还原,一般则采用克莱门森还原法。

3. 歧化反应　在浓碱作用下,两分子不含 α- 氢原子的醛(如 HCHO、R₃CCHO、ArCHO 等)自身发生氧化 - 还原反应,结果一分子醛被氧化成羧酸盐,另一分子醛则被还原为醇,这个反应称为康尼查罗反应(Cannizzaro)或歧化反应。例如：

$$2\ HCHO \xrightarrow{\text{浓 NaOH}} CH_3OH + HCOONa$$

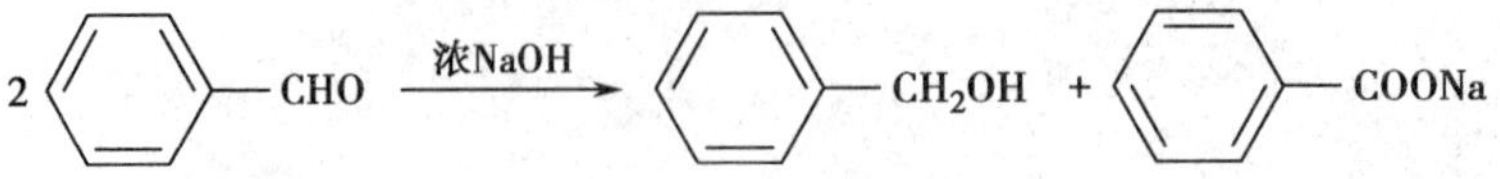

两种不同的无 α- 氢的醛,在浓碱条件下发生交叉康尼查罗反应,但产物是混合物,不易分离,因此无实际意义。但若两种醛中有一种是甲醛,由于甲醛在醛中还原性最强,所以反应中甲醛总是被氧化成甲酸钠,而另一种醛则被还原成醇。

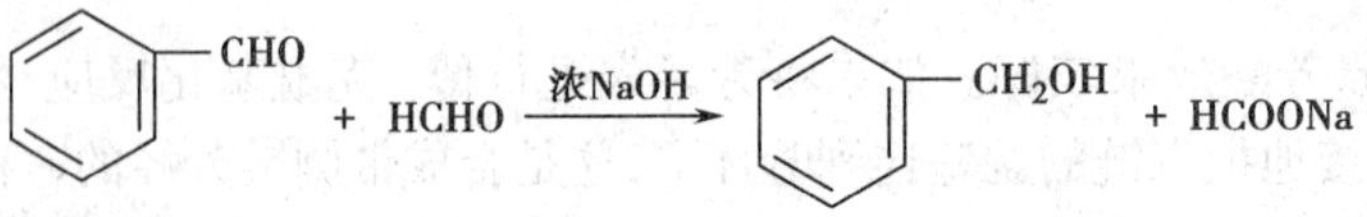

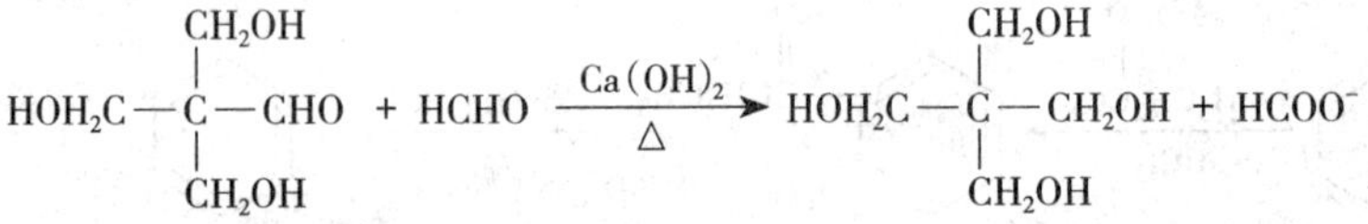

三羟甲基乙醛   季戊四醇

季戊四醇是一个重要的化工原料,多用于高分子工业。它的硝酸酯即季戊四醇四硝酸酯,是一种心血管扩张药物。

四、有代表性的醛、酮

(一) 甲醛

甲醛又叫蚁醛,是一种具有强烈刺激气味的无色气体,沸点 –21℃。易溶于水,其 40% 的水溶液叫"福尔马林",可使蛋白质变性,通常用作消毒剂和生物标本的防腐剂。

甲醛与氨作用可生成环状化合物乌洛托品(环六亚甲基四胺),在医药上用作抗流感、抗风湿和尿道消毒剂。

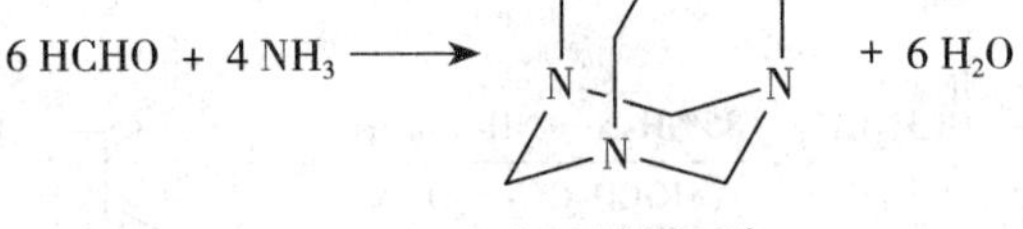

$$6\ HCHO + 4\ NH_3 \longrightarrow$$

$$+\ 6\ H_2O$$

六亚甲基四胺

甲醛很容易发生聚合反应,如将甲醛的水溶液慢慢蒸发,就可以得到白色固体的三聚甲醛或多聚甲醛。福尔马林经久存放所生成的白色沉淀就是多聚甲醛。三聚甲醛加强酸或多聚甲醛加热即可解聚为甲醛。甲醛可作为合成酚醛树脂、氨基塑料的原料。

甲醛是室内环境和食品的污染源之一,甲醛对人体健康有很大负面影响,已被世界卫生组织确定为致癌和致畸型物质。

(二) 苯甲醛

苯甲醛为无色液体,沸点 178℃,它和糖类物质结合存在于杏仁、桃仁等许多果实的种子中,俗称苦杏仁油,它是合成多种香料、染料和药物的原料。

(三)丙酮

丙酮是一种具有特殊香味的无色液体,沸点 56.5℃,极易溶于水,几乎能与所有有机溶剂混溶,也能溶解油脂、蜡、树脂和某些塑料等,故广泛用作溶剂,也是合成有机玻璃(聚甲基丙烯酸甲酯)和双酚 A 的原料。

糖尿病患者,由于糖代谢紊乱,体内常有过量丙酮产生,从尿中排出,尿中是否含有丙酮可用碘仿反应检验。在临床上,用亚硝酰铁氰化钠[Na$_2$Fe(CN)$_5$NO]溶液的呈色反应来检查:在尿液中滴加亚硝酰铁氰化钠和氨水溶液,如果有丙酮存在,溶液就呈现鲜红色。

(四)环己酮

环己酮是无色油状液体,有丙酮气味,沸点 155.7℃,微溶于水,比较易溶于乙醇和乙醚。环己酮的蒸气与空气能形成爆炸性的混合物,在使用时要注意。环己酮在强氧化的条件下,可以发生裂环,生成己二酸。这个反应在工业生产上有重要的意义,生成的己二酸是生产尼龙 -66 的主要原料之一,尼龙 -66 可以用来合成树脂和纤维。此外环己酮还用作溶剂和稀释剂等。

(五)麝香酮

麝香酮(3- 甲基环十五酮)是大环脂环酮,为油状液体,具有麝香香味,是麝香的主要香气成分。沸点 328℃,微溶于水,能与乙醇互溶。麝香是非常名贵的中药,麝香酮具有扩张冠状动脉及增加其血流量的作用,对心绞痛有一定疗效,它也是许多名贵香精中的定香剂。

第二节 醌

一、结构和命名

醌是分子中含有共轭的环己二烯二酮基本结构的一类化合物的总称,其分子中含有如下的醌型结构:

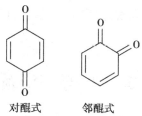

对醌式　　邻醌式

醌类可以相应芳烃的衍生物来命名。命名时在醌字前加上相应芳烃的名字,同时注明二羰基的相对位置。例如:

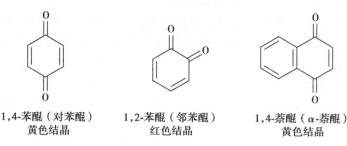

1,4-苯醌（对苯醌）　　1,2-苯醌（邻苯醌）　　1,4-萘醌（α-萘醌）
黄色结晶　　　　　　红色结晶　　　　　　黄色结晶

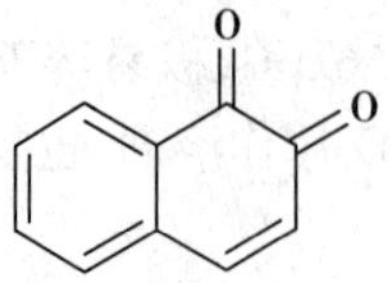

1,2-萘醌（β-萘醌）
橙黄色结晶

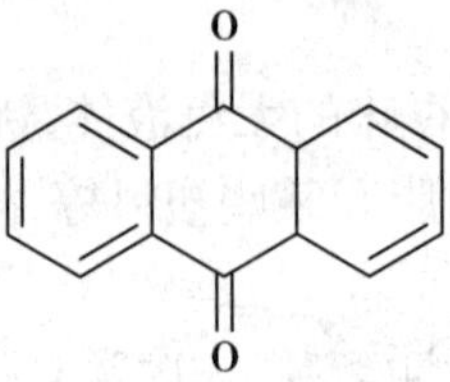

9,10-蒽醌
淡黄色结晶

醌类化合物广泛存在于自然界,例如泛醌,又叫做辅酶,是自然界分布很广的一类含苯醌结构的化合物,在生物体内氧化还原过程中极为重要的物质。多种植物和动物的色素、染料和一些中草药成分中均具有醌类结构,如茜素是我国最早应用的天然染料之一。

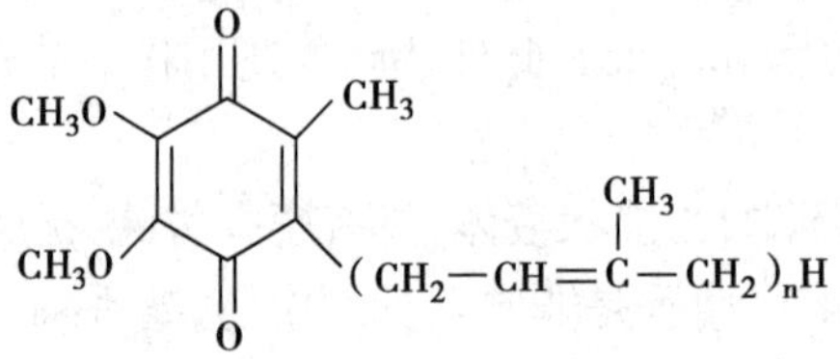

泛醌

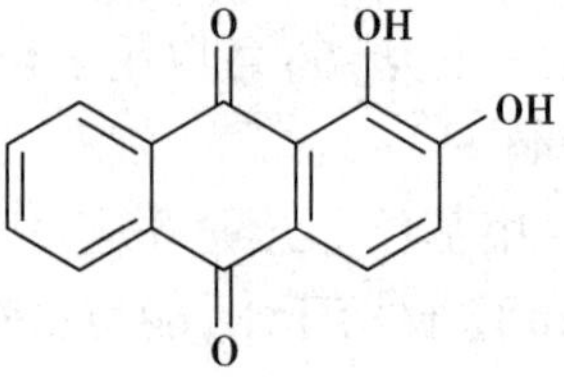

茜素

二、物理性质

醌类都是具有颜色的固体化合物,对苯醌、α-萘醌及 9,10-蒽醌等对位醌大多为黄色,β-萘醌等邻位醌大多为红色或橘色。醌类都是固体,对位醌具有与氯相似的刺激气味,并可用水蒸气蒸馏,邻苯醌没有气味,也不能用水蒸气蒸馏法提纯。

醌类化合物与医药的关系也比较密切,许多药物分子中含有醌型结构。例如呼吸链中的电子传递体辅酶 Q_{10},在各种生物氧化还原反应中,有输送电子的作用。辅酶 Q 可从猪心中分离得到;具有凝血作用的维生素 K_1 和 K_2 都是 1,4-萘醌的衍生物;蒽醌的衍生物大黄酸是中药大黄中的有效成分。

三、化学性质

醌从结构来看是不饱和的环状二酮,分子中含有碳碳双键和羰基。因此,醌具有烯键的亲电加成和羰基的亲核加成的化学性质。醌的性质还与 α,β-不饱和醛酮相似,具有 1,4-与 1,6-共轭体系,可以发生共轭的 1,4 及 1,6 加成反应。

实验证明,醌环没有芳香环的特性。例如对苯醌分子中,碳碳单键、双键的键长分别为149pm 和 132pm,这与碳碳单键(154pm)和碳碳双键(134pm)的长度十分接近,说明苯醌分子中不存在苯环的结构。

（一）烯键的亲电加成

醌可以和卤素、卤化氢等亲电试剂发生加成反应。例如,对苯醌与溴加成生成二溴或四溴化合物。

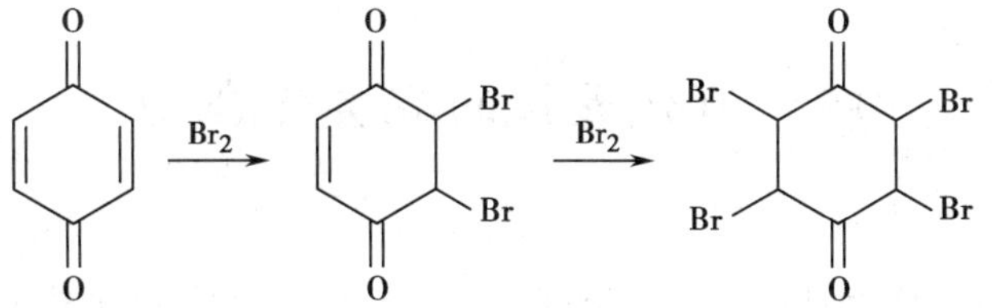

（二）羰基的亲核加成

醌能与羰基试剂、格氏试剂等亲核试剂发生亲核加成反应。例如，对苯醌能与二分子羟胺加成缩合，生成双肟。

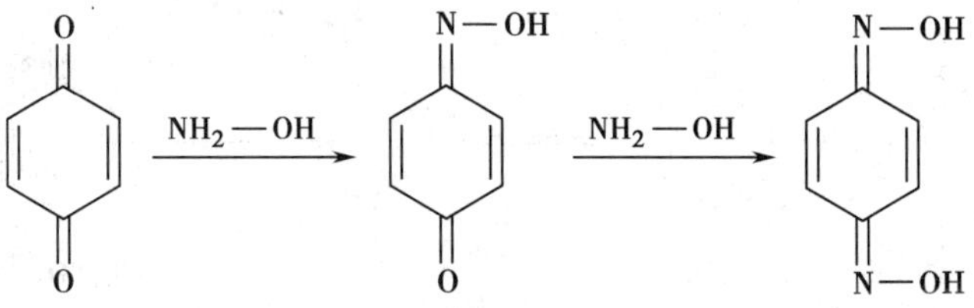

对苯醌单肟　　　　对苯醌双肟

（三）1,4- 和 1,6- 加成

1. 1,4- 加成　醌与氢卤酸、氢氰酸或亚硫酸氢钠等许多试剂发生类似 α,β- 不饱和醛酮的 1,4- 亲核加成。例如，2- 甲基 -1,4- 萘醌（维生素 K_3）可与亚硫酸氢钠发生加成，产生烯醇结构，然后互变为酮式结构。加成的产物相当于对 2- 甲基 -1,4- 萘醌的 2,3 位双键进行加成，生成亚硫酸氢钠甲萘醌。

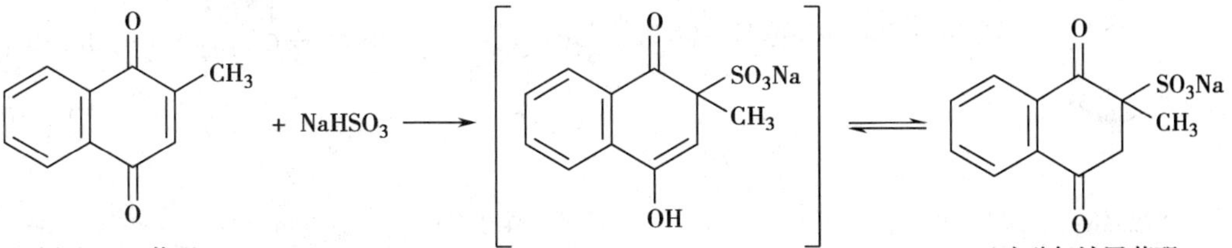

2-甲基-1,4-萘醌　　　　　　　　　　　　　　　　　　　　　亚硫酸氢钠甲萘醌

2. 1,6- 加成　对苯醌在亚硫酸水溶液中，经 1,6- 加氢反应被还原为对苯二酚（又称氢醌）。这是氢醌氧化成对苯醌的逆反应。

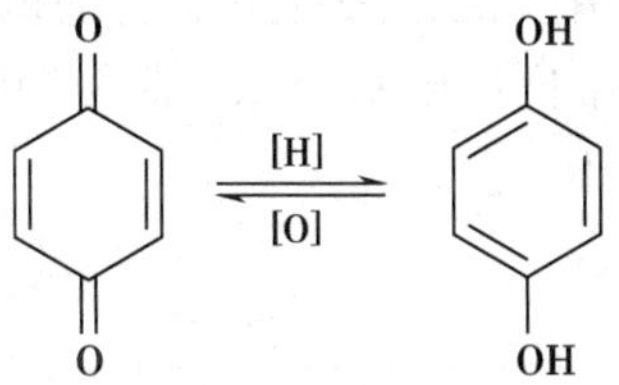

对苯醌　　　　对苯二酚（氢醌）

醌和对应的氢醌组成氧化还原电对，并据此制成氢醌电池，用于测定氢离子浓度。这一反应在生物学过程中有着重要的意义。生物体内的氧化还原作用经常是以加氢或者脱氢的方式进行的，在这一些过程中，某些物质在酶的控制下所进行的氢的传递工作可通过酚醌氧化还原体系来实现。

四、有代表性的醌类化合物

(一)对苯醌

对苯醌是黄色晶体,熔点 115.7℃,能随水蒸气蒸出,具有刺激性臭味,有毒,能腐蚀皮肤,能溶于醇和醚中。如将对苯醌的乙醇溶液和无色的对苯二酚的乙醇溶液混合,溶液变为棕色,并有深绿色的晶体析出,这是一分子对苯醌和一分子对苯二酚结合而成的分子配合物,叫做醌氢醌。

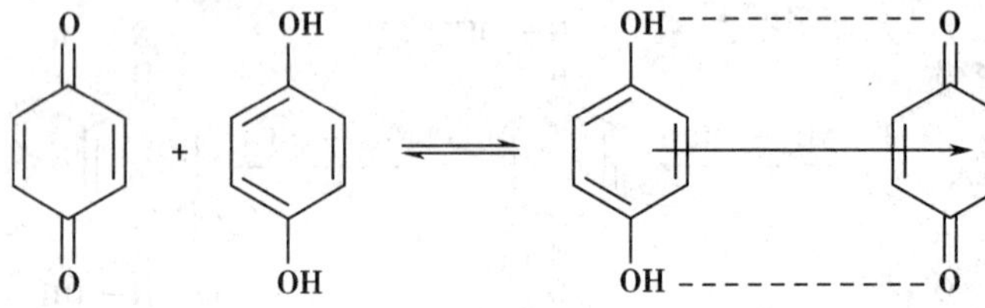

醌氢醌

(二)α- 萘醌和维生素 K

α- 萘醌又叫 1,4- 萘醌,是黄色晶体,熔点 125℃,可升华,微溶于水,溶于乙醇和乙醚中,有刺鼻的气味。一些具有凝血作用的维生素的基本结构含 α- 萘醌构造,如维生素 K_1 和 K_2,二者仅侧链有所不同。

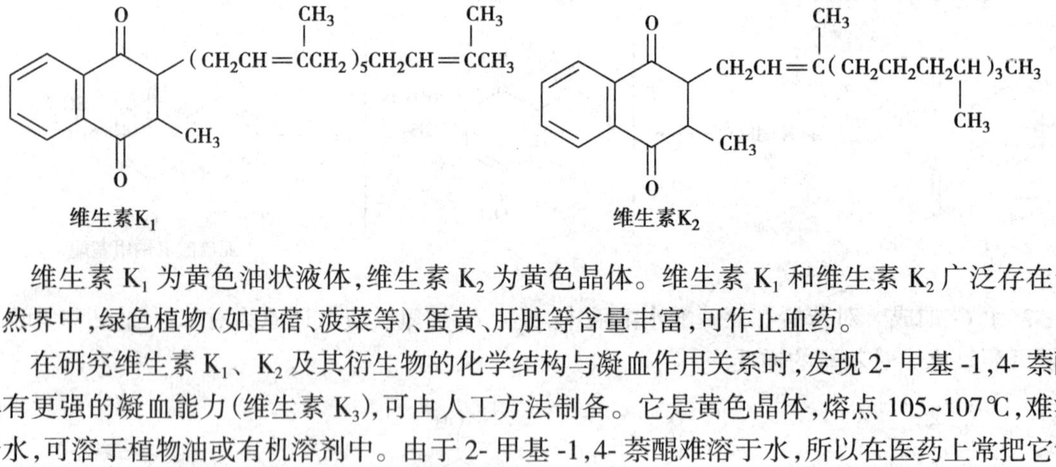

维生素K_1 维生素K_2

维生素 K_1 为黄色油状液体,维生素 K_2 为黄色晶体。维生素 K_1 和维生素 K_2 广泛存在于自然界中,绿色植物(如苜蓿、菠菜等)、蛋黄、肝脏等含量丰富,可作止血药。

在研究维生素 K_1、K_2 及其衍生物的化学结构与凝血作用关系时,发现 2- 甲基 -1,4- 萘醌具有更强的凝血能力(维生素 K_3),可由人工方法制备。它是黄色晶体,熔点 105~107℃,难溶于水,可溶于植物油或有机溶剂中。由于 2- 甲基 -1,4- 萘醌难溶于水,所以在医药上常把它制成易溶于水的亚硫酸氢钠甲萘醌来使用。

本章小结

醛、酮和醌是一类含羰基官能团的化合物,其系统命名法与醇相似,羰基碳原子以 sp^2 杂化、呈平面结构;羰基的碳氧双键,由于碳氧电负性不同具有极性,化学性质活泼。

(1)羰基与氢氰酸、格氏试剂、醇、亚硫酸氢钠、氨的衍生物等试剂发生亲核加成反应,分别生成:α- 羟基腈、各种类型的醇、半缩醛(酮)和缩醛(酮)、α- 羟基磺酸钠、肟、腙、苯腙等。羰基加成反应的活性受羰基碳原子所连基团的电性效应和空间效应的影响,醛的活性大于酮,脂肪醛活性大于芳香醛。

(2) 受羰基的影响,醛、酮分子中的 α-氢较为活泼,可发生羟醛缩合、卤仿反应等,特别是碘仿反应可作为 $CH_3—\overset{\overset{\displaystyle O}{\|}}{C}—H(R)$ 和 $CH_3—\overset{\overset{\displaystyle OH}{|}}{CH}—H(R)$ 两种类型化合物的鉴别,生成黄色沉淀。

(3) 醛比酮活泼,醛可被弱氧化剂(托伦试剂、菲林试剂)氧化,酮一般不能被氧化,所以可用这些弱氧化剂区别醛和酮及脂肪醛和芳香醛。

(4) 在不同还原剂作用下,醛、酮的羰基可被还原成不同的结构。用催化氢化的方法或用金属氢化物可将羰基还原成醇羟基,后者如 $NaBH_4$ 和 $LiAlH_4$ 是选择性还原试剂,只还原羰基成羟基,不还原碳碳双键;用克莱门森还原法或 Wolff-Kishner-黄鸣龙法可将羰基还原成亚甲基。不含 α-氢的醛还可以发生自身氧化还原反应(歧化反应)。

醌类都是具有颜色的固体化合物,对苯醌、α-萘醌及 9,10-蒽醌等对位醌大多为黄色,β-萘醌等邻位醌大多为红色或橘色。醌是不饱和环己二酮,在分子中既有碳碳双键,又有碳氧双键,所以可以发生烯键的亲电加成反应和羰基的亲核加成反应。另外,醌又有一些特殊的性质,可以发生 1,4-和 1,6-加成。

(李柱来)

复习题

1. 命名下列化合物。

(1) $H_3C—\overset{\overset{\displaystyle CH_3}{|}}{CH}—CHO$

(2)

(3) $CH_2=CHCH_2COCH_3$

(4) $OHC—CHO$

(5)

(6) $CH_3\overset{\overset{\displaystyle O}{\|}}{C}CHCH_3$

(7) $CH_3O—\!\!\!\!<\!\!>\!\!\!\!—CHO$

(8)

183

2. 写出下列化合物的结构式。

(1) 2-氯代丁醛　　　　　　　　(2) 戊二醛

(3) 苯乙酮　　　　　　　　　　(4) 3-苯丙烯醛

(5) 3-戊烯-2-酮　　　　　　　　(6) 对硝基苯乙醛

(7) 2,4-戊二酮　　　　　　　　　(8) 2-甲基-1,4-苯醌

(9) 1,4-环己二酮　　　　　　　　(10) 1,4-萘醌

3. 下列化合物中,哪些化合物不能与 HCN 加成?

(1) CH_3CHO　　　　　　　　　(2) $CH_3CH_2COCH_3$

(3)

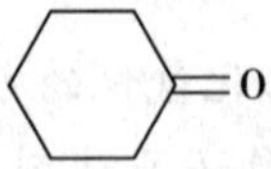

(4)

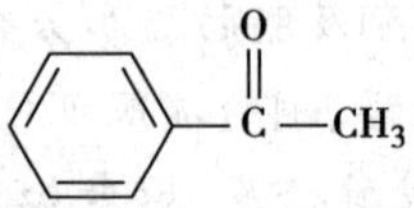

4. 下列化合物中,哪些化合物能起碘仿反应?

(1) CH_3CH_2OH　　　　　　　　(2) $CH_3CH_2CH_2OH$

(3) CH_3CH_2CHO　　　　　　　(4) $CH_3CH_2COCH_3$

5. 下列两个系列化合物中,哪个化合物亲核加成反应活性最大?

(1)　　A. CH_3CHO　　　　　　　B. CH_3COCH_3

　　　　C. $HCHO$　　　　　　　　D.

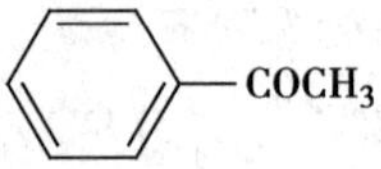

(2)　　A. CH_3COCH_3　　　　　　B. $CH_3COCH_2CH_3$

　　　　C. $CH_3COC(CH_3)_3$　　　　D.

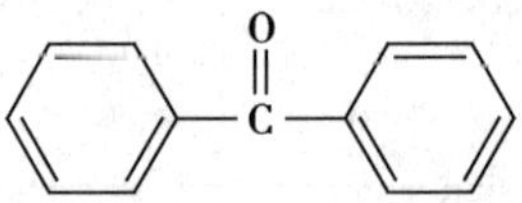

6. 写出下列反应的主要产物。

(1) $CH_3CH_2CHO \xrightarrow[\triangle]{稀 OH^-}$

(2) + CH_3MgBr $\xrightarrow[(2) H_3O^+]{(1) 无水乙醚}$

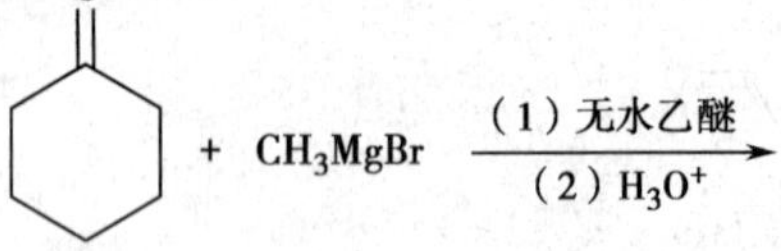

(3) $\xrightarrow{HCN}$

(4) $\xrightarrow[\triangle]{菲林试剂}$ $\xrightarrow{H_3O^+}$

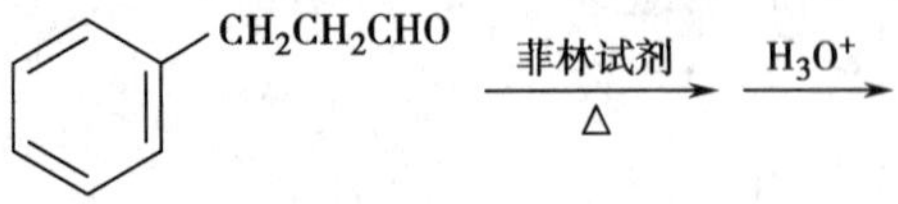

(5) $CH_3COCH_2CH_3 \xrightarrow{I_2/NaOH}$

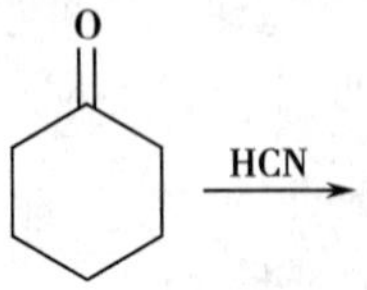

(6) $2 CH_3-$$-CHO \xrightarrow{浓NaOH}$

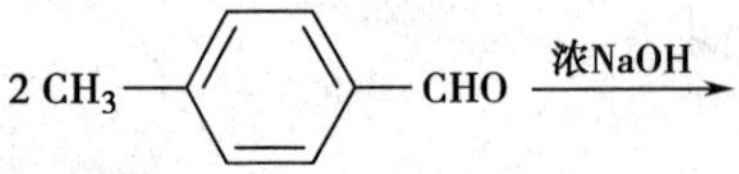

(7) $\text{C}_6\text{H}_5\text{—CHO} + \text{CH}_3\text{COCH}_3 \xrightarrow[\Delta]{\text{稀OH}^-}$

(8) $\text{CH}_3\text{O—C}_6\text{H}_4\text{—CHO} \xrightarrow[\Delta]{\text{Zn}/\text{Hg,HCl}}$

(9) 邻-CH_3-C_6H_4-$\text{COCH}_3 \xrightarrow[(\text{HOCH}_2\text{CH}_2)_2\text{O},\Delta]{\text{H}_2\text{N—NH}_2,\text{NaOH}}$

(10) $\text{CH}_3\text{CH}_2\text{CH}=\text{CHCHO} \xrightarrow[(2)\text{H}_3\text{O}^+]{(1)\text{LiAlH}_4}$

(11) $\text{CH}_3\text{COCH}_2\text{CH}_3 + \text{H}_2\text{NNH}$-$\text{C}_6\text{H}_3(\text{O}_2\text{N})(\text{NO}_2) \longrightarrow$

(12) 对苯醌 $\xrightarrow{\text{NH}_2\text{—OH}}$

7. 用化学方法鉴别下列各组化合物。

(1) 甲醛、乙醛、2-丁酮

(2) 2-戊酮、3-戊酮、环己酮

(3) 苯甲醛、苯乙醛、丙酮

8. 分子式为 $\text{C}_8\text{H}_{14}\text{O}$ 的化合物 A,可使溴水很快褪色,也可与苯肼反应。A 氧化后得到丙酮与化合物 B,B 与次碘酸钠作用生成碘仿与丁二酸,试写出 A、B 的结构式。

9. 分子式为 $\text{C}_6\text{H}_{12}\text{O}$ 的四种非芳香族无侧链的有机化合物 A、B、C、D。实验表明:它们都不能使溴的四氯化碳溶液褪色;但 A、B 和 C 都可与 2,4-二硝基苯肼生成黄色沉淀;A 和 B 还可与 NaHSO$_3$ 反应产生结晶性加成物,A 与 Tollens 试剂作用,有银镜生成,B 无此反应,但可与碘的氢氧化钠溶液作用生成黄色沉淀;D 不与上述试剂作用,但遇金属钠能放出氢气。试写出 A、B、C 和 D 的结构式。

10. 某化合物 A 的分子式为 $\text{C}_9\text{H}_{10}\text{O}_2$,能溶于 NaOH 溶液,并可与 2,4-二硝基苯肼生成黄色沉淀作用,但不发生银镜反应;A 用 LiAlH$_4$ 还原生成化合物 B($\text{C}_9\text{H}_{12}\text{O}_2$);A 和 B 均可与碘的氢氧化钠溶液作用,有黄色沉淀生成;A 与 Zn(Hg)/HCl 作用,得到化合物 C($\text{C}_9\text{H}_{12}\text{O}$)。C 与 NaOH 成盐后,与 CH$_3$I 反应得到化合物 D($\text{C}_{10}\text{H}_{14}\text{O}$),后者用 KMnO$_4$ 处理,得到对甲氧基苯甲酸。试写出 A、B、C 和 D 的结构式。

11. 某化合物 A,不与 Tollens 试剂反应,与羰基试剂 2,4-二硝基苯肼反应有黄色沉淀生成。A 与 HCN 反应生成化合物 B,分子式为 $\text{C}_6\text{H}_{11}\text{ON}$。A 与 NaBH$_4$ 反应可得到非手性化合物 C,C 在浓硫酸作用下生成 2-戊烯。试写成化合物 A、B、C 的结构。

第 九 章

羧酸和取代羧酸

学习目标 ▐▐▐

1. 掌握　羧酸的命名;羧酸的酸性及其影响因素;羧酸衍生物的生成、羧酸的还原及 α-氢的卤代等化学性质。
2. 掌握　二元羧酸的热解反应、羟基酸的脱水反应和羰基酸的受热反应。
3. 熟悉　羧酸的结构和分类;常见羧酸的俗名。
4. 了解　羧酸的物理性质;酮体的概念。

分子中含有羧基(—COOH)的有机化合物称为羧酸。羧基是羧酸的官能团。除甲酸外,其余羧酸都可看作是烃分子中的氢原子被羧基取代后的衍生物。羧酸和取代羧酸与人类生活密切相关,如食用醋即 2% 的乙酸。有些羧酸与生命代谢过程有关,如糖代谢过程中,存在羟基酸的氧化,酮酸的脱羧反应。有些羧酸与医药关系十分密切,有的作为合成药物的原料,有的本身就是药物。例如:

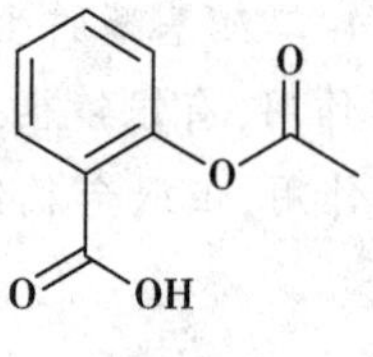

阿司匹林 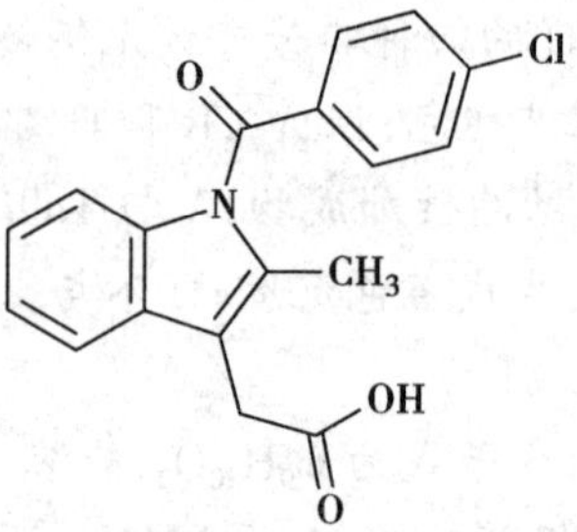　　　　吲哚美辛

第一节　羧　　酸

一、羧酸的分类和命名

(一)羧酸的分类

根据与羧基所连烃基结构的不同,可将羧酸分为脂肪羧酸和芳香羧酸。脂肪羧酸又根据

烃基的不饱和程度分为饱和羧酸和不饱和羧酸。根据分子中所含羧基的数目,又可分为一元羧酸、二元羧酸和多元羧酸。例如:

	饱和羧酸	不饱和羧酸	芳香羧酸
一元羧酸	CH₃COOH	CH₂=CHCOOH	⬡—COOH
	乙酸	丙烯酸	苯甲酸
二元羧酸	COOH | COOH	HC—COOH ‖ HC—COOH	⬡(COOH,COOH)
	乙二酸(草酸)	丁烯二酸	邻苯二甲酸

(二) 羧酸的命名

一些常见的羧酸多用俗名,这是根据它们的来源命名的,例如蚁酸(即甲酸,存在于蚂蚁分泌物和蜜蜂的分泌液中)、醋酸(即乙酸,为食醋内酸味及刺激性气味的来源)、草酸(即乙二酸,常以盐形式存在于植物的细胞膜中)等。一些常见羧酸的俗名见表9-1。

表 9-1　常见羧酸理化常数

名称(俗名)	结构式	沸点(℃)	熔点(℃)	溶解度(g/100g 水)	pK_a
甲酸(蚁酸)	HCOOH	100.5	8.4	∞	3.77
乙酸(醋酸)	CH₃COOH	118	16.6	∞	4.76
丙酸(初油酸)	CH₃CH₂COOH	141	−22	∞	4.88
丁酸(酪酸)	CH₃(CH₂)₂COOH	162.5	−4.7	∞	4.82
戊酸(缬草酸)	CH₃(CH₂)₃COOH	187	−35.0	3.7	4.81
己酸(羊油酸)	CH₃(CH₂)₄COOH	205.0	−1.5	0.4	4.84
苯甲酸(安息香酸)	C₆H₅COOH	249	122	0.34	4.17
乙二酸(草酸)	HOOCCOOH	>100	189	8.6	1.46,4.40※
丙二酸(缩苹果酸)	HOOCCH₂COOH	140	135	7.3	2.80,5.85※
丁二酸(琥珀酸)	HOOC(CH₂)₂COOH	235	185	5.8	4.17,5.64※

注:※ 为 pK_{a2} 值

羧酸的系统命名与醛相似,命名时把醛字改成"酸"字即可。即选取包含羧基的最长碳链为主链,编号以羧基碳原子为始端,取代基的位次可用阿拉伯数字1、2、3…等表示,也可用希腊字母(α、β、γ…)等标明。例如:

$$\overset{\gamma}{\underset{4}{CH_3}}-\overset{\beta}{\underset{3}{CH_2}}-\overset{\overset{OH}{|}\,\alpha}{\underset{2}{CH}}-\overset{}{\underset{1}{COOH}}$$
2-羟基丁酸(α-羟基丁酸)

$$\overset{}{\underset{5}{CH_3}}-\overset{\overset{CH_3}{|}\,\gamma}{\underset{4}{CH}}-\overset{\beta}{\underset{3}{CH_2}}-\overset{\alpha}{\underset{2}{CH_2}}-\overset{}{\underset{1}{COOH}}$$
4-甲基戊酸(γ-甲基戊酸)

应该注意的是:羧基永远作为 C_1,C_2 对应的为 α 位,C_3 对应 β 位。

不饱和羧酸的命名,应选择同时含羧基和不饱和键的最长碳链为主链,称"某烯(炔)酸"。双键的位号应写在母体名称之前。

$$CH_3C = CHCH_2COOH$$
$$|$$
$$CH_3$$

4- 甲基 -3- 戊烯酸
（γ- 甲基 -β- 戊烯酸）

在命名高级脂肪酸（主链碳原子数 >10 的羧酸）时，用"十一、十二"等中文数字表示碳原子的数目，母体名称须在中文数字后加"碳"字，如：

$$CH_3(CH_2)_{14}COOH \qquad CH_3(CH_2)_{16}COOH$$

十六碳酸   十八碳酸

不饱和高级脂肪酸的命名时，双键的位号可用阿拉伯数字标明在母体名称之前；也有用"Δ"表示双键，Δ 右上角的数字代表双键的位次，不同双键的位次之间用逗号","隔开。

$$CH_3(CH_2)_5CH = CH(CH_2)_7COOH$$

9- 十六碳烯酸（Δ^9- 十六碳烯酸）

$$CH_3 - (CH_2)_4 - CH = CH - CH_2 - CH = CH - (CH_2)_7 - COOH$$

9,12- 十八碳二烯酸（$\Delta^{9,12}$- 十八碳二烯酸）

脂环酸和芳香羧酸的命名则以脂环和芳基为取代基、脂肪羧酸为母体进行命名。羧基直接与苯环相连的芳香羧酸的命名是以苯甲酸为母体，其他基团作为取代基。如：

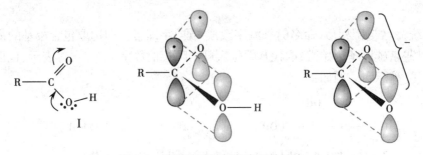

α-环己基乙酸   3-硝基-4-氯苯甲酸   3-苯基丙烯酸（β-苯基丙烯酸）

二、羧酸的结构

羧基中的羰基碳原子是 sp^2 杂化，3 个 sp^2 杂化轨道分别与烃基和两个氧原子形成 3 个 σ 键，这 3 个 σ 键在同一平面上，它们键间的夹角大约 120°。碳原子上未参加杂化的 p 轨道与羰基氧原子上的 p 轨道从侧面交盖形成 π 键。羟基氧上未杂化的 p 轨道有一对未共用电子对，可与该 π 键形成 p-π 共轭体系（图 9-1）。

图 9-1 羧酸和羧酸根负离子的结构

经物理方法测定：甲酸分子中的 C = O 键长为 125pm，比醛、酮中羰基的键长（122pm）稍长；而 C — O 键长为 131pm，比醇中 C — O 键长（143pm）短。键长趋于平均化，表明羧基中的羰基和羟基发生 p-π 共轭效应。当羧基的氢解离后,2 个碳氧键键长实际测定均为 125pm,键长完全平均化,说明其 p-π 共轭作用更强,负电荷平均分配在两个氧原子上,从而使羧酸根负离子稳定。

三、羧酸的物理性质

由于羧基是一个亲水基团,可以和水形成氢键。在一元脂肪酸中,甲酸至丙酸是具有强烈刺激性气味的液体,能与水混溶;丁酸至壬酸的直链羧酸为具有腐败气味的油状液体,其在水中的溶解度随碳原子数增加而减小;癸酸以上的酸是无臭的固体,不溶于水。碳数少于八的二元酸在水中有一定的溶解度,而大于八的二元酸和芳香酸难溶或不溶于水。

饱和一元羧酸的沸点比分子量相近的醇高,如甲酸和乙醇的分子量相同,甲酸的沸点为100.5℃,乙醇的沸点为78.5℃。这是由于羧酸分子间可以形成两个氢键,缔合成双分子二聚体,低级的羧酸甚至在气态下即缔合成二聚体。

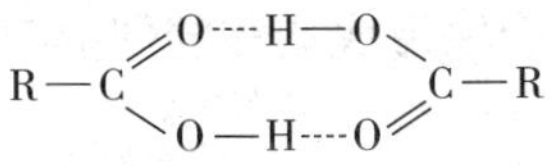

$$R-C\underset{O-H\cdots O}{\overset{O\cdots H-O}{\diagup\diagdown}}C-R$$

饱和一元羧酸的熔点随分子量的递增而成锯齿状的变化。一些常见羧酸的俗名和物理常数参见表 9-1。

？ 问题与思考 ●●●

按沸点顺序由高到低排列下列化合物:1-丁醇;丁醛;丙酸;乙醚;丁烷。

四、羧酸的化学性质

羧基是羧酸的官能团,它由羰基和羟基相连而成,由于这两个官能团的相互作用,使得羧酸的性质并不等于酮和醇性质的简单加合。根据羧基的结构特点分析,羧酸应具有下列主要的化学性质:

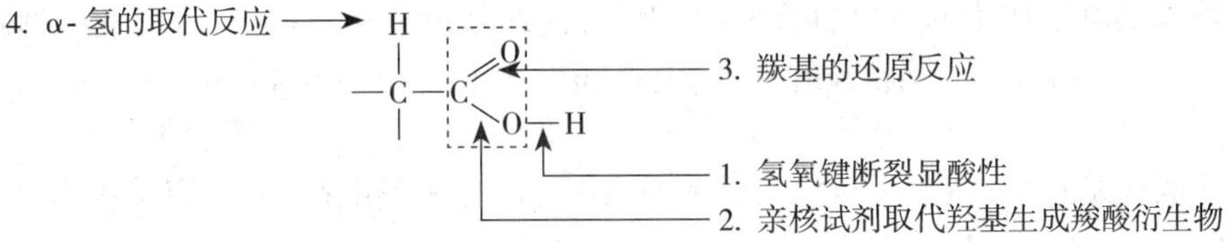

(一) 酸性

1. 酸性与成盐　羧酸具有明显的酸性,在水中能解离成羧酸根负离子和质子。

$$RCOOH \rightleftharpoons RCOO^- + H^+$$

羧酸显酸性的原因,是由于羧基中羟基氧上的孤电子对与羰基的 π 键发生了 p-π 共轭作用,使羟基氧原子上的电子云更靠近羰基,致使 O—H 间的成键电子对更靠近氧原子,从而增强了 O—H 键的极性,有利于氢的解离。此外,解离后生成的羧基负离子,又由于氧上的负电荷通过 p-π 共轭分散更加稳定,因而羧酸显酸性。

羧酸能与氢氧化钠、碳酸钠或碳酸氢钠等反应生成羧酸盐。

$$RCOOH + NaOH \longrightarrow RCOONa + H_2O$$

$$RCOOH + NaHCO_3 \longrightarrow RCOONa + H_2O + CO_2\uparrow$$

$$2RCOOH + Na_2CO_3 \longrightarrow 2RCOONa + H_2O + CO_2\uparrow$$

成盐可以改变药物的水溶性。医药工业上常将水溶性差的含羧基的药物转变成易溶于水的碱金属羧酸盐,以增加其水溶性。如含有羧基的青霉素和氨苄青霉素水溶性极差,转变成钾盐或钠盐后水溶性增大,便于临床使用。许多羧酸盐在工业、农业、医药卫生领域里被广泛应用,如表面活性剂(硬脂酸钠或硬脂酸钾等)、杀菌剂和防霉剂(苯甲酸钠等)。

用盐酸等强酸酸化羧酸盐溶液,可以游离出羧酸。

$$RCOONa + HCl \longrightarrow RCOOH+NaCl$$

利用羧酸的这一性质,可分离提纯羧酸。例如欲分离苯甲酸和苯甲醇,先加入适量不溶于水、易挥发的有机溶剂如乙醚,使混合物形成均相的醚溶液,然后可按下面步骤进行分离:

2. 影响酸性强弱的因素 羧酸的酸性强弱可以用 pK_a 来表示,通常羧酸的 pK_a 在 3.5~5 之间,一般羧酸的酸性比苯酚和碳酸的酸性要强些,但比强的无机酸弱。

羧酸酸性取决于其对应的共轭碱羧基负离子的稳定性。羧基负离子越稳定,酸性就越强。任何能使负离子更稳定的因素可使酸性增大;任何能使负离子不稳定的因素可使酸性降低。

G 给电子,负离子不稳定,酸性降低   G 吸电子,稳定负离子,酸性增强

(1) 脂肪酸:脂肪酸酸性的强弱与羧酸烃基上所连基团的性质有关。

取代基为供电子作用的烃基,可增加负电荷,使羧基负离子不稳定,因此使酸性减弱。

$$HCOOH > CH_3COOH > CH_3CH_2COOH > (CH_3)_2CHCOOH > (CH_3)_3CCOOH$$

pK_a 3.77	4.76	4.86	4.87	5.05

吸电子取代基(如—X、—NO_2、—CN、—OH),可分散负电荷,使负离子稳定,因此使酸性增强,而且其酸性的大小与它们在烃基中的位置、数量和电负性等因素有关。例如:

$$FCH_2COOH > ClCH_2COOH > BrCH_2COOH > ICH_2COOH$$

pK_a 2.66	2.81	2.87	3.13

$$Cl_3CCOOH > Cl_2CHCOOH > ClCH_2COOH > CH_3COOH$$

pK_a 0.08	1.29	2.81	4.76

$$CH_3CH_2CHCOOH > CH_3CHCH_2COOH > CH_2CH_2CH_2COOH > CH_3CH_2CH_2COOH$$

	Cl	Cl	Cl

pK_a 　　 2.86 　　　　 4.0 　　　　　 4.52 　　　　　 4.82

二元羧酸的酸性比相应的一元羧酸强。二元羧酸的解离是分两步进行,第一步解离会受到另一个羧基的吸电子诱导效应的影响,酸性减弱。两个羧基相距越近,影响越大。例如:

$$乙二酸 > 丙二酸 > 丁二酸 > 戊二酸 > 己二酸$$

pK_a 　 1.27 　　 2.85 　　 4.21 　　 4.34 　　 4.43

当主链碳原子数超过四个时,pK_{a1} 差距明显减小,酸性接近一元羧酸。

(2) 芳香酸:对于芳香羧酸,芳环上取代基对其酸性的影响需要同时考虑诱导效应、共轭效应、超共轭效应、空间效应及氢键等。

当取代基位于羧基的对位时,取代基会通过苯环影响羧基上的电子云分布。若取代基为—R、—OH 或 —OCH$_3$ 等供电子基团时,增加的电子云通过苯环移向羧基,影响羧基氢的解离,使取代苯甲酸的酸性比苯甲酸低。若取代基为—X、—NO$_2$ 或 —CN 等吸电子基团时,则会通过苯环降低羧基的电子云密度,增加羧基氢的解离,从而增强酸性。一些对位取代基对苯甲酸酸性的影响见表 9-2。

pK_a 　　　 3.41 　　　　　 4.19 　　　　　 4.34

表 9-2　对位取代基对苯甲酸酸性的影响

	Y	K_a	pK_a	
弱酸	—OH	$3.3×10^{-5}$	4.48	
	—OCH$_3$	$3.5×10^{-5}$	4.46	
	—CH$_3$	$4.3×10^{-5}$	4.34	供电子基团
	—H	$6.46×10^{-5}$	4.19	
	—Cl	$1.0×10^{-4}$	4.0	
	—Br	$1.1×10^{-4}$	3.96	
	—CHO	$1.8×10^{-4}$	3.75	吸电子基团
	—CN	$2.8×10^{-4}$	3.55	
强酸	—NO$_2$	$3.9×10^{-4}$	3.41	

邻位取代基对芳香酸酸性的影响,还受立体效应或氢键等作用的影响,无论是供电子基团还是吸电子基团,其酸性都强于其位于间位或对位时的酸性。例如:

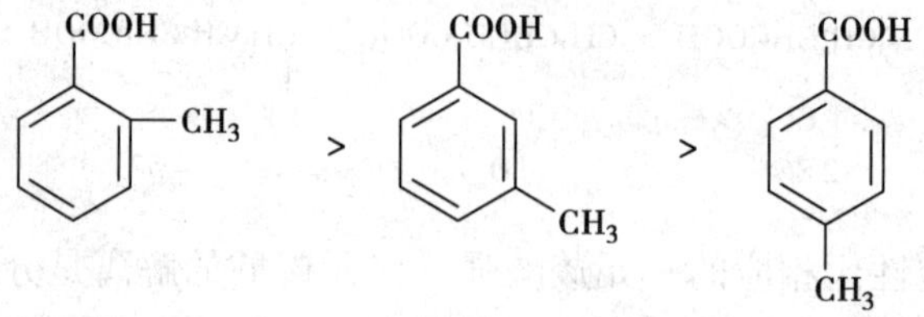

pK_a 3.89 4.28 4.34

取代基—OH 和—OCH_3 具有两种效应：当在间位时，仅存在吸电子的诱导效应，因而使芳香酸的酸性增强；当在对位时，存在吸电子的诱导效应和给电子的共轭效应，且给电子的共轭效应大于吸电子的诱导效应，因此在对位时总的效果是给电子效应，芳香酸的酸性减弱。

（二）羧酸衍生物的生成

羧酸在酸或碱的催化下，羧基中的羟基可以被卤素、酰氧基、烷氧基和氨基取代，生成相应的酰卤、酸酐、酯和酰胺。

1. 酰卤的生成　羧基中的羟基被卤素取代的产物称为酰卤（acylhalide），其中以酰氯最重要。可用羧酸与三氯化磷（PCl_3）、五氯化磷（PCl_5）或氯化亚砜（$SOCl_2$）等氯化剂反应制得，这是制备酰氯的一般方法。

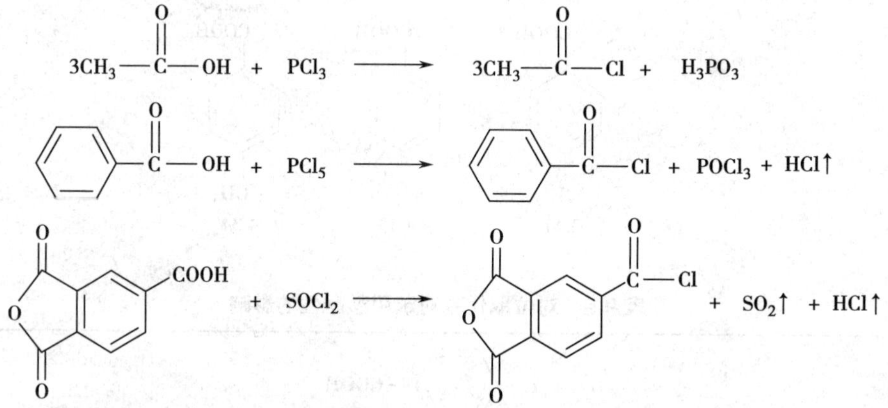

三种氯化剂的氯化能力是 $PCl_5>PCl_3>SOCl_2$。实验室制备酰卤，通常采用羧酸与二氯亚砜反应的方法，因为除产物外，副产物均为气体，便于得到主产物。

2. 酸酐的生成　一元羧酸（除甲酸外）与脱水剂（如酸酐、P_2O_5 等）共热，分子间脱去一分子水生成酸酐。

$$CH_3-\overset{O}{\overset{\|}{C}}-OH + HO-\overset{O}{\overset{\|}{C}}-CH_3 \xrightarrow[\triangle]{P_2O_5} \underset{\text{乙酸酐}}{CH_3-\overset{O}{\overset{\|}{C}}-O-\overset{O}{\overset{\|}{C}}-CH_3} + H_2O$$

混合酸酐可用羧酸盐与酰氯作用制得。

$$R-\overset{O}{\overset{\|}{C}}-ONa + R'-\overset{O}{\overset{\|}{C}}-Cl \xrightarrow{\triangle} R-\overset{O}{\overset{\|}{C}}-O-\overset{O}{\overset{\|}{C}}-R' + NaCl$$

3. 酯的生成　羧酸与醇在酸催化下生成酯的反应称酯化反应。酯化反应是可逆反应，常用硫酸等强酸作催化剂以加快反应速度，使平衡向生成物方向移动。

$$R-\overset{O}{\underset{||}{C}}-OH + HO-R' \xrightleftharpoons{H^+} R-\overset{O}{\underset{||}{C}}-O-R' + H_2O$$

羧酸与醇发生酯化反应,羧基和醇羟基之间的脱水可按两种方式进行:

(1) 烷氧键断裂:

$$R-\overset{O}{\underset{||}{C}}-O-\boxed{H + HO}-R' \xrightleftharpoons{H^+} R-\overset{O}{\underset{||}{C}}-O-R' + H_2O$$

(2) 酰氧键断裂:

$$R-\overset{O}{\underset{||}{C}}-\boxed{OH + H}-OR' \xrightleftharpoons{H^+} R-\overset{O}{\underset{||}{C}}-O-R' + H_2O$$

通常情况下,伯醇、仲醇与羧酸酯化时,多按酰氧键断裂方式进行的。其反应历程如下:

$$R-\overset{O}{\underset{||}{C}}-OH \xrightleftharpoons{H^+} R-\overset{\overset{+}{O}H}{\underset{||}{C}}-OH \xrightleftharpoons{HOR'} R-\overset{OH}{\underset{\underset{HO\ \ H}{|}}{C}}-\overset{+}{O}-R' \rightleftharpoons R-\overset{OH}{\underset{\underset{H_2O^+}{|}}{C}}-OR'$$

$$\xrightleftharpoons{-H_2O} R-\overset{\overset{+}{O}H}{\underset{||}{C}}-OR' \xrightleftharpoons{-H^+} R-\overset{O}{\underset{||}{C}}-OR'$$

叔醇与羧酸的酸化催化反应历程是按烷氧键断裂方式进行的。例如:

$$CH_3-\overset{O}{\underset{||}{C}}-O-\boxed{H + OH}-C(CH_3)_3 \rightleftharpoons CH_3-\overset{O}{\underset{||}{C}}-O-C(CH_3)_3 + H_2O$$

羧酸和醇的结构对酯化反应速度有较大影响。对相同的醇来说,羧酸 α-碳原子上的烃基越多,体积越大,则酯化反应速度越慢;对相同的羧酸来说,酯化反应速度是伯醇大于仲醇,叔醇最慢,且产率最低,因叔醇在强酸中易发生消除反应生成副产物烯烃等。

4. 酰胺的生成 羧酸与氨反应,首先生成羧酸铵盐,铵盐在加热下脱水生成酰胺。这是可逆反应,反应过程中不断蒸去水分,使平衡右移,可得到较高的产率。

$$R-COOH + NH_3 \rightleftharpoons ROONH_4 \xrightarrow{\triangle} RCONH_2 + H_2O$$

酰卤、酸酐等进行氨解,都可以得到酰胺(见第十章)。酰胺是一类很重要的化合物,很多药物、蛋白质和化工产品中都含有酰胺键(—CO—NH—)。

(三) 还原反应

羧酸很难用催化氢化法还原,但强还原剂氢化铝锂可以顺利地将羧酸还原为伯醇。还原时常以无水乙醚或四氢呋喃作溶剂,最后用稀酸水解得到产物。氢化铝锂在还原时具有选择性,不还原碳碳不饱和键。例如:

$$R-COOH \xrightarrow[(2)H^+,H_2O]{(1)LiAlH_4} R-CH_2OH$$

$$CH_2=CHCH_2CH_2COOH \xrightarrow[(2)H^+,H_2O]{(1)LiAlH_4} CH_2=CHCH_2CH_2CH_2OH$$

（四）α- 氢原子的卤代反应

羧酸分子中的 α-H 原子,具有一定的活泼性。但因羧基中的羟基氧原子与羰基形成 p-π 共轭体系,使羧基碳上的电子云密度从羟基氧原子上得到部分补充。因而羧酸 α-H 的活性较醛酮的 α-H 弱,故羧酸分子中 α-H 的取代反应也较醛酮慢。例如羧酸 α-H 的卤代反应常常需要催化剂（如红磷等）的存在下才能进行:

$$CH_3CH_2COOH \xrightarrow[P]{Br_2} CH_3\underset{\underset{Br}{|}}{C}HCOOH$$

羧酸卤代时,控制反应条件和卤素的用量,可得到产率较高的 α- 卤代酸。而 α- 卤代酸是制取 α- 羟基酸、α- 氨基酸、α- 氰基酸和 α,β- 不饱和酸的重要中间体,通过它可进一步合成其他各类型的化合物。例如:

$$
CH_3\underset{\underset{Cl}{|}}{C}HCOOH
\begin{cases}
\xrightarrow[(2)\,H^+]{(1)\,OH^-/H_2O} CH_3\underset{\underset{OH}{|}}{C}HCOOH \xrightarrow{[O]} CH_3\underset{\underset{O}{\|}}{C}COOH \\
\xrightarrow[(2)\,H^+]{(1)\,NH_3} CH_3\underset{\underset{NH_2}{|}}{C}HCOOH \\
\xrightarrow[(2)\,H^+]{(1)\,KCN} CH_3\underset{\underset{CN}{|}}{C}HCOOH \xrightarrow{H_2O} CH_3\underset{\underset{COOH}{|}}{C}HCOOH \\
\xrightarrow[(2)\,H^+]{(1)\,OH^-/乙醇} CH_2=CHCOOH
\end{cases}
$$

（五）甲酸的特殊反应

甲酸除具有羧酸的性质外,在结构上也可看作是羟基甲醛,所以甲酸具有醛的某些特性,能发生银镜反应,即甲酸具有还原性,可被氧化剂氧化生成碳酸,继而分解成二氧化碳和水。

$$H-\underset{\underset{\|}{O}}{C}-OH \xrightarrow{[O]} CO_2 + H_2O$$

五、二元羧酸的热解反应

二元羧酸对热不稳定。各种二元羧酸受热时,随两个羧基间的相对位置不同,有的可失水,有的脱羧,有的同时失水和脱羧。

乙二酸和丙二酸受热易发生脱羧反应,生成少一个碳原子的一元羧酸。

$$\underset{\underset{COOH}{|}}{\overset{COOH}{|}} \xrightarrow{\triangle} HCOOH + CO_2$$

$$H_2C\begin{smallmatrix}COOH\\ \\COOH\end{smallmatrix} \xrightarrow{\triangle} CH_3COOH + CO_2$$

丁二酸和戊二酸受热后,不发生脱羧而发生脱水,生成环状的酸酐。

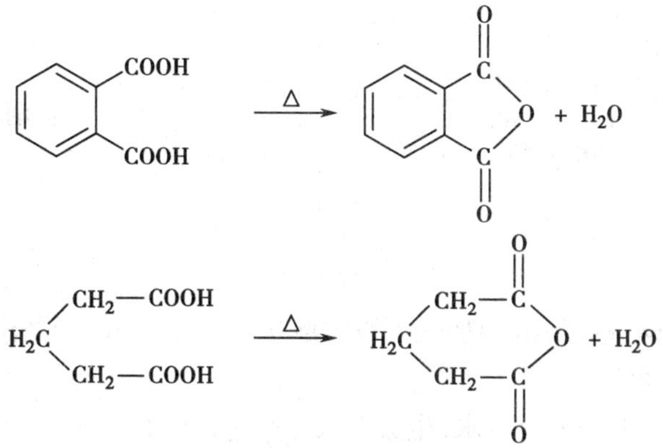

己二酸和庚二酸在氢氧化钡的存在下加热时,分子内同时脱水和脱羧生成少一个碳原子的环酮。

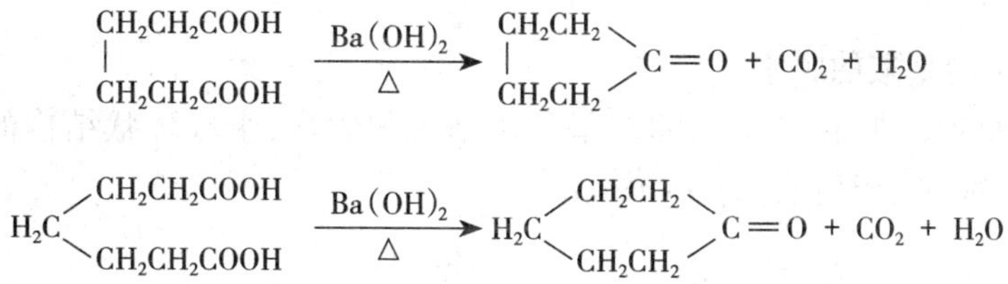

庚二酸以上的二元羧酸,在高温时发生分子间的失水,形成高分子的缩酐,不形成六元环以上的环酮。上述反应证实,产物在成环时,一般形成张力较小的五元环或六元环,这与张力理论是相一致的。

第二节 羟基酸和羰基酸

羧酸分子中烃基上的氢原子被其他原子或基团取代后的化合物称取代羧酸。取代羧酸广泛存在于自然界中,在药物合成和生物代谢中,都是十分重要的物质。取代羧酸包括卤代酸、羟基酸、羰基酸(又称氧代酸)和氨基酸。例如:

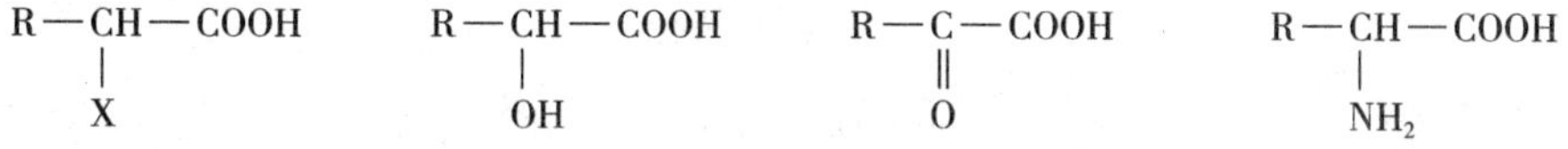

卤代酸　　　　　　羟基酸　　　　　　羰基酸　　　　　　氨基酸

一、羟基酸的脱水反应

羟基酸分子中含有两种不同的官能团。两个官能团互相影响使其热稳定性较差,因此羟基酸可以发生脱水反应。羟基和羧基间的相对位置不同,脱水反应的方式不同。

(一) α-羟基酸的脱水

α-羟基酸受热时,两分子间发生交叉脱水生成交酯。例如:

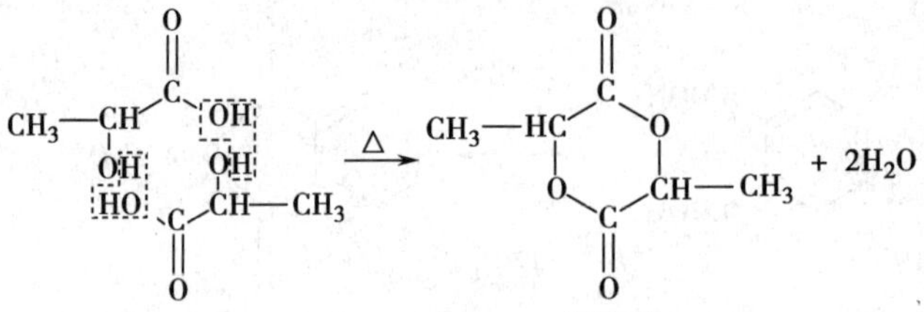

丙交酯

交酯和酯一样,在酸或碱溶液中加热可以水解生成原来的 α- 羟基酸。

(二) β- 羟基酸的脱水

β- 羟基酸受热时发生分子内脱水,生成 α,β- 不饱和羧酸。

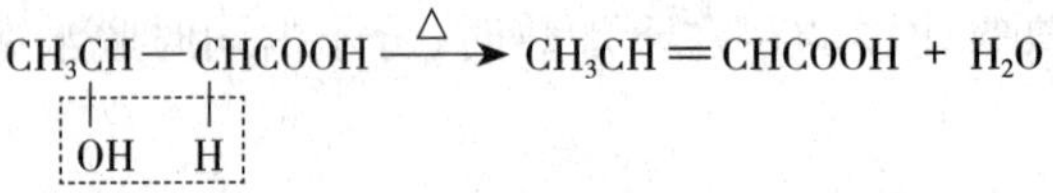

(三) γ- 或 δ- 羟基酸的脱水

γ- 或 δ- 羟基酸受热时,分子内的羟基和羧基之间脱水,生成环状结构的酯,称内酯。五元环内酯称 γ- 内酯,六元环内酯称 δ- 内酯。

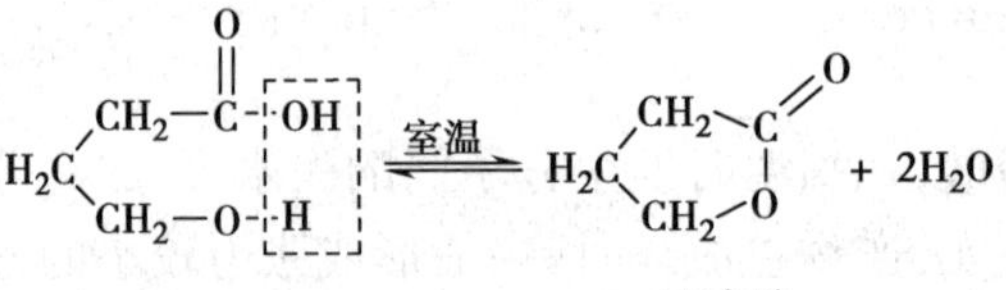

γ- 丁内酯

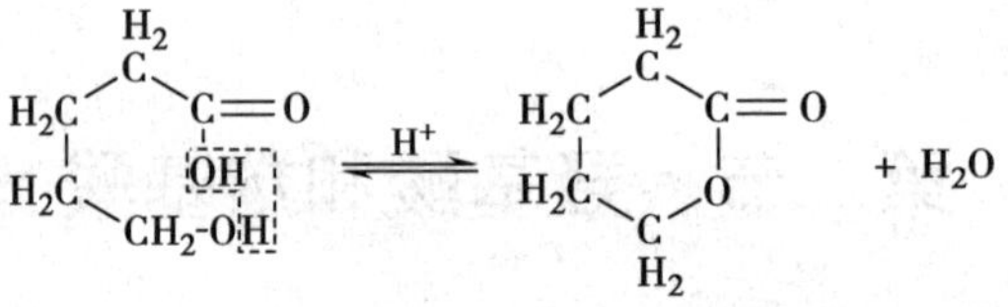

δ- 戊内酯

内酯和酯一样水溶性较小,在碱液中易开环生成相应的水溶性的 γ、δ- 羟基酸盐。再用稀酸酸化,又自动脱水环化成 γ- 或 δ- 内酯,并从水中析出。

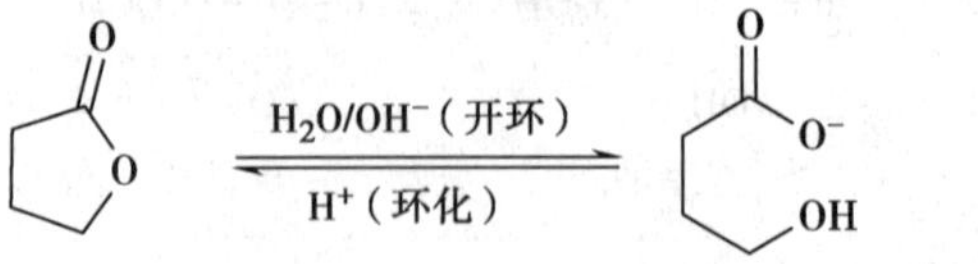

γ-丁内酯(不溶于水)   γ-羟基酸盐(溶于水)

常利用此特性分离提取含内酯结构的中草药有效成分。例如从蛔蒿未开放的花蕾中提取治蛔药山道年就是利用上述方法。只要将蛔蒿末与热石灰水混合搅拌,山道年 γ- 内酯水解开环成水溶性钙盐,过滤,将滤液加稀盐酸酸化,山道年 γ- 内酯便从水中析出。

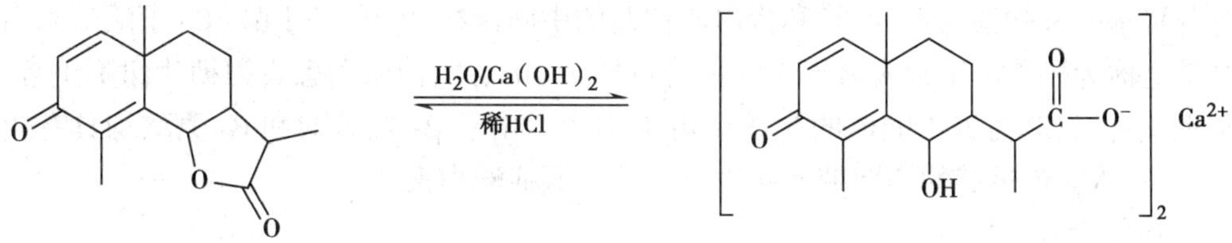

山道年γ-内酯（不溶于水） 山道年γ-羟基酸钙盐（溶于水）

又例如抗肿瘤药喜树碱和羟基喜树碱,分子中含有的内酯结构是抗肿瘤活性中心,如发生碱水解开环即失效。

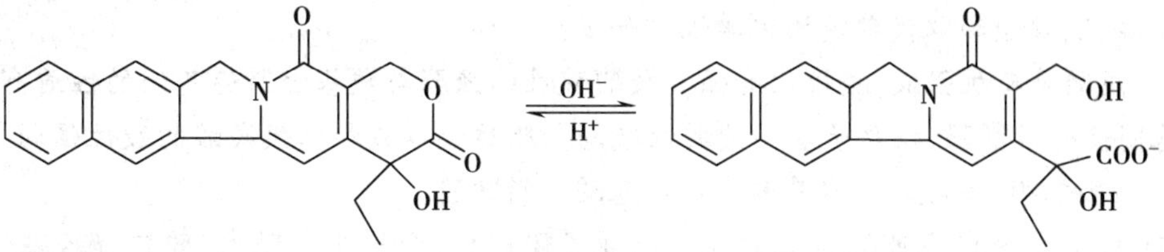

二、羰 基 酸

脂肪羧酸分子中烃基上的氢被氧原子替代后产生的化合物称为氧代羧酸,可分为醛酸和酮酸。由于醛酸实际应用较少,这里只讨论酮酸。

$$CH_3-\overset{O}{\underset{}{C}}-COOH \qquad CH_3-\overset{O}{\underset{}{C}}-CH_2-COOH \qquad HOOC-\overset{O}{\underset{}{C}}-CH_2-COOH$$

α- 丙酮酸 β- 丁酮酸（乙酰乙酸） 丁酮二酸（草酰乙酸）

（一）酮酸的酸性

由于酮酸分子中的羰基的吸电子诱导效应,酮酸的酸性比相应的羟基酸强,更强于相应的脂肪羧酸,且 α- 酮酸的酸性比 β- 酮酸强。如:

$$CH_3-\overset{O}{\underset{}{C}}-COOH \quad > \quad CH_3-\overset{OH}{\underset{}{CH}}-COOH \quad > \quad HO-CH_2CH_2-COOH \quad > \quad CH_3CH_2COOH$$

pK_a 2.49   3.86   4.51   4.88

（二）脱羧反应

α- 酮酸在稀硫酸的作用下,受热发生脱羧反应,生成少一个碳原子的醛。

$$CH_3-\overset{O}{\underset{}{C}}-COOH \xrightarrow[150℃]{稀 H_2SO_4} CH_3CHO + CO_2\uparrow$$

β- 酮酸比 α- 酮酸更容易脱羧,通常 β- 酮酸只能在低温下保存。

$$CH_3-\overset{O}{\underset{}{C}}-CH_2COOH \xrightarrow{微热} CH_3-\overset{O}{\underset{}{C}}-CH_3 + CO_2\uparrow$$

有些羟基酸和酮酸为糖、油脂和蛋白质代谢的中间产物,β- 羟基丁酸、β- 丁酮酸和丙酮三者在医学上称为酮体。正常人血液中酮体含量低于 10mg/L,糖尿病患者因糖代谢不正常,靠消耗脂肪提供能量,其血液中酮体的含量在 4g/L 以上。由于 β- 羟基酸和 β- 酮酸均具有较强的酸性,所以酮体含量过高的晚期糖尿病患者易发生酮症酸中毒。

本章小结

　　羧酸是分子中含有羧基(—COOH)具有酸性的有机化合物。羧酸的系统命名法与醛相似,常见的羧酸和取代羧酸更多的是采用俗名。羧基碳原子为 sp^2 杂化,呈平面结构且存在 p-π 共轭,羧酸和取代羧酸的化学性质如下:

　　(1) 羧酸是有机强酸,酸性比酚强。羧酸酸性的强弱与羧基上所连基团的性质有关,吸电子基团使酸性增强,供电子基团使酸性减弱。脂肪族羧酸和取代羧酸的酸性强弱大致顺序为:α- 酮酸>β- 酮酸>α- 羟基酸>β- 羟基酸> 脂肪酸。

　　(2) 羧基上的羟基可被其他的原子或原子团取代,分别生成酰卤、酸酐、酯、酰胺等羧酸衍生物。羧酸的 α-H 具活性,可被卤代。而 α- 卤代酸进一步反应可制备 α- 羟基酸、α- 氨基酸、α- 氰基酸和 α,β- 不饱和酸等化合物。

　　(3) 羧酸可被强还原剂氢化铝锂($LiAlH_4$)还原成醇;甲酸除了具有羧酸的性质外,还具有还原性,可发生银镜反应。

　　(4) 二元羧酸受热时,随两个羧基间的相对位置不同产物不同。乙二酸和丙二酸受热脱羧生成少一个碳原子的羧酸;丁二酸和戊二酸受热脱水生成环状酸酐;己二酸和庚二酸受热脱水又脱羧生成少一个碳原子的环酮。

　　(5) 羟基酸受热可发生分子间或者分子内的脱水反应。α- 羟基酸受热分子间脱水生成交酯;β- 羟基酸受热分子内脱水生成 α,β- 不饱和羧酸;γ- 和 δ- 羟基酸易发生分子内脱水生成内酯。

　　(6) α- 酮酸和 β- 酮酸受热都发生脱羧反应,β- 酮酸比 α- 酮酸更容易脱羧。

（王　艰）

复习题

1. 命名下列化合物。

(1) $CH_3CH_2CH = CCOOH$
　　　　　　　　　|
　　　　　　　　CH_3

(2) —CH_2COOH

(3)
COOH

COOH

(4)
　　　　　　CH_3
　　　　　　|
　—C—COOH
　　　　　　|
　　　　　　CH_3

2. 写出下列化合物的结构式。

(1) 2-甲基-4-己烯酸　　　　(2) 乙酰水杨酸

(3) 2-苯基丙二酸　　　　　(4) 2-氧代丁二酸

(5) 丁二酸酐　　　　　　　(6) 对氨基水杨酸

(7) 3-甲基-3-苯基丁酸

3. 用简单方法鉴别下列化合物。

(1) 甲酸、乙酸和丙醛

(2) 甲酸、苯甲酸、苄醇和苯酚

(3) 草酸、丁二酸和己二酸

4. 比较下列化合物酸性大小。

(1) 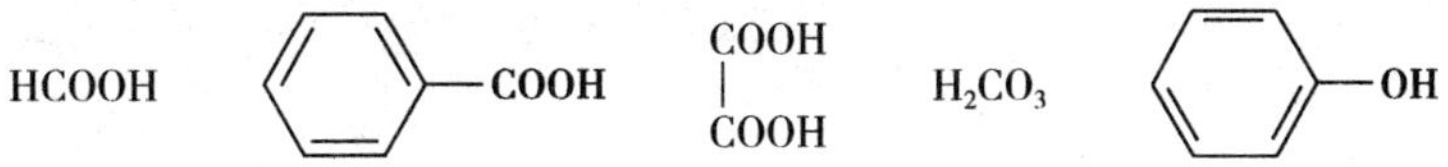 HCOOH　　—COOH　　$\overset{COOH}{\underset{COOH}{|}}$　　H_2CO_3　　—OH

(2)

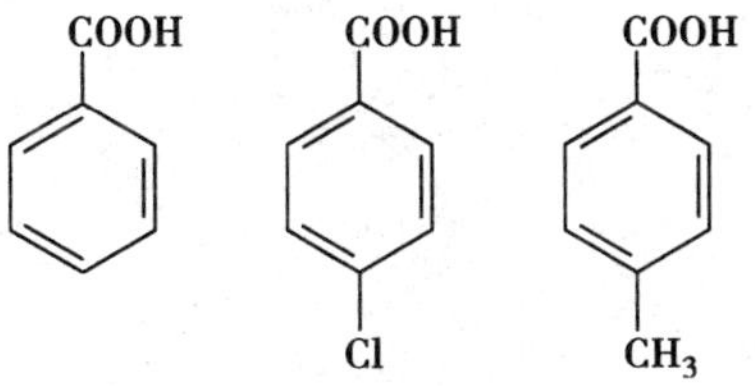

5. 完成下列反应式。

(1) $C_2H_5COOH + CH_3OH \xrightarrow[\triangle]{H_2SO_4}$

(2) 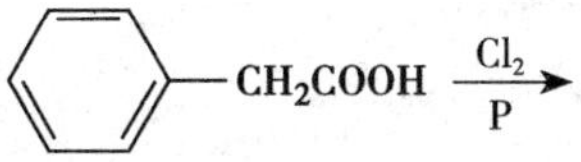 —$CH_2COOH \xrightarrow[P]{Cl_2}$

(3) $(CH_3)_2CHCH_2COOH + SOCl_2 \longrightarrow$

(4) 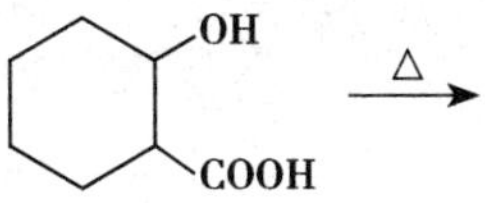 $\xrightarrow{\triangle}$

(5) 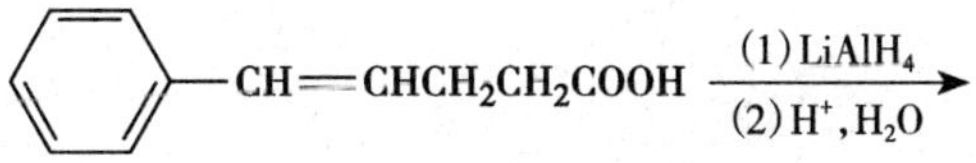 $CH=CHCH_2CH_2COOH \xrightarrow[(2)H^+,H_2O]{(1)LiAlH_4}$

(6) 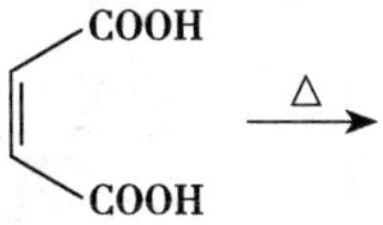 $\xrightarrow{\triangle}$

(7) 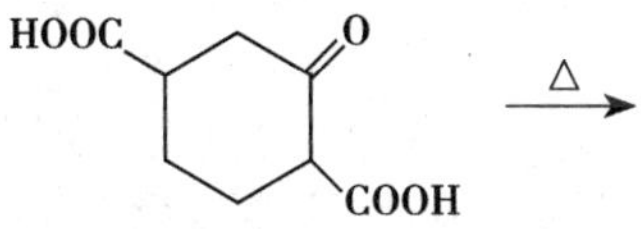 $\xrightarrow{\triangle}$

6. 试分离提纯苯甲酸和苯酚的混合物。

7. 推断题。

(1) 某旋光性化合物 A($C_5H_{10}O_3$)能溶于 $NaHCO_3$ 溶液,加热脱水生成化合物 B($C_5H_8O_2$)。B 存在两种构型,均无光学活性。B 经酸性高锰酸钾处理,得到 C($C_2H_4O_2$)和 D($C_3H_4O_3$)。C

和 D 均能与 NaHCO₃ 溶液作用放出 CO₂,且 D 还能发生碘仿反应。试推测 A、B、C 和 D 的结构。

(2) A、B、C 三个化合物互为同分异构体,分子式为 $C_4H_6O_4$。A 和 B 与 Na₂CO₃ 作用放出 CO₂, A 受热形成环状酸酐,B 受热脱羧。C 不能溶于冷的 NaOH 水溶液和 Na₂CO₃ 水溶液。C 与 NaOH 水溶液共热生成 D 和 E,D 的酸性比乙酸强。D 和 E 与酸性高锰酸钾共热都生成 CO₂, 试推测 A~E 的结构。

第 十 章

羧酸衍生物

羧酸分子的羧基中的羟基被 —X、—OR、—OCOR、—NH₂(或 —NHR、—NR₂)取代后所形成的化合物,分别称为酰卤、酸酐、酯和酰胺,总称为羧酸衍生物(derivatives of carboxylic acid)。结构通式分别如下:

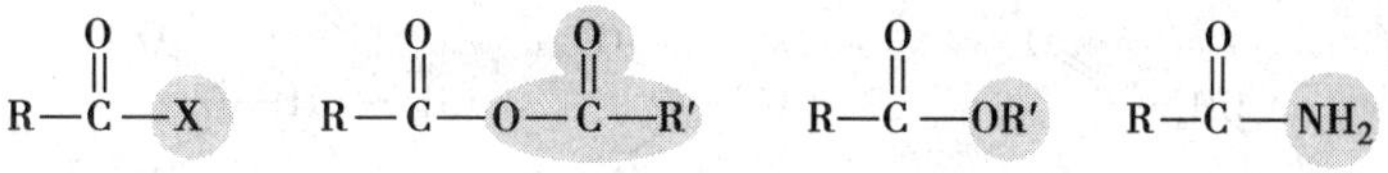

$$R-\overset{O}{\underset{}{\overset{\|}{C}}}-X \qquad R-\overset{O}{\underset{}{\overset{\|}{C}}}-O-\overset{O}{\underset{}{\overset{\|}{C}}}-R' \qquad R-\overset{O}{\underset{}{\overset{\|}{C}}}-OR' \qquad R-\overset{O}{\underset{}{\overset{\|}{C}}}-NH_2$$

酰卤　　　　　　　酸酐　　　　　　　酯　　　　　　酰胺

-X (-Cl、Br)

酰卤和酸酐性质较活泼,自然界中几乎不存在。酯和酰胺普遍存在于动植物中,许多药物就是酯和酰胺类化合物,如普鲁卡因、尼泊金、对乙酰氨基酚、青霉素、头孢菌素和巴比妥类等,这些化合物在医药卫生事业中起着重要的作用。本章首先介绍羧酸衍生物的命名和结构,再对其化学性质和相对的反应活性进行比较。

第一节　羧酸衍生物的结构、命名和物理性质

一、羧酸衍生物的结构

羧酸衍生物结构的通式如下:

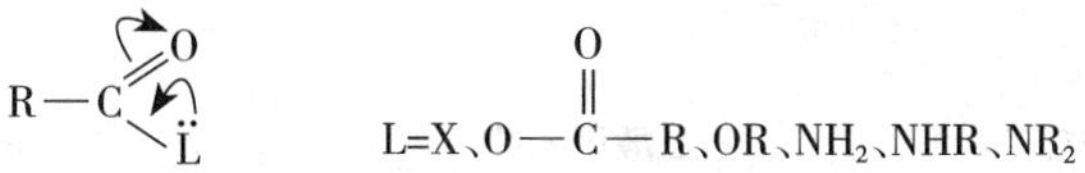

$$R-\overset{O}{\underset{L}{\overset{\|}{C}}} \qquad\qquad L=X、O-\overset{O}{\underset{}{\overset{\|}{C}}}-R、OR、NH_2、NHR、NR_2$$

羰基碳是 sp^2 杂化,而杂原子 L 具有孤电子对。L 的孤电子与羰基的 π 键可发生 p-π 共轭作用,故 C—L 的键长不同于普通的 C—L 键。N 与羰基的共轭最强,而 Cl 与羰基的共轭最弱,导致 C—N 键的键长最短,其次是 C—O 键,最长的是 C—Cl 键。

二、羧酸衍生物的命名

羧酸去掉羧基中的羟基后剩余的部分称为酰基。酰卤、酸酐、酯和酰胺均含有酰基,故它们统称为酰基化合物。酰基的名称是将其羧酸的名称的"酸"字变成"酰"字,再加"基"字即可。例如:

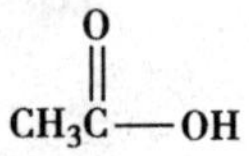

乙酸 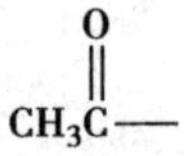　　　乙酰基 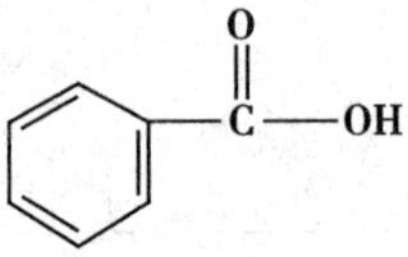　　　苯甲酸 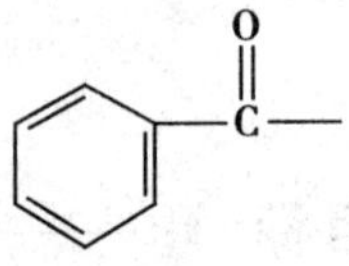　　　苯甲酰基

1. 酰卤的命名在酰基后面加上卤素的名称。例如:

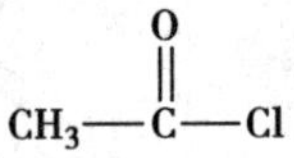

乙酰氯 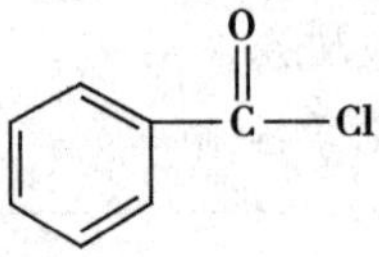　　　苯甲酰氯 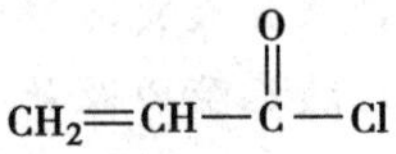　　　丙烯酰氯

2. 酸酐的命名　酸酐的名称是在羧酸名称后加"酐"字,即称某酸酐,"酸"字常省略,称某酐。若为不同羧酸形成的酸酐,命名时将简单的羧酸写在前面,复杂的羧酸写在后面。例如:

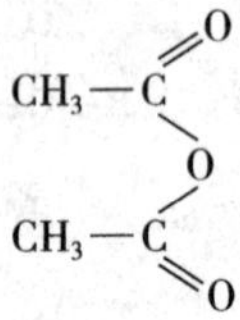

乙酸酐(乙酐) 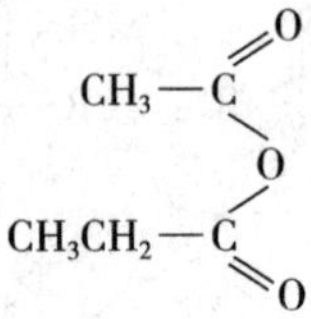　　　乙丙酸酐 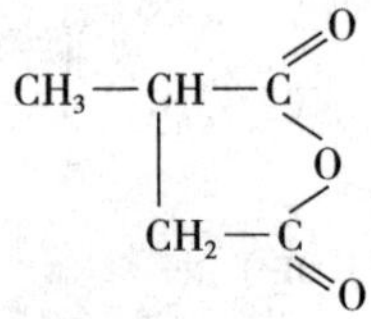　　　2-甲基丁二酸酐

3. 酯的命名　命名一元羧酸和一元醇生成的酯是先酸后醇,即称为"某酸某醇酯",通常"醇"字省略。但多元醇的酯,一般将酸放在后面,称"某醇某酸酯"。此外,分子内的羟基和羧基失水形成环状的酯被称为内酯,内酯的命名是将其相应的"酸"变为"内酯",系统命名用 1、2、3、4,普通命名用希腊字母 α、β、γ、δ 等标明原羟基的位置。例如:

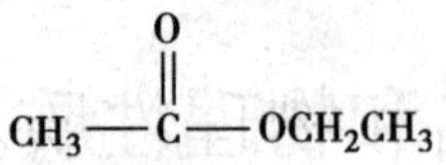

乙酸乙酯 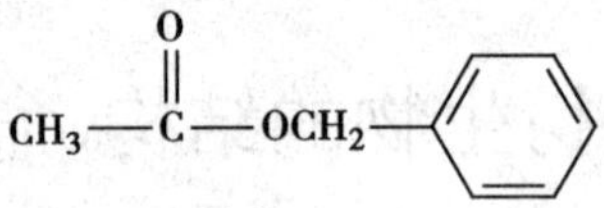　　　乙酸苄酯　　　γ-丁内酯

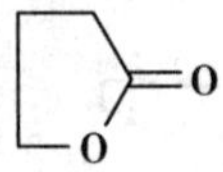

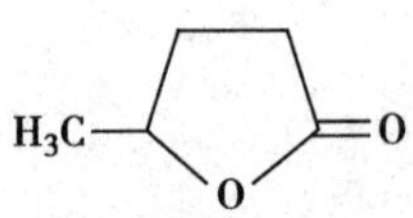

γ-戊内酯 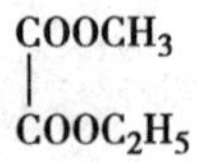　　　乙二酸甲乙酯 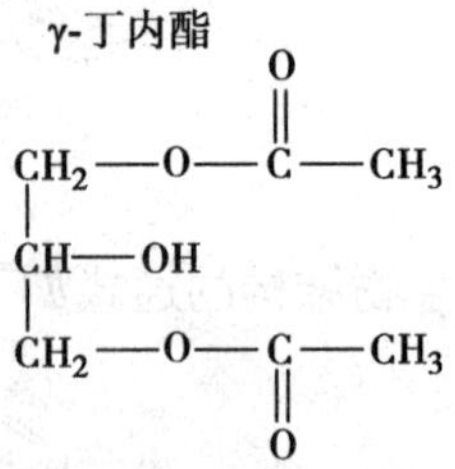　　　丙三醇-1,3-二乙酯

4. 酰胺的命名 将相应羧酸的"酸"字去掉，加"酰胺"即可。若酰胺的氮原子上连有烃基，则需在烃基前加字母"N"，表示烃基连在氮原子上。环状的酰胺被称为内酰胺。内酰胺的命名与内酯类似。例如：

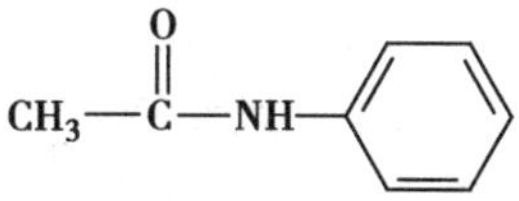

乙酰苯胺 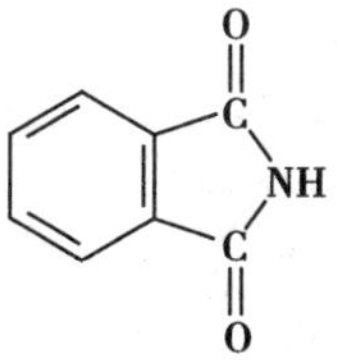　　　　　　　邻苯二甲酰亚胺 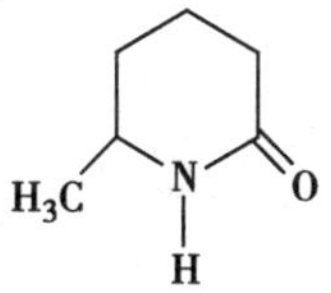　　　　　　δ- 己内酰胺

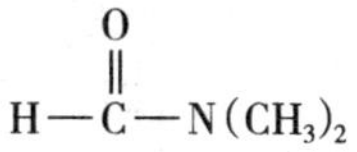

N,N- 二甲基甲酰胺（DMF） 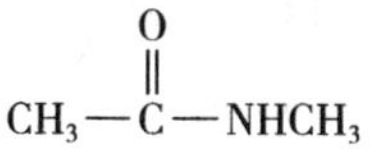　　　N- 甲基乙酰胺 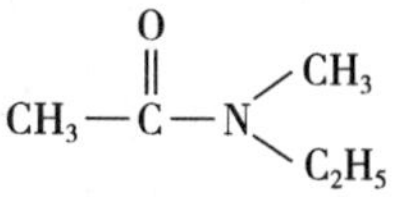　　　　N- 甲基 -N- 乙基乙酰胺

5. 腈的命名 腈化合物由于其水解产物也是羧酸，所以腈也属于羧酸衍生物。命名时，可根据分子中所含碳原子的数目称"某腈"。例如：

$$CH_3CH_2CN \qquad\qquad \text{（苯环）}CH_2CN$$

丙腈　　　　　　　　　　　苯乙腈

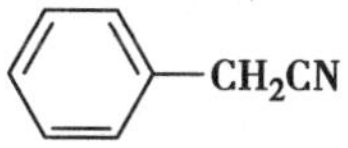

三、羧酸衍生物的物理性质

酰卤大多数是具有刺激性气味的无色液体或低熔点的固体。因分子间无氢键缔合，故沸点较相应的羧酸低。酰卤难溶于水，但极易被水分解，在空气中易吸潮变质。酰卤对黏膜有刺激作用。

低级的酸酐是具有刺激臭气味的无色液体，高级的为无色无味固体。因分子间无氢键缔合，故沸点较分子量相当的羧酸低。酸酐易溶于有机溶剂、难溶于水，但可被水分解，易吸潮变质。

低级的酯是易挥发而且有水果或花草香味的无色液体。如丁酸甲酯有菠萝的香味，苯甲酸甲酯有茉莉花香味。高级的酯为蜡状固体。因分子间无氢键缔合，故沸点较相应的羧酸低。酯的相对密度较小，难溶于水，易溶于有机溶剂。

酰胺中除甲酰胺外，其他均为固体。酰胺分子间可通过氢键缔合，因而其沸点和熔点较相应的羧酸高。N- 取代或 N,N- 二取代酰胺因分子间氢键缔合减少或不能形成氢键，使沸点和熔点比相应的酰胺低。酰胺可与水形成分子间氢键，因此低级酰胺可溶于水。N,N- 二甲基甲酰胺（DMF）能与水、多数有机溶剂及许多无机溶液相混溶，是一种性能极为优良的非质子极性溶剂。

低级的腈为无色液体，高级的为固体。乙腈不仅可以与水相混溶，而且可溶解许多无机盐，还可溶于一般的有机溶剂。丁腈以上的腈类难溶于水。

几种羧酸衍生物的物理常数如表 10-1。

表 10-1　几种羧酸衍生物的物理常数

名称	结构式	沸点（℃）	熔点（℃）	密度（g/cm³）
乙酰氯	CH_3COCl	51	−112	1.104
苯甲酰氯	C_6H_5COCl	197	−1	1.212
乙（酸）酐	$(CH_3CO)_2O$	140	−73	1.082
邻苯二甲酸酐	（结构式）	284	131	1.527
甲酸甲酯	$HCOOCH_3$	32	−99.8	0.974
乙酸乙酯	$CH_3COOCH_2CH_3$	77	−84	0.901
苯甲酸苄酯	$C_6H_5COOCH_2C_6H_5$	324	21	1.114（18℃）
乙酰胺	CH_3CONH_2	221	82	1.159
丁二酰亚胺	（结构式）	288	126	
N,N-二甲基甲酰胺	$HCON(CH_3)_2$	152.8	−61	0.9445

第二节　羧酸衍生物的亲核取代反应

一、亲核取代的反应活性

在羧酸衍生物中,带部分正电荷的羰基碳容易受到亲核试剂的进攻,发生亲核取代反应。其通式如下:

$$\underset{R-\overset{\overset{O}{\|}}{C}-L} {} \ + \ HNu \longrightarrow \underset{R-\overset{\overset{O}{\|}}{C}-Nu}{} \ + \ HL$$

式中:HNu 代表亲核试剂,如 H_2O、ROH、NH_3 等;L 代表离去基团,如 —X、—OCOR、—OR、—NH₂、—NHR、—NR₂ 等。

羧酸衍生物的反应活性主要取决于它们的结构。L 的电负性大于碳,对与其相连的羰基碳呈吸电性诱导效应,从而降低羰基碳原子的电子云密度;同时 L 的孤电子对与羰基的 π 键形成了 p-π 共轭作用,L 供电性的共轭效应使羰基碳原子的电子云密度增加。两种效应对羰基碳原子的电子云影响恰好相反。其最终结果是二者的综合。

吸电性诱导效应　　　　　供电性共轭效应

在酰卤分子中,因卤素有较强的电负性,而卤素(Cl 和 Br)与羰基的共轭效应很弱,故卤素主要表现为较强的吸电性诱导效应,使得羰基碳的正电性增加。

在酸酐、酯和酰胺分子中，由于羰基与 O 或 N 的 p 轨道有较好的交盖，而 O 或 N 原子的电负性较卤素小，故其共轭效应大于诱导效应，所以杂原子主要表现为供电性共轭效应。相比而言，羰基碳原子的正电性较酰卤中的低。故酰卤最活泼，酰胺最不活泼。

羧酸衍生物的活性还取决于离去基团的碱性，碱性越弱，离去基团越易离去，反应越易进行。它们的碱性次序是 $—NH_2 > —OR > —OOCR > —X$，则这些基团的离去顺序就为：

$$—X > —OOCR > —OR > —NH_2$$

因此，综合这两方面的因素，羧酸衍生物的反应活性为：

酰卤 > 酸酐 > 酯 > 酰胺

一般来说，活泼的羧酸衍生物容易转化到不活泼的羧酸衍生物。酰卤可以很容易转化到酸酐、酯和酰胺，酸酐很容易转化到酯和酰胺，酯也易转化到酰胺，酰胺仅仅能被水解成酸或羧酸阴离子。

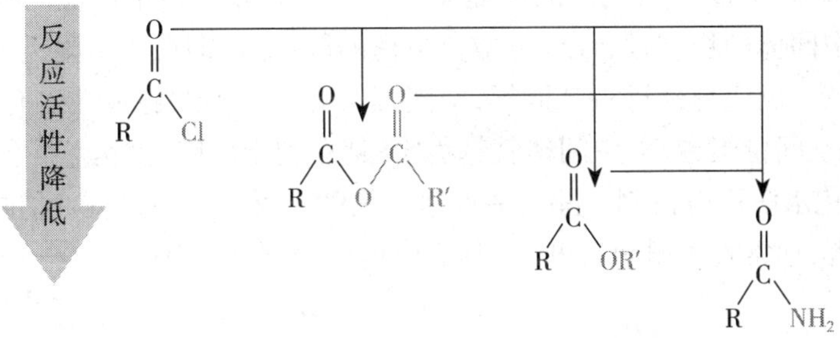

二、亲核取代的反应类型

羧酸衍生物的主要化学性质是可以发生水解、醇解和氨解，其产物是羧酸衍生物中的酰基取代了水、醇（或酚）、氨（或伯胺、仲胺）中的氢原子，形成羧酸、酯、酰胺等取代产物。

（一）水解反应

所有羧酸衍生物都能发生水解生成相应的羧酸。酰卤最容易水解，低级酰卤与空气中的水反应都十分激烈；酸酐活性较酰卤差些，在热水中反应较快；酯较稳定，需要在碱溶液或无机酸催化并加热（内酯除外）才能进行反应；酰胺比酯更稳定，需浓度较大的强碱或强酸并较长时间加强热才能反应。反应通式如下：

$$R-\overset{\overset{O}{\|}}{C}-X + H-OH \longrightarrow R-\overset{\overset{O}{\|}}{C}-OH + HX$$

$$R-\overset{\overset{O}{\|}}{C}-O-\overset{\overset{O}{\|}}{C}-R + H-OH \longrightarrow R-\overset{\overset{O}{\|}}{C}-OH + R-\overset{\overset{O}{\|}}{C}-OH$$

$$R-\overset{\overset{O}{\|}}{C}-OR' + H-OH \longrightarrow R-\overset{\overset{O}{\|}}{C}-OH + R'OH$$

$$R-\overset{\overset{O}{\|}}{C}-NH_2 + H-OH \longrightarrow R-\overset{\overset{O}{\|}}{C}-OH + NH_3$$

$$RC\equiv N \xrightarrow{\triangle} RCOOH$$

例如，乙酐水解生成乙酸的反应如下：

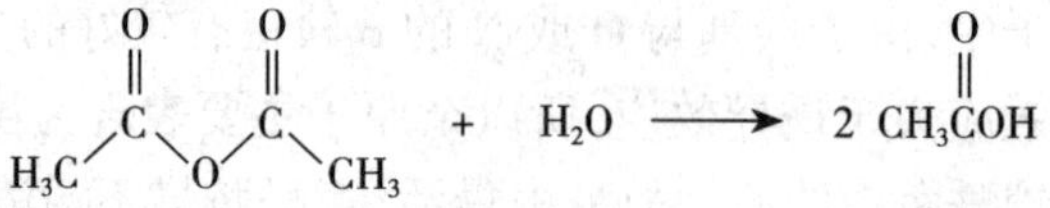

$$乙酐 + H_2O \longrightarrow 2\ CH_3COH\ (乙酸)$$

1. 酯在碱溶液中的水解反应机制　酯在碱性溶液中的水解又称皂化。由于反应过程中产生强碱烷氧负离子和弱酸羧酸,二者反应生成羧酸盐和醇使平衡移向产物,故酯的碱性水解是不可逆的。酯在碱性溶液中的水解,通常发生的是烷氧键断裂。其过程如下:

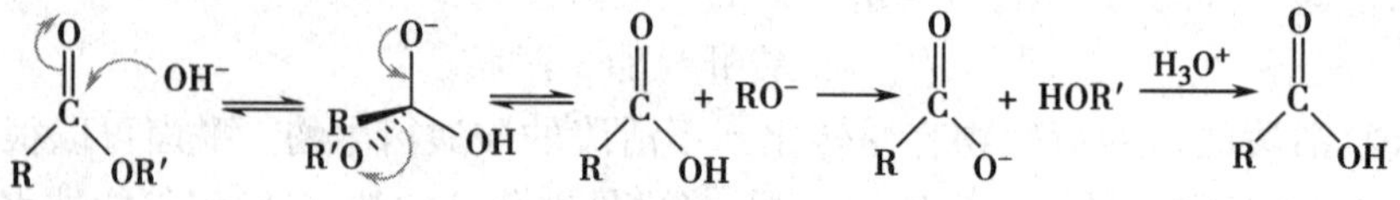

四面体中间体

OH⁻ 进攻羰基碳,形成带负电荷的四面体结构的中间体是整个反应的速控步骤。反应速率取决于负离子中间体的稳定性,凡能分散负电荷的取代基,即在羰基附近连有的吸电子基越多,可使中间体稳定,反应越易进行。同样,空间因素对中间体的稳定性也有影响,酰基碳上连有的基团越小,即空间位阻越小,中间体就越稳定,越有利于反应进行。

2. 酯的酸催化水解反应机制　酯的酸性水解是酯化反应的逆过程。伯醇和仲醇形成的酯在酸性条件下水解,通常发生酰氧键断裂,其反应过程如下:

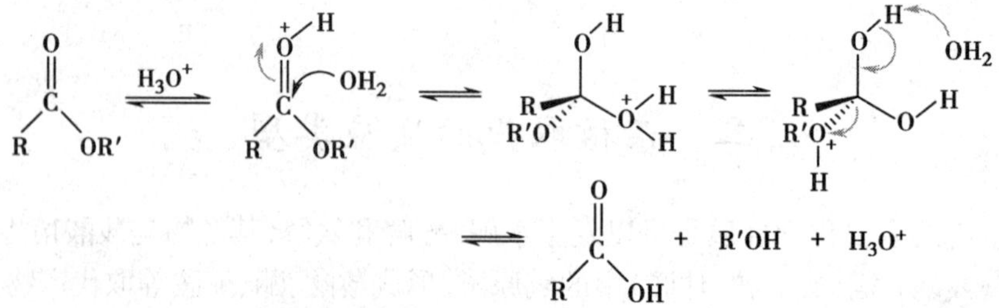

反应的第一步是将羰基的氧原子质子化,以增加羰基碳的正电性,有利于弱亲核试剂水的进攻;第二步是 H_2O 对质子化羰基的加成形成带正电荷的四面体结构的中间体,这是反应速度控制步骤;第三步是质子转移、消除醇分子和羧酸的生成。酯水解速率的快慢与中间体稳定性有关。与碱溶液水解反应一样,空间阻碍对水解速率影响较大,R 和 OR′ 基团体积增大,反应速率降低。与碱液水解不同的是中间体带正电荷,所以 R 和 OR′ 基团供电子能力增强对酯的质子化有利,也能提高带正电荷中间体的稳定性,使中间体稳定而水解反应速率加快,但不利于水分子亲核进攻,而吸电子基则不利于酯羰基氧原子的质子化。酸性条件下水解的电子效应对水解速率的影响不如碱催化水解大。

酰胺类化合物很稳定,一般不易水解,但含有 β- 内酰胺环的化合物因四元环的较大张力,容易水解开环,从而改变化合物的性质。例如含有 β- 内酰胺环的氨苄西林钠通常只做成粉针剂,并贮放于干燥、阴凉处。临用时用灭菌注射用水溶解后供药用,室温下 3 小时内用完,冰箱存放 24 小时用完,目的是为了防止其水解变质,以保证药效。

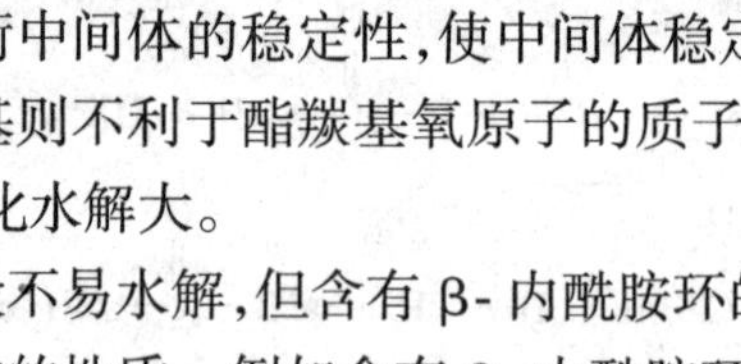

氨苄西林钠

(二) 醇解反应

羧酸衍生物与醇反应生成酯,称为羧酸衍生物的醇解。其反应通式如下:

$$R-\overset{O}{\overset{\|}{C}}-[X+H]-OR'' \longrightarrow R-\overset{O}{\overset{\|}{C}}-OR'' + HX$$

$$R-\overset{O}{\overset{\|}{C}}-[O-\overset{O}{\overset{\|}{C}}-R+H]-OR'' \longrightarrow R-\overset{O}{\overset{\|}{C}}-OR'' + R-\overset{O}{\overset{\|}{C}}-OH$$

$$R-\overset{O}{\overset{\|}{C}}-[OR'+H]-OR'' \longrightarrow R-\overset{O}{\overset{\|}{C}}-OR'' + R'OH$$

$$R-\overset{O}{\overset{\|}{C}}-[NH_2+H]-OR'' \longrightarrow R-\overset{O}{\overset{\|}{C}}-OR'' + NH_3$$

例如,乙酰氯与丁醇的反应如下:

$$CH_3-\overset{O}{\overset{\|}{C}}-Cl + CH_3CH_2CH_2CH_2OH \xrightarrow{\text{吡啶}} CH_3-\overset{O}{\overset{\|}{C}}-OCH_2CH_2CH_2CH_3 + HCl$$

酰卤与醇的反应很容易进行,通常用该法合成酯。反应中常加一些碱性物质例如氢氧化钠、吡啶或三级胺来中和反应产生的副产物卤化氢,以加快反应的进行。酯在酸(如无水氯化氢、浓硫酸)存在下发生醇解反应,生成新的酯和醇,称为酯交换反应。有机合成中,常利用酯交换反应从低级醇制备高级醇。

(三) 氨解反应

酰卤、酸酐、酯和酰胺与氨(或胺)作用生成酰胺的反应称为氨解反应。由于氨(或胺)的亲核性比水强,因此氨解比水解容易进行,酰卤或酸酐在较低温度下缓慢反应,可氨解成酰胺;酯的氨解比水解反应容易进行,一般只需加热而不用酸或碱催化就能生成酰胺。其反应通式如下:

$$R-\overset{O}{\overset{\|}{C}}-[X+H]-NH_2 \longrightarrow R-\overset{O}{\overset{\|}{C}}-NH_2 + HX$$

$$R-\overset{O}{\overset{\|}{C}}-[O-\overset{O}{\overset{\|}{C}}-R+H]-NH_2 \longrightarrow R-\overset{O}{\overset{\|}{C}}-NH_2 + R-\overset{O}{\overset{\|}{C}}-OH$$

$$R-\overset{O}{\overset{\|}{C}}-[OR'+H]-NH_2 \longrightarrow R-\overset{O}{\overset{\|}{C}}-NH_2 + R'OH$$

例如,乙酰氯与氨的反应如下:

$$\underset{\text{乙酰卤}}{CH_3-\overset{O}{\overset{\|}{C}}-Cl} + 2NH_3 \longrightarrow \underset{\text{乙酰胺}}{CH_3-\overset{O}{\overset{\|}{C}}-NH_2} + NH_4^+Cl^-$$

羧酸衍生物的氨解反应常用于药物合成。例如,药物对羟基苯胺有解热止痛作用,但毒性较大,若将其与乙酐氨解,可把结构改造成无毒解热镇痛药扑热息痛。

$$H_3C-\overset{O}{\underset{}{C}}-O-\overset{O}{\underset{}{C}}-CH_3 + H_2N-\langle\ \rangle-OH \longrightarrow CH_3-\overset{O}{\underset{}{C}}-NH-\langle\ \rangle-OH + CH_3-\overset{O}{\underset{}{C}}-OH$$

对氨基苯酚　　　　　　　　　　对羟基乙酰苯胺（扑热息痛）

羧酸衍生物的水解、醇解和氨解的结果,是在水、醇和氨(或胺)分子中引入了一个酰基,分别生成羧酸、酯和酰胺。往分子中引入酰基的反应叫酰化反应。在反应中提供酰基的物质叫酰化剂。

酰化反应具有重要的生物学意义。如有的药物经引入酰基后可提高疗效,有的药物引入酰基可改变溶解性能,有些酰基本身就是药效基团的组成部分,人体的新陈代谢过程中的一些变化也是通过酰化反应来实现的。

第三节　酯缩合反应

一、α-氢的酸性

与官能团直接相连的碳称为 α 碳(α-C), α 碳上的氢称为 α 氢(α-H)。α-H 的酸性一方面取决于与 α-C 相连官能团的吸电子能力,另一方面取决于氢解离后碳负离子的稳定性。

表 10-2 列举了在羰基旁连有不同基团对 α-H 的酸性影响。

表 10-2　羧酸衍生物 α-H 的酸性

化合物	α-H 的 pKa	化合物	α-H 的 pKa
CH_3CHO	17	CH_3COOCH_3	25
CH_3COCH_3	20	$CH_3CON(CH_3)_2$	30
CH_3COCl	16		

从上表可以看出,在乙酰氯中,氯的吸电子作用不仅增强了 α-H 的酸性,而且也分散了形成的烯醇负离子的电荷,故 α-H 的酸性比醛酮的强。反之,在酯和酰胺中,氧和氮给电子的共轭效应大于吸电子的诱导效应,不利于 α-H 的解离和烯醇负离子的稳定,因而酯和酰胺 α-H 的酸性比醛酮弱。

二、克莱森酯缩合反应

酯分子中的 α- 氢原子显弱酸性,在强碱的作用下,可与另一分子的酯之间脱去一分子的醇,生成 β- 酮酸酯。该反应称为酯缩合反应或克莱森(Claisen)酯缩合反应。

$$CH_3-\overset{O}{\underset{}{C}}-\boxed{OC_2H_5 + H}-CH_2-\overset{O}{\underset{}{C}}-OC_2H_5 \xrightarrow{C_2H_5ONa} CH_3-\overset{O}{\underset{}{C}}-CH_2-\overset{O}{\underset{}{C}}-OC_2H_5 + C_2H_5OH$$

酯缩合反应的结果相当于一分子酯的 α- 氢被另一分子酯的酰基所取代。其反应历程如下：

$$
\begin{array}{c}
\underset{\text{CH}_3\text{COCH}_2\text{CH}_3}{\overset{\text{O}}{\parallel}} \xrightarrow{\text{C}_2\text{H}_5\text{ONa}} \left[\underset{^-\text{CH}_2\text{COCH}_2\text{CH}_3}{\overset{\text{O}}{\parallel}} \longleftrightarrow \text{H}_2\text{C}=\underset{|}{\overset{\text{O}^-}{\text{COCH}_2\text{CH}_3}} \right] \xrightarrow{\overset{\text{O}}{\overset{\parallel}{\text{CH}_3\text{COCH}_2\text{CH}_3}}}
\end{array}
$$

$$
\left[\underset{\text{OCH}_2\text{CH}_3}{\overset{\text{O}^-}{\underset{|}{\text{CH}_3\text{C}}}} - \text{CH}_2\underset{}{\overset{\text{O}}{\overset{\parallel}{\text{COCH}_2\text{CH}_3}}} \right] \longrightarrow \underset{}{\overset{\text{O}}{\overset{\parallel}{\text{CH}_3\text{C}}}} - \text{CH}_2\underset{}{\overset{\text{O}}{\overset{\parallel}{\text{COCH}_2\text{CH}_3}}} + \text{CH}_3\text{CH}_2\text{O}^-
$$

$$
\xrightarrow{\text{C}_2\text{H}_5\text{ONa}} \left[\underset{}{\overset{\text{O}}{\overset{\parallel}{\text{CH}_3\text{C}}}} - \overset{\text{O}}{\overset{\parallel}{\text{CHCOCH}_2\text{CH}_3}} \right] \text{Na}^+ + \text{CH}_3\text{CH}_2\text{OH} \xrightarrow{\text{H}^+} \underset{}{\overset{\text{O}}{\overset{\parallel}{\text{CH}_3\text{C}}}} - \text{CH}_2\underset{}{\overset{\text{O}}{\overset{\parallel}{\text{COCH}_2\text{CH}_3}}}
$$

反应首先由乙氧基负离子夺去酯分子中具有弱酸性的 α-H，生成乙酸乙酯碳负离子，该碳负离子作为亲核试剂与另一分子酯的羰基发生亲核加成，形成具有四面体结构的负氧离子，然后脱去乙氧负离子生成乙酰乙酸乙酯。由于乙酰乙酸乙酯的亚甲基上的氢原子处于吸电性的羰基和酯基之间，其酸性($pK_a=11$)较乙醇($pK_a=17$)强，所以在醇钠的存在下，实际上得不到乙酰乙酸乙酯，而是得到它的钠盐。将钠盐分离后再酸化，才可得到乙酰乙酸乙酯。

不同酯进行的缩合反应，称为交叉 Claisen 酯缩合反应。通常采用不具 α-H 的酯（如苯甲酸酯、甲酸酯、草酸酯和碳酸酯等）与具有 α-H 的酯起缩合反应，可得到单一产物。例如：

$$
\text{H}-\underset{}{\overset{\text{O}}{\overset{\parallel}{\text{C}}}}-\text{OC}_2\text{H}_5 + \text{CH}_3-\underset{}{\overset{\text{O}}{\overset{\parallel}{\text{C}}}}-\text{OC}_2\text{H}_5 \xrightarrow[\text{2. H}^+]{\text{1. C}_2\text{H}_5\text{ONa}} \text{H}-\underset{}{\overset{\text{O}}{\overset{\parallel}{\text{C}}}}-\text{CH}_2-\underset{}{\overset{\text{O}}{\overset{\parallel}{\text{C}}}}-\text{OC}_2\text{H}_5 + \text{C}_2\text{H}_5\text{OH}
$$

三、乙酰乙酸乙酯的性质

乙酰乙酸乙酯又称 β- 丁酮酸乙酯，是具有清香气味的无色液体，沸点 181℃，沸腾时有分解现象，微溶于水，易溶于乙醇和乙醚。乙酰乙酸乙酯具有一些特殊的性质，在有机合成上具有重要意义。

（一）互变异构现象

在通常情况下，乙酰乙酸乙酯显示出双重的反应性能。它既能与氢氰酸、亚硫酸钠和羰基试剂（例如羟胺、苯肼）等发生加成反应，显示出酮的性质，又能使溴的四氯化碳溶液褪色，遇三氯化铁产生紫色，表现出烯醇的性质。根据上述反应事实，可以推知乙酰乙酸乙酯是酮式和烯醇式两种结构共存的混合物。产生这种现象的原因是由于乙酰乙酸乙酯在室温下酮式和烯醇式可以不断相互转变，并存在如下的动态平衡：

$$
\underset{\text{酮式(92.5\%)}}{\text{CH}_3-\underset{}{\overset{\text{O}}{\overset{\parallel}{\text{C}}}}-\text{CH}_2-\underset{}{\overset{\text{O}}{\overset{\parallel}{\text{C}}}}-\text{OC}_2\text{H}_5} \rightleftharpoons \underset{\text{烯醇式(7.5\%)}}{\text{CH}_3-\underset{}{\overset{\text{OH}}{\overset{|}{\text{C}}}}=\text{CH}-\underset{}{\overset{\text{O}}{\overset{\parallel}{\text{C}}}}-\text{OC}_2\text{H}_5}
$$

上述可逆异构现象称酮式-烯醇式互变异构,实质是官能团异构的特殊形式。

乙酰乙酸乙酯产生互变异构的原因,主要是因为分子中的亚甲基位于吸电性的羰基和酯基之间,受两个羰基的影响,亚甲基 α-H 的酸性大大增加,其酸性大于一般的醛、酮和酯。酸性增强的原因是负电荷可以分散到两个羰基上,形成更稳定的烯醇负离子。

$$CH_3-\overset{O^-}{\underset{}{C}}=CH-\overset{O}{\underset{}{C}}-OC_2H_5 \longleftrightarrow CH_3-\overset{O}{\underset{}{C}}-\overset{-}{CH}-\overset{O}{\underset{}{C}}-OC_2H_5 \longleftrightarrow CH_3-\overset{O}{\underset{}{C}}-CH=\overset{O^-}{\underset{}{C}}-OC_2H_5$$

共振稳定的烯醇负离子

另外,乙酰乙酸乙酯的烯醇式结构能通过分子内氢键缔合,形成如下稳定的六元环结构。

$$CH_3-\overset{O\cdots H\cdots O}{\underset{\underset{H}{CH}}{C}\quad\quad C}-OC_2H_5$$

从理论上讲,凡具有 $-\overset{O}{\underset{}{C}}-\overset{H}{\underset{}{C}}-$ 结构单元的化合物,都可以发生酮式-烯醇式互变异构。但因化合物的结构不同,烯醇式所占的比例各异(表10-3)。

表10-3 几种化合物的烯醇式含量

化合物	酮式 ⇌ 烯醇式	烯醇式含量 %	与 FeCl₃ 反应
醛	$R-CH_2-\overset{O}{\underset{}{C}}-H \rightleftharpoons R-CH=\overset{OH}{\underset{}{C}}-H$	痕量	不显色
酮	$R-\overset{O}{\underset{}{C}}-CH_2-R \rightleftharpoons R-\overset{OH}{\underset{}{C}}=CH-R$	痕量	不显色
丙二酸二乙酯	$C_2H_5O-\overset{O}{\underset{}{C}}-CH_2-\overset{O}{\underset{}{C}}-OC_2H_5 \rightleftharpoons C_2H_5O-\overset{OH}{\underset{}{C}}=CH-\overset{O}{\underset{}{C}}-OC_2H_5$	0.1	不显色
乙酰乙酸乙酯	$CH_3-\overset{O}{\underset{}{C}}-CH_2-\overset{O}{\underset{}{C}}-OC_2H_5 \rightleftharpoons CH_3-\overset{OH}{\underset{}{C}}=CH-\overset{O}{\underset{}{C}}-OC_2H_5$	7.5	显色
乙酰丙酮	$CH_3-\overset{O}{\underset{}{C}}-CH_2-\overset{O}{\underset{}{C}}-CH_3 \rightleftharpoons CH_3-\overset{OH}{\underset{}{C}}=CH-\overset{O}{\underset{}{C}}-CH_3$	80	显色
苯甲酰丙酮	$C_6H_5-\overset{O}{\underset{}{C}}-CH_2-\overset{O}{\underset{}{C}}-CH_3 \rightleftharpoons C_6H_5-\overset{OH}{\underset{}{C}}=CH-\overset{O}{\underset{}{C}}-CH_3$	99	显色

从上述表10-3所示的烯醇式结构所占的比例可总结出:①亚甲基上所连基团的吸电性诱导效应越强,α-H 越活泼,烯醇式含量越高;②烯醇式异构体中若存在 π-π 共轭体系,可因分子的内能降低而含量增加,且 π-π 共轭体系延伸的越长,烯醇式含量越高;③烯醇式异构体中若能通过分子内氢键形成稳定的六元环,会增加烯醇的含量。此外,烯醇式异构体的含量还与温度、溶剂等因素有关,通常在极性溶剂中含量较低,在非极性溶剂中含量较高。

某些化合物虽然存在酮式-烯醇式互变异构,但因烯醇式异构体含量少,与三氯化铁不显色,如醛、酮、丙二酸二乙酯。一般而言,分子中存在 $-\overset{O}{\overset{\|}{C}}-CH-\overset{O}{\overset{\|}{C}}-$ 结构,且两个 $-\overset{O}{\overset{\|}{C}}-$ 中至少有一个为真正的羰基时,烯醇式异构体的含量可达到与三氯化铁显色的程度。此显色反应可用于化合物的鉴别。

（二）化学性质

由于乙酰乙酸乙酯分子中亚甲基上的氢原子因受相邻羰基和酯基的影响显示出一定的酸性,在醇钠或氢化钠等强碱存在时,可被钠取代生成乙酰乙酸乙酯的钠盐。

$$CH_3-\overset{O}{\overset{\|}{C}}-CH_2-\overset{O}{\overset{\|}{C}}-OC_2H_5 \xrightarrow[\text{或 NaH}]{C_2H_5ONa} CH_3-\overset{O}{\overset{\|}{C}}-\underset{\bar{N}a^+}{CH}-\overset{O}{\overset{\|}{C}}-OC_2H_5$$

乙酰乙酸乙酯的钠盐与活泼的卤代烃作用,可被烃基化生成一烃基衍生物,继续反应生成二烃基衍生物。

$$CH_3-\overset{O}{\overset{\|}{C}}-\underset{\bar{N}a^+}{CH}-\overset{O}{\overset{\|}{C}}-OC_2H_5 \xrightarrow{RX} CH_3-\overset{O}{\overset{\|}{C}}-\underset{R}{\overset{}{CH}}-\overset{O}{\overset{\|}{C}}-OC_2H_5 \xrightarrow{C_2H_5ONa}$$

$$CH_3-\overset{O}{\overset{\|}{C}}-\underset{\bar{N}a^+}{\overset{R}{C}}-\overset{O}{\overset{\|}{C}}-OC_2H_5 \xrightarrow{RX} CH_3-\overset{O}{\overset{\|}{C}}-\underset{R}{\overset{R}{C}}-\overset{O}{\overset{\|}{C}}-OC_2H_5$$

烷基化反应时只宜采用伯卤代烷,因叔卤代烷在强碱条件下易发生消除反应,仲卤代烷也因伴有消除反应而产量较低,芳卤代烷难于反应。

此外,乙酰乙酸乙酯的钠盐还可与酰卤作用,可被酰基化生成其酰基衍生物。

$$CH_3-\overset{O}{\overset{\|}{C}}-\underset{\bar{N}a^+}{CH}-\overset{O}{\overset{\|}{C}}-OC_2H_5 \xrightarrow{R-\overset{O}{\overset{\|}{C}}-X} CH_3-\overset{O}{\overset{\|}{C}}-\underset{O=C-R}{\overset{}{CH}}-\overset{O}{\overset{\|}{C}}-OC_2H_5$$

乙酰乙酸乙酯分子中的亚甲基受两个相邻极性基团的影响,其亚甲基与相邻两个碳原子间的键容易断裂,可在不同条件下发生两种不同的分解反应。

乙酰乙酸乙酯与稀碱混合时,可水解生成 β-丁酮酸盐,经酸化后得到 β-丁酮酸。β-丁酮酸受热时易脱羧生成丙酮,所以该反应称为酮式分解。

$$CH_3-\overset{O}{\overset{\|}{C}}-CH_2-\overset{O}{\overset{\|}{C}}-OC_2H_5 \xrightarrow[-C_2H_5OH]{\text{稀 NaOH}} CH_3-\overset{O}{\overset{\|}{C}}-CH_2-\overset{O}{\overset{\|}{C}}-ONa \xrightarrow{H^+}$$

$$CH_3-\overset{O}{\overset{\|}{C}}-CH_2-\overset{O}{\overset{\|}{C}}-OH \xrightarrow{\triangle} CH_3-\overset{O}{\overset{\|}{C}}-CH_3 + CO_2\uparrow$$

乙酰乙酸乙酯与浓碱(40%NaOH)共热时,在酯键断裂的同时,α 和 β 碳原子之间的 σ 键也同时断裂,生成两分子的乙酸盐,称为酸式分解。

$$CH_3-\overset{O}{\overset{\|}{C}}-CH_2-\overset{O}{\overset{\|}{C}}-OC_2H_5 \xrightarrow[\triangle]{\text{浓 NaOH}} 2CH_3-\overset{O}{\overset{\|}{C}}-ONa + C_2H_5OH$$

通过酮式和酸式分解,可制备甲基酮、二酮、一元羧酸、二元羧酸以及酮酸等化合物。其通式如下:

$$CH_3-\overset{O}{\overset{\|}{C}}-\underset{R}{\overset{}{CH}}-\overset{O}{\overset{\|}{C}}-OC_2H_5 \begin{cases} \xrightarrow{\text{稀碱}} CH_3-\overset{O}{\overset{\|}{C}}-CH_2-R \qquad \text{(酮式分解)} \\ \qquad\qquad \text{一取代丙酮} \\ \xrightarrow{\text{浓碱}} R-CH_2-COOH \qquad \text{(酸式分解)} \\ \qquad\qquad \text{一取代乙酸} \end{cases}$$

$$CH_3-\overset{O}{\overset{\|}{C}}-\underset{R'}{\overset{R}{\overset{|}{C}}}-\overset{O}{\overset{\|}{C}}-OC_2H_5 \begin{cases} \xrightarrow{\text{稀碱}} CH_3-\overset{O}{\overset{\|}{C}}-\underset{R'}{\overset{}{\overset{|}{CH}}}-R \qquad \text{(酮式分解)} \\ \qquad\qquad \text{二取代丙酮} \\ \xrightarrow{\text{浓碱}} R-\underset{R'}{\overset{}{\overset{|}{CH}}}-COOH \qquad \text{(酸式分解)} \\ \qquad\qquad \text{二取代乙酸} \end{cases}$$

$$CH_3-\overset{O}{\overset{\|}{C}}-\underset{O=C-R}{\overset{}{\overset{|}{CH}}}-\overset{O}{\overset{\|}{C}}-OC_2H_5 \begin{cases} \xrightarrow{\text{稀碱}} CH_3-\overset{O}{\overset{\|}{C}}-CH_2-\overset{O}{\overset{\|}{C}}-R \qquad \text{(酮式分解)} \\ \qquad\qquad \text{酰基丙酮} \\ \xrightarrow{\text{浓碱}} R-\overset{O}{\overset{\|}{C}}-CH_2-COOH \qquad \text{(酸式分解)} \\ \qquad\qquad \text{酰基乙酸} \end{cases}$$

例如用乙酰乙酸乙酯合成法制备 3-甲基-2-戊酮的方法如下:

$$CH_3-\overset{O}{\overset{\|}{C}}-CH_2COOC_2H_5 \xrightarrow{C_2H_5ONa} \left[CH_3-\overset{O}{\overset{\|}{C}}-CHCOOC_2H_5 \right]^{-}Na^{+} \xrightarrow{CH_3CH_2I}$$

$$CH_3-\overset{O}{\overset{\|}{C}}-\underset{CH_2CH_3}{\overset{}{\overset{|}{CH}}}-COOC_2H_5 \xrightarrow{C_2H_5ONa} \left[CH_3-\overset{O}{\overset{\|}{C}}-\underset{CH_2CH_3}{\overset{}{\overset{|}{C}}}-COOC_2H_5 \right]^{-}Na^{+} \xrightarrow{CH_3I}$$

$$CH_3-\overset{O}{\overset{\|}{C}}-\underset{CH_2CH_3}{\overset{CH_3}{\overset{|}{\underset{|}{C}}}}-COOC_2H_5 \xrightarrow[2.\ H^{+}]{1.\ \text{稀 NaOH}} CH_3-\overset{O}{\overset{\|}{C}}-\underset{CH_2CH_3}{\overset{CH_3}{\overset{|}{\underset{|}{C}}}}-COOH \xrightarrow{\triangle} CH_3-\overset{O}{\overset{\|}{C}}-\underset{CH_3}{\overset{}{\overset{|}{CH}}}-CH_2-CH_3$$

第四节 酰胺的特殊反应

一、弱酸碱性

一般认为酰胺是中性化合物,其溶液不能使石蕊变色。但在一定条件下却表现出弱酸性或弱碱性。例如:

$$CH_3-\overset{\overset{\displaystyle O}{\|}}{C}-NH_2 + Na \longrightarrow CH_3-\overset{\overset{\displaystyle O}{\|}}{C}-NHNa + \frac{1}{2}H_2$$

$$CH_3-\overset{\overset{\displaystyle O}{\|}}{C}-NH_2 + HCl \longrightarrow CH_3-\overset{\overset{\displaystyle O}{\|}}{C}-NH_2 \cdot HCl$$

酰胺的弱酸弱碱性是由于分子中氨基氮原子上的未共用电子对与羰基的 π 键形成 p-π 共轭所引起的。由于 p-π 共轭使氮原子上的电子云向羰基方向偏移,而使其本身的电子云密度降低,减弱了接受质子的能力,因而使酰胺的碱性很弱;在氮原子电子云密度降低的同时,氮氢键的极性随之增加,使氢有解离的可能性,因而酰胺又表现出微弱的酸性。

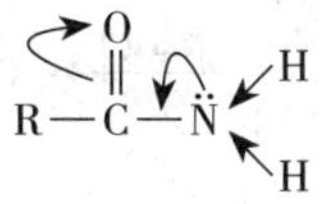

$$R-\overset{\overset{\displaystyle O}{\|}}{C}-\ddot{N}\overset{H}{\underset{H}{\diagup}}$$

氮上的两个氢原子同时被酰基取代所生成的化合物称酰亚胺。酰亚胺分子中的氮原子同时与两个羰基发生供电性共轭,其本身的电子云密度大大降低,故酰亚胺不显碱性;同时氮氢键的极性显著增加,氢易解离而表现出明显的酸性。故酰亚胺能与氢氧化钠(或氢氧化钾)的水溶液作用生成盐。

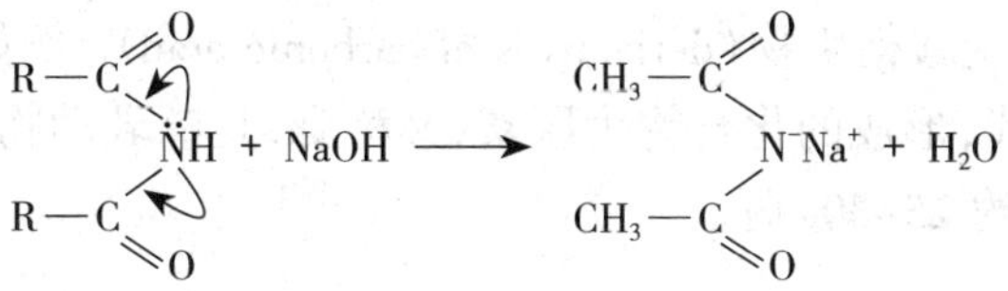

$$\begin{array}{c}R-C\diagdown\\ NH\\ R-C\diagup\end{array} + NaOH \longrightarrow \begin{array}{c}CH_3-C\diagdown\\ N^-Na^+\\ CH_3-C\diagup\end{array} + H_2O$$

在酰亚胺类中,丁二酰亚胺是比较重要的化合物。该化合物在低温碱性溶液中与溴作用,生成溴化剂 N-溴代丁二酰亚胺(NBS):

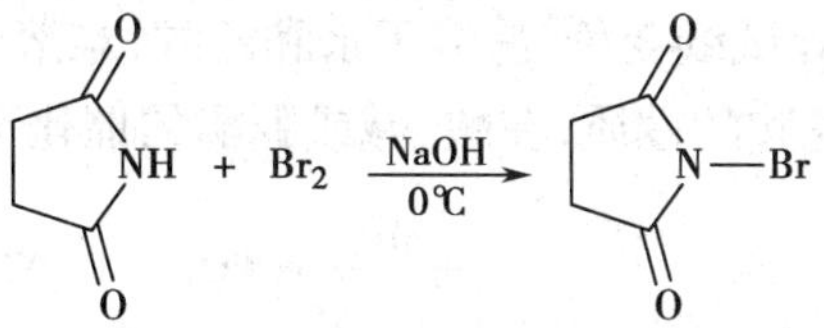

NBS 具有可选择性地溴代烯丙型(及苯甲型)α-氢原子的特性,是制备相应的不饱和溴代物的重要试剂。例如:

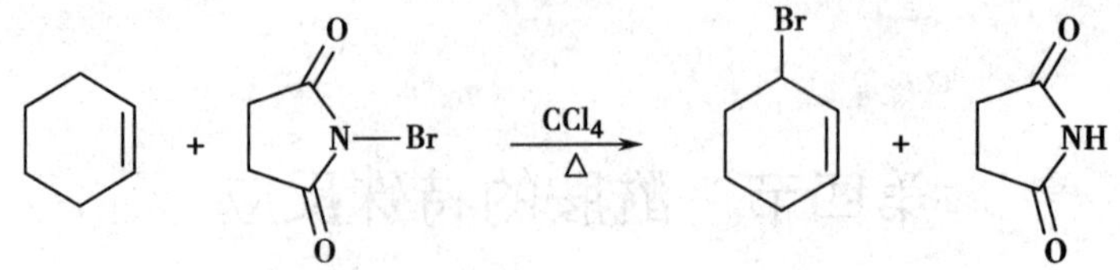

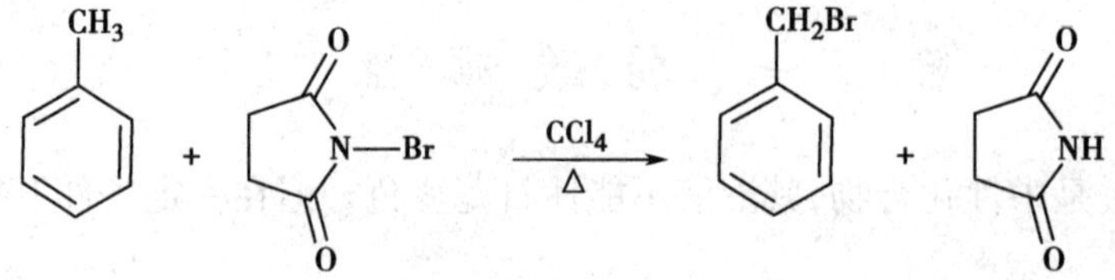

二、霍夫曼降解反应

在氢氧化钠(或氢氧化钾)溶液中,一级酰胺与卤素作用,生成少一个碳原子的伯胺,称为霍夫曼降解反应。其通式如下:

$$R-\overset{\overset{\displaystyle O}{\|}}{C}-NH_2 + 2NaOH + Br_2 \longrightarrow R-NH_2 + CO_2 + 2NaBr + H_2O$$

例如:

$$CH_3-CH_2-\underset{\underset{\displaystyle CH_3}{|}}{CH}-C\begin{smallmatrix}\nearrow O\\ \searrow NH_2\end{smallmatrix} \xrightarrow[OH^-]{NaOCl} CH_3-CH_2-\underset{\underset{\displaystyle CH_3}{|}}{CH}-NH_2$$

第五节 碳酸衍生物

碳酸是两个羟基共用一个羰基的二元酸。碳酸分子中的两个羟基被其他的原子或基团取代,所形成的化合物称为碳酸衍生物(derivatives of carbonic acid)。例如,当碳酸分子中的两个羟基被氨基($-NH_2$)取代,形成的化合物为尿素,又称脲,是哺乳动物体内蛋白质代谢的最终产物,成人每天经尿排泄约25~30g脲。

$$\underset{\text{碳酸}}{HO-\overset{\overset{\displaystyle O}{\|}}{C}-OH} \qquad \underset{\text{尿素}}{H_2N-\overset{\overset{\displaystyle O}{\|}}{C}-NH_2}$$

脲具有弱碱性,不能使石蕊试纸变色,易溶于水和乙醇,难溶于乙醚。其化学性质如下:

1. 水解 尿素具有一般酰胺的性质,在酸、碱或脲酶的催化下发生如下反应:

$$\underset{\text{脲}}{H_2N-\overset{\overset{\displaystyle O}{\|}}{C}-NH_2} + H_2O \begin{cases} \xrightarrow{HCl} CO_2\uparrow + NH_4Cl \\ \xrightarrow{NaOH} Na_2CO_3 + NH_3\uparrow \\ \xrightarrow{\text{酶}} NH_3\uparrow + CO_2\uparrow + H_2O \end{cases}$$

2. 缩二脲的生成和缩二脲反应　将尿素缓慢加热至150~160℃（温度过高时分解），两分子脲缩合成缩二脲，并放出氨。

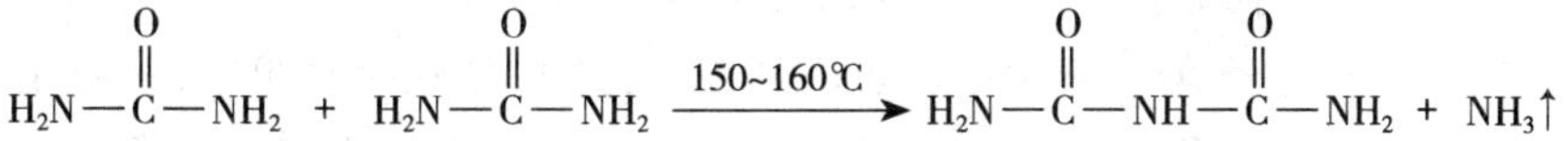

尿素　　　　缩二脲

缩二脲难溶于水，可互变成烯醇型而溶于碱溶液。在缩二脲的碱性溶液中加入少许硫酸铜溶液，溶液显紫红色或紫色，这个反应称为缩二脲反应（biuret reaction）。凡分子中含有两个或两个以上相连酰胺键（—C(=O)—N(H)—）结构的化合物（如草二酰胺、多肽和蛋白质）都能发生缩二脲反应。

3. 尿素的医学用途　在医学上，尿素可用来制备巴比妥酸的衍生物，它们是重要的安眠剂。

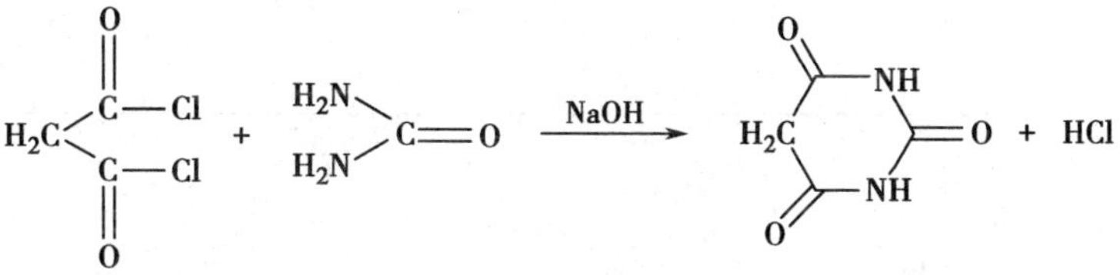

丙二酰氯　　　　脲　　　　丙二酰脲

丙二酰脲分子的结构中有一个活泼的亚甲基和两个二酰亚氨基，能够发生酮式 - 烯醇式互变异构现象：

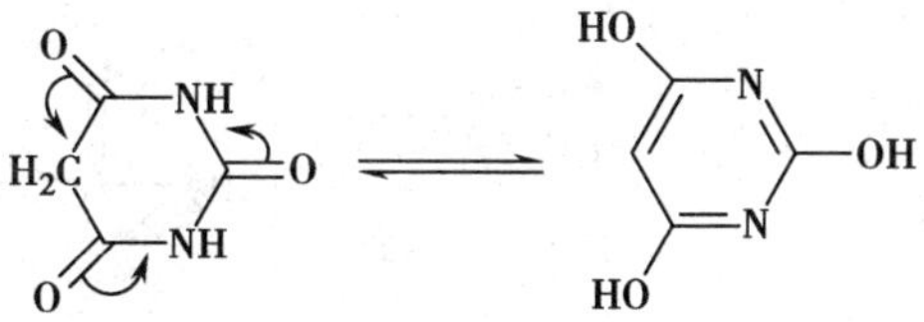

烯醇式表现出比乙酸（pK_a=4.76）还强的酸性（pK_a=3.85），故常称为巴比妥酸（barbituric acid）。巴比妥酸本身无生物活性，其分子中的亚甲基上两个氢原子被乙基、苯基等烃基取代所形成的衍生物具有镇静、催眠和麻醉作用。这些药物总称为巴比妥（barbital）类药物。

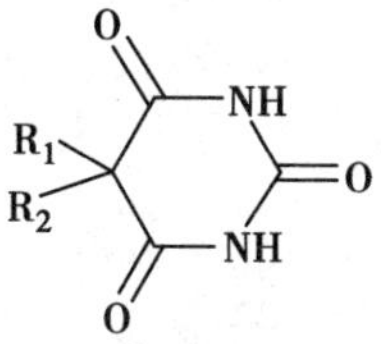

巴比妥类

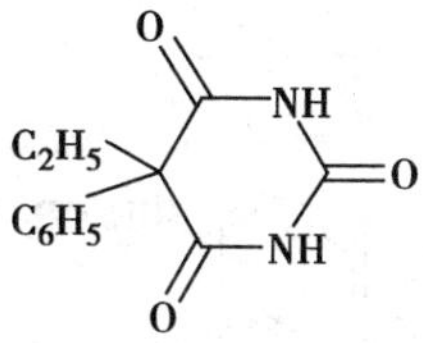

苯巴比妥

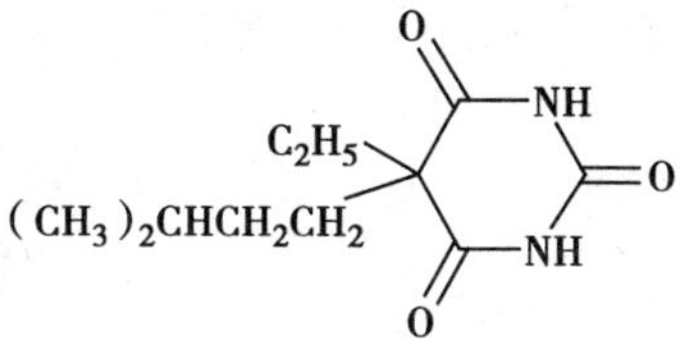

异戊巴比妥

本章小结

羧酸衍生物包括酰氯、酸酐、酯和酰胺。通常腈也被包括在羧酸衍生物中。羧酸衍生物的特征反应是酰基的亲核取代反应。亲核取代反应的活性顺序为：酰氯 > 酸酐 > 酯 > 酰胺。

羧酸衍生物易发生水解、醇解和氨解反应。其中酯在碱性水溶液的水解称为皂化反应。醇解和氨解反应实质是往醇和胺引入酰基的反应,也称酰化反应。

酯缩合反应又称克莱森(Claisen)缩合反应,指的是在强碱的作用下,一分子酯与另一分子酯之间脱去一分子的醇,生成 β-酮酸酯的反应。乙酰乙酸乙酯又称 β-丁酮酸乙酯,是乙酸乙酯之间的缩合产物。乙酰乙酸乙酯具有酮式-烯醇式互变异构现象,是制备甲基酮和羧酸等化合物的重要原料。

尿素是碳酸的二酰胺,具有弱碱性,易水解。能形成缩二脲和丙二酰脲,后者用来制备巴比妥类药物。

(叶 玲)

复习题

1. 命名下列化合物:

(1)

(2) CH₃CHCH₂COOH
      |
      Br

(3) [结构式]

(4) [苯环]—CH₂—C(=O)—OCH₂CH₃

(5) [结构式]

(6) CH₃CH₂CHC(=O)NH₂ [苯环]

(7) [苯环]—C(=O)—NH₂

(8) [苯环]—CH₂CH₂CN

(9) [结构式] H—C(=O)—O—C(=O)—CH₃

2. 写出下列化合物的结构式:

(1) 丙烯酰溴

(2) 苯甲酸酐

(3) 乙酸丙酯

(4) α-甲基-γ-丁内酯

(5) 4-苯基-2-丁烯腈　　　　　　　(6) 4-溴苯甲酰胺

3. 比较下列各组化合物（按由强到弱次序排列）：

(1) 亲核取代活性

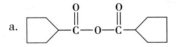

a.

b.

c.

d.

(2) 碱性的强弱

a. $H_2N\overset{\overset{\displaystyle O}{\|}}{C}NHNH_2$

b. $H_2N\overset{\overset{\displaystyle O}{\|}}{C}NH_2$

c. $H_3C\overset{\overset{\displaystyle O}{\|}}{C}NH_2$

d. $H_3C\overset{\overset{\displaystyle O}{\|}}{C}\underset{\underset{\displaystyle H}{}}{N}\overset{\overset{\displaystyle O}{\|}}{C}CH_3$

(3) 烯醇式含量

a. $H_3C\overset{\overset{\displaystyle O}{\|}}{}\ \overset{\overset{\displaystyle O}{\|}}{}OCH_3$

b. $H_3C\overset{\overset{\displaystyle O}{\|}}{}\ \overset{\overset{\displaystyle O}{\|}}{}CH_3$

c. $H_3C\overset{\overset{\displaystyle O}{\|}}{}\ \overset{\overset{\displaystyle O}{\|}}{}H$

d. $H_3C\overset{\overset{\displaystyle O}{\|}}{}\ \overset{\overset{\displaystyle O}{\|}}{}Cl$

(4) 氨解的速度

a. $CH_3-CH_2-\overset{\overset{\displaystyle O}{\|}}{C}-OCH_3$

b. $CH_3-\underset{\underset{\displaystyle CH_3}{|}}{CH}-\overset{\overset{\displaystyle O}{\|}}{C}-OCH_3$

c. $CH_3-\overset{\overset{\displaystyle CH_3}{|}}{\underset{\underset{\displaystyle CH_3}{|}}{C}}-\overset{\overset{\displaystyle O}{\|}}{C}-OCH_3$

d. $CH_3-\overset{\overset{\displaystyle O}{\|}}{C}-OCH_3$

(5) α-H 的酸性

a. CH_3COCl　　　　b. $(CH_3CO)_2O$　　　　c. CH_3COOCH_3　　　　d. CH_3CONH_2

4. 完成下列反应：

(1) ![邻苯二甲酸酐] + C_2H_5OH ⟶

(2) $CH_3CH_2\overset{\overset{\displaystyle O}{\|}}{C}OC_2H_5 \xrightarrow[\text{2. } H^+]{\text{1. } C_2H_5ONa}$

(3) ![邻苯二甲酸酐] $\xrightarrow{\text{过量 } NH_3}$

(4) $CH_3CH_2\overset{\displaystyle O}{\overset{\|}{C}}-OCH=CH_2$ + H_2O $\xrightarrow[\triangle]{H^+}$

(5) $(CH_3)_3C-\overset{\displaystyle }{\underset{\displaystyle O}{\overset{\|}{C}}}-Cl$ + 苯酚(OH) $\xrightarrow{\text{吡啶}}$

(6) δ-戊内酯 + $CH_3CH_2NH_2$ $\xrightarrow{\triangle}$

(7) $CH_3\overset{\displaystyle }{\underset{\displaystyle CH_3}{CH}}CH_2\overset{\displaystyle O}{\overset{\|}{C}}NH_2$ $\xrightarrow{Br_2,\,NaOH}$

(8) $\begin{matrix}COOC_2H_5\\|\\COOC_2H_5\end{matrix}$ + $\begin{matrix}H_2N\\ \\H_2N\end{matrix}C=O$ $\xrightarrow{C_2H_5ONa}$

5. 以乙酰乙酸乙酯为原料合成下列化合物：

(1) $HOOCCH_2CH_2CH_2CH_2COOH$

(2) $CH_3\overset{\displaystyle OH}{\underset{\displaystyle }{CH}}\overset{\displaystyle OH}{\underset{\displaystyle CH_3}{C}}CHCH_3$

(3) 苯$-CH_2CH_2\overset{\displaystyle O}{\overset{\|}{C}}CH_3$

(4) $CH_3CH_2\overset{\displaystyle O}{\overset{\|}{C}}CH_2COOH$

6. 分子式为 $C_4H_4O_5$ 的化合物有三个异构体 A、B 和 C,它们均无旋光性,均可与 $NaHCO_3$ 作用。A 可与 2,4-二硝基苯肼作用生成黄色物质。B 和 C 既可与三氯化铁溶液显色,也可与溴水反应;B 和 C 经催化氢化生成相同的一对对映异构体。试推测 A、B 和 C 的结构。

7. 中性化合物 A($C_{13}H_{16}O_3$),难溶于水,可与溴水、羟胺反应,不与 Tollens 试剂反应。经 $LiAlH_4$ 还原产生化合物 B($C_{13}H_{18}O_3$)。A、B 均可发生碘仿反应。A 与 NaOH 溶液共热则生成异丙醇和化合物 C($C_{10}H_9O_3Na$),C 酸化后加热即放出 CO_2 气体并生成化合物 D($C_9H_{10}O$),C、D 也可发生碘仿反应,D 用 Zn—Hg 齐在浓盐酸中还原得丙苯。试写出化合物 A、B、C、D 的结构式。

第十一章

有机含氮化合物

学习目标

1. 掌握　胺的命名;胺的碱性及强弱顺序、与亚硝酸的反应、芳香胺的卤化反应等;芳环上硝基的还原反应。
2. 掌握　重氮盐的放氮反应和偶联反应。
3. 熟悉　胺的结构和分类;胺的酰化和磺酰化反应。
4. 了解　胺类化合物的物理性质;胺的烃基化反应及季铵盐和季铵碱;偶氮化合物。
5. 了解　脂肪族硝基化合物 α-H 的酸性;硝基对芳环活性的影响。

　　有机含氮化合物(organonitrogen compound)是分子中含有碳 - 氮键的有机化合物。有时,分子中含有 C—O—N 的化合物,如硝酸酯、亚硝酸酯等也归入此类。广泛存在于自然界,是一类非常重要的化合物。许多有机含氮化合物具有生物活性,如生物碱;有些是生命活动不可缺少的物质,如氨基酸等;不少药物、染料等也都是有机含氮化合物。

　　各类有机含氮化合物的化学性质各不相同。一般都具有碱性,并可还原成胺类化合物。同一个分子中有时会含有多个含氮基团,如对硝基苯胺、偶氮二异丁腈等。许多有机含氮化合物具有特殊气味,例如吡啶、三乙胺等。有机含氮化合物中有许多属于致癌物质,例如芳香胺中的 2- 萘胺、联苯胺等;偶氮化合物中的邻氨基偶氮甲苯等偶氮染料;脂肪胺中的乙烯亚胺、吡咯烷、氮芥等;某些生物碱如长春碱等,以及大多数亚硝基胺和亚硝基酰胺。

　　本章主要讨论硝基化合物、胺类、重氮及偶氮化合物。

第一节　硝基化合物

一、硝基化合物的结构、分类和命名

(一)结构

　　烃分子中的氢原子被硝基(NO_2)取代所形成的化合物叫硝基化合物。一元硝基化合物的通式是 RNO_2 或 $ArNO_2$。

硝基化合物与亚硝酸酯是同分异构体：

$$R-N\overset{O}{\underset{O}{\diagdown}} \qquad R-O-N=O$$

硝基化合物   亚硝酸酯

硝基中，氮原子上的 p 轨道和两个氧原子上的 p 轨道互相重叠，形成三中心、四电子的离域大 π 键。

由于键的平均化，硝基中的两个氧原子是等同的，写成共振式：

$$R-\overset{+}{N}\overset{O}{\underset{O^-}{\diagdown}} \longleftrightarrow R-\overset{+}{N}\overset{O^-}{\underset{O}{\diagdown}} \quad 或 \quad R-\overset{+}{N}\overset{O^{\delta-}}{\underset{O_{\delta-}}{\diagdown}}$$

在硝基化合物中，两个氮氧键的键长均等；而在亚硝酸酯中 N—O 键比 N=O 键要长些。

（二）分类

硝基化合物根据硝基所连烃基的类型，可分为脂肪族、芳香族及脂环族硝基化合物；根据分子中所连硝基的多少可分为一硝基化合物和多硝基化合物。

脂肪族   芳香族   脂环族

一硝基化合物 CH_3NO_2

硝基甲烷   硝基苯   硝基环己烷

多硝基化合物

1,2-二硝基乙烷   2,4,6-三硝基苯酚   八硝基立方烷

根据硝基相连的碳原子的类型，脂肪族硝基化合物又可分为伯、仲和叔三种类型。

$$CH_3CH_2CH_2-NO_2 \qquad \underset{NO_2}{\overset{CH_3CH_2CHCH_3}{|}} \qquad CH_3-\overset{CH_3}{\underset{CH_3}{\overset{|}{\underset{|}{C}}}}-NO_2$$

1-硝基丙烷   2-硝基丁烷   硝基叔丁烷
（伯硝基化合物,1°） （仲硝基化合物,2°） （叔硝基化合物,3°）

（三）命名

硝基化合物的命名与卤代烃相类似，以烃为母体，硝基作为取代基。例如：

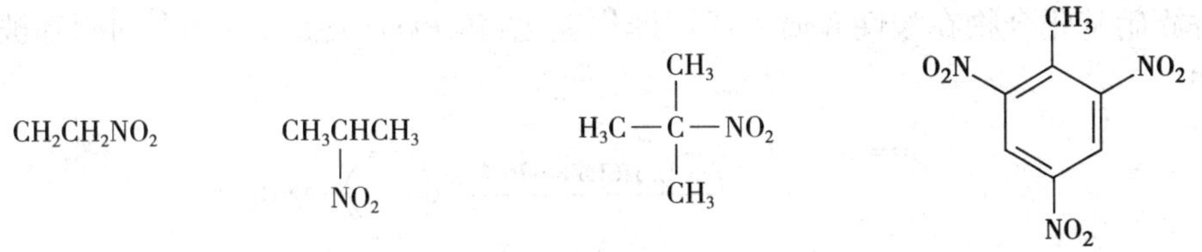

$$CH_2CH_2NO_2 \qquad CH_3CHCH_3 \qquad H_3C-\underset{\underset{CH_3}{|}}{\overset{\overset{CH_3}{|}}{C}}-NO_2$$

$$\underset{NO_2}{|}$$

硝基乙烷　　　　2-硝基丙烷　　　2-甲基-2-硝基丙烷　　　2,4,6-三硝基甲苯

二、硝基化合物的性质

(一) 物理性质

脂肪族硝基化合物是无色有香味的液体。芳香族硝基化合物多为淡黄色固体,有杏仁气味并有毒。硝基化合物比重大于1,硝基越多,比重越大;不溶于水,易溶于有机溶剂;分子的极性较大,沸点较高。多硝基化合物受热时易分解爆炸。例如三硝基甲苯 "TNT" 就被用作炸药。

(二) 化学性质

1. α-H 的反应　在脂肪族硝基化合物中,由于硝基的强吸电子诱导效应和共轭效应,使 α 氢酸性增强和发生 α 氢的反应。

具有 α 氢的硝基化合物与强碱作用生成盐:

$$R-CH_2-NO_2 + NaOH \longrightarrow [R-CH-NO_2]^- Na^+ + H_2O$$

含 α 氢的脂肪族硝基化合物能逐渐溶于强碱的水溶液中并形成盐,表现出明显的酸性。这是由于这些硝基化合物中存在着下列互变异构现象:

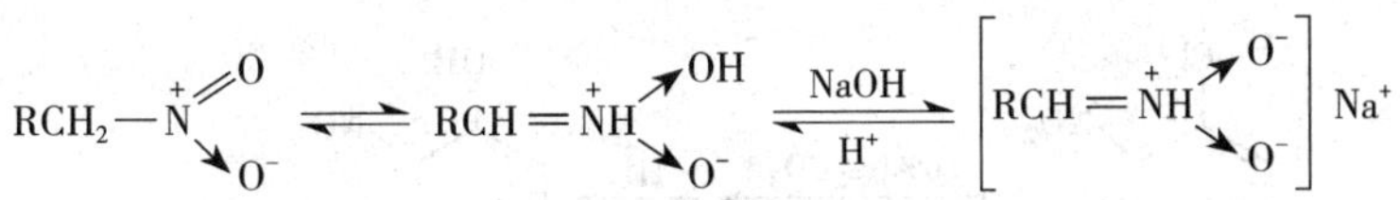

硝基式　　　　　　假酸式　　　　　　　　盐式

互变异构过程中 α 碳上的氢以质子形式发生迁移。通常硝基化合物中假酸式含量较少,但加入碱时,碱与假酸式作用使平衡不断向右移动,直至完全成盐。这种互变平衡速度较慢,所以它与碱作用需要一定的时间。假酸式有烯醇式特征,如与 $FeCl_3$ 溶液有颜色反应,也能与 Br_2/CCl_4 溶液发生加成反应。

具有 α 氢的活泼硝基化合物能与羰基化合物发生羟醛缩合及克莱森缩合等反应,在合成中有很大的用途。例如:

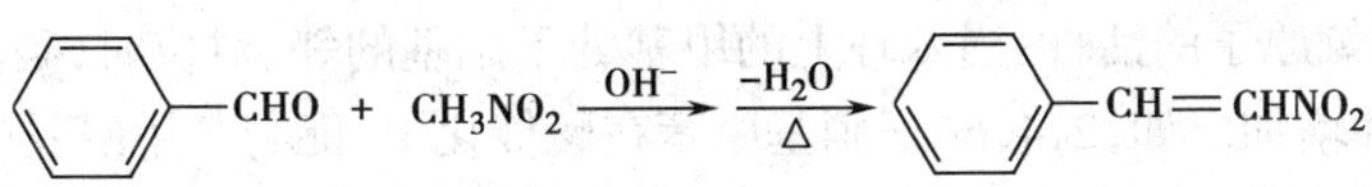

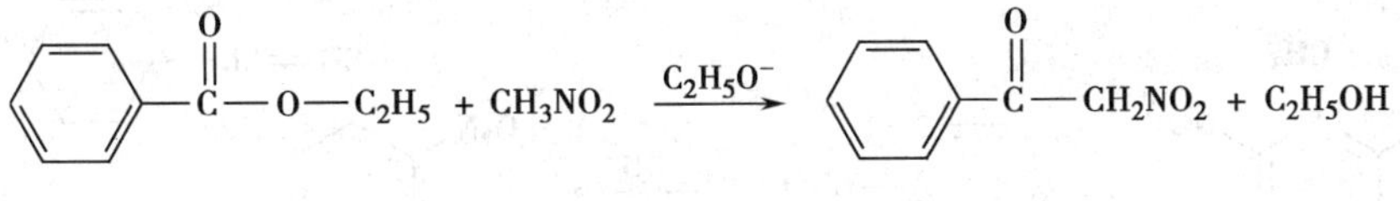

2. 还原反应　在还原剂的作用下,硝基容易被还原,随反应条件及介质的不同得到的还原产物不同。

芳香族硝基化合物在酸性介质中或用催化氢化(H_2/Pt)法还原,芳环上的硝基被还原为氨基。例如:

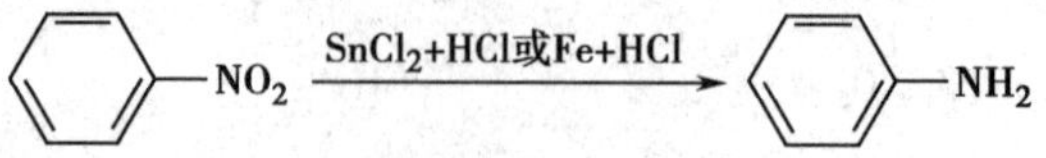

常用金属(Fe、Zn、Sn 等)作为酸性介质中的还原剂。

3. 苯环上的取代反应　在芳香族硝基化合物中,由于硝基的吸电子作用使苯环上的电子云密度降低,导致苯环上亲电取代反应活性降低。同时硝基对苯环上邻、对位取代基的反应活性也产生一定的影响。

(1) 增强苯环上亲核取代反应的活性:直接与芳环相连的卤素特别不活泼,即芳烃上的卤原子较难发生亲核取代反应。例如,由氯苯水解制苯酚需高温高压和催化剂。

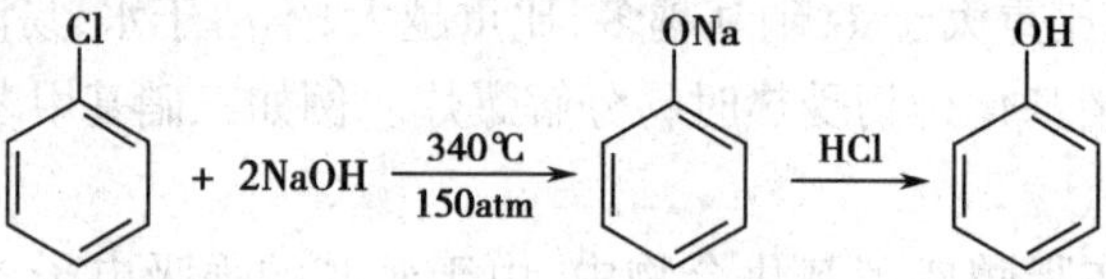

当邻、对位有硝基存在时,卤原子活泼性增加,硝基越多,亲核取代反应越容易进行。例如:

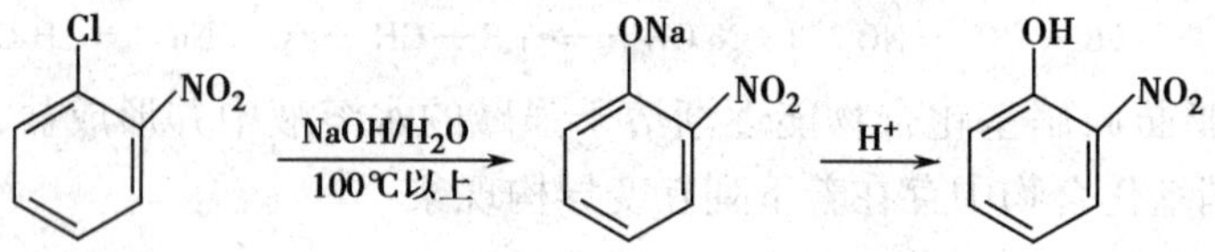

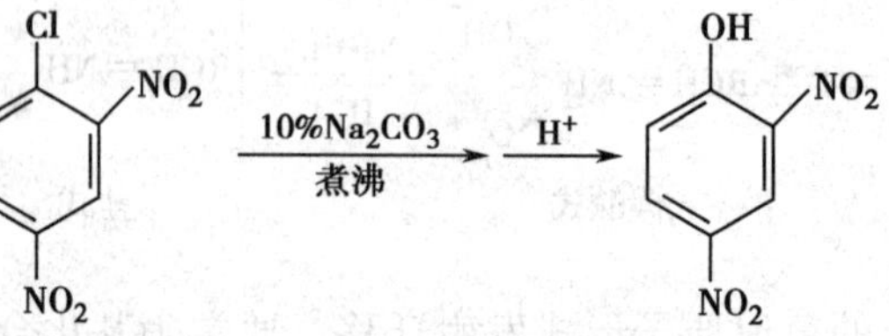

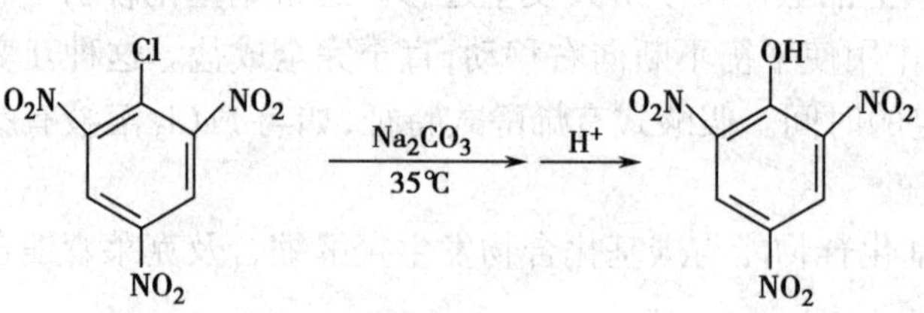

(2) 增强甲基氢原子的活性:当苯环上的甲基处于硝基的邻、对位时,硝基的吸电子作用使甲基氢原子的活性增加。如,2,4,6-三硝基甲苯在碱催化下,能与苯甲醛发生缩合反应。

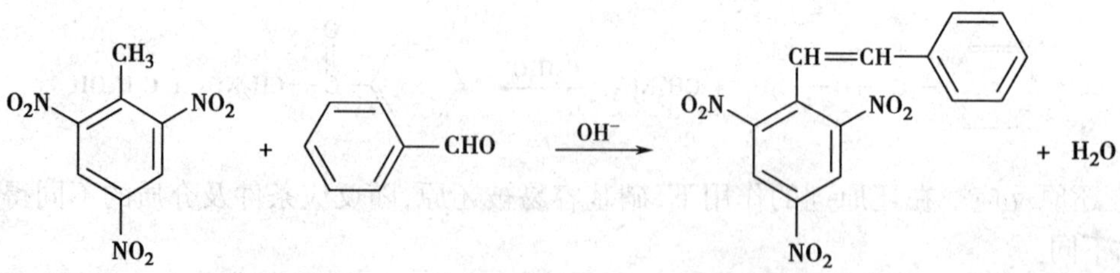

三、有代表性的硝基化合物

(一)硝基甲烷

硝基甲烷为无色油状液体,有毒。能溶于醇、醚和二甲基甲酰胺,微溶于水。熔点 –29℃,沸点 101~102℃。具有很高的介电常数,常作溶剂,能促进许多离子型反应的进行,本身也能发生很多反应。可由甲烷气相硝化制得。

(二)硝基苯

硝基苯为无色到淡黄色油状液体。有苦杏仁气味,有毒。能随水蒸气挥发。易溶于醇、苯、醚和油类,微溶于水。熔点 5~7℃,沸点 210~218℃。硝基苯是重要的工业原料,主要用于制备苯胺、药物和染料,也常作为测定分子量的溶剂,测定矿物的折射指数,检定硫化物、硝酸盐等。硝基苯可由苯直接硝化制得。

(三)2,4,6- 三硝基甲苯

亦称 TNT,为黄色单斜棱形或针状晶体,熔点 80~81℃,能溶于丙酮和苯,难溶于水,其蒸气有毒。TNT 具有强烈的爆炸性,国际上常用它作为标准衡量其他炸药的爆破能力。亦常用于有机分析和有机合成中。2,4,6- 三硝基甲苯可由甲苯硝化制得。

第二节 胺 类

一、胺的结构、分类和命名

(一)结构

胺类是指氨分子中氢原子被烃基取代而形成的一类化合物。胺的结构与氨分子类似,氮原子是不等性 sp^3 杂化,三个 sp^3 杂化轨道与氢原子或碳原子形成三个 σ 键,一对孤电子占据一个 sp^3 轨道,因此胺的氮原子是四面体结构,胺分子中的键角随不同的原子和基团而变化。胺分子的一些几何参数见图 11-1。

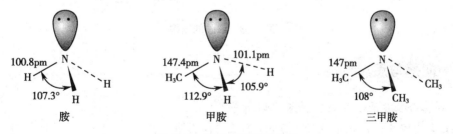

图 11-1 胺分子的几何参数

由于胺中的氮原子是四面体型结构,所以当氮原子上所连的三个原子或基团都彼此不同时,氮原子就是手性中心,分子与其镜像是不能重合的,就应存在对映异构现象,但对映体的拆分却没有成功。这是因为两种构型相互转化的能垒较低(约 25kJ/mol),在室温条件下,能很快相互转化而发生外消旋化,使之无法拆分(图 11-2)。

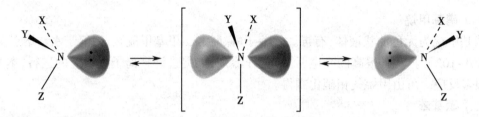

图 11-2　胺的对映体及其转化

如果有某种因素阻碍这种构型间的快速转化,则可拆分成一对对映体。如某些桥环胺或季铵离子:

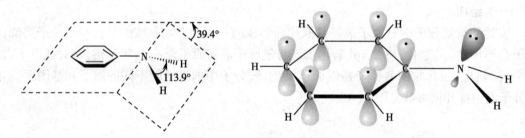

苯胺中的氮原子仍为不等性的 sp^3 杂化,未共用电子对所占据的轨道含有较多 p 轨道成分。因此,以氮原子为中心的四面体会比脂肪胺中更扁平一些(图 11-3)。H—N—H 所确定的平面与苯环平面的夹角为 39.4°,氮上的未共用电子对与苯环上的 p 轨道虽然不完全平行,但可以共平面,并不妨碍与苯环产生共轭,氮上的孤对电子离域到苯环,使得苯环上的电子云密度升高。这种共轭体系的形成使芳香胺与脂肪胺在性质上出现较大的差异。

图 11-3　苯胺的结构

问题与思考

下列化合物是否具手性? 是否可以拆分?

(1) 溴化甲基二乙基苯基铵;(2) N- 甲基 -N- 乙基苯胺。

(二)分类

根据胺分子中氮原子上烃基取代的多少分为伯胺、仲胺、叔胺和季铵盐,或分别称为一级胺,二级胺,三级胺,四级铵盐类。

要注意的是,胺类的伯、仲、叔的含义与其在卤代烃或醇中的含义是不同的。胺的伯、仲、叔是指氨的氮原子被烃基取代的程度,而卤代烃和醇则是指卤素或羟基所连接的碳原子的类型。如:

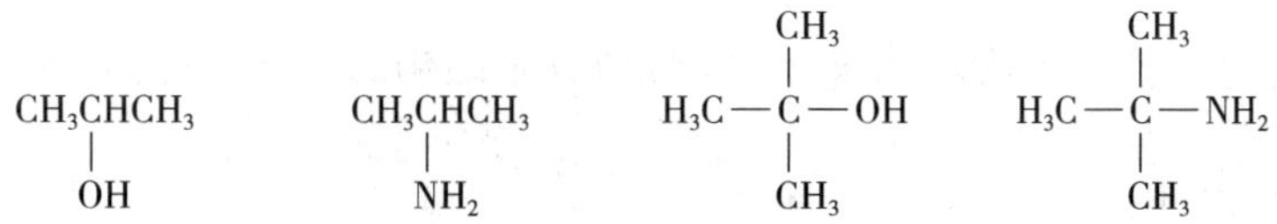

$$CH_3CHCH_3 \atop OH \qquad CH_3CHCH_3 \atop NH_2 \qquad H_3C-\underset{CH_3}{\overset{CH_3}{\underset{|}{\overset{|}{C}}}}-OH \qquad H_3C-\underset{CH_3}{\overset{CH_3}{\underset{|}{\overset{|}{C}}}}-NH_2$$

异丙醇(仲醇)　　异丙胺(伯胺)　　叔丁醇(叔醇)　　叔丁胺(伯胺)

依据烃基是脂肪族的还是芳香族的,又可将胺类分为脂肪胺和芳香胺。只有当氨基直接连在芳环上才是芳香胺。

脂肪胺　　CH_3NH_2

芳香胺

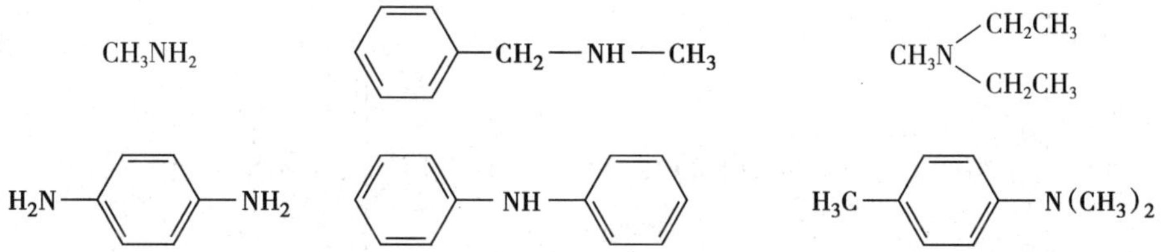

伯胺　　　　　仲胺　　　　　叔胺

(三) 命名

1. 伯胺 伯胺可以采用两种名称,一是在烃基后加"胺"字(一般省略去"基"字)。例如:

$$CH_3CH_2NH_2$$

乙胺　　　　　苯胺　　　　　环己胺

二是当氨基不在碳链末端时,可以采用类似醇的命名,标出氨基在碳链上的位置。

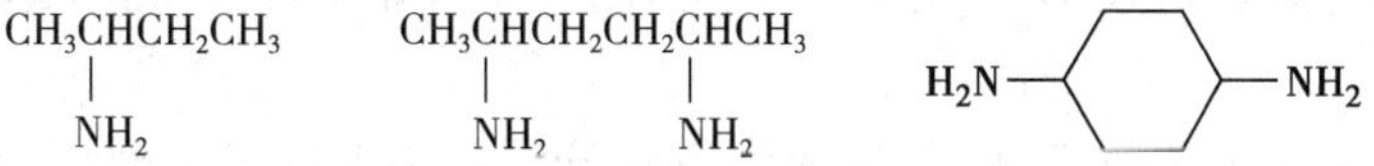

$$CH_3CHCH_2CH_3 \atop NH_2 \qquad CH_3CHCH_2CH_2CHCH_3 \atop NH_2 \qquad NH_2$$

2-丁胺　　　　2,5-己二胺　　　　1,4-环己二胺

2. 仲胺和叔胺

(1) 脂肪族仲胺和叔胺的命名与伯胺类似,是在"胺"字前面写上烃基的名称。烃基相同时,合并相同烃基,并冠以中文数字表示烃基的数目;烃基不相同时,按次序规则中烃基的大小次序,小的烃基在前,大的烃基在后,再加"胺"字。例如:

$$(CH_3CH_2)_3N \qquad CH_3NHC_2H_5 \qquad \underset{CH_3NCH(CH_3)_2}{\overset{C_2H_5}{\overset{|}{}}}$$

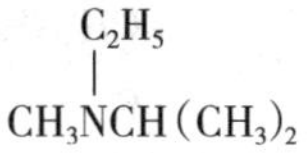

三乙胺　　　　甲乙胺　　　　甲乙异丙胺

(2) 芳香族仲胺和叔胺的命名,以芳香胺为母体,在脂肪烃基名称前标上"N"置于母体名称前。也可按类似方法命名脂肪仲、叔胺。

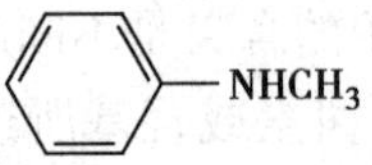

N-甲基苯胺 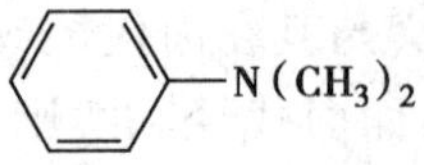　　　　N,N-二甲基苯胺 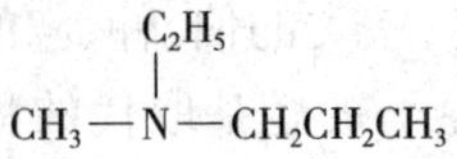　　　　N-甲基-N-乙基丙胺

结构复杂胺的命名,可将氨基作取代基,烃或其余结构部分作为母体。例如:

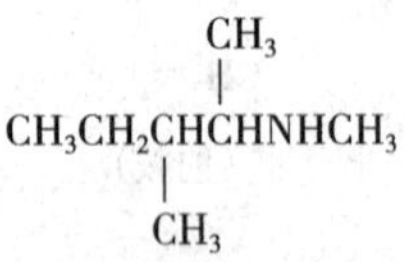

3-甲基-2-甲氨基戊烷 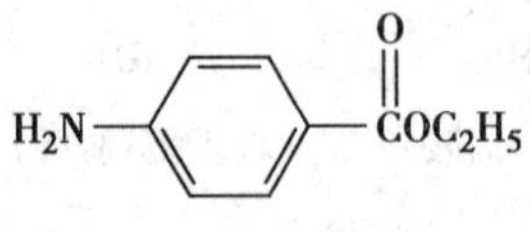　　　　对氨基苯甲酸乙酯 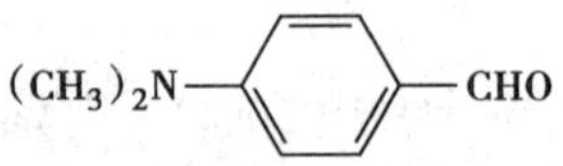　　　　4-二甲氨基苯甲醛

3. 季铵盐和季铵碱　季铵盐和碱的命名是按无机盐命名的方式,即"负离子"化"正离子"。如:

NH$_4$Cl　　　　[(CH$_3$)$_2$CH]$_4$N$^+$I$^-$

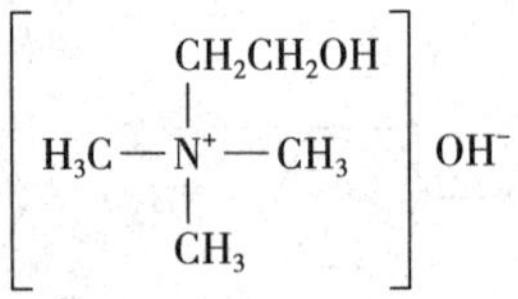

氯化铵　　　　碘化四异丙铵　　　　氢氧化三甲基(2-羟乙基)铵(胆碱)

命名时应注意"氨""胺""铵"的区别:表示基团时用"氨",如氨基、亚氨基、甲氨基(CH$_3$NH—)、氨甲基(H$_2$NCH$_2$—)等;表示氨的烃基衍生物时用"胺",如 CH$_3$NH$_2$ 为甲胺,(C$_2$H$_5$)$_3$N 为三乙胺;而"铵"则表示氨和胺的盐和氢氧化物以及季铵类化合物。

二、胺的物理性质

分子量较小的胺,如甲胺、二甲胺、乙胺等在常温下是气体,其余胺为液体或固体。低级胺可溶于水,这是因为氨基可以与水形成氢键。但随胺中烃基碳原子数的增多,水溶性减小,甚至不溶。

伯胺、仲胺都可以形成分子间氢键,故沸点较分子量相近的烷烃高,但比相应的醇低。而叔胺的沸点则与烃相近。

一些常见胺的物理常数见表11-1。

表 11-1　胺的物理常数

名称	结构简式	熔点(℃)	沸点(℃)
氨	NH$_3$	−77.7	−33.35
甲胺	CH$_3$NH$_2$	−92	−7.5
二甲胺	(CH$_3$)$_2$NH	−96	7.5
三甲胺	(CH$_3$)$_3$N	−117	3.0
乙胺	C$_2$H$_5$NH$_2$	−81	17
二乙胺	(C$_2$H$_5$)$_2$NH	−39	55
三乙胺	(C$_2$H$_5$)$_3$N	−115	89

续表

名称	结构简式	熔点（℃）	沸点（℃）
苯胺	$C_6H_5NH_2$	-6	184
N- 甲基苯胺	$C_6H_5NHCH_3$	-57	196
N,N- 二甲基苯胺	$C_6H_5N(CH_3)_2$	-3	194
邻甲苯胺	$o\text{-}CH_3C_6H_4NH_2$	-28	200
间甲苯胺	$m\text{-}CH_3C_6H_4NH_2$	-30	203
对甲苯胺	$p\text{-}CH_3C_6H_4NH_2$	44	200
邻硝基苯胺	$o\text{-}NO_2C_6H_4NH_2$	71	284
间硝基苯胺	$m\text{-}NO_2C_6H_4NH_2$	114	307（分解）
对硝基苯胺	$p\text{-}NO_2C_6H_4NH_2$	148	332

三、胺的化学性质

胺的氮原子上有一对孤电子，在一定条件下能够接受质子，这使得胺中的氮原子成为碱性中心和亲核中心，胺的主要化学性质都体现在这两个方面。

（一）碱性和成盐

1. 碱性　胺分子中的氮原子能够接受质子而呈碱性。胺的碱性，是基于下列平衡：

$$R\!-\!N \underset{}{\diagdown} \ +\ H^+\ \underset{K_a}{\overset{K_b}{\rightleftharpoons}}\ R\!-\!\overset{|}{\underset{|}{N^+}}\!-\!H$$

（1）脂肪胺：一些脂肪胺的 pK_a 值见表 11-2。

表 11-2　一些脂肪胺的 pK_a

胺	pK_a	胺	pK_a
NH_3	9.24	$CH_3CH_2CH_2NH_2$	10.61
CH_3NH_2	10.65	$(CH_3CH_2CH_2)_2NH$	10.91
$(CH_3)_2NH$	10.73	$(CH_3CH_2CH_2)_3N$	10.65
$(CH_3)_3N$	9.78	$CH_3CH_2CH_2CH_2NH_2$	10.64
$CH_3CH_2NH_2$	10.71	$(CH_3)_2CHCH_2NH_2$	10.41
$(CH_3CH_2)_2NH$	11.0	$(CH_3)_3CNH_2$	10.71
$(CH_3CH_2)_3N$	10.75		

由表 11-2 可见，脂肪胺的碱性强于氨的碱性。这是因为烃基具有供电子的诱导效应，使氮原子上电子云密度增大，接受质子的能力增强，或者说使质子化后的铵离子更趋稳定。烃基越多，供电子能力越强，氮原子上电子云密度越高，碱性越强。在气态或非质子溶剂中，脂肪胺的碱性强弱顺序为：叔胺 > 仲胺 > 伯胺 > 氨。

但在水溶液中，却观察到仲胺的碱性最强，而伯胺与叔胺碱性都比仲胺弱。这是因为，在水溶液中，胺的碱性强弱不仅与烃基的供电子性质有关，还与烃基的空间位阻效应和质子化后铵离子的稳定性有关,是电子效应、立体效应和水溶剂化(水合)效应共同综合作用的结果。

1) 从单一的电子效应影响上看:氮上连的烃基越多,氮原子上电子云密度越高,碱性越强。胺的碱性强弱顺序:叔胺 > 仲胺 > 伯胺。

2) 从烃基的空间效应来看:烃基数目越多,空间位阻也相应增大,对氮上的孤对电子屏蔽作用越大,使氮越不容易与水中的质子结合游离出 OH^-,碱性相对减弱。所以,三种类型胺的碱性强弱顺序为:伯胺 > 仲胺 > 叔胺。

3) 从水的溶剂化效应看:胺在水溶液中的碱性主要取决于铵正离子的稳定性大小。铵正离子越稳定,胺在水溶液中的解离平衡越偏向于生成铵离子和 OH^- 方向,游离出 OH^- 越多,碱性越强。而铵正离子的稳定性大小又取决于它与水形成氢键的机会多少。伯胺氮上的氢最多,其铵正离子与水形成的氢键最多,水合效应最强,铵离子的正电荷分散最多,其稳定性最高,胺的碱性也就最强。因此,单一的溶剂化效应,胺的碱性强弱顺序为:伯胺 > 仲胺 > 叔胺。

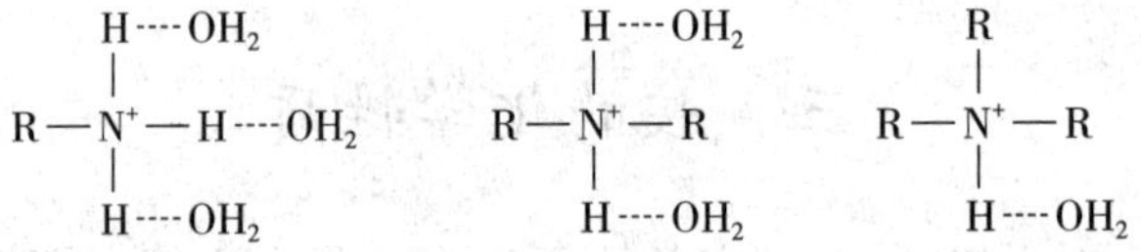

上述三种因素对胺的碱性的影响,仲胺都处于居中的位置。这些因素共同作用的结果是:仲胺的碱性最强,而伯胺和叔胺次之。

(2) 芳香胺:芳香胺的碱性比氨和脂肪胺弱得多,这是因为苯胺中氮上未共用电子对与苯环有共轭作用,分散了氮上的孤对电子,使其碱性大大减弱。

在芳胺中,氮上的氢原子若被烃基取代,烃基的供电子作用会使氮上的电子云密度升高碱性增强。供电子烃基越多,芳胺的碱性越强。如:

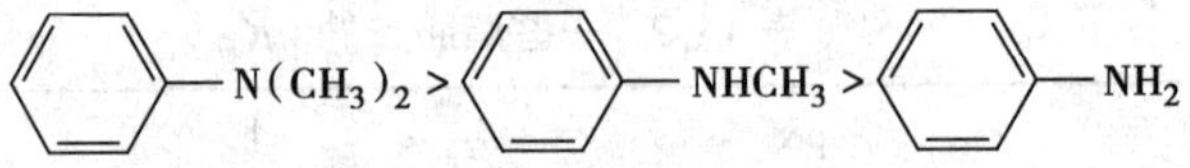

$$\text{—N(CH}_3)_2 > \text{—NHCH}_3 > \text{—NH}_2$$

pK_a　　　5.06　　　　　　　　4.85　　　　　　　4.62

若氮上的氢原子被芳环取代,则芳胺的碱性显著降低,这与苯胺碱性较弱的原因是一样的。芳基越多,芳胺的碱性越弱。例如:

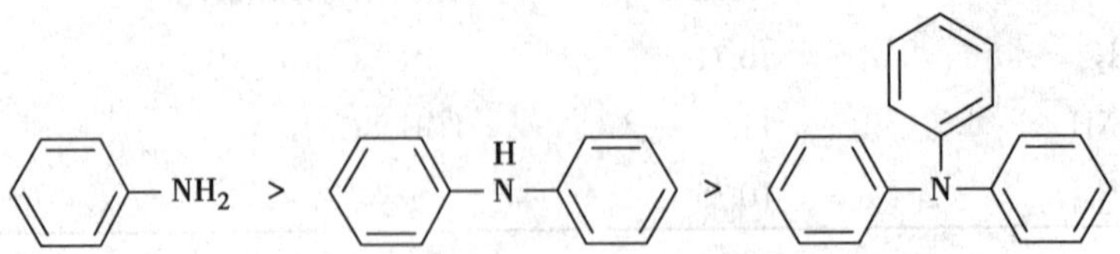

pK_a　　4.62　　　　　　　0.8　　　　　　　　　　　　−5.0(中性)

在苯胺中,若苯环上连有取代基,则取代基团对碱性强弱也会产生影响。一些取代苯胺的碱性见表 11-3。

取代基对苯胺碱性的影响是电子效应和空间效应等综合作用的结果,可以大体归纳如下:

1) 大多数取代基(在表 11-3 中除 —OH)位于氨基的邻位时,供电子或吸电子基团都使苯胺的碱性减弱。

表 11-3　取代苯胺的碱性（pK_a）

取代基	邻位	间位	对位	取代基	邻位	间位	对位
H	4.60	4.60	4.60	OH	4.72	4.17	5.50
NH_2	4.48	5.00	6.15	Cl	2.70	3.48	4.00
CH_3O	4.48	4.30	5.30	Br	2.48	3.60	3.85
CH_3	4.39	4.96	5.12	NO_2	−0.3	2.50	1.20

2）供电子基团（如甲基）使苯胺的碱性增强，而吸电子基团（如硝基）使苯胺的碱性减弱。并且取代基的这种使碱性增强或减弱的影响在对位比在间位更为明显。如：

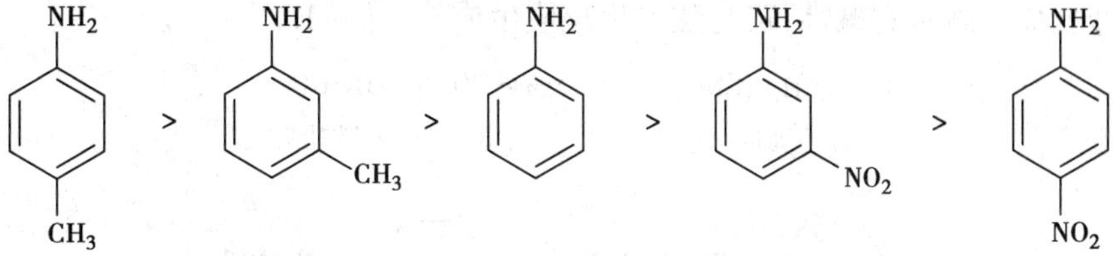

pK_a　　5.12　　　　　4.96　　　　　4.60　　　　　2.50　　　　　1.20

甲基取代苯胺，甲基在对位通过苯环向氨基氮上供电子作用比间位强，所以对甲苯胺的碱性大于间甲苯胺。

硝基取代苯胺，硝基在对位通过苯环向氨基氮上吸电子作用比间位强，所以对硝基苯胺氮上的电子云密度降低更多，其碱性小于间硝基苯胺。

3）带有孤对电子的杂原子基团（如 —OCH_3、—Cl）使苯胺的碱性增强或减弱，但对位的碱性都比间位强。

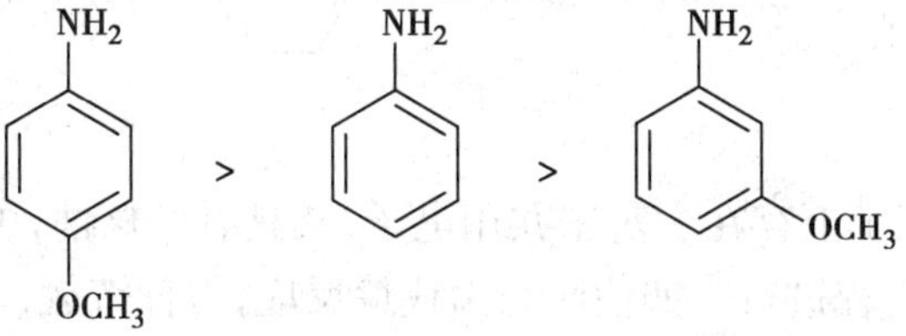

pK_a　　5.30　　　　　　4.60　　　　　　4.30

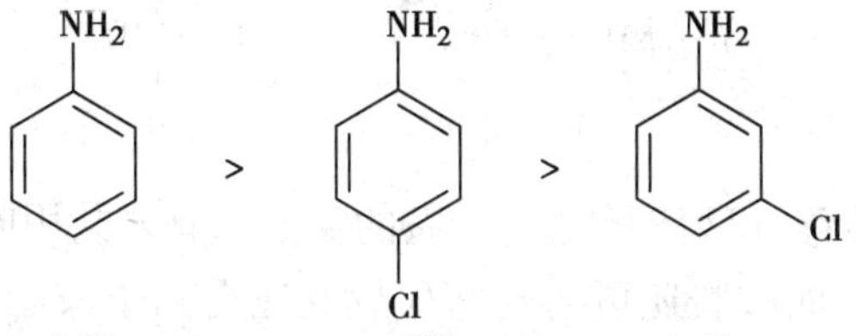

pK_a　　4.60　　　　　　4.00　　　　　　3.48

杂原子的电负性都比碳原子大，含杂原子的基团连在苯胺的间位时，只存在吸电子的诱导效应（–I 效应），使苯胺氮上的电子云密度降低，碱性都比苯胺小。

当这些基团位于苯胺的对位时，存在吸电子的诱导效应（–I 效应）和给电子的共轭效应（+C 效应），给电子的共轭效应会部分抵消吸电子的诱导效应。所以对位取代时，苯胺氮上的电子云密度相对较高，对位苯胺碱性大于间位。

（3）季铵碱：铵正离子（RN_4^+）和 OH^- 之间是典型的离子键，在水中可完全电离，因此是强碱,其碱性与氢氧化钾相当。

综上所述,不同类型胺的碱性强弱是多种因素综合影响的结果,各类胺的碱性强弱顺序大致如下:

$$季铵碱 > 脂肪胺(仲胺 > 伯胺和叔胺) > NH_3 > 芳香胺$$

 问题与思考

比较氨、甲胺、三甲胺、苯胺、N-乙基苯胺、三苯胺的碱性。

2. 成盐反应 胺具有碱性,可与酸发生反应生成盐。例如:

$$CH_3CH_2NH_2 + HCl \longrightarrow CH_3CH_2NH_2 \cdot HCl$$

盐酸乙胺(乙胺盐酸盐)

$$\text{C}_6\text{H}_5-NH_2 + HCl \longrightarrow \text{C}_6\text{H}_5-NH_2 \cdot HCl$$

盐酸苯胺(苯胺盐酸盐)

所有的脂肪胺都能与强酸和乙酸成盐;而芳香胺是弱碱,只能与强酸成盐,不能与乙酸成盐,并且取代苯越多,位阻越大,碱性明显减弱,如三苯胺与强酸也不能成盐。

铵盐一般都溶于水,与强碱作用又重新游离出原来的胺。因此利用此性质可以分离或精制胺。

$$\text{C}_6\text{H}_5-NH_2 \cdot HCl + NaOH \longrightarrow \text{C}_6\text{H}_5-NH_2 + NaCl + H_2O$$

(二)烃基化反应

胺类化合物中氮原子上存在一对未共用电子,其具有亲核性,可以与卤代烷发生亲核取代反应,反应通常按 S_N2 历程进行。如伯胺与卤代烷反应,得仲铵盐:

$$R-\ddot{N}H_2 + R'-X \longrightarrow R-\overset{+}{N}HX^- \\ \quad\quad\quad | \\ \quad\quad\quad R'$$

生成的铵盐经质子转移,可得到仲胺。仲胺的氮上仍有未共用电子对,继续与卤代烷反应,经类似的过程可得叔胺。而叔胺还可再与卤代烷反应得到季铵盐,因此最后得到的是复杂的混合物。

$$NH_3 + R-X \longrightarrow RNH_2 + NH_4X$$
$$\xrightarrow{RX} R_2NH + NH_4X$$
$$\xrightarrow{RX} R_3N + NH_4X$$
$$\xrightarrow{RX} R_4N^+X^-$$

尽管可以通过控制投料比、反应温度、时间等条件使某一胺为主产物,但仍需较烦琐的后处理。如 R′为甲基,则常称此反应为"彻底甲基化反应"。

$$C_6H_5CH_2N(CH_3)_2 \ + \ CH_3-I \xrightarrow{\text{EtOH}} C_6H_5CH_2\overset{+}{N}(CH_3)_3I^-$$
$$94\%\sim99\%$$

与胺反应时,卤代烷的活性为 RI>RBr>RCl。

(三) 酰化和磺酰化

1. 酰化　胺的酰化反应实际上也是羧酸衍生物的氨解反应,形成酰胺类化合物。

伯胺、仲胺分子中氮上有氢原子,能与酰卤、酸酐甚至酯等发生亲核取代反应而生成酰胺。用酯做酰化剂时反应较慢。芳胺因其碱性弱,亲核性弱,一般需用酰卤或酸酐酰化。用酰卤做酰化剂时,需加入一种碱,以吸收生成的卤化氢,常用的碱是三乙胺或吡啶。

叔胺氮上无氢,故不能发生酰化反应。

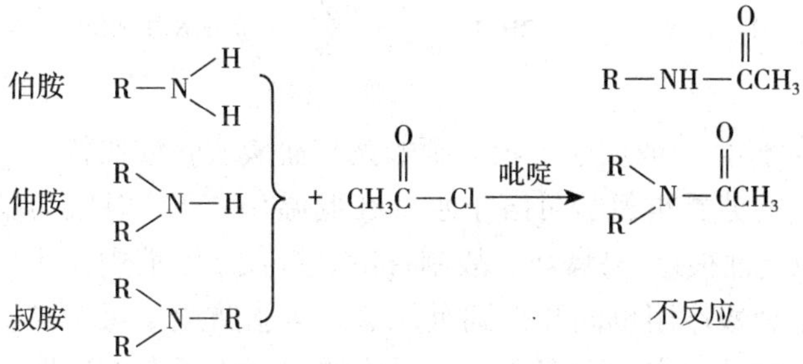

例如:

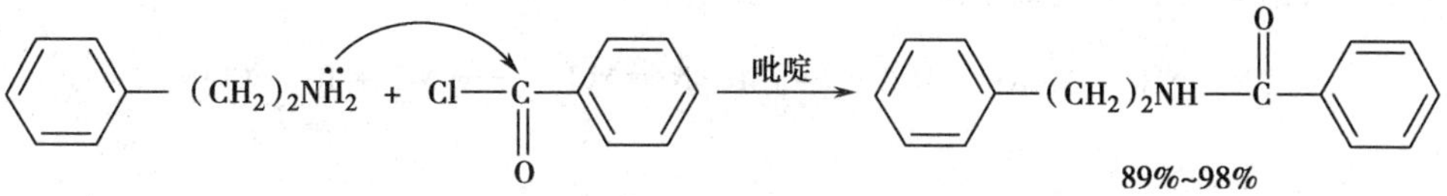

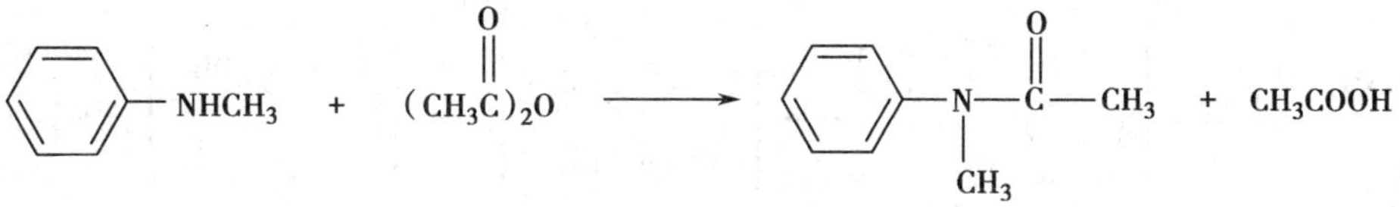

酰胺类化合物大多为固体,易于精制,有一定的熔点,在酸或碱催化下水解成原来的胺,因此利用此性质可以分离、提纯和鉴别三种胺类。

在有机合成中利用酰化反应可以保护芳香胺中的氨基,使其不易被氧化,并可降低氨基的定位能力,当反应结束后可通过酸或碱水解再游离出氨基。

酰化反应对于药物的修饰具有重要的意义。在胺类药物分子中引入酰基后,常可增加药物的脂溶性,有利于体内的吸收,以便提高或延长其疗效,并可降低药物的毒性。如解热镇痛药对乙酰氨基酚。

2. 磺酰化　伯胺、仲胺能与苯磺酰氯、对甲基苯磺酰氯等磺酰化试剂反应,生成相应的苯磺酰胺。由伯胺生成的磺酰胺氮原子留下的氢因受磺酰基影响,具有弱酸性,与氢氧化钠作用可形成盐而溶于水;仲胺形成的磺酰胺因氮上无氢原子,不能溶于碱;叔胺氮原子上无氢原子,不能发生磺酰化反应。常利用此反应鉴别这三类胺,称为兴斯堡试验(Hinsberg test)。

$$RNH_2 + \text{〈苯环〉}-SO_2Cl \longrightarrow \text{〈苯环〉}-SO_2NHR \downarrow \underset{H^+}{\overset{NaOH}{\rightleftharpoons}} \text{〈苯环〉}-SO_2\overset{-}{N}R\ Na^+ \quad 溶于碱$$

$$R_2NH + \text{〈苯环〉}-SO_2Cl \longrightarrow \text{〈苯环〉}-SO_2NR_2 \downarrow \quad 不溶于碱$$

$$R_3N + \text{〈苯环〉}-SO_2Cl \quad \diagup\!\!\!\!\!\longrightarrow \quad 不反应$$

(四) 与亚硝酸反应

伯、仲、叔胺与亚硝酸反应生成不同的产物。

1. 伯胺　芳香伯胺与亚硝酸在低温下反应,生成重氮盐,称为重氮化反应。例如:

$$\text{〈苯环〉}-NH_2 + NaNO_2 + 2HCl \xrightarrow{0\sim5\,℃} \text{〈苯环〉}-\overset{+}{N}\equiv NCl^- + NaCl + 2H_2O$$

亚硝酸不稳定易分解,一般反应中用亚硝酸钠和盐酸或硫酸代替。

重氮化反应生成的芳香重氮盐可溶于水。在低温(0~5℃)时较为稳定,加热时水解成酚类。干燥的重氮盐稳定性很差,易爆炸。故制备后直接在水溶液中使用。

脂肪族伯胺与亚硝酸作用也同样得到重氮盐。但脂肪族重氮盐极不稳定,即使在低温也很快分解,放出氮气,生成相应的碳正离子。活泼的碳正离子会发生取代反应、消除反应和重排反应等,得到醇、烯及卤代烃等各种产物,因此在制备上用途不大。但这一反应可以定量完成,所以可以根据氮气的生成量来测定伯胺的量。

$$R-NH_2 + NaNO_2 + HCl \longrightarrow [R-\overset{+}{N}\equiv NCl^-] \longrightarrow N_2\uparrow + \underset{混合物}{\underline{R^+ + Cl^-}}$$

脂肪族伯胺的一个较有制备价值的反应是扩环反应,可制备五至九元的环酮。例如:

2. 仲胺　芳香仲胺和脂肪仲胺与亚硝酸反应得到 N-亚硝基化合物。例如:

$$(C_2H_5)_2NH \xrightarrow[H_2SO_4]{NaNO_2} (C_2H_5)_2N-NO$$
$$N-亚硝基二乙胺$$

$$\text{〈苯环〉}-NHCH_2CH_3 \xrightarrow[HCl]{NaNO_2} \text{〈苯环〉}-\underset{\underset{NO}{|}}{N}CH_2CH_3$$
$$N-乙基-N-亚硝基苯胺$$

N-亚硝基仲胺为难溶于水的黄色油状液体或固体,是一类极强的致癌物。

3. 叔胺　脂肪叔胺只能与亚硝酸形成一个不稳定的盐:

$$R_3N + HNO_2 \longrightarrow [R_3NH]^+NO_2^-$$

芳香叔胺因为氨基的强活化作用,芳环上电子云密度较高,易发生亲电取代反应,亲电试剂 $\overset{+}{N}\!=\!O$ 进攻氨基的对位,生成对位亚硝基胺,如对位已被占据,则反应在邻位发生:

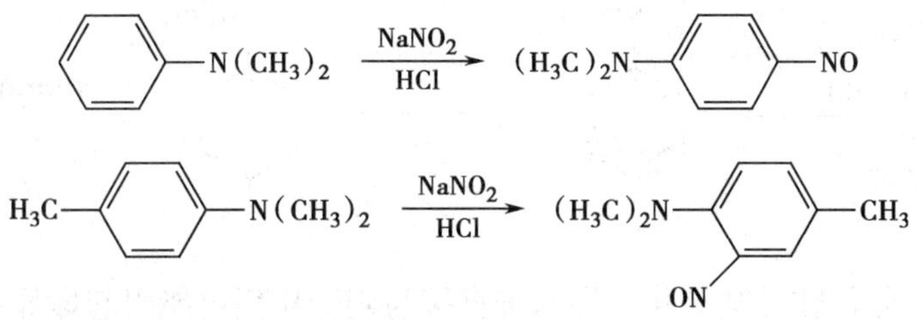

这种环上的亚硝基化合物都有明显的颜色,可用以鉴别。在反应的酸性体系中,产物呈橘黄色,用碱中和后显翠绿色。如:

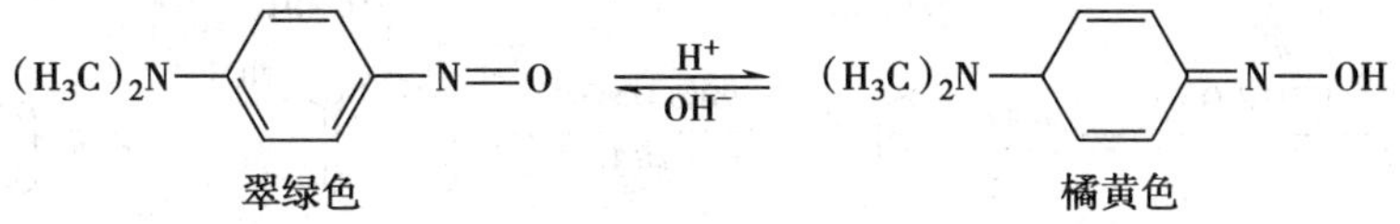

问题与思考

请用两种方法鉴别丁胺、甲丁胺和二甲丁胺。

(五) 芳环上的取代反应

芳环上的氨基与羟基一样,对芳环上的亲电取代反应具有较强的致活作用,因此,芳胺的芳环上很易发生亲电取代反应。

1. 卤代反应 苯胺与溴水反应立即定量生成 2,4,6- 三溴苯胺的白色沉淀。

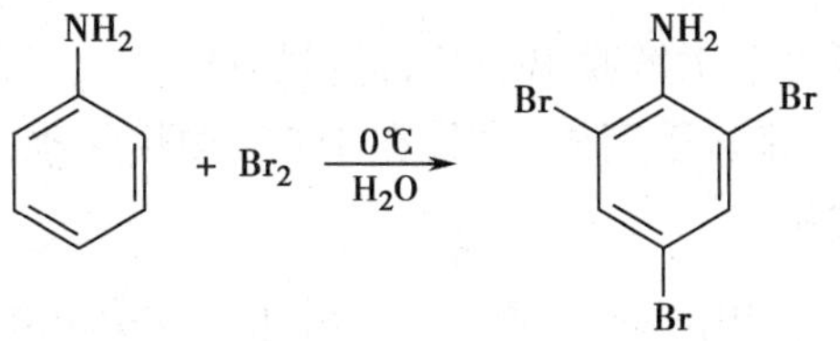

此反应灵敏、迅速,可用于苯胺的定性与定量分析。

即使苯环上有致钝基团时,仍较容易发生取代反应:

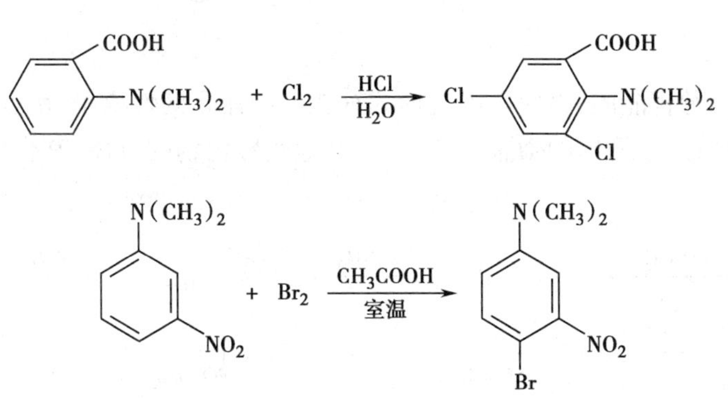

氨基被酰化之后,对环的致活作用减弱了,可以得到一卤代产物:

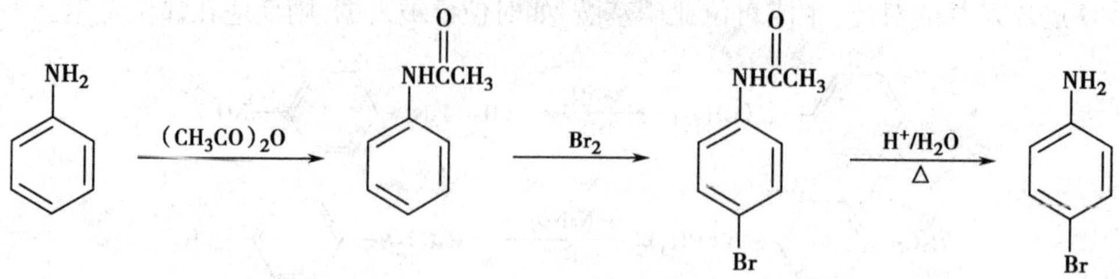

2. 硝化反应 芳伯胺易被氧化。将苯胺直接与硝酸作用可能引起爆炸性氧化分解。所以要先酰化后再硝化。

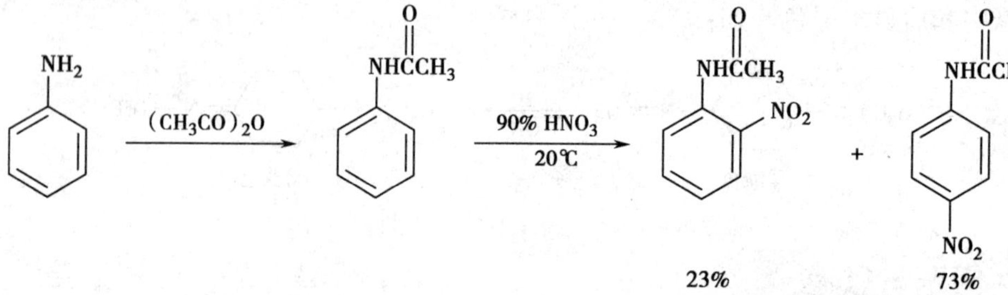

23%   73%

倘若使用硝酸与乙酐作用后生成的硝乙酐(CH_3COONO_2)作酰化剂在 20℃反应,可使邻位硝化为主产物。

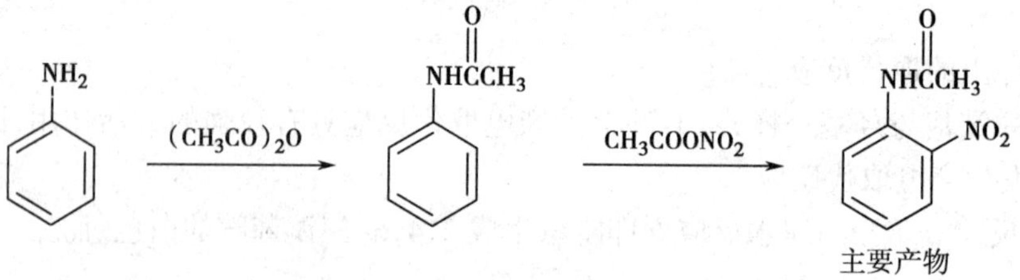

主要产物

硝化后的产物在碱性条件下水解脱出酰基,得目标产物。

3. 磺化反应 苯胺与浓硫酸作用成盐后,在 180℃加热脱水,生成不稳定的苯胺磺酸,然后很快重排成对氨基苯磺酸:

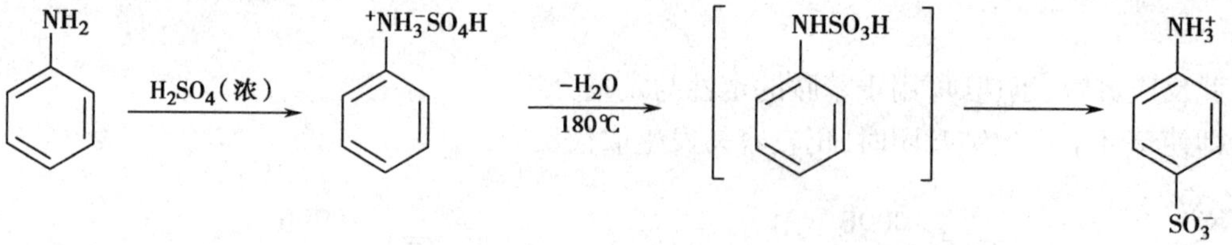

它兼有酸、碱两种官能团,因此以内盐形式存在。内盐是两性离子、熔点高、水溶度小。

对氨基苯磺酰胺是最简单的磺胺类药物,是其他磺胺药物的母体,其合成过程如下:

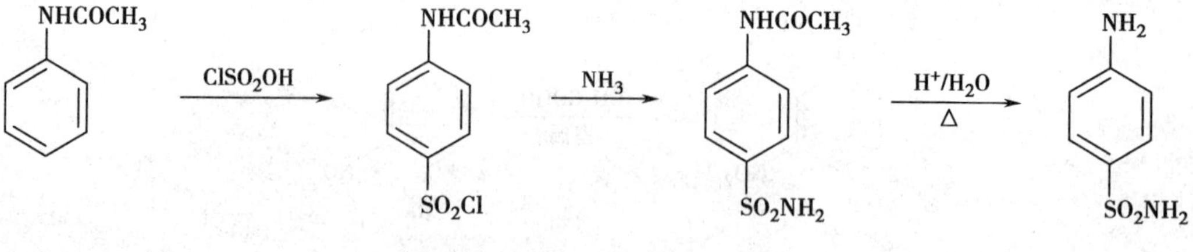

在氨解时以其他胺类代替 NH_3 就得到各种磺胺药物。

第三节 季铵盐和季铵碱

一、季 铵 盐

(一) 制备

叔胺进一步与卤代烷反应可生成季铵盐。

$$R_3\ddot{N} + R\overset{\frown}{|}X \longrightarrow R_4N^+X^-$$

季铵盐与铵盐相似,是离子型化合物。一般为白色结晶,易溶于水,熔点较高,在有机溶剂中的溶解度取决于溶剂、烃基和负离子的性质。季铵盐用途广泛,可作杀菌剂、阳离子表面活性剂、相转移催化剂、防锈剂、乳化剂和柔软剂等。

(二) 应用

1. 表面活性剂 具有长碳链的季铵盐都有表面活性作用,常用做阳离子表面活性剂。这些表面活性剂又具有杀菌消毒作用,如:

$$\left[C_6H_5CH_2-\overset{\overset{\displaystyle CH_3}{|}}{\underset{\underset{\displaystyle CH_3}{|}}{N^+}}-(CH_2)_{11}CH_3\right]Br^-$$

溴化二甲基十二烷基苄基铵
商品名"新尔洁灭"

$$\left[C_6H_5OCH_2CH_2-\overset{\overset{\displaystyle CH_3}{|}}{\underset{\underset{\displaystyle CH_3}{|}}{N^+}}-(CH_2)_{11}CH_3\right]Br^-$$

溴化二甲基十二烷基 -(2- 苯氧乙基)铵
商品名"杜灭芬"

2. 相转移催化剂 季铵盐的表面活性作用,使其可以被用来作为相转移催化反应的催化剂。常用的有溴化四丁铵(TBAB),氯化三乙基苄铵(TEBA)等。应用相转移催化反应,可以解决很多非均相反应中存在的问题。

以 Q^+X^- 代表相转移催化剂,其中 Q^+ 表示季铵离子,其催化过程简述如下:

水相 $NaCN + Q^+X^- \rightleftharpoons Q^+CN^- + NaX$

有机相 $RX + Q^+CN^- \rightleftharpoons Q^+X^- + RCN$

可见,Q^+ 起着运送负离子的作用。在水相中由催化剂与 NaCN 生成 Q^+CN^-,由于 Q^+ 的表面活性作用,可使 Q^+CN^- 进入有机相与 RX 发生反应。同时又使 Q^+X^- 再生,进入水相。这样只需少量 Q^+X^-,穿越两相之间,就可以催化反应不断进行,故称之为相转移催化剂。采用这种合成方法,可使反应速度加快,操作简便,收率高。如苯酚和氯代正丁烷的反应:

$$CH_3CH_2CH_2CH_2Cl + C_6H_5OH \begin{cases} \xrightarrow[45℃,6h]{OH^-} C_6H_5OCH_2CH_2CH_3 \quad 4\% \\ \xrightarrow[35℃,1h]{OH^-/(C_4H_9)_4N^+HSO_4^-} C_6H_5OCH_2CH_2CH_3 \quad 92\% \end{cases}$$

二、季 铵 碱

(一)制备

将季铵盐与氢氧化银(湿的氧化银)作用,就得到季铵离子的氢氧化物——季铵碱,如:

$$(CH_3)_4N^+Br^- + AgOH \longrightarrow (CH_3)_4N^+OH^- + AgBr\downarrow$$

大量制备季铵碱,可用强碱性离子交换树脂与季铵盐作用,但一般难以制成固体,而是用其溶液。

季铵碱是强碱,其碱性强度与氢氧化钠相当。季铵碱受热时易发生分解。如:

$$(CH_3)_4N^+OH^- \xrightarrow{\triangle} (CH_3)_3N + CH_3OH$$

(二)霍夫曼消除

1. 霍夫曼规则 而当季铵碱中氮的 β 位有氢原子时,则羟基负离子可进攻并夺取 β 氢,同时碳氮键断裂,发生 E2 消除反应,生成烯烃、叔胺和水,称为霍夫曼(Hofmann)消除。

$$OH^- + H—CH_2CH_2—N^+(CH_3)_3 \xrightarrow{\triangle} CH_2=CH_2 + (CH_3)_3N + H_2O$$

当季铵碱中有两种或两种以上不同的 β 氢原子时,在加热时可生成几种烯烃。实践证明,在这一条件下,反应生成的主产物是双键上连有取代基较少的烯烃,这一规律称为霍夫曼规则。

$$\begin{array}{c} CH_3CH_2CHCH_3 \\ | \\ N^+(CH_3)_3OH^- \end{array} \xrightarrow{180℃} \begin{array}{c} CH_3CH_2CH=CH_2 \\ 95\% \end{array} + \begin{array}{c} CH_3CH=CHCH_3 \\ 5\% \end{array} + (CH_3)_3N + H_2O$$

这可以用 E2 消除反应的机制来解释,在 E2 消除反应中,OH$^-$ 更容易进攻空间位阻较小 β 位上的氢,主要产生双键上连有较少烷基的烯烃。

但如果 β 碳上连有吸电子基团,如苯基、乙烯基、羰基等,则与之相连的 β 碳上氢的酸性增强,易消除,从而得到与霍夫曼规则预期不同的主产物。如:

$$\begin{array}{c} CH_3 \\ | \\ C_6H_5CH_2CH_2N^+CH_2CH_3OH^- \\ | \\ CH_3 \end{array} \xrightarrow{180℃} \begin{array}{c} C_6H_5CH=CH_2 \\ 93\% \end{array} + \begin{array}{c} H_2C=CH_2 \\ 0.4\% \end{array} + H_2O$$

2. 应用 季铵碱的霍夫曼消除可用于测定某些胺的结构。

例如:某胺分子式为 $C_6H_{13}N$,制成季铵盐时,只消耗 1mol 碘甲烷,与湿的氧化银反应产物经两次霍夫曼消除,生成 1,4- 戊二烯和三甲胺,推测胺的结构。

根据以上的实验结果 $C_6H_{13}N$ 可能的结构为:

反应式为:

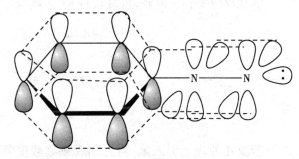

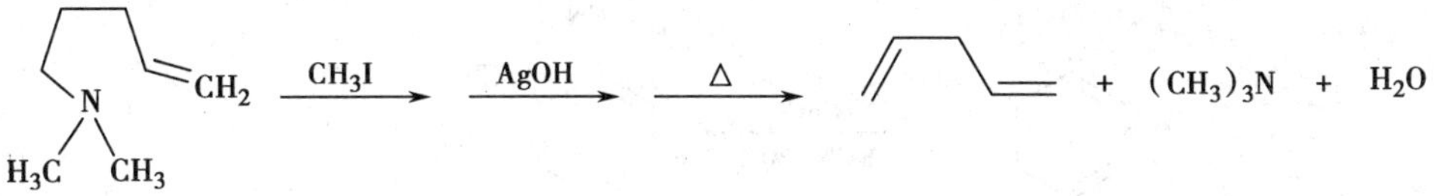

（ページ上部の反応式）
[ピロリジン環に =CH₂ 置換、N上に H₃C と CH₃] →(CH₃I)→ →(AgOH)→ →(△)→ （ジエン構造） + (CH₃)₃N + H₂O

第四节　重氮化合物和偶氮化合物

一、重　氮　盐

芳香伯胺经低温下与亚硝酸反应即得芳香重氮盐,重氮盐是离子型化合物,溶于水,不溶于有机溶剂,干燥时不稳定。其结构可表示为:$[ArN{\equiv}N]^+X^-$ 或简写成 $ArN_2^+X^-$。在重氮正离子中,$C-\overset{+}{N}{\equiv}N$ 键是直线型的,N 原子为 sp 杂化,芳环与重氮基中的 π 键形成共轭体系(图 11-4)。

重氮盐在合成上的用途很广,其主要发生两类反应,一类是放出氮气的取代反应;另一类是不放氮气的偶合反应。

图 11-4　苯重氮正离子的结构

(一) 重氮基被取代的反应

重氮正离子($C-\overset{+}{N}{\equiv}N$)中的重氮基有较强的吸电子能力,使 $C-N$ 键极性增强,容易断裂而放出氮气。在不同条件下,重氮基可以被卤素、羟基、氰基、硝基、氢原子等取代。反应通式如下:

$$Ar-N_2^+ + Nu^- \longrightarrow Ar-Nu + N_2\uparrow$$

1. 被卤素或氰基取代　重氮盐在氯化亚铜(或溴化亚铜)、氰化亚铜盐的存在下,能分解生成相应的卤代芳烃或氰代芳烃及氮气。反应中亚铜盐的存在对重氮盐的分解有催化作用。

$$Ar-N_2^+X^- \begin{cases} \xrightarrow{CuCl/HCl} ArCl \\ \xrightarrow{CuBr/HBr} ArBr \\ \xrightarrow{CuCN/KCN} ArCN \end{cases}$$

此反应被称为桑德迈尔(Sandmeyer)反应。例如:

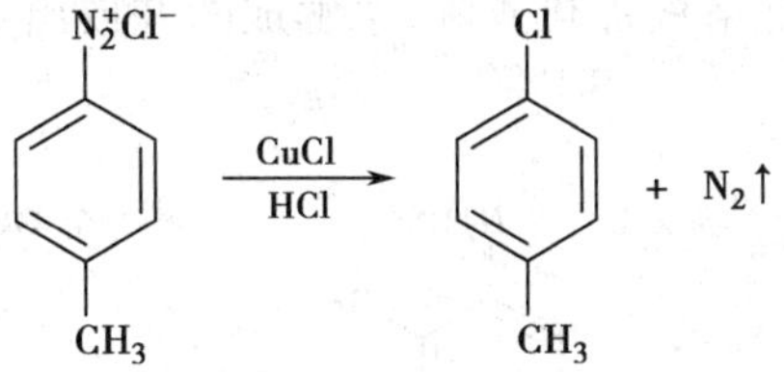

（苯环,对位 $N_2^+Cl^-$ 与 CH_3）$\xrightarrow[HCl]{CuCl}$（苯环,对位 Cl 与 CH_3）+ $N_2\uparrow$

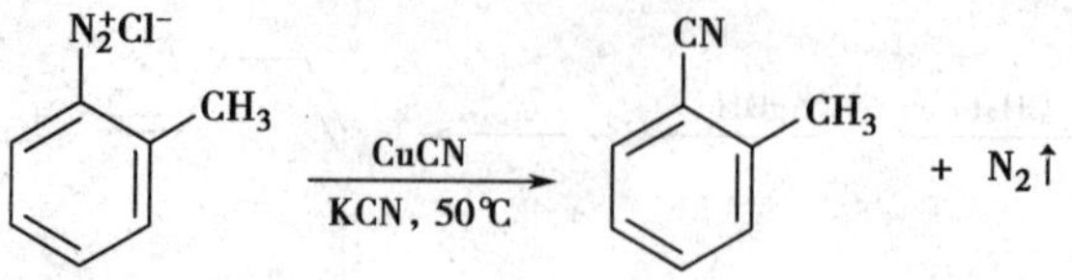

盖特曼（Gatterman）对此反应做了改进，用铜粉代替 CuX，操作简化了，但收率较低。

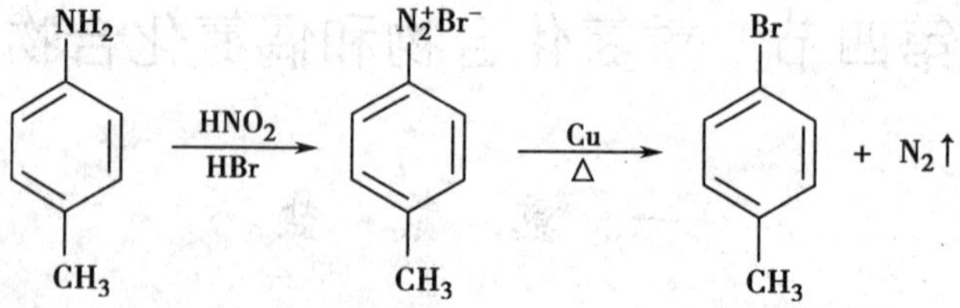

碘代反应要容易得多，重氮盐与 KI 共热，即可得到较好收率的碘化物：

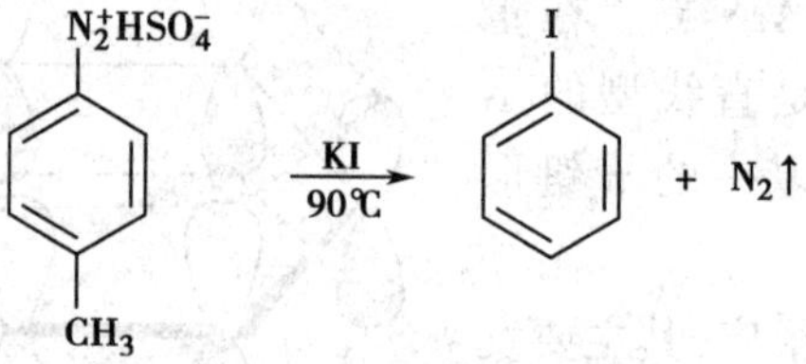

若要在芳环上引入氟，需先制成氟硼酸重氮盐，其稳定性较高，可以自溶液中分离出来。小心加热使其分解，即得芳香氟代物。该法称席曼（Schiemann）反应。如：

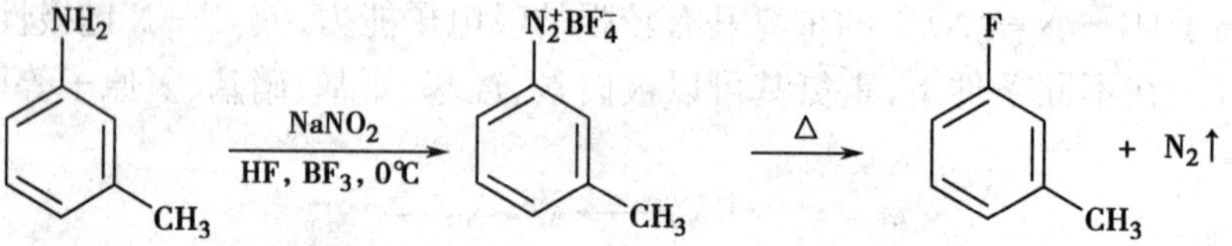

2. 被硝基取代　重氮离子的氟硼酸盐在铜粉存在下于亚硝酸钠溶液中反应，则重氮基被硝基取代。例如用一般方法难以制取的对二硝基苯可用此法制取。

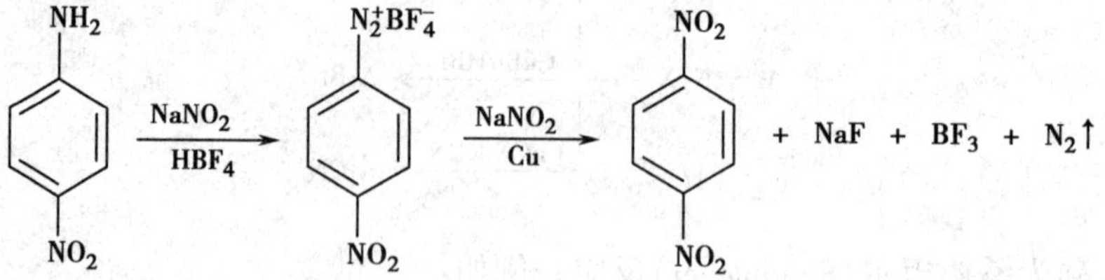

3. 被羟基取代　将重氮盐溶液加热煮沸，水解成酚并放出氮气。利用此反应可从芳胺合成酚。

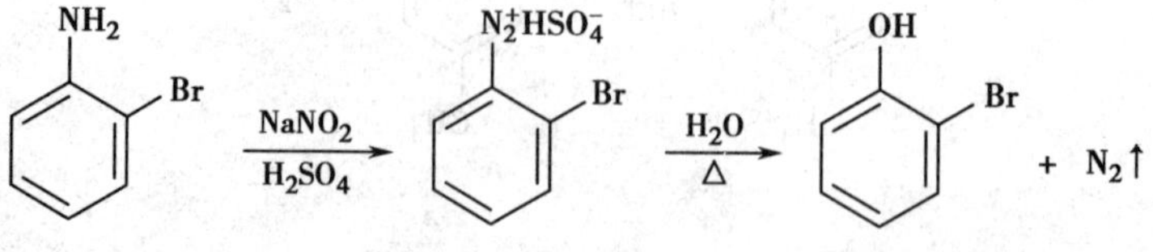

该反应若用重氮盐酸盐或氢溴酸盐，则由于 Cl^- 或 Br^- 有较强的亲核性，与芳基正离子结合，产生副产物；而使用硫酸氢盐，由于 HSO_4^- 亲核性较水弱，可主要得到酚类产物。

水解生成酚时，强酸性条件是必需的。因为若在中性条件下，生成的酚会与未反应的重氮盐发生偶合生成偶氮类化合物。

4. 被氢原子取代　芳香重氮盐若在乙醇溶液或次磷酸水溶液中反应，则重氮基可被氢取代。例如：

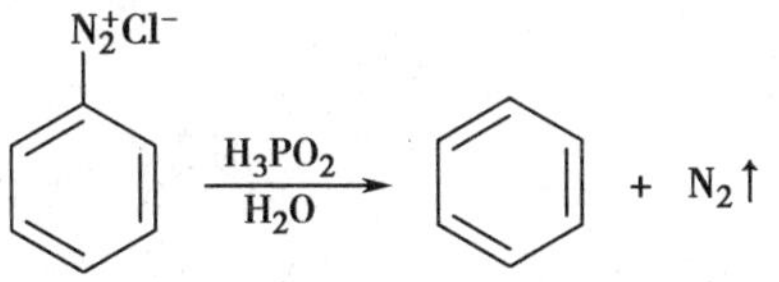

将重氮盐与乙醇作用，也会得到这个结果，但同时会伴有醚类副产物生成。

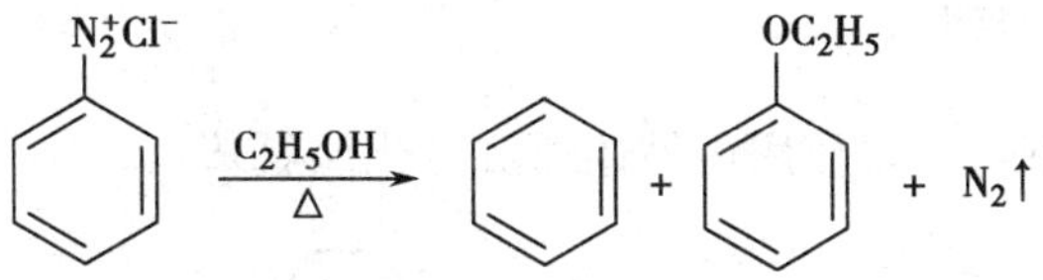

利用此反应可制备按直接取代得不到的产物。例如 1,3,5- 三溴苯的合成：

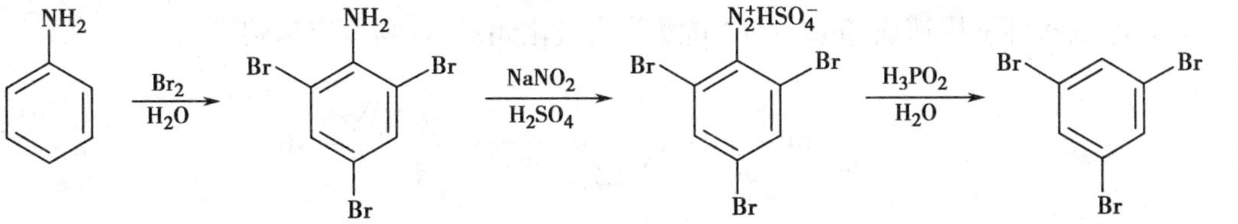

（二）偶合反应

重氮盐可与酚或芳香胺发生偶合反应，生成颜色鲜艳的偶氮化合物。在此类反应中，重氮盐是以 $ArN\equiv N^+$ 的形式反应，这是一个弱的亲电试剂，可以与活泼的芳环发生亲电取代反应，生成偶氮化合物。如：

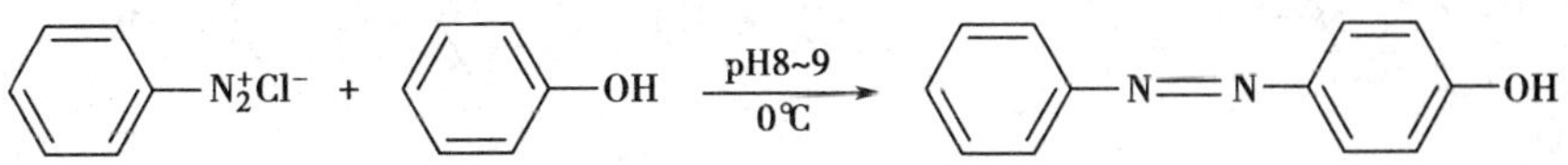

对羟基偶氮苯（橘黄色）

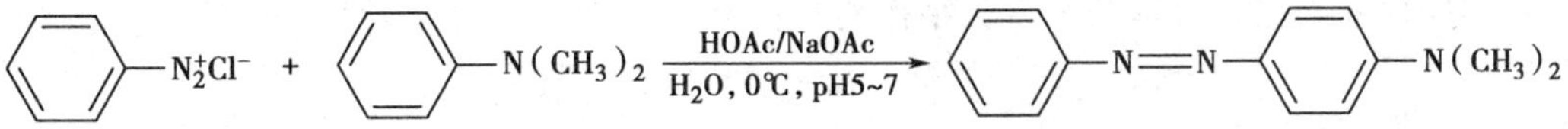

对二甲氨基偶氮苯（黄色）

重氮基主要进入芳环上羟基（或氨基）的对位，若对位被占据，则取代进入邻位。如：

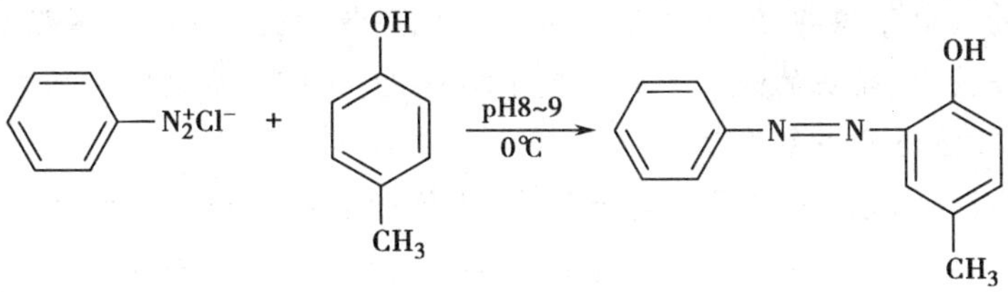

偶合反应需要适当的 pH 条件。重氮盐与酚偶合时,一般在弱碱性溶液(pH8~9)中进行;与芳胺偶合时,一般在弱酸性溶液(pH5~7)中进行。

二、偶氮化合物

偶氮化合物分子中的氮原子是 sp^2 杂化,如同 $C=C$ 一样,$N=N$ 双键也存在顺反异构。如偶氮苯:

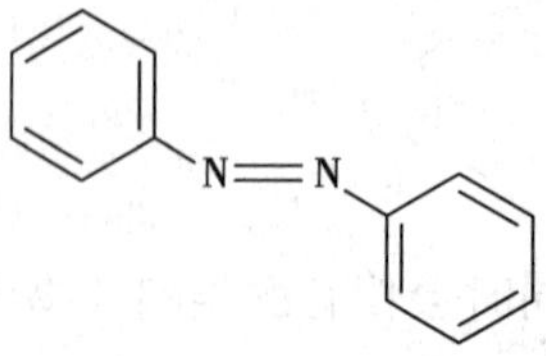

反式, m. p. 68℃ 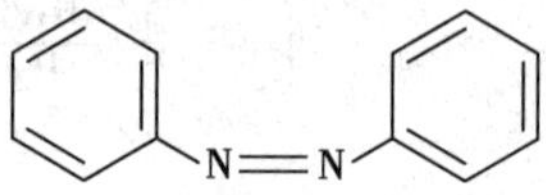　　　　　顺式, m. p. 71.4℃

偶氮苯在碱性条件下与锌粉作用可被还原成氢化偶氮苯:

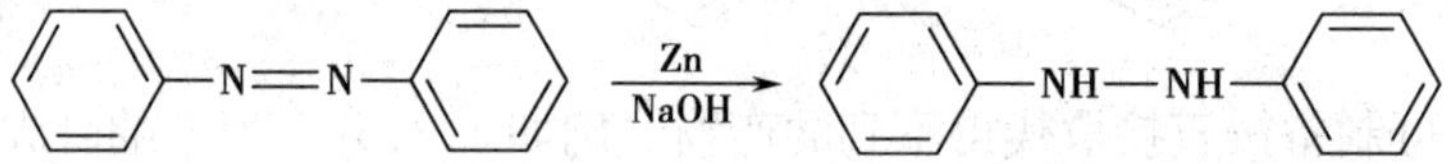

如在酸性条件下用锌或 $SnCl_2$ 还原偶氮苯或氢化偶氮苯,则可成苯胺:

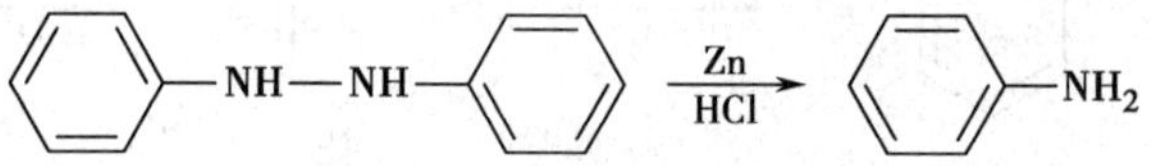

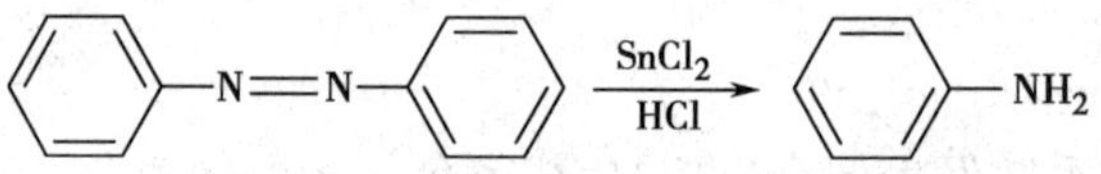

氢化偶氮苯的一个重要反应是在酸性条件下,发生重排生成联苯胺:

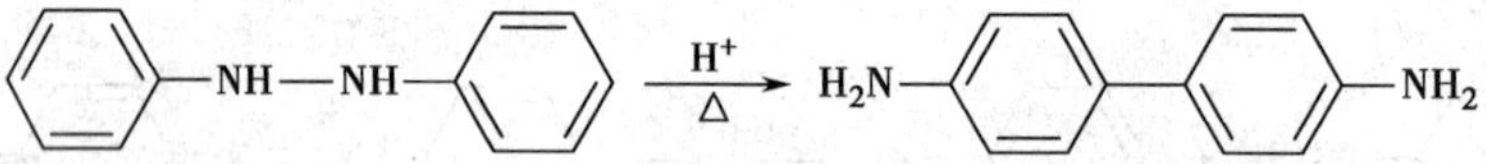

偶氮化合物都有颜色,其中很多被用作染料或指示剂。在有机药物分析中,常利用偶氮反应产生的颜色来鉴定具有苯酚和芳胺结构的药物。

本章小结

本章中的有机含氮化合物包括硝基化合物、胺(或铵)类化合物及重氮和偶氮化合物。

硝基具强的吸电子诱导效应,在脂肪族硝基化合物中,α- 氢酸性增强具反应活性。在芳香族硝基化合物中,硝基的吸电子作用使苯环钝化,芳环上亲电取代反应变难,亲核取代反应变易;硝基可被还原成氨基。

胺具碱性。胺的碱性强弱受到电子效应、立体效应和溶剂化效应共同综合影响,各类胺的碱性强弱顺序大致如下：

季铵碱 > 脂肪胺(仲胺 > 伯胺和叔胺) > NH₃ > 芳香胺

伯胺、仲胺分子中氮上有氢原子,能与酰卤、酸酐甚至酯等发生亲核取代反应而生成酰胺。伯胺、仲胺也可以和磺酰卤反应生成磺酰胺。叔胺氮上无氢,不能发生酰化或磺酰化反应。伯、仲、叔胺与亚硝酸反应生成不同的产物。上述两种方法可用于伯、仲、叔胺的鉴别。

氨基对芳环有较强的致活作用,易发生卤代、硝化、磺化等亲电取代反应。

芳香伯胺经低温下与亚硝酸反应即得芳香重氮盐,重氮盐可进一步发生取代反应(如被卤素、硝基、羟基或氢原子取代)和偶合反应。重氮盐与酚偶合时,一般在弱碱性溶液(pH8~9)中进行;与芳胺偶合时,一般在弱酸性溶液(pH5~7)中进行。

另外,季铵盐可作为表面活性剂和相转移催化剂。季铵碱,当 β-氮上有氢原子时,可发生霍夫曼消除反应生成烯烃,此反应可用于推测胺的结构。

(王 艰)

复习题

1. 命名下列化合物。

(1) CH₃CH₂NHCH(CH₃)₂

(2) 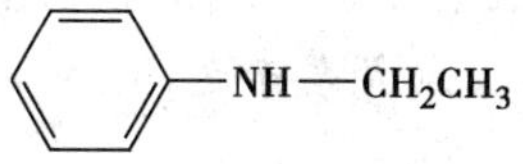 苯基—NH—CH₂CH₃

(3) 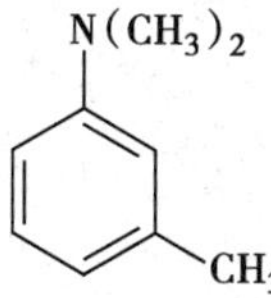 间甲基-N,N-二甲基苯胺

(4) 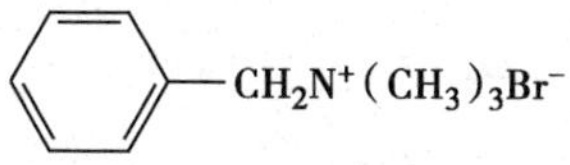 苯基—CH₂N⁺(CH₃)₃Br⁻

2. 写出下列化合物的结构式。

(1) (R)-仲丁胺

(2) 二乙胺

(3) N-甲基-N-乙基环己胺

(4) 2-氨基乙醇

(5) 苯甲酰苯胺

(6) 氢氧化四甲铵

3. 完成下列反应,写出反应的主要产物。

(1) 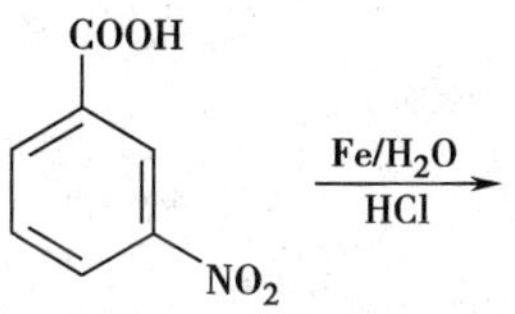 间硝基苯甲酸 $\xrightarrow[\text{HCl}]{\text{Fe/H}_2\text{O}}$

(2)  $\xrightarrow{\text{吡啶}}$

(3) 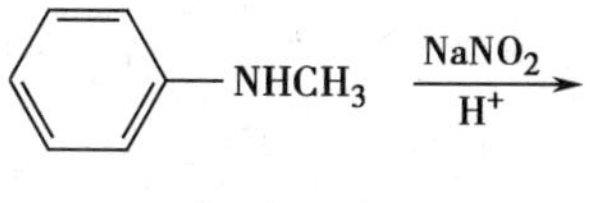 苯基—NHCH₃ $\xrightarrow[\text{H}^+]{\text{NaNO}_2}$

(4) 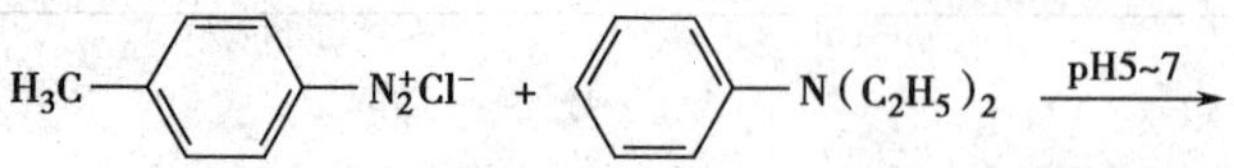 H_3C ——⟨ ⟩—— $N_2^+Cl^-$ ＋ ⟨ ⟩—— $N(C_2H_5)_2$ $\xrightarrow{\text{pH5~7}}$

4. 比较下列各组化合物在水溶液中的碱性强弱顺序。

(1) a. 对甲基苯胺　　　b. 对氨基苯磺酸　　　c. 对氨基苯乙酮　　　d. 苯胺

(2) a. 乙酰胺　　　　　b. 二乙胺　　　　　　c. 丁二酰亚胺　　　　d. 氢氧化四甲铵

5. 用简单的化学方法区别下列各组化合物。

(1) 1-硝基丙烷和苯胺

(2) 间甲苯胺和环己胺

(3) 1-氨基丁烷,二乙胺,二甲乙胺

(4) N-甲基苯胺,N,N-二甲基苯胺,4-甲基苯胺

6. 试分离下列各组化合物。

(1) 对甲苯酚和对甲苯胺

(2) 氨基环己烷和环己醇

(3) 对甲基苯胺,N-甲基苯胺,N,N-二甲基苯胺

7. 由指定原料合成下列化合物。

(1) 由乙烯合成丙胺

(2) 对氯甲苯合成 2-氨基-4-氯苯甲酸

8. 化合物 A 分子式为 $C_4H_9NO_2$,有旋光性,不溶于水,可溶于盐酸,遇 $NaHCO_3$ 无气体放出,但可逐渐溶于 NaOH 水溶液。A 与亚硝酸在低温下作用会立即放出氮气,试推测该化合物的可能立体结构,并用费歇尔投影式表示之。

第十二章

杂环化合物

学习目标

1. **掌握** 杂环化合物的命名,吡咯和吡啶的结构及主要的化学性质。
2. **熟悉** 吡咯、吡啶、嘧啶、咪唑、噻唑、喹啉及嘌呤的一些重要衍生物的结构及在医药学中的应用。
3. **了解** 吡咯、呋喃、噻吩、吡啶、咪唑、噻唑、喹啉及嘌呤的物理性质;2-*H*-吡喃和 4-*H*-吡喃的结构及非芳香性。

杂环化合物是由碳原子和杂原子(如氧、硫、氮、磷等)共同参与成环的一类化合物。在前几章曾学习过的内酯、环状酸酐、内酰胺和环氧化物等环状化合物,广义上也属于杂环化合物。但由于这些化合物的性质与一般的脂肪族化合物性质相似,易通过开环反应得到脂肪族链状化合物,故称为非芳香杂环化合物,通常不在本章范围内讨论。本章主要讨论的是环系比较稳定,不易开环,也就是不同程度具有芳香性的杂环化合物。

杂环化合物种类繁多,数量庞大,在自然界分布广泛,其数量约占已知有机化合物的 65%以上。例如:植物中的叶绿素、动物血液中的血红素、中草药中的有效成分生物碱及部分苷类、部分抗生素和维生素、组成蛋白质的某些氨基酸及组成核苷酸的碱基等都含有杂环的结构。据统计,在现有的药物中,含杂环结构的占有相当大的比例。因此,杂环化合物在有机化合物,尤其是有机药物中占有重要地位。

第一节 杂环化合物的分类和命名

一、杂环化合物的分类

杂环化合物根据成环的原子数目,分为三元、四元、五元、六元环等;根据含杂原子数目可分为一个、两个或多个杂原子的杂环;根据成环的数目,又分为单杂环和稠杂环。常见杂环化合物的结构和名称见表 12-1。

表 12-1　常见杂环化合物的结构和名称

类别	含有一个杂原子	含有两个杂原子
五元单杂环	 呋喃 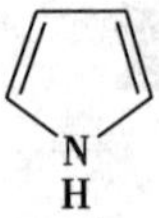　　吡咯 　　噻吩	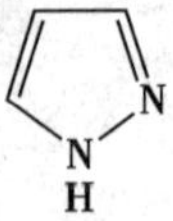 吡唑 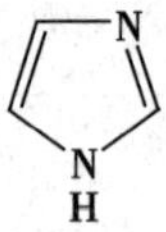　　咪唑 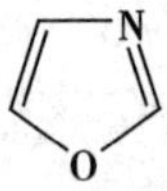　　噁唑 　　噻唑
五元稠杂环	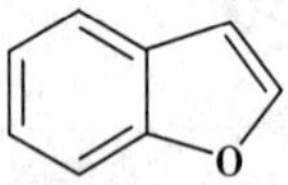 苯并呋喃 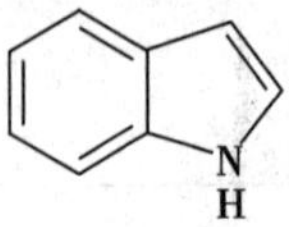 吲哚 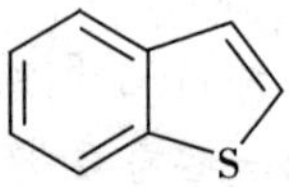 苯并噻吩	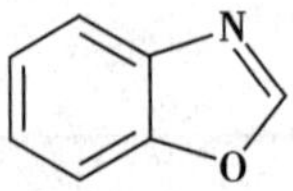 苯并噁唑 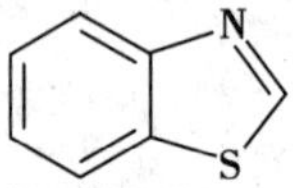 苯并噻唑 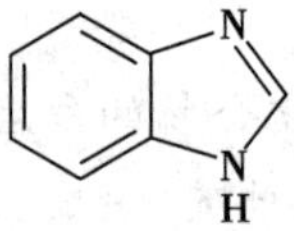 苯并咪唑
六元单杂环	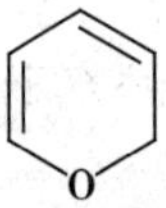 2-H吡喃 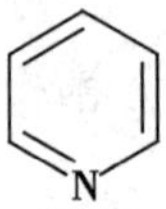　　吡啶	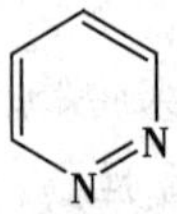 哒嗪 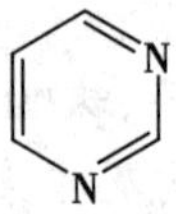　　嘧啶 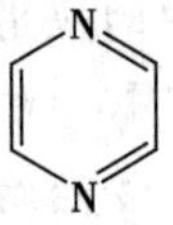　　吡嗪
六元稠杂环	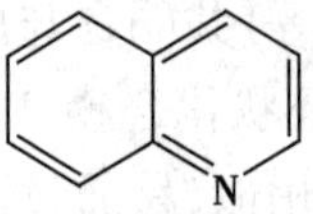 喹啉 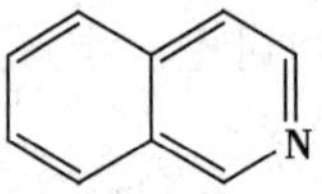 异喹啉	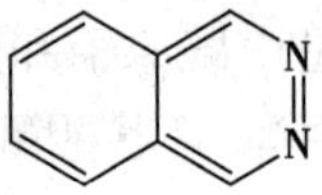 酞嗪 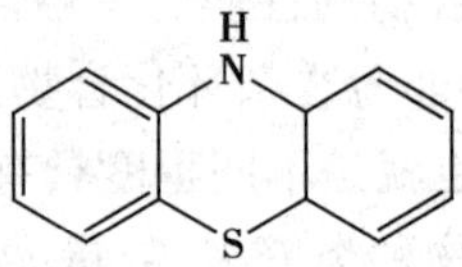 酚噻嗪

二、杂环化合物的命名

(一) 有特定名称的杂环母环的命名

杂环化合物的名称包括杂环母环和环上取代基两部分。取代基的命名原则与前面所述各类化合物的命名原则相似。杂环母环的命名,我国采用"音译法",即采用英文名称的音译加"口"旁表示。例如:呋喃(furan)、吡啶(pyridine)等。系统命名较少用。系统命名是以相应的碳环芳烃为母体,再表明哪种杂原子取代了环上的碳原子。例如:呋喃叫做氧杂茂,吡啶叫做氮杂苯等。

当环上有取代基时,命名时以杂环化合物为母体。含一个杂原子的单杂环从杂原子开始依次编号,并使取代基的位次最小。另外也可以用希腊字母将杂原子邻位编为 α 位、其次为 β 位、再次为 γ 位……依此类推。例如:

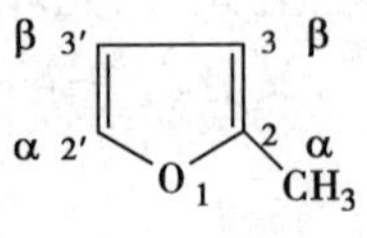

2-甲基呋喃 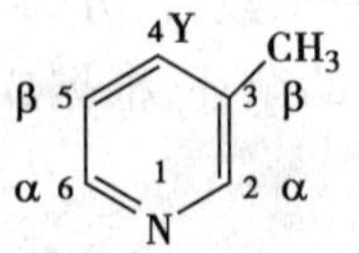　　　　　　　β-甲基吡啶

当环上有两个或更多杂原子时,若杂原子相同,应从连有氢原子或取代基的杂原子开始编号,并使杂原子的位次之和最小;如环上有不同杂原子时,按 O、S、NH 和 N 的顺序编号。例如:

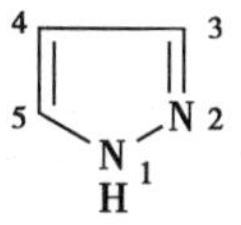

| 吡唑 | 1-甲基吡唑 | 异噻唑 | 4-甲基-3-氨基异噻唑 |

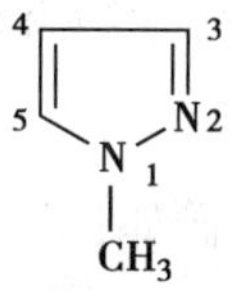

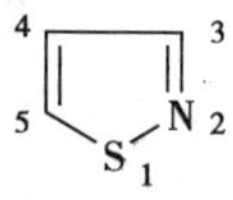

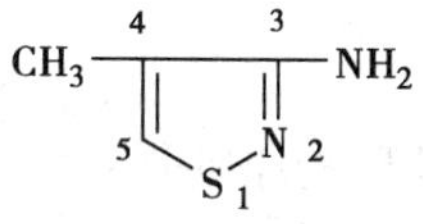

稠杂环一般按相应芳环的编号方式编号,两环稠合处的碳原子不编号,如吲哚、喹啉和异喹啉。但有一些稠杂环,如嘌呤等,有自己的特殊的编号,需要特别记住。例如:

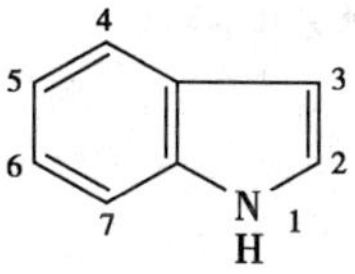

| 吲哚 | 喹啉 | 异喹啉 | 6-氨基嘌呤 |

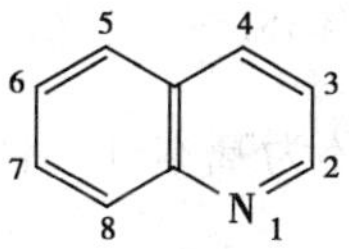

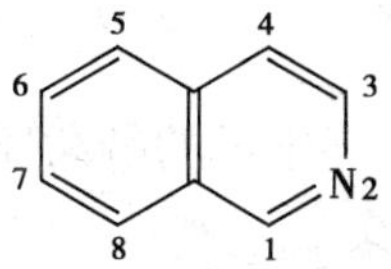

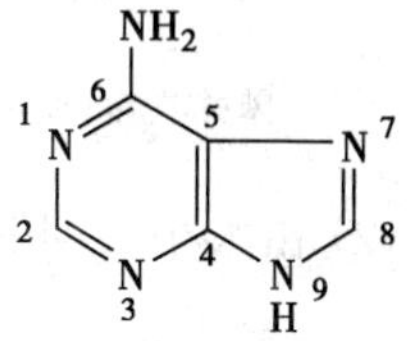

当杂环上氢原子的位置不同时,应将氢原子的编号置于母体名称前面,可用位号加 *H*(斜体大写)作词头来表示。例如:

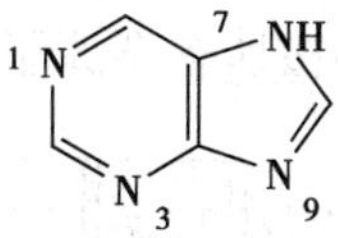

| 7*H*-嘌呤 | 9*H*-嘌呤 |

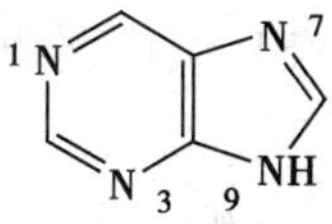

此外,若环上取代基是醛基、羧基、磺酸基等基团时,通常把杂环作为取代基来命名。例如:

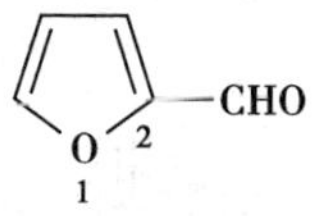

| 2-呋喃甲醛(糠醛) | 4-嘧啶甲酸 |

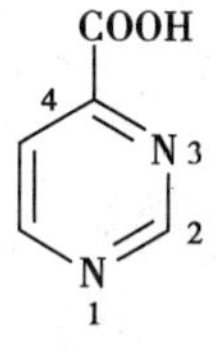

(二)无特定名称的稠杂环母环的命名

绝大多数稠杂环无特定名称,可看成是两个单杂环并合在一起(也可是一个碳环与一个单杂环并合),并以此为基础进行命名。

1. **基本环和附加环的确定** 稠杂环可以是碳环与杂环稠合,也可以是杂环与杂环稠合,还可以是共用杂原子的稠环。命名时先将稠杂环分为两个环系,一个环系定为基本环(或母体),另一个为附加环(或取代部分)。命名时附加环名称在前,基本环名称在后,中间用"并"字相连。例如:

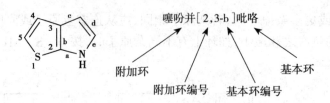

确定基本环的原则是:

(1) 碳环与杂环组成的稠杂环,以杂环为基本环。例如:

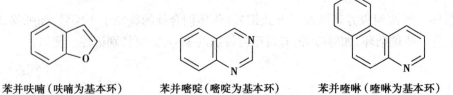

苯并呋喃(呋喃为基本环)　　苯并嘧啶(嘧啶为基本环)　　苯并喹啉(喹啉为基本环)

(2) 由大小不同的两个杂环组成的稠杂环,以大环为基本环。例如:

吡咯并吡啶(吡啶为基本环)　　　　呋喃并吡喃(吡喃为基本环)

(3) 大小相同的两个单杂环组成稠杂环时,基本环按所含杂原子 N、O、S 顺序优先确定。

噻吩并呋喃(呋喃为基本环)　　　　噻吩并吡咯(吡咯为基本环)

(4) 两个环大小相同,但杂原子数目不同时,含杂原子数目多的为基本环。杂原子数目也相同时,杂原子种类多的为基本环。例如:

吡啶并嘧啶(嘧啶为基本环)　　　　咪唑并噁唑(噁唑为基本环)

(5) 若环上杂原子的数目、种类及环大小均相同时,以稠合前杂原子编号较低的为基本环。例如:

吡嗪并哒嗪(哒嗪为基本环)　　　　咪唑并吡唑(吡唑为基本环)

(6) 含共用杂原子的稠杂环,共用杂原子同属于两个环,在确定基本环和附加环时,均包含该杂原子,再按上述原则确定基本环。例如:

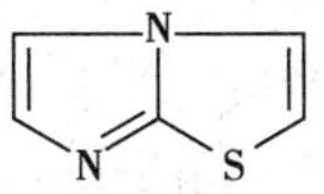

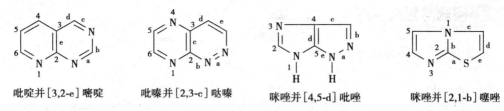

咪唑并噻唑 (噻唑为基本环)

2. 稠合边位置的表示方法 稠合边的位置是用附加环和基本环的位号共同表示在方括号里。基本环按原杂环的编号顺序,将环上各边用英文字母 a、b、c……表示(1,2 之间为 a;2,3 之间为 b……)。附加环则按原杂环的正常编号顺序,以阿拉伯数字 1、2、3……表示。表示稠合边位置时,在方括号里,阿拉伯数字在前,英文字母在后,中间用短横线相连。附加环阿拉伯数字的书写顺序按基本环英文字母的表示顺序为准,两者编号顺序方向相同时数字从小到大,方向相反时则数字从大到小。例如:

吡啶并[3,2-e]嘧啶　　吡嗪并[2,3-c]哒嗪　　咪唑并[4,5-d]吡唑　　咪唑并[2,1-b]噻唑

3. 周边编号 为了标示稠杂环母环上所连接的取代基、官能团或氢原子的位置,需要对整个环系进行编号,称为周边编号或大环编号。其编号原则是:

(1) 尽可能使所含的杂原子编号最低,在保证杂原子编号最低的前提下,再考虑按 O、S、NH、N 的顺序编号。例如:

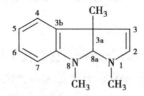

　　正确　　　　　　　不正确　　　　　　　不正确

(2) 共用杂原子都要编号,共用碳原子一般不编号,如需要编号时,用其前面相邻原子的位号加 a、b…表示。例如:

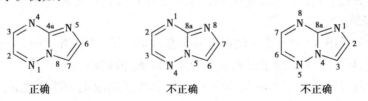

(3) 在不违背前两条规则的前提下,编号时应使共用碳原子位号尽可能低,使所有氢原子的总位号尽可能小。例如:

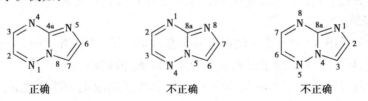

　　正确　　　　　　　不正确　　　　　　　不正确

4. 命名实例

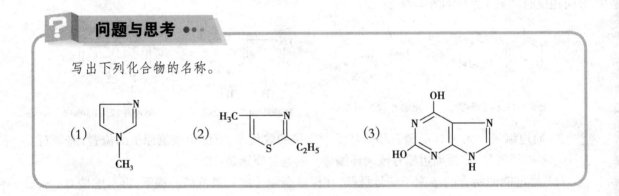

4-羟基-1*H*-吡唑并[5,4-d]嘧啶(别嘌醇)

6-苯基-2,3,5,6-四氢咪唑并[2,1-b]噻唑(驱虫净)

> **? 问题与思考 ●●●**
>
> 写出下列化合物的名称。
>
> (1)　(2)　(3)

第二节　五元杂环化合物

五元杂环主要包括含一个杂原子的五元杂环和含两个或多个杂原子的五元杂环,其中杂原子通常是氮、氧和硫。

一、含一个杂原子的五元杂环

(一)呋喃、噻吩和吡咯的结构

呋喃、噻吩和吡咯是最重要的五元杂环化合物。它们在结构上相似,都是由一个杂原子和四个碳原子成环构成。杂环中的碳原子与杂原子都是 sp^2 杂化,各原子间均以 sp^2 杂化轨道相互连接形成 σ 键,且成环原子在同一个平面上。每一碳原子的未杂化 p 轨道上有一个电子,杂原子的未杂化 p 轨道上有两个电子,这五个 p 轨道彼此平行,并相互侧面重叠形成一个五原子、六电子的闭合大 π 键,符合休克尔规则,因此这些杂环化合物都具有芳香性。图 12-1 为呋喃、噻吩、吡咯的分子轨道结构示意图。

在五元杂环分子中,由于五个 p 轨道上分布着六个电子,"分摊"到每个碳原子的电子云密度大于1,因此,环上平均 π 电子云密度比苯环上的大,故称作"富 π"芳杂环,较苯环易发生亲电取代反应。但又因杂原子的电负性都大于苯,其表现出吸电子诱导效应,使得呋喃、噻吩

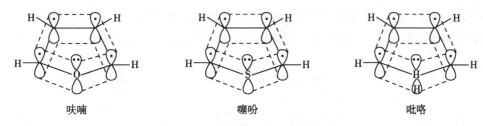

图 12-1 呋喃、噻吩和吡咯的分子轨道结构

和吡咯环上的电子云密度不均匀,杂原子周围的电子云密度较大,因此当它们发生亲电取代反应时,主要发生在电子云密度较大的 α 位。

(二) 物理性质

呋喃、噻吩和吡咯均为无色的液体,呋喃具有特殊的气味,沸点 31℃,难溶于水,易溶于有机溶剂,主要存在于松木焦油中。噻吩气味与苯相似,沸点 84℃,不溶于水,溶于有机溶剂,与苯共存于煤焦油中。吡咯沸点 131℃,微溶于水,溶于有机溶剂,主要存在于煤焦油和骨胶油中。

呋喃、噻吩和吡咯水溶性差异主要是三种杂环分子中杂原子的一对电子都参与组成环状共轭体系,失去或减弱了与水分子形成氢键的可能性,致使它们都较难溶于水。但吡咯因氮原子上的氢原子还可与水形成氢键,故水溶性稍大。呋喃环上的氧原子也能与水形成氢键,但相对较弱,而噻吩环上的硫原子不能与水形成氢键。因此,三个杂环的水溶性顺序为:吡咯 > 呋喃 > 噻吩。

吡咯的沸点比噻吩和呋喃的沸点高,这是因为吡咯分子间可形成氢键,噻吩和呋喃则不能形成。噻吩的分子量比呋喃大,因此三个杂环的沸点高低顺序为:吡咯 > 噻吩 > 呋喃。

(三) 化学性质

1. 酸碱性 吡咯虽然是一个仲胺,但由于氮原子上的未共用电子对参与了环的共轭,使氮原子上的电子云密度降低,因此表现出极弱的碱性,不能与酸形成稳定的盐。相反由于这种共轭作用,吡咯的 N—H 键极性增加,故显弱酸性(pK_a=17.5),其酸性比苯酚还弱,因此,吡咯能与固体氢氧化钾等强碱作用生成吡咯钾盐:

$$\text{吡咯} \quad + \quad KOH(S) \quad \xrightarrow{\Delta} \quad \text{吡咯钾盐} \quad + \quad H_2O$$

呋喃中的氧原子也因参与形成大 π 键而失去了醚的弱碱性,不易生成盐。由于噻吩中的硫原子不能与氢质子结合,因此也不显碱性。

2. 亲电取代反应 呋喃、噻吩和吡咯和苯一样,可以发生亲电取代反应,亲电取代反应的活性顺序是:吡咯 > 呋喃 > 噻吩,取代基主要进入 α 位。由于其反应活性一般比苯高,通常以较弱的亲电试剂或在温和的条件下进行反应。相反,在强酸条件下,吡咯和呋喃会因发生质子化而破坏芳香环,进而发生水解、聚合等反应。

(1) 卤化反应：吡咯、呋喃、噻吩与氯或溴反应，即使在室温下也很激烈，并得到多卤代产物。如果要得到一取代产物，常需用溶剂稀释并在低温下进行反应。例如：

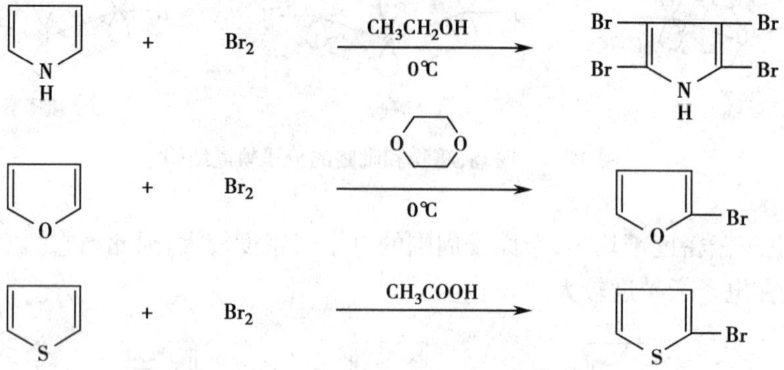

(2) 硝化反应：吡咯、呋喃、噻吩在酸性条件下不稳定，所以不能用混酸进行硝化反应，只能用较温和的非质子性的乙酰硝酸酯作硝化试剂，并且在较低温度下反应。例如：

$$HNO_3 + (CH_3CO)_2O \xrightarrow{0℃} CH_3COONO_2 + CH_3COOH$$

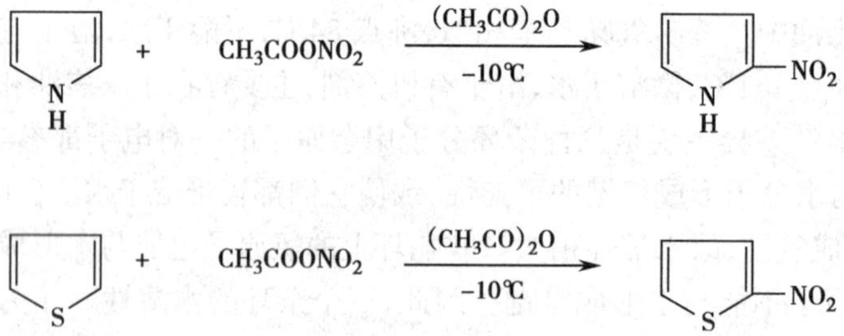

(3) 磺化反应：吡咯和呋喃的磺化反应也需要比较温和的非质子性的磺化试剂，常用吡啶三氧化硫作磺化试剂。例如：

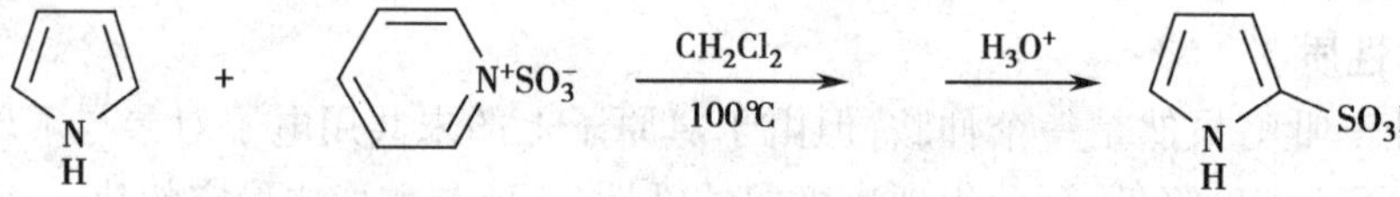

由于噻吩环比较稳定，可直接用浓硫酸在室温下进行磺化反应，生成 2- 噻吩磺酸，而苯不能在室温下磺化。利用此反应，可将从煤焦油得到的苯(混有少量噻吩)提纯。

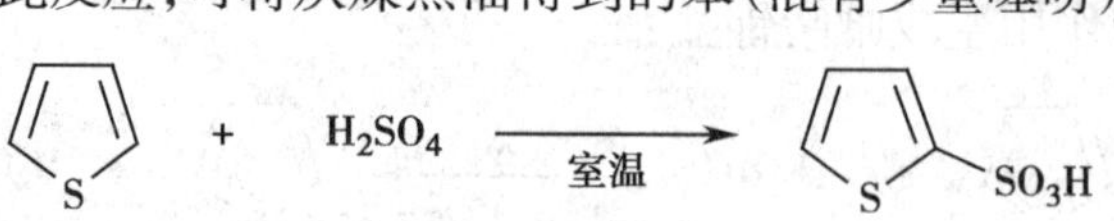

(4) 傅 - 克反应：呋喃、噻吩在 Lewis 酸催化下，可发生傅 - 克酰基化反应，得到 α 位酰化产物。而吡咯活性高，其傅 - 克酰基化反应则无需酸催化。例如：

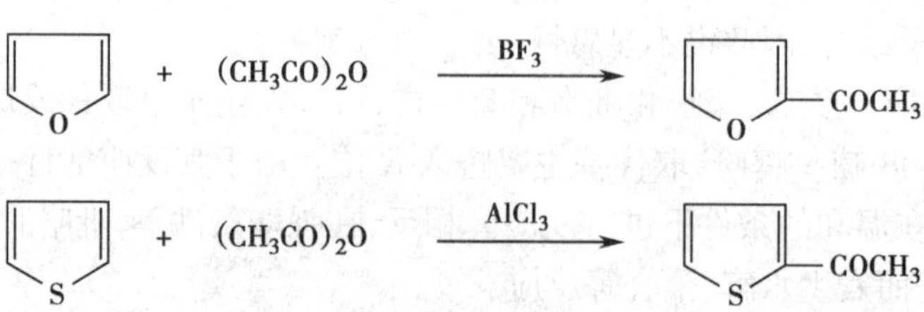

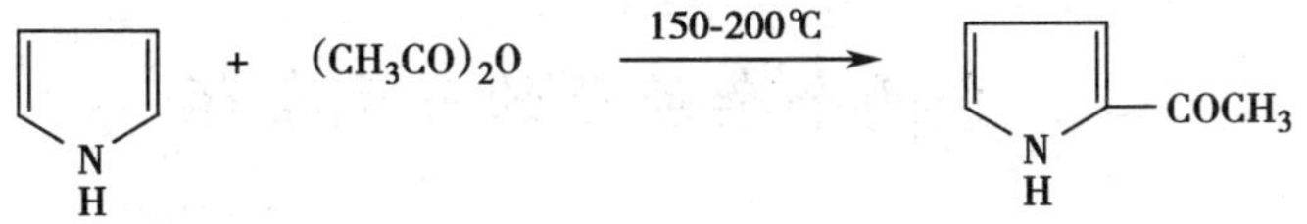

问题与思考 ●●●

　　试解释为何呋喃、噻吩及吡咯比苯容易发生亲电取代反应？且呋喃、噻吩、吡咯的亲电反应发生在 α- 位？

　　3. 加成反应　在一定条件下,呋喃、吡咯和噻吩在催化剂存在下都可以被还原成饱和的环状化合物。其中噻吩含硫,易使催化剂中毒而失去活性,所以其催化加氢较困难,需使用特殊催化剂二硫化钼(MoS_2)。

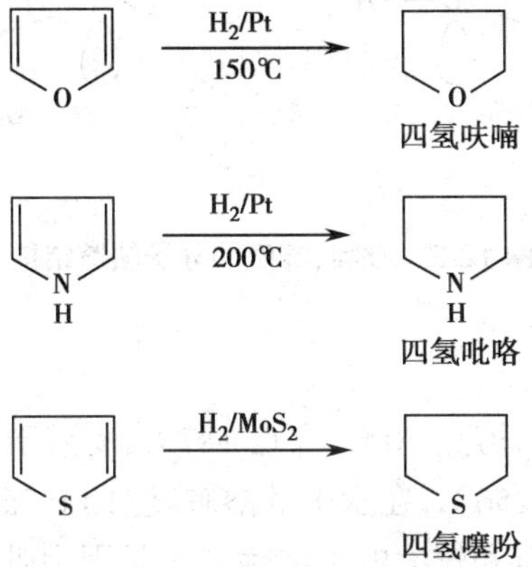

四氢呋喃

四氢吡咯

四氢噻吩

　　4. 环上取代基的反应　杂环上的取代基一般都保持原来的性质,如呋喃甲醛(糠醛)就具有芳香醛的性质。

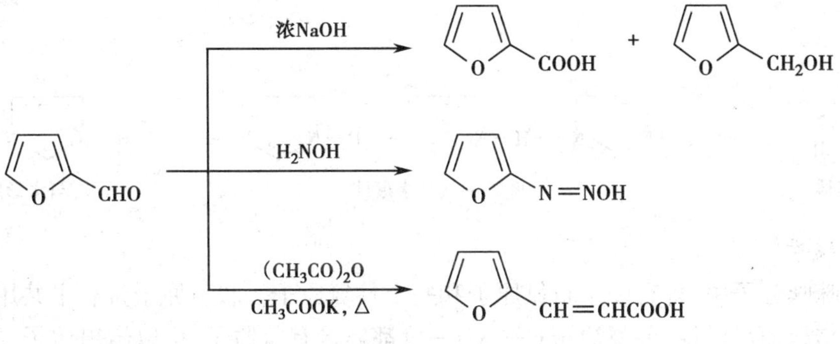

　　5. 显色反应　呋喃、噻吩、吡咯遇到酸浸润过的松木片,能够显示出不同的颜色。例如,呋喃与吡咯遇到盐酸浸润过的松木片分别显深绿色和鲜红色;噻吩遇蘸有硫酸的松木片则显蓝色。这种反应非常灵敏,称为松片反应,可用于这三种杂环化合物的鉴别。

二、含两个杂原子的五元杂环

含两个杂原子的五元杂环有吡唑、咪唑、噻唑、噁唑和异噁唑等。本章主要讨论吡唑和咪唑。

(一) 吡唑和咪唑的结构

吡唑和咪唑都是含有两个氮原子的五元杂环,二者环上的碳原子和氮原子均以 sp^2 杂化轨道互相成键,构成平面五元环。其中 1 位上的氮原子提供未共用电子对参与环的共轭,形成五原子、六电子的闭合大 π 键,因此具有芳香性。环上的另一个氮原子还保留一对未共用电子对在 sp^2 杂化轨道中(图 12-2)。

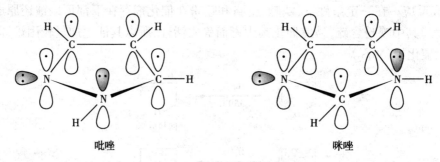

吡唑　　　　　　咪唑

图 12-2　吡唑、咪唑的分子轨道结构

(二) 物理性质

室温下,吡唑是白色的晶体,熔点 70℃,沸点 187℃,易溶于水(1∶1),难溶于石油醚。咪唑是结晶性固体,熔点 90℃,沸点 256℃,在水中的溶解度(1∶0.56),几乎不溶于石油醚。

吡唑和咪唑具有较高的沸点和较大的水溶性。这是因为吡唑和咪唑可生成同类分子间的氢键,吡唑形成二聚体,咪唑为线性多聚体,因而其沸点升高。此外,吡唑和咪唑分子中氮原子上的未共用电子对也可与水中的氢原子形成氢键,而使它们的水溶性增加。

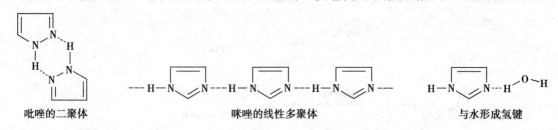

吡唑的二聚体　　　　　　　　　咪唑的线性多聚体　　　　　　　　与水形成氢键

(三) 酸碱性

吡唑和咪唑分子中,含有一个叔氮原子和一个仲氮原子。叔氮原子带有未共用的电子对,可以与质子结合而显碱性;仲氮原子(— NH —)都连接有氢原子,可以给出质子,显示出弱酸性。因此,吡唑和咪唑均为两性物质。

吡唑和咪唑的碱性都比吡咯强。吡唑的碱性比咪唑弱得多,这是因为吡唑的两个相邻氮原子间的吸电子诱导效应比咪唑的两个相间氮原子间的吸电子诱导效应更显著,碱性被削弱了。

吡唑和咪唑的酸性也比吡咯强。这是因为它们共轭碱的负电荷离域程度高,共轭碱比较稳定所致。吡唑的酸性略高于咪唑,这是由于吡唑相邻氮原子的吸电子诱导效应比咪唑的相间氮原子的诱导效应强。

(四) 互变异构现象

吡唑和咪唑都有互变异构现象。

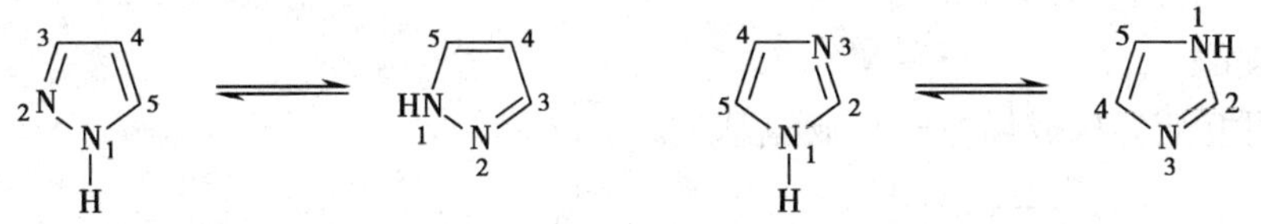

当环上有取代基时,则存在着互变异构体,如吡唑环的 3 位和 5 位是相同的,可称为 3(5)-甲基吡唑。咪唑环的 4 位和 5 位是相同的,可命名为 4(5)- 甲基咪唑。

3(5)-甲基吡唑　　　　　　4(5)-甲基咪唑

(五) 亲电取代反应

吡唑和咪唑因分子中增加了一个吸电性的氮原子(类似于苯环上的硝基),其亲电取代反应活性明显降低,环稳定性增加,对氧化剂、强酸都不敏感。例如:

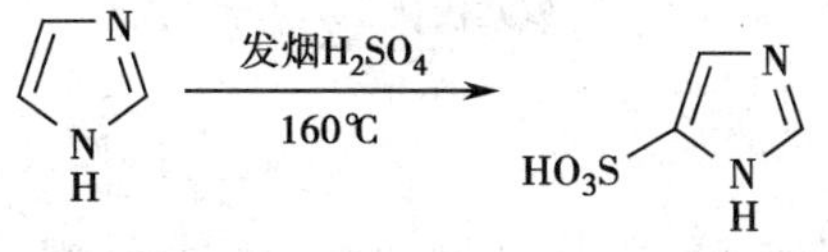

4(5)-咪唑磺酸

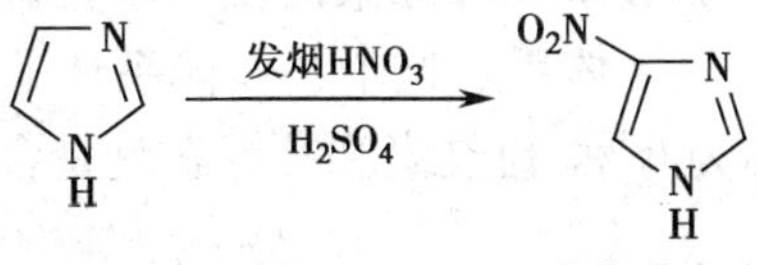

4(5)-硝基咪唑

三、有代表性的五元杂环化合物及其衍生物

(一) 糠醛

糠醛是 2- 呋喃甲醛的俗名,为无色、有毒的液体,沸点 162℃,溶于水、乙醇和乙醚。其化学性质类似于苯甲醛。

糠醛可用于制备酚醛树脂和聚酰胺纤维,同时也是良好的溶剂,用于石油精炼。在医药工业上,糠醛也是重要的原料,可用于制备呋喃类药物,如呋喃西林、呋喃妥因和呋喃唑酮等。

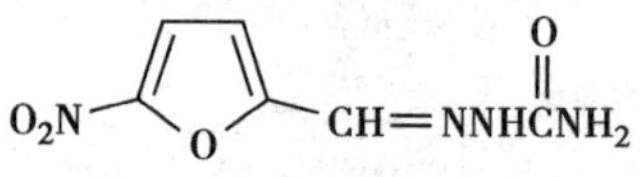

呋喃西林 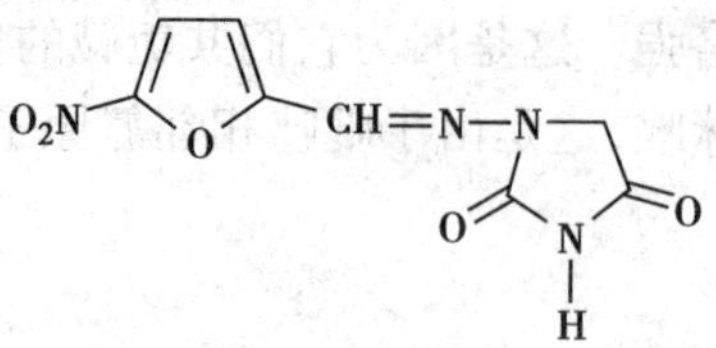　　　　　　　　　呋喃妥因 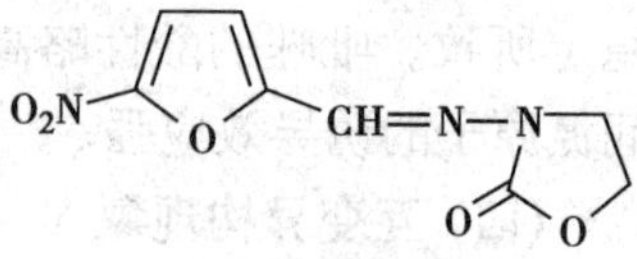　　　　　　　　　呋喃唑酮

（二）吡唑酮

吡唑酮可互变异构成烯醇式和亚氨基式。

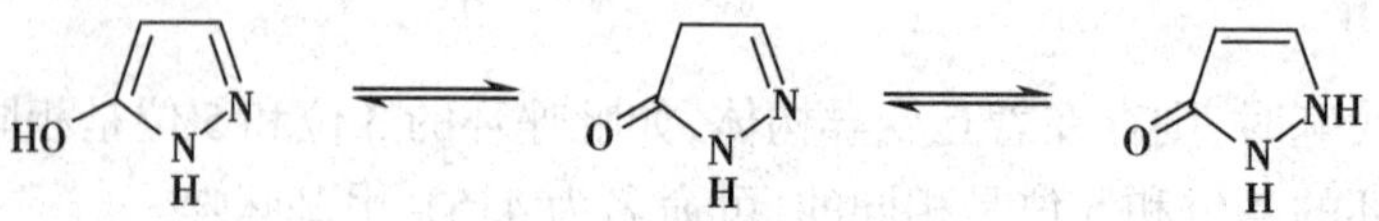

烯醇式　　　　　　　　　吡唑酮　　　　　　　　　亚氨基式

吡唑酮的一些衍生物具有解热镇痛作用,称为吡唑酮类药物,如:安替比林、氨基比林(匹拉米冬)和安乃近等。

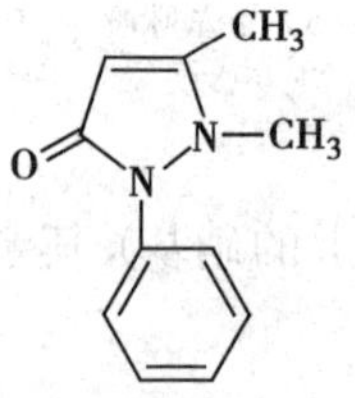

安替比林 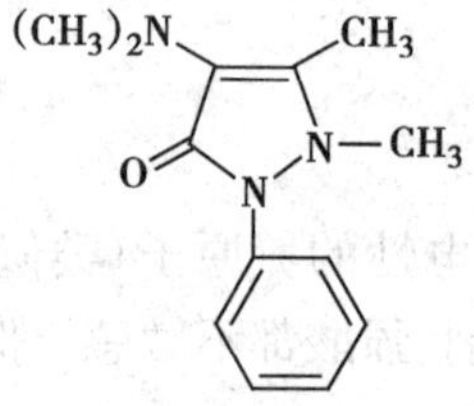　　　　　　　　　氨基比林 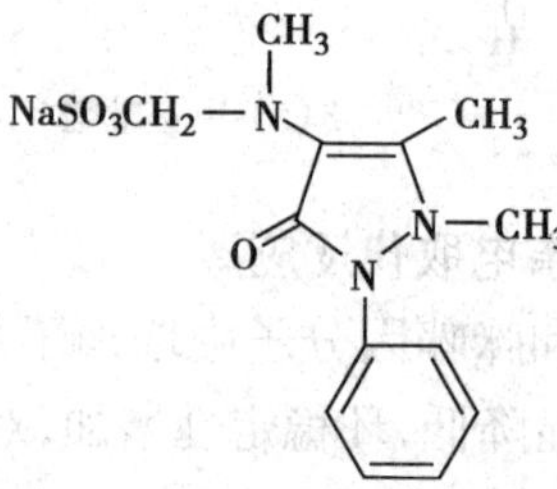　　　　　　　　　安乃近

（三）吡咯的衍生物

吡咯衍生物在自然界分布广泛,如血红素、叶绿素、胆红素、维生素 B_{12} 以及许多有重要生理作用的生物碱均含有吡咯环。血红素和叶绿素的基本结构都是由四个吡咯环的 α-碳原子通过四个次甲基连接而成的大环共轭体系。这个共轭体系环上含十八个 π 电子,符合休克尔规则,该环称为卟吩,其衍生物称为卟啉,血红素和叶绿素就是含有金属的卟啉类化合物。

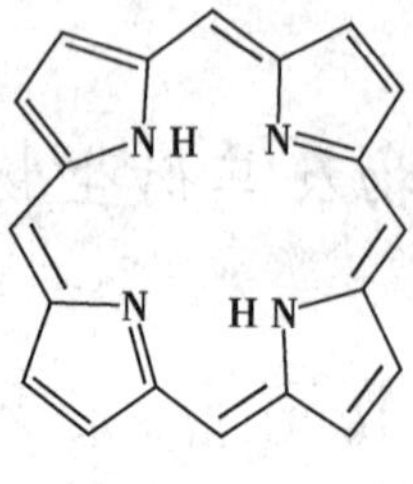

卟吩 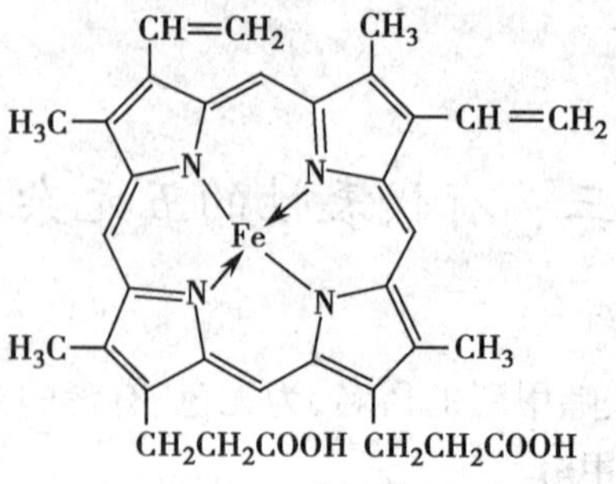　　　　　　　　　　　　　　血红素

血红素存在于哺乳动物的红细胞中,与蛋白质结合成血红蛋白,是运输氧气及二氧化碳的载体。叶绿素是存在于植物茎和叶中的绿色色素,它与蛋白质结合存在于叶绿体中,是植物进行光合作用的催化剂。叶绿素由叶绿素 a 和叶绿素 b 混合组成,两者的比例为 3:1。

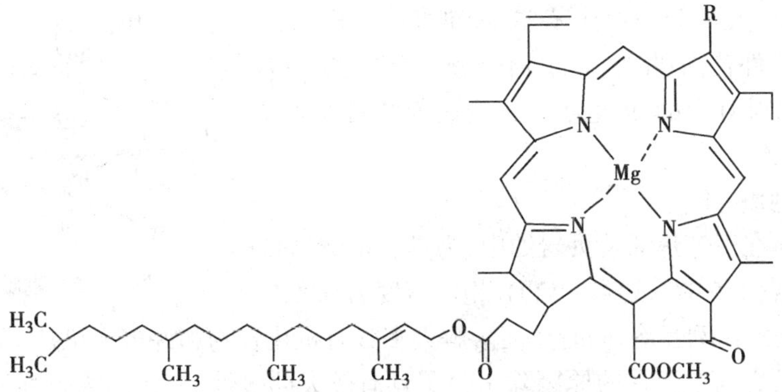

叶绿素（R＝CH₃，叶绿素a；R＝CHO，叶绿素b）

（四）组氨酸及组胺

组氨酸是咪唑衍生物，是人体必需氨基酸之一。它是许多酶和功能蛋白质的重要组成部分，其中咪唑环是酶和蛋白质的活性中心。组氨酸可在细菌作用下，脱羧生成组胺。

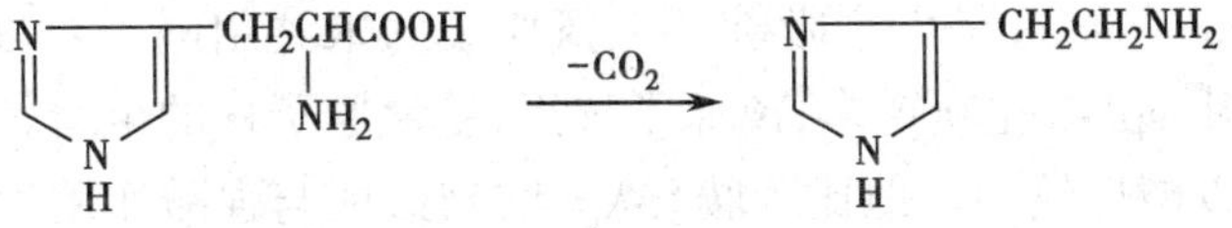

组胺广泛存在于动植物的组织和血液中，具有较强的生理活性。临床上用其促进胃酸分泌作用来检查胃的分泌功能。在人体中，当组胺以游离态释出人体时，会引起过敏反应，如花粉病、风疹或药物过敏等。

第三节　六元杂环化合物

六元杂环化合物主要包括含一个杂原子六元杂环，如吡啶和吡喃；含两个杂原子的六元杂环，如嘧啶、哒嗪和吡嗪等。

一、含一个氮原子的六元杂环

（一）吡啶的结构

含一个氮原子的六元杂环化合物主要是吡啶，它的结构与苯非常相似，可看做是苯分子中一个碳原子被氮原子取代所得到的化合物。

吡啶分子中的五个碳原子和一个氮原子均以 sp^2 杂化成键，构成同一平面的六元环。同时，每个原子各有一个未参与杂化的 p 轨道，且与原子所在平面垂直，六个 p 轨道相互平行侧面重叠形成一个闭合的环状共轭大 π 键，π 电子数符合休克尔规则，具有芳香性。此外，吡啶环的氮原子在其 sp^2 杂化轨道中还有一对未共用电子对，与环共平面，未参与环的共轭。图 12-3 为吡啶的分子结构示意图。

由于吡啶环中氮原子的电负性大于碳原子，因此整个环上的电子云密度以及平均化程度不如苯高,所以吡啶的芳香性比苯差,较难发生亲电取代反应。若反应条件较剧烈时,亲电取代反应主要发生在β位上。类似于吡啶环上的 π 电子云密度比苯低的芳杂环亦称为"缺 π"芳杂环。

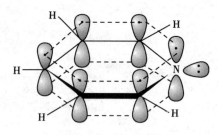

图 12-3　吡啶的分子结构

(二) 物理性质

吡啶主要存在于煤焦油及页岩油中,为具有特殊臭味的无色液体,沸点 115.3℃,熔点 –42℃,相对密度为 0.982。吡啶可与水以任意比例互溶,同时还能溶解大多数有机化合物和许多无机盐,是良好的溶剂。

吡啶分子具有高水溶性的原因除了分子具有较大的极性外,还因为吡啶氮原子上的未共用电子对可与水形成氢键。吡啶分子与有机分子有相当的亲和力,所以可以溶解极性或非极性的有机化合物。而氮原子上的未共用电子对能与一些金属离子如 Ag^+、Ni^{2+}、Cu^{2+} 等形成配合物,使它可以溶解无机盐类。

(三) 化学性质

1. 碱性　吡啶环上的氮原子有未共用电子对,可接受质子而显碱性。但吡啶是一个弱碱(pK_a=5.2),比脂肪胺和氨弱,这是由于吡啶环上氮原子的未共用电子对处于 sp^2 杂化轨道中,s 成分较脂肪胺或氨中 sp^3 杂化轨道多,离原子核近,受氮原子核的束缚较强,氮原子上的电子云密度相对较低,所以碱性较弱。但比苯胺(pK_a=4.7)强,能与强酸作用生成稳定的吡啶盐,某些结晶型吡啶盐可用于吡啶的分离、鉴别和纯化。吡啶还可以与路易斯酸(如 SO_3、BF_3)成盐,在许多有机反应里,它既作溶剂,又作质子接收剂。例如:

此外,吡啶还具有叔胺的性质,可与卤代烷反应生成季铵盐。例如:

2. 亲电取代反应　吡啶是"缺 π"杂环,芳杂环上的电子云密度降低,吡啶的亲电取代反应活性很低,与硝基苯类似,吡啶的硝化与磺化反应需在较强烈的条件下进行,取代基主要进入环中 3(β)- 位。一般不容易发生傅 - 克烷基化和酰基化反应。例如:

3. 亲核取代反应 由于吡啶环上氮原子的吸电子作用,使得环上碳原子的电子云密度降低,尤其是 2 位和 4 位上的电子云密度更低,因而环上的亲核取代反应容易进行,而且主要发生在 2 位和 4 位上。例如:

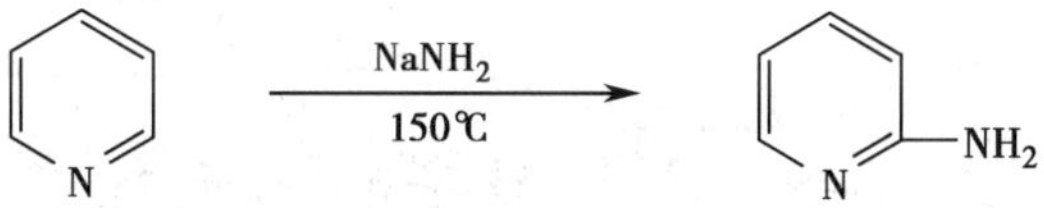

$$\text{（吡啶）} \xrightarrow[150℃]{NaNH_2} \text{（2-氨基吡啶）}$$

如果 2 位或 4 位已有取代基,当这些取代基是较好的离去基团(如:卤素、硝基)时,则很容易发生亲核取代反应。例如:

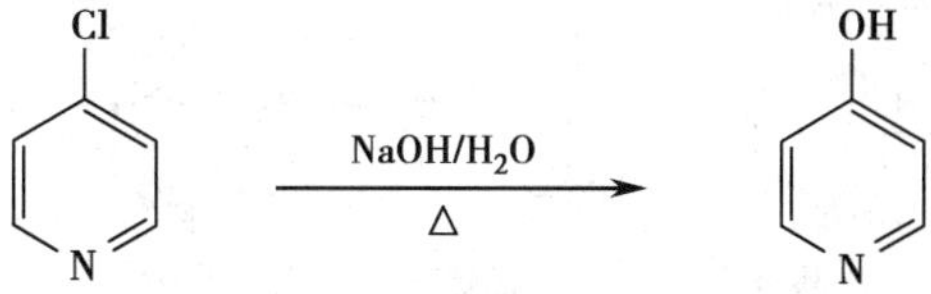

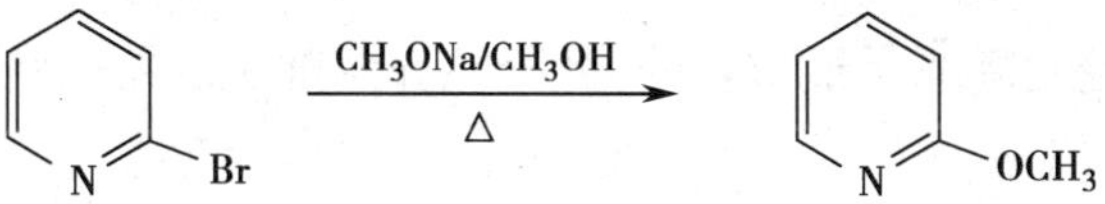

$$\text{（4-氯吡啶）} \xrightarrow[\triangle]{NaOH/H_2O} \text{（4-羟基吡啶）}$$

$$\text{（2-溴吡啶）} \xrightarrow[\triangle]{CH_3ONa/CH_3OH} \text{（2-甲氧基吡啶）}$$

4. 氧化还原反应 由于吡啶环上的电子云密度低,一般不易被氧化。尤其在酸性条件下,吡啶成盐后氮原子上带有正电荷,吸电子的诱导效应加强,使环上电子云密度更低,因而增强了对氧化剂的稳定性。但当吡啶环带有烃基侧链时,侧链可被氧化成羧酸。例如:

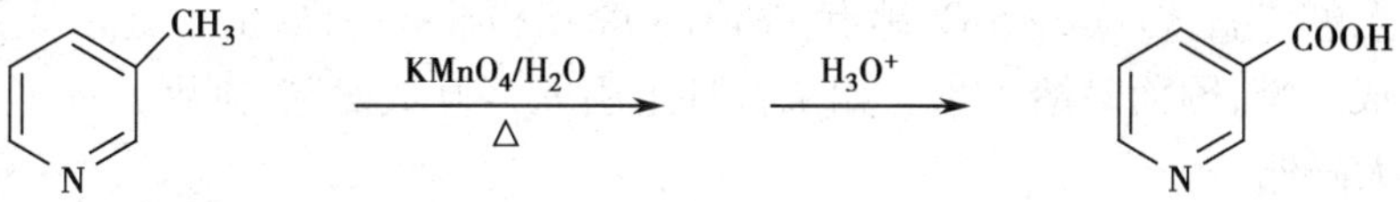

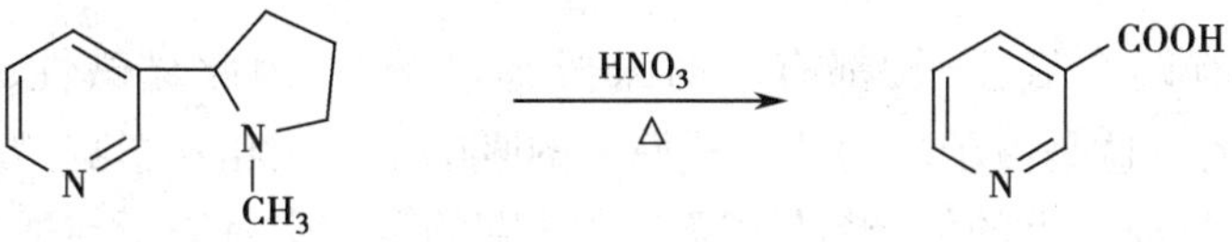

$$\xrightarrow[\triangle]{KMnO_4/H_2O} \xrightarrow{H_3O^+}$$

烟碱(尼古丁) 烟酸

$$\xrightarrow[\triangle]{HNO_3}$$

$$\xrightarrow[\triangle]{KMnO_4/H_2O}$$

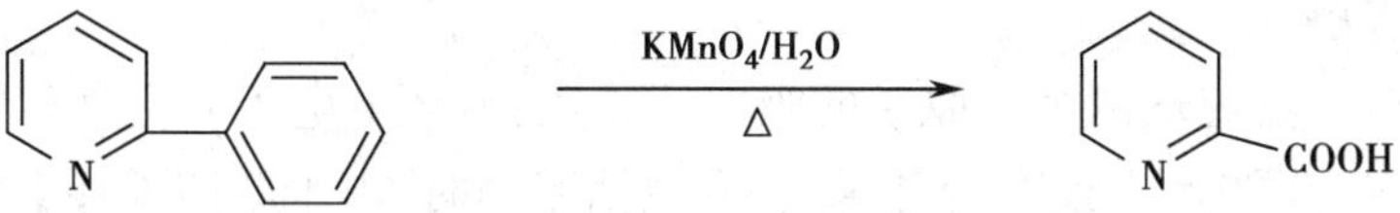

当用过氧酸或过氧化氢处理吡啶时,可生成 N- 氧化吡啶。

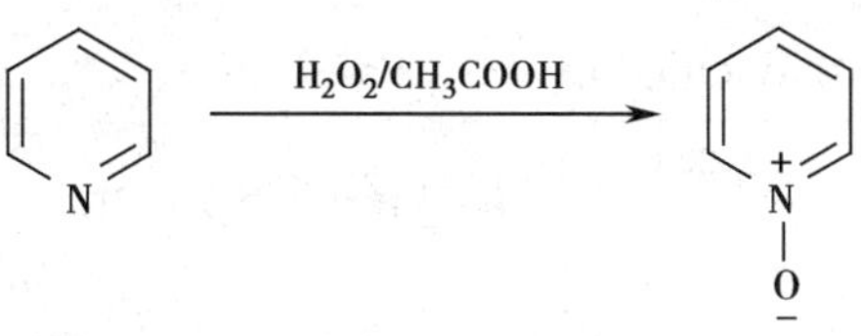

$$\xrightarrow{H_2O_2/CH_3COOH}$$

吡啶比苯易还原,用钠加乙醇或催化加氢均能使吡啶还原为六氢吡啶(又称哌啶,$pK_a = 11.2$)。六氢吡啶为仲胺,碱性比吡啶强,很多天然产物具有此结构。

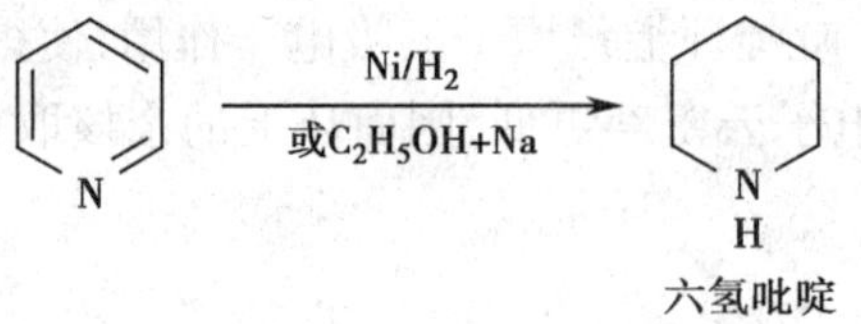

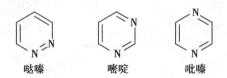

二、含两个氮原子的六元杂环

含两个氮原子的六元杂环称为二嗪类,根据分子中杂原子相对位置的不同,可分为 1,2-二嗪(哒嗪)、1,3-二嗪(嘧啶)和 1,4-二嗪(吡嗪)。

哒嗪　　　　嘧啶　　　　吡嗪

在三个二氮嗪中,嘧啶环系是最重要的,此处只介绍嘧啶的结构特点及性质。

（一）嘧啶的结构

嘧啶环的结构与吡啶环相似,环上的两个氮原子和四个碳原子均为 sp^2 杂化,两个氮原子各有一对未共用电子对在 sp^2 杂化轨道中。嘧啶环中的四个碳原子和两个氮原子都以一个 p 电子参与共轭,侧面重叠形成一个大 π 键,嘧啶环具有芳香性。

（二）物理性质

嘧啶为无色结晶,熔点 22.5℃,沸点 124℃。嘧啶和吡啶一样,由于氮原子上未共用电子对可以与水形成氢键,因而易溶于水。如果在环上引入羟基或氨基,则因其能形成分子间氢键,水溶性便大大降低。

（三）化学性质

1. 酸碱性　嘧啶含有两个氮原子,都有一对未成键电子对,因此显碱性,但嘧啶碱性(pK_a=1.3)很弱,比吡啶还弱。这是由于环内两个氮原子的吸电子作用相互影响,导致氮原子上电子云密度较吡啶分子中氮原子上的低,碱性下降。当嘧啶的第一个氮原子与酸成盐后,带正电荷的氮原子将大大降低另一个氮原子的电子云密度,使其不能再与质子结合,因此不再显碱性。因此,嘧啶是一元碱。

2. 亲电取代反应　嘧啶环两个氮原子的吸电子作用,使环上电子云密度较吡啶环低,更难发生亲电取代反应。但当环上连有羟基、氨基等致活基团时,由于增加了环上电子云密度,因此也能发生卤代、硝化、磺化等亲电取代反应,取代基一般进入 5-位。例如:

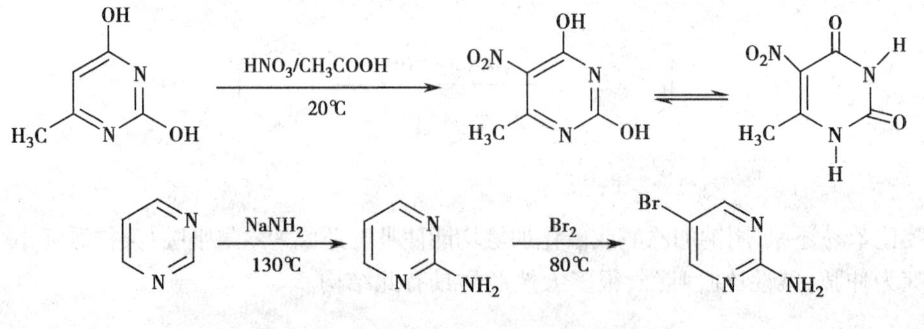

3. 亲核取代反应　与亲电反应相反,嘧啶环进行亲核取代则比吡啶容易。反应主要发生氮原子的邻、对位。例如:

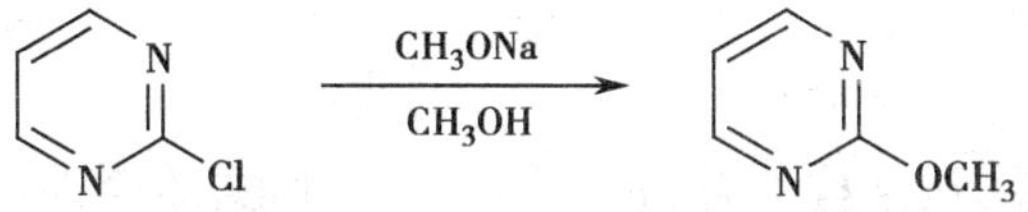

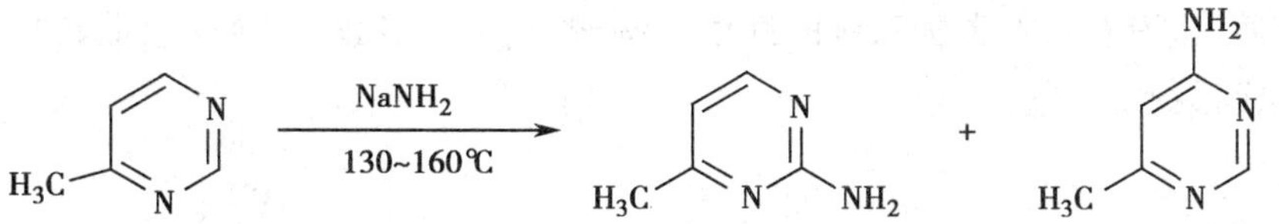

4. 氧化反应　嘧啶环对氧化剂稳定。但当嘧啶环上有烃基侧链时,侧链可被氧化成羧酸。例如:

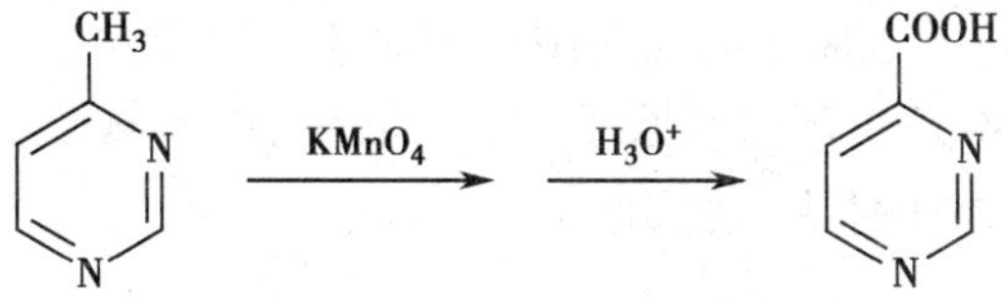

三、含氧原子的六元杂环

吡喃是最简单的含氧六元杂环化合物,吡喃环上有一个饱和碳原子,因此吡喃是非芳香性的杂环化合物。由于亚甲基在分子中所处的位置不同,吡喃可以有两种异构体,即 2H- 吡喃和 4H- 吡喃。

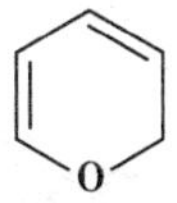

2H-吡喃　　　　4H-吡喃

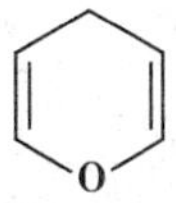

吡喃在自然界并不存在,但它的羰基衍生物以及苯的稠合物却是许多天然化合物的结构成分。例如:

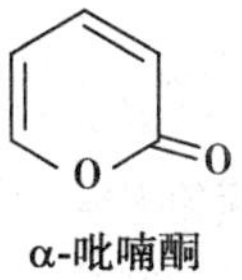

α-吡喃酮 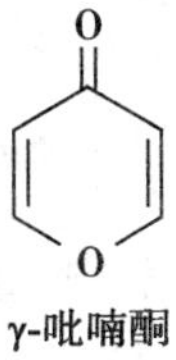　　　γ-吡喃酮 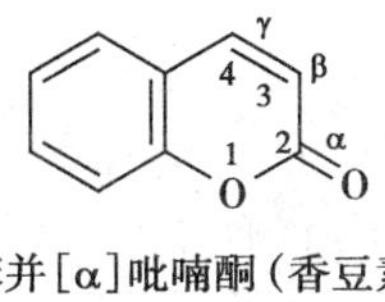　　　苯并[α]吡喃酮(香豆素) 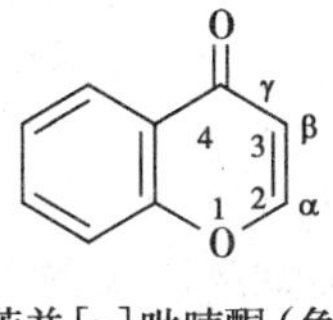　　　苯并[γ]吡喃酮(色酮)

α- 吡喃酮是具有香味的无色油状液体,为不饱和内酯,具有内酯和共轭二烯烃的典型性质。

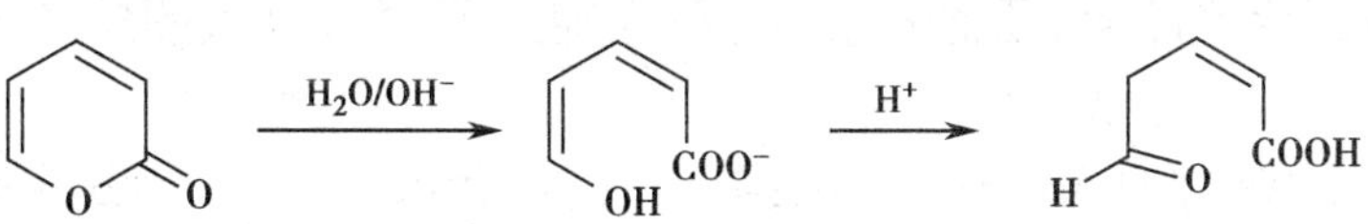

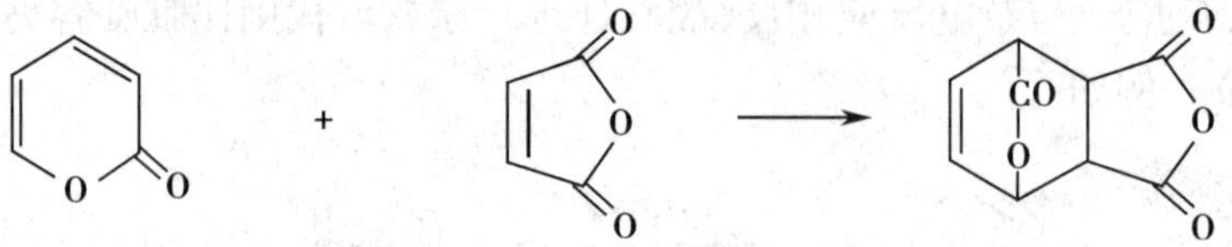

γ-吡喃酮是无色结晶,从结构上看,它应属于不饱和酮,但实际上它并没有一般羰基化合物的典型性质,也没有一般碳碳双键的性质。例如,它不与羟胺、苯肼反应生成肟或腙,却与无机酸反应生成很稳定的盐:

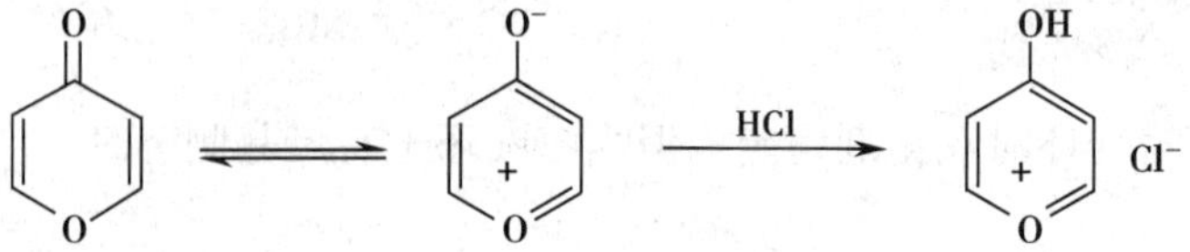

这是由于 γ-吡喃酮环上氧原子的未共用电子对能与双键发生共轭,环上电子云向羰基方向转移,致使成盐时质子不是与环内氧原子结合,而是与羰基氧原子结合。成盐后的 γ-吡喃酮变成了一个闭合的芳香共轭体系,使其稳定性增加。

四、有代表性的六元杂环化合物及其衍生物

(一) 烟酸和异烟酸

烟酸是 3-吡啶甲酸的俗名,可由烟碱氧化制得,故称烟酸。烟酸是无色晶体,熔点236.6℃,可溶于水和醇。烟酸与氨反应可制烟酰胺,烟酰胺也是无色晶体,熔点 128~131℃。

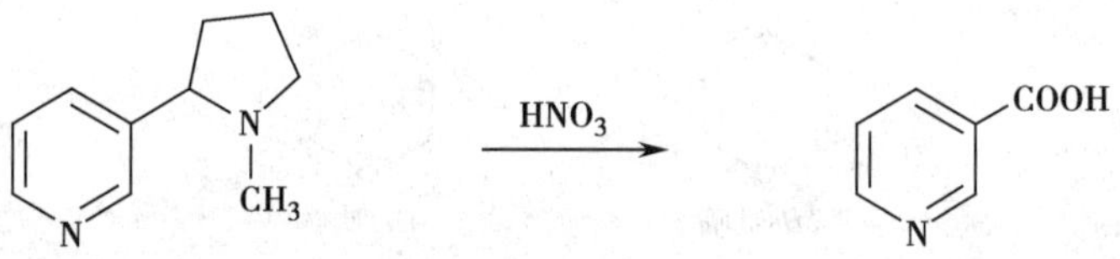

烟酸和烟酰胺又称为维生素 PP,存在于肉类、谷物和花生中,属于 B 族维生素类。它们都是白色晶体,能溶于热水和乙醇,对酸、碱和热稳定。人、植物和某些细菌可将色氨酸转变成烟酸,烟酸在体内可转变成烟酰胺。维生素 PP 参与葡萄糖的降解、脂类代谢、丙酮酸的代谢等,能保持神经组织的健康,对中枢神经和交感神经系统有维护作用。维生素 PP 缺乏时,会出现神经营养障碍,易患癞皮病,但大剂量服用时对人的胃和皮肤有一定的副作用。

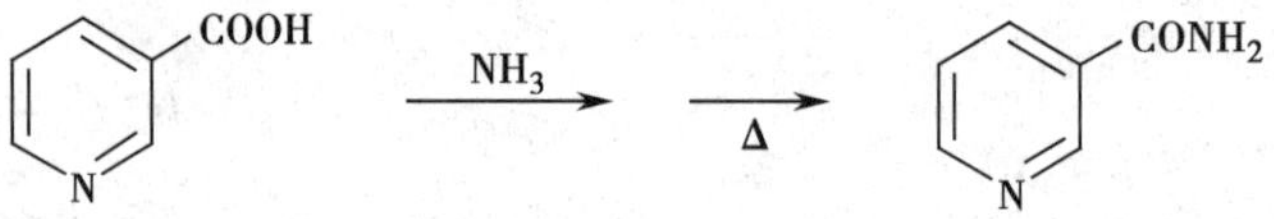

4-吡啶甲酸是烟酸的同分异构体,称为异烟酸。异烟酸与水合肼作用生成的异烟酰肼(简称异烟肼)是抗结核药,又名雷米封,为白色针状结晶或粉末,易溶于水和乙醇。

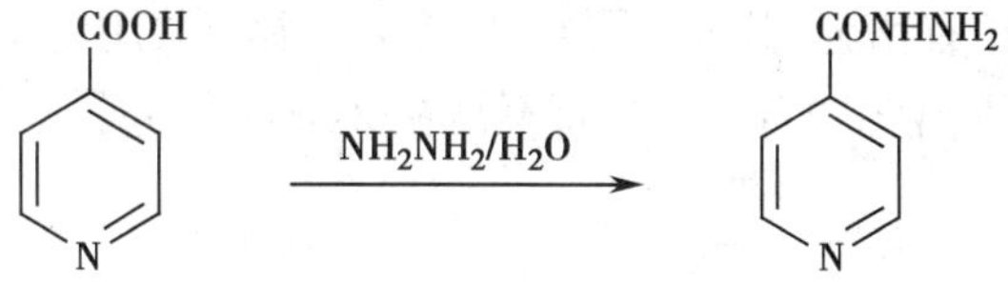

异烟酸　　　　　　　　　　　　　异烟肼

（二）嘧啶衍生物

嘧啶的衍生物广泛存在于生物体内,在生物体的新陈代谢中起着重要的作用,例如核酸中的碱基就是尿嘧啶、胞嘧啶和胸腺嘧啶。

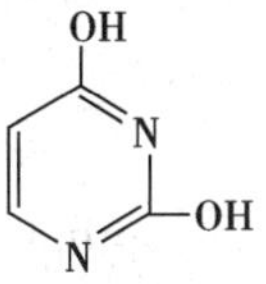

尿嘧啶 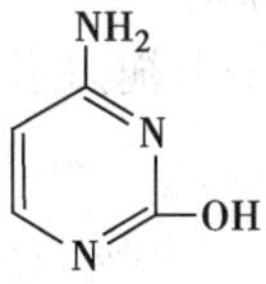　　　　　　　　胞嘧啶 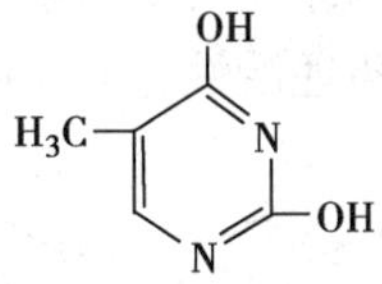　　　　　　　　胸腺嘧啶

在许多合成药物中也含有嘧啶环结构。如:抗菌药磺胺间甲氧嘧啶和长效镇静催眠药苯巴比妥。

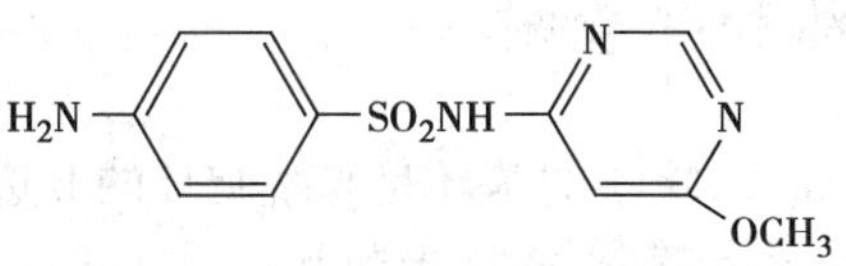

磺胺间甲氧嘧啶（SMM） 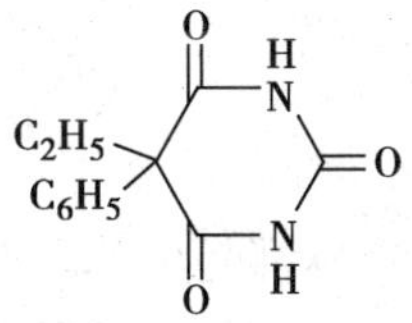　　　　　　　　　苯巴比妥

> **问题与思考**
>
> 试解释为何吡啶比苯难于发生亲电取代反应? 且其亲电取代反应发生在 3- 位?

第四节　稠杂环化合物

稠杂环化合物是指芳环与杂环,或杂环与杂环稠合而成的化合物,种类非常多,其中比较常见又较为重要的有吲哚、喹啉、异喹啉、嘌呤等。

一、吲　　哚

吲哚是由苯环与吡啶环的 b- 边稠合而成,亦可称为苯并〔b〕吡咯,它存在于煤焦油中,为无色片状结晶,熔点 52℃,具有粪臭味,但极稀溶液则有花香气味,可溶于热水、乙醇、乙醚中。

吲哚除了具有原来吡咯的化学性质外,苯环的稠合对其性质也有一定的影响,如碱性比吡咯稍弱,氮上氢的酸性却稍有增强,其原因是由于氮原子上未共用电子对在更大范围内离域的结果。亲电取代反应主要发生在 3(β)- 位,而不是在 2(α)- 位上。

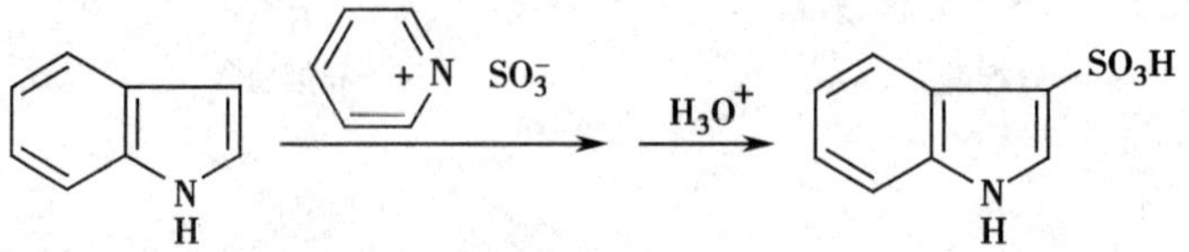

吲哚环系在自然界分布很广,如蛋白质水解得色氨酸,天然植物激素 β- 吲哚乙酸(也是一类消炎镇痛药物的结构)、蟾蜍素、利血平、毒扁豆碱等都是吲哚衍生物。吲哚的许多衍生物具有重要的生理与药理活性,如 5- 羟色胺(5-HT)、褪黑素等。

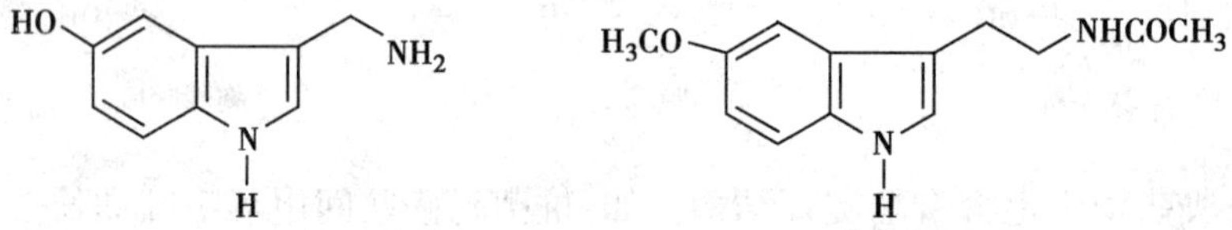

HO—⟨⟩—CH₂NH₂   H₃CO—⟨⟩—CH₂CH₂NHCOCH₃

5-HT　　　　　　　　　　　　褪黑素

二、喹啉和异喹啉

喹啉和异喹啉都是由苯环与吡啶环稠合而成,喹啉的苯环是与吡啶环的 b 边稠合,可称为苯并［b］吡啶;异喹啉的苯环则是与吡啶环的 c 边稠合,亦称为苯并［c］吡啶。二者的结构与吡啶类似,均属于缺 π 芳杂环。

喹啉　　　　　　　　　　　异喹啉

喹啉与异喹啉都是无色油状液体,可以和大多数有机溶剂混溶,难溶于冷水,易溶于热水。与吡啶相比,它们的水溶能力显著降低。它们都含有叔氮原子,具有弱碱性,其中喹啉的碱性(pK_a=4.9)较吡啶(pK_a=5.2)稍弱,而异喹啉的碱性(pK_a=5.4)较吡啶略强。二者都可以和强酸作用成盐。

喹啉、异喹啉的性质与吡啶相似,既可发生亲电取代,又可发生亲核取代。因二者分子中苯环的 π 电子密度高于吡啶环,故亲电取代和氧化反应优先在苯环上发生,亲电取代基一般进入 5- 位或 8- 位;而亲核取代和还原反应主要在吡啶环上进行,亲核取代基一般进入 2- 位、4- 位(喹啉)或 1- 位(异喹啉)。又由于吡啶环与苯环的相互吸电子效应,使喹啉环中苯环的电子云密度较萘环中的低,但仍比吡啶环高,因此亲电取代反应比萘难,而比吡啶容易;喹啉中吡啶环的电子云密度比吡啶低,因此发生亲核取代反应也比吡啶容易。

1. 亲电取代反应

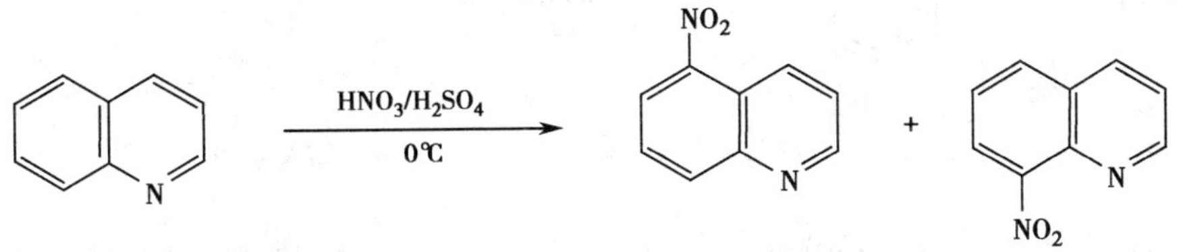

5-硝基喹啉   8-硝基喹啉

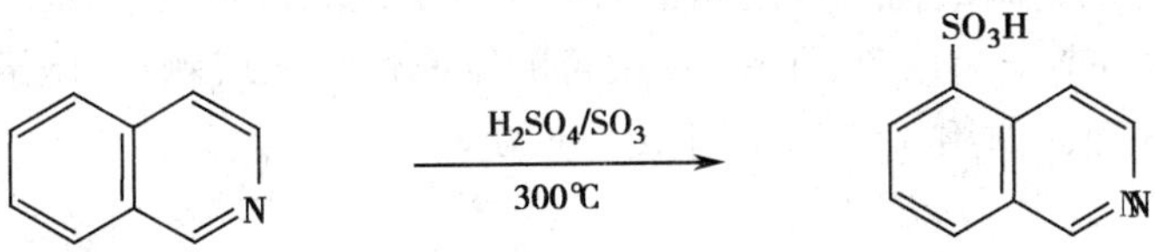

异喹啉-5-磺酸

2. 亲核取代反应

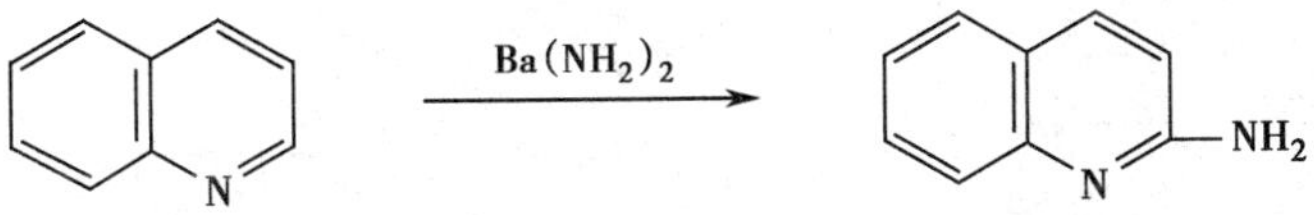

2-氨基喹啉

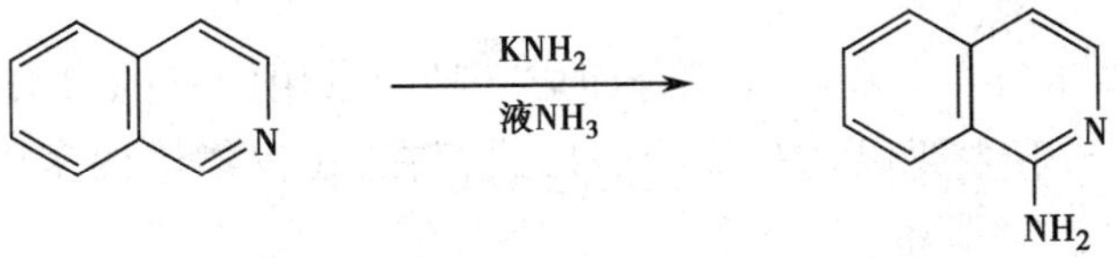

1-氨基异喹啉

3. 氧化反应　一般氧化剂不能使喹啉、异喹啉环氧化,强氧化剂则可使它们氧化开环。

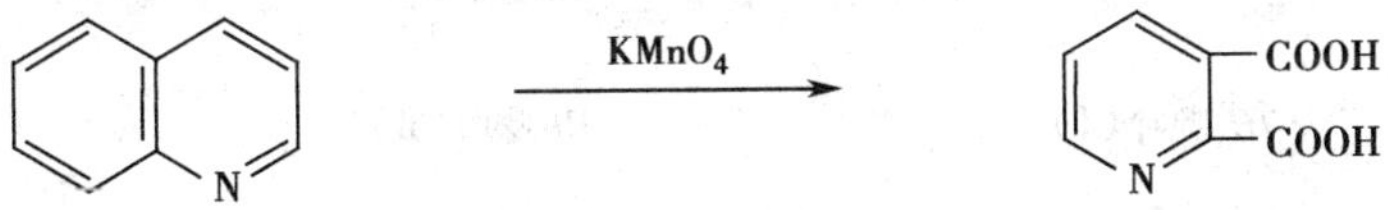

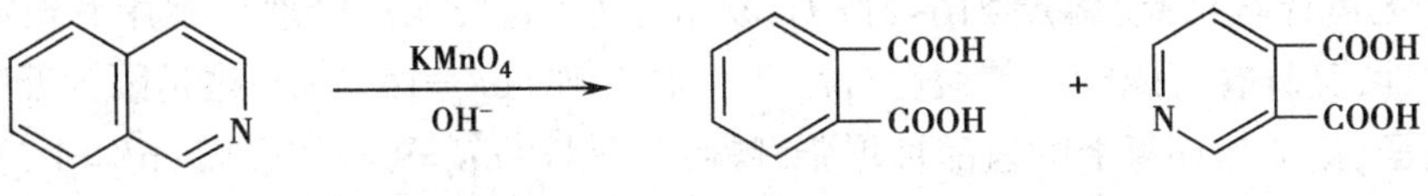

4. 还原反应　喹啉、异喹啉均可被还原,因吡啶环的电子云密度较苯环低,故吡啶环更易还原,根据反应条件不同,得到的产物也不一样。

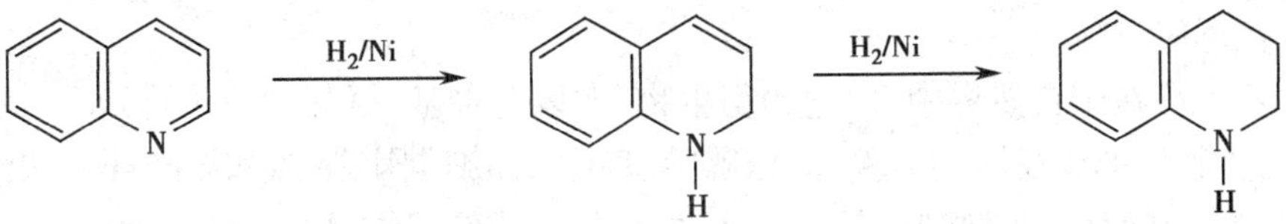

1,2-二氢喹啉   1,2,3,4-四氢喹啉

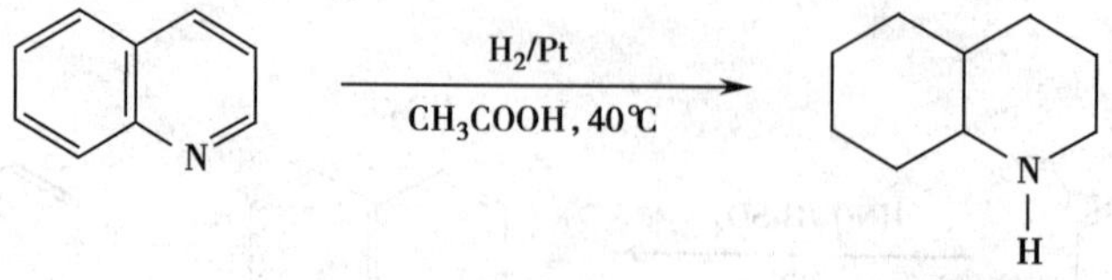

十氢喹啉

　　许多药物的结构中都含有喹啉环,如从金鸡纳属植物中分离得到的奎宁具有抗疟疾活性。奎宁俗称金鸡纳霜,是从金鸡纳树及其同属植物的树皮中提取得到的一种生物碱,是一种含有喹啉结构的天然产物。奎宁为白色、无臭、味微苦的结晶性粉末或颗粒,微溶于水。奎宁可以通过干扰 DNA 的合成而起作用,临床上用于治疗疟疾。

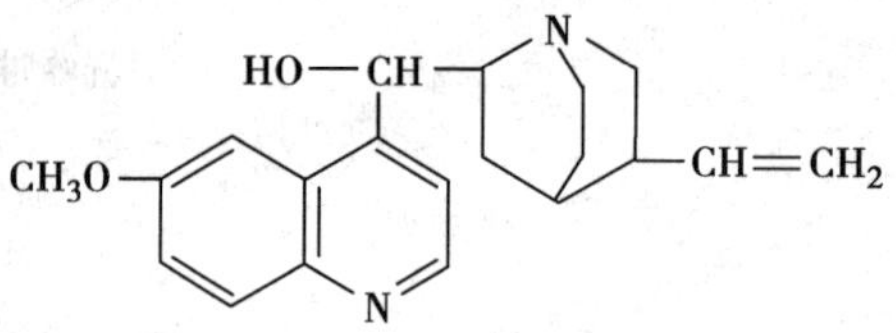

奎宁

三、嘌　呤

　　嘌呤是由一个咪唑环和一个嘧啶环稠合而成。嘌呤采用固有的习惯编号方式,它有两种互变异构体,晶体状态下主要以 7H- 嘌呤的形式存在,在生物体内多以 9H- 嘌呤的形式存在:

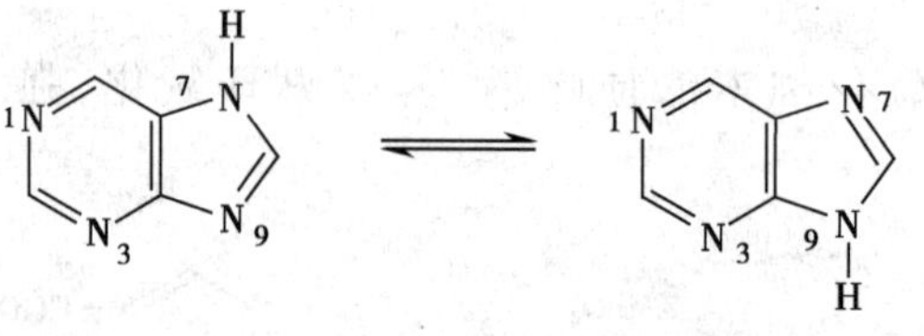

7H-嘌呤（Ⅰ）　　　　　9H-嘌呤（Ⅱ）

　　嘌呤是无色针状结晶,熔点 216~217℃,易溶于水和热乙醇,难溶于常用有机溶剂。嘌呤既具有弱酸性,又具有弱碱性。其酸性（$pK_a=8.9$）比咪唑（$pK_a=14.5$）强,这是因为嘧啶环能吸引咪唑环的电子,使咪唑环氮上的氢酸性增强;嘌呤的碱性（$pK_a=2.4$）比嘧啶（$pK_a=1.3$）强,比咪唑（$pK_a=7.0$）弱。所以,嘌呤既可与强酸成盐,也可与强碱成盐。

　　嘌呤分子中存在密闭的共轭体系,π 电子数符合休克尔规则。因而具有一定程度的芳香性。由于含有多个电负性较强的环氮原子,大大减弱了环碳原子的电子云密度,所以嘌呤很难发生亲电取代反应。

　　嘌呤本身不存在于自然界中,但它的衍生物（尤以含羟基、氨基的衍生物）却广泛存在于生物体中,参与生物体的生命活动。例如:腺嘌呤、鸟嘌呤、咖啡因、茶碱和尿酸等。

　　1. 腺嘌呤　　又称6-氨基嘌呤,简写成 A。白色粉末或针状结晶,无味,难溶于水,溶于沸水,微溶于乙醇,溶于乙醚和氯仿,是核酸的嘌呤碱基。

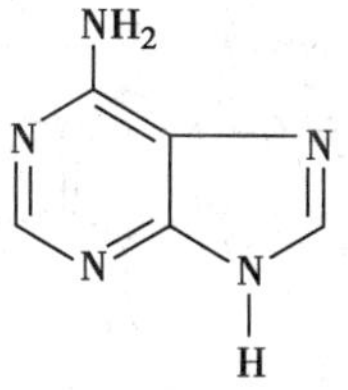

腺嘌呤

2. 鸟嘌呤 即 2- 氨基 -6- 羟基嘌呤,又称鸟粪素,简写为 G。白色正方形结晶或无定型粉末。不溶于水,易溶于碱和稀酸溶液,微溶于乙醇和乙醚。也是核酸嘌呤碱基。鸟嘌呤存在酮式 -烯醇式的互变异构:

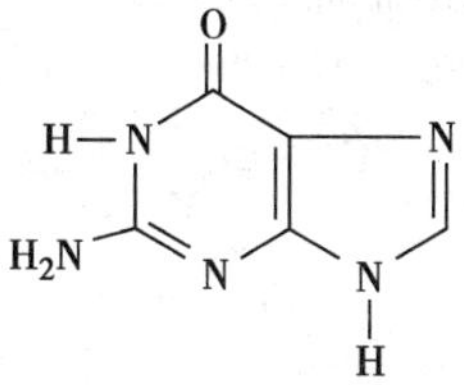

鸟嘌呤 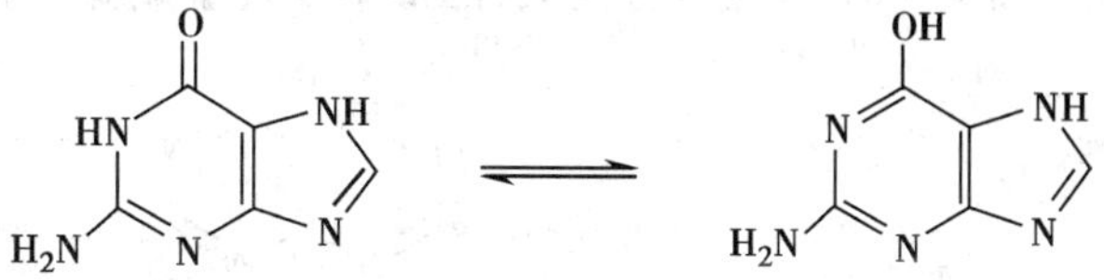　　　　　　　　　酮式　　　　　　　　　　　　　　　烯醇式

3. 尿酸 即 2,6,8- 三氧嘌呤。白色晶体,无臭无味,极难溶于水,有弱酸性,可与强碱成盐。尿酸具有酮式和烯醇式两种互变异构体,在生理 pH 范围内以酮式为主。

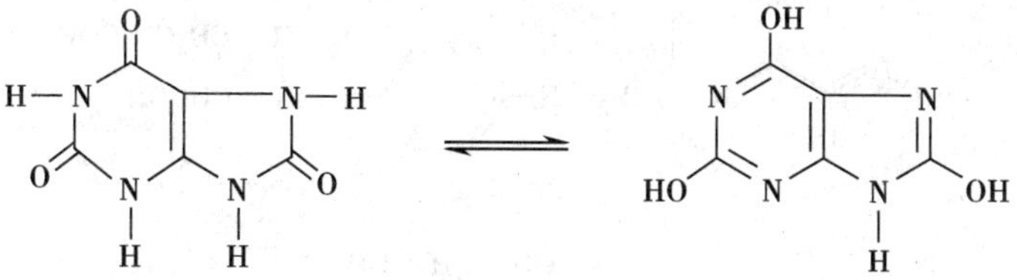

酮式　　　　　　　　　　　　　　　烯醇式

尿酸是腺嘌呤和鸟嘌呤的代谢产物,在体内以盐的形式存在于哺乳动物的尿和血中,溶解度较大。健康人尿中每天的排泄量为 0.5~1g,但当代谢紊乱时,尿中尿酸含量增加,形成尿结石;血液中尿酸含量过多时,可沉积在关节处,形成痛风石。

4. 黄嘌呤及其衍生物 黄嘌呤是 2,6- 二羟基 -7H- 嘌呤。黄色固体,熔点 220℃,难溶于水和醇,易溶于氨水和氢氧化钠水溶液。具有弱碱性(pK_a=2.4)和弱酸性(pK_a=8.9),能与强酸或强碱作用成盐。黄嘌呤与鸟嘌呤相似,也有酮式 - 烯醇式互变异构,其衍生物常以酮式结构存在。

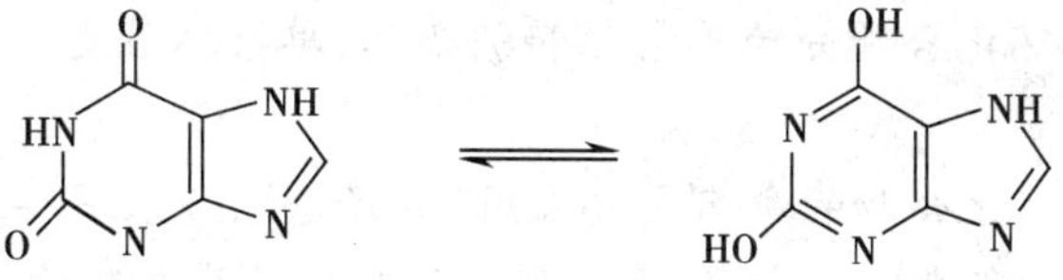

酮式　　　　　　　　　　　　　　　烯醇式

黄嘌呤的衍生物在自然界存在广泛,如咖啡因、茶碱和可可碱存在于茶叶或可可豆中。具有利尿和兴奋神经的作用,其中咖啡因和茶碱供药用。

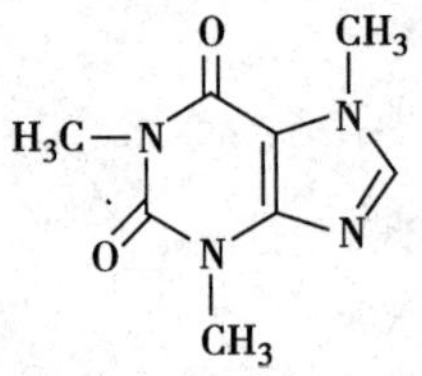

咖啡因 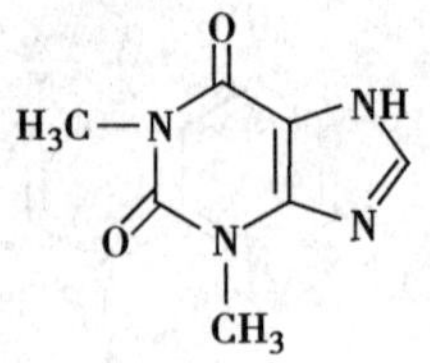   茶碱 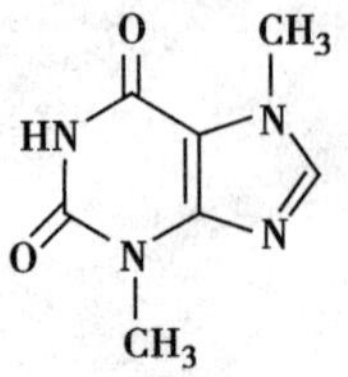   可可碱

四、蝶　啶

蝶啶由嘧啶环和吡嗪环稠合而成,因最早发现于蝴蝶翅膀色素中而得名。

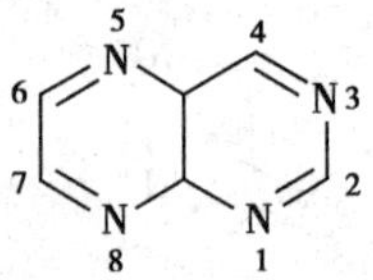

蝶啶为黄色片状结晶,熔点 140℃,水溶度为 1∶7.2,具有弱碱性。其碱性(pK_a=4.05)比嘧啶(pK_a=1.3)和吡嗪(pK_a=0.65)都强。蝶啶广泛存在于动植物体内,是天然药物的有效成分。如:叶酸及维生素 B_2 的分子中都含有蝶啶环系。

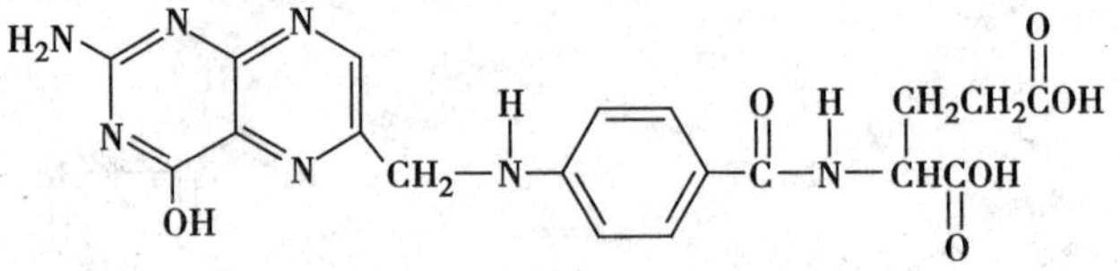

叶酸

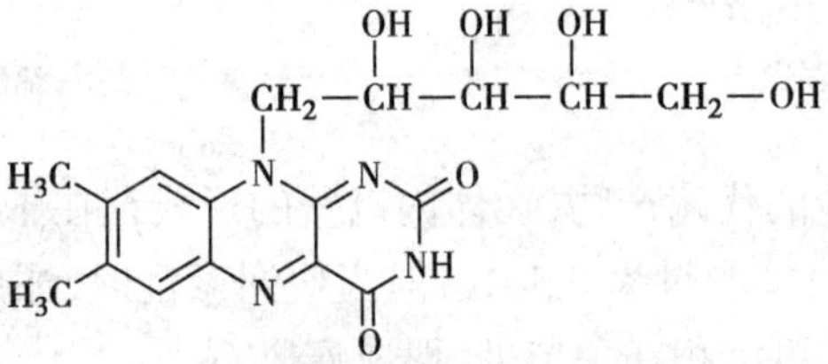

VB_2（核黄素）

📖 **本章小结**

　　杂环化合物是由碳原子和杂原子(如氧、硫、氮、磷等)共同参与成环的一类化合物。根据成环的数目可将杂环化合物分为单杂环和稠杂环,单杂环最重要的是五元杂环和六元杂环。

　　有特定名称的杂环化合物的命名主要采用"音译法",即采用英文名称的音译加"口"旁表示。无特定名称的稠杂环的命名,通常采用附加环并基本环进行命名,命名时附加环在前,基本环在后,中间标出稠合边的位置。

　　五元单杂环化合物呋喃、噻吩和吡咯,它们为"富 π"芳杂环,发生亲电取代反应时,主要发生在电子云密度较大的 α- 位。而六元单杂环吡啶为"缺 π"芳杂环,因吡啶环的电子密度比苯小,故亲电取代反应主要进入 β- 位,且比苯难于进行;一定条件下吡啶还可发生亲核取代反应,主要进入 α- 和 γ- 位。

　　吡咯由于氮原子上的未共用电子对参与环的共轭,表现出极弱的碱性,不能与酸形成稳定的盐,相反显弱酸性,能与强碱作用生成吡咯钾盐。吡啶氮原子上的未共用电子对能接受质子而显碱性,其碱性比一般脂肪胺及氨都弱,但比苯胺强。

　　喹啉、异喹啉的性质与吡啶相似,既可发生亲电取代,又可发生亲核取代。许多药物的结构中都含有喹啉环,如奎宁。

　　嘌呤是由一个咪唑环和一个嘧啶环稠合而成。它有两种互变异构体,在生物体内多以 9H- 嘌呤的形式存在。嘌呤本身不存在于自然界中,但其衍生物如腺嘌呤、鸟嘌呤为核酸的碱基,却广泛存在于生物体中。尿酸是腺嘌呤和鸟嘌呤的代谢产物。

（李发胜）

复习题

1. 命名下列化合物。

(1) 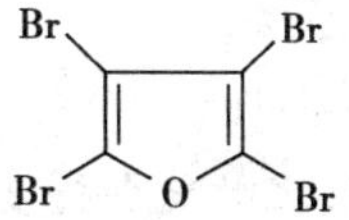　(2)

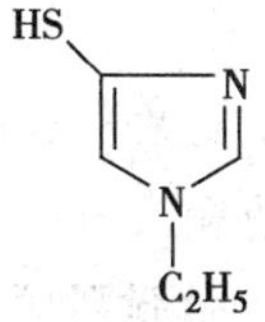

(3) 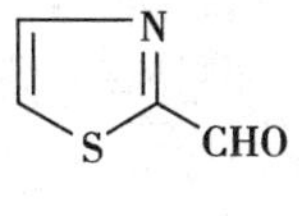　(4)

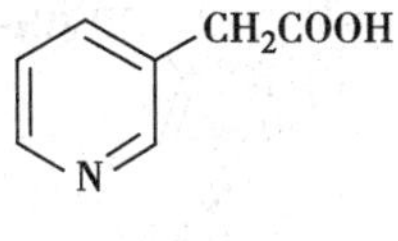

(5) 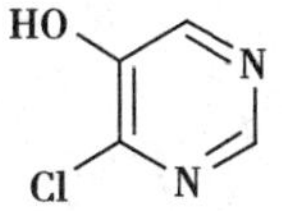　(6)

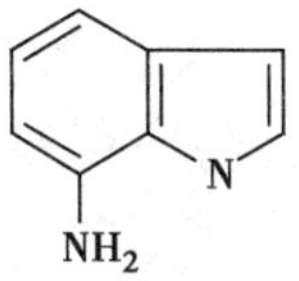

(7) 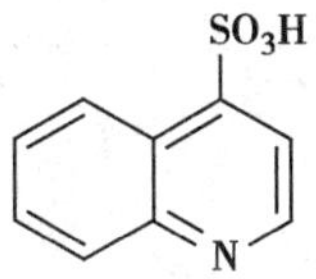　(8)

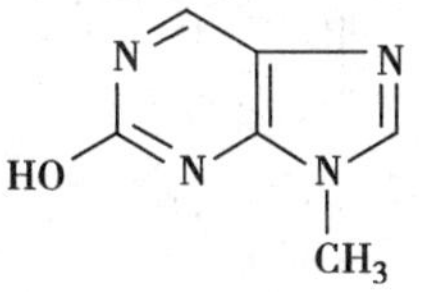

2. 写出下列化合物的结构式。

(1) 8- 羟基喹啉　　　　　　(2) 4- 羟基 -5- 氟嘧啶

(3) 5- 噻唑磺酸　　　　　　(4) 6- 巯基嘌呤

(5) β- 吡啶甲酰胺　　　　　(6) 3- 吲哚甲酸乙酯

3. 完成下列反应。

(1) 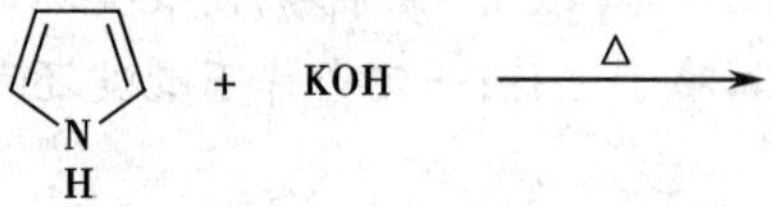 ＋ KOH $\xrightarrow{\triangle}$

(2) 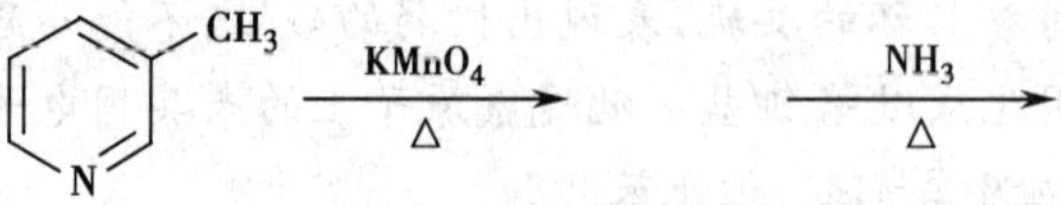 $\xrightarrow[\triangle]{KMnO_4}$ $\xrightarrow[\triangle]{NH_3}$

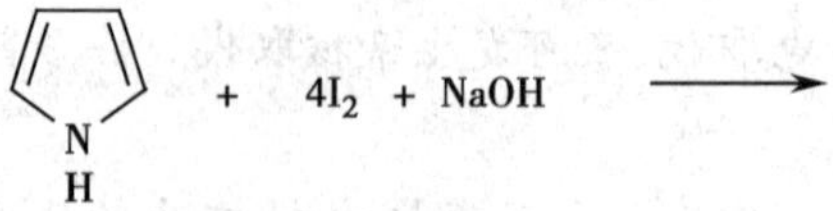

(3) ＋ $4I_2$ ＋ NaOH $\longrightarrow$

(4) $\xrightarrow[\triangle]{浓H_2SO_4/HgSO_4}$

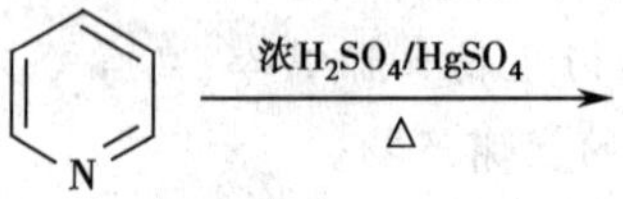

(5) 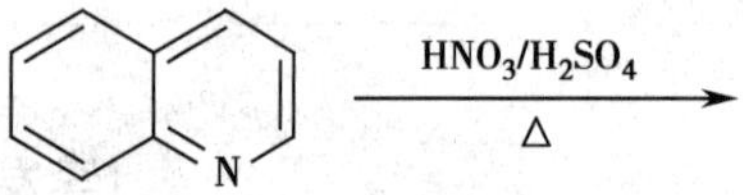 $\xrightarrow[\triangle]{HNO_3/H_2SO_4}$

4. 问答题：

(1) 按碱性大小顺序排列下面各组化合物，并说明原因。

吡咯、咪唑、吡啶、哌啶、嘧啶

(2) 吡咯中的氮原子具有仲胺的结构，但是它没有碱性，氮上的氢还具有一定的酸性，说明其原因。

(3) 亲电取代反应的活性顺序是吡咯＞＞苯＞＞吡啶，解释其原因。

(4) 为什么嘧啶分子中含有两个碱性的氮原子，却为一元碱，且其碱性比吡啶弱得多？

5. 组胺分子中有三个氮原子，指出其碱性强弱顺序，说明理由。

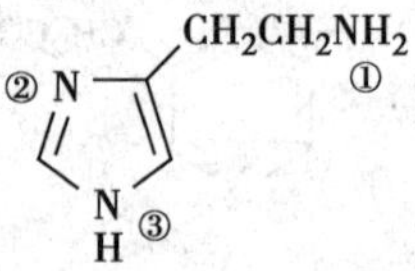

6. 用化学方法区别下列各组化合物。

(1)

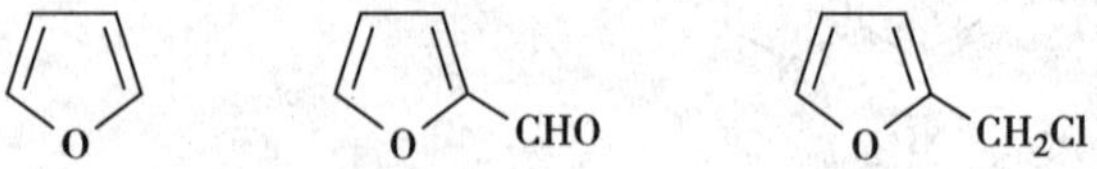

(2)

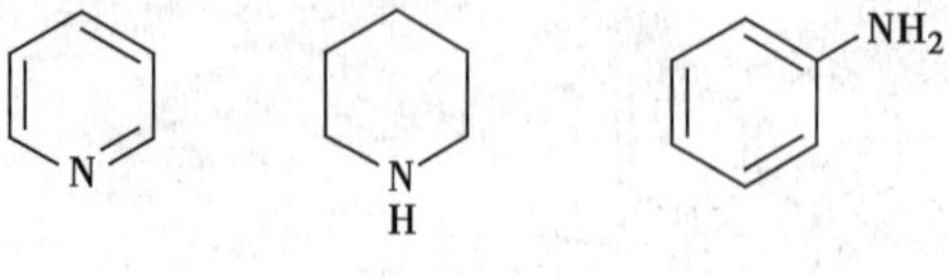

(3)

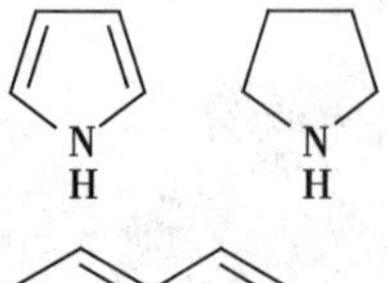

(4)

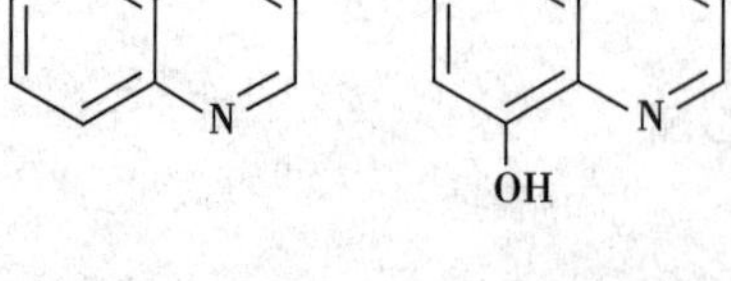

第十三章

糖 类

学习目标 ▶▶▶

1. 掌握 糖、α(β)-型糖、呋喃(吡喃)糖、D(L)-构型糖、还原(非还原)糖、变旋光现象、苷羟基、差向异构体、端基异构体、苷键的概念;单糖的开链结构及其 Haworth 式环状结构。
2. 掌握 单糖的化学性质,如脱水、氧化、还原、成苷、成酯、成脎等反应。
3. 熟悉 麦芽糖、纤维二糖、乳糖、蔗糖等二糖的组成、成苷键的方式及有关化学性质。
4. 了解 淀粉、纤维素、糖原的组成单元、结构特性及应用。

糖类(saccharide)是一类重要的天然有机化合物,是维持人类生命活动所必需的物质之一。如葡萄糖和糖原可以提供和储存生命活动所需的能量,核糖、脱氧核糖是组成细胞核的成分等。另外,具有特殊生物学功能的糖类药物是人类最重要的药物,如输液用的葡萄糖、用作代血浆制剂的右旋糖苷、具有抗凝血作用的肝素等。

从结构上分析,糖类属于多羟基醛、多羟基酮以及它们的脱水缩合产物。由于最初发现的糖类化合物都是由碳、氢、氧三种元素组成的,而且分子中氢和氧的比例与水相同,可以表示为 $C_m(H_2O)_n$,故也称作碳水化合物(carbohydrate)。但后来发现糖类并非都符合碳和水组成的规律,如脱氧核糖的组成为 $C_5H_{10}O_4$,却具有糖的结构和性质;而甲醛(CH_2O)、乳酸($C_3H_6O_3$)等分子,虽符合碳水化合物的组成,但却不是糖。因此,糖类名称较碳水化合物名称更为合理。

根据能否水解以及水解后的产物通常将糖类化合物分成以下三类:

单糖:不能水解的多羟基醛、多羟基酮,例如葡萄糖、果糖、核糖等。

低聚糖:水解后生成 2~10 个单糖分子,也称作寡糖,以双糖最为多见,例如蔗糖、麦芽糖、乳糖等。

多糖:水解后生成 10 个以上的单糖分子,例如淀粉、糖原、纤维素等。

糖类物质的命名多采用俗名。

第一节 单 糖

单糖是不能水解的多羟基醛或多羟基酮。根据其结构中含醛基或酮基,单糖可分为醛糖与酮糖；根据分子中碳原子数目不同,可分为丙糖、丁糖、戊糖、己糖等。单糖种类众多,而与生命活动关系最密切的是果糖、葡萄糖和核糖等。

一、单糖的结构

(一) 开链结构及构型

1. Fischer 投影式结构及构型　在单糖中,最简单的醛糖是甘油醛,而最简单的酮糖是 1,3-二羟基丙酮,它们的构造式如下：

$$
\begin{array}{c}
CHO \\
| \\
CHOH \\
| \\
CH_2OH
\end{array}
\qquad\qquad
\begin{array}{c}
CH_2OH \\
| \\
C{=}O \\
| \\
CH_2OH
\end{array}
$$

　　　甘油醛(丙醛糖)　　　　　　　1,3-二羟基丙酮(丙酮糖)

除 1,3-二羟基丙酮外,其他单糖都含有手性碳原子,具有手性,存在对映异构体,其对映异构体的数目为 2^n,其中 n 为分子中所含手性碳原子的数目。在醛糖中,丙醛糖有一对对映体,丁醛糖有两对对映体,而己醛糖则有八对对映体,其中一对是葡萄糖。那么如何区分具有相同名称的一对对映体呢? 对于含有多个手性碳原子的糖分子来说,若用 R/S 标记法标出每个手性碳原子的构型,则操作相对烦琐,所以习惯上使用 D/L 构型标记法标记糖的构型。这种方法是以 Fischer 投影式表示单糖的开链结构,竖键表示碳链,使羰基编号尽可能最小,然后将编号最大的手性碳原子的构型与 D-(+)-甘油醛进行比较,构型相同属于 D-构型糖,反之属于 L-构型糖。

2. 葡萄糖的开链结构及差向异构体　实验已经证明,葡萄糖具有开链结构为 2,3,4,5,6-五羟基己醛的基本结构。

$$
\begin{array}{c}
CHO \\
| \\
CHOH \\
| \\
CHOH \\
| \\
CHOH \\
| \\
CHOH \\
| \\
CH_2OH
\end{array}
$$

葡萄糖是己醛糖八对对映异构体中的一对,它们的开链结构及构型如下：

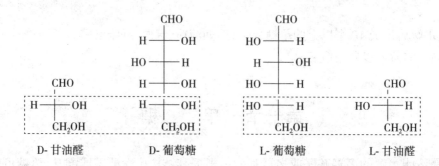

　　D-甘油醛　　　　D-葡萄糖　　　　　　L-葡萄糖　　　　　　L-甘油醛

除了 D- 葡萄糖以外,常见的己醛糖还有 D- 甘露糖和 D- 半乳糖,它们的结构分别表示如下:

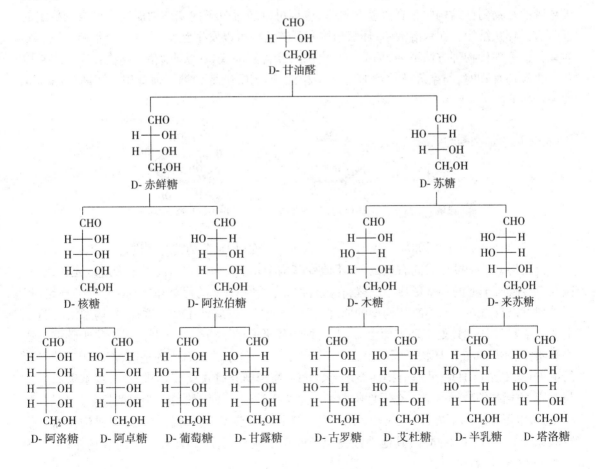

观察以上结构式,不难发现:D- 葡萄糖和 D- 甘露糖只是 C_2 构型不同,C_3、C_4、C_5 的构型相同;D- 葡萄糖和 D- 半乳糖只是 C_4 的构型不同,C_2、C_3、C_5 构型相同。像这种含有多个手性碳原子的非对映异构体,只有一个手性碳原子的构型相反,其他手性碳原子的构型均相同,则它们互为差向异构体。D- 葡萄糖和 D- 甘露糖是 C_2 差向异构体,D- 葡萄糖和 D- 半乳糖是 C_4 差向异构体。

3. D- 醛糖系列　存在于自然界的单糖绝大多数是 D- 构型。丁醛糖、戊醛糖、己醛糖可以被看成是由最简单的醛糖即甘油醛经增长碳链的方法得到,$C_3 \sim C_6$ 醛糖的 D- 型异构体如下:

为简便起见,糖的结构式可以用简化的方式表示,即可以将手性碳上的氢省略,或将手性碳上的氢与羟基同时省略,例如 D- 葡萄糖的开链结构可以分别表示为:

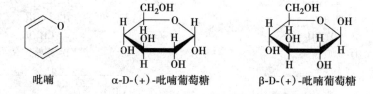

(二) 环状结构及构象

人们从实验中发现,从冷乙醇和热吡啶中得到 D- 葡萄糖的两种结晶,前者熔点为 146℃,比旋光度是 +112°;而后者熔点为 150℃,比旋光度是 +18.7°。若将两种结晶分别溶于水后,溶液的比旋光度逐渐变化,最终均达到 +52.7°,不再改变。这种糖的结晶在水中比旋光度自行转变为定值的现象称为变旋光现象(mutarotation)。人们从实验中还发现,D- 葡萄糖不能与亚硫酸氢钠发生羰基亲核加成反应;不能与 2mol 的甲醇作用生成缩醛,可是却能与 1mol 的甲醇作用,得到类似缩醛的产物;D- 葡萄糖晶体在红外光谱中不出现羰基的伸缩振动峰;在核磁共振谱中不显示醛基氢原子的特征峰。

由上述现象说明,单糖并不是只以开链结构形式存在,还有其他的存在形式。因此,人们设想既然在葡萄糖结构中存在醛基和羟基,应该可以通过分子内亲核加成反应形成较稳定的五(六)元环状结构。在水溶液中,环状结构和开链结构可以发生互变,形成一个平衡体系。X-射线衍射等现代物理方法证明,葡萄糖主要以六元含氧环式(环状半缩醛)结构存在。当它以六元含氧环存在时,与杂环化合物吡喃环型相似,称为吡喃葡萄糖。通常用哈沃斯(Haworth)式表示如下:

吡喃　　　　　α-D-(+)-吡喃葡萄糖　　　　　β-D-(+)-吡喃葡萄糖

开链的 Fisher 投影式如何变成 Haworth 式呢? 下面以 D- 葡萄糖为例进行介绍。

首先将 Fisher 投影式向右放倒(并不改变其构型),然后向纸内弯曲。欲形成六元环,醛基应与 5 号碳原子上的羟基形成半缩醛,在成环时,为了使 C_5 上的羟基和醛基接近使之成键,根据单键可以自由旋转而不改变构型的原理,将 C_4 和 C_5 σ 键旋转 120°。这样 D- 构型糖尾端 C_5 上的羟甲基(CH_2OH)处于环平面上方,氢则处于环平面的下方。而在开链式中位于碳链左边的基团,成环后都处于环状平面的上方;反之,开链式中位于碳链右边的基团,都处于环状平面的下方(除 C_5 的 OH)。另外值得注意的是,在 D- 葡萄糖开链式变成环状式时,羰基碳原子因与 C_5 上的羟基缩合而变成一个手性碳原子。这个手性碳原子上的 OH(半缩醛羟基)可以在环的上方,也可在环的下方,因此成环后由一种开链结构产生了一对异构体。这对异构体除了手性碳原子 C_1 的构型不同外,其他手性碳原子的构型完全相同,因此属于差向异构体;又因为构型相反的手性碳位于 1 号位，所以又把这种差向异构体称为端基异构体(也称异头物)。并人为规定：若吡喃(或呋喃)环上的碳原子是以顺时针方向排列，则半缩醛羟基在环上方者为 β-型，半缩醛羟基在环下方者为 α- 型。

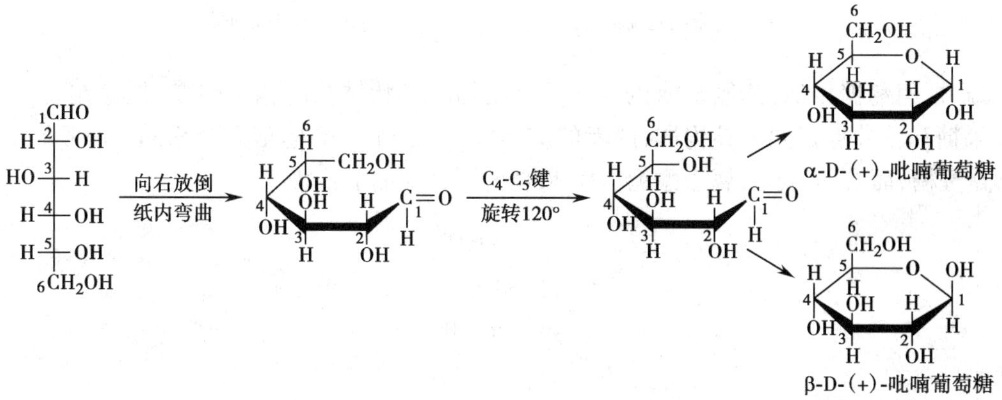

实验证明，从冷乙醇中得到的是 α-D-(+)- 吡喃葡萄糖，从热吡啶中得到的是 β-D-(+)- 吡喃葡萄糖，将两种异构体中的任何一种晶体溶于水，便有少量环状结构分子转化为开链结构分子，而开链醛式转化为环状半缩醛时，不仅能生成 α-D-(+)- 吡喃葡萄糖，也能生成 β-D-(+)- 吡喃葡萄糖。经过一定时间后，α- 型、β- 型和开链式三种异构体将达到互变平衡状态。在形成的平衡混合物中，α- 型约占 36%，β- 型约占 64%，而开链醛式仅含微量(约占 0.003%)。由此可见，环状结构与开链结构的互变是造成变旋光现象的原因。

α-D-(+)-吡喃葡萄糖　36%　　0.003%　　β-D-(+)-吡喃葡萄糖　64%

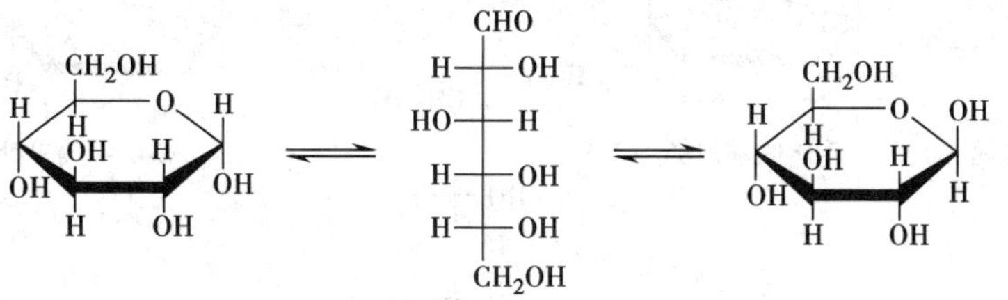

由于 D- 葡萄糖能以开链 D- 葡萄糖、α-D-(+)- 吡喃葡萄糖和 β-D-(+)- 吡喃葡萄糖三种结构形式存在，因此可以清楚地解释葡萄糖中出现的特殊反应及现象。

Haworth 式是以环为平面，环上碳连的基团垂直排列在环平面上下方。但是，Haworth 式仍然不能反映出葡萄糖的环状半缩醛的真正三度空间结构。由环己烷的构象分析可知，环己烷不以平面六元环结构存在，而以船式和椅式两种构象存在，其中椅式构象较稳定。葡萄糖的吡喃环形结构，可看成环己烷的一个亚甲基被氧原子取代，其构象是类似的。不过，葡萄糖的船式构象很不稳定，只有椅式构象能稳定存在。

从 D- 葡萄糖的两种优势构象可清楚地看出，在 β-D- 吡喃葡萄糖中，体积大的取代基—OH 和—CH_2OH，都位于 e 键；而在 α-D- 吡喃葡萄糖中，有一个—OH 位于 a 键。故 β-D- 吡喃葡萄糖较稳定。因此，在 D- 葡萄糖水溶液的动态平衡中，β- 异构体的含量要高于 α-异构体。

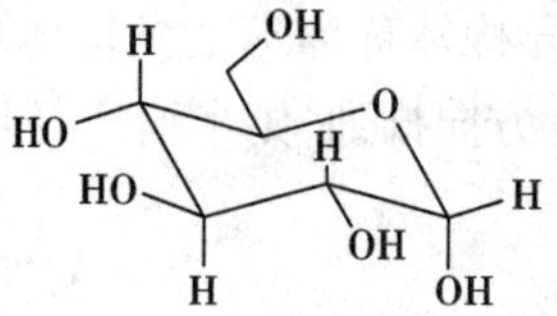

α-D-(+)-吡喃葡萄糖 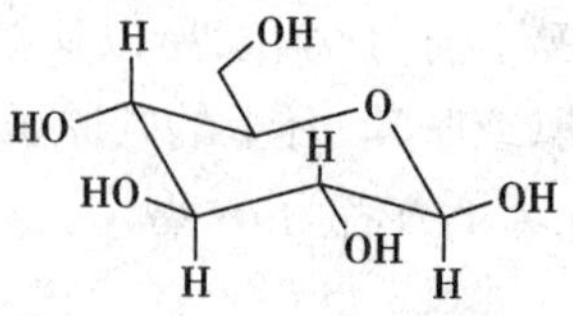　　　　　β-D-(+)-吡喃葡萄糖

与 D- 葡萄糖相似,其他单糖也存在开链结构与环状结构的相互转变,也存在变旋现象。例如果糖和葡萄糖是同分异构体,两者的结构中从 C_3 到 C_5 的构型完全相同。所不同的是果糖不是醛糖,而 C_2 是羰基,属于酮糖。D- 果糖的结构式如下:

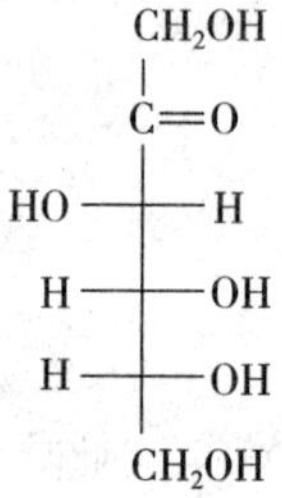

D-(−)- 果糖

由于果糖的开链式中 C_6 和 C_5 都可以与 C_2 的羰基形成半缩酮的结构,因此果糖有两种环状结构,一种是六元环,称为吡喃果糖;另一种是五元环,它与杂环化合物呋喃环型相似,称为呋喃果糖。

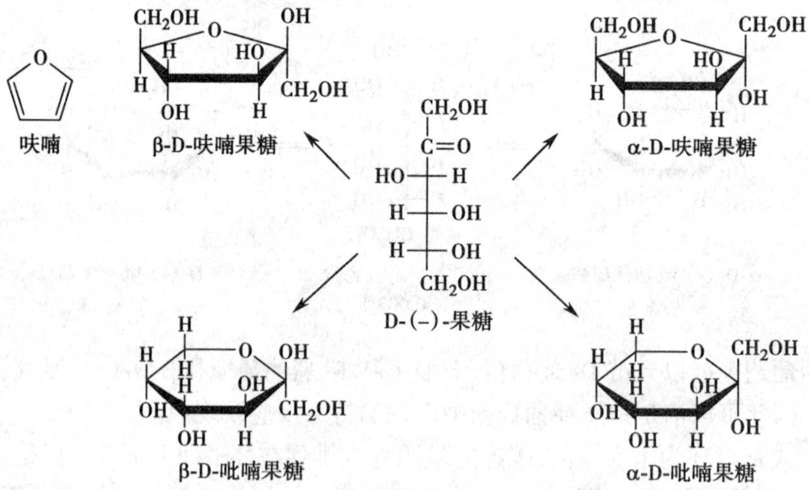

呋喃　　β-D-呋喃果糖　　　　D-(−)-果糖　　　　α-D-呋喃果糖

β-D-吡喃果糖　　　　　　　　　　　　　α-D-吡喃果糖

β-D- 吡喃果糖一般以游离态形式存在于水果和蜂蜜等农产品中,而 β-D- 呋喃果糖则以结合态存在于蔗糖中。果糖也有变旋光现象,平衡时的比旋光度是 −92°。

二、单糖的化学性质

单糖主要以环状结构形式存在,但是在水溶液中,环状结构与开链结构互变。单糖的化学性质有的以开链结构进行,有的以环状结构进行。

（一）脱水反应

在弱酸性条件下,具有 β- 羟基的羰基化合物易发生 β- 羟基与 α- 氢的脱水反应,生成 α,β-不饱和羰基化合物。糖符合这一结构特点,在弱酸性条件下,易脱水生成 α,β- 不饱和羰基化合物,再重排成更稳定的二羰基化合物。

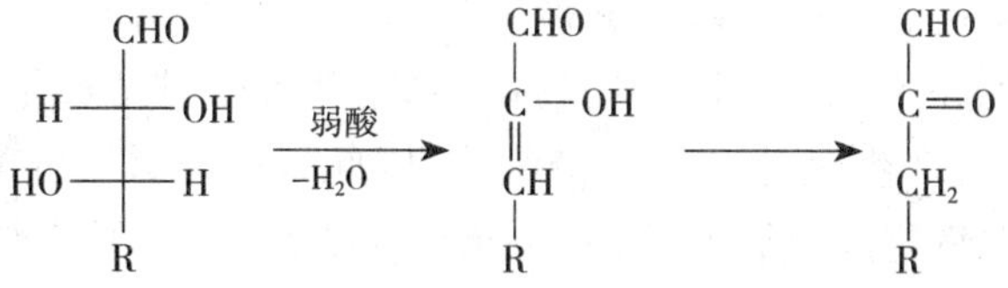

二羰基化合物

在强酸(如 12% 盐酸)性及加热条件下,己醛糖经过几步脱水反应最后得到 5- 羟甲基呋喃甲醛。

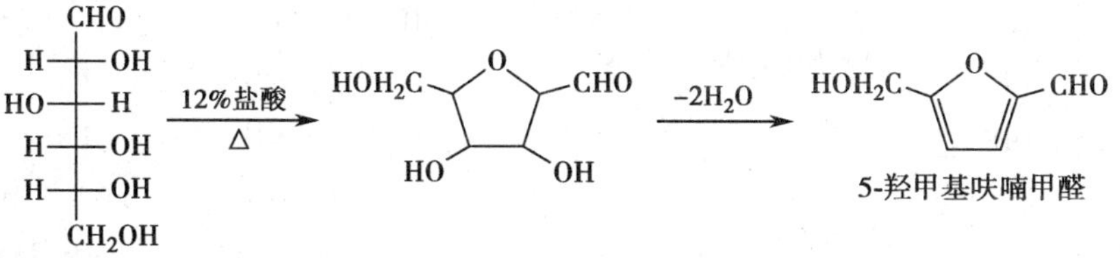

5-羟甲基呋喃甲醛

（二）单糖在稀碱溶液中发生醛糖与酮糖的互变反应

单糖开链结构的醛(酮)基与 α- 碳原子的 H 在稀碱溶液中发生互变异构反应,生成烯二醇结构,有的烯二醇结构转化为酮糖,有的烯二醇结构转化为醛糖,最终达成一个含烯二醇结构、酮糖、醛糖的动态平衡。例如,D- 果糖在稀碱溶液中,达成一个含烯二醇结构、D- 果糖、D-葡萄糖、D- 甘露糖的动态平衡。同理,D- 葡萄糖或 D- 甘露糖在稀碱溶液中,也达成一个含烯二醇结构、D- 果糖、D- 葡萄糖、D- 甘露糖的动态平衡。其反应式如下:

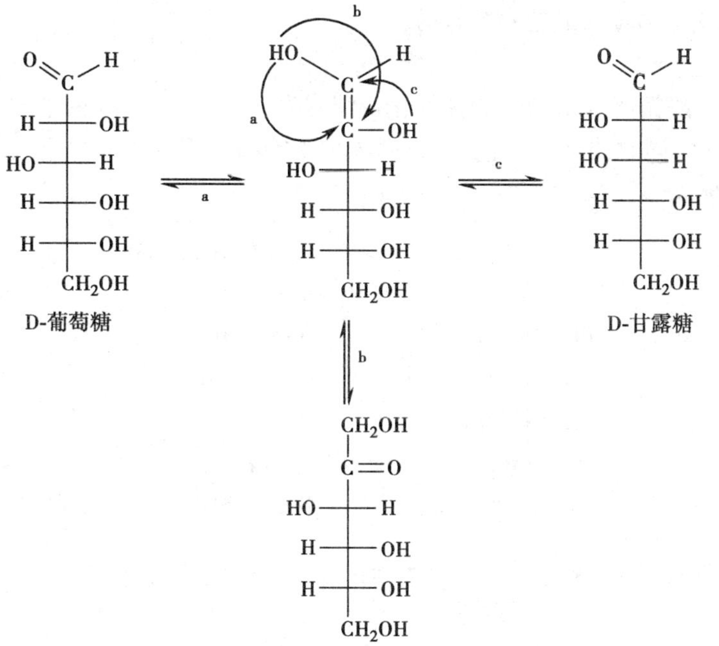

D-葡萄糖　　　　　　　　　　　　　　　　　　　D-甘露糖

D-果糖

生物体代谢过程中某些糖的衍生物的相互转变也是通过烯醇式中间体进行的。

（三）氧化反应

1. 与碱性弱氧化剂反应　Tollens 试剂、Fehling 试剂和 Benedict 试剂为碱性弱氧化剂。醛糖能被 Tollens 试剂氧化产生银镜,也能被 Fehling 试剂或 Benedict 试剂氧化生成氧化亚铜砖红色沉淀,糖分子的醛基被氧化成羧基。酮糖因为具有 α- 羟基酮的结构,在碱性条件下互变为醛糖,所以也能与碱性弱氧化剂发生氧化反应。单糖环状结构只要有半缩醛(酮)羟基存在,在溶液中就能自发地转变产生醛(酮)的开链结构,因此也能与碱性弱氧化剂发生氧化反应。例如,D- 果糖溶于碱性弱氧化剂溶液中,以 D- 果糖、D- 葡萄糖、D- 甘露糖以及它们的环状结构同时存在,因此 D- 果糖能与 Tollens 试剂发生氧化反应,生成复杂的氧化物和银镜。

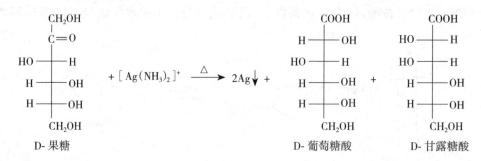

凡是能与碱性弱氧化剂(如 Tollens 试剂、Fehling 试剂、Benedict 试剂)发生氧化反应的糖称为还原糖。因此单糖都是还原糖。有的寡糖也能发生以上反应,也是还原糖。而有的寡糖和多糖不能发生以上反应,为非还原糖。

？ 问题与思考 ●●●

用 Tollens 试剂能够鉴别醛糖和酮糖吗?

2. 与溴水反应　醛糖能与温和的酸性氧化剂溴水发生氧化反应,醛糖中的醛基被氧化成羧基,生成相应的糖酸,同时溴水的颜色褪去;而酮糖不能与溴水发生氧化反应。因此可用溴水来鉴别醛糖和酮糖。

$$
\begin{array}{ccc}
\text{CHO} & & \text{COOH} \\
\text{H——OH} & & \text{H——OH} \\
\text{HO——H} & \xrightarrow[\text{H}_2\text{O}]{\text{Br}_2} & \text{HO——H} \\
\text{H——OH} & & \text{H——OH} \\
\text{H——OH} & & \text{H——OH} \\
\text{CH}_2\text{OH} & & \text{CH}_2\text{OH} \\
\text{D- 葡萄糖} & & \text{D- 葡萄糖酸}
\end{array}
$$

由 D- 葡萄糖酸制成的 D- 葡萄糖酸钙在人体内相对易吸收,可以作为补钙制剂用于婴儿、孕妇及其他缺钙人群。

3. 与稀硝酸反应　稀硝酸氧化性比溴水强,能把醛糖氧化成糖二酸。例如:

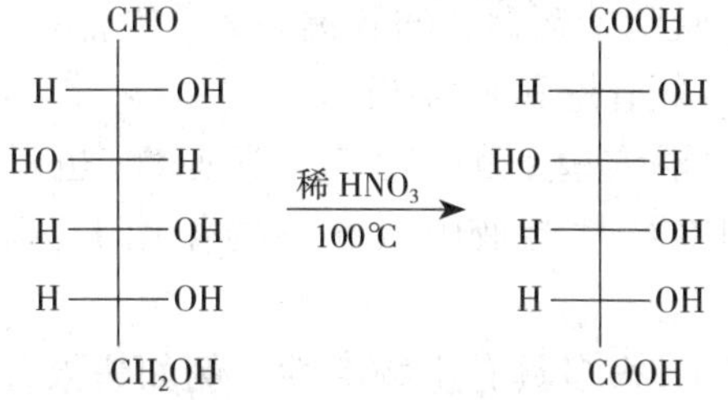

$$\text{D-葡萄糖} \xrightarrow[\,100\,℃\,]{\text{稀 HNO}_3} \text{D-葡萄糖二酸}$$

此外,在肝脏内酶的催化作用下,D-葡萄糖被氧化成 D-葡萄糖醛酸。

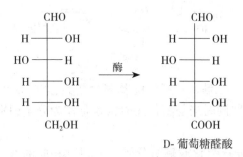

D-葡萄糖醛酸是很好的解毒剂,在肝中,D-葡萄糖醛酸与醇、酚等有毒物质反应,生成无毒化合物,通过尿液排出体外。D-葡萄糖醛酸钠药品名称"肝泰乐",用于急慢性肝炎和肝硬化的辅助治疗,对食物或药物中毒时的保肝及解毒有辅助作用。

(四) 成苷反应

单糖环状结构中的半缩醛(酮)羟基与其他含活泼氢(如羟基、氨基、巯基)的化合物脱水,生成的产物称为糖苷(glycoside)。此反应称为成苷反应。例如:D-葡萄糖水溶液是 D-葡萄糖的开链结构、α-D-吡喃葡萄糖和 β-D-吡喃葡萄糖的混合物,在氯化氢催化下,D-葡萄糖同甲醇反应,是 α-D-吡喃葡萄糖和 β-D-吡喃葡萄糖分别与甲醇脱去一分子水,生成 α-D-甲基吡喃葡萄糖苷和 β-D-甲基吡喃葡萄糖苷的混合物。其反应如下:

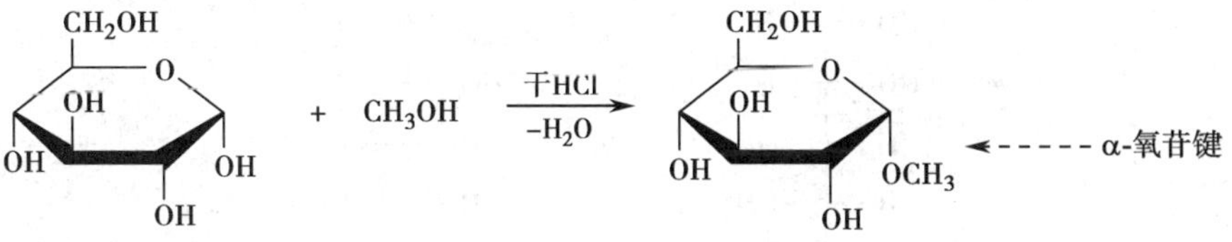

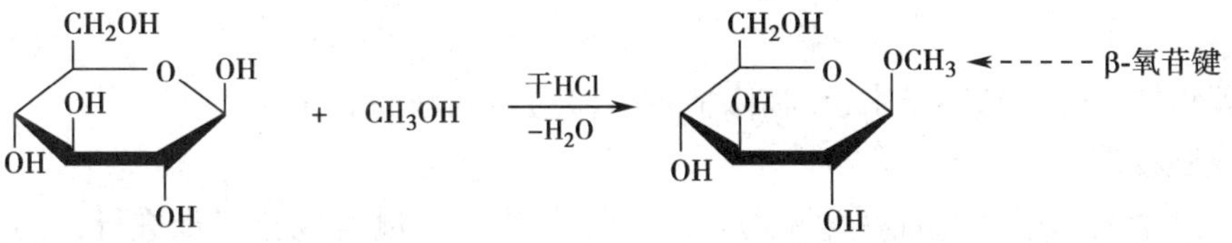

糖苷由糖部分和非糖部分组成。糖部分称为糖苷基,非糖部分称为糖苷配基或苷元。在糖苷中,连接糖苷基和糖苷配基的键称为苷键(glycoside bond)。苷键有氧苷键、氮苷键、硫苷键

和碳苷键等。例如β-D-甲基吡喃葡萄糖苷的苷键为氧苷键，由于半缩醛羟基有α-和β-两种构型，所以成苷反应可生成α-氧苷键和β-氧苷键。

糖苷中已没有半缩醛（酮）羟基，因此糖苷无还原性，也没有变旋光现象。糖苷在中性或碱性溶液中较稳定，但在酸性溶液中或在酶的作用下，则水解生成原来的糖和非糖物质。

糖苷广泛分布于自然界中，很多具有生物活性。例如熊果苷即为一分子葡萄糖 C_1 的β-半缩醛羟基与一分子对苯二酚的酚羟基脱水缩合的产物：

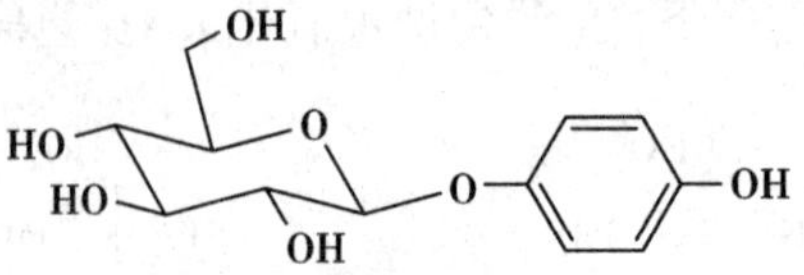

熊果苷

糖苷中的糖苷基为单糖、二糖、三糖等，配基多为萜类、甾族以及生物碱等化合物。糖部分的存在可增加糖苷的水溶性，同时当与酶作用时常常是作为分子识别的重要部位。

（五）还原反应

单糖的羰基可以经过催化氢化或硼氢化钠还原得到相应的醇。例如D-葡萄糖的还原产物为山梨醇；D-甘露糖的还原产物为甘露醇。

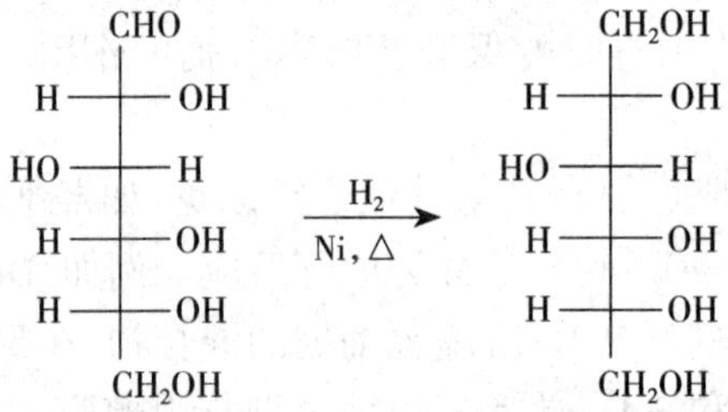

D-葡萄糖　　　　山梨醇

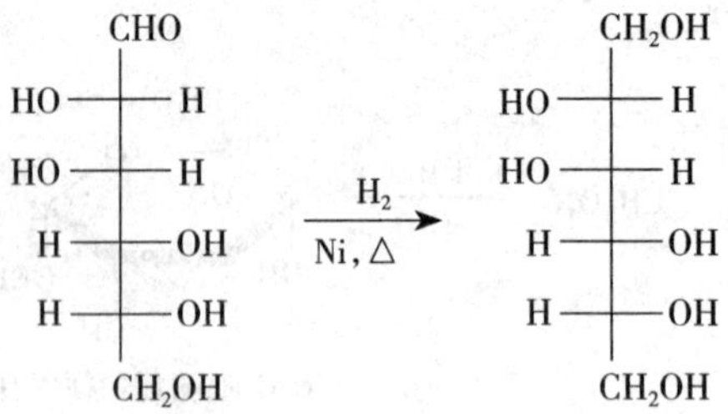

D-甘露糖　　　　甘露醇

山梨醇和甘露醇均易溶于水，在临床上可做渗透性利尿药。

（六）成脎反应

单糖和过量的苯肼一起加热生成糖脎。糖脎的生成可以看成分三步进行，首先单糖与苯肼作用生成苯腙，然后苯腙中与原来的羰基相邻的醇羟基被氧化生成新的羰基，最后新的羰基与苯肼作用生成二苯腙即糖脎。

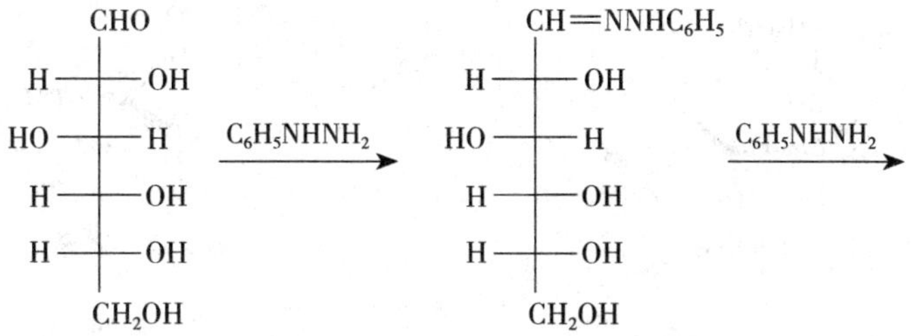

D- 葡萄糖 → D- 葡萄糖苯腙

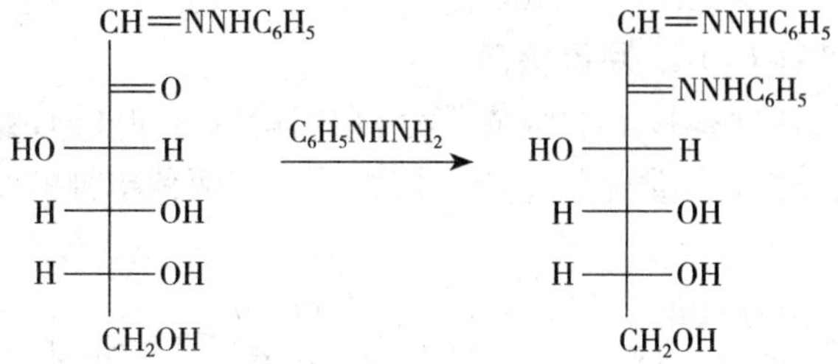

D- 葡萄糖脎

糖脎为黄色结晶,不同糖脎晶型不同,熔点各异,因此该反应可用于鉴别糖。苯肼只与糖的 C_1 及 C_2 反应成脎,D- 葡萄糖、D- 果糖、D- 甘露糖的 C_3、C_4、C_5 构型相同,因此形成相同的糖脎。例如 D- 果糖成脎的过程如下:

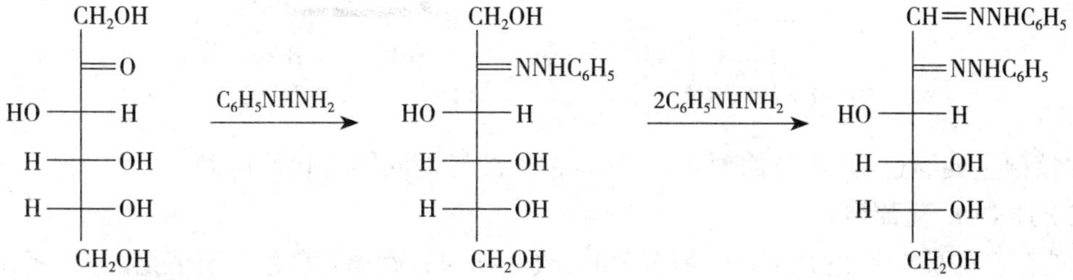

D- 果糖脎

(七) 成酯反应

单糖分子中含有多个羟基,可以与酸酐和无机含氧酸(如磷酸和硫酸)等作用生成酯,如 α- 或 β-D-(+)- 吡喃葡萄糖在氯化锌存在下与乙酐作用生成五乙酸酯:

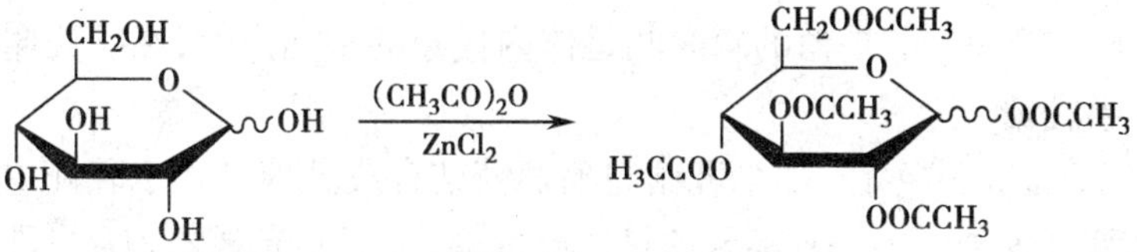

α-或β-D-吡喃葡萄糖　　　　1,2,3,4,6-五乙酰基-α-或β-D-吡喃葡萄糖

单糖与磷酸作用生成磷酸酯,磷酸酯是体内重要的代谢及生物合成的中间体,具有重要的生物学意义。体内葡萄糖的磷酸酯有吡喃葡萄糖 -1- 磷酸酯(俗称 1- 磷酸葡萄糖)和吡喃葡萄糖 -6- 磷酸酯(6- 磷酸葡萄糖),它们的结构分别如下:

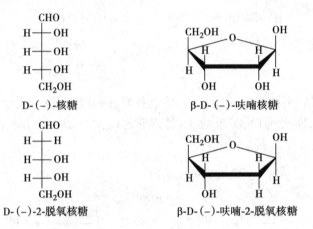

α-D-吡喃葡萄糖-1-磷酸酯 　　　　　 D-吡喃葡萄糖-6-磷酸酯

三、有代表性的单糖

(一) D-(-)-核糖和 D-(-)-2-脱氧核糖

D- 核糖及 D-2- 脱氧核糖是核酸的组成部分,它们均以 β- 呋喃环结构形式与嘌呤或嘧啶结合成核苷,存在于细胞核中,与生命的遗传密切相关。这两种单糖的结构如下:

D-(-)-核糖 　　　　　 β-D-(-)-呋喃核糖

D-(-)-2-脱氧核糖 　　　　　 β-D-(-)-呋喃-2-脱氧核糖

D- 核糖主要通过 D- 阿拉伯糖或 D- 阿拉伯糖酸经差向异构化反应制得。

(二) D-(+)- 葡萄糖

天然存在的葡萄糖是 D- 构型,是右旋的,故又称为右旋糖。它存在于植物的根、茎、叶、花、果实等部位以及动物的血液中,如葡萄汁含有葡萄糖,血糖是指血液中的葡萄糖等。正常人血液中葡萄糖浓度为 3.9~5.6mmol/L,糖尿病患者血液中葡萄糖浓度高于此值。葡萄糖是为人体提供能量的物质,也是合成维生素 C 的原料。

(三) D-(-)- 果糖

果糖是最甜的单糖,蜂蜜因含果糖故很甜。在体内,果糖与磷酸生成磷酸酯,例如果糖 -6- 磷酸酯和果糖 -1,6- 二磷酸酯。果糖的磷酸酯是体内代谢的中间产物,在糖代谢中占重要地位。

(四) D-(+)- 半乳糖

D- 半乳糖以结合态形式存在,如半乳糖与葡萄糖结合成乳糖存在于乳汁中,半乳糖以多糖形式存在于黄豆、豌豆等种子中。D- 半乳糖是还原性糖、有变旋光现象。D- 半乳糖结构式如下:

α-D-吡喃半乳糖 　　　　 D-半乳糖 　　　　 β-D-吡喃半乳糖

（五）D-氨基糖

自然界的氨基糖大多是己醛糖分子中 C_2 醇羟基被氨基取代的产物。例如 β-D-氨基葡萄糖和 β-D-氨基半乳糖的结构式如下：

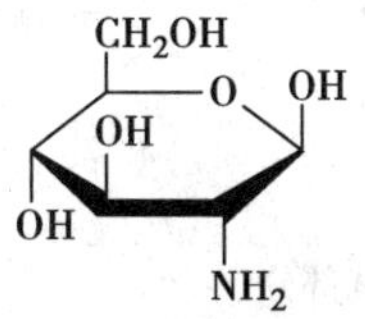

β-D-氨基葡萄糖 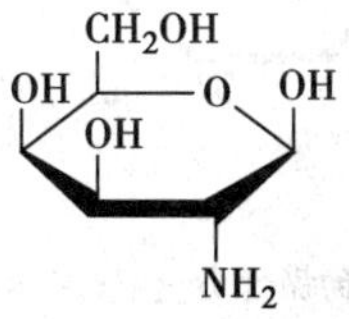　　　　β-D-氨基半乳糖

在生物体内,氨基糖常以结合状态存在,具有多种生理功能。例如 2-氨基葡萄糖的乙酰衍生物是甲壳质(也称几丁质)的基本组成单元;链霉素分子中含有 2-甲氨基 -2-脱氧 -L-葡萄糖:

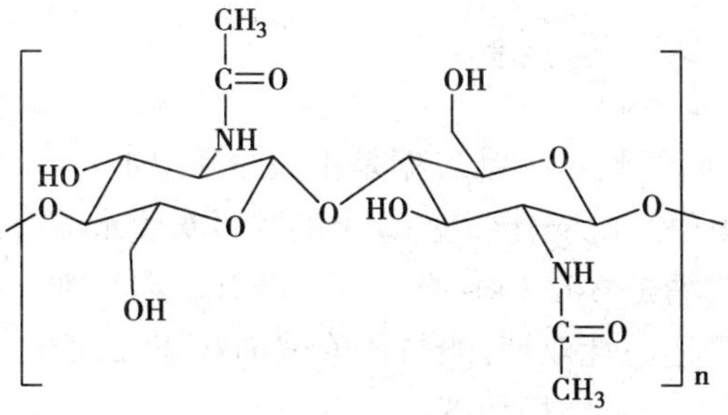

甲壳质 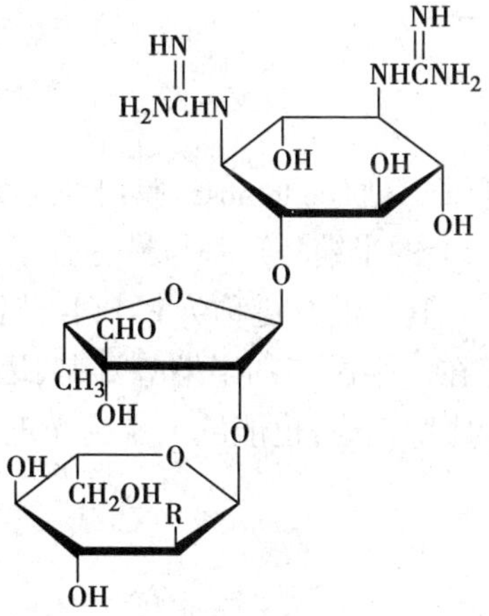　　　　　　　　　链霉素（R=—NHCH₃）

第二节 低 聚 糖

低聚糖中二糖最为多见,二糖是一个单糖分子中的半缩醛羟基(苷羟基)和另一个单糖分子中的羟基(可以是苷羟基,也可以是醇羟基)作用,脱水而生成的糖苷。二糖分子中如保留半缩醛(酮)羟基,则在溶液中可以通过开链结构与环状结构互相转变而具有变旋光现象和还原性,这样的二糖称为还原性二糖,如麦芽糖、纤维二糖、乳糖等。反之,二糖分子中如无半缩醛(酮)羟基,则无变旋光现象和还原性,这样的二糖称为非还原性二糖,如蔗糖。

一、麦 芽 糖

麦芽糖(maltose)的分子式是 $C_{12}H_{22}O_{11}$,它是由一分子 α-D-(+)-吡喃葡萄糖 C_1 上的半缩醛羟基与另一分子 α 或 β-D-(+)-吡喃葡萄糖 C_4 上的醇羟基脱水缩合而生成的糖苷。其中的苷键称为 α-1,4-苷键,因此可以将麦芽糖看成是 α-D-(+)-吡喃葡萄糖苷。麦芽糖分子仍存在一个游离的半缩醛羟基,在水溶液中,变旋生成开链结构、α- 和 β- 体的混合物,故 C_1 构型可不标出。其结构如下：

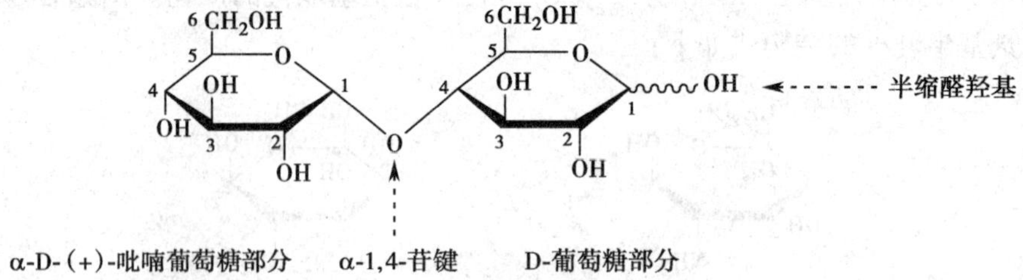

α-D-(+)-吡喃葡萄糖部分　　α-1,4-苷键　　D-葡萄糖部分

因为麦芽糖含半缩醛羟基，所以有变旋光现象，有还原性。

麦芽糖结晶含一分子结晶水，熔点 102.5℃（分解），易溶于水，平衡时的比旋光度为 +136°。麦芽糖酶可将麦芽糖水解成两分子 D- 葡萄糖，此酶专一性水解 α-1,4- 糖苷键，由此可知，(+)- 麦芽糖是由两个 D- 葡萄糖以 α-1,4- 苷键相连。

二、纤 维 二 糖

纤维二糖（cellobiose）是纤维素水解的中间产物。纤维二糖是由一分子 β-D-(+)- 吡喃葡萄糖 C_1 上的半缩醛羟基与另一分子 α 或 β-D-(+)- 吡喃葡萄糖 C_4 上的醇羟基脱水缩合而生成的糖苷。其中的苷键称为 β-1,4- 苷键，纤维二糖是 β-D-(+)- 吡喃葡萄糖苷。在纤维二糖分子中仍存在一个游离的半缩醛羟基，因此它属于还原性双糖，能与托伦试剂和斐林试剂反应，可以发生成脲反应，也能发生变旋光现象。纤维二糖的结构如下：

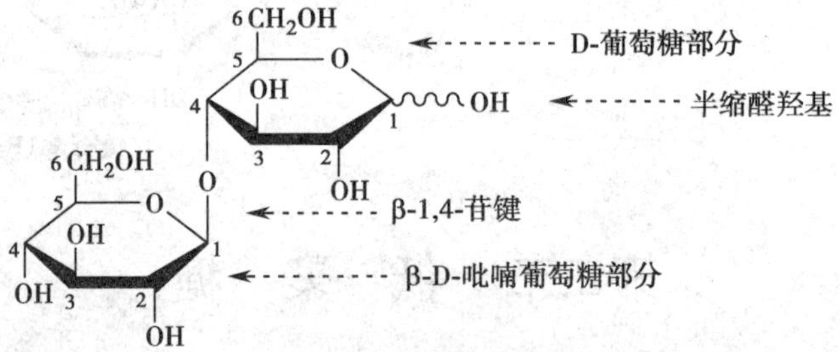

纤维二糖不能被麦芽糖酶水解，而只能被苦杏仁酶水解，此酶是专一水解 β- 糖苷键的糖苷酶。虽然(+)- 纤维二糖与(+)- 麦芽糖只是苷键的构型不同，但生理上却有很大的差别。(+)- 麦芽糖有甜味，可在人体内水解消化；而(+)- 纤维二糖既无甜味，也不能被人体消化吸收。由于食草动物体内有水解 β- 糖苷键的糖苷酶，因此可以以草为食，把纤维素最终水解为葡萄糖而供给机体能量。

三、乳 糖

乳糖分子式为 $C_{12}H_{22}O_{11}$，它是由一分子 β-D- 吡喃半乳糖 C_1 上的苷羟基和一分子 D- 葡萄糖 C_4 上的醇羟基缩合脱水而生成的糖苷。因此，它是 β-D- 吡喃半乳糖苷。其中的苷键称为 β-1,4- 苷键。乳糖分子仍存在一个游离的半缩醛羟基，在水溶液中，变旋生成开链结构、α- 和 β- 体的混合物，故 C_1 构型可不标出。其结构如下：

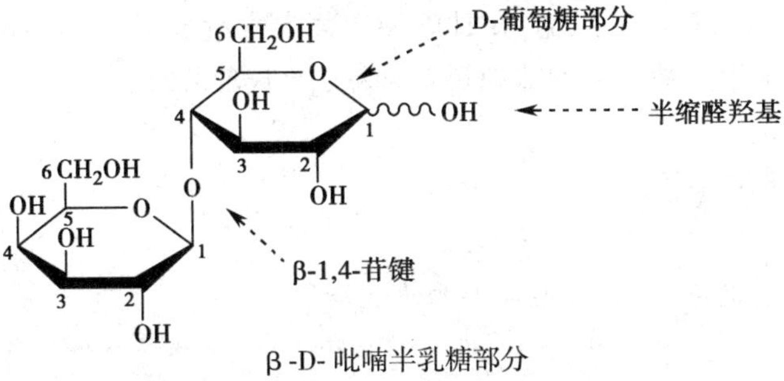

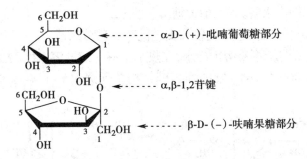

由于乳糖分子中还存在游离的苷羟基,所以具有还原性,能发生变旋光现象。

乳糖存在于哺乳动物的乳汁中,人乳汁中含量为7%~8%,牛乳中含量为4%~5%。工业上可以从制取奶酪的副产物(乳清)中获得乳糖。乳糖的结晶含一分子结晶水,熔点为202℃,易溶于水,比旋光度为 +53.5°。医药上常利用其吸湿性小的特点将其作为药物的稀释剂,用于配制散剂和片剂。

四、蔗 糖

蔗糖是由 α-D-(+)- 吡喃葡萄糖 C_1 上的苷羟基和 β-D-(−)- 呋喃果糖 C_2 上的苷羟基缩水而生成的糖苷,因此蔗糖既是 α-D-(+)- 吡喃葡萄糖苷也是 β-D-(−)- 呋喃果糖苷,其中的苷键称为 α,β-1,2 苷键。蔗糖的分子式为 $C_{12}H_{22}O_{11}$,其结构如下:

因为蔗糖分子中不含半缩醛羟基,所以无变旋光现象,也不能被 Fehling 试剂和 Tollens 试剂所氧化,属于非还原性糖。

在酸或酶催化下,蔗糖水解可以得到等量的葡萄糖和果糖的混合物。因为果糖是左旋的,其比旋光度的绝对值较右旋的葡萄糖的比旋光度值大,所以混合物是左旋的。在蔗糖水解过程中,体系的比旋光度由右旋逐渐变成左旋,因此蔗糖的水解也称转化反应,生成的葡萄糖和果糖的混合物称为转化糖。蜂蜜中大部分是转化糖,它是在蜜蜂体内的一种能催化蔗糖水解的酶即转化酶作用下得到的:

$$C_{12}H_{22}O_{11} \ + \ H_2O \xrightarrow{\text{转化酶}} C_6H_{12}O_6 \ + \ C_6H_{12}O_6$$

蔗糖   D- 葡萄糖   D- 果糖

$[\alpha]_D^{20}=+66.7°$ $[\alpha]_D^{20}=+52.5°$ $[\alpha]_D^{20}=-92.4°$

$[\alpha]_D^{20}=-19.75°$

蔗糖是自然界中分布最广的二糖,在甘蔗和甜菜中含量最多,故又称甜菜糖。它是无色结晶,熔点180℃,易溶于水。蔗糖的甜味超过葡萄糖,但不如果糖。

> **？问题与思考** ●●●
>
> 麦芽糖能使溴水退色,蔗糖也能使溴水退色吗?

第三节 多 糖

多糖是重要的天然高分子化合物,是由单糖通过苷键连接而成的高聚物。多糖与单糖的区别是无还原性、无变旋光现象、无甜味,大多难溶于水,有的能和水形成胶体溶液。多糖广泛存在于自然界中,它是动植物组织的重要组成部分,如淀粉、纤维素和糖原等。

一、淀 粉

淀粉(starch)大量存在于植物的种子和地下根块中,是米、麦等谷物的主要成分,也是人类所需能量的主要来源。用淀粉酶水解淀粉生成麦芽糖,因此淀粉是麦芽糖的高聚物。在酸的催化作用下,麦芽糖能彻底水解为 D- 葡萄糖。

淀粉为白色无定形粉末,由直链淀粉和支链淀粉两部分组成。

1. 直链淀粉 直链淀粉不易溶于冷水,在热水中有一定的溶解度,占淀粉含量 10%~20%。直链淀粉一般由 250~300 个 α-D- 吡喃葡萄糖结构单元通过 α-1,4- 苷键连接而成的链状高聚物:

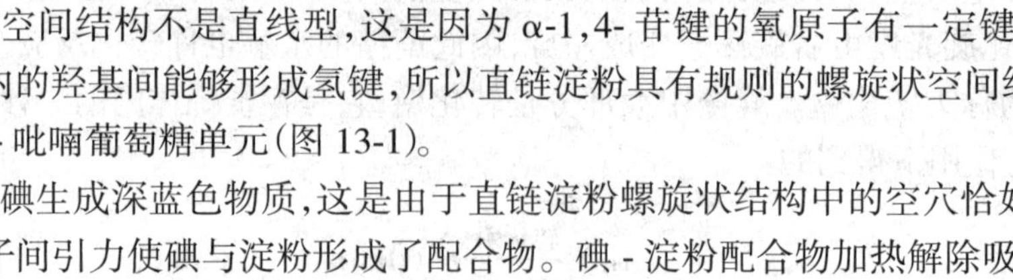

α-D-(+)-吡喃葡萄糖部分 　　　　　α-1,4-苷键

直链淀粉的空间结构不是直线型,这是因为 α-1,4- 苷键的氧原子有一定键角,单键可以自由旋转,分子内的羟基间能够形成氢键,所以直链淀粉具有规则的螺旋状空间结构。每一圈螺旋有 6 个 α-D- 吡喃葡萄糖单元(图 13-1)。

淀粉溶液遇碘生成深蓝色物质,这是由于直链淀粉螺旋状结构中的空穴恰好适合碘分子的进入,依靠分子间引力使碘与淀粉形成了配合物。碘 - 淀粉配合物加热解除吸附,则深蓝色褪去。

2. 支链淀粉 支链淀粉难溶于水,在热水中形成糊状,占淀粉含量 80%~90%。支链淀粉一般是由 6000~40 000 个 α-D- 吡喃葡萄糖结构单元以 α-1,4- 苷键和 α-1,6- 苷键结合而成的化合物。其主链由 α-1,4- 苷键连接而成,分支处为 α-1,6- 苷键连接。α-1,4- 苷键结合的直链上,

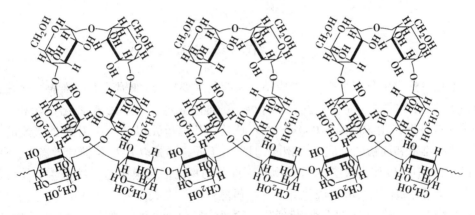

图 13-1 直链淀粉的空间结构

每隔 20~25 个 α-D- 吡喃葡萄糖结构单元便有一个以 α-1,6- 苷键的连接分支。图 13-2 为支链淀粉的结构示意图。其基本结构如下：

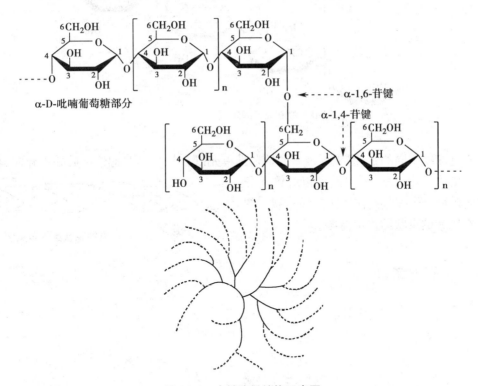

图 13-2 支链淀粉结构示意图

支链淀粉可与碘分子形成紫红色的配合物。

淀粉是制取葡萄糖的原料。因淀粉无明显的药理作用，故在制剂中常作为赋形剂、润滑剂及保护剂。淀粉水解首先生成环糊精（cyclodextrin, CD），进而得到麦芽糖和 D- 葡萄糖。环糊精是一种环状低聚糖，由于其空腔的大小以及空腔内壁、外壁的亲油性与亲水性的不同，在有机合成和医药工业中具有重要的应用价值。

二、纤维素

纤维素在自然界中分布很广,是构成植物组织的主要成分,如棉花中纤维素的含量占90%以上,木材中纤维素的含量占50%左右。纤维素的纯品无色、无味、无臭,不溶于水和一般有机溶剂。纤维素一般是由1000~15 000个β-D-吡喃葡萄糖单元以β-1,4-苷键连接成的直链聚合物。虽然纤维素和淀粉的组成单元相同,但是由于纤维素是以β-1,4-糖苷键连接,不能被淀粉酶水解,因此不可以作为人类的营养物质。食草动物的消化道中有一些微生物能分泌出可以水解β-1,4-糖苷键的酶,可以消化纤维素。虽然纤维素在人体内不被消化,但是蔬菜等食物中少量的纤维素能促进肠道的蠕动,起到防止便秘的作用。另外纤维素有很大的强度和弹性,是重要的工业原料。纤维素的结构如下:

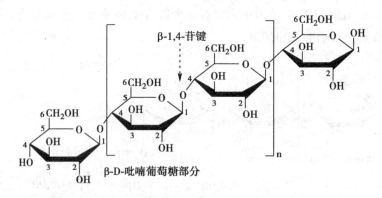

和直链淀粉不同的是,组成纤维素的葡萄糖单元以β-1,4-糖苷键连接后并不卷成螺旋状,因为分子链之间存在氢键作用,所以纤维素分子链之间借助分子间氢键作用扭成绳索状。图13-3为纤维素的束状结构示意图。

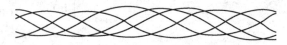

图13-3　纤维素的束状结构示意图

 问题与思考

如何鉴别淀粉和纤维素?

三、糖　原

糖原(glycogen)主要存在于动物的肝脏和肌肉中,肝脏中糖原的含量达10%~20%,肌肉中糖原的含量约为4%。糖原是动物体内葡萄糖的贮存形式。当血液中葡萄糖含量低于正常水平时,糖原即可被糖原磷酸化酶分解为葡萄糖,供给机体能量。

糖原是由多个α-D-吡喃葡萄糖结构单元以α-1,4-苷键和α-1,6-苷键结合而成的化合物。其主链由α-1,4-苷键连接而成,分支处为α-1,6-苷键连接。其结构与支链淀粉相似,但分支更多。支链淀粉在以α-1,4-苷键连接的直链上,每隔20~25个葡萄糖单元有一个以α-1,6-苷键连接的分支;而糖原在以 α-1,4- 苷键连接的直链上,只相隔 8~10 个葡萄糖单元就有一个以 α-1,6- 苷键连接的分支。图 13-4 为糖原结构的示意图。

四、菊 糖

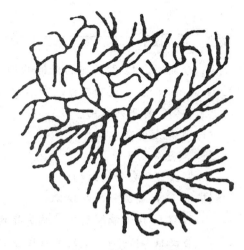

图 13-4 糖原结构示意图

菊糖广泛存在于植物组织中,尤其是菊芋、菊苣块根中含有丰富的菊糖。菊糖是由 β-D- 呋喃果糖通过 β-1,2- 糖苷键聚合而成的一种果聚糖,呈直链结构,其末端常含有一个 D- 葡萄糖基,每个菊糖分子约含 30~50 个果糖残基。菊糖是自然界中天然存在的可溶性纤维之一,是一种在人体内可延长碳水化合物的供能时间而又不显著提高血糖水平、代谢不需要胰岛素的碳水化合物。菊糖可以作为食品添加剂,其甜度是普通蔗糖的 200~300 倍,但它却是无热量的食品,因此非常适合糖尿病患者和肥胖人士。菊糖对肠道双歧杆菌的生长具有明显的促进作用。

本章小结

糖类属于多羟基醛、多羟基酮以及它们的脱水缩合产物,分为单糖、低聚糖、多糖。

以 Fischer 投影式表示糖的开链结构,竖键表示碳链,使羰基编号尽可能小,然后将编号最大的手性碳原子的构型与 D-(+)- 甘油醛比较,构型相同属于 D- 型,反之属于 L- 型。

单糖以五(六)元含氧环存在时,与呋喃(吡喃)环型相似,称为呋喃(吡喃)糖。人为规定:在以 Haworth 式表示单糖环状结构时,若呋喃(或吡喃)环上的碳原子是以顺时针方向排列,则半缩醛羟基在环上方者为 β- 型,半缩醛羟基在环下方者为 α- 型。

这种糖的结晶在水中比旋光度自行转变为定值的现象称为变旋光现象。

单糖在强酸性及加热条件下能够发生脱水反应;单糖在稀碱溶液中,差向异构体之间、醛糖与酮糖之间通过烯二醇结构相互转化;单糖能与碱性弱氧化剂发生氧化反应,为还原糖;醛糖能使溴水的颜色褪去,而酮糖则不能,因此鉴别醛糖和酮糖;醛糖被稀硝酸氧化成糖二酸;单糖的羰基可以经过还原得到相应的醇;单糖和过量的苯肼一起加热生成糖脎;单糖环状结构中的半缩醛(酮)羟基与其他含活泼氢的化合物脱水发生成苷反应;单糖分子中的羟基可以与酸酐和无机含氧酸作用生成酯。

一个单糖分子中的苷羟基和另一个单糖分子中的羟基作用,脱水生成二糖。含苷羟基的麦芽糖、纤维二糖、乳糖为还原性二糖,具有变旋光现象和还原性;蔗糖为非还原性二糖。

多糖是由单糖通过苷键连接而成的高聚物。直链淀粉是由 α-D- 葡萄糖结构单元通过 α-1,4- 苷键连接而成的链状高聚物;支链淀粉是由 α-D- 吡喃葡萄糖结构单元以 α-1,4- 苷键和 α-1,6- 苷键结合而成的化合物;糖原结构与支链淀粉相似;纤维素一般是由 D- 吡喃葡萄糖单元以 β-1,4- 苷键连结成的直链聚合物。直链淀粉溶液遇碘生成深蓝色物质。

(秦志强)

 **复习题**

1. 分别写出 D- 葡萄糖的开链结构、α-D- 吡喃葡萄糖的 Haworth 结构和 β-D- 吡喃葡萄糖的 Haworth 结构,并说明在糖的命名中 D/L、α/β 的含义是什么。

2. 举例解释下列名词。

(1) 变旋光现象　　　　　　　　　　(2) 差向异构体

(3) 端基异构体　　　　　　　　　　(4) 还原糖

3. 写出下列分子的结构式。

(1) D-(+)- 葡萄糖的对映体　　　　　(2) D-(+)- 葡萄糖的 C_4 差向异构体

(3) α-D-(+)- 吡喃葡萄糖的端基异构体

4. 写出 D- 葡萄糖与下列试剂反应的主要产物。

(1) Br_2/H_2O　　　　　　　　　　(2) 稀 HNO_3

(3) CH_3OH/HCl　　　　　　　　　(4) 托伦试剂

(5) $(CH_3CO)_2O/$ 吡啶　　　　　　(6) 过量 $C_6H_5NHNH_2$

5. 试用化学方法区别下列化合物。

(1) D- 葡萄糖和 D- 果糖　　　　　　(2) 麦芽糖和蔗糖

(3) β- D- 吡喃葡萄糖甲苷和 D- 果糖　(4) D- 葡萄糖、淀粉和纤维素

6. 麦芽糖、纤维二糖、乳糖、蔗糖各由哪两个单糖、何种类型的糖苷键连接而成? 有无还原性和变旋光现象?

7. 写出 D- 葡萄糖的链式结构和环式结构的互变平衡体系。

8. 写出下面这些化合物的 Haworth 式。

(1) β-D- 呋喃 -2- 脱氧核糖　　　　　(2) β-D- 呋喃果糖 -1,6- 二磷酸酯

(3) α-D- 吡喃葡萄糖 -1- 磷酸酯　　　(4) β- D- 吡喃葡萄糖甲苷

9. 有两种 D- 丁醛糖 A 和 B,用 HNO_3 氧化分别生成相应的二酸 C 和 D,C 无旋光性,而 D 有旋光性。写出 A、B、C、D 的结构式。

10. 试比较直链淀粉、支链淀粉、糖原和纤维素在组成和结构上的异同点。

第十四章

类脂化合物

学习目标

1. 掌握 油脂结构特点,萜类化合物组成规律和甾族化合物的母核结构。
2. 熟悉 甘油三酯结构及应用,双环单萜结构类型,甾族化合物的构型。
3. 了解 磷脂、蜡的组成,薄荷醇、樟脑、龙脑的结构及应用,甾体激素(雄性激素、雌性激素、孕激素和糖皮质激素),维生素 A 和维生素 D 的结构及应用。

类脂是指不溶于水而易溶于非极性或弱极性有机溶剂的一类有机化合物,如油脂、磷脂、蜡、萜类和甾体化合物等。上述各类物质在化学结构和生理功能方面并无相同之处,只是根据它们脂溶性特点归为一类。

类脂大多属于天然有机化合物,广泛存在于生物体内,并在生物体内有重要的生理功能。例如,油脂是储存能量的主要形式,磷脂和甾醇是构成生物膜的重要物质,萜类和甾族化合物具有激素等的活性功能。细胞膜脂质中的重要组分胆甾醇、具有调节各种物质代谢或生理功能的甾体激素以及甾体激素类药物等均是甾族化合物,它们与医药的关系很密切。

第一节 油脂、磷脂和蜡

一、油 脂

油脂是油和脂肪的总称。室温下呈液态者称为油,呈固态或半固态的称为脂肪。

(一)组成、结构和物理性质

1. 组成结构 油脂是各种高级脂肪酸的三酰化甘油酯,可用以下通式表示:

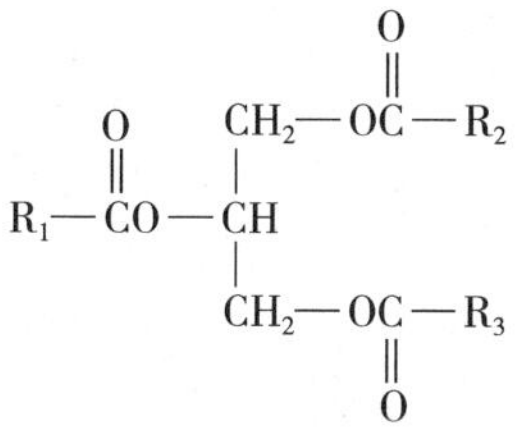

$$
\begin{array}{c}
\quad\quad\quad\quad\quad\quad\quad\quad O \\
\quad\quad\quad\quad\quad\quad\quad\quad \| \\
\quad\quad\quad CH_2{-}OC{-}R_2 \\
O\quad\quad\quad\quad | \\
\| \quad\quad\quad\quad\quad | \\
R_1{-}CO{-}CH \\
\quad\quad\quad\quad | \\
\quad\quad\quad CH_2{-}OC{-}R_3 \\
\quad\quad\quad\quad\quad\quad\quad\quad \| \\
\quad\quad\quad\quad\quad\quad\quad\quad O
\end{array}
$$

R_1、R_2、R_3 可相同,也可不相同,若三酰甘油中的三个脂肪酸相同,则称为单三酰甘油,否则称为混三酰甘油。天然油脂是多种混三酰甘油酯的混合物,分子具有手性,都是 L- 构型,即在 Fischer 投影式中甘油 C_2 上的脂酰基在碳链的左侧。

天然油脂中已发现的脂肪酸有近百种,绝大多数是含 12~20 之间的偶数碳原子的直链羧酸,最多的是含 16 和 18 个碳原子的饱和或不饱和脂肪酸。在饱和脂肪酸中以十六碳酸(软脂酸)和十八碳酸(硬脂酸)含量较多。不饱和脂肪酸主要有含 16 或 18 个碳原子的烯酸,烯键的个数可以是 1 个或是多个,但第一个双键位置大多位于 C_9 和 C_{10} 之间,且多个双键一般不构成共轭体系。如油酸、亚油酸和亚麻酸,分别含有 1、2 和 3 个不饱和双键,不饱和键几乎都是顺式构型。油脂中常见脂肪酸见表 14-1。

表 14-1　油脂中常见的高级脂肪酸

俗名	化学名称	结构式	熔点（℃）
月桂酸	十二碳酸	$CH_3(CH_2)_{10}COOH$	44
软脂酸	十六碳酸	$CH_3(CH_2)_{14}COOH$	63
硬脂酸	十八碳酸	$CH_3(CH_2)_{16}COOH$	70
花生酸	二十碳酸	$CH_3(CH_2)_{18}COOH$	73
油酸	Δ^9- 十八碳烯酸	$CH_3(CH_2)_7CH{=\!=}CH(CH_2)_7COOH$	16.3
亚油酸 *	$\Delta^{9,12}$- 十八碳二烯酸	$CH_3(CH_2)_4CH{=\!=}CHCH_2CH{=\!=}CH(CH_2)_7COOH$	−5
α- 亚麻酸 *	$\Delta^{9,12,15}$- 十八碳三烯酸	$CH_3CH_2CH{=\!=}CHCH_2CH{=\!=}CHCH_2CH{=\!=}CH(CH_2)_7COOH$	−11.3
花生四烯酸 *	$\Delta^{5,8,11,14}$- 二十碳四烯酸	$CH_3(CH_2)_4(CH{=\!=}CHCH_2)_4CH_2CH_2COOH$	−49.3

注:1. "Δ"表示双键,其右上角数字表示双键所在位置,如 Δ^9 表示双键在 C_9-C_{10} 之间;
2. "*"表示必需脂肪酸,人体不能合成或合成不足,必须从食物中摄取的不饱和脂肪酸。

2. 物理性质　油脂比水轻,不溶于水,易溶于乙醚、丙酮、苯、氯仿、汽油等有机溶剂。天然油脂是各种混三酰甘油的混合物,因此,没有固定的熔点和沸点。通常由饱和脂肪酸酯组成的油脂在室温下是固体,而含不饱和脂肪酸多的油脂在室温下是液体。大多数天然油脂往往溶解有维生素、色素等,故带有香味或特殊气味,并带有颜色。

(二)化学反应

油脂的性质主要是反映了酯和双键的特性:

1. 皂化(皂化值)　三酰甘油在碱性条件下水解,可得到高级脂肪酸的钠盐或钾盐,即俗称的肥皂,故将油脂在碱性条件下的水解又称为皂化反应。

为了衡量油脂的质量,常进行"皂化值"的测定。皂化值是指 1g 油脂完全皂化时所需的氢氧化钾的毫克数。皂化值越大,油脂中三酰甘油的平均相对分子质量越小。

$$
\begin{array}{l}
CH_2O{-}\overset{O}{\overset{\|}{C}}R \\
CHO{-}\overset{O}{\overset{\|}{C}}R' \\
CH_2O{-}\overset{O}{\overset{\|}{C}}R''
\end{array}
+ KOH \longrightarrow
\begin{array}{l}
CH_2OH \\
CHOH \\
CH_2OH
\end{array}
+
\begin{array}{l}
RCOOK \\
R'COOK \\
R''COOK
\end{array}
$$

皂化反应

2. 加碘(碘值)　油脂的不饱和程度可用"碘值"来衡量。碘值是指 100g 油脂所能吸收碘的克数。碘值与油脂不饱和程度成正比。碘值越大,三酰甘油中所含的双键数目越多,油脂的不饱和程度也越大。

3. 酸败(酸值)　油脂在空气中久置后,会在空气中氧、水分和微生物作用下,发生变质,产生难闻的气味,这种现象称为酸败。酸败的原因是油脂中不饱和脂肪酸的双键被氧化,形成过氧化物,后者再经分解等作用,生成具有臭味的小分子醛、酮和羧酸等物质。油脂酸败的程度可用"酸值"表示。酸值是指中和 1 克油脂中的游离脂肪酸所需氢氧化钾的毫克数。酸值越大,说明油脂中游离脂肪酸的含量越高,即酸败程度越严重。通常酸值大于 6.0 的油脂不宜食用。

药典对药用油脂的皂化值、碘值和酸值都有严格的规定。常见油脂的皂化值和碘值见表14-2。

表 14-2　常见油脂中脂肪酸的含量(%)、皂化值和碘值

油脂名称	软脂酸	硬脂酸	油酸	亚油酸	皂化值	碘值
牛油	24~32	14~32	35~48	2~4	190~200	30~48
猪油	28~30	12~18	41~48	3~8	195~208	46~70
花生油	6~9	2~6	50~57	13~26	185~195	83~105
大豆油	6~10	2~4	21~29	54~59	189~194	127~138

问题与思考 ●●●

测皂化值和酸值都用 KOH 作为试剂,试想在操作上它们会有什么差别?

二、蜡

蜡是指含偶数碳原子的高级脂肪酸和高级一元脂肪醇形成的酯,多数是不溶于水的固体,能溶于乙醚、氯仿及四氯化碳等有机溶剂中。有些植物的果实、动物的毛发和鸟的羽毛上都有一层蜡,作为减少内部水分蒸发和外部水分聚集的保护膜。例如存在于蜂巢中的蜂蜡是由软脂酸和三十碳醇形成的酯。

$$CH_3(CH_2)_{14}COOCH_2(CH_2)_{28}CH_3$$

软脂酸三十醇酯

蜡的化学性质比较稳定,在空气中不容易变质,可用于制造蜡纸、润滑油、防水剂、光泽剂以及药用基质等。

三、磷 脂

磷脂是指含有磷酸酯类结构的类脂,并根据与磷酸成酯的成分分为甘油磷脂和鞘磷脂两类。

(一)甘油磷脂

油脂中一个酰基被磷酰基替代后生成的二酰化甘油磷酸二酯称为甘油磷脂。母体结构是相应的磷酸单酯,称为磷脂酸。其结构如下:

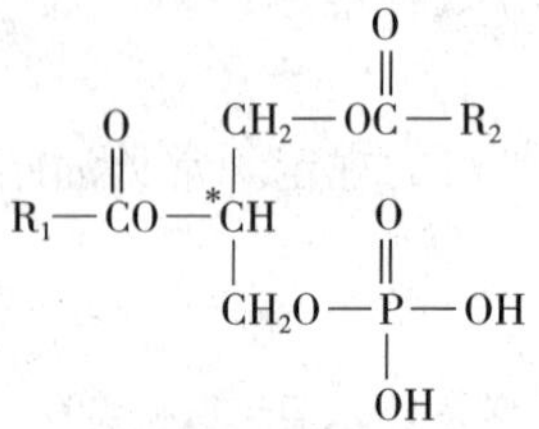

磷脂酸 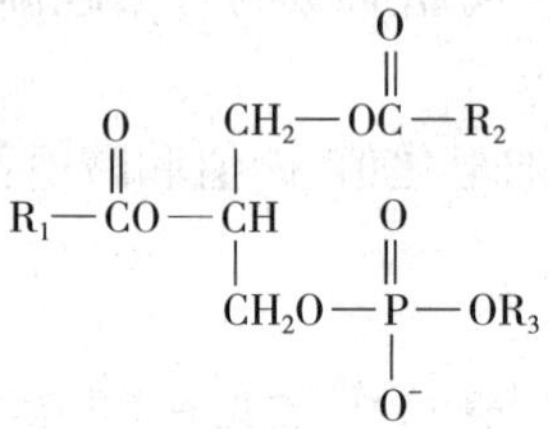　　　　　　　　甘油磷脂

磷脂酸的磷酸部分与其他醇成酯即是甘油磷脂,常见的醇是乙醇胺、胆碱、丝氨酸、肌醇等。

$$HO\!-\!CH_2CH_2N^+(CH_3)_3OH^- \qquad HO\!-\!CH_2CH_2NH_2$$

胆碱　　　　　　　　　乙醇胺

磷脂酰胆碱俗称卵磷脂,是由磷脂酸与胆碱的羟基酯化的产物。卵磷脂存在于脑组织、大豆中,尤其在禽卵的卵黄中的含量最为丰富。新鲜的卵磷脂是白色蜡状物质,在空气中易被氧化变成黄色或棕色。不溶于水及丙酮,溶于乙醇、乙醚及氯仿中。

磷脂酰乙醇胺俗名脑磷脂,是由磷脂酸与乙醇胺(或称胆胺)的羟基酯化生成的产物。脑磷脂存在于脑和神经组织、大豆中,通常与卵磷脂共存。脑磷脂在空气中也易被氧化成棕黑色。能溶于乙醚,不溶于丙酮,难溶于冷乙醇。

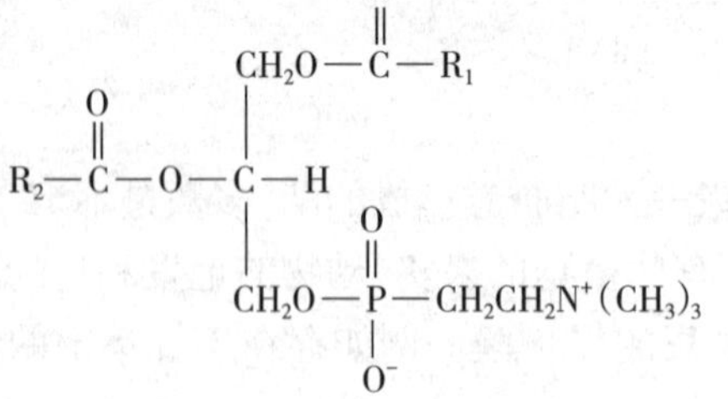

卵磷脂 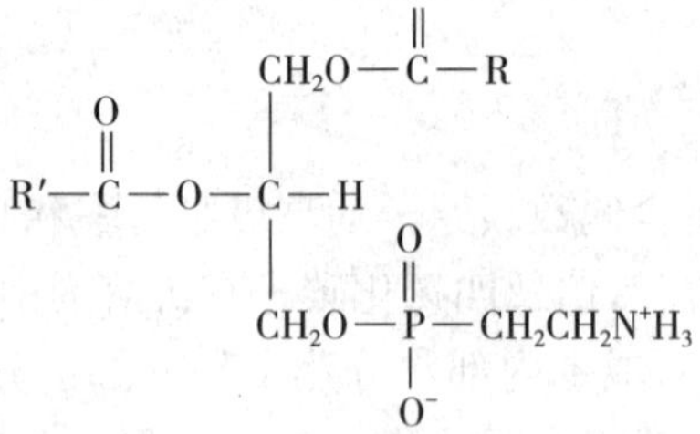　　　　　　　　脑磷脂

(二)鞘磷脂

鞘磷脂是由神经酰胺的伯醇羟基与磷酰胆碱(或磷酰乙醇胺)酯化而成的化合物,大量存在于脑和神经组织中。神经酰胺是鞘氨醇的氨基酰化后的产物。鞘氨醇是一类脂肪族长碳链(有一反式双键)的氨基二醇。它们的结构如下:

$$H_3C(H_2C)_{12}\quad H$$

鞘氨醇(R＝H);神经酰胺(R＝R′CO—)　　　　　鞘磷脂

鞘磷脂分子中有疏水性的两条长碳链(鞘氨醇的残基及酰胺部分脂肪酸残基)和亲水性的磷酸胆碱残基,具有乳化性质,这种结构特点使其成为细胞膜的重要组成部分。

（三）磷脂与细胞膜

细胞膜又称为质膜,是一种将细胞内含物与外界隔开的膜。膜的基本作用是隔开和形成界面,使细胞与外界环境之间不断有物质、能量与信息的交流。细胞膜的化学组成主要有脂类、蛋白质和少量糖类构成,脂类和蛋白质是主要成分,构成膜的主体。细胞膜的结构是液态的脂类构成双分子层,膜中的磷脂可以是甘油磷脂和鞘磷脂,但主要是甘油磷脂。甘油磷脂是由一个亲水的头和两条疏水性的尾构成(图 14-1),具有乳化性质。

磷脂分子在水环境中能自发形成双分子层结构。极性的头部与水分子之间存在静电引力而朝向水相;疏水性尾部则互相聚集,以双分子层形式排列,形成热力学上稳定的脂双分子层(图 14-1)。这种脂双分子层结构是细胞膜的基本构架。

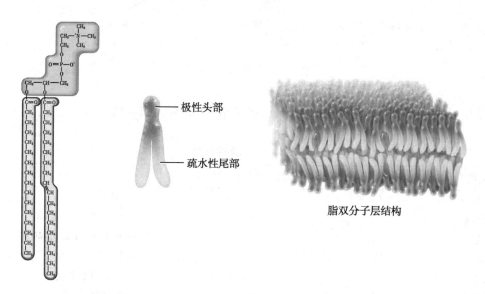

极性头部

疏水性尾部

脂双分子层结构

图 14-1　甘油磷脂的分子模型和脂双分子层的结构

第二节　萜类化合物

萜类化合物是异戊二烯的低聚物以及它们的氢化物和含氧衍生物的总称。从植物的叶、茎、花、果实及根部经水蒸气蒸馏或溶剂提取等方法,可以得到有香味的油状液体,称为香精油(挥发油),其主要成分是萜类化合物。如柠檬油(柠檬果皮)、松节油(松脂)、薄荷油(薄荷)及樟脑油(樟树)等;如从中药没药中提取的没药烷(单环倍半萜)、从人参中提取的人参皂苷 Rg3(四环三萜皂苷)等。它们多数是不溶于水、易挥发、具有香气的油状物质,有一定的生理及药理活性,如祛痰、止咳、祛风、发汗、驱虫或镇痛等作用,可用于香料和医药工业。

一、萜类的结构

萜类化合物的结构特征可看作是由两个或两个以上异戊二烯单位首尾相连或互相聚合而成,这种结构特点称"异戊二烯规律"。所以萜类化合物分子中碳原子数为 5 的整数倍。

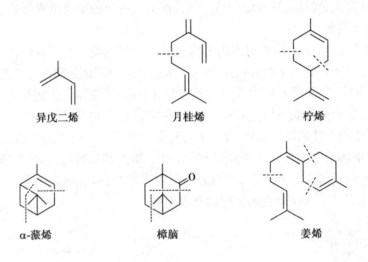

异戊二烯　　月桂烯　　柠烯

α-蒎烯　　樟脑　　姜烯

二、萜类的分类

按照"异戊二烯规律",萜类可分为单萜、倍半萜、二萜等(表 14-3)。

表 14-3　萜类的分类

类别	碳原子数	异戊二烯单元数	来源
单萜	10	n=2	挥发油
倍半萜	15	n=3	挥发油、树脂、苦味素
二萜	20	n=4	挥发油、叶绿素、苦味素
三萜	30	n=6	皂苷、树脂、植物乳胶角质
四萜	40	n=8	植物胡萝卜素类
多萜	>40	n>8	橡胶、巴拉达树脂、古塔胶

(一)单萜类化合物

单萜类化合物是由两个异戊二烯单元构成。根据单萜分子中碳环的数目不同,分为链状单萜、单环单萜和双环单萜。

1. 链状单萜　此类化合物是由两个异戊二烯连接构成的链状化合物,具有如下的碳架结构:

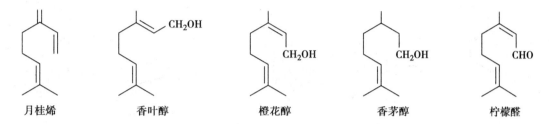

许多链状单萜类化合物都是香精油的主要成分。如月桂子油中的月桂烯，玫瑰油中的香叶醇、柠檬油中的柠檬醛等。它们的结构如下：

| 月桂烯 | 香叶醇 | 橙花醇 | 香茅醇 | 柠檬醛 |

它们都可以用来制备香料，如香叶醇具有显著的玫瑰香气，在香茅中约含 60%，在玫瑰油中约含 50%。柠檬醛是合成维生素 A 的重要原料。

链状单萜类化合物中分子内部多数含有碳碳双键或手性碳原子，因此它们大都存在 Z/E 异构体或对映异构体。

 问题与思考 ●●

试指出香叶醇与橙花醇之间是何立体异构关系？

2. 单环单萜　此类化合物是由两个异戊二烯连接构成的具有一个六元环化合物。可看作由链状单萜环合衍变而来，比较重要的代表物为薄荷醇。薄荷醇存在于薄荷油中，为低熔点固体，具有芳香凉爽气味，有杀菌、防腐作用，并有局部止痛的效力。单环单萜类化合物也用于医药、化妆品及食品工业中，如清凉油、牙膏、糖果、烟酒等。

薄荷醇又称 3-萜醇，俗名薄荷脑。天然的薄荷醇是左旋的薄荷醇。(−)-薄荷醇的构型和构象表示如下：

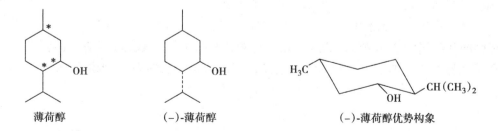

| 薄荷醇 | (−)-薄荷醇 | (−)-薄荷醇优势构象 |

3. 双环单萜　此类化合物可看作是由萜烷分子中的 C_8 和 C_1、C_2 或 C_3 相连形成的桥环化合物。其结构类型较多，分别称为：莰烷、蒎烷或蒈烷；C_4 和 C_6 相连形成的桥环化合物则称为苄烷。它们的基本骨架和优势构象表示如下：

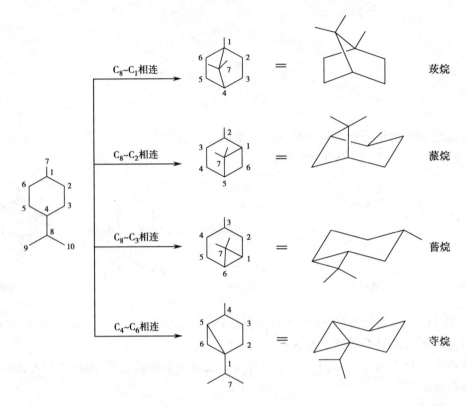

这4种双环单萜烷在自然界并不存在,但它们的某些不饱和烃或含氧衍生物则广泛分布于自然界。其中以蒎烷型和莰烷型最稳定,它们的衍生物与药学关系较为密切。重要的代表物介绍如下:

(1) 蒎烷型:蒎烯是蒎烷型的不饱和化合物,含有一个不饱和双键,按双键的位置不同,有α- 蒎烯和β- 蒎烯两种异构体。

蒎烯的两种异构体均存在于松节油中,但以α- 蒎烯为主要成分,占松节油含量的70%~80%。松节油具有局部止痛作用,可作外用止痛药。

(2) 莰烷型:多以含氧衍生物存在。如:樟脑、龙脑、异龙脑等。

樟脑的化学名为 2- 莰酮(α- 莰酮),是莰烷的含氧衍生物。樟脑是最重要的萜酮之一,主要存在于樟树的挥发油中。樟脑为无色结晶,易升华,有愉快的香味,难溶于水,易溶于有机溶剂。

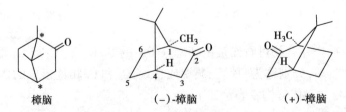

樟脑是重要的医药工业原料,我国产的天然樟脑产量占世界第一位。樟脑的气味有驱虫的作用,可用作衣物的防虫剂。樟脑是呼吸及循环系统的兴奋剂,在医药上主要作刺激剂和强心剂。但因其水溶性低,使用上受限制。可在其分子中引入亲水性基团(如磺酸基等),可有效增加它的水溶性,制成供皮下、肌肉或静脉注射剂。

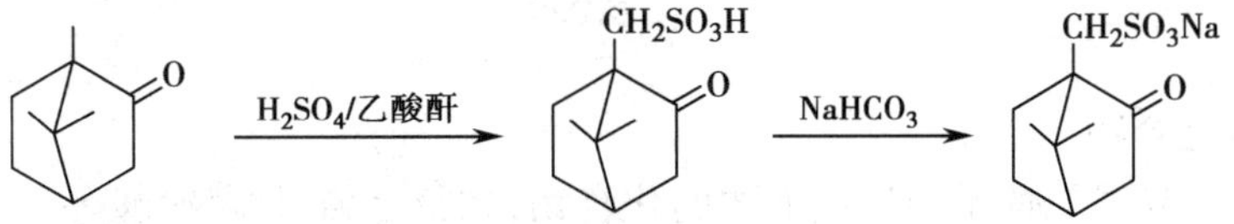

龙脑俗称冰片,又称樟醇,其右旋体存在于龙脑香树的挥发油中及其他多种挥发油中,一般以游离状态或结合成酯的形式存在。左旋体存在艾纳香的叶子和野菊花的花蕾挥发油中。工业上由樟脑经还原得龙脑的外消旋体。

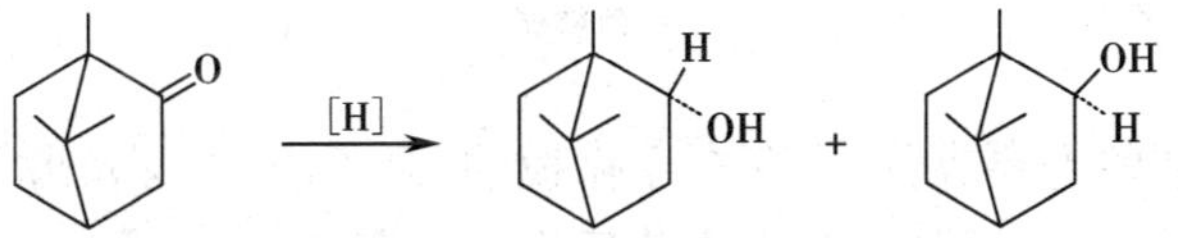

龙脑是白色片状结晶,具有似胡椒又似薄荷的香气,有升华性。它不溶于水,易溶于乙醚、乙醇、氯仿等有机溶剂。龙脑不但有发汗、兴奋、镇痉和防止腐蚀等作用,也是一种重要的中药,是人丹、冰硼散、六神丸等药物的主要成分之一。

(二) 倍半萜类化合物

倍半萜是由三个异戊二烯单位连接而构成的,它也有链状和环状之分。如金合欢醇、没药醇、α-香附酮等均属于倍半萜。

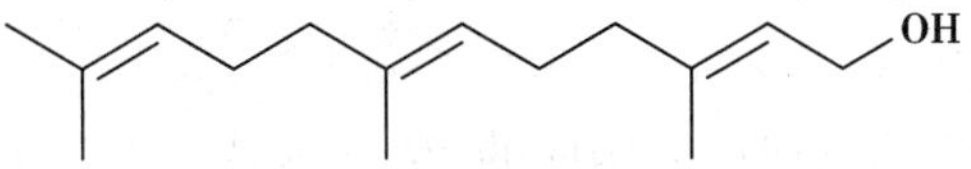

金合欢醇

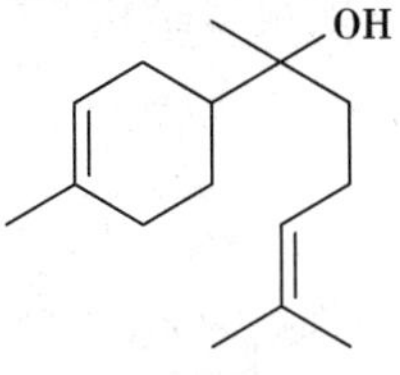

没药醇

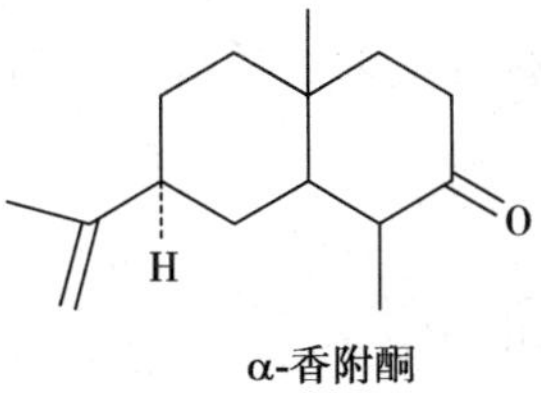

α-香附酮

金合欢醇又称法尼醇,为无色黏稠液体,存在于玫瑰油、茉莉油、金合欢油及橙花油中,是一种珍贵的香料,用于配制高级香精。在药物方面,金合欢醇具有抑制昆虫的变态和性成熟活性,其十万分之一浓度的水溶液即可阻止蚊的成虫出现,对虱子也有致死作用。

(三) 二萜类化合物

双萜是由四个异戊二烯单位连接而成的萜类化合物。如植物醇为链状二萜的含氧衍生物,是叶绿素的一个组成部分,广泛分布于植物中。

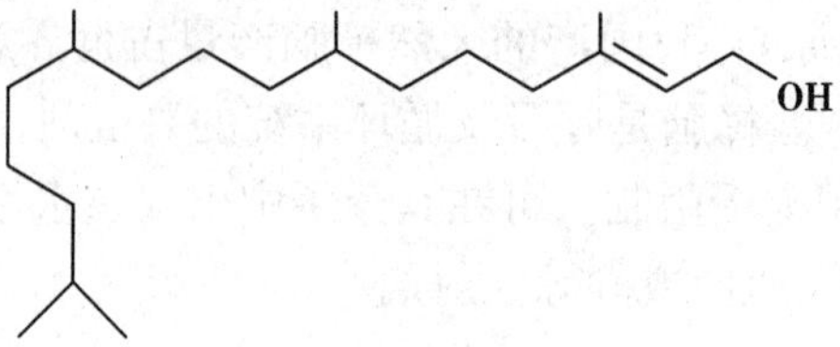

植物醇

（四）三萜类化合物

三萜是由六个异戊二烯单位连接而成的化合物,如角鲨烯、甘草次酸等。在中药中分布很广,多数是含氧的衍生物并结合为酯类或苷类存在。

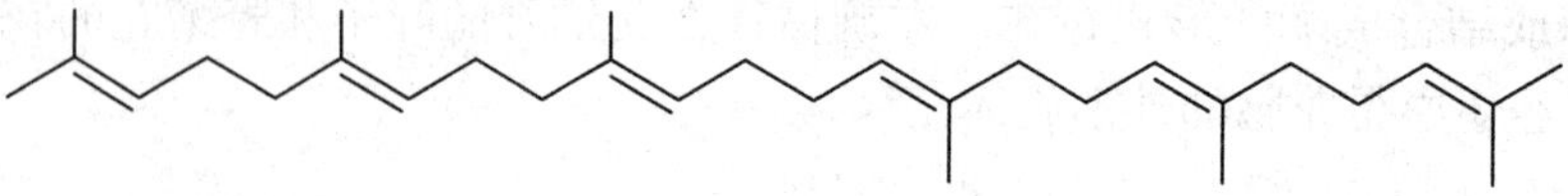

角鲨烯

角鲨烯是鲨鱼肝油的主要成分,也存在于橄榄油、菜子油、麦芽及酵母中。

甘草次酸是五环的三萜,可与糖脱水成苷后生成甘草酸。

甘草次酸

（五）四萜类化合物

四萜是由八个异戊二烯单位连接而构成的,在自然界广泛存在。四萜类化合物的分子中都含有一个较长的碳碳双键共轭体系,四萜都是有颜色的物质,因此也常把四萜称为多烯色素。最早发现的四萜多烯色素是从胡萝卜素中来的,后来又发现很多结构与此相类似的色素,所以通常把四萜称为胡萝卜类色素。常见四萜如下:

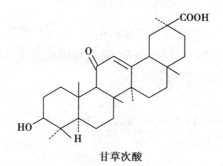

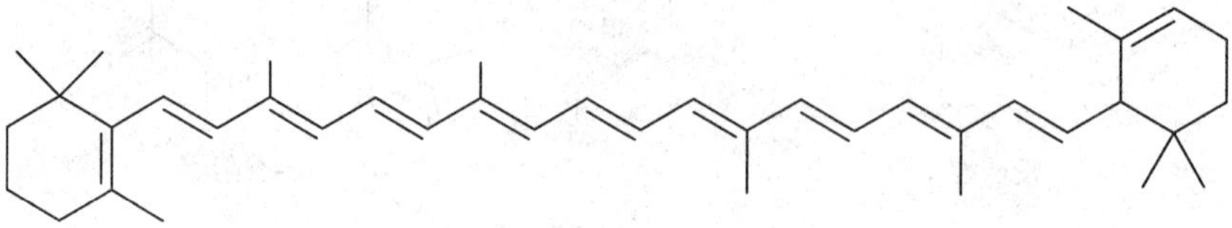

α-胡萝卜素

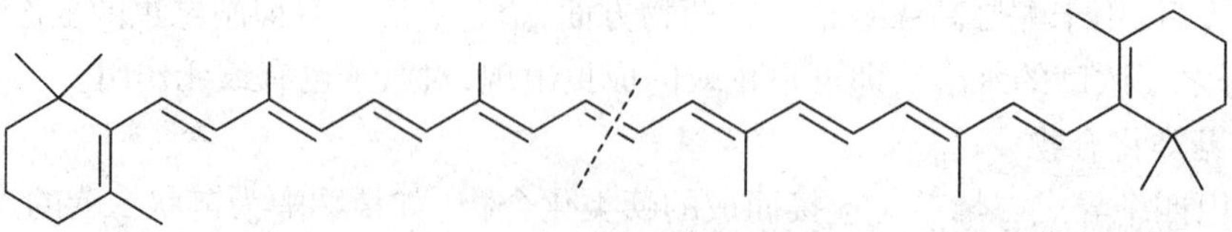

β-胡萝卜素

胡萝卜色素广泛存在于植物和动物的脂肪中,其中大多数化合物为四萜。β-胡萝卜素,熔点 184℃,是黄色素,可作食品色素用。

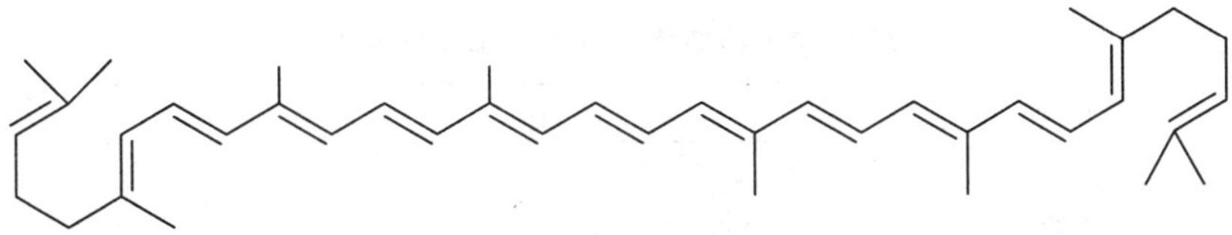

番茄红素

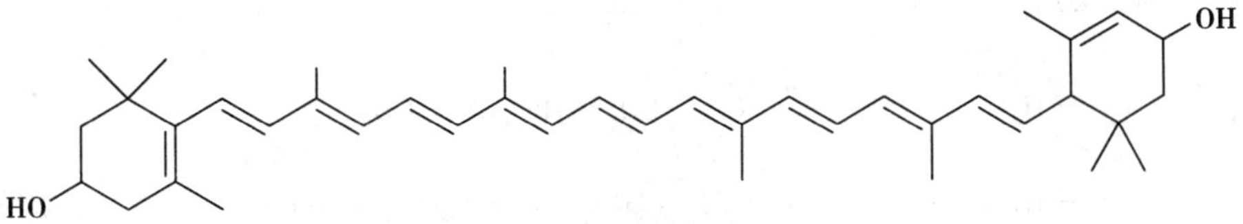

叶黄素

蕃茄红素是胡萝卜素的异构体,是开链萜,存在于番茄、西瓜、柿子等水果中,为洋红色结晶,可作食品色素用。

叶黄素是存在于植物体内的一种黄色的色素,与叶绿素共存,只有在秋天叶绿素破坏后,方显其黄色。

第三节 甾族化合物

甾族化合物(又称甾体化合物)广泛存在于动植物体内,是一类重要天然物质,在动植物生命活动中起着极其重要的调节作用,它们与医药有着密切的关系。

一、甾族化合物的基本骨架和分类

甾族化合物的基本骨架是由环戊烷并多氢菲以及三个侧链构成。四个环分别用 A、B、C、D 表示,三个侧链分别连在 C_{10}、C_{13} 和 C_{17} 上。中文"甾"字很形象地表示了甾族化合物基本结构的特点,甾字中的"田"表示四个环,"巛"象征地表示三个侧链。一般情况下 C_{10} 和 C_{13} 两个位置上连接的均是甲基(专称角甲基),C_{17} 位上连接的是一个含不同碳原子数的碳链。

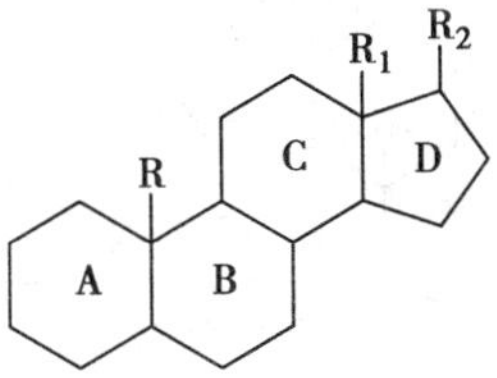

环戊烷并多氢菲母核

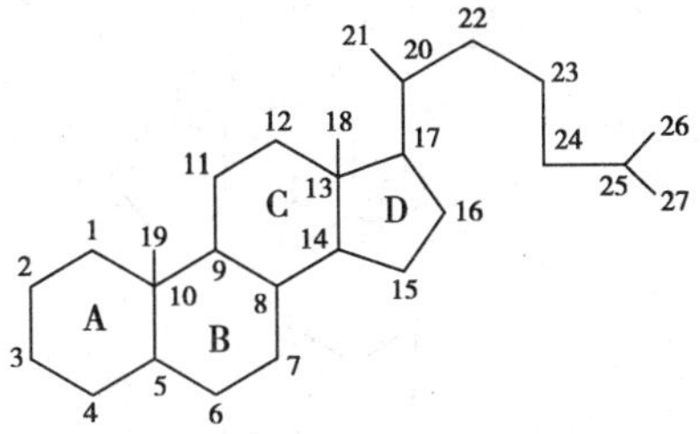

甾族化合物基本骨架编号

根据 C_{10}、C_{13} 及 C_{17} 上所连接侧链的不同,甾体的基本母核有 6 种。在甾体激素药物中最重要的甾体母核是雌甾烷、雄甾烷和孕甾烷。6 种甾体母核名称及结构见表 14-4。

表 14-4　甾族化合物的基本母核分类

R	R_1	R_2	甾体母核名称
—H	—H	—H	甾烷
—H	—CH₃	—H	雌甾烷
—CH₃	—CH₃	—H	雄甾烷
—CH₃	—CH₃	—CH₂—CH₃	孕甾烷
—CH₃	—CH₃	CH₃—CH—CH₂—CH₂—CH₃	胆烷
—CH₃	—CH₃	CH₃—CH—CH₂—CH₂—CH₂—CH(CH₃)₃	胆甾烷

二、甾族化合物的构型和构象

(一)甾族化合物的构型

甾族化合物母核骨架中有 6 个手性碳原子(C_5、C_8、C_9、C_{10}、C_{13}、C_{14}),理论上能产生 64 对对映异构体。但自然界中的甾族化合物只存在着少数几种稳定的构型,这是由于多个环稠合在一起,相互制约,碳架刚性增大,因此异构体的数目大大减少。

甾族化合物的骨架结构中碳环之间的稠合方式可以按顺式十氢化萘的方式稠合,也可以按反式十氢化萘的方式稠合。大多数天然的甾族化合物的母核碳架构型具有以下特点:

1. B/C 环和 C/D 环一般以反式稠合(强心苷元和蟾毒苷元按顺式稠合)。

2. A/B 环之间有顺式和反式两种稠合方式,因而存在两种不同的构型。当 A/B 顺式稠合时,C_5 上的氢原子和 C_{10} 上的角甲基在环平面的同侧,都位于纸平面的前方,即为"β- 构型",具有这种构型特征的称之为正系,即 5β 型。当 A/B 反式稠合时,C_5 上的氢原子和 C_{10} 上的角甲基在环平面的异侧,C_5 上的氢原子位于纸平面的后方,即为"α- 构型",具有这种构型特征的称之为别系,即 5α 型。

3. 由于 B/C 环和 C/D 环是反式稠合,所以 C_8、C_9、C_{13} 及 C_{14} 上所连接的原子或基团的构型分别为 8β、9α、13β 和 14α。

如果 C_4—C_5、C_5—C_6 或 C_5—C_{10} 之间有双键,则 A、B 环稠合的构型无差别,则无正系与别系之分。

正系(5β-型)
(A/B顺、B/C反、C/D反)

别系(5α-型)
(A/B反、B/C反、C/D反)

（二）甾族化合物的构象

甾族化合物骨架中环与环之间的稠合方式与十氢化萘相似。十氢化萘是由两个环己烷通过共用两个碳原子稠合而成的桥环化合物。十氢化萘有顺、反两种异构体，共用稠合边上的两个碳原子上的氢原子处于环平面同侧的称为顺十氢化萘，而处于异侧的称为反十氢化萘。

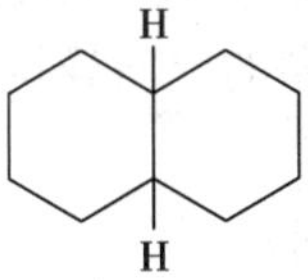

顺十氢化萘 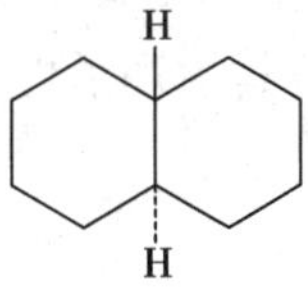　　　　　　　　　　反十氢化萘

顺或反式十氢化萘均由两个椅式环己烷稠合而成。若将一个环当作另一个环的两个取代基，则顺十氢化萘中的两个环以 ae 键稠合，反十氢化萘中的两个环以 ee 键稠合。从构象的稳定性分析，反十氢化萘比顺十氢化萘稳定。

顺式（e,a 稠合）　　　　　　　反式（e,e 稠合）

5β- 型和 5α- 型甾族化合物中的 A、B 和 C 三个六元环的碳架通常均是椅式构象，并按顺式或反式十氢化萘构象的方式稠合。D 环为五元环，它具有半椅式构象，D 环取何种构象，取决于 D 环上的取代基及其位置。由于反式稠合环的存在，使碳架刚性较强，很难发生构象的翻转，e 键和 a 键之间不能相互转换。所以每个构型仅有一种构象。

5β- 型甾族化合物和 5α- 型甾族化合物的构象式如下：

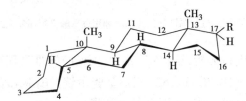

正系（5β- 型）A/B 顺式（e,a 稠合）B/C 反式（e,e 稠合）C/D 反式（e,e 稠合）

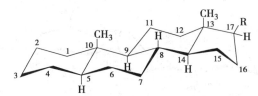

别系（5α- 型）A/B 反式（e,e 稠合）B/C 反式（e,e 稠合）C/D 反式（e,e 稠合）

甾环碳架上所连的原子或基团在空间有不同的取向，其构型规定如下：凡与角甲基在环平面异侧的取代基称为 α- 构型，用虚线表示；与角甲基在环平面同侧的取代基称为 β- 构型，用实线表示；构型不确定者，用波纹线表示，命名时用希腊字母 ξ（读音 ksai）标明。甾环碳架上

所连的原子或基团的不同构型或构象对其化学稳定性和化学反应活性有较大的影响。

三、甾族化合物的构象分析

甾族化合物中一些基团受构型或构象的影响,在性质上表现出较大的差异。如氢化可的松的 C_{11} 羟基为 β- 构型,其生理活性比 C_{11} 羟基为 α- 构型的差向异构体表氢化可的松强。

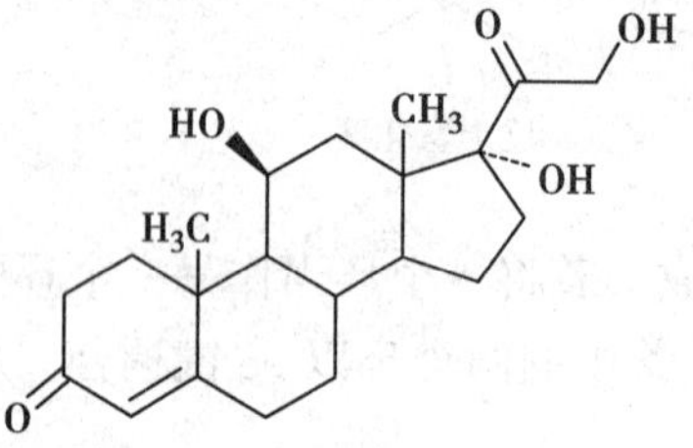

氢化可的松 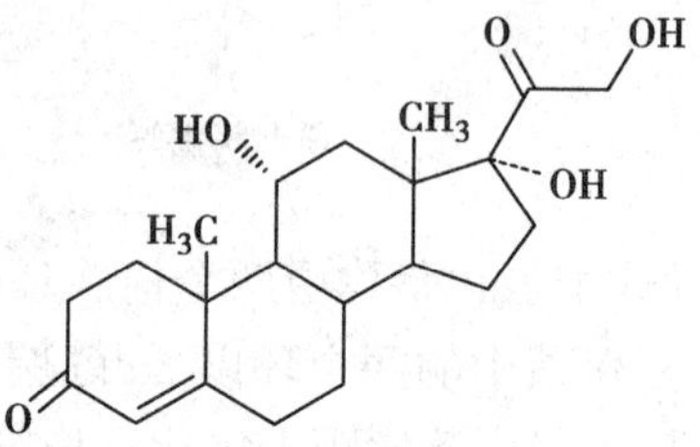　　　　　　　　　　表氢化可的松

甾体母核上的角甲基及 C_{17} 处的侧链均为 β- 构型,所以对甾体化合物的碳碳双键进行催化氢化、过氧酸进行环氧化时,反应一般发生在角甲基及 C_{17} 处侧链的异侧,即所引入的基团位于 α- 构型处。

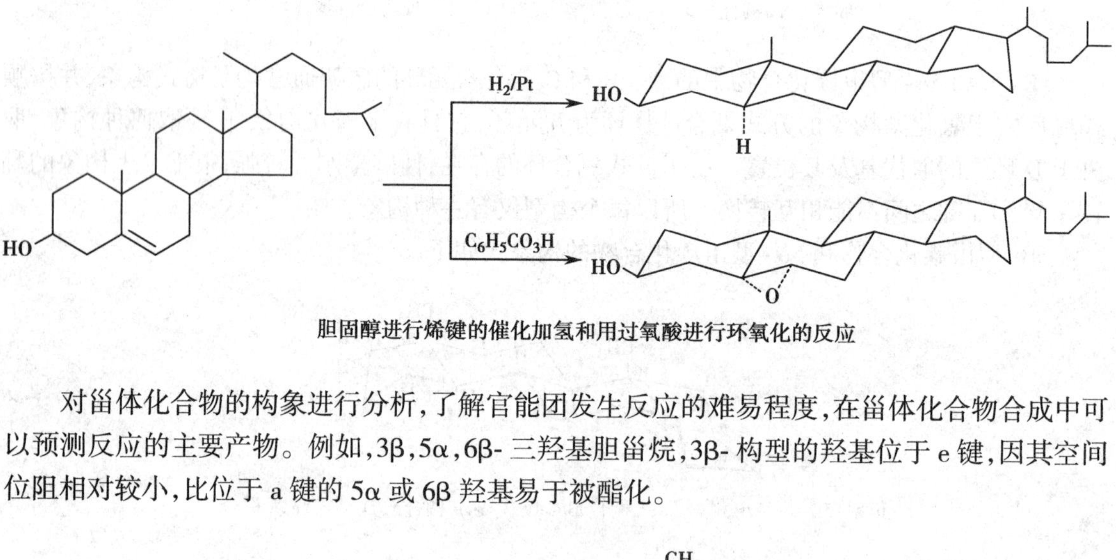

胆固醇进行烯键的催化加氢和用过氧酸进行环氧化的反应

对甾体化合物的构象进行分析,了解官能团发生反应的难易程度,在甾体化合物合成中可以预测反应的主要产物。例如,3β,5α,6β- 三羟基胆甾烷,3β- 构型的羟基位于 e 键,因其空间位阻相对较小,比位于 a 键的 5α 或 6β 羟基易于被酯化。

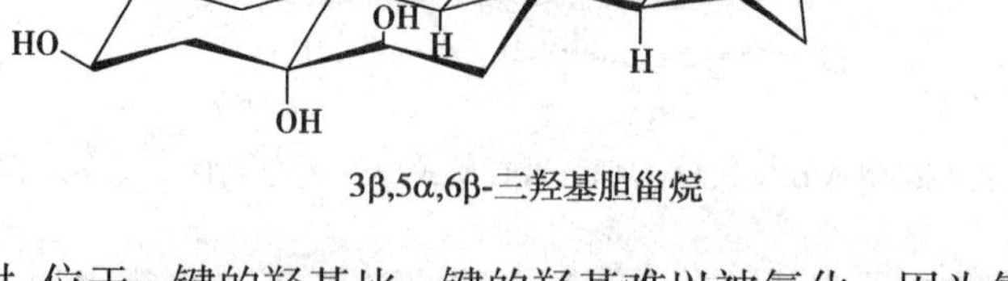

3β,5α,6β-三羟基胆甾烷

但在氧化反应时,位于 e 键的羟基比 a 键的羟基难以被氧化。因为氧化反应主要发生在其 α-H 上。当羟基处于 e 键时,其处于 a 键上的 α-H 因空间位阻相对较大,脱去 α-H 的反应速度较慢,所以位于 e 键的羟基比 a 键的羟基难以被氧化。

四、有代表性的甾族化合物

(一) 甾醇类

胆甾醇(胆固醇)是最早发现的一个甾体化合物,是一种动物甾醇,最初是在胆结石中发现的一种固体醇,所以亦称为胆固醇。存在于人及动物的血液、脂肪、脑髓及神经等组织中。胆甾醇是无色或略带黄色的结晶,微溶于水,溶于乙醇、乙醚、氯仿等有机溶剂。人体中胆固醇含量过高是有害的,它可以引起胆结石、动脉硬化等症。溶解在氯仿中的胆固醇与乙酸酐/浓硫酸试剂作用,颜色由浅红变蓝紫,最后转为绿色,此反应称为李伯曼-布查反应,常用于胆固醇定性、定量分析。

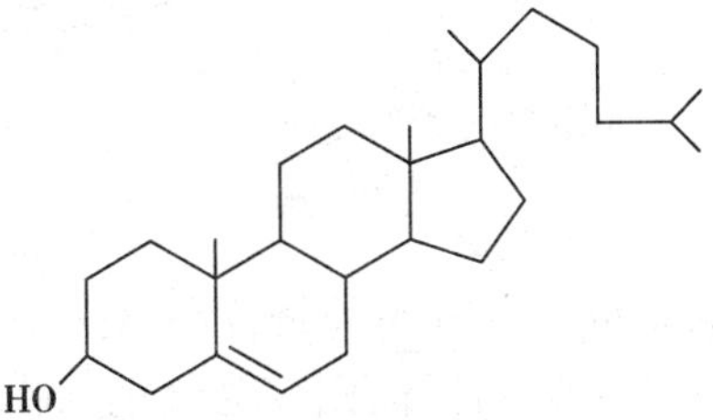

胆甾醇

(二) 胆甾酸

胆酸属于 5β- 型甾族化合物,主要存在于动物胆汁中,并且分子结构中含有羧基,故它们总称为胆甾酸。胆甾酸在人体内可以以胆固醇为原料直接生物合成。胆甾酸在胆汁中分别与甘氨酸(H_2NCH_2COOH)或牛磺酸($H_2NCH_2CH_2SO_3H$)通过酰胺键结合形成各种结合胆甾酸,这些结合胆甾酸总称为胆汁酸。

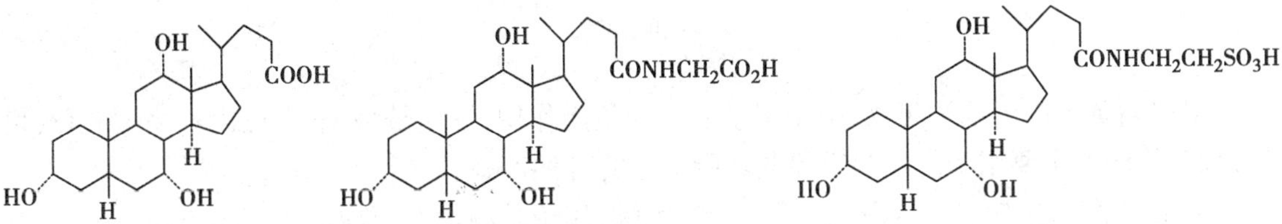

胆酸　　　　　　　甘氨胆酸　　　　　　　牛黄胆酸

在人体及动物小肠的碱性条件下,胆汁酸以其盐的形式存在,称为胆汁酸盐(简称胆盐)。胆汁酸盐分子内部既含有亲水性的羟基和羧基(或磺酸基),又含有疏水性的甾环,这种分子结构能够降低油/水两相之间的表面张力,具有乳化剂的作用,使脂肪及胆固醇酯等疏水的脂质乳化呈细小微粒状态,增加消化酶对脂质的接触面积,使脂类易于消化吸收。

(三) 甾体激素

甾体激素根据来源分为肾上腺皮质激素和性激素两类。肾上腺皮质激素是哺乳动物肾上腺皮质分泌的激素,皮质激素的重要功能是维持体液的电解质平衡和控制碳水化合物的代谢,动物缺乏它会引起机能失常以至死亡。皮质醇、可的松、皮质甾酮等皆此类中重要的激素。性激素分为雄性激素和雌性激素两大类,两类性激素都有很多种,雌性激素及雄性激素是决定性征的物质,在生理上各有特定的生理功能。

　　甾体激素按结构特点可分为雌甾烷、雄甾烷、孕甾烷类等。临床上常用的甾体激素药物分类如下：

$$
\text{甾体激素药物}
\begin{cases}
\text{雌甾烷类：如雌二醇、炔雌醇等} \\
\text{雄甾烷类：如甲睾酮、苯丙酸诺龙等} \\
\text{孕甾烷类}
\begin{cases}
\text{孕激素类：如黄体酮、醋酸甲地孕酮等} \\
\text{肾上腺皮质激素类：醋酸地塞米松、醋酸泼尼松龙等}
\end{cases}
\end{cases}
$$

　　1. 雌二醇　化学名为雌甾 -1,3,5(10)- 三烯 -3,17β- 二醇。

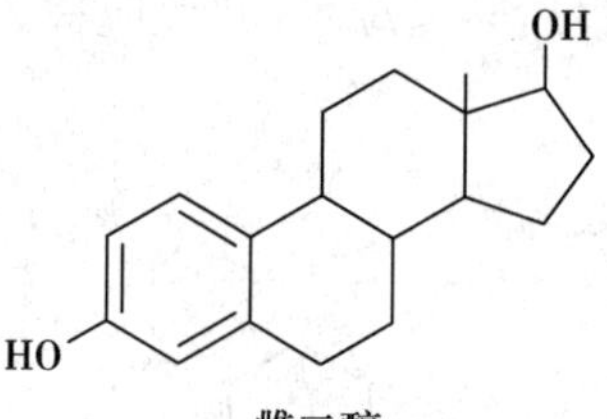

雌二醇

　　雌二醇属于雌甾类药物，其结构特点为 A 环是芳环，有一个酚羟基。本品与硫酸作用显黄绿色荧光，加三氯化铁呈草绿色，再加水稀释，则变为红色。临床上主要用于治疗更年期综合征。但此药物在消化道易被破坏，不宜口服。

　　2. 甲睾酮（甲基睾丸素）　化学名为 17α- 甲基 -17β- 羟基雄甾 -4- 烯 -3- 酮。

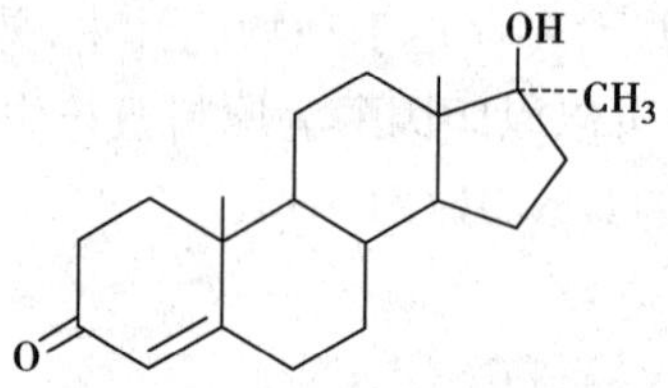

甲睾酮

　　甲睾酮属于雄甾烷类药物，由于甲基的空间位阻作用，性质较稳定，在体内不易被氧化，可供口服，临床上主要用于男性缺乏睾丸素所引起的各种疾病。

　　3. 黄体酮　化学名为孕甾 -4- 烯 -3,20- 二酮，属于孕激素类药物。

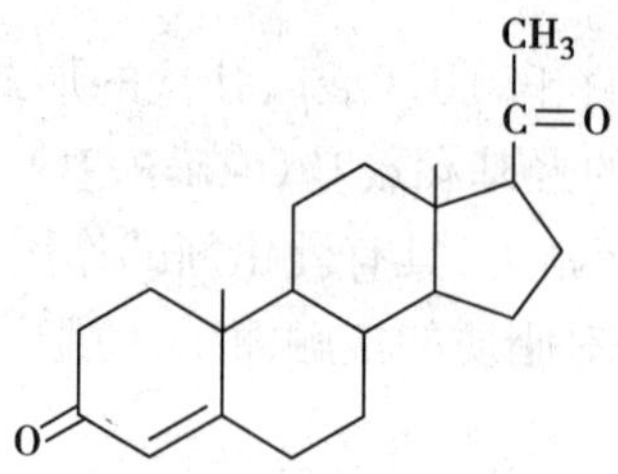

黄体酮

　　黄体酮的生理功能是在月经期的某一阶段及妊娠中抑制排卵。临床上用于治疗习惯性子宫功能性出血、痛经及月经失调等。黄体酮构效关系表明：17α 位引入羟基，孕激素活性下降，但羟基成酯则作用增强。在 C_6 位引入碳碳双键和甲基或氯原子都使活性增强。因此制药工业上,以黄体酮为先导化合物,对其进行结构改造,先后合成了一系列具有孕激素活性的黄体酮衍生物。

4. 醋酸地塞米松 化学名为 16α- 甲基 -11β,17α,21- 三羟基 -9α- 氟孕甾 -1,4- 二烯 -3,20- 二酮 -21- 醋酸酯。

本品属于肾上腺皮质激素类药物,临床用于风湿性关节炎、红斑狼疮、支气管哮喘、皮炎和某些感染性疾病的综合治疗。

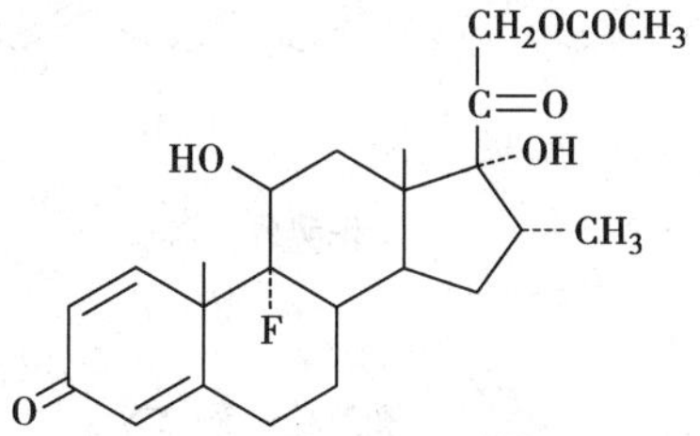

醋酸地塞米松

第四节　脂溶性维生素

维生素是维持人类机体正常代谢功能所必需的微量营养物质,它不是构成人体组织的原料,也不是能量来源,而是作用于机体的能量转移和代谢调节。由于人体自身不能合成或合成量很少,必须由食物中供给。迄今为止,人类已发现的维生素达 60 余种,其命名通常是根据发现的先后,将其命名为维生素 A、B、C、D 等;20 世纪 70 年代中期在一个国际会议上把确认的 13 种维生素分成两大类——脂溶性维生素和水溶性维生素。脂溶性维生素主要包括维生素 A 类、维生素 D 类、维生素 E 类和维生素 K 类,它们在食物中与脂肪共存,并随脂类食物一同吸收。

一、维生素 A

维生素 A 类为一组结构相近的多烯类化合物,属于二萜类,存在于动物来源的食物,如肝、奶、蛋黄等,植物中仅含维生素 A 原。体内缺乏维生素 A 类就会产生夜盲症和干眼症等。

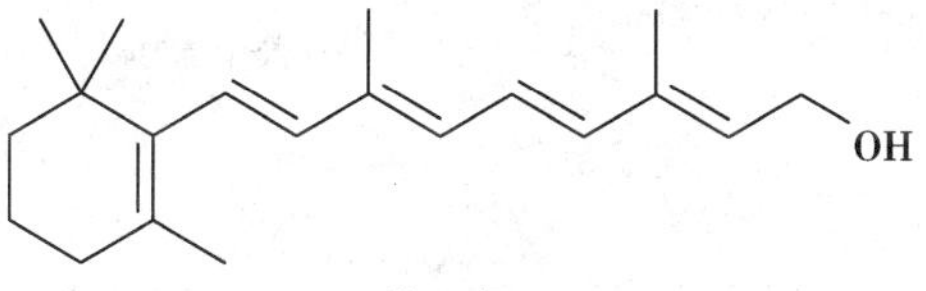

维生素A$_1$

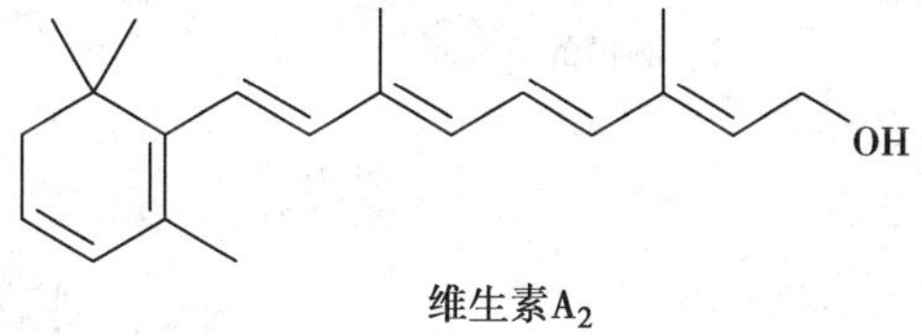

维生素A$_2$

维生素 A$_1$ 又名视黄醇,从鱼肝油中分离得到,结构中四个双键均为反式。维生素 A$_1$ 主要以具有生物活性的酯如棕榈酸酯的形式存在于海水鱼和动物肝组织中。维生素 A$_2$ 主要存在于淡水鱼中,生物活性为维生素 A$_1$ 的 30%~40%。

植物中仅含有能在动物体内转变成维生素 A 的胡萝卜素,称之为维生素 A 原。在植物中至少有 10 种胡萝卜素可转化为维生素 A,其中 β- 胡萝卜素最为重要。在人类小肠中 β- 胡萝卜素在 15,15′- 加氧酶的作用下,β- 胡萝卜素可产生两分子维生素 A_1,所以称之为维生素 A 元(原)。

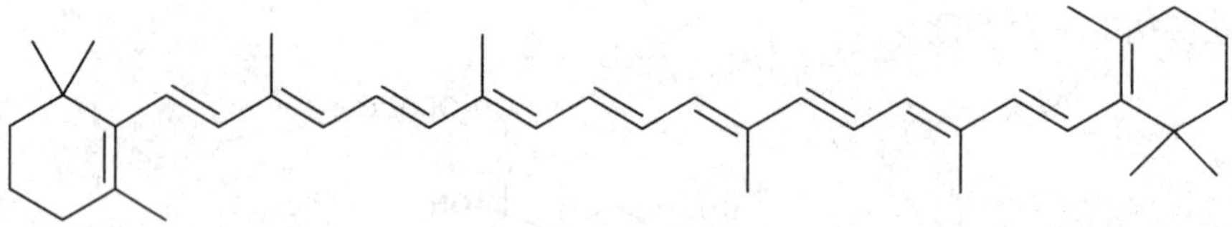

β-胡萝卜素

二、维生素 D

维生素 D 类是抗佝偻病维生素的总称。结构可看作甾族化合物 9,10- 位之间化学键断裂后的衍生物。维生素 D 种类很多,目前至少有 10 种,以 D_2(麦角骨化醇)和 D_3(胆骨化醇)最重要。D_3 主要存在于肝、奶、蛋黄中,以鱼肝油中含量最丰富。人体内可由胆固醇转变成 7- 脱氢胆固醇,贮存于皮肤,在日光或紫外线照射下可转变为 D_3。

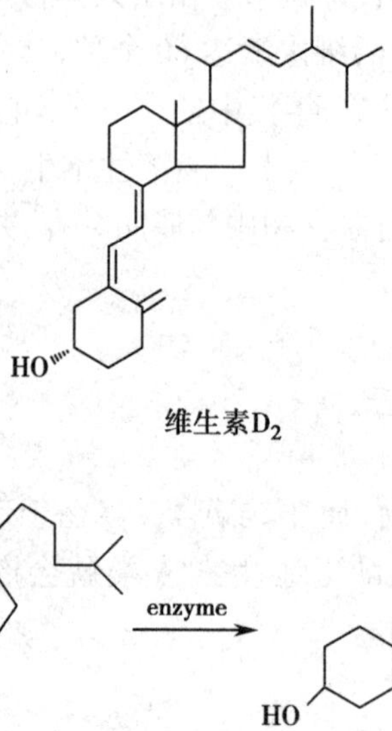

维生素D_2 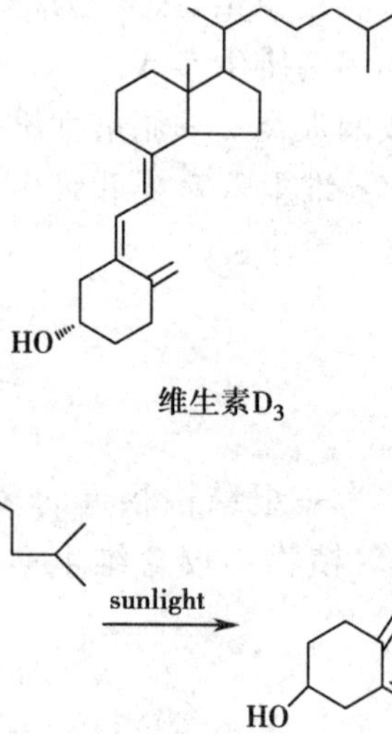　　　　　　　维生素D_3

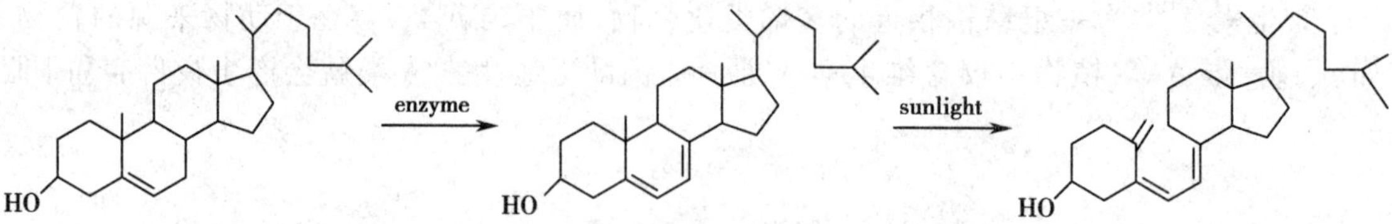

胆甾醇　　　　　　7-脱氢胆甾醇　　　　　　维生素D_3

三、其他脂溶性维生素

脂溶性维生素还包括维生素 E 和维生素 K。维生素 E 又名生育酚,具有抗不育作用。维生素 E 是一类生理活性相似、具有维生素 E 基本结构的天然化合物的统称。维生素 K 是一类具有凝血作用的维生素总称,常见的有 K_1、K_2、K_3 等。

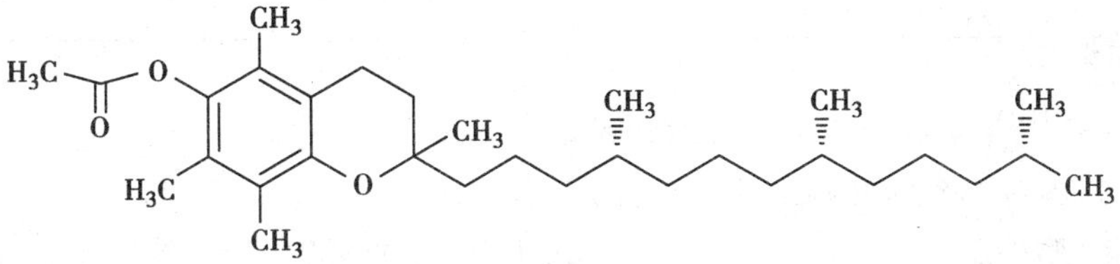

维生素E

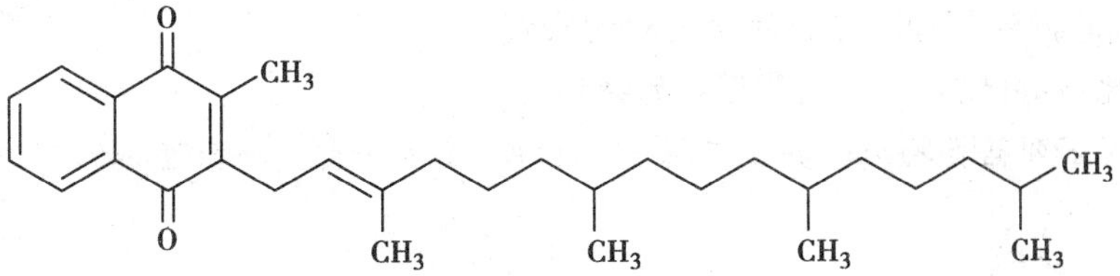

维生素K₁

本章小结

类脂是按溶解性(脂溶性)归为一类的物质,包括油脂、磷脂、蜡、萜类和甾族化合物。重点是认识各类结构的特点及对生物功能的影响。

油脂是高级脂肪酸的甘油酯,能发生酯键、双键的反应,有皂化值、碘值和酸值等指标控制油脂的质量。

磷脂分为甘油磷脂和鞘磷脂两类。甘油的两个羟基与高级脂肪酸成酯、另一个羟基与磷酸成酯,磷酸部分再与其他醇类(胆碱、乙醇胺、丝氨酸和肌醇等)成酯,则生成甘油磷脂。鞘磷脂是神经酰胺的伯醇羟基与磷酰胆碱或磷酰乙醇胺成酯后的化合物。磷脂分子中由疏水和亲水两部分构成,有乳化性质,是细胞膜的重要组分。

蜡是高级脂肪酸和高级醇生成的酯,均为固体。

萜类是指由两个或以上异戊二烯分子相连而成的聚合物及其含氧和饱和程度不等的衍生物。根据异戊二烯单元的多少可分为单萜(2个)、倍半萜(3个)、二萜(4个)等。有开链、环状之分。

甾族化合物由环戊烷并多氢菲母核(含A、B、C、D四个稠合环)和三个侧链构成。甾族化合物分正系和别系两类构型,正系指A/B环间以顺式稠合,别系指A/B环以反式稠合,二者的B/C和C/D环均为反式稠合;5-H为β-者为正系,5-H为α-者为别系。甾族三个侧链中,两个是甲基,一个是含不同碳原子数的碳链或含氧基团。处在环平面上下的原子或基团有两种构型,处环平面上方的为β-构型,用实线表示,下方的为α-构型,用虚线表示;波纹线代表构型待定或包括α、β-两种构型。取代基处环上的α或β位,对生理活性有不同影响。

脂溶性维生素包括维生素A、D、E和K等。其中维生素A属于二萜类,维生素D属于甾族化合物9,10-位化学键断裂后的产物。

(马　成)

 **复习题**

1. 试写出 $\triangle^{9,11,13}$ - 十八碳三烯酸的结构式。

2. 指出下列各对化合物结构上的主要差异：

(1) 卵磷脂 / 脑磷脂 　　　　　　(2) 三酰甘油 / 甘油磷脂

(3) 甘油磷脂 / 鞘磷脂

3. 写出 (−) 薄荷醇 (即薄荷脑) 的构型和构象式。

4. 写出甾烷、雄甾烷、雌甾烷、孕甾烷的结构式。

5. 指出组成下列萜类物质的异戊二烯单元数目、属哪一类？画出连接的部位。

(1)

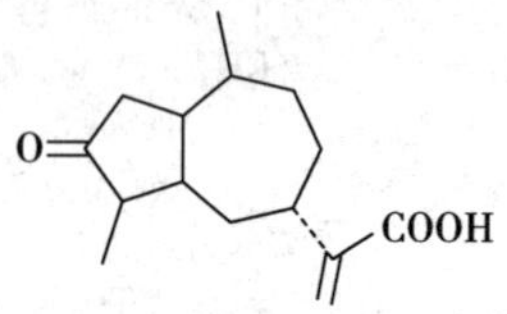

一枝蒿酮酸 (新疆民族药一枝蒿)

(2)

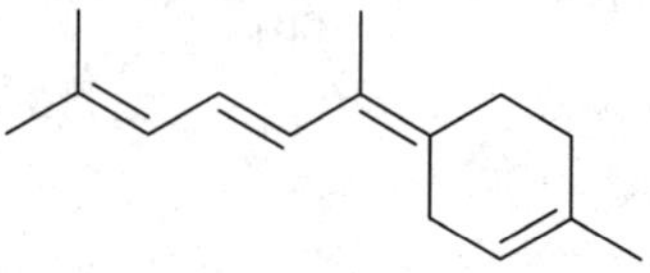

红没药烯

(3)

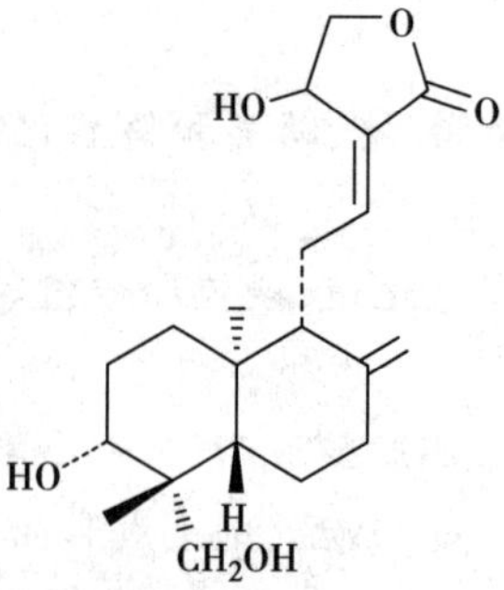

穿心莲内酯

6. 胆酸结构如下, 试问

(1) 其属于甾族化合物的何种构型 (5α- 还是 5β-)？

(2) 结构中的三个 —OH 属于何种构型 (α- 或 β-)？

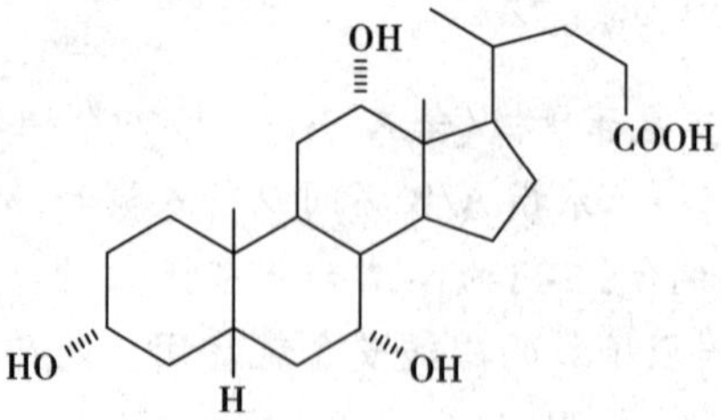

第十五章

氨基酸、蛋白质、核酸

学习目标

1. 掌握　常见氨基酸的结构与英文简写,氨基酸的物理、化学性质及鉴别方法。
2. 熟悉　多肽、蛋白质和核酸的概念、组成及分类。
3. 了解　多肽、蛋白质和核酸的空间结构。

　　蛋白质与核酸是生物体内最为重要的两种物质。蛋白质是生命现象的主要体现者,是细胞和身体结构功能的主要物质,氨基酸是构成蛋白质的基本单元;核酸中的脱氧核糖核酸(DNA)担负着遗传信息的传递(遗传)任务,RNA 担负将遗传信息表达为蛋白质的任务;核酸与蛋白质两者的存在与配合,是生长、繁殖、运动、遗传、物质代谢等生命现象的基础。因此研究机体的分子结构与功能必须先深入了解氨基酸、蛋白质、核酸这类生物分子物质。

第一节　氨　基　酸

一、氨基酸的结构、分类和命名

(一)氨基酸的结构

分子中含有氨基的羧酸,叫做氨基酸,其结构通式如下:

$$\overset{+}{H_3N} - \overset{\overset{\displaystyle COO^-}{|}}{\underset{\underset{\displaystyle R}{|}}{C}} - H$$

　　已发现存在于自然界的氨基酸已超过 300 余种,但构成天然蛋白质的氨基酸仅有 20 种,除脯氨酸为 α- 亚氨基酸外,蛋白质中的氨基酸均属 α- 氨基酸;除甘氨酸外都具有旋光性,其构型通常用 D/L 标记法进行标记,都属于 L 型。

(二)氨基酸的分类

氨基酸根据烷基的结构可分为脂肪氨基酸、芳香氨基酸与杂环氨基酸;在脂肪族氨基酸中根据分子中氨基与羧基的相对位置,又分为 α- 氨基酸、β- 氨基酸、γ- 氨基酸;根据氨基酸分子中氨基和羧基的数目不同,可将其分为中性氨基酸、碱性氨基酸和酸性氨基酸。中性氨基酸是指氨基酸分子中氨基和羧基的数目相等;碱性氨基酸是指氨基酸分子中氨基的数目多于羧基的数目;酸性氨基酸是指氨基酸分子中羧基的数目多于氨基的数目。碱性氨基酸一般显碱性,酸性氨基酸一般显酸性,但中性氨基酸不呈中性而呈弱酸性,这是由于羧基比氨基的电离常数大些的缘故。

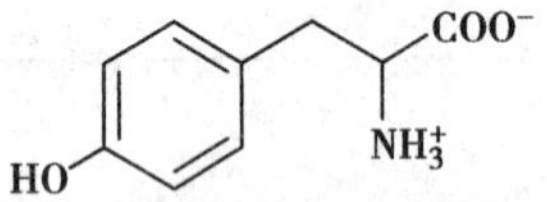

酪氨酸	组氨酸	天冬氨酸
(芳香氨基酸)	(杂环氨基酸)	(脂肪氨基酸)
(中性氨基酸)	(碱性氨基酸)	(酸性氨基酸)

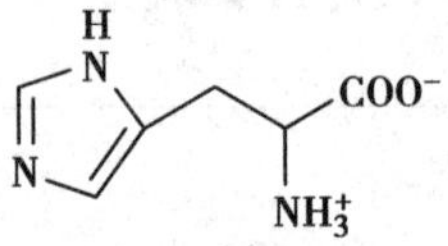

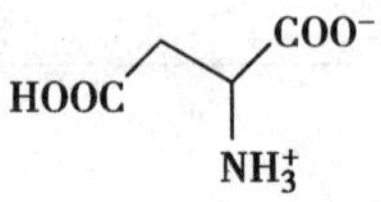

(三) 氨基酸的命名

天然存在的氨基酸多用习惯名称,即按其来源或性质命名。例如天冬氨酸最初是由天门冬的幼苗中发现的,由此而得名;甘氨酸因具有甜味而得名。生物体中常见的二十种氨基酸与无机符号一样,都有国际通用的符号(表 15-1)。其中带"*"的八种氨基酸是人体内不能合成,必须由食物供给的氨基酸,称必需氨基酸。

表 15-1　常见的 20 种氨基酸

结构式	中文名	英文名	三字符号	等电点(pI)
中性氨基酸				
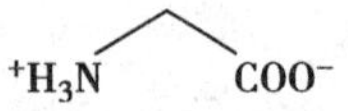 ^+H_3N ─ COO$^-$	甘氨酸	glycine	Gly	5.97
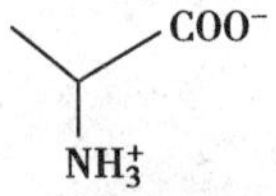 COO$^-$ NH$_3^+$	丙氨酸	alanine	Ala	6.02
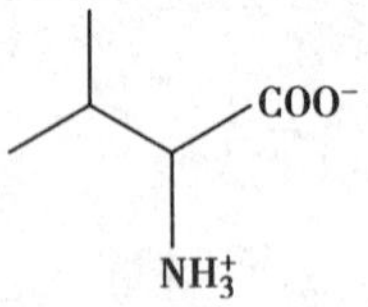 COO$^-$ NH$_3^+$	缬氨酸 *	valine	Val	5.97
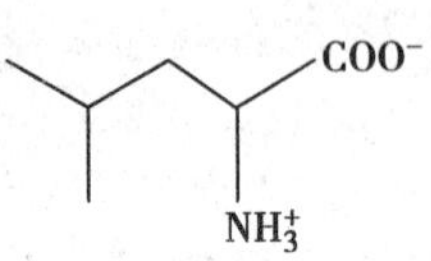 COO$^-$ NH$_3^+$	亮氨酸 *	leucine	Leu	5.98
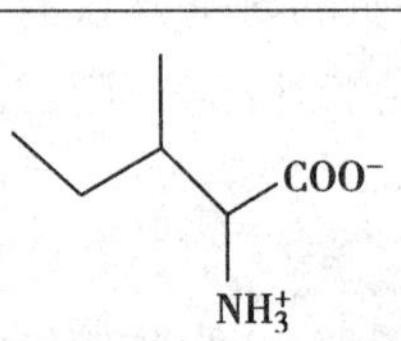 COO$^-$ NH$_3^+$	异亮氨酸 *	isoleucine	Ile	6.02

结构式	中文名	英文名	三字符号	等电点（pI）
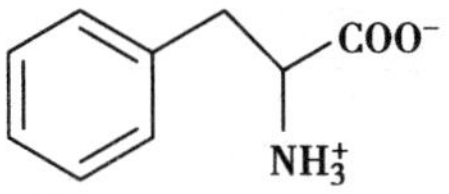	苯丙氨酸 *	phenlalanine	Phe	5.48
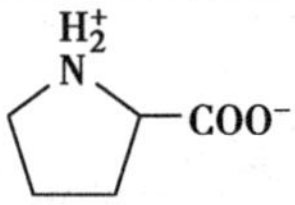	脯氨酸	proline	Pro	6.48
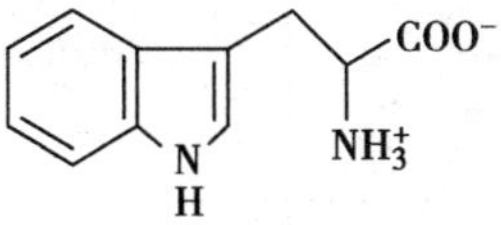	色氨酸 *	tryptophan	Trp	5.89
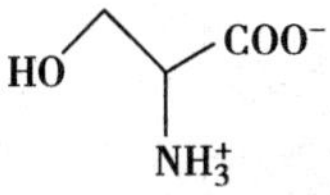	丝氨酸	serine	Ser	5.68
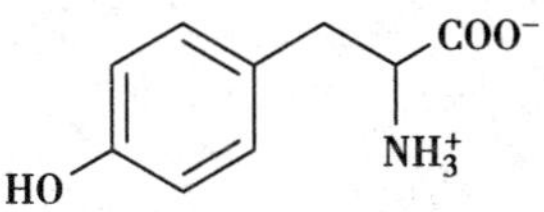	酪氨酸	tyrosine	Tyr	5.66
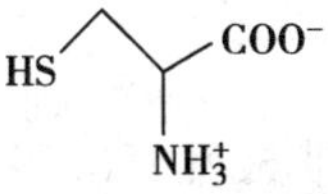	半胱氨酸	cysteine	Cys	5.07
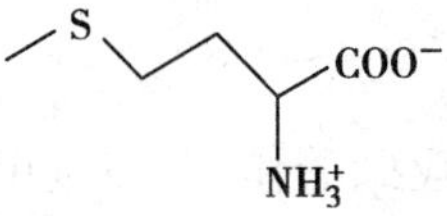	蛋氨酸 *	methionine	Met	5.75
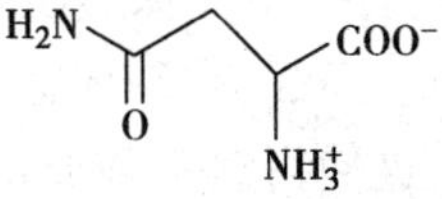	天冬酰胺	asparagines	Asn	5.41
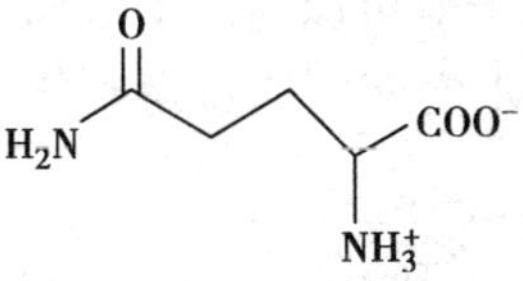	谷氨酰胺	glutamine	Gln	5.65
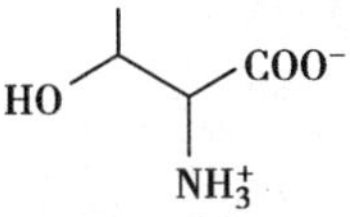	苏氨酸 *	threonine	Thr	5.60
酸性氨基酸				
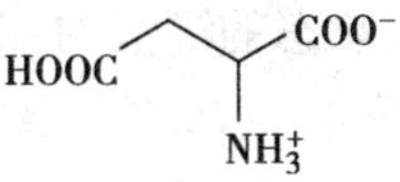	天冬氨酸	aspartic acid	Asp	2.98
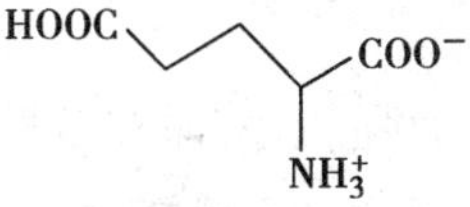	谷氨酸	glutamic acid	Glu	3.32

续表

结构式	中文名	英文名	三字符号	等电点(pI)
碱性氨基酸				
H_2N⌒⌒⌒⌒CH—COO⁻ 带 NH₃⁺	赖氨酸 *	lysine	Lys	9.74
精氨酸结构 HN=C(NH₂)—NH—⌒⌒CH—COO⁻ 带 NH₃⁺	精氨酸	arginine	Arg	10.76
组氨酸 咪唑环—CH—COO⁻ 带 NH₃⁺	组氨酸	histidine	His	7.59

二、氨基酸的性质

（一）物理性质

氨基酸是无色结晶,大多数在水中有一定溶解度,难溶于乙醚、苯等非极性有机溶剂,易溶于强酸、强碱等极性溶剂,加热至熔点(一般在 200℃以上)则分解。

（二）化学性质

氨基酸具有氨基和羧基的典型反应,例如氨基可以酰基化,可与亚硝酸作用;羧基可以成酯、酰氯或酰胺等。此外,由于分子中同时具有氨基与羧基,氨基酸还具有一些特殊的性质。

1. 偶极离子与等电点　氨基酸分子中含有氨基和羧基,可以分别与强酸、强碱成盐,所以氨基酸是两性物质。两性状态的氨基酸本身可形成内盐,呈结晶状态,这使得氨基酸通常具有较高的熔点,并难溶于非极性有机溶剂。在水溶液中,氨基酸偶极离子既可以与一个氢离子结合成为正离子,又可以失去一个氢离子成为负离子。这三种离子在水溶液中通过得到氢离子或失去氢离子互相转换。

$$R—\underset{\underset{NH_3^+}{|}}{CH}—COOH \underset{H^+}{\overset{OH^-}{\rightleftharpoons}} R—\underset{\underset{NH_3^+}{|}}{CH}—COO^- \underset{H^+}{\overset{OH^-}{\rightleftharpoons}} R—\underset{\underset{NH_2}{|}}{CH}—COO^-$$

$$（Ⅰ）\qquad\qquad\qquad（Ⅱ）\qquad\qquad\qquad（Ⅲ）$$
$$pH<pI\qquad\qquad\qquad pH=pI\qquad\qquad\qquad pH>pI$$

氨基酸的电荷状态取决于溶液的 pH 值,通过调节溶液的 pH 值,可使氨基酸的酸性解离与碱性解离达到平衡,此时氨基酸所带的正、负电荷相等,这种处于等电状态的溶液的 pH 值称为该氨基酸的等电点,通常用 pI 表示。在等电点时,氨基酸溶液的 pH=pI,氨基酸主要以电中性的两性离子存在,在电场中不向任何电极移动;溶液的 pH>pI 时,氨基酸带负电荷,在电场中向阳极迁移;溶液的 pH<pI 时,氨基酸带正电荷,在电场中向阴极迁移。

在中性氨基酸中,由于 NH_3^+ 解离 H^+ 的能力比 COO^- 获得 H^+ 的能力强,溶液需在偏酸的情况下才达到平衡,因此中性氨基酸的 pI 一般小于 7;在酸性氨基酸中,溶液一定呈酸性,故溶液

pH 值较低, pI 值较低; 在碱性氨基酸中, 溶液呈碱性, 故溶液 pH 值较高, pI 值较高; 一般来说, 中性氨基酸 pI=5.5~6.3, 酸性氨基酸 pI=2.8~3.2, 碱性氨基酸 pI=7.6~10.6。

氨基酸在等电点时, 静电荷等于零, 在水溶液中溶解度最小, 利用此性质可以分离、提纯和鉴定不同的氨基酸。在高浓度的混合氨基酸溶液中, 逐步调节溶液的 pH, 可使不同的氨基酸在不同的 pI 时分步沉淀, 达到分离氨基酸的目的。不同电荷和质量的氨基酸在电场中的迁移方向和速度不同, 利用电泳分析的原理可分离和鉴别氨基酸。如将含有缬氨酸 (pI=5.97)、谷氨酸 (pI=3.22) 和赖氨酸 (pI=9.74) 的缓冲溶液 (pH=5.97) 置于电场中时, 谷氨酸向阳极移动, 赖氨酸向阴极移动, 缬氨酸不产生移动, 由此可分离这三种氨基酸。

> **？ 问题与思考 •••**
>
> 如何分离纯化下列化合物?
> (1) 亮氨酸和赖氨酸; 　　　　(2) 谷氨酸和组氨酸

2. 脱羧反应　　α- 氨基酸与氢氧化钡一起加热或在高沸点溶剂中回流, 可发生脱羧反应, 放出二氧化碳, 并生成胺:

$$\underset{\underset{NH_3^+}{|}}{RCHCOO^-} \xrightarrow{\triangle} RCH_2NH_2 + CO_2$$

氨基酸在生物体内脱羧酶的作用下, 发生类似的反应, 如赖氨酸脱羧可得到尸胺, 组氨酸脱羧可得到组胺。如人吃了不新鲜的鱼时, 在体内有时会因组胺过量引起过敏现象。

组氨酸　　　　　　　　　　　　　　组胺

3. 与亚硝酸反应　　氨基酸中的氨基可以与亚硝酸作用放出氮气。

$$\underset{\underset{NH_2}{|}}{RCHCOOH} + HNO_2 \longrightarrow \underset{\underset{OH}{|}}{RCHCOOH} + H_2O + N_2\uparrow$$

除亚氨基酸 (脯氨酸) 外, α- 氨基酸都能与亚硝酸反应放出氮气, 得到羟基酸, 反应是定量完成的, 衡量放出氮气的体积便可计算出氨基酸中氨基的含量, 该方法称为范斯莱克 (Vanslyke) 氨基测定法。

4. 与茚三酮的显色反应　　α- 氨基酸在碱性溶液中与茚三酮作用, 能生成显蓝紫色的有色物质, 这是鉴别 α- 氨基酸的灵敏方法, 大多数的 α- 氨基酸 (除脯氨酸外) 都有此反应。

茚三酮　　　　　　　　　　　　水合茚三酮

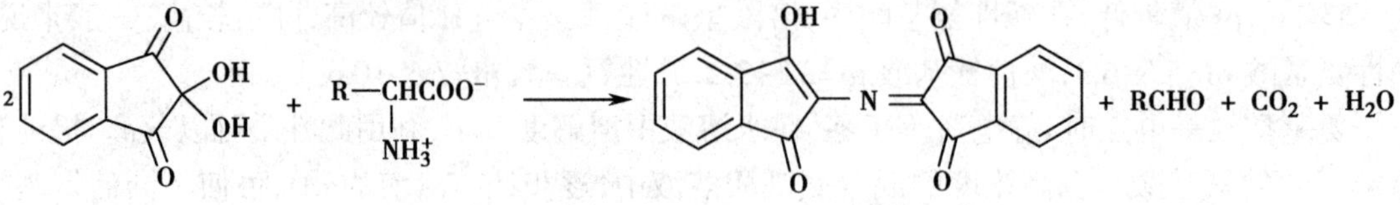

茚三酮反应广泛地用于氨基酸、肽和蛋白质的鉴定。

5. 受热反应　与羟基酸的受热反应类似,不同结构的氨基酸在加热情况下,产物随氨基与羧基的距离而异。

(1) α-氨基酸的受热反应:α-氨基酸受热时,两分子 α-氨基酸的羧基与氨基失去一分子水,形成二肽;失去两分子水形成交酰胺,后者比前者更容易。

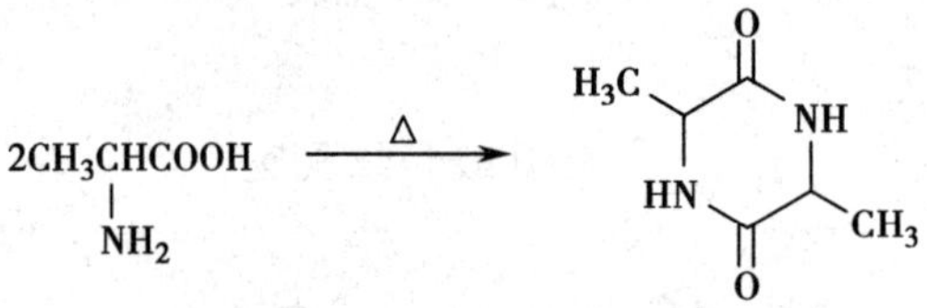

交酰胺用酸或碱处理,可以开环形成二肽。

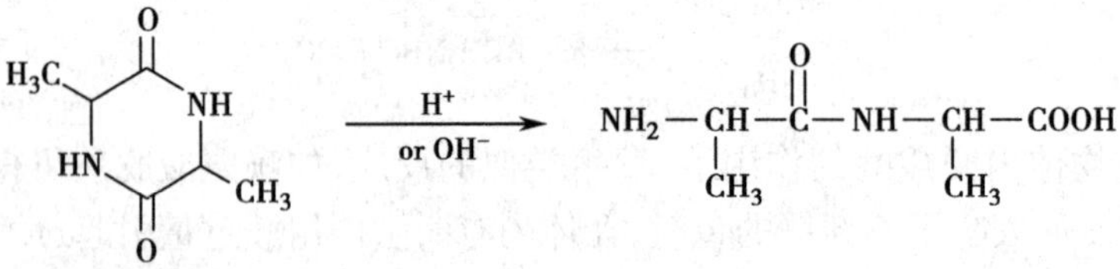

(2) β-氨基酸的受热反应:β-氨基酸受热时失氨形成 α,β-不饱和酸。

$$RCHCH_2COOH \xrightarrow{\triangle} RCH{=}CHCOOH + NH_3$$
$$| \atop NH_2$$

(3) γ、δ-氨基酸的受热反应:γ-或 δ-氨基酸受热则分子内氨基与羧基缩合,失水形成内酰胺。

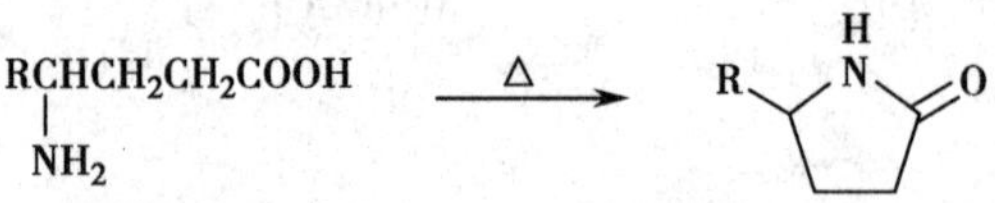

γ-氨基酸　　　　　　　　　　γ-内酰胺

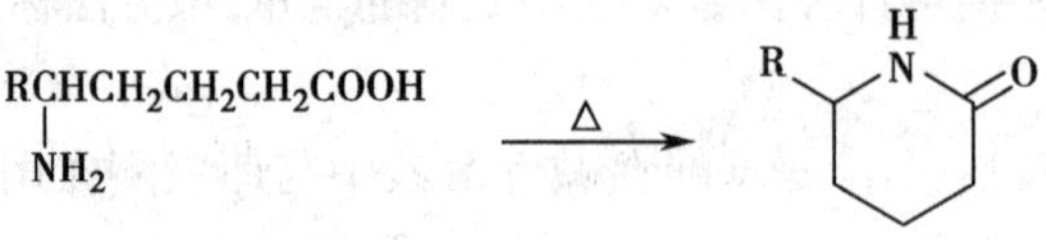

δ-氨基酸　　　　　　　　　　δ-内酰胺

三、常见的氨基酸

(一) 甘氨酸

甘氨酸是无色结晶,有甜味。它是最简单的、且没有手性碳原子的氨基酸,存在于多种蛋白质中,也以酰胺的形式存在于胆酸、马尿酸和谷胱甘肽中。在植物中分布很广的甜菜碱,可以看作是甘氨酸的三甲基内盐。近年来新发展的农药及医药化工产品中常含有甘氨酸的衍生物。

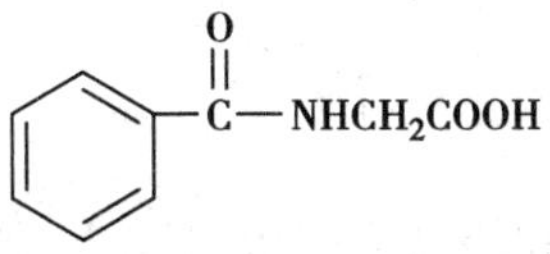

马尿酸　　　　　　　　　　　甜菜碱

(二) 半胱氨酸和胱氨酸

半胱氨酸和胱氨酸多存在于蛋白性的动物保护组织(如毛发、角、指甲等)中,并可通过氧化还原而相互转化,它们都可由头发水解制得。

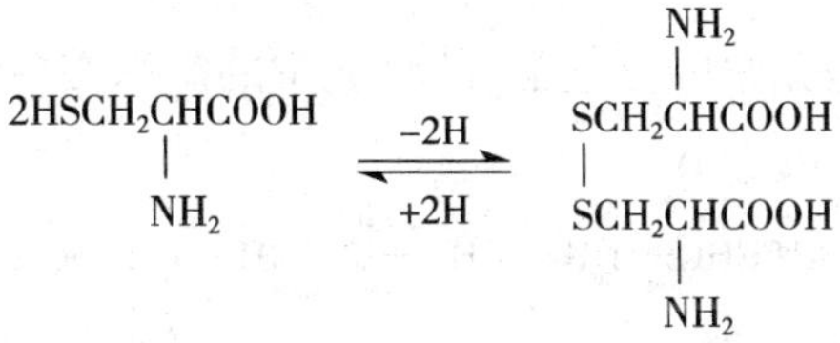

半胱氨酸　　　　　　　　　　胱氨酸

在医药上半胱氨酸可用于肝炎、锑剂中毒或放射性药物中毒的治疗。胱氨酸有促进机体细胞氧化还原机能,增加白细胞和阻止病原菌发育等作用,并可用于治疗脱发症。

(三) 色氨酸

色氨酸是动物生长所不可缺少的氨基酸,它存在于大多数蛋白质中。色氨酸在动物大肠中能因细菌的分解作用而产生粪臭素。色氨酸也是植物幼芽中所含生长素β-吲哚乙酸的来源。色氨酸在医药上有防治癞皮病的作用。

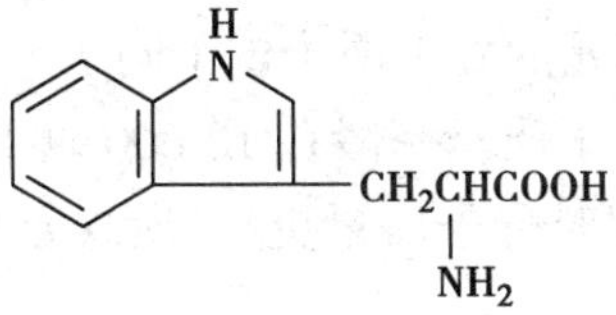

(四) L-赖氨酸

L-赖氨酸白色结晶性粉末,易溶于水。赖氨酸为必需氨基酸,无法在体内合成,如缺乏则引起蛋白质代谢障碍及功能障碍,导致生长障碍、发育不全、体重下降、食欲缺乏、血中蛋白减少等。D-型赖氨酸无生理效果。

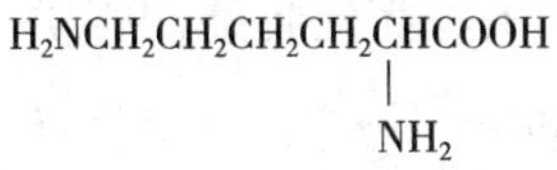

$$H_2NCH_2CH_2CH_2CH_2CHCOOH$$
$$\underset{NH_2}{|}$$

赖氨酸在医药上还可作为利尿剂的辅助药物,治疗因血中氯化物减少而引起的铅中毒现象,还可与酸性药物(如水杨酸等)生成盐来减轻不良反应,与蛋氨酸合用则可抑制重症高血压病。赖氨酸是帮助其他营养物质被人体充分吸收和利用的关键物质,人体只有补充了足够的L-赖氨酸才能提高食物蛋白质的吸收和利用,达到均衡营养,促进生长发育。

第二节　多　肽

一、肽 的 结 构

肽可以看作是由多个氨基酸分子,通过氨基和羧基之间脱水缩合而形成的化合物,这种酰胺键称为肽键。由两个氨基酸单元构成的是二肽,由三个氨基酸单元构成的是三肽,10 个以内的氨基酸相连而成的肽称为寡肽,更多氨基酸构成的肽称为多肽。例如:

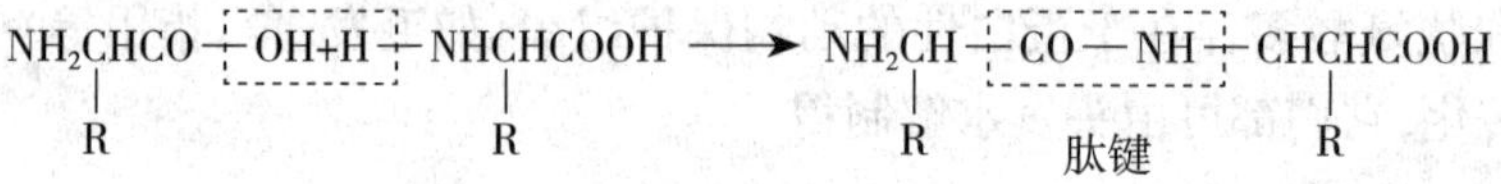

$$NH_2CHCO\underset{R}{\overset{}{|}}\ \boxed{OH+H}\ NHCHCOOH \longrightarrow NH_2CH\ \boxed{CO-NH}\ CHCHCOOH$$

氨基酸形成肽后,已不是完整的氨基酸,故将肽中的氨基酸单元称为氨基酸残基,例如:

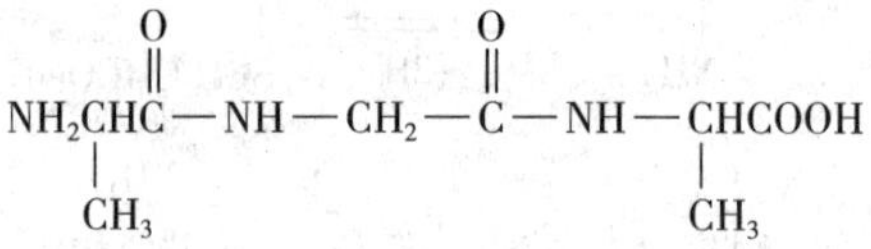

$$NH_2\underset{CH_3}{\overset{}{CH}}C\overset{O}{\overset{\|}{}}-NH-CH_2-C\overset{O}{\overset{\|}{}}-NH-\underset{CH_3}{\overset{}{CHCOOH}}$$

在肽分子中,有氨基的一端叫 N 端,通常写在左边;有羧基的一端叫 C 端,通常写在右边。绝大多数的肽呈链状,称为多肽链,一般可以用如下通式表示:

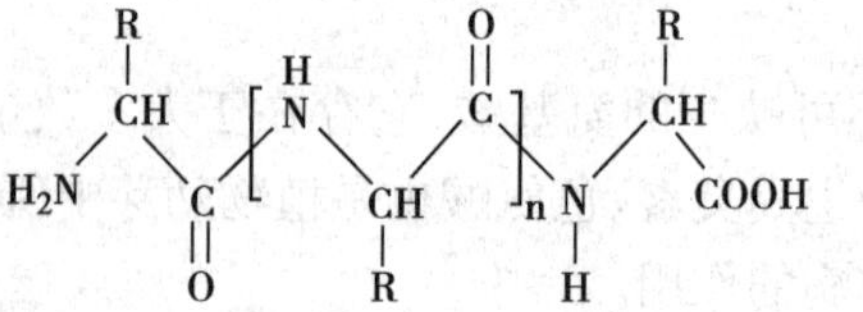

肽单元是平面结构,组成肽单元的 6 个原子位于同一平面,该平面称为肽键平面。天然多肽都是由不同氨基酸组成,相对分子质量一般在 10 000 以下。蛋白质也是由许多氨基酸单元通过肽键组成的,但是蛋白质的相对分子质量更高,所含氨基酸单元多在 100 以上,结构也更复杂。

二、多肽的命名

多肽命名时常以 C 端为母体称某氨基酸,肽链其他部分由 N 端开始,各氨基酸残基依次称为某氨酰,置于母体名称前。为了书写简便起见,也常用简写来表示。例如:

NH$_2$CH$_2$CO—NHCH$_2$COOH　　　　　　　NH$_2$CH$_2$CO—NHCH(CH$_3$)COOH
　　甘氨酰甘氨酸　　　　　　　　　　　　　　甘氨酰丙氨酸
　　甘 - 甘(Gly-Gly)　　　　　　　　　　　　甘 - 丙(Gly-Ala)

三、多肽结构测定

测定多肽的组成,一般是将多肽在酸性溶液中进行水解,再用色层分离方法把各种氨基酸分开,然后进行分析,从而确定组成多肽的氨基酸的种类和数量。多肽中氨基酸的排列次序是通过末端分析的方法来确定的。用适当的化学方法使多肽链末端的氨基酸断裂下来,经过分析可以知道多肽链的两端是哪个氨基酸,这种方法叫末端分析法。

1. N端氨基分析 先用2,4-二硝基氟苯与多肽作用,N端游离氨基上的一个氢原子被取代,然后将该多肽衍生物在酸性溶液中完全水解。水解后的混合物中,2,4-二硝基苯基氨基酸很容易与其他氨基酸分离开,通过对它进行结构鉴定,推断原来N端是什么氨基酸。

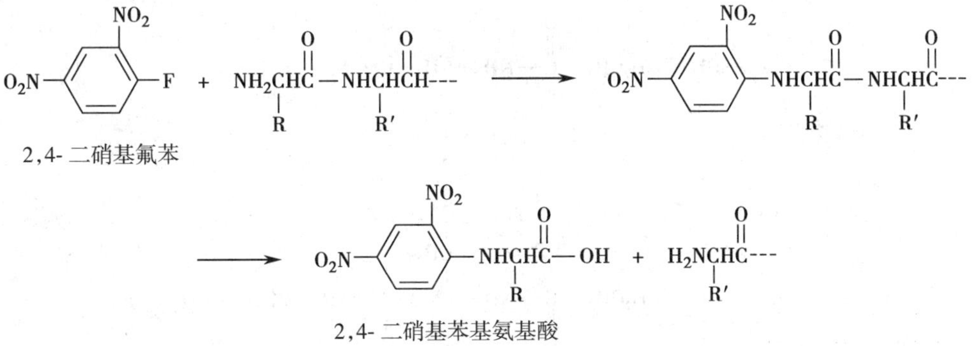

常用的N端氨基酸分析试剂还有异硫氰酸苯酯、丹酰氯等。

2. C端氨基酸分析 测定C端氨基酸的分析一般是酶催化法。羧肽酶只断裂多肽链中与游离α-羧基相邻的肽键,用羧肽酶可以选择性切除C端氨基酸,通过对这个氨基酸进行结构鉴定,推断原来C端是什么氨基酸。通过这样反复缩短肽链,逐一测定新的C端氨基酸,最后确定多肽的结构。

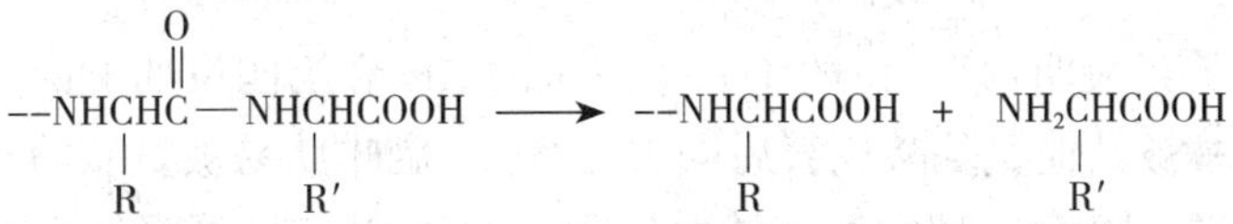

但是对于很长的肽链来说,要完全靠末端分析的方法确定所有氨基酸的连接次序,是有困难的,所以一般还要结合使用部分水解的方法。即先将多肽部分水解成较短的肽链,然后对这些较小的多肽进行末端分析,最后推断出原多肽分子中各种氨基酸的排列次序。

四、多肽的生理作用

生物活性肽通常按其来源分为内源性和外源性多肽。体内有多种游离态存在的多肽,含量非常少,但具有独特的生物学功能,称为内源性多肽,如谷胱甘肽、神经肽、催产素、加压素等。非机体产生却具有生物活性的肽类物质被称为外源性多肽,如外啡肽、免疫调节肽、抗凝血肽等。生物活性肽在生物的生长、发育、细胞分化、大脑活动、肿瘤病变、免疫调节、生殖控制、抗衰老等方面起着重要作用。

1. 谷胱甘肽 谷胱甘肽是广泛存在于动植物细胞中的重要多肽,由 L-Glu、L-Cys 和 Gly 组成,谷胱甘肽分子中有巯基(—SH),故称为还原型谷胱甘肽。两分子还原型谷胱甘肽的两个半胱氨酸巯基(—SH)在体内氧化,形成二硫键,构成氧化型谷胱甘肽。还原型谷胱甘肽在生物体内可保护细胞膜上含巯基的膜蛋白和含巯基的酶类免受氧化,从而维持细胞的完整性和可塑性。

$$^-OOC-CH-CH_2CH_2-\overset{\displaystyle O}{\overset{\|}{C}}-NH-CH-\overset{\displaystyle O}{\overset{\|}{C}}-NH-CH_2-COO^-$$

$$\underset{NH_3^+}{|} \qquad\qquad \underset{\underset{SH}{|}}{\underset{CH_2}{|}}$$

还原型谷胱甘肽(GSH)

$$^-OOC-CH-CH_2CH_2-\overset{\displaystyle O}{\overset{\|}{C}}-NH-CH-\overset{\displaystyle O}{\overset{\|}{C}}-NH-CH_2-COO^-$$

$$^-OOC-CH-CH_2CH_2-C-NH-CH-C-NH-CH_2-COO^-$$

氧化型谷胱甘肽(G-S-S-G)

2. 神经肽　甲硫氨酸脑啡肽和亮氨酸脑啡肽是 1973 年 Hughes 从猪脑中首次分离提取的两种内源性阿片样活性物质。这两种脑啡肽均为五肽,它们的差异在于 C 端的一个氨基酸残基不同,其结构式为:

Tyr-Gly-Gly-Phe-Met　　　　Tyr-Gly-Gly-Phe-Leu
甲硫氨酸脑啡肽　　　　　　　亮氨酸脑啡肽

脑啡肽的构效关系表明:第一位的 Tyr、第三位的 Gly 和第四位的 Phe 为活性基团,若这些位置上的氨基酸残基被其他氨基酸代替后即失去活性。脑啡肽易被氨肽酶和脑啡肽酶所降解,在体内的稳定性较差,当用 D- 型的氨基酸取代第二位的 Gly 时,可降低其酶解作用,成为有效的镇痛药。

<h1 align="center">第三节　蛋　白　质</h1>

<h2 align="center">一、蛋白质的组成和分类</h2>

所有的蛋白质分子都含有碳、氢、氧、氮、硫等元素,有的蛋白质还含有磷、硒或其他金属元素。蛋白质的氮元素含量较为稳定,多种蛋白质的平均含氮量约为 16%,在任何生物样品中,1g 氮元素相当于 6.25g 蛋白质,因此,测定生物样品中的蛋白质含量时,可以用测定生物样品中氮元素含量的方法间接求得蛋白质的大致含量。

每克样品中含氮克数 ×6.25×100=100 克样品中的蛋白质含量(%)

蛋白质彻底水解后,用化学分析方法证明其基本组成单元是 α- 氨基酸。存在于自然界的氨基酸有 300 余种,但构成天然蛋白质的氨基酸仅有 20 种。

蛋白质的结构复杂,一般根据其形状、溶解度、化学组成和功能进行分类。如按分子形状可将蛋白分为纤维蛋白和球状蛋白;按蛋白在水中的溶解度将其分为水溶性蛋白和非水溶性蛋白;按蛋白的化学组成可将其分为简单蛋白和结合蛋白等。

二、蛋白质的性质

(一)两性电离和等电点

蛋白质和氨基酸一样,均是两性物质。不同的蛋白质,等电点不同。

$$Pr\diagup_{NH_3^+}^{COOH} \underset{H^+}{\overset{OH^-}{\rightleftharpoons}} Pr\diagup_{NH_3^+}^{COO^-} \underset{H^+}{\overset{OH^-}{\rightleftharpoons}} Pr\diagup_{NH_2}^{COO^-}$$

<table>
<tr><td>阳离子</td><td>两性离子</td><td>阴离子</td></tr>
<tr><td>pH<pI</td><td>pH=pI</td><td>pH>pI</td></tr>
</table>

在等电点时,蛋白质的溶解度、黏度、渗透压、膨胀性及导电能力等均最小。因此,可以通过调节溶液的 pH 使蛋白从溶液中析出,达到分离纯化的目的。

(二)蛋白质的胶体性质

蛋白质是高分子化合物,相对分子质量很大,其分子颗粒的直径一般在 1~100nm 之间,位于胶体质点的范围,所以具有胶体溶液的特征,如布朗运动、丁达尔现象等。

稳定的蛋白质胶体溶液,具有扩散速度减慢、黏度大、不能透过半透膜等特征,这一特点在生物学上有重要意义,它能使各种蛋白质分别存在于细胞内外不同的部位,对维持细胞内外水和电解质分布的平衡、物质代谢的调节起着非常重要的作用。

蛋白质胶体的稳定性是由于蛋白质分子表面含有很多亲水基团,如氨基、羧基、羟基、巯基、酰胺基等,能与水分子形成水化层,把蛋白质分子颗粒分隔开来。此外,蛋白质在一定 pH 溶液中都带有相同电荷,因而使颗粒相互排斥。水化层的外围,还可有被带相反电荷的离子所包围,形成双电层。这些因素都是防止蛋白质颗粒互相聚沉,促使蛋白质形成稳定的胶体溶液的因素。

(三)蛋白质的盐析

往蛋白质胶体溶液中加入一定量的中性盐时,蛋白质便从溶液中沉淀出来,这种现象称为盐析。它的机制是盐溶液中的异性离子中和了蛋白质颗粒的表面电荷,破坏了蛋白质颗粒表面的水化层,影响了蛋白质胶体溶液的稳定性,降低了蛋白质在水中的溶解度。常用的中性盐有硫酸铵、硫酸钠、氯化钠等。

盐析时,若把溶液 pH 值调节至该蛋白质的等电点,则沉淀效果更好。根据各种蛋白质的颗粒大小、亲水性的程度不同,在盐析时需要盐的浓度也不一致。因此,调节中性盐的浓度,可使蛋白溶液中的几种蛋白质分段析出,这种方法称分段盐析法。盐析所得蛋白质加水稀释尚可复溶,并恢复其生理活性,临床检验中常用此法来分离和纯化蛋白质。

(四)蛋白质的变性

天然蛋白质受理化因素的作用,使蛋白质的构象发生改变,导致蛋白质的理化性质和生物学特性发生变化,这种现象叫变性作用。变性的实质是次级键(氢键、离子键、疏水作用等)的断裂,而形成一级结构的主键(共价键)并不受影响。能使蛋白质变性的物理因素有加热

（70~100℃）、剧烈振荡，超声波、紫外线和 X- 射线的照射。化学因素有强酸、强碱、尿素、去污剂、重金属盐、生物碱试剂、有机溶剂等。变性后的蛋白质称变性蛋白质，常表现为亲水性降低、溶解度降低、不易结晶、活性丧失等特点。

蛋白质的变性，在现实生活中有时非常重要。例如在高温、高压下蒸煮医疗器皿或用酒精消毒，都是为了细菌蛋白质变性而被杀灭。临床上抢救重金属盐中毒患者时，常常给其服用大量乳品或鸡蛋清，其目的是为了让蛋白质在消化道中与汞盐结合变性成不溶性物质，从而阻止有毒的汞离子吸入体内。当然，有时则需要避免蛋白质变性，例如各种疫苗常需存放在冰箱中，以免温度过高，造成蛋白质变性而失去生物活性。

（五）蛋白质的显色反应

蛋白质分子中的肽链和氨基酸残基能与某些试剂发生反应，形成有颜色的化合物，利用蛋白质这一特性可对蛋白质进行定性鉴定和定量分析。

1. 茚三酮反应　蛋白质溶液与水合茚三酮溶液作用，产生蓝紫色反应。

2. 缩二脲反应　蛋白质与碱性硫酸铜溶液反应，呈现紫色，称为缩二脲反应。因缩二脲也有这种颜色反应而得名。双缩脲由两分子尿素加热缩合而成，蛋白质分子中含有许多和双缩脲结构相似的肽键，因此，能发生类似的反应。

3. 蛋白黄反应　一些含有芳香环氨基酸，如苯丙氨酸、酪氨酸和色氨酸的蛋白质，遇浓硝酸后产生白色沉淀，加热时白色沉淀变为黄色，称为蛋白黄反应。这实际上是蛋白质分子中芳香环上的硝化反应，生成了黄色的硝基化合物。皮肤被硝酸玷污后变黄就是这个道理。

4. 米隆反应　含有酪氨酸的蛋白加入米隆（Millon）试剂（硝酸汞、硝酸亚汞和硝酸的混合物），加热后析出砖红色沉淀，含酪氨酸的蛋白质可用该颜色反应进行鉴别。

5. 亚硝酰铁氰化钠反应　含巯基的蛋白质可以和亚硝酰铁氰化钠反应，形成红色配合物，用于该类蛋白质的鉴别。

三、蛋白质的结构

生物体内的一切生命活动都与蛋白质有关，蛋白质的特殊功能是由其复杂的结构决定的。蛋白质是由各种 α- 氨基酸以肽键结合而成的高聚物，蛋白质多肽链中的氨基酸种类、数目和排列顺序决定了每一种蛋白质的空间结构，从而又决定了蛋白质的各种生物功能。为表示蛋白质不同层次的结构，将蛋白质结构分为一级结构、二级结构、三级结构和四级结构。蛋白质的一级结构又称为初级结构或基本结构，二级以上结构属于构象范畴，称为高级结构。

（一）一级结构

蛋白质的一级结构是指多肽链中氨基酸残基的连接方式和排列顺序以及二硫键的数目和位置，肽键是一级结构中连接氨基酸残基的主要化学键。有些蛋白质只有一条多肽链，有些有两条或多条多肽链，多肽链之间也存在其他类型的化学键，如二硫键、酯键等。任何特定的蛋白质都有其特定的氨基酸顺序，如牛胰岛素的一级结构见图 15-1。牛胰岛素分子是一条由 21 个氨基酸残基组成的 A 链和另一条由 30 个氨基酸残基组成的 B 链，通过两对二硫键连结而成的一个双链分子，而且 A 链本身还有一对二硫键。

（二）蛋白质的空间结构

具有一级结构的多肽链中各肽键平面通过 α- 碳原子的旋转形成一定的构象，称为二级结

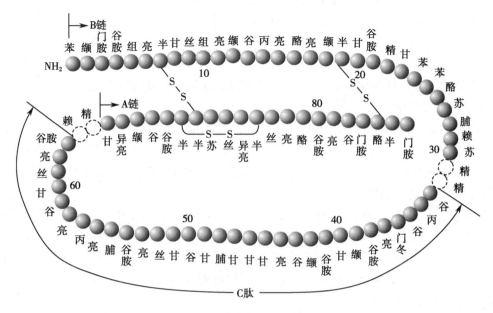

图 15-1　牛胰岛素的一级结构

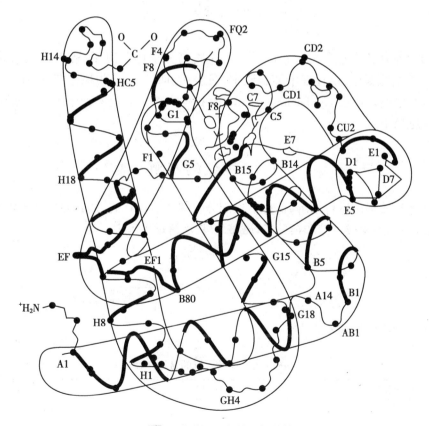

图 15-2　血红蛋白的四级结构

构。二级结构的形成是通过一个肽键平面中的羧基和另一肽键中—NH—之间形成的氢键使肽键平面呈不同的卷曲和折叠形状,主要有 α- 螺旋和 β- 折叠。

多肽链中,各个二级结构的空间排布方式及有关侧链基团之间的相互作用关系,称为蛋白质的三级结构。换言之,蛋白质的三级结构系指每一条多肽链内所有原子的空间排布,即多肽链的三级结构 = 主链构象 + 侧链构象。三级结构主要是靠氨基酸侧链之间的疏水相互作用、氢键、范德华力和盐键维持的。

三级结构对于蛋白质的分子形状及其功能活性部位的形成起重要作用,通过三级结构的形成,可将肽链中某些局部的几个二级结构汇成“口袋”或“洞穴”状,这种结构称为结构域,它们的核心部分多为疏水氨基酸构成,结合蛋白质的辅基常镶嵌在其中,这种结构域多半是蛋白质的活性部位,与功能活性有密切关系。

各亚基在蛋白质分子内的空间排布及相互接触称为蛋白质的四级结构。具有四级结构的蛋白质,其几个亚基的结构可以相同,也可以不同。如红细胞内的血红蛋白(hemoglobin,Hb)是由 4 个亚基聚合而成的,其分子结构如图 15-2 所示。4 个亚基两两相同,即含两个 α 亚基和两个 β 亚基。在一定条件下,这种蛋白质分子可以解聚成单个亚基,亚基在聚合或解聚时对某些蛋白质具有调节活性的作用。

第四节 核 酸

核酸最早是从细胞核中分离得到的一种生物高分子化合物,因具有酸性,故名核酸。核酸不仅存在于细胞核中,也存在于细胞质中,根据其组成核酸分为核糖核酸(ribonucleic acid,RNA)和脱氧核糖核酸(deoxyribonucleicacid,DNA)两大类。前者主要存在于细胞质中,后者主要存在于细胞核中。

一、核酸的水解

核酸用稀酸或稀碱进行水解,首先发生部分水解产生核苷酸,核苷酸进一步再水解成磷酸和核苷,核苷再水解生成戊糖和杂环碱(碱基)。其水解过程可表示为:

核酸水解的最终产物见表 15-2。

表 15-2 核酸水解的最终产物

水解产物类别	DNA	RNA
酸	磷酸	磷酸
戊糖	D-2- 脱氧核糖	D- 核糖
嘌呤碱	腺嘌呤,鸟嘌呤	腺嘌呤,鸟嘌呤
嘧啶碱	胞嘧啶,胸腺嘧啶	胞嘧啶,尿嘧啶

二、核酸的化学组成

从核酸的水解终产物可知,核酸的化学组成为:磷酸,戊糖和杂环碱。

1. 核糖 组成核酸的戊糖有 D- 核糖和 D-2- 脱氧核糖:

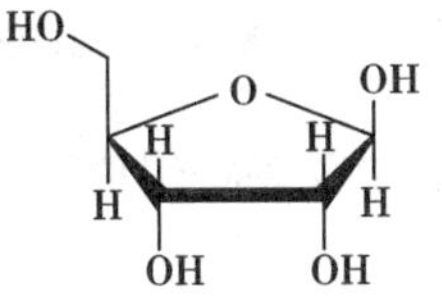

D-核糖 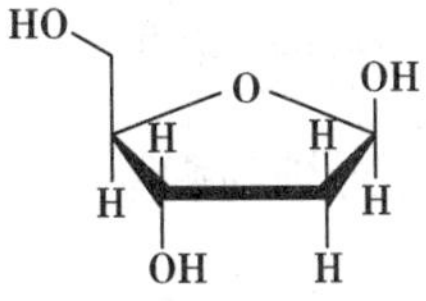   D-2-脱氧核糖

DNA 与 RNA 的主要差别在于戊糖上,前者含 D-2- 脱氧核糖,后者含 D- 核糖。

2. 杂环碱 组成核酸的杂环碱主要有嘌呤碱和嘧啶碱,它们分别是嘌呤环和嘧啶环的衍生物:

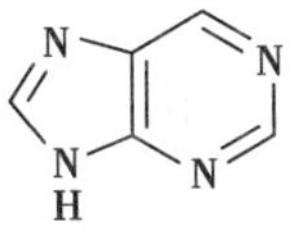

嘌呤 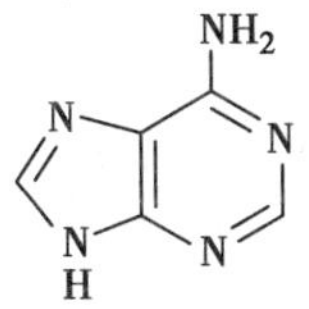   腺嘌呤 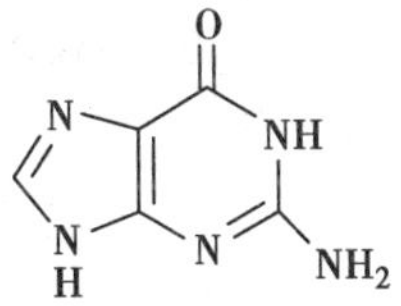   鸟嘌呤

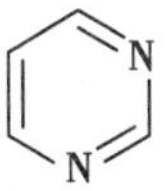

嘧啶 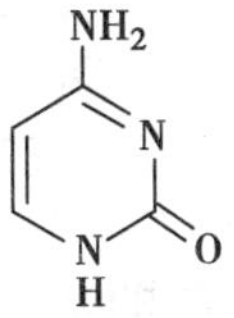   胞嘧啶 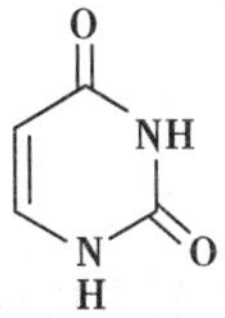   尿嘧啶 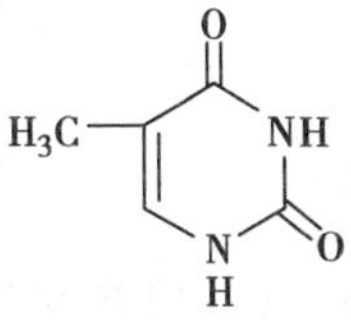   胸腺嘧啶

组成 DNA 的杂环碱分别是:腺嘌呤、鸟嘌呤、胞嘧啶和胸腺嘧啶;组成 RNA 的杂环碱分别是:腺嘌呤、鸟嘌呤、胞嘧啶和尿嘧啶。

3. 核苷 核苷由核糖或脱氧核糖与杂环碱组成。X- 射线衍射分析证实:核苷的形成是由核糖或脱氧核糖 1′ 位上的羟基与嘌呤环上 9 位或嘧啶环上 1 位氮原子上的氢失水而形成的。DNA 的核苷由脱氧核糖分别与腺嘌呤、鸟嘌呤、胞嘧啶和胸腺嘧啶组成。

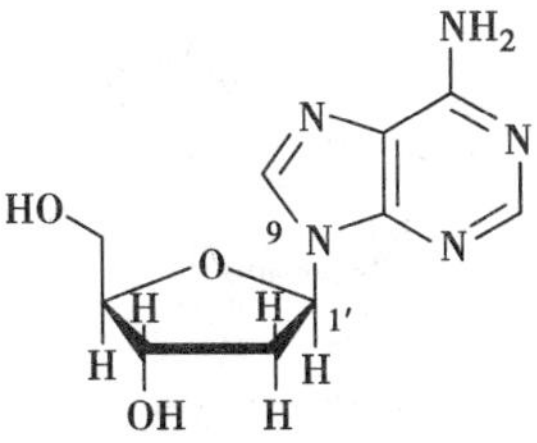

腺嘌呤脱氧核苷 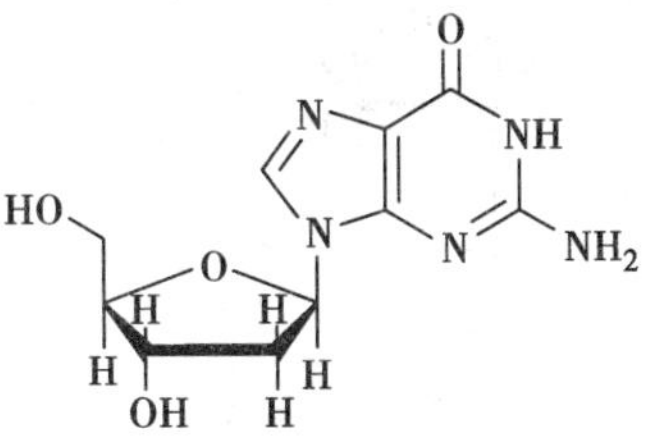   鸟嘌呤脱氧核苷

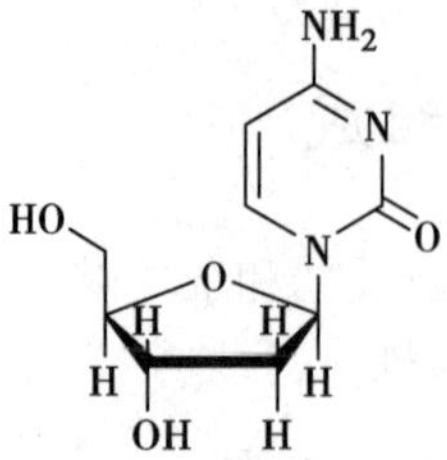

胞嘧啶脱氧核苷 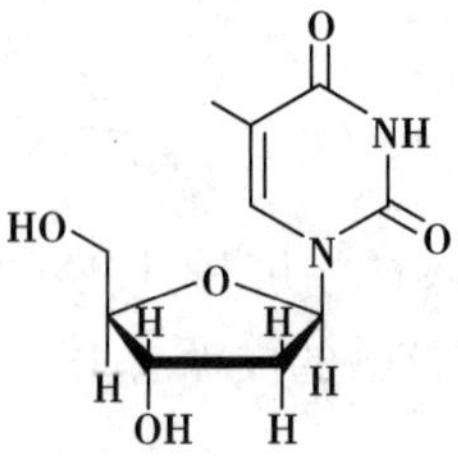 胸腺嘧啶脱氧核苷

RNA 的核苷由核糖分别与腺嘌呤、鸟嘌呤、胞嘧啶和尿嘧啶组成。

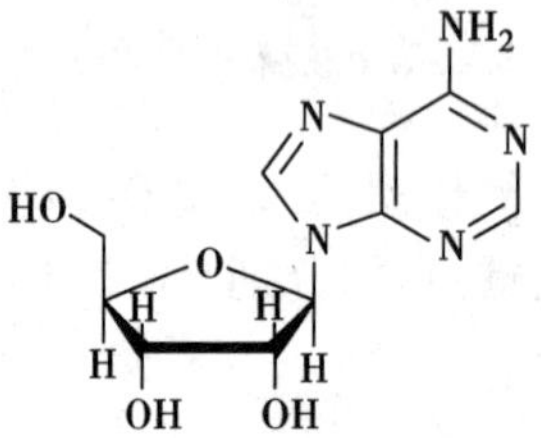

腺嘌呤核苷 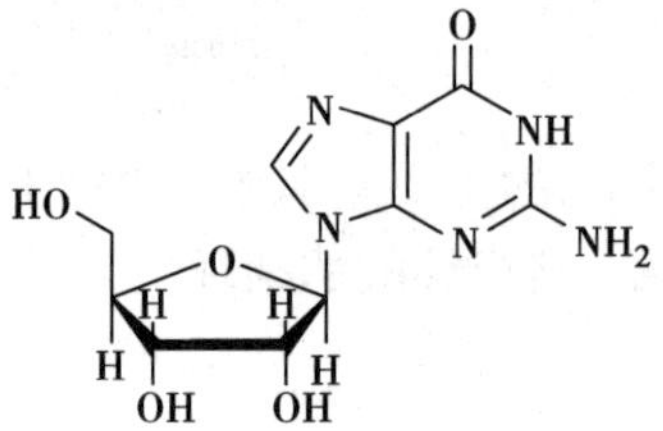 鸟嘌呤核苷

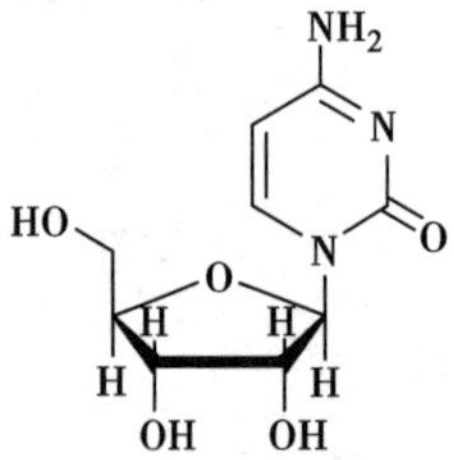

胞嘧啶核苷 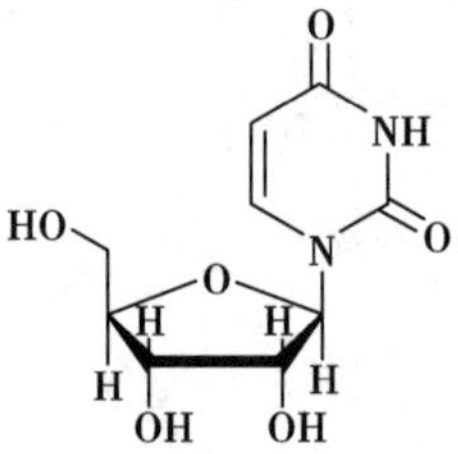 尿嘧啶核苷

4. 核苷酸 核苷酸是核苷与磷酸生成的酯,它是核酸的基本组成单位,在核苷酸中既含有磷酸基又含有嘌呤环或嘧啶环,所以它是两性化合物,酸性强于碱性。

DNA 的核苷酸有脱氧腺苷酸、脱氧鸟苷酸、脱氧胞苷酸和脱氧胸苷酸。例如,在 DNA 的腺嘌呤核苷上脱氧核糖的 3′ 或 5′ 位上的羟基可分别与磷酸生成脱氧腺苷 -3′ - 磷酸或脱氧腺苷 -5′ - 磷酸。

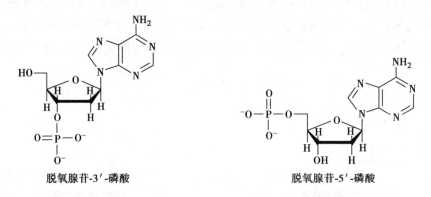

脱氧腺苷-3′-磷酸 脱氧腺苷-5′-磷酸

RNA 的核苷酸有腺苷酸、鸟苷酸、胞苷酸和尿苷酸。例如,在 RNA 的腺嘌呤核苷上核糖的 3′ 或 5′ 位上的羟基可分别与磷酸生成腺苷 -3′ - 磷酸或腺苷 -5′ - 磷酸。

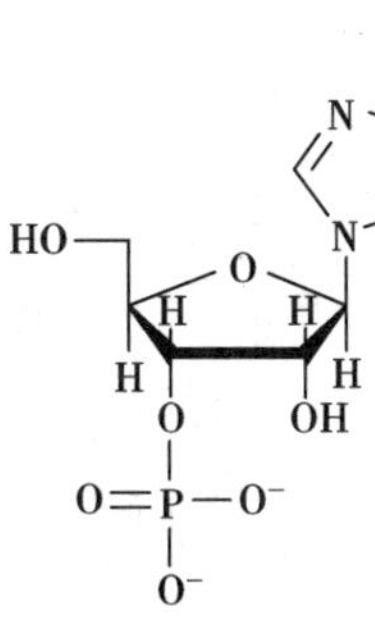

腺苷-3′-磷酸 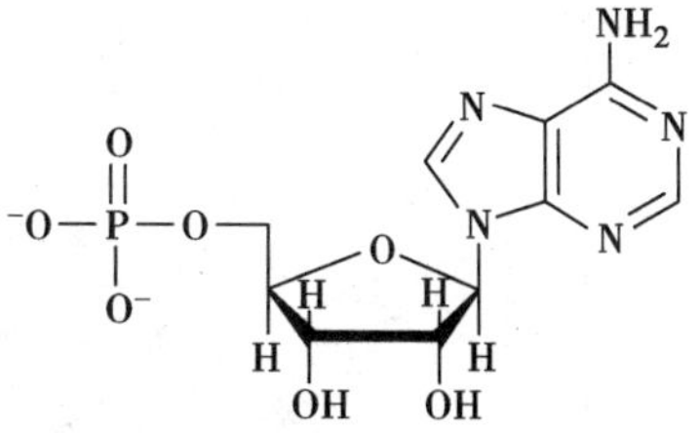　　　　　　　　　　腺苷-5′-磷酸

三、核酸分子的空间结构

1. 一级结构　核酸链中含不同碱基的各种核苷酸是按一定的排列次序互相联结的,形成核酸的一级结构。例如,RNA 结构中一个核苷酸中糖基的 5′ 位上的磷酸与另一个核苷酸中糖基的 3′ 位的羟基通过形成磷酸二酯键将二者联系起来。这种磷酸二酯键是核酸结构中有特色的部分,可用下式示意:

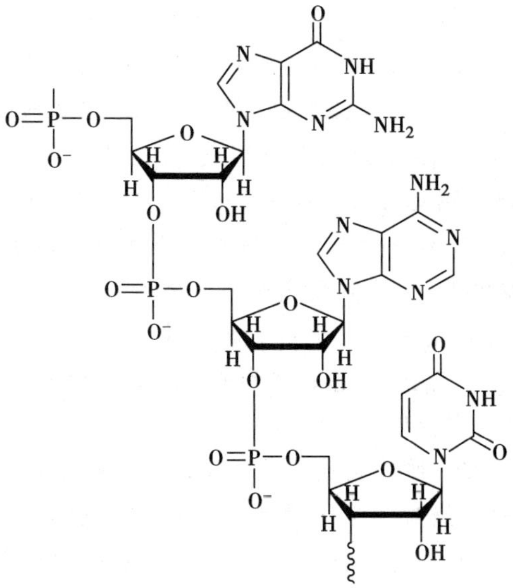

2. 核酸的二级结构　DNA 分子是由两条逆向平行的多核苷酸链沿着一个轴向右盘旋形成双螺旋体(图 15-3)。这两条链称为主链,主链由脱氧核糖和磷酸组成,两条主链围绕着一个共同的轴心以右手方向盘旋,方向相反,形成双螺旋;主链位于双螺旋体的外侧,碱基位于双螺旋体的内侧,与轴心垂直,两条主链通过它们的碱基间形成氢键结合。碱基之间存在着构造互补性:腺嘌呤与胸腺嘧啶成对,形成两条氢键;鸟嘌呤与胞嘧啶成对形成三条氢键,这种规律称为"碱基配对"规律。只要确定了 DNA 中一条主链的核苷酸的连接顺序,另一条的核苷酸连接顺序也就被确定了。

RNA 与 DNA 的不同之处在于 RNA 常以单链形式存在,单链的 RNA 分子通过自身回折实现核苷链的碱基配对,形成短的双螺旋区域。

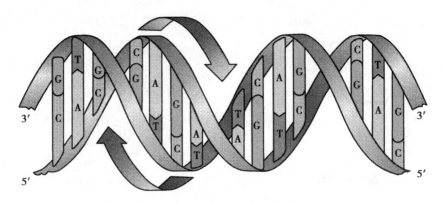

图 15-3 DNA 的双螺旋结构

 本章小结

　　构成天然蛋白质的氨基酸有 20 种,溶于强酸或强碱,在非极性有机溶剂中的溶解度较小。氨基酸是两性化合物,氨基酸可在不同酸碱条件下发生的两性电离,当所带的正、负电荷相等时溶液的 pH 值称为等电点(pI)。中性氨基酸 pI =5.5~6.3,酸性氨基酸 pI =2.8~3.2,碱性氨基酸 pI =7.6~10.6。

　　氨基酸具有氨基和羧基的通性,也有特殊的反应。α- 氨基酸发生脱羧反应,生成胺和二氧化碳;α- 氨基酸(脯氨酸除外)与亚硝酸作用生成 α- 羟基酸;α- 氨基酸受热生成交酰胺,进一步发生水解生成二肽;β- 氨基酸受热形成 α,β- 不饱和酸;γ- 或 δ- 氨基酸受热形成内酰胺。α- 氨基酸与茚三酮反应生成紫色化合物,该性质常用于鉴别氨基酸。

　　蛋白质结构分为一级、二级、三级和四级结构。蛋白质可发生两性电离,在一定 pH 溶液中表面形成水化层和双电层,促使蛋白质形成稳定的胶体溶液。蛋白质存在盐析现象,通过分段盐析法可分离、纯化蛋白质。蛋白质构象改变可导致其变性。蛋白质和茚三酮、缩二脲可发生颜色反应,含苯丙氨酸、酪氨酸和色氨酸的蛋白质可与硝酸发生黄色反应;这些颜色反应可用于蛋白质的定性鉴定和定量分析。

　　核酸部分水解产生核苷酸,核苷酸进一步水解成磷酸和核苷,核苷再水解生成戊糖和杂环碱(碱基)。组成 DNA 的核糖为 D-2- 脱氧核糖,杂环碱包括:腺嘌呤、鸟嘌呤、胞嘧啶和胸腺嘧啶;组成 RNA 的核糖为 D- 核糖,杂环碱分别是:腺嘌呤、鸟嘌呤、胞嘧啶和尿嘧啶。

（张静夏）

复习题 ○ ○ ○

　　1. 写出下列化合物的结构式。

　　(1) 半胱氨酸 　　　　　　　　(2) 苯丙氨酸

　　(3) 谷氨酸 　　　　　　　　　(4) 丝氨酸

　　(5) 酪氨酸 　　　　　　　　　(6) 丙氨酰赖氨酸

(7) 亮氨酰蛋氨酸 （8）5-氟尿嘧啶

（9）胞苷 （10）脱氧鸟苷

2. 写出下列氨基酸在指定 pH 的水溶液中的主要存在形式。

（1）亮氨酸在 pH 为 1 时 （2）天冬氨酸在 pH 为 3 时

（3）赖氨酸在 pH 为 10 时 （4）苏氨酸在 pH 为 8 时

3. 写出丝氨酸、酪氨酸和谷氨酸与下列试剂发生反应的产物。

（1）NaOH （2）HCl （3）CH_3OH/H^+

（4）乙酐 （5）$NaNO_2 + HCl$

4. 写出下列反应的反应产物

（1）$Tyr + Br_2 \longrightarrow$

（2）$Phe + HNO_2 \longrightarrow$

（3）$Val \xrightarrow[\triangle]{Ba(OH)_2}$

（4）$CH_3\underset{NH_2}{\overset{|}{C}HCOOH} + (CH_3CO)_2O \longrightarrow$

（5）$CH_3\underset{NH_2}{\overset{|}{C}HCH_2CH_2CH_2COOH} \xrightarrow{\triangle}$

（6）$CH_3\underset{NH_2}{\overset{|}{C}HCOOH} \xrightarrow{\triangle}$

（7） O_2N-（NO_2）-F + Gly-Ala $\longrightarrow$

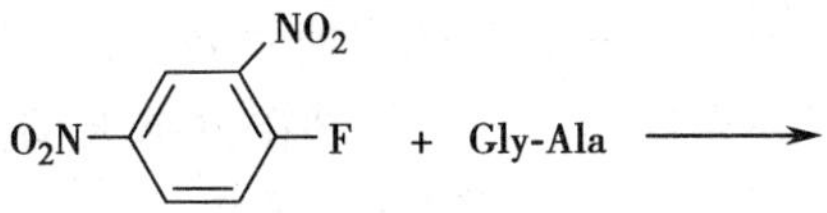

（8） $\xrightarrow{NaOH}$

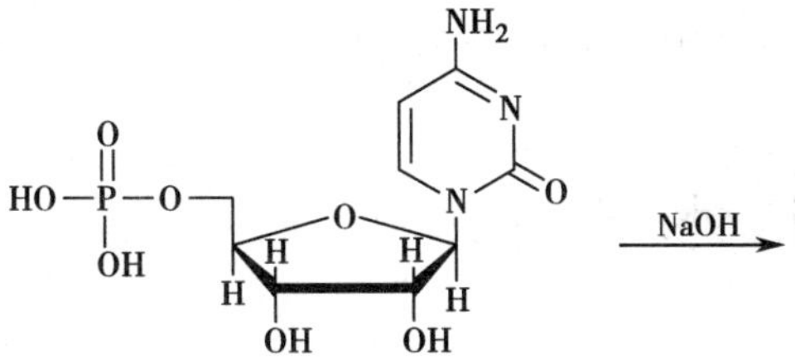

5. 命名下列多肽化合物

（1）Ala-Cys-Val （2）Glu-Tyr

（3）Ser-Asp （4）$CH_3SCH_2CH_2\underset{NH_2}{\overset{|}{C}HCONH\underset{CH_3}{\overset{|}{C}HCOOH}}$

（5）Phe-Pro-Met （6）$HOOCCH_2CH_2\underset{NH_2}{\overset{|}{C}HCONHCH_2COOH}$

6. 用化学方法鉴别下列化合物

（1）苹果酸和天冬氨酸 （2）丝氨酸和乳酸

（3）酪氨酸、水杨酸和酪蛋白

第十六章

有机化合物波谱分析

学习目标 ▮▮▮

1. 掌握 红外光谱、紫外光谱、核磁共振波谱和质谱与有机物分子结构的关系。
2. 熟悉 红外光谱、紫外光谱、核磁共振波谱和质谱产生的基本原理。
3. 了解 "四谱"在解析有机化合物结构时的综合运用。

有机化合物的结构鉴定是有机化学的重要组成部分。在有机化学发展初期,它主要是通过化学方法来完成的,但这种方法操作烦琐、费力费时。自20世纪50年代以来,由于近代物理实验技术和计算机科学的飞速发展,一些现代分析仪器逐渐问世并应用到有机化合物的结构鉴定中,极大地促进了对有机化合物结构的研究,推动了有机化学的飞速发展。在这些仪器分析方法中,鉴定有机化合物结构最常用的方法有紫外光谱、红外光谱、核磁共振波谱及质谱(通常称为四谱),它们具有快速、准确、取样少,且不破坏样品(除质谱外)等优点。

本章主要介绍四谱的基本知识及在有机化合物结构测定中的应用。

第一节 红 外 光 谱

光是一种电磁波,既有粒子性又有波动性。可用波的参量如波长(λ)、频率(ν)或波数($\bar{\nu}$)等来描述。它们之间有如下关系:

$$\nu = \frac{c}{\lambda} = c\bar{\nu}$$

式中,c 为光速($c = 3 \times 10^8 \, \text{m} \cdot \text{s}^{-1}$)。波数($\bar{\nu}$)为波长的倒数($1/\lambda$)。

每种波长的电磁波都具有一定的能量(E),其量值与频率和波长的关系是:

$$E = h\nu = hc/\lambda$$

式中,h 为普朗克(Planck)常数($6.626 \times 10^{-34} \, \text{J} \cdot \text{s}$)。电磁波的能量与其频率成正比,即电磁波波长越短,波数越大,频率越高,其具有的能量就越高。

分子及分子中的原子、电子、原子核等都以不同形式进行运动,如:分子平动、电子运动、分子振动及分子转动等。每种运动形式都具有一定的能量,这些能量除平动能外都是量子化的。而电磁波可提供能量,当辐射能恰好等于分子运动的某两个能级之差时,分子就会吸收该波长的电磁波而实现能级跃迁。用仪器记录分子对不同波长电磁波的吸收情况,就可得到相应的谱图,即为吸收光谱。

不同波长的电磁辐射作用于被测物质的分子,可引起分子内不同运动方式能量的改变,即产生不同的能级跃迁。若分子吸收了紫外 - 可见光后,则引起价电子的能级跃迁,产生紫外 - 可见光谱。若吸收红外光,则引起分子振动和转动能级跃迁,产生红外光谱。而自旋的原子核在外加磁场作用下,可吸收无线电波,引起核的自旋能级跃迁而产生核磁共振谱。上述不同的吸收光谱从不同角度反映出分子的结构特征,所以可以通过测定吸收光谱来获取有机分子结构方面的相关信息。表 16-1 所示的是不同光谱区域与相应的能级跃迁形式。

表 16-1 不同光谱区域与能级跃迁

电磁波	光谱	波长(频率)	激发能/$kJ \cdot mol^{-1}$	跃迁类型
远紫外光	真空紫外光谱	10~200nm	11 960~598	σ 电子跃迁
近紫外光	近紫外光谱	200~400nm	598~299	n 及 π 电子跃迁
可见光	可见光谱	400~800nm	299~150	n 及 π 电子跃迁
近红外光	近红外光谱	0.8~2.5μm	150~47	分子振动能级跃迁
中红外光	中红外光谱	2.5~25μm (4000~400cm^{-1})	47~4.7	分子振动能级跃迁
远红外光	远红外光谱	25~100μm (400~100cm^{-1})	4.7~1.2	分子转动能级跃迁
无线电波	核磁共振波谱	(10^7~10^8Hz)		核自旋能级跃迁

一、分子振动与红外光谱

红外光谱(infrared spectrum,IR)是由于分子振动能级的跃迁(同时伴随转动能级跃迁)而产生的。通常红外光谱仪使用的波数是 4000~400cm^{-1},属中红外区,其能量可引起分子振动能级跃迁,故红外光谱也称为振动光谱。几乎所有的有机化合物在红外光区都有吸收,因此,红外光谱在有机化合物结构的表征上应用广泛。但需要指出的是,并非所有的分子振动都能产生红外光谱。分子作为一个整体是呈电中性的,但其正负电荷的中心可以不重合,而成为一个极性分子,极性的大小可用偶极矩 μ 来衡量。分子在振动过程中,如果能引起偶极矩的变化,则能产生可观测的红外吸收谱带,这种振动被称为是红外活性的。例如 HCl 分子,振动时能引起分子偶极矩的变化,产生红外光谱。而 H_2、O_2、N_2 等非极性分子无永久偶极,振动时不能引起正负电荷中心的位移,因而无红外吸收光谱。

分子振动可分为两种类型:伸缩振动和弯曲振动。以亚甲基为例加以说明:

1. 伸缩振动 只改变键长的振动,用符号 υ 表示。伸缩振动又可分为对称伸缩振动(υ_s)和不对称伸缩振动(υ_{as})两种(图 16-1)。

2. 弯曲振动 不改变键长的振动,用符号 δ 表示。弯曲振动又可分为剪式振动、摇摆振动和扭曲振动(图 16-2)。

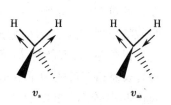

图 16-1 亚甲基(CH_2)伸缩振动示意图

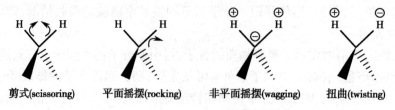

剪式(scissoring)　　平面摇摆(rocking)　　非平面摇摆(wagging)　　扭曲(twisting)

图 16-2　亚甲基(CH₂)弯曲振动示意图

图中⊕表示原子向纸平面前方运动,⊖表示原子向纸平面后方运动

根据物理学胡克定律,可将双原子分子的伸缩振动视为弹簧振子的简谐振动(图 16-3)。即把双原子分子的两个原子看成两个小球,其间的化学键看成是质量可以忽略的弹簧。

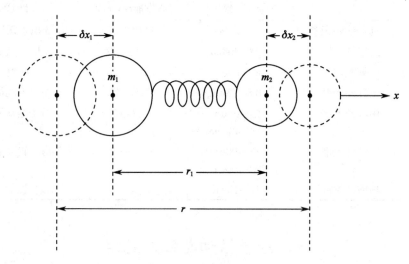

图 16-3　谐振子示意图

其振动频率可按以下公式近似计算:

$$\overline{v} = \frac{v}{c} = \frac{1}{2\pi c}\sqrt{\frac{k}{\mu}} \qquad 其中 \qquad \mu = \frac{m_1 \cdot m_2}{m_1 + m_2}$$

式中,$\overline{v}$ 为波数,表示吸收频率;c 为光速;k 为键的力常数,对于不同的化学键可有不同的数值;μ 称为折合质量,其中 m_1、m_2 为成键原子的相对质量。

从上式可以看出,特征频率取决于所涉及的原子质量和连接原子的化学键类型。

构成化学键的原子质量越小,振动频率(波数)越高。例如,组成 O—H、N—H、C—H 等键的原子中有一个是原子量最小的氢,它们的折合质量 μ 比 C—O、C—N、C—C 等键小得多,而这些单键的力常数 k 相差不大,所以与氢原子构成的 O—H、N—H、C—H 等键的伸缩振动吸收峰出现在高波数区域(3650~2500cm⁻¹)。

键长越短,键能越大,键的力常数 k 越大,则振动频率(波数)越高。单键(与 H 的单键除外)、双键和三键的力常数依次增加,所以在红外光谱图上,就伸缩振动而言,三键伸缩振动吸收区频率较高(2260~2100cm⁻¹),双键吸收区频率较低(1800~1390cm⁻¹),单键吸收区频率最低(1360~1030cm⁻¹)。

有机化合物中不同官能团的振动频率不同,发生振动能级跃迁时,吸收的红外光波长不同,因而可以产生各不相同的红外光谱。化合物的红外光谱有如人的指纹,具有鲜明的特征性,各化合物的红外光谱中,吸收峰的位置、形状和相对强度各不相同。因此,可以利用红外光谱来判断分子中官能团的种类,帮助鉴定物质的组成和结构。

二、红外吸收光谱的表示方法

红外光谱图的横坐标为波数(cm^{-1})或波长(μm),表示吸收峰位置;纵坐标为透光率(T%)或吸光度(A),表示吸收峰的强度。当以 A 为纵坐标时,吸收峰朝向谱图的上方;若以 T% 为纵坐标,则吸收峰朝向谱图的下方。

红外光谱图中吸收峰的位置(横坐标)代表各官能团振动的频率。理论上每一种振动在红外光谱中将产生一个吸收峰,但实际上一个化合物红外图谱中吸收峰的数目往往少于分子振动数目。其原因是:只有引起分子偶极矩变化的振动,才产生红外吸收峰;频率完全相同的振动所产生的吸收峰彼此发生简并;强而宽的吸收峰往往覆盖与之频率相近的弱而窄的吸收峰。

吸收峰的相对强度大小表示样品对红外光的吸收程度,这取决于样品的浓度以及振动时偶极矩变化的大小。样品浓度增大吸收峰增强。化学键的极性越强,振动时引起偶极矩变化越大,吸收峰强度越强。例如,C=O、C=N、C—N、C—O 和 C—H 等吸收峰都较强,而 C—C 的吸收峰则较弱。另外,一般来说,伸缩振动导致偶极矩的变化较大,因此伸缩振动对应的红外吸收峰都强于弯曲振动峰。

一般将吸收峰强度分为五种:vs(很强)、s(强)、m(中强)、w(弱)和 v(可变)。峰的形状用 br(宽)和 sh(尖)等描述。

图 16-4 是十二烷($C_{12}H_{26}$)的红外光谱。谱图中出现一系列吸收峰,其中 2950~2800cm^{-1} 的吸收峰对应于甲基(CH_3)和亚甲基(CH_2)中 C—H 键的伸缩振动;1460cm^{-1} 对应于亚甲基(CH_2)中 C—H 的弯曲振动;1380cm^{-1} 对应于甲基(CH_3)中 C—H 的弯曲振动;720cm^{-1} 对应于$(CH_2)_n$的摇摆振动。

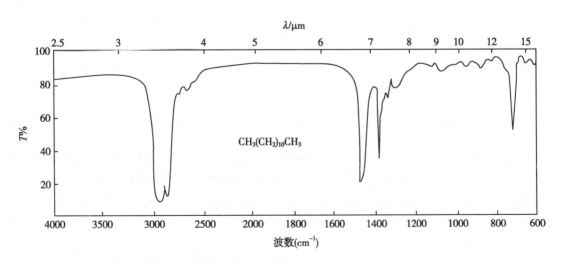

图 16-4　十二烷的红外光谱

三、特征吸收频率与指纹区

红外光谱一般分为两个区域:特征频率区和指纹区。

1. 特征频率区($4000 \sim 1350 cm^{-1}$) 吸收峰主要是特征官能团伸缩振动而产生的,它们受分子中其他结构的影响较小,彼此间很少重叠,易于辨认。因此,根据特征频率区吸收峰的位置,可以推测未知化合物中所含的官能团。该区域又可以分为:

(1) 含 H 基团伸缩振动区($3700 \sim 2500 cm^{-1}$):主要是 O—H、N—H 和 C—H 等单键的伸缩振动吸收峰。

(2) 三键和多键伸缩振动区($2400 \sim 2100 cm^{-1}$):主要是 C≡C、C≡N 等三键和 C=C=C、C=N=O 等累积双键的伸缩振动吸收峰。

(3) 双键伸缩振动区($1800 \sim 1600 cm^{-1}$):主要是 C=C、C=O、C=N 和 N=O 等双键的伸缩振动吸收峰。

常见有机化合物的红外光谱特征吸收频率见表 16-2。

表 16-2 常见有机化合物的红外光谱特征吸收频率

化学键	化合物类型	频率范围 / cm^{-1}	强度	化学键	化合物类型	频率范围 / cm^{-1}	强度
C—H(伸缩)	烷烃	3000~2850	s	C=O	酮	1725~1705	s
C—H(弯曲)	烷烃	1470~1350	s	C=O	羧酸	1725~1700	s
=C—H(伸缩)	烯烃	3100~3000	m	C=O	酸酐	1810,1760	s
=C—H(弯曲)	烯烃	1000~675	s	C=O	酯	1750~1730	s
≡C—H(伸缩)	炔烃	3300	m	C=O	酰胺	1700~1640	s
Ar—H(伸缩)	芳烃	3100~3000	m	O—H	醇、酚(游离)	3650~3600	sh,v
Ar—H(弯曲)	芳烃	1000~650	s	O—H	醇、酚(氢键)	3600~3200	br,s
C=C	烯烃	1680~1640	v	O—H	羧酸	3550~2500	br,v
C≡C	炔烃	2250~2100	v	N—H	胺	3500~3300	m
芳环骨架	芳烃	1600,1500	v	C—N	胺	1360~1180	s
C—O	醇、醚、羧酸、酯	1300~1000	s	C≡N	腈	2260~2210	v
C=O	醛	1740~1720	s				

2. 指纹区($1350 \sim 400 cm^{-1}$) 吸收峰主要是 C—C、C—N、C—O 等单键的伸缩振动和各种弯曲振动所产生的。这一区域的吸收峰对分子结构十分敏感,分子结构有细微变化,就会引起吸收峰的位置和强度明显改变,犹如人的指纹一样因人而异,所以常把这一区域称为指纹区。在指纹区内,每个化合物都有自己的特征光谱,这对于结构相似化合物的鉴定或不同化合物细微结构差别的推测都极为有用。

解析红外光谱图时,先根据特征频率区($4000 \sim 1350 cm^{-1}$)各吸收峰的位置推测样品中所含的官能团,再根据指纹区($1350 \sim 400 cm^{-1}$)的吸收峰鉴别具体的化合物。

四、各类化合物的红外光谱特征

1. 烃类化合物 烃类化合物在含 H 基团伸缩振动区(3700~2500cm⁻¹)都有特征吸收,其中,饱和 C—H 的伸缩振动吸收一般都低于 3000cm⁻¹,不饱和 C—H 的伸缩振动吸收则高于 3000cm⁻¹。

例如,比较正己烷(图 16-5)、1- 庚烯(图 16-6)和甲苯(图 16-7)这 3 个红外光谱图可知,正己烷的 C—H 键伸缩振动峰在 3000~2850cm⁻¹,亚甲基和甲基的弯曲振动峰在 1466cm⁻¹(m)和 1378cm⁻¹(w)。而 1- 庚烯的不饱和碳氢键(=C—H)伸缩振动峰在 3100~3000cm⁻¹,饱和碳氢键(C—H)伸缩振动峰在 3000~2850cm⁻¹;C=C 键伸缩振动峰在 1680~1640cm⁻¹,=C—H 键弯曲振动峰在 900cm⁻¹ 附近。在甲苯谱图中,Ar—H 伸缩振动出现在 3100~3000cm⁻¹,饱和碳氢键(C—H)伸缩振动峰在 3000~2850cm⁻¹(用 A 区表示);芳环的碳碳骨架伸缩振动在 1650~1450cm⁻¹ 有 2~4 个中等偏弱的吸收谱带(1600、1580、1500 和 1450cm⁻¹)(用 B 区表示),这是芳香环的特征谱带;Ar—H 弯曲振动(用 C 区表示)在 900~650cm⁻¹,其具体频率则取决于苯环上取代基的数目和位置(表 16-3),该区域可用于鉴定芳环取代基的位置。

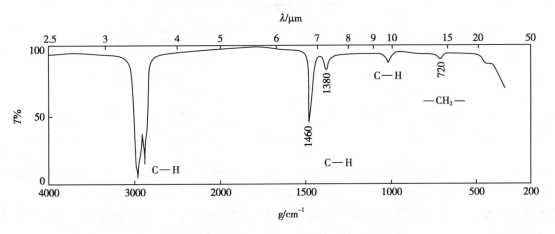

图 16-5 正己烷的红外光谱

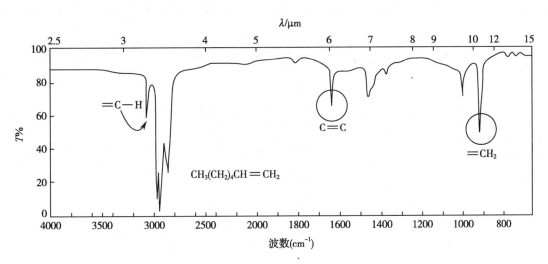

图 16-6 1- 庚烯的红外光谱

333

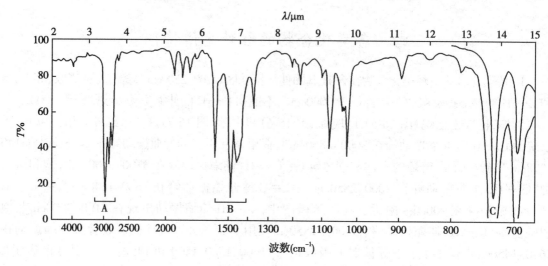

图 16-7 甲苯的红外光谱

表 16-3 苯环上不同取代基时 Ar—H 的弯曲振动吸收频率

取代苯类型	频率/cm^{-1}
单取代苯(5 个邻接 H)	710~690(s)和 770~730(vs)
邻位二取代(4 个邻接 H)	770~735(vs)
间位二取代(3 个邻接 H)	725~680(ms)和 810~750(vs)
(1 个孤立 H)	900~860(m)
对位二取代(2 个邻接 H)	860~800(vs)
五取代(1 个孤立 H)	900~860(s)

2. 醇和酚 醇或酚的特征吸收是 O—H 和 C—O 的伸缩振动吸收。游离的 O—H 伸缩振动在 3640~3610cm^{-1} 有尖锐吸收峰,而缔合的 O—H 伸缩振动在 3600~3200cm^{-1} 出现一个强而宽的吸收峰,这是因为形成分子间氢键而使吸收频率降低而且吸收峰增宽。不同类型的醇可凭借 C—O 的伸缩振动在 1200~1000cm^{-1} 范围内的强宽峰而予以鉴别:伯醇 ~1050cm^{-1},仲醇 ~1100cm^{-1},叔醇 ~1150cm^{-1}。酚的 C—O 的伸缩振动在 1335~1165cm^{-1}。图 16-8 是苯酚

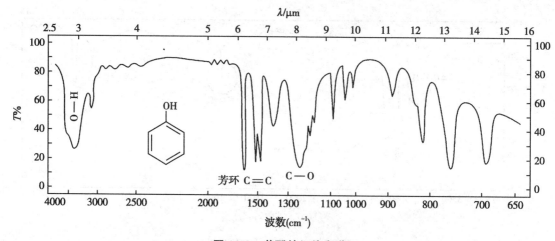

图 16-8 苯酚的红外光谱

的红外光谱图。

3. 羰基化合物　含羰基的化合物包括醛、酮、羧酸、酯等。这类化合物在 $1800\sim1650\text{cm}^{-1}$ 都有很强的 C＝O 伸缩振动吸收峰,脂肪醛在 $1740\sim1720\text{cm}^{-1}$,脂肪酮略低,在 $1725\sim1705\text{cm}^{-1}$。当羰基与烯键或芳环共轭,会使波数降低。醛除羰基的伸缩振动外,还有醛基 C—H 在 2820 和 2720cm^{-1} 有伸缩振动峰(图 16-9),而酮和羧酸则没有。

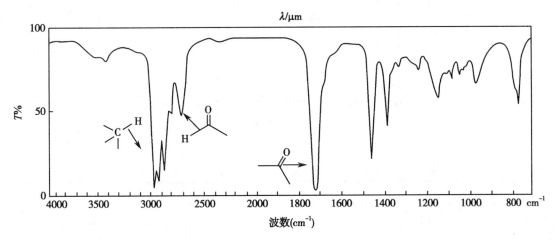

图 16-9　2-乙基丁醛的红外光谱

羧酸除了在 1700cm^{-1} 左右有 C＝O 的强伸缩振动外,还在 $3550\sim2500\text{cm}^{-1}$ 出现 O—H 的振动吸收。由于羧酸通常以二聚体的形式存在,分子内氢键致使 O—H 吸收峰红移且增宽,因此 C—H 的伸缩振动吸收峰常被覆盖。图 16-10 是丙酸的红外光谱图。

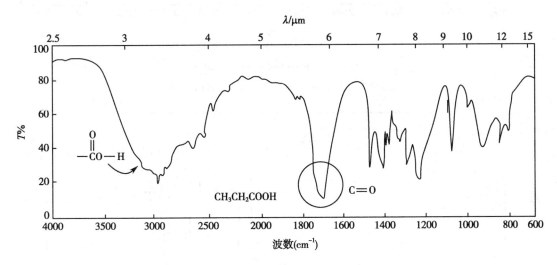

图 16-10　丙酸的红外光谱

4. 胺　伯胺和仲胺的 N—H 伸缩振动峰在 $3500\sim3100\text{cm}^{-1}$,伯胺有两个吸收峰,仲胺只有一个吸收峰,而叔胺因不含 N—H,在此范围内无吸收峰(图 16-11)。

下面举例说明有机化合物红外谱图解析过程:

例　某化合物的分子式为 C_8H_8O,红外光谱如图 16-12 所示,试推测其可能的分子结构。

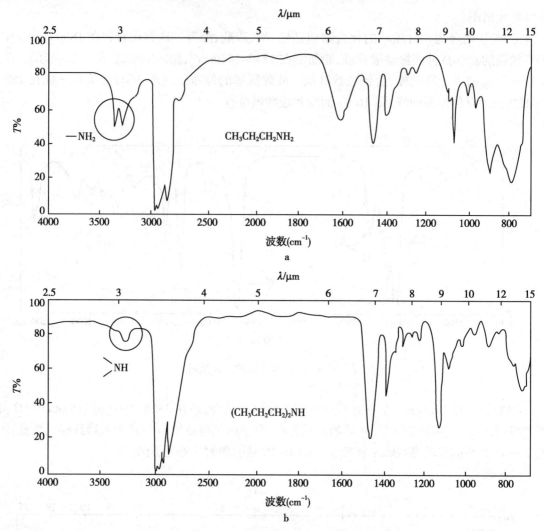

图 16-11 胺类化合物的红外光谱

a. 伯胺($CH_3CH_2CH_2NH_2$);b. 仲胺(($CH_3CH_2CH_2$)$_2$NH)

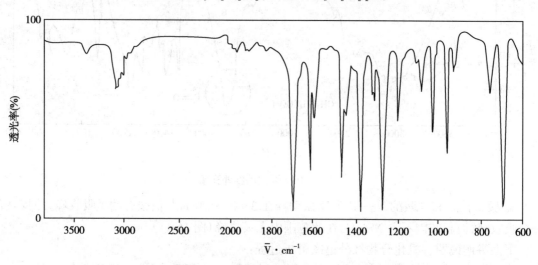

图 16-12 化合物 C_8H_8O 的红外光谱

解: 在 3500~3000cm^{-1} 无强吸收峰,说明不含羟基,在约 1700cm^{-1} 处有一强吸收峰,显示有羰基,又因在 2720cm^{-1} 附近无醛基的 C—H 伸缩振动峰,故知该化合物可能是酮类。由 3030cm^{-1} 左右的吸收峰可知含不饱和 C—H,1600cm^{-1} 和 1580cm^{-1} 的吸收峰是苯环骨架振动吸收,750cm^{-1} 和 700cm^{-1} 的吸收峰为单取代苯的特征吸收,2960 和 1380cm^{-1} 处的吸收峰显示含有甲基。

将分子式 C_8H_8O 和上述官能团(单取代苯基 C_6H_5—、 C=O、—CH$_3$)综合考虑,该化合物可能的结构式为:

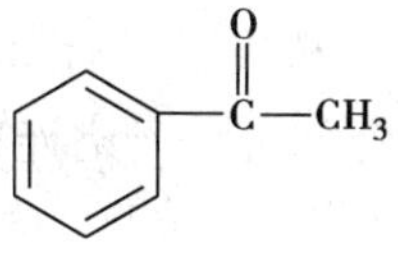

五、红外吸收光谱的应用

红外光谱法的特点是普适性强,气、液、固态的样品都可测试而且不破坏原样。

在进行红外光谱的测试前,需根据试样的不同物性,选择适当的制样方法。固体样品常与 KBr 以适当比例混合、研磨、压片,然后进行测试,或是研磨后分散在液状石蜡中测试;液态样品常用两片 NaCl(或 KBr)晶片夹制成液膜进行测试;气态样品则需注入气体池测试。水与醇、酚等的 O—H 吸收峰出现在红外光谱的同一区域,为了排除水的干扰,红外光谱的被测样品必须干燥。

运用红外光谱方法进行有机化合物结构鉴定,一般分为两种情况:

1. **样品为已知物,要验证真伪** 这种样品的鉴别工作,可采用标准物质法或标准图谱法。前者是在相同条件下测定样品和相应的标准物质的红外光谱,把两者进行比较;后者是把样品红外光谱图与相应的标准红外光谱图进行比较。有多种标准的红外光谱图集可供检索使用。但应注意,样品测试条件需与标准谱图上注明的条件一致。只有当样品谱图上的吸收峰个数、位置、形状和相对强度,与该样品的标准谱图都一致时,才能给出肯定的结论。

2. **样品为未知物** 这就需要利用红外光谱进行可能的官能团分析,然后推测可能的分子结构,最后用标准物质法或标准图谱法加以验证。红外光谱法专著中有大量的关于基团吸收频率的资料可供参考。还应尽可能掌握样品的有关资料,例如样品的来源、物理性质、分子式等。对于较为复杂的未知化合物还需要同时参考其他谱图,如核磁共振谱、紫外 - 可见光谱和质谱等,综合分析才能确定分子结构。

？ 问题与思考

下列化合物在红外光谱中有何特征吸收峰?

(1) CH$_3$CH$_2$CH$_2$OH　　(2) CH$_3$CH$_2$CH=CH$_2$　　(3) CH$_3$CH$_2$C≡CH

第二节 紫外光谱

紫外光谱(ultraviolet spectrum,UV)是有机物分子中价电子吸收一定波长的紫外光发生跃迁所产生的电子光谱。紫外光区域的波长范围为 10~400nm,分为远紫外区(10~200nm)和近紫外区(200~400nm)。远紫外光易被空气中的 O_2、CO_2 和 H_2O 吸收,为了避免这些物质的干扰,远紫外光谱需要在真空条件下测定,研究其光谱比较困难,因此,通常所说的紫外光谱是指近紫外区的吸收光谱。有些有机物分子特别是共轭体系分子的价电子跃迁出现在可见光区(400~800nm),从应用的角度,大多将紫外和可见光谱连在一起,称为紫外 - 可见光谱,简称紫外光谱。目前常用的分光光度仪一般包括这两个光区的测定。

一、基 本 原 理

有机物分子中可以跃迁的价电子有 σ 电子、π 电子和非键电子(n 电子)三种类型。这些电子吸收紫外 - 可见光后,可由成键轨道或非键轨道向反键轨道跃迁,分子从稳定的基态转变为激发态。分子轨道能级分布及主要的电子跃迁类型如图 16-13 所示。

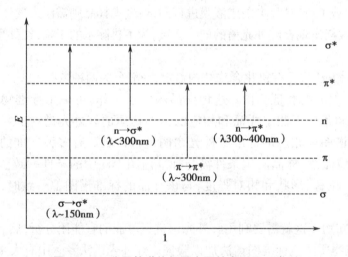

图 16-13 分子轨道能级及主要的电子跃迁类型

由图 16-13 可知,电子跃迁主要有 σ → σ*、n → σ*、π → π* 和 n → π* 四种方式,跃迁所需能量顺序为:σ → σ*>n → σ*>π → π*>n → π*。其中 σ → σ* 跃迁是 σ 电子由能级最低的 σ 成键轨道向能级最高的 σ* 反键轨道的跃迁,所需的能量较高,需吸收远紫外光;n → σ* 跃迁是含—OH、—NH、—S、—X 等基团的分子中 n 电子由非键轨道向 σ* 反键轨道的跃迁,所需能量略低,但大部分吸收仍在远紫外区;π → π* 跃迁是不饱和键的 π 电子由 π 成键轨道向 π* 反键轨道的跃迁,孤立双键的 π → π* 跃迁吸收仍在远紫外区,但共轭双键的 π → π* 跃迁随共轭体系增大向长波方向移动,吸收峰出现在近紫外甚至可见光区,且吸收强度增大;n → π* 跃迁是含杂原子的不饱和键(如:C═O、C═N 等)的 n 电子由非键轨道向 π* 反键轨道的跃迁,所需的能量最低,吸收峰在近紫外区,但吸收强度弱。例如,丙烯醛的紫外光谱

(图 16-14)中,π→π*吸收在较短波长一端,吸收强度较大;而 n→π*吸收峰在较长波长一端,为弱吸收。

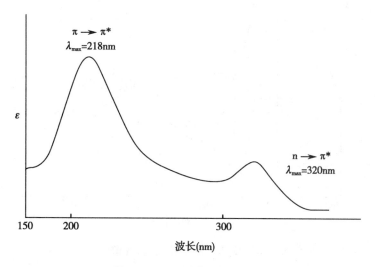

图 16-14　丙烯醛的紫外光谱

　　因此,紫外光谱适用于研究具有共轭体系的有机物(如:共轭多烯、芳香化合物等)的结构。常用来分析推测有机物分子中不饱和基团的共轭关系,以及共轭体系中取代基的位置、种类和数目等。若分子在 200~800nm 内无吸收峰,则表明该化合物分子中不存在共轭体系。

　　若两个化合物具有相同的共轭体系,表明它们具有相同的生色团,尽管分子的其他部分结构不同,而它们的紫外图谱则非常相似。因而,不能单独用紫外光谱确定分子结构,需与其他波谱方法结合。

二、有机化合物的紫外吸收光谱

　　1. 紫外光谱的谱图描述　　紫外光谱图的横坐标通常为波长 λ(单位为 nm);纵坐标为吸收强度,多用吸光度 A、摩尔吸收系数 ε 或 $\lg\varepsilon$ 表示。吸收强度遵守 Lambert-Beer 定律:

$$A=\lg\frac{I_0}{I}=\varepsilon\cdot c\cdot l$$

　　式中,A 为吸光度;I_0 为入射光的强度;I 为透过样品的光强度;c 为溶液的物质的量浓度(mol·L^{-1});l 为液层的厚度(cm);ε 为摩尔吸光系数,数值较大,故常用其对数值表示。

　　紫外光谱一般用最大吸收波长(λ_{max})描述吸收峰的位置,用吸光系数(ε)描述吸收强度,λ_{max} 和 ε 都是化合物紫外光谱的特征常数。例如:香芹酮(图 16-15)有两个吸收峰,分别为 λ_{max}=239nm(ε=39 800)的 π→π* 跃迁吸收和 λ_{max}=320nm(ε=60)的 n→π* 跃迁吸收。

　　2. 紫外光谱的常用术语

　　(1) 生色团:分子中能吸收紫外 - 可见光导致价电子跃迁的基团称为生色团,一般为具有不饱和键的基团,如 C=C、C=O、C=N 和 NO$_2$ 等,主要产生 π→π* 和 n→π* 跃迁。

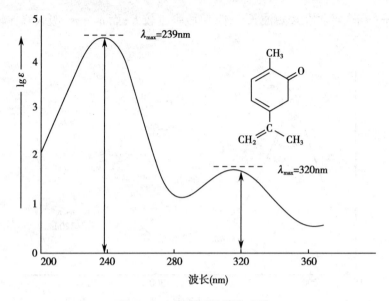

图 16-15　香芹酮的紫外光谱

　　(2) 助色团：含有未共用电子对的基团，如 —NH_2、—NR_2、—OH、—OR、—SR 和卤素等称为助色团。助色团均含非键电子，虽然它们本身无紫外吸收，但当与生色团连接时，因形成共轭而使电子活动范围增大(离域)，常可增加生色团的吸收波长及强度。

　　(3) 红移和蓝移：吸收峰因取代基或溶剂的影响而向长波方向移动的现象称为红移；向短波方向移动的现象则称为蓝移。

三、影响紫外光谱的因素

　　有机物的紫外吸收往往因取代基或溶剂等的改变而使 λ_{max} 位移。主要影响因素有：

　　1. 取代基效应　由于取代基不同，分子中的价电子环境不同，成键轨道和反键轨道的能级差改变，导致 λ_{max} 的位移。以苯酚为例，当生色团苯环连上助色团 —OH 后，λ_{max} 可从原来254nm(苯的精细结构谱带)移至 270nm，ε 则从 230 增至 1450。

　　2. 共轭效应　由于共轭体系的改变，导致 λ_{max} 的位移。具有共轭体系的化合物，由于存在 π-π 共轭效应，体系能量降低，能级间隔变小，价电子易被激发，其跃迁所需能量低，使得 $\pi \rightarrow \pi^*$ 跃迁吸收向长波方向移动(红移)。共轭程度越大，红移越明显，λ_{max} 越大，吸收强度(ε)也越大。几种长链共轭烯烃的紫外光谱如图16-16所示。

　　3. 立体效应　由于空间位阻、环张力等因素的影响导致 λ_{max} 的位移。分子内各基团间的空间位阻或环张力往往会影响生色团间的有效共轭，从而导致吸收峰位置的改变。

　　4. 溶剂效应　由于溶剂极性的改变，导致 λ_{max} 的位移。一般说来，极性大的溶剂会使 $\pi \rightarrow \pi^*$ 跃迁吸收峰红移；而使 $n \rightarrow \pi^*$ 跃迁吸收峰蓝移。因为发生 $\pi \rightarrow \pi^*$ 跃迁时，激发态比基态极性大，因而激发态较易被极性溶剂稳定化，使激发态能级降低，与基态的能级差减小，导致吸收峰红移。而发生 $n \rightarrow \pi^*$ 跃迁时，基态比激发态极性大，因而基态较易被极性溶剂稳定化，使基态能级降低，与激发态的能级差增大，导致吸收峰蓝移。

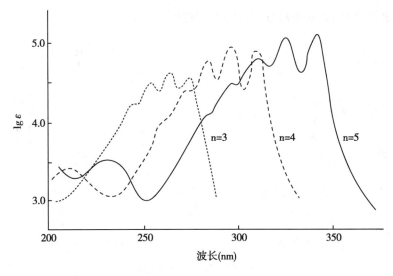

图 16-16 H—(CH=CH)n—H 的紫外光谱

问题与思考 ●●

1,3-环己二烯和 1,4-环己二烯哪个在 200nm 以上有紫外吸收?

第三节 核磁共振波谱

核磁共振(nuclear magnetic resonance,NMR)是无线电波与磁场中的分子内自旋核相互作用,引起核自旋能级跃迁而产生的。1946 年美国物理学家珀塞尔(E.Purcell)和布洛齐(F.Bloch)首次发现:核自旋量子数 $I \neq 0$ 的原子核像电子一样,也有自旋现象,其自旋运动将产生磁矩。将具有自旋磁矩的原子核放入强磁场并采用电磁波进行辐射时,这些原子核会吸收特定波长的电磁波而发生核磁共振现象。有机化合物中的 ^1H、^{13}C、^{15}N、^{31}P 等原子具有磁矩,都能产生核磁共振。核磁共振波谱中常用的是氢谱(^1H-NMR)和碳谱(^{13}C-NMR),它们分别提供有机化合物分子中处于不同化学环境的氢原子和碳原子的信息,是测定有机物分子结构的有力工具之一。本章主要介绍核磁共振氢谱。

一、基 本 原 理

在没有外磁场时,自旋氢核磁矩取向是任意的,但处于外加磁场(强度为 H_0)中,对于 $I=1/2$ 的质子,会出现 $(2I+1=2)$ 两个自旋取向(图 16-17),即:一个与外磁场同向(α 自旋态),处于低能级状态 E_1;另一个与外磁场反向(β 自旋态),为高能级状态 E_2。两种自旋状态能级差值为:

$$\Delta E=E_2-E_1=\gamma \frac{h}{2\pi} H_0$$

式中,h 为普朗克常数;γ 为磁旋比,是磁性核的特性常数。

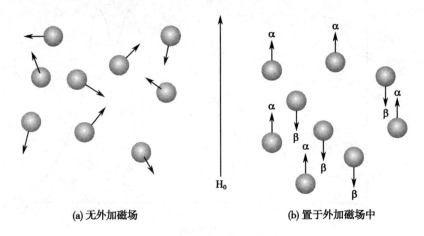

(a) 无外加磁场　　　　　　　　　(b) 置于外加磁场中

图 16-17　氢核的自旋取向

如果用电磁波照射处于外加磁场中的氢核,当电磁波辐射所提供的能量 $h\nu$ 恰好与跃迁所需能量 ΔE 相等时,处于低能级态的质子就会吸收电磁辐射的能量跃迁至高能级态,发生核磁共振。产生核磁共振的条件是:

$$\Delta E = h\nu = \gamma \frac{h}{2\pi} H_0 \implies \nu = \gamma \frac{H_0}{2\pi}$$

质子跃迁所需要的电磁波频率 ν 与外加磁场的强度 (H_0) 成正比。例如,外加磁场强度为 1.41TG、2.35TG($1TG=10^4GS$,高斯)时,所需相应的电磁波频率分别为 60MHz、100MHz。

目前获得核磁共振谱,主要有两种方式:一种是固定外加磁场强度,用连续变换频率的电磁波照射样品以达到共振条件,称之为扫频法;另一种是固定电磁波的频率,连续不断改变外加磁场强度进行扫描以达到共振条件,称之为扫场法。因扫场法较简便,故最为常用。图 16-18 为核磁共振谱仪结构示意图。

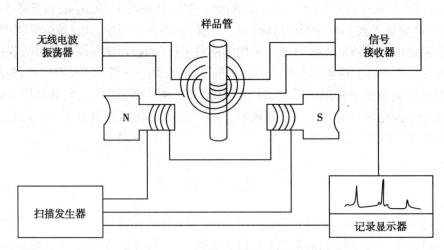

图 16-18　核磁共振谱仪结构示意图

它主要由两块电磁铁、无线电振荡器、试样管、信号接收器和记录器等组成。装有样品的玻璃管放在磁场强度很大的电磁铁的两极之间,用恒定频率的无线电波照射样品。在扫描发生器的线圈中通直流电流,产生一个微小磁场,使总磁场强度逐渐增加,当磁场强度达到一定的 H_0 值时,样品中某一类型的质子发生能级跃迁,这时产生吸收,接收器就会收到信号,由记录器记录下来,得到核磁共振谱。

由于仪器的灵敏度和分辨率与磁场强度成正比,随着超导磁体技术的飞速发展,核磁共振谱仪已由 20 世纪 50 年代的 30MHz、60MHz,发展到 21 世纪以来的 400~900MHz 等。

二、化合物中质子的核磁共振化学位移

质子的共振频率不仅由外加磁场与核的磁旋比来决定,而且还受到质子周围的化学环境的影响。氢核周围的电子在外加磁场作用下,引起电子环流,在与外加磁场垂直的平面上绕核旋转并产生感应磁场。假若感应磁场的方向与外加磁场方向相反,这时氢核实际受到的磁场强度将比外加磁场略小,外加磁场的强度要略为增加才能使氢核发生自旋跃迁,这种现象称为屏蔽效应。氢核周围的电子云密度越大,屏蔽效应亦越大,要在更高的磁场强度中才能发生核磁共振,其信号必然在较高磁场出现;氢核外的电子云密度越低,屏蔽效应则越小,其信号必然在较低磁场出现。相反,假若感应磁场的方向与外加磁场方向相同,就相当于在外加磁场下再增加一个小磁场,氢核实际受到的磁场强度增加,外加磁场的强度略微减少就能使氢核发生自旋跃迁,这种现象称为去屏蔽效应。

电子的屏蔽和去屏蔽效应所引起的核磁共振吸收峰位置的变化称为化学位移。不同化学环境的氢质子,受到不同程度的屏蔽效应,因而在核磁共振谱的不同位置出现吸收峰。由于不同化学环境的质子在共振时所需外加磁场强度的差别仅为百万分之几,很难测定出化学位移的绝对值,因此通常采用四甲基硅烷 $(CH_3)_4Si$(缩写为 TMS)作为参照物,将 TMS 的信号位置定为原点“零”,将其他氢核信号的位置相对于原点的距离定义为化学位移,用符号 δ 表示,单位为百万分之一(ppm)。即:

$$\delta = \left(\frac{v_{样品} - v_{TMS}}{v_0} \right) \times 10^6$$

式中,$v_{样品}$、v_{TMS} 和 v_0 分别表示样品、TMS 和核磁共振仪电磁波辐射的频率,单位均为 H_z。由于 $v_{样品}$、v_{TMS} 和 v_0 一般为几十至几百 MHz,而 Δv 通常只有几百至几千 Hz,因而 δ 值一般只有百万分之几。为读写方便,故将 δ 值乘以 10^6。

TMS 作为标准物质具有以下优点:分子中 12 个完全相同的氢质子只产生 1 个信号,强度高;TMS 的屏蔽效应很强,以它的化学位移为零点,一般有机化合物中质子的化学位移均在它的左侧,信号不会重叠。

在 ^{1}H-NMR 谱图中,横坐标为化学位移 δ,$\delta_{TMS}=0$ 的值在谱图的右端,TMS 信号左侧的 δ 值为正,右侧的 δ 值为负。从右至左 δ 值增大,而相应的磁场强度逐渐减小;纵坐标为吸收峰的相对强度。图 16-19 为 3- 溴丙炔的 ^{1}H-NMR 谱图。从图中可以获取的信息为:信号的位置、信号的强度和信号的裂分。

1. 信号位置与化学位移 有机物分子中处于不同化学环境的质子,具有不同的化学位移值。从有机物的 ^{1}H-NMR 谱图中获取的各信号位置就是各化学位移值,对应于不同化学环境的质子。因此,根据化学位移来确定质子类型,对推断分子结构是十分重要的。图 16-20 和表 16-4 分别列出了一些不同类型质子化学位移的大致范围和常见的各种质子的化学位移值(δ)。

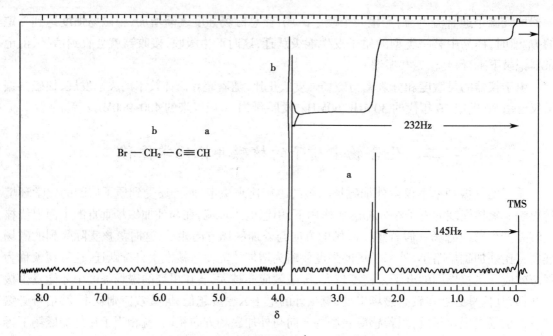

图 16-19　3- 溴丙炔的 ^{1}H-NMR 谱图

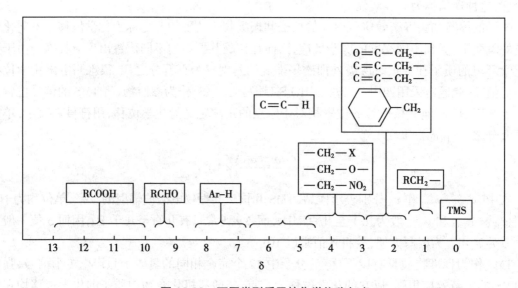

图 16-20　不同类型质子的化学位移（δ）

2. 信号强度与积分曲线　各类质子的数目与其产生的信号强度有关。在核磁共振波谱中，每组峰的面积与产生该组信号的质子数目成正比。比较各组信号的峰面积比值，可以确定各种不同类型质子的相对数目。许多核磁共振谱仪都具有自动积分功能，可以在相应的谱图上记录积分曲线。积分曲线是一条从低场到高场的阶梯式曲线，曲线的每个阶梯的高度与其相对应的一组吸收峰的峰面积成正比。因此，各峰的面积可用阶梯式的积分线高度来表示。即从积分曲线起点到终点的总高度与分子中质子的总数目成正比，每一阶梯的高度则与相应质子的数目成正比。例如，图 16-21 是均三甲苯的 ^{1}H-NMR 谱。两类质子信号（a 和 b）的积分曲线高度之比为 3∶1，总质子数为 12，因此可知，a 峰为 9 个质子，b 峰为 3 个质子。

表 16-4　常见各类氢核的化学位移值（δ/ppm）

氢的类型	化学位移	氢的类型	化学位移
F—C$\underline{H}_3$	4.27	H—C—O—（醇或醚）	4~3.3
Cl—C$\underline{H}_3$	3.06	R$_2$NC$\underline{H}_3$	2.6~2.2
Br—C$\underline{H}_3$	2.69	RC$\underline{H}_2$COOR	2.2~2
I—C$\underline{H}_3$	2.16	RC$\underline{H}_2$COOH	2.6~2
RC$\underline{H}_3$	1.1~0.8	RCOC$\underline{H}_2$R	2.7~2.0
R$_2$C$\underline{H}_2$	1.5~1.1	RC$\underline{H}$O	10.1~9.0
R$_3$C$\underline{H}$	~1.5	R$_2$N$\underline{H}$	0.5~4
ArC$\underline{H}_3$	2.5~2.2	ArO$\underline{H}$	8~6
Ar$\underline{H}$	8.0~6.0	RCO$_2\underline{H}$	12~10
R$_2$C=C$\underline{H}$R	5.9~4.9	RCOOC$\underline{H}_2$R	4.05
RC≡C$\underline{H}$	2.9~2.3	RO$\underline{H}$	6~1

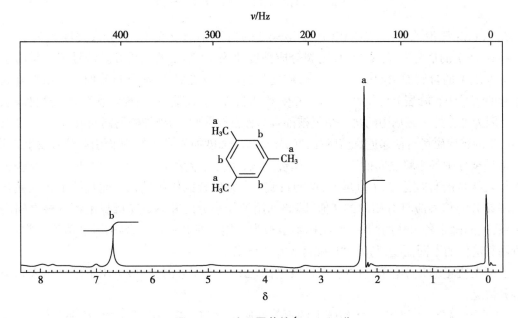

图 16-21　均三甲苯的 ^{1}H-NMR 谱

3. 信号裂分与偶合常数　分子中两个相同原子处于相同的化学环境时称为化学等价。化学等价的质子称为等性质子，其化学位移值相同，在核磁共振谱图上的出峰位置相同。如四甲基硅烷、苯和环己烷等分子中的氢原子均为等性质子，其谱图中均只有一个峰。均三甲苯中氢原子有两类等性质子（"a" 和 "b"），其共振信号是两个单峰。

化学环境不同的质子称为不等性质子，化学位移值不同，其共振信号并不都是单峰，可以裂分成两重峰、三重峰、四重峰甚至是复杂的多重峰等，通常以（s）、（d）、（t）、（q）、（m）等字母分别表示裂分度。例如，1,1,2-三溴乙烷（BrC$\overset{a}{H}_2$—C$\overset{b}{H}$Br$_2$）中的 H$_a$ 和 H$_b$ 属于不等性质子，在 ^{1}H-NMR 谱图上出现两组峰，分别是两重峰和三重峰（图 16-22）。

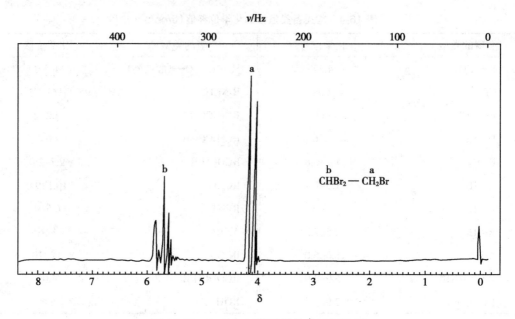

图 16-22 1,1,2- 三溴乙烷的 ^{1}H-NMR 谱

在 1,1,2- 三溴乙烷的 ^{1}H-NMR 谱中,δ=4.2 的信号 a(含 2 个 H)裂分成强度比为 1:1 的两重峰;δ=5.7 的信号 b(含 1 个 H)则裂分成强度比为 1:2:1 的三重峰。信号裂分是由于相邻不等性质子的自旋而引起的相互干扰,称之为自旋 - 自旋偶合,简称自旋偶合。由自旋偶合所引起的信号吸收峰裂分而使峰增多的现象,称为自旋 - 自旋裂分,简称自旋裂分。这种现象的产生是因为处在外加磁场中的每一个氢核都有两种自旋取向,与外加磁场同向或异向,由氢核自旋而产生的感应磁场可使邻近氢核感受到的外加磁场强度加强或减弱,从而引起信号发生裂分。

信号裂分中各小峰之间的距离称为偶合常数,用符号 J 表示,单位为赫(Hz)。它反映了核之间相互偶合的有效程度,J 值越大,核间自旋 - 自旋偶合的作用越强。而且两组相互偶合而引起峰裂分的信号应具有相同的 J 值,因此利用信号裂分度和参数 J 可找出各氢核之间的偶合关系,进而确定各氢核的归属,对结构鉴定极为有用。对某一定化合物,其 J 值为一常数,不因所用测定仪的不同而变,与外磁场强度大小也无关。

当两类质子的化学位移差与偶合常数之比($\Delta\nu/J$)大于 6 时,一般可用下面规律来判别信号裂分情况:

(1) 自旋偶合主要发生在相邻碳上的不等性质子之间。当一组质子的"相邻"碳上的等性质子数为 n 时,该组质子的信号裂分为(n+1)重峰,称之为(n+1)规律。例如:1,1,2- 三溴乙烷中的 H_a 与 H_b 彼此之间有自旋偶合作用。H_b 的"相邻"碳上有两个等性质子(H_a),n=2,故裂分成(2+1=3)三重峰,而 H_a 则裂分成(1+1=2)两重峰。

(2) 各裂分峰的强度比等于二项式 $(a+b)^n$ 展开式的各项系数,n 为邻接氢质子的数目。如二重峰的强度比为 1:1,三重峰的强度比为 1:2:1,四重峰的强度比为 1:3:3:1 等。

(3) 分子中的活泼质子通常由于发生快速交换而不与相邻的氢核偶合。例如,乙醇 $\overset{a}{C}H_3\overset{b}{C}H_2\overset{c}{O}H$ 的 ^{1}H-NMR 谱中的 H_c 虽邻接亚甲基,却仅表现为单峰,H_b 也仅与甲基相接表现为四重峰。

除峰的裂分外,偶合常数的大小还受到分子结构的影响。自旋偶合主要发生在相邻碳原子上的不等性质子之间,一般两个不等性质子相隔三个单键以上时,偶合作用极弱,偶合常数趋于零。

三、影响化学位移的因素

化学位移取决于核外电子云的密度,因此影响电子云密度的各种因素都对化学位移值有影响,主要影响因素如下:

1. 诱导效应 电负性大的原子或基团吸电子能力强,致使氢核周围的电子云密度降低,屏蔽效应减少,δ 值增大。例如:1,1,2-三溴乙烷中 CH_2 因邻接一个 Br,δ 值增至 4.2;而 CH 因邻接两个 Br,诱导效应增强,δ 值则升高至 5.7。邻近原子或基团的电负性越大,δ 值也越大。在卤代甲烷中,氟甲烷的 δ 值最大,氯甲烷的次之,碘甲烷的最小。

2. 各向异性效应 在外加磁场作用下,芳环、烯烃等化合物中的 π 电子环流产生感应磁场。从图 16-23(a)可以看出:感应磁场在苯环的中心及环平面的上下方与外加磁场对抗,此区域称为屏蔽区;而苯环上的质子处于磁力线的回路中,该区域的感应磁场方向与外加磁场相同,称为去屏蔽区,故苯环质子在外加磁场强度还未达到 H_0 时,就能发生能级的跃迁,故吸收峰移向低场,δ 值增大($\delta \approx 7.2$)。与芳香环相同,碳碳双键的 π 电子分布在双键平面的上下方,如图 16-23(b)所示,使烯氢处于去屏蔽区,共振吸收移向低场,δ 值增大($\delta \approx 5.3$)。

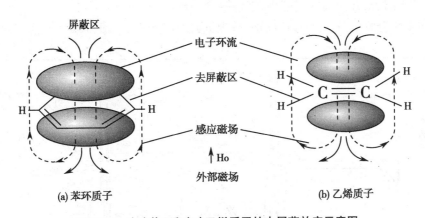

图 16-23 (a)苯环和(b)乙烯质子的去屏蔽效应示意图

乙炔也有 π 电子环流,但炔氢的位置不同,处在屏蔽区(处在感应磁场与外加磁场对抗区),因此在高场产生共振吸收,δ 值较小,约为 2.5(图 16-24)。

这种由于感应磁场的方向性,造成对分子不同部位氢核在屏蔽程度上的差异,称为磁各向异性效应。

3. 氢键的影响 键合在电负性大的元素上的质子,如 O—H、N—H 等,可能有氢键的影响。氢键有去屏蔽效应,形成氢键的质子比没有形成氢键的质子受到的屏蔽作用小,其信号移向低场,氢键越强,δ 值越大。例如,醇分子间氢键导致 $\delta_{OH}=3.5\sim5.5$,酸分子间氢键导致 $\delta_{OH}=10\sim13$。

4. 溶剂效应 因溶剂不同而使化学位移发生变化的

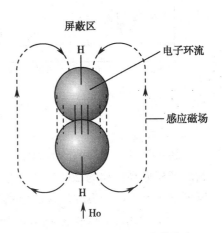

图 16-24 乙炔质子的屏蔽效应

现象称为溶剂效应。各种溶剂对化学位移的影响大小不一,特别是对含有活泼质子(—OH、—COOH、—NH₂、—SH 等)的样品,溶剂效应更为明显。因此,在 ¹H-NMR 的测定中,一般使用氘代溶剂(如:氘代氯仿 CDCl₃、重水 D₂O 等),以避免普通溶剂分子中质子的干扰。同一化合物采用不同的溶剂,所测 ¹H-NMR 谱中的化学位移可能不完全相同,有时相差很大。因此在比较核磁共振波谱数据,或与文献上报道的核磁共振波谱进行比对时,都应注意所用的溶剂。

四、核磁共振谱的解析

解析有机物的核磁共振波谱,根据谱图中提供的化学位移、裂分情况和积分面积等信息,分析推断出化合物的结构。通常采用如下步骤:

1. 根据谱图中有几组峰,确定化合物可能有几种不同类型的质子。

2. 根据各组峰的积分面积,确定各种质子的数目。

3. 根据各组峰的化学位移,判断各种质子的类别。

4. 根据裂分情况,确定各组质子与相邻氢之间的关系。

对于简单化合物,综合上述因素就可推测结构并对结论进行核对。对于较复杂的化合物,还需结合红外光谱、紫外光谱和质谱等,进行综合分析。

例:已知某化合物的分子式为 C₈H₉Br,试根据其 ¹H-NMR 谱(图 16-25)推测结构。

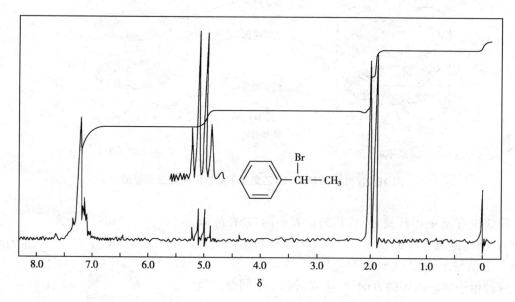

图 16-25 α- 溴乙苯的 ¹H-NMR 谱

解:(1) 该化合物的 ¹H-NMR 谱中,除 TMS 信号外,共有 3 组峰,表明有三种质子;从低场到高场积分高度比为 25:5:15,表明各组峰对应质子的个数比为 5:1:3;由分子式共有 9 个氢可推知各组峰代表的氢核数分别为 5、1、3。

(2) δ=7.3ppm 的多重峰,表明分子中含有苯环,且为单取代苯。

(3) δ=5.1ppm 的四重峰(1H)应是被邻近的甲基所裂分。

(4) δ=2.0ppm 的双重峰(3H)应是被邻近的—CH 所裂分。

(5) 综合上述分析,该化合物应为 α- 溴乙苯,即:一个苯环连接 CH(Br)—CH₃ 结构。

五、^{13}C 核磁共振及多维谱简介

^{13}C 核磁共振谱(^{13}C-NMR)提供的是有机化合物分子中处于不同化学环境的碳原子的信息。有机物分子中处于不同化学环境的碳原子,也具有不同的化学位移值,因此,根据化学位移来确定碳原子类型,获取有机物分子骨架的信息,对推断有机物结构是十分重要的。尤其是在鉴定复杂有机化合物结构时,^{13}C-NMR 谱比 ^{1}H-NMR 谱具有更显著的优点。

^{13}C 核磁共振原理与 ^{1}H 核磁共振原理基本相同。^{13}C 与 ^{1}H 类似,也是磁性核(I=1/2)。但是 ^{13}C 的自然丰度仅为 1.1%,其磁矩也比 ^{1}H 小,约为质子的 1/4,因此,^{13}C 核磁共振谱的信号强度低,其相对灵敏度仅约为氢谱的 1/6000。再加上 ^{1}H 与 ^{13}C 的偶合,导致复杂的多重裂分,且相互交叉,使得信号强度更弱,谱图也更复杂,很难进行测定与解析。直至 20 世纪 70 年代,随着计算机技术的迅速发展,在核磁共振谱的测定中采用了脉冲傅里叶变换技术以及各种去偶技术,解决了许多技术难题,使得 ^{13}C-NMR 谱的应用有了突破,并日趋普遍。

由于 ^{13}C 信号非常弱,一张清晰的 ^{13}C 谱往往需要成百上千次扫描,即需要相当长的摄谱时间和相对稳定的射频场。脉冲傅里叶变换技术则使用脉冲射频场让全部 ^{13}C 核同时被激发并把多次脉冲所得的结果进行累加,使整个摄谱时间大大缩短。

噪声去偶也称宽带去偶,是目前较常采用的一种去偶技术。测谱时,以一定频率范围的另一个射频场照射,使分子中所有 ^{1}H 核都处于饱和状态,这样每种碳都表现为单峰。在核数目相同的情况下,^{13}C 的信号强弱一般为伯碳 > 仲碳 > 叔碳 > 季碳。与 ^{1}H 谱显著不同的是,^{13}C 信号通常出现在 δ 值为 0~240(通常羰基碳 δ>170,芳环碳和烯键碳 δ 在 100~170,炔键碳以及与杂原子相连碳 δ 在 40~100,其他脂肪碳原子的 δ 值一般小于 40)的较宽区域内,因此,很少出现谱峰重叠的现象。图 16-26 是 2- 甲基丁烷的 ^{13}C-NMR 谱,四种不同的碳分辨清晰。

此外,偏共振去偶(仅保留碳与直接相连氢的偶合,即甲基碳为四重峰,亚甲基碳为三重峰等)和 DEPT(让连有偶数氢的碳和连有奇数氢的碳分别出正峰和倒峰)等技术的采用,为利用 ^{13}C 谱来推断化合物的结构提供了更大方便。

在一维的核磁共振谱中,横坐标同时表示化学位移和偶合常数这两种核磁共振参数,而在二维的核磁共振谱(简称 2D-NMR)中,将这两种核磁共振参数展开在二维平台上,即:一个坐标轴表示化学位移,另一个坐标轴表示偶合常数。这样可以减少谱线的拥挤和重叠,获取更多有关自旋核之间相互作用的信息。2D-NMR 谱实际是三维的,因除了二维核磁共振参数外,第三维表示信号强度。二维图谱多采用等高线图的形式表示。多维核磁共振谱更能提供其他方法难以提供或无法提供的复杂分子结构信息,从而确立了它在分子结构和动力学研究中的独特地位,尤其在生物大分子结构研究中发挥着至关重要的作用。

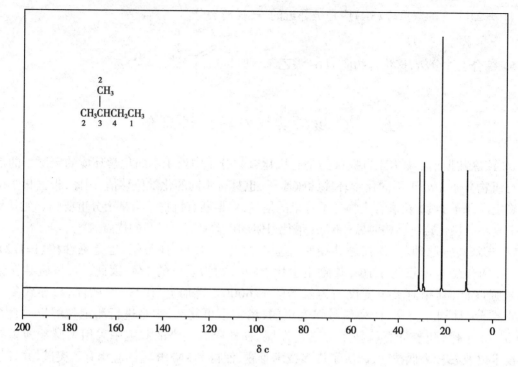

图 16-26 2- 甲基丁烷的 ^{13}C-NMR 谱

问题与思考 ●●●

丙烷的 ^{1}H-NMR 谱中会出现几组信号？各组信号裂分为几重峰？

第四节 质 谱

质谱(mass spectroscopy, MS)是用高能粒子轰击气态分子,使其成为带正电荷的阳离子或断裂成较小的碎片离子,在电场和磁场的作用下按质荷比(质量与所带电荷之比 m/z)将阳离子依次排列而成的一种谱图,因此质谱不属于吸收光谱。质谱法可以通过分子离子峰来确定化合物的相对分子质量,还可以通过碎片离子的质荷比以及强度来推测化合物的结构。质谱分析具有样品用量少($<10^{-5}$mg),灵敏度高等优点。特别是色谱与质谱联用技术以及一些新的质谱技术的发展,为有机混合物的分离以及生物大分子的研究和鉴定提供了快速、有效的分析方法。

一、基 本 原 理

图 16-27 为质谱仪结构的简单示意图。它主要由离子源、质量分析器(如:磁分析器)、离子捕集器和记录器等组成。

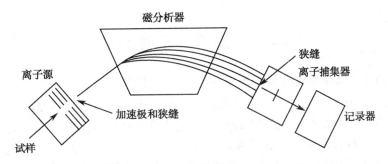

图 16-27　质谱仪结构示意图

在离子源中,化合物分子(M)在高真空条件下受到高能电子束(或其他高能粒子)的轰击,失去一个外层电子而生成带正电荷的分子离子 M^{+}(·表示未成对的一个孤电子,+ 表示正离子),该正离子带有较高能量,它易进一步断裂以便释放过剩的能量,因而会发生分子离子中某些化学键的断裂而形成各种碎片离子。分子离子和碎片离子经过加速电压加速后进入分析系统。在质量分析器中,不同质荷比(m/z)的正离子在磁场的作用下按相对质量和带电荷不同而发生不同程度的偏转,其中低质量离子的偏转度比高质量离子的大,从而使不同的正离子得以分离。不同 m/z 的正离子按质量大小的顺序依次通过狭缝进入离子捕集器,正离子信号被转换成电信号,经放大后记录得到质谱图。

质谱图是以不同 m/z 的正离子的条图表示,即一条竖线代表一种 m/z 正离子的峰。通常横坐标为质荷比 m/z,纵坐标是离子相对丰度,即以谱图中最强离子峰定为基峰,其强度为 100%,其他峰的强度则用相对于基峰的相对强度百分数来表示(相对丰度)。例如,图 16-28 是丁酮的质谱图,$m/z=43$ 峰为基峰,强度为 100%,而 $m/z=29$ 峰的相对强度为 25%,$m/z=72$ 峰的相对强度为 18%。

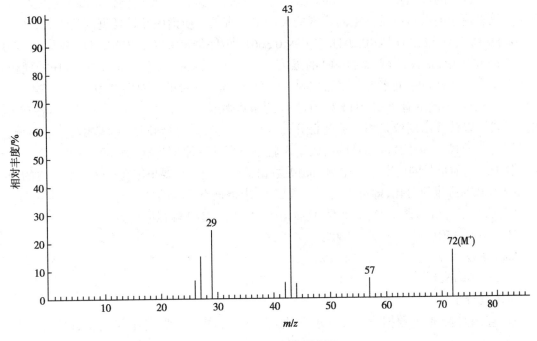

图 16-28　丁酮的质谱图

二、质谱中离子的类型

在质谱中出现的离子主要有分子离子、碎片离子和同位素离子。

1. 分子离子　分子经电子束轰击后失去一个价电子生成的离子称为分子离子(M^{+}),该离子所产生的峰称为分子离子峰,通常出现在质谱图的最右端(质荷比 m/z 最大)。

2. 碎片离子　碎片离子是由分子离子裂解产生或由碎片离子进一步裂解生成的离子。这些离子所产生的峰称为碎片离子峰。碎片离子为阐明分子结构提供信息。

3. 同位素离子　有机分子中的一些主要元素如 C、H、O、N、S、Cl、Br 等元素均有重同位素。含有元素重同位素的离子称为同位素离子,同位素离子产生的峰称为同位素峰。

除此之外,质谱中还有重排离子、亚稳离子等产生的峰。

三、分子离子峰和分子式的确定

在质谱法中,可根据分子离子峰的质荷比 m/z 确定有机物的分子量。因分子离子是分子经高能粒子轰击后失去一个价电子而生成的正离子,分子离子与分子相比,仅差一个电子,而一个电子的质量相对与整个分子而言,可忽略不计,且分子离子的电荷数 z 常为 +1,因此一般情况下分子离子峰(M 峰)的 m/z 值可表示该分子的相对分子质量。分子离子峰的相对丰度与样品结构有关。含有芳环、杂环或脂环的化合物,一般相对丰度较大;若碳链长,或含有羟基、氨基等时,则一般较小。

在质谱法中,可利用同位素峰相对强度比推定有机物的分子式。有机物分子中的一些主要元素如 C、H、O、N、S、Cl、Br 等元素都有重同位素。分子离子峰或碎片离子峰往往相邻有较其多质量 1 或 2 的峰,表示为 M+1 和 M+2 峰,这些峰称为同位素峰。同位素峰的强度与分子中含该元素原子的数目以及该重同位素的天然丰度有关。质谱中几种常见同位素(天然丰度比 %)为:$^{13}C/^{12}C(1.12)$,$^{18}O/^{16}O(0.204)$,$^{15}N/^{13}N(0.366)$,$^{34}S/^{32}S(4.40)$,$^{37}Cl/^{35}Cl(32.5)$,$^{81}Br/^{79}Br(98.0)$。在甲烷的质谱中,$m/z=17$ 峰(M+1 峰)的强度为 $m/z=16$ 峰(M 峰)强度的 1.12%(H 的同位素天然丰度比为 0.0145%,可忽略);而乙烷因含两个碳,同位素峰的相对强度 M+1/M=2.24%。可以想见,分子式不同的有机物,M+1 和 M+2 峰的相对强度百分比都不一样。因此,由各有机物的分子式可以计算出同位素相对强度百分比;反之,若能计算得到同位素峰相对强度百分比,即可推定分子式。拜隆(Beynon)质谱数据表就是根据这一原理将碳、氢、氧、氮各种组合所构成的分子式的质量与同位素丰度比例的相关数据整理列表。只要根据有机物质谱测得的 M+1 和 M+2 峰相对强度百分比,即可查阅拜隆数据表,求得该有机物的分子式。

例:已知某有机物含 C、H、O 元素,其质谱中 M、M+1、M+2 峰强度比为:

M　($m/z=150$)	100%
M+1($m/z=151$)	11.1%
M+2($m/z=152$)	0.8

试求其分子式。

解:查阅拜隆质谱数据表可知,分子量为 150,且同位素强度比与之相近的化合物有2 个:

分子式	M+1	M+2
$C_{10}H_{14}O$	11.07	0.75
$C_{11}H_2O$	11.98	0.85

$C_{11}H_2O$ 因 H 原子太少而不合理，可以排除，因此该未知物的分子式应为 $C_{10}H_{14}O$。

四、质谱中的裂解方式

质谱中的裂解方式主要有单纯裂解和重排裂解。

1. 单纯裂解　主要是由正电荷的诱导效应或自由基强烈的电子配对倾向所引起，其特点是裂解的产物为分子中原已存在的结构单元。质谱中绝大部分离子是由简单裂解生成的。例如，丁酮的分子离子峰是 *m/z* 72，经单纯裂解分别脱去甲基、乙基自由基，相应得到 *m/z* 57 与 *m/z* 43 碎片离子峰。*m/z* 57 碎片离子峰进一步脱去 CO 中性分子而得 *m/z* 29 碎片离子峰。丁酮的裂解方式可表达如下：

·CH3+CH3CH2CO+
m/z 57（M+-15）
CO+CH3CH2+
m/z 29（M+-15-28）
CH3COCH2CH3
m/z 72（M+）
·CH2CH3+CH3CO+
m/z 43（M+-29）

2. 重排裂解　一般伴随着多个键的断裂，往往在脱去一个中性分子的同时，产生分子的重排，生成了在原化合物中不存在的结构单元的离子。常见 Mclafferty 重排就是经过六元环迁移，涉及两个键的断裂和一个 γ- 氢的转移而完成的。凡具有 γ- 氢原子的醛、酮、羧酸、酯、酰胺、链烯、侧链芳烃等化合物都易发生这类重排。例如，4- 甲基 -2- 戊酮中 *m/z* 58 就是经 Mclafferty 重排裂解而成：

由于有些重排历程尚无法明确解释，因此根据重排裂解的碎片离子拼凑原来的分子结构，则增加了谱图解析的复杂性。

H
CH2
O
CH
C
CH3
CH2
CH3
CH3CH=CH2 + CH2=C—CH3
OH
m/z 58

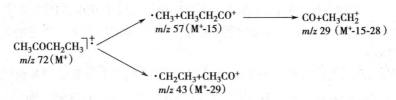

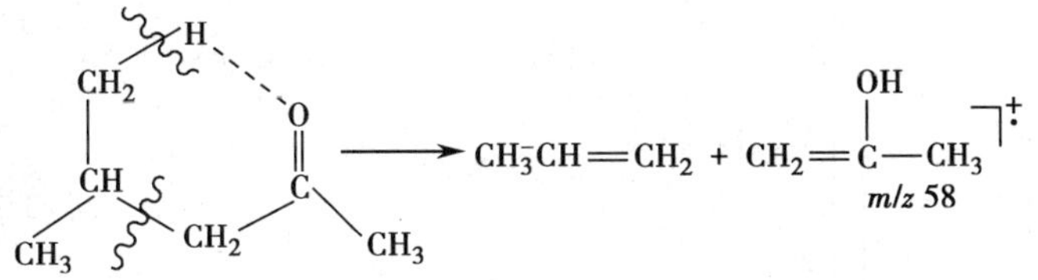

五、各类化合物的质谱特征

1. 烷烃

(1) 直链烷烃的分子离子峰常可观测到，但其强度随分子量增大而减小。

(2) M-15 峰很弱，因直链烷烃不易失去甲基（CH_3=15）。

(3) *m/z*=43 和 *m/z*=57 的峰很强（基准峰）。因丙基离子（$C_3H_7^+$）和丁基离子（$C_4H_9^+$）很稳定，烷烃的分子离子易进一步断裂成丙基和丁基离子。

(4) 直链烷烃的质谱图中，可观察到各相差 14 质量单位的一系列碎片离子峰。

(5) 环烷烃的分子离子峰较强,环开裂时一般失去含两个碳(乙烯基 C_2H_4 或乙基 C_2H_5)的碎片,所以出现 $m/z=28$、$m/z=29$ 和 M-28、M-29 的峰。

2. 芳烃

(1) 分子离子峰明显,M+1 和 M+2 峰强度可精确测量,便于计算分子式。

(2) 含烃基侧链的芳烃常发生苄基型裂解,产生 $m/z=91$ 的基准峰,进一步裂解可产生 $m/z=65$ 的环戊烯基离子峰和 $m/z=39$ 的环丙烯基离子峰。

(3) 含正丙基或丙基以上侧链的芳烃(含 γ-H)经 Mclafferty 重排裂解产生 C_7H_8 离子($m/z=92$)。

(4) 芳烃质谱中还可以出现 $m/z=77$(苯基 C_6H_5)、78(苯重排产物)和 79(苯 +H)的离子峰。

3. 卤代烃

(1) 脂肪族卤代烃的分子离子峰不明显,芳香族的分子离子峰明显。

(2) 氯代烃和溴代烃的同位素峰很特征。一氯代烃有 M+2 峰,其强度为相应分子离子峰的 1/3(由于含 ^{37}Cl 同位素)。一溴代烃的 M+2 峰与其相应分子离子峰的相对强度相等(由于含 ^{81}Br 同位素)。氟化物和碘化物因在自然界无重同位素而没有相应的同位素峰。

(3) 卤代烃易失去卤素原子 X 或卤化氢 HX 等,因此其质谱中通常有明显的 X、M-X、M-HX、M-H$_2$X 和 M-R 峰。

(4) 芳香卤代烃中,若卤素原子与苯环直接相连,则也能失去卤素原子 X 而使 M-X 峰显著。

例如,在 1- 溴丙烷分子中 ^{79}Br 占总溴的 50.6%,^{81}Br 则占 49.4%,所以,1- 溴丙烷的 M：M+2=51：49,峰的强度相近。图 16-29 为 1- 溴丙烷的质谱图,$m/z=122$ 的分子离子峰(M)与 $m/z=124$ 的同位素峰(M+2)的强度几乎相等。如果在高质荷比处有两个相对丰度相等的 M 和 M+2 峰时,就可以推测分子中含有单个溴原子。

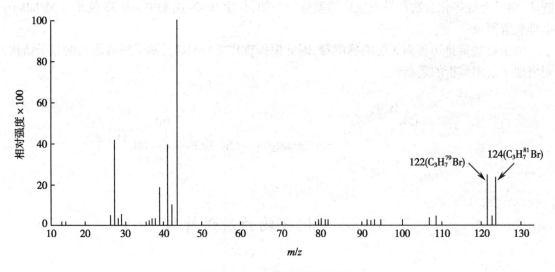

图 16-29　1- 溴丙烷的质谱图

4. 醇和酚

(1) 脂肪醇的分子离子峰很微弱或者消失,而酚和芳香醇的分子离子峰很强。

(2) 脂肪醇易脱水形成 M-18 峰,而酚类和苄醇类有机物易失去 CO 和 CHO 形成 M-28 和 M-29 峰。

（3）醇类羟基的 C_α-C_β 键易断裂,形成极强的 m/z 31 峰(伯醇)、m/z 45 峰(仲醇)或 m/z 59 峰(叔醇),这些峰对鉴定醇类很重要。

5. 醛和酮

（1）羰基化合物氧原子上的孤对电子易被高能电子束轰击而失去一个电子,所以醛和酮的分子离子峰都很明显,而且芳香醛酮的分子离子峰强于脂肪族醛酮。

（2）脂肪族醛酮质谱中的主要碎片离子是由 Mclafferty 重排裂解而产生的。

6. 胺

（1）脂肪胺的分子离子峰很弱或者消失,而脂环胺和芳香胺的分子离子峰较明显。

（2）含奇数氮原子的胺,其分子离子峰质量数为奇数;若不含或含偶数个氮原子,则其分子离子峰质量数为偶数。

（3）低级脂肪胺和芳香胺可能失去一个氢而出现 M-1 峰。

（4）胺最重要的峰是 β- 裂解峰,如: m/z=30、44、58、72、86 等,这种碎片离子峰往往是基准峰。

表 16-5 列出了一些有机化合物质谱中常见的碎片离子。

表 16-5　有机化合物质谱中常见的碎片离子(正电荷未标出)

m/z	碎片离子	m/z	碎片离子
15	CH_3	78	(C_6H_5+H)
17	OH	79	(C_6H_5+2H), Br
18	H_2O, NH_4	80	HBr
28	C_2H_4, CO, N_2	83	C_6H_{11}
29	C_2H_5, CHO	85	C_6H_{13},　$C_4H_9C\!=\!O$
31	CH_2OH, OCH_3	87	$COOC_3H_7$
35	Cl	91	$C_6H_5\text{-}CH_2$
36	HCl	99	C_7H_{15}
43	C_3H_7, $CH_3C\!=\!O$	101	$COOC_4H_9$
46	NO_2	104	C_2H_5CHONO
57	C_4H_9, $C_2H_5C\!=\!O$	107	$C_6H_5\text{-}CH_2O$
71	C_5H_{11}, $C_3H_7C\!=\!O$	127	I
77	C_6H_5	128	HI

六、有机化合物结构解析的一般程序

在解析有机化合物结构时,对于某些较简单的化合物,一般只需应用一种或两种波谱方法就可推断其结构,而对于结构较为复杂的化合物,往往需要同时利用多种波谱法进行综合分析,从不同的角度获取有关结构的信息,相互补充,相互印证,从而推断出正确的结论。

解析步骤一般如下：

1. 根据质谱确定化合物的分子量，推测可能的分子式。

2. 由分子式计算不饱和度，并推测出化合物的大致类型。

3. 通过红外光谱确定化合物中可能具有的官能团。

4. 由紫外光谱确定化合物中是否具有共轭结构。

5. 根据核磁共振谱确定分子中不同类型氢的数目、相邻氢之间的关系，推测和印证化合物可能的结构式。

在分子结构的推测过程中，要注意将各种波谱的有关数据互相对照比较，确保推测结构的一致性。如果是对已知物进行分析，可将实测的图谱与标准物质的相应图谱对照，或与相应的标准图谱对照，若两者一致，则可得出肯定的结论。

例如， 某一未知化合物沸点 221℃，仅含 C、H 和 O 元素。MS 测得其分子离子峰的 m/z 为 148，其 UV、IR、^{1}H-NMR 见图 16-30(a)、(b)和(c)，试解析其结构。

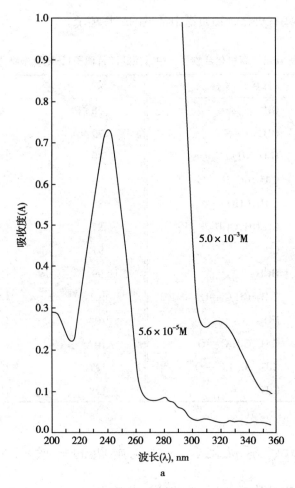

图 16-30　未知物的谱图

a. 未知物(乙醇溶液)的 UV 谱

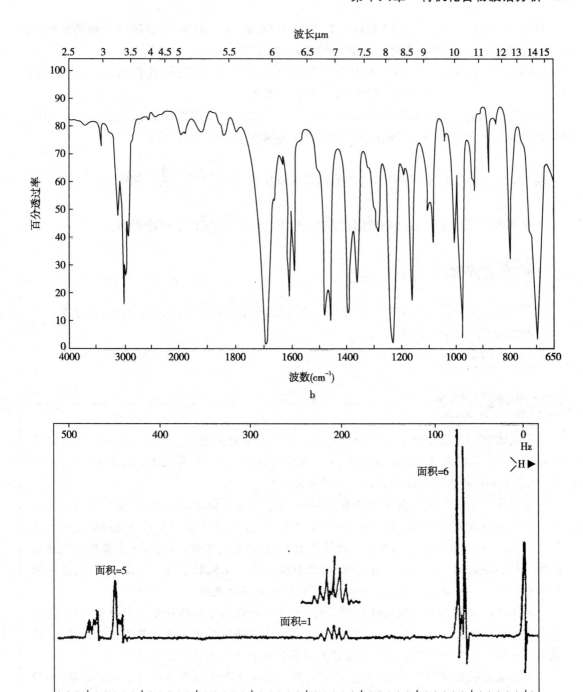

图 16-30(续)

b. 未知物(纯液体)的 IR 谱;c. 未知物(氘代氯仿溶液)的 ^{1}H-NMR 谱

解:根据该化合物仅含 C、H 和 O,质谱给出的分子量,可知该化合物的分子式为 $C_{10}H_{12}O$。从分子式可判断不饱和度为 5,可能为芳香族化合物。

IR 谱图中,1690cm⁻¹ 处强峰表明有羰基;在 1600cm⁻¹ 和 1480cm⁻¹ 处的两个峰是苯环的骨架振动吸收,3100cm⁻¹ 处为芳环 C—H 的伸缩振动,证实为芳香族化合物。

^{1}H-NMR 谱图中,$\delta 3.47$(1H) 的七重峰和 $\delta 1.17$(6H) 的两重峰彼此偶合,表明存在异丙基—$CH(CH_3)_2$,$\delta 7.3 \sim 7.9$ 处的多重峰(5H),表示含苯基。

UV 谱图中,λ_{max}=240nm 为取代苯 $\pi \rightarrow \pi^*$ 跃迁吸收,其 λ_{max} 值红移提示苯基与 C=O 相连,使共轭体系有所延长;318~320nm 处的极弱吸收为酮的 $n \rightarrow \pi^*$ 跃迁吸收。

综合以上分析,该化合物的结构式为异丙基苯基酮,即 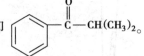。

与标准品的物理常数和已知波谱数据对照,两者一致,证实以上推论正确。

？ 问题与思考 •••

某化合物的质谱图中有 m/z 为 29、43、57、71、85、99、113、127、142 的峰,试分析此化合物的结构特征并推测其分子式。

本章小结

鉴定有机化合物结构最常用的仪器分析方法有紫外光谱、红外光谱、核磁共振波谱及质谱法。它们具有快速、准确、取样少,且不破坏样品(除质谱外)等优点。本章主要介绍"四谱"的基本知识及在有机化合物结构测定中的应用。

不同波长的电磁波照射被测物质,可引起分子内不同能级的跃迁,产生不同类型的光谱。分子中的价电子发生能级跃迁,产生紫外光谱(UV);分子振动和转动能级跃迁产生红外光谱(IR);而自旋的原子核在外加磁场作用下,吸收无线电波,引起核的自旋能级跃迁而产生核磁共振波谱(NMR);质谱(MS)是化合物分子经高能粒子轰击形成正离子,在电场和磁场的作用下按质荷比大小排列而成的图谱,不是吸收光谱。

运用波谱方法鉴定有机化合物结构时,质谱可提供化合物的分子量和分子式信息;红外光谱可提供化合物中的官能团信息;紫外光谱可提供化合物分子中共轭体系的信息;核磁共振氢谱可提供分子中不同类型氢的数目和相邻氢之间关系的信息。

对于某些较简单的化合物,一般只需应用一种或两种波谱方法就可推断其结构,而对于结构较为复杂的化合物,往往需要同时利用多种波谱法进行综合分析,从不同的角度获取有关结构的信息,相互补充,相互印证,从而推断出正确结果。

(刘　清)

复习题

1. 下列各组化合物中,何者吸收的紫外光波较长?

(1)

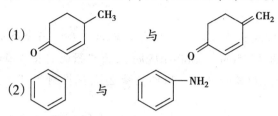

与

(2)

与

(3) $CH_3CH = CH_2$ 与 $CH_3CH = CHOCH_3$

2. 利用红外光谱可鉴别下列哪几对化合物? 并说明理由。

(1) $CH_3CH_2CH_2OH$　　　　与　　　　$CH_3CH_2NHCH_3$

(2) $CH_3C \equiv CCH_3$　　　　与　　　　$CH_3CH_2C \equiv CH$

(3) $CH_3CH_2CH_2OCH_3$　　　　与　　　　$CH_3CH_2COCH_3$

3. 根据下列红外光谱数据,试推测分子中所存在的官能团。

(1) 在 1700cm^{-1} 有强吸收　　　(2) 在 2100cm^{-1} 处有弱吸收。

4. 应用 IR、^{1}H-NMR 谱中的哪一种可使下列各对化合物达到快速而有效的鉴别?

(1) $CH_3CH_2CH_2CH_2CHO$　　　与　　　$CH_3COCH_2CH_3$

(2)

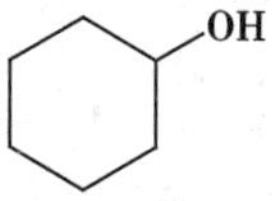

与

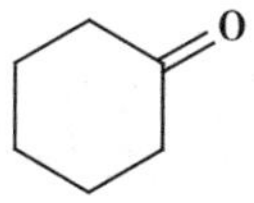

(3) $CH_3CH_2CHCH_3$ （下标 OH）　　与

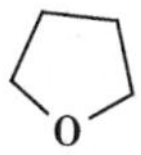

(4)

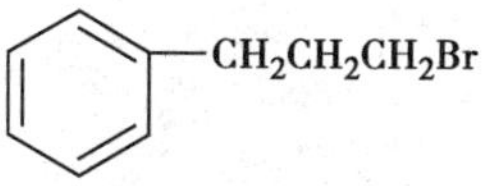

与

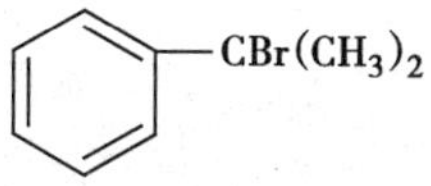

5. 预测下列化合物有几种不等性质子。

(1) $ClCH_2CH = CH_2$　　　(2) $CH_3CONHCH_2CH_3$　　　(3) cis-1,3-二甲基环丁烷

(4)

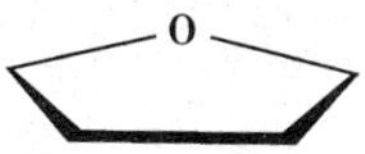

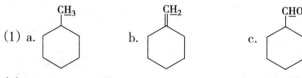

(5)

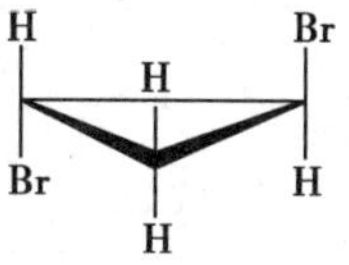

(6)

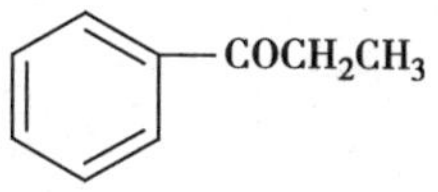

6. 下列各组化合物中用下划线标记的质子,哪个 δ 值最大?

(1) a.　　　　b.　　　　c.

(2) a. CH_3CH_3　　　b. CH_3CH_2Cl　　　c. CH_3CH_2I

7. 具有下列各分子式的化合物,在 ^{1}H-NMR 谱中均只出现 1 个信号,其可能的结构式是什么?

(1) C_5H_{12}　　　(2) $C_3H_6Br_2$　　　(3) C_2H_6O

(4) C_3H_6O　　　(5) C_4H_6　　　(6) C_8H_{18}

8. 二甲基环丙烷的 3 个异构体分别给出 2、3、4 个核磁共振信号,写出与其相符的结构式。

9. 分子式为 $C_8H_{18}O$ 的化合物只在 ^1HNMR 谱中 δ 为 1.0 左右显示 1 个很尖的单峰,试推测其结构。

10. 分子式为 $C_4H_8O_2$ 的化合物 A,能在酸或碱液催化下反应生成 B 和 C,C 能与金属钠反应放出 H_2,也能发生碘仿反应。A 在 IR 光谱 $1735cm^{-1}$、$1300\sim1050cm^{-1}$ 出现强的特征吸收峰,在 $^1H\text{-}NMR$ 中的 δ 值分别为 1.2(三重峰 3H)、2.1(单峰 3H)、4.1(四重峰 2H),试推测 A、B、C 的结构式。

11. 在一种蒿科植物中分离出分子式为 $C_{12}H_{10}$ 的化合物"茵陈烯",UV 谱中 $\lambda_{max}=239nm$ 处有吸收峰;IR 谱中 $2210cm^{-1}$ 及 $2160cm^{-1}$ 处出现强吸收峰;$^1H\text{-}NMR$ 给出:$\delta=1.8(s,3H)$,$\delta=2.3\sim2.5(s,2H)$,$\delta=6.8\sim7.5(m,5H)$。试推测"茵陈烯"的可能结构。

12. 某化合物 A 的波谱数据如下:MS:$88(M^+)$;IR:$3600cm^{-1}$;$^1H\text{-}NMR$:1.41(2H,q,J=7Hz),1.20(6H,s),1.05(1H,s,加 D_2O 后消失),0.95(3H,t,J=7Hz),试推测 A 的结构式。

第十七章

中草药成分化学

学习目标

1. 掌握　黄酮类化合物、生物碱、醌类、挥发油及鞣质等典型的中草药化学成分的结构与分类、理化性质、提取分离的方法。
2. 熟悉　黄酮类化合物、生物碱、醌类、挥发油及鞣质等的性状、溶解性和显色反应的基本知识。
3. 了解　黄酮类化合物、生物碱、醌类、挥发油及鞣质等分布和生物活性等。

中草药作为中医药学的重要组成部分,既是我国传统的防治疾病的重要武器,也是我国有机化学家研究的主要对象。我国第三次中药资源普查结果显示,我国中药资源已达12 807种,其中植物药11 146种。来源各异、多姿多彩的中草药的化学成分十分复杂。这种复杂性表现在不同中草药可能含有不同类型的化学成分,即使是同一中草药,也可能含有大量的结构类型各不相同的化学成分。其中很多成分是中草药具有多种功效或药理活性的物质基础。

中草药中化学成分的类型一般分为糖类,苷类,醌类,苯丙素类,黄酮类,萜类和挥发油,生物碱,甾体类化合物,三萜类化合物及鞣质等。本章着重介绍黄酮类、生物碱、醌类、挥发油及鞣质等典型的中草药化学成分类型。

第一节　黄酮类化合物

黄酮类化合物是在植物中分布非常广泛的一大类重要的天然有机化合物,其在植物内大部分与糖结合成苷类,小部分以游离态(苷元)的形式存在。由于这类化合物大多呈黄色或淡黄色,且分子中含有酮基而被称为黄酮。自1814年发现第一个黄酮类化合物白杨素起,截至现在,已分离出的黄酮类化合物总数超过8000多个。

绝大多数的植物体内都含有黄酮类化合物,它们在植物的生长、发育、开花、结果以及防菌防病等方面起着重要作用。黄酮类化合物具有多种生物活性,可降低毛细管脆性及异常通透性、降血脂及胆固醇、抗炎、抗病毒、抗癌、保肝、解痉等,尤以心血管系统及保肝活性备受重视。

一、黄酮类化合物的结构类型和分类

最早黄酮类化合物主要指基本母核为 2- 苯基色原酮的一类化合物,现在则泛指两个苯环(A 环和 B 环)通过中间三碳链相互连接而成的一系列化合物,其基本骨架为:

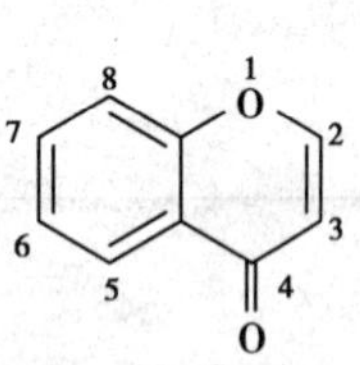

色原酮 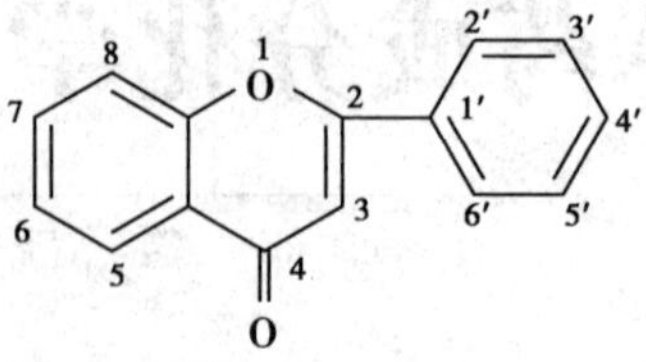　　　　　　　2-苯基色原酮 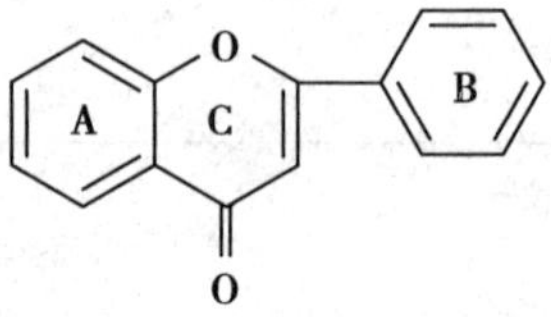　　　　　　　6C-3C-6C

根据 A 环与 B 环中间三碳链的氧化程度、3 位是否有羟基取代、B 环连接的位置(2 位或 3 位)以及三碳链是否构成环状等特点,可将黄酮类化合物分类如表 17-1 所示。

表 17-1　黄酮类化合物结构类型

类型	基本结构	代表性化合物	来源与用途
黄酮	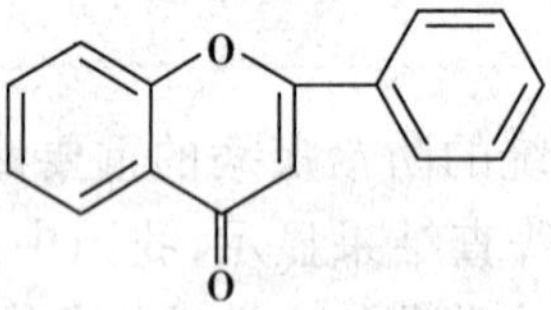	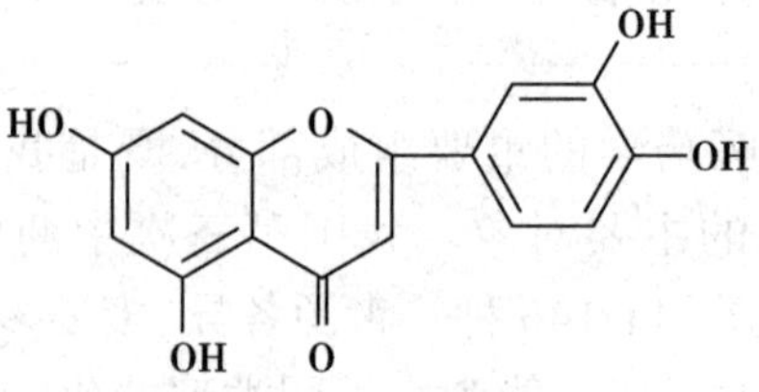 木犀草素	来源于豆科植物落花生果实的外壳,忍冬科植物忍冬等,有抗菌、抗炎、降压、解痉等作用
黄酮醇	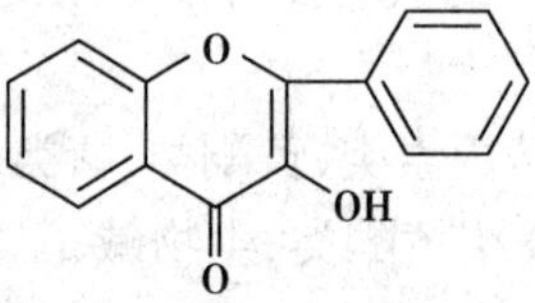	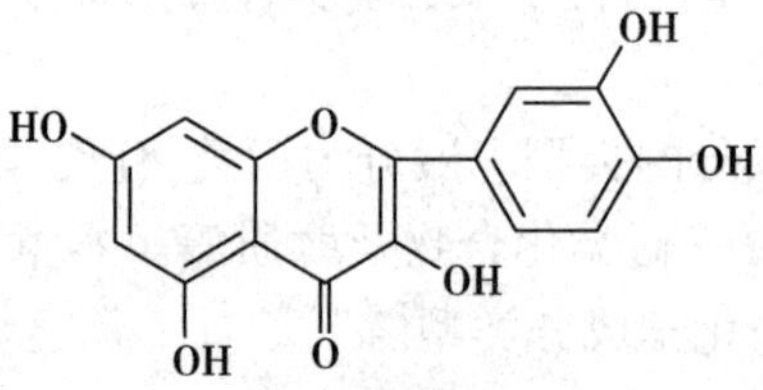 槲皮素	来源于壳斗科伊比利亚栎皮和叶,金丝桃科红旱莲全草,豆科槐花等,具有祛痰、止咳、降压、增加冠脉血流量等作用
二氢黄酮	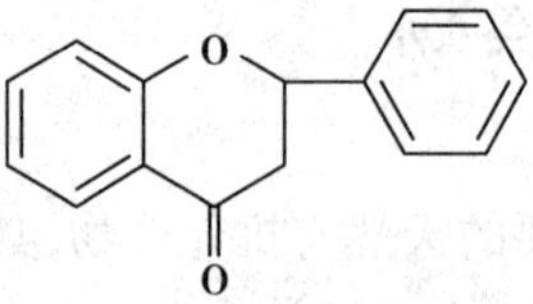	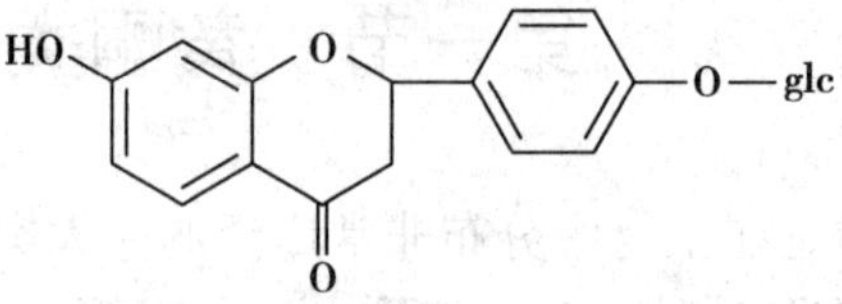 甘草苷	来源于豆科甘草等的根及根茎,对消化系统溃疡有治疗作用
二氢黄酮醇	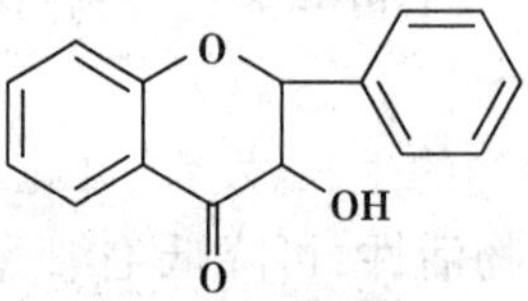	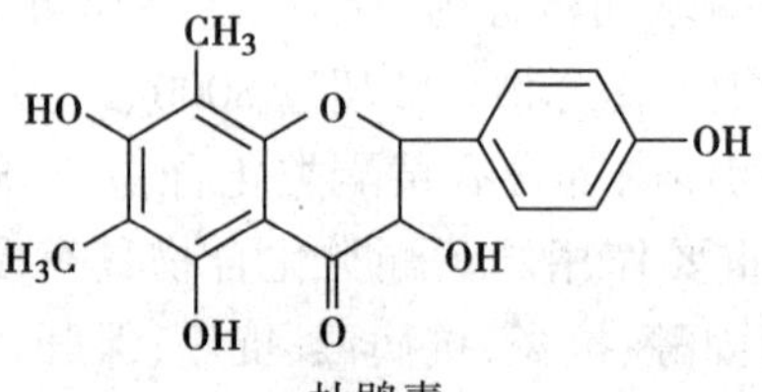 杜鹃素	来源于杜鹃花科兴安杜鹃叶,有祛痰、止咳、抗菌等作用

续表

类型	基本结构	代表性化合物	来源与用途
异黄酮		大豆素	来源于豆科红车轴草、紫苜蓿、大豆种子等,有雌激素样作用
二氢异黄酮		紫檀素	来源于豆科紫檀、广豆根等,有抗癌和抗真菌作用
查耳酮		红花苷	来源于鸢尾科番红花中,有活血作用
黄烷-3-醇		儿茶素	来源于豆科儿茶,夹竹桃科罗布麻等,有止泻、解毒和抗癌作用
花色素		飞叶草素	来源于毛茛科植物飞燕草花,具有收敛、活血等功效
橙酮		硫磺菊素	来源于菊科植物硫磺菊,为细胞碘化甲腺氨酸脱碘酶抑制剂

　　黄酮类化合物的结构除上述常见的类型外,还有一些其他特殊结构的化合物,如由两分子黄酮、两分子二氢黄酮,或一分子黄酮及一分子二氢黄酮按 C—C 或 C—O—C 键方式连接而成的双黄酮类化合物等。

二、黄酮类化合物的性质

(一) 性状

黄酮类化合物多为结晶性固体,少数(如黄酮苷类)为无定形粉末。通常黄酮、黄酮醇及它们的苷类多显灰黄至黄色;查耳酮为黄至橙色;而无交叉共轭体系的二氢黄酮、二氢黄酮醇、黄烷醇等几乎不显色;异黄酮类因 B 环接在 3 位,共轭链短,仅显微黄色。花色素及其苷不仅有共轭体系,且呈盐状态,故能呈现各种鲜艳的颜色,其颜色随 pH 不同而改变,一般 pH<7 时显红色,碱性条件下显紫色或蓝色。

黄酮类化合物的颜色深浅与分子中是否存在交叉共轭体系及助色团(—OH、—OCH₃)的类型、数目以及位置有关。以黄酮为例,其色原酮部分原本无色,但在 2 位上引入苯基后,即形成交叉共轭体系,并通过电子转移、重排,使共轭链延长,因而呈现颜色。

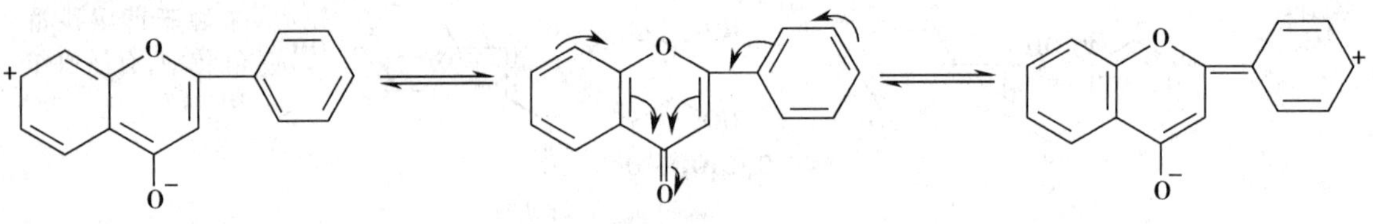

黄酮

(二) 溶解性

黄酮类化合物的溶解度因结构类型及存在状态(如苷或苷元、单糖苷、双糖苷或三糖苷等)不同而有很大差异。

一般游离黄酮类化合物难溶于水,易溶于甲醇、乙醇、乙酸乙酯、乙醚等有机溶剂及稀碱水溶液中。其中,黄酮、黄酮醇、查耳酮等呈平面型分子,分子间排列紧密,分子引力较大,更难溶于水。而二氢黄酮及二氢黄酮醇等,由于吡喃环(C 环)已被氢化为近似半椅式结构,破坏了分子的平面性,分子排列不紧密,分子间引力降低,有利于水分子进入,故在水中溶解度稍大。异黄酮类化合物的 B 环受吡喃环羰基的立体阻碍,分子平面性降低,故亲水性比平面型分子增加。花色素虽具有平面型结构,但以离子形式存在,具有盐的通性,故亲水性较强,水溶性较大。

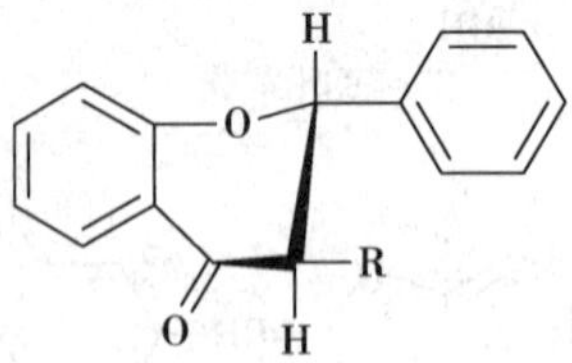

二氢黄酮　　R＝H
二氢黄酮醇　R＝OH

在黄酮类化合物的母核上引入羟基增多,则水溶性增大,脂溶性降低。而羟基被甲基化后,则脂溶性增加。但当黄酮与糖基成苷后,则水溶性增加,脂溶性下降。黄酮苷一般易溶于热水、甲醇、乙醇等强极性溶剂,而难溶于或不溶于苯、氯仿等有机溶剂。苷分子中糖基的数目多少和结合的位置,对溶解度也有一定影响。一般多糖苷比单糖苷水溶性大,3- 羟基苷比相应的 7-羟基苷水溶性大。

(三) 酸碱性

1. 酸性　黄酮类化合物因分子中多具有酚羟基,故显酸性,可溶于碱性水溶液、吡啶、甲酰胺及二甲基甲酰胺中。

黄酮类化合物酸性的强弱与酚羟基的位置和数目有关。凡是具有交叉共轭体系的黄酮类化合物,酸性顺序一般是:7,4′- 二羟基 >7 或 4′- 羟基 > 一般酚羟基 >5- 羟基。其中 7 和 4′位同时有酚羟基者,因与羰基处在对位,在 p-π 共轭效应的影响下,使酸性增强而可溶于 5% $NaHCO_3$ 水溶液;7 或 4′位上有酚羟基者,只溶于 5% Na_2CO_3 水溶液,不溶于 5% $NaHCO_3$ 水溶液;具有一般酚羟基者只溶于 1% NaOH 水溶液;仅有 5 位酚羟基者,因可与 4 位的羰基形成分子内氢键,故酸性最弱,只溶于 5% NaOH 水溶液。据此常可采用 pH 梯度萃取法来提取、分离及鉴定酸性强弱不同的黄酮化合物。

2. 碱性　黄酮类化合物分子中 γ- 吡喃酮环(C 环)上的 1 位氧原子,因具有未共用电子对,故表现出微弱的碱性,可溶于浓硫酸或浓盐酸生成𨦬盐。该盐性质不稳定,加水即分解为原化合物。

黄酮类化合物溶于浓硫酸中生成的𨦬盐,常产生特殊的颜色,可用于黄酮类化合物的初步鉴别。

(四) 颜色反应

黄酮类化合物的颜色反应多与分子中的酚羟基及 γ- 吡喃酮环有关。

1. 还原反应

(1) 盐酸 - 镁粉反应:此反应为鉴别黄酮类化合物最常用的颜色反应。方法是将样品溶于甲醇或乙醇中,加入少许镁粉振摇,滴加几滴浓盐酸,2 分钟内(必要时微热)即可显色。多数黄酮、黄酮醇、二氢黄酮醇类化合物显橙红至紫红,少数显紫至蓝色。当 B 环上有羟基或甲氧基时,呈现的颜色加深。查耳酮、橙酮、儿茶素则无显色反应。异黄酮类除少数外,均不显色。其机制现在认为是生成了碳正离子而显橙红至紫红色。

(2) 硼氢化钠反应:二氢黄酮和二氢黄酮醇类化合物可与硼氢化钠($NaBH_4$)发生还原反应,反应显红～紫红色。该反应的专属性较强,其他黄酮类化合物均不显色,可与之区别。此方法可在试管中或滤纸上进行:取 1~2mg 样品溶于甲醇中,加入 10mg $NaBH_4$,1 分钟后,再加入 1% 盐酸数滴;或先在滤纸上喷 2% $NaBH_4$ 的甲醇溶液,1 分钟后熏浓盐酸蒸气。二氢黄酮或二氢黄酮醇类被还原呈现红～紫红色。其反应机制亦是羰基被还原,产生碳正离子。若 A 环或 B 环有羟基或甲氧基时,呈现的颜色加深。

(3) 钠汞齐还原反应:在样品的乙醇溶液中加入钠汞齐,放置数分钟至数小时或加热,过滤,滤液用盐酸酸化,则黄酮、二氢黄酮、异黄酮、二氢异黄酮类显红色,黄酮醇类显黄～淡红色,二氢黄酮醇类显棕黄色。

2. 与金属盐类试剂的络合反应　黄酮类化合物分子结构中,凡具有 3- 羟基、4- 羰基,或 5- 羟基、4- 羰基或邻二酚羟基,可与多种金属盐试剂如铝盐、锆盐、镁盐、铅盐等反应,生成有色配合物或有色沉淀,有的还产生荧光,可用于黄酮类化合物的鉴定、提取与分离。如槲皮素与二氯氧锆($ZrOCl_2$)的反应可生成黄色的锆配合物。

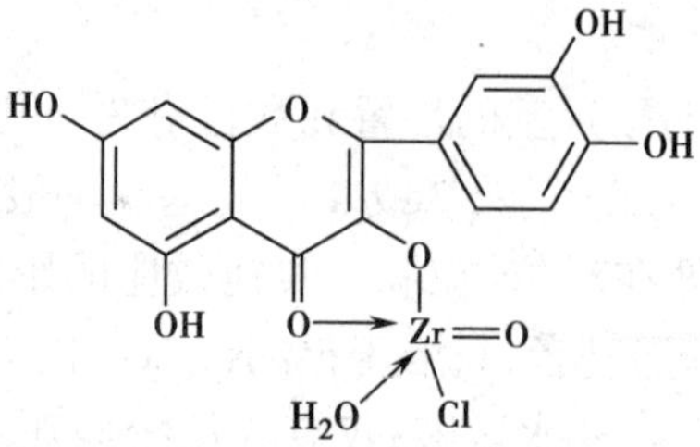

锆络合物

此外,黄酮类化合物多含有酚羟基,可与三氯化铁试剂发生显色反应。并且黄酮类化合物依分子中所含的酚羟基数目及位置的不同,可呈现紫、绿、蓝等不同颜色。

实验室里常用三氯化铝来鉴别具有 3- 羟基、4- 羰基,或 5- 羟基、4- 羰基或邻二酚羟基的黄酮类化合物。此反应可在滤纸、薄层上或试管中进行。将样品的乙醇溶液和 1% 三氯化铝乙醇溶液反应,生成的络合物多呈黄色,置紫外灯下显鲜黄色荧光,但 4′- 羟基黄酮醇或 7,4′-二羟基黄酮醇显天蓝色荧光。

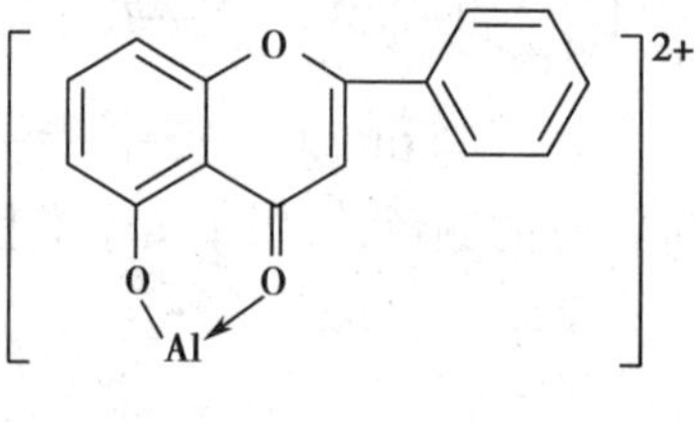

5-羟基黄酮铝络合物 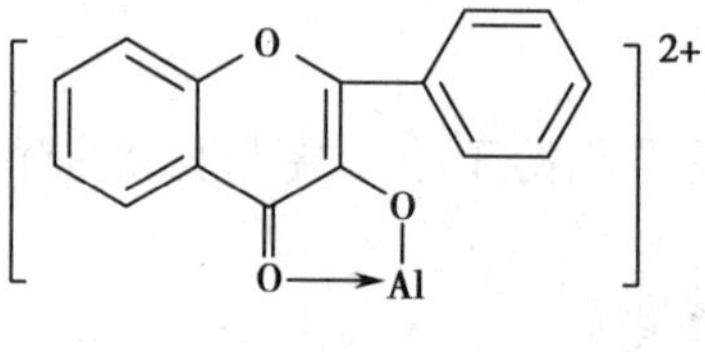　　　　　　黄酮醇铝络合物

黄酮类化合物的呈色反应有很多,除了还原反应和与金属盐的络合反应外,还能与硼酸或五氯化锑反应呈色及与碱性试剂反应。在此不再赘述。

问题与思考 ●●●

　　如何应用显色反应区分羟基黄酮类化合物与无羟基黄酮类化合物?

三、黄酮类化合物的提取

黄酮类化合物的提取,主要是根据被提取物的性质及伴存的杂质来选择适合的提取溶剂。这与植物所含的黄酮类化合物是苷元还是苷类有关,也与原料是植物的哪一部位有关。

由于黄酮类化合物在溶剂中的溶解性相差很大,没有一种能适合于所有黄酮类成分的提取溶剂,而必须根据目标成分的性质及杂质的类别来选择溶剂。大多数游离的黄酮类化合物宜用极性较小的溶剂,如用氯仿、乙醚、乙酸乙酯等提取,而对多甲氧基黄酮,甚至可用苯进行提取。黄酮苷类以及极性较大的游离黄酮(如羟基黄酮、双黄酮、橙酮、查耳酮等),一般可用乙酸乙酯、丙酮、乙醇、甲醇、水或某些极性较大的混合溶剂如甲醇(乙醇)- 水(1∶1)进行提取。一些多糖苷类则可以用沸水提取。在提取花色素类化合物时,可加入少量酸(如 0.1% 盐酸),但提取一般黄酮苷类成分时,则应当慎用,以免发生水解反应。为了避免在提取过程中黄酮苷

类发生水解,也常按一般提取苷的方法预先破坏酶的活性。常用的提取方法有以下几种:

(一)乙醇或甲醇提取法

乙醇或甲醇是最常用的提取黄酮类化合物的溶剂,它不仅能溶解游离状态的黄酮类化合物,也能溶解它们的苷类化合物。高浓度的醇(如 90%~95%)适于提取游离黄酮,60% 左右浓度的醇适于提取黄酮苷类。提取次数一般是 2~4 次,可用冷浸法、渗漉法和回流法。

(二)系统溶剂提取法

用极性由小到大的溶剂依次提取,如先用石油醚或己烷脱叶绿素等脂溶性色素及油脂,接着用苯提取多甲基黄酮或含异戊烯基、甲基的黄酮,再用乙醚提取游离黄酮;乙酸乙酯提取极性大的苷元和极性小的苷;正丁醇提取一般黄酮苷类。最后用稀醇、沸水可以提取出苷类,而花色素等成分可以用 1%HCl 提取。

(三)碱性水或碱性稀醇提取法

由于黄酮类化合物多具有酚羟基,有一定的酸性,故常用碱性水(饱和的石灰水溶液、5%碳酸钠水溶液或稀氢氧化钠溶液)或碱性稀醇(如 50% 的乙醇)提取,提取液经酸化后,黄酮类化合物即可游离析出。

但该法提取效果通常不是很好,杂质较多,而且应当注意所用的碱浓度不宜过高,以免在强碱下加热时破坏黄酮类化合物母核。在加酸酸化时,酸性也不宜太强,以免生成钅羊盐,致使析出的黄酮类化合物又重新溶解,降低产品收率。当分子中有邻二酚羟基时,可加硼酸保护。

问题与思考

黄酮类化合物有哪些提取方法? 其原理是什么?

第二节　生　物　碱

生物碱是指存在于植物体内的一类含氮有机化合物。大多数生物碱具有氮杂环结构,如吗啡、苦参碱等。少数生物碱如益母草碱、麻黄碱等氮原子不在环内。生物碱在植物界分布较广,在双子叶植物中尤为普遍,如防己科、罂粟科、毛茛科、豆科、马钱科、夹竹桃科、茄科等植物中。单子叶植物中分布较少,如百合科、石蒜科、兰科等。裸子植物中分布更少,如红豆杉科、三尖杉科、麻黄科等植物。

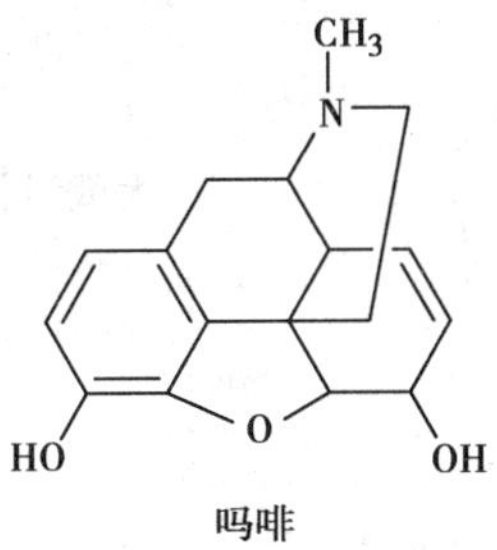

吗啡 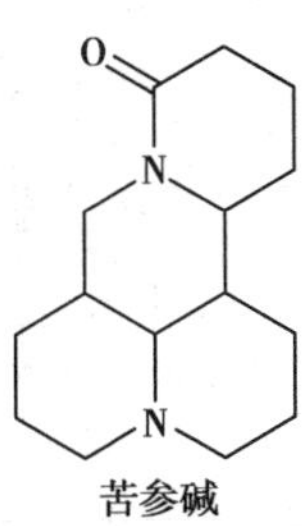　　　　　　　　苦参碱 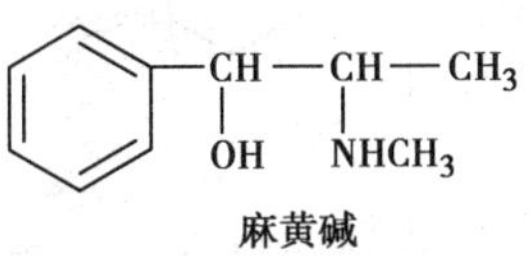　　　　　　　　麻黄碱

多数生物碱具有广泛的生物活性。这类化合物往往是许多药用植物,包括许多中草药的有效成分。例如,阿片中的镇痛成分吗啡、止咳成分可待因、麻黄中的抗哮喘成分麻黄碱、黄连的抗菌消炎的小檗碱、颠茄的解痉成分阿托品、长春花的抗癌成分长春新碱等均为生物碱。

一、生物碱的分类和结构

生物碱的分类方法有多种,有按植物来源分类,也有按化学结构类型分类。本章按生物碱母核的化学结构分类主要有以下几种类型(表 17-2)。

表 17-2　生物碱的分类

结构类型	基本母核	代表化合物	实例
有机胺类(含有不在环上的氮原子)	R—NH₂、 R—C(=O)—NH₂	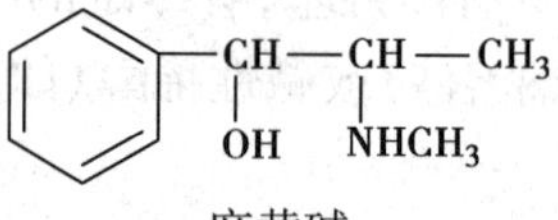 麻黄碱	麻黄科植物麻黄中的麻黄碱,具有收缩血管,兴奋神经作用
吡咯类 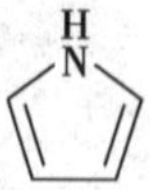	简单吡咯类	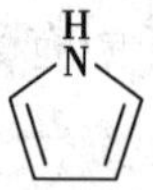 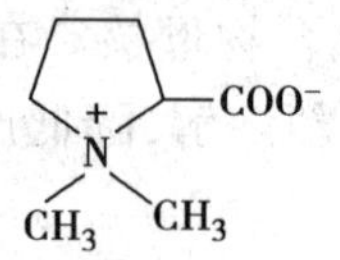 水苏碱	唇形科植物益母草中的水苏碱,具有祛痰镇咳作用
	吡咯里西啶	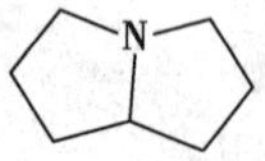 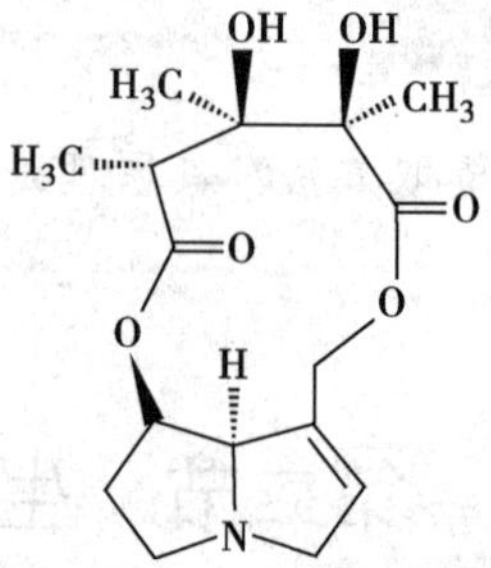 野百合碱	野百合属植物中的野百合碱对多种肿瘤具有抑制作用
吡啶类 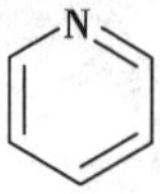	简单吡啶类	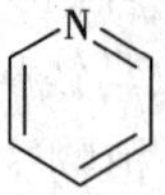 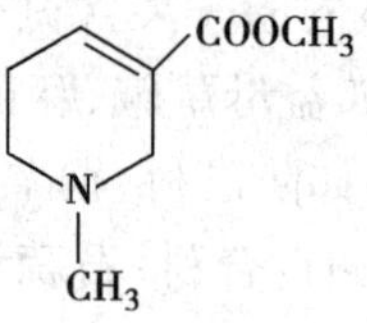 槟榔碱	棕榈科植物槟榔的种子中分得的槟榔碱具有驱绦虫作用
	吲哚里西啶	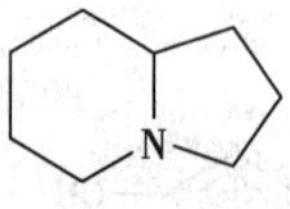 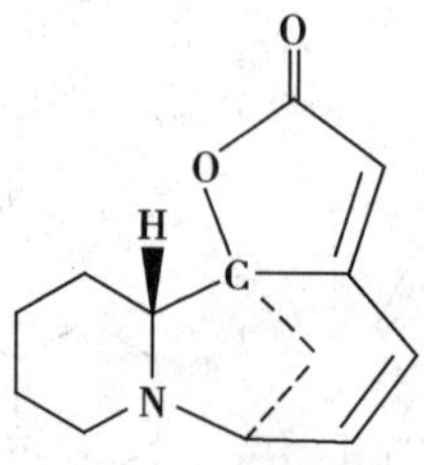 一叶萩碱	大戟科植物一叶萩中分得的一叶萩碱具有兴奋中枢神经作用

续表

结构类型		基本母核	代表化合物	实例
吡啶类 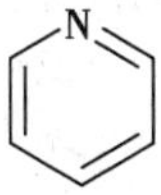	喹喏里西啶	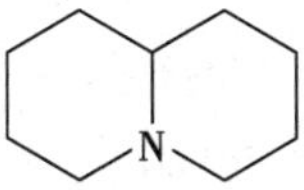	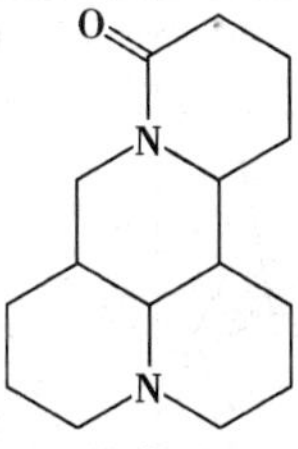 苦参碱	豆科槐属植物苦参的根中分得的苦参碱具有清热、祛湿、利尿、杀虫等作用
莨菪烷类		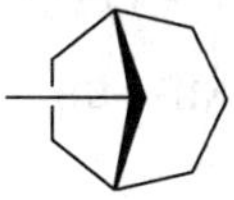	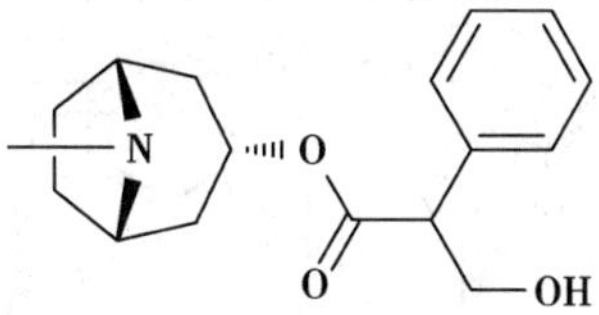 莨菪碱	茄科植物白曼陀罗的花中分得的莨菪碱、东莨菪碱等具有解痉止痛、散瞳、麻醉等作用
喹啉类		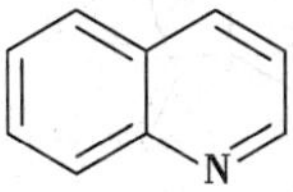	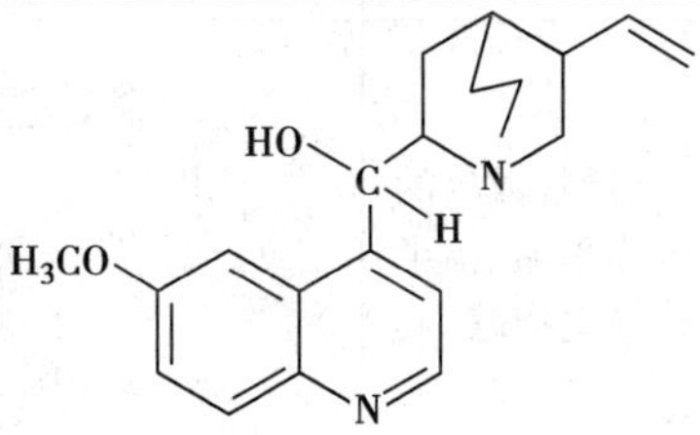 奎宁	茜草科植物金鸡纳树及其同属植物的树皮中分离得到的奎宁是一类抗疟药
异喹啉类	苄基异喹啉类	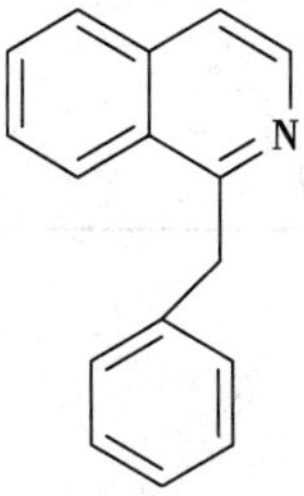	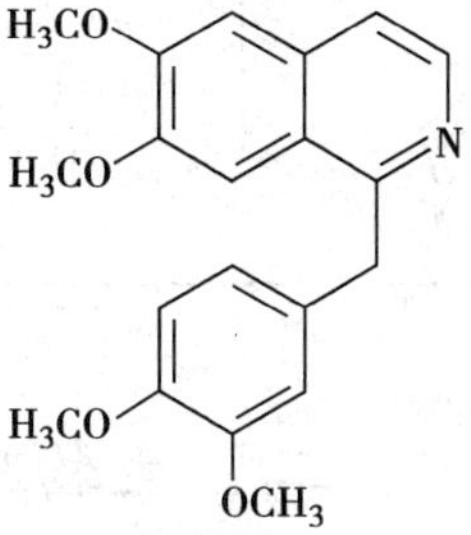 罂粟碱	罂粟科鸦片中解痉作用的罂粟碱;乌头中的强心成分去甲乌头碱
	双苄基异喹啉类	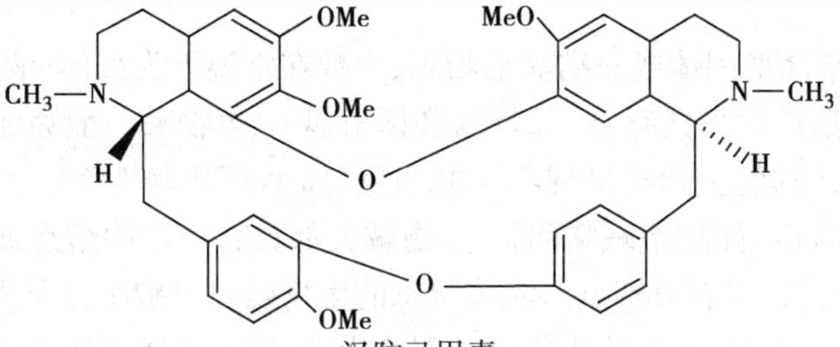	汉防己甲素	防己科植物粉防己的干燥根中分得的汉防己甲素具有利水消肿、驱风止痛的作用,对肺纤维化及高血压、心绞痛等病症有良好的疗效
	原小檗碱类	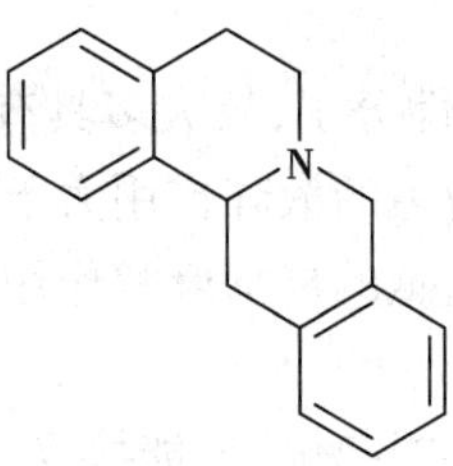	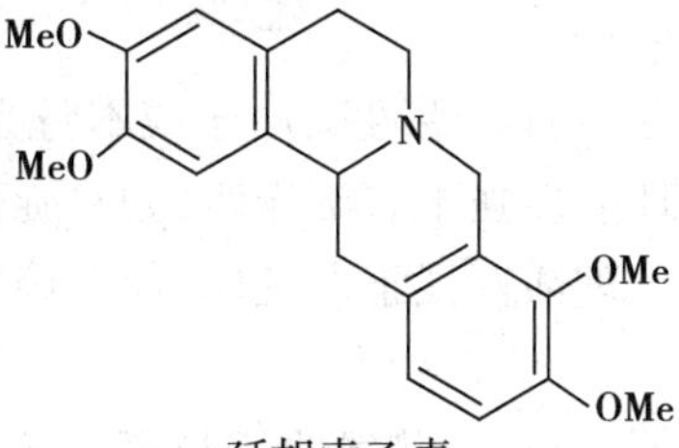 延胡索乙素	罂粟科植物延胡索的块茎中分得的延胡索甲素或乙素均有镇痛作用

369

续表

结构类型		基本母核	代表化合物	实例
异喹啉类	吗啡烷类	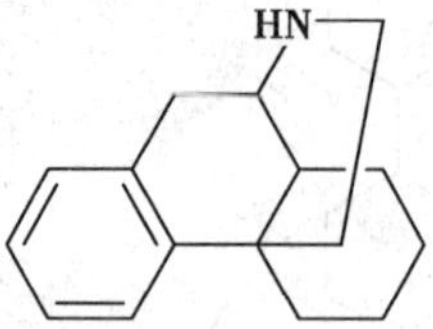	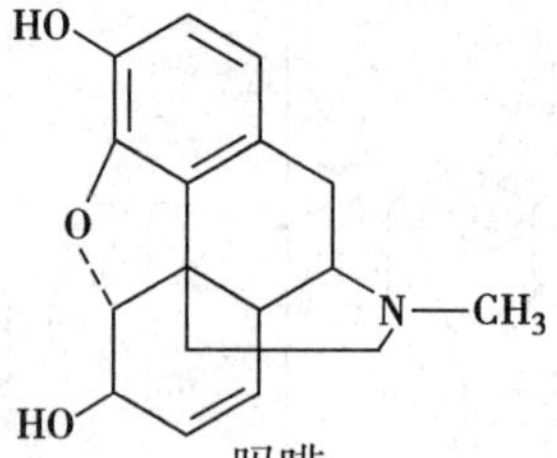 吗啡	罂粟科植物鸦片中的吗啡碱、可待因具有止痛作用
吲哚类		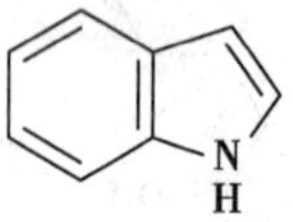	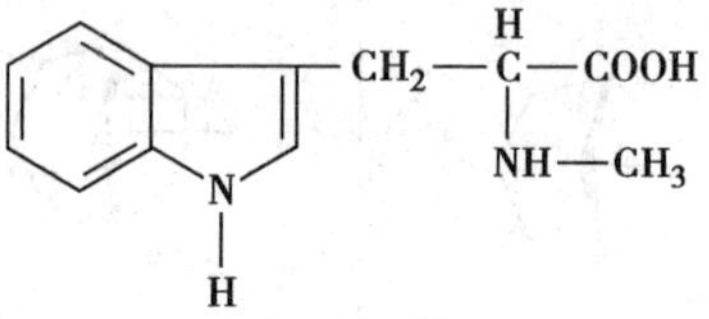 相思豆碱	相思豆中的相思豆碱具有抗菌作用
其他类	萜类	按异戊二烯整数倍的数目,分为单萜、倍半萜、二萜等生物碱	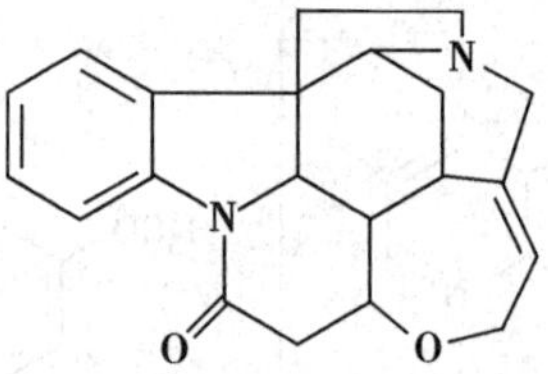 士的宁	马钱子科植物番木鳖的种子中分离得到的士的宁属于单萜吲哚类生物碱,具有兴奋中枢神经作用
	咪唑类	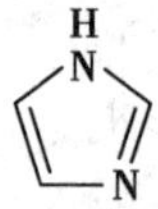	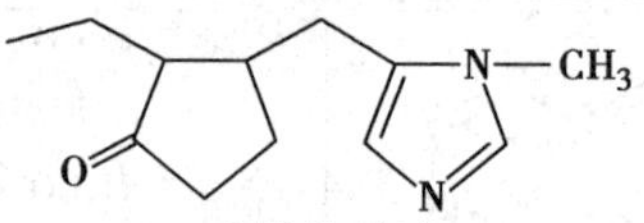 毛果芸香碱	芸香科植物毛果芸香中的毛果芸香碱用于青光眼的治疗

二、生物碱的性质

(一) 性状

大多数生物碱为结晶形固体或非结晶形粉末,少数在常温下为液体,液体生物碱分子中大多不含氧或氧原子以酯键的形式存在(如烟碱和槟榔碱)。生物碱一般为无色或白色,只有少数含有较长共轭体系结构的生物碱呈现不同的颜色(如小檗碱为黄色)。大多数生物碱味苦,少数生物碱具有其他味道(如甜茶碱味甜)。生物碱大都具有一定的熔点或沸点,个别生物碱具有双熔点,也有的生物碱只有分解点。液体状态的生物碱及个别小分子固体生物碱(如麻黄碱)具有挥发性,也有少数小分子固体生物碱具有升华性,如麻黄碱、咖啡因等。

(二) 旋光性

生物碱分子结构中多数具有手性碳原子或本身为手性分子,故大多具有旋光性,且多数为左旋体。通常左旋体生理活性强于右旋光体,如左旋莨菪碱的散瞳作用大于右旋莨菪碱的100倍。但也有少数右旋体生理活性强于左旋体,如右旋古柯碱的局部麻醉作用强于左旋古柯碱。

(三) 碱性

生物碱分子中含有氮原子,这些氮原子与氨一样有一对孤电子,能接受质子而显碱性。

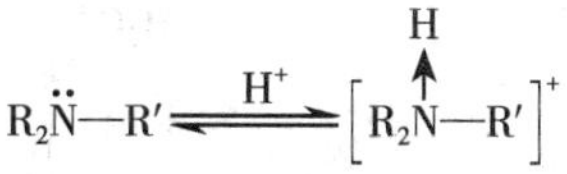

$$R_2\ddot{N}-R' \underset{}{\overset{H^+}{\rightleftharpoons}} \left[\overset{\overset{H}{\uparrow}}{R_2N-R'}\right]^+$$

生物碱的碱性强弱与氮原子的杂化方式、诱导效应、共轭效应、空间效应以及分子内氢键等因素有关。

1. 氮原子的杂化方式　在生物碱中氮原子的杂化方式有 sp^3、sp^2、sp 三种形式，p 电子成分比例越大，越易供电子，则碱性越强，即 $sp^3 > sp^2 > sp$。异喹啉碱性（$pK_a=5.4$，sp^2 杂化）小于四氢喹啉（$pK_a=9.5$，sp^3 杂化），而腈类分子中氮原子（sp 杂化）则呈中性。季铵碱因羟基以负离子形式存在，类似无机碱而呈强碱性，如小檗碱（$pK_a=11.5$）。

2. 诱导效应　生物碱分子中氮原子上的电子云密度大小与氮上的取代基及其与相邻原子产生的作用有关，氮原子上电子云密度增加，则生物碱的碱性增强，反之亦然。

生物碱分子中氮原子所连接的基团如为供电基则碱性增强，所以脂肪胺比氨的碱性强。但叔胺碱性弱于仲胺这是由于立体效应的原因，叔胺结构中的三个烃基在一定程度上阻碍了氮原子与质子的结合，使碱性降低。

氮原子附近若有吸电基团（如苯基、羰基、酯基、羟基、双键等），则使氮原子电子云密度降低，碱性减弱。如去甲麻黄碱的碱性小于苯异丙胺，也小于麻黄碱。

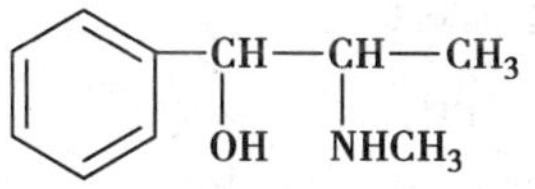

pKa=9.58
麻黄碱

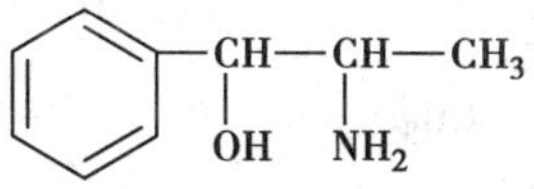

pKa=9.0
去甲麻黄碱

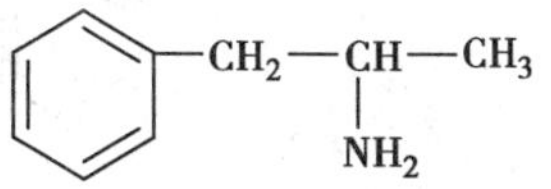

pKa=9.8
苯异丙胺

3. 共轭效应　氮原子孤电子对处于 p-π 共轭体系时，其碱性减弱。常见的有苯胺型和酰胺型两种类型。如：

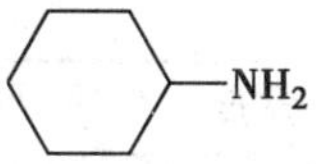

pKa=10.14

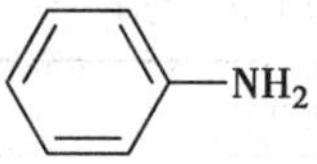

pKa=4.58

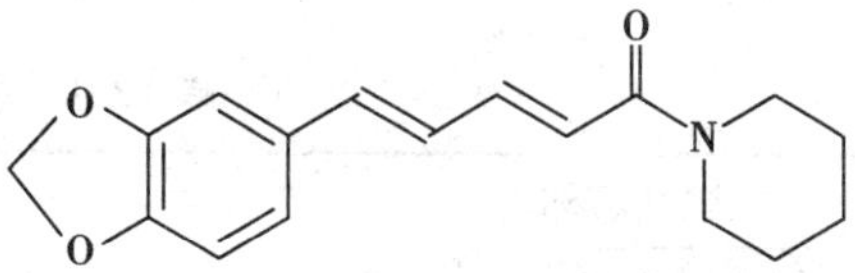

pKa=1.42

并非所有的 p-π 共轭效应均减低碱性，当氮原子上的孤电子对与供电子基发生共轭时，可使生物碱的碱性增强。如胍接受质子后形成铵离子，具有更高的共轭稳定性而显强碱性（$pK_a=13.60$）。

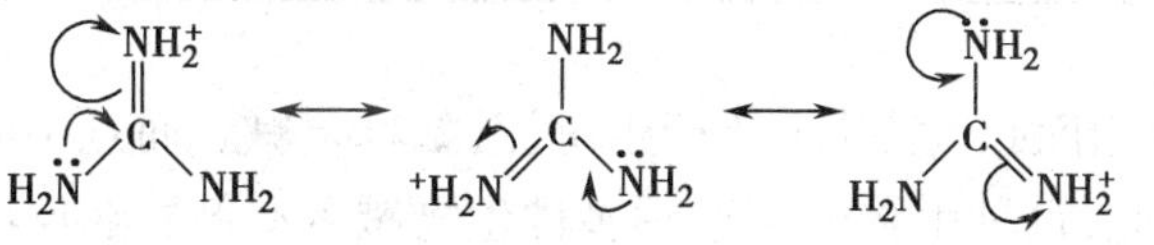

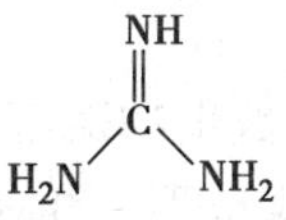

胍（$pK_a=13.6$）

4. 空间效应　氮原子周围取代基越大、越多，则产生的空间屏蔽作用大，不利于氮原子与质子结合，碱性减弱。如：东莨菪碱由于三元氧环的存在，对氮原子产生显著的空间位阻，使氮原子不易与质子结合，而使碱性较莨菪碱的弱。

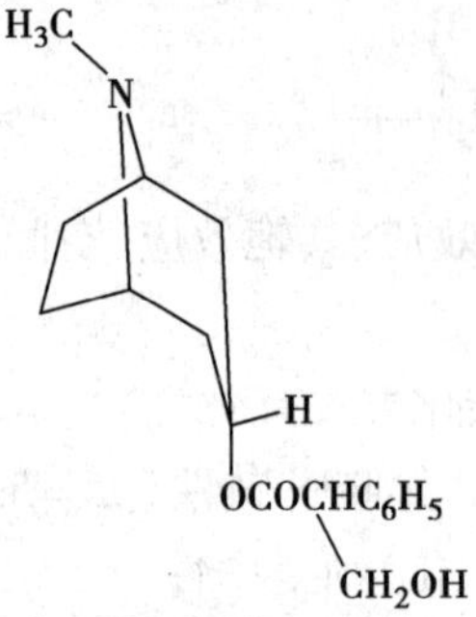

$pK_a=9.65$
莨菪碱

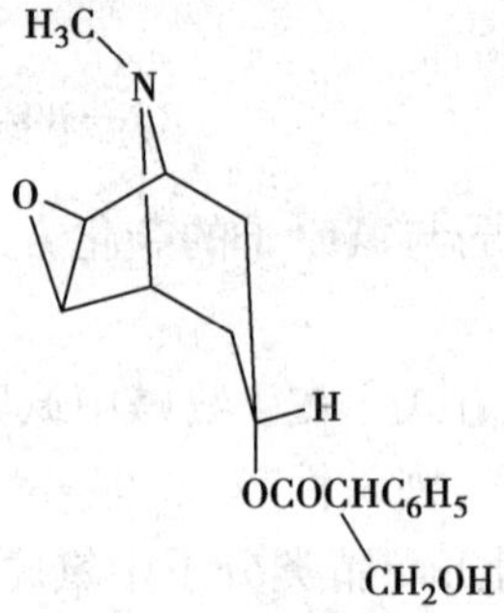

$pK_a=7.50$
东莨菪碱

叔胺因氮原子上有三个取代基,空间位阻大,故其碱性较仲胺、伯胺的弱。

5. 分子内氢键 当生物碱成盐后,氮原子附近如有羟基、羰基,并处于有利于形成稳定的分子内氢键时,氮上的质子不易离去,碱性强。如伪麻黄碱的碱性($pK_a=9.74$)大于麻黄碱的碱性($pK_a=9.58$),这是由于伪麻黄碱的共轭酸与 C—OH 形成分子内氢键,稳定性大于麻黄碱的缘故。

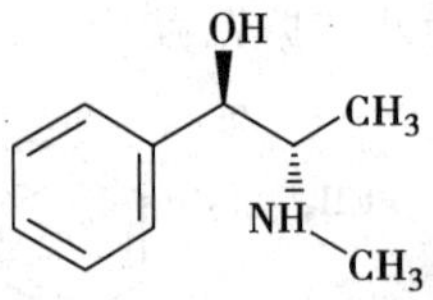

$pK_a=9.58$
麻黄碱

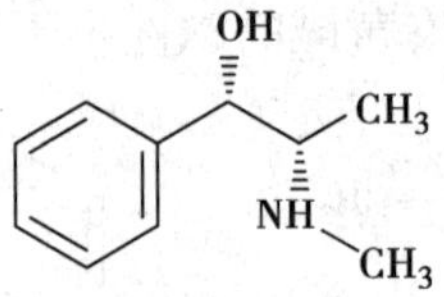

$pK_a=9.74$
伪麻黄碱

(四)沉淀反应

生物碱在酸性或稀醇水溶液中,能与某些试剂反应,生成难溶于水的复盐或分子络合物,这些试剂称生物碱的沉淀剂(表 17-3)。

表 17-3 常用生物碱沉淀剂

试剂名称	化学组成	反应现象
碘化铋钾试剂(Dragendorff)	$KBiI_4$	黄至橘红色沉淀
碘 - 碘化钾试剂(Wagner)	$KI \cdot I_2$	红棕色沉淀
碘化汞钾试剂(Mayer)	$HgI_2 \cdot I_2$	类白色沉淀
硅钨酸试剂(Bertrand)	$SiO_2 \cdot 12WO_3$	浅黄色或灰白色沉淀
苦味酸试剂(Hager)	$2,4,6-$ 三硝基苯酚	黄色结晶
雷氏铵盐(硫氰酸铬铵)	$NH_4[Cr(NH_3)_2(SCN)_4]$	红色沉淀或结晶

注意:有少数生物碱与某些沉淀试剂并不能产生沉淀,如麻黄碱。而且不同的生物碱对这些试剂的灵敏度也不一样,因此,每种生物碱需选用多种生物碱沉淀剂。在反应前应排除蛋白质、鞣质等干扰成分,因此在实践过程中,下结论时应慎重。利用生物碱沉淀反应,可以检查生物碱的有无,也可用于生物碱的分离和精制。

(五)颜色反应

一些生物碱单体能与某些试剂反应,生成具有特殊颜色的产物,不同结构的生物碱显示不同的颜色。但颜色反应只可作为识别生物碱的参考,因为生物碱的纯度不同,显色会有差别。常用的生物碱显色反应见表 17-4。

表 17-4　常用生物碱显色反应

名称	试剂	生物碱及反应结果
Mandelin 试剂	1% 钒酸铵的浓硫酸溶液	阿托品显红色 奎宁显淡橙色 吗啡显蓝紫色 可待因显蓝色 士的宁显蓝紫色到红色
Fröhde 试剂	1% 钼酸钠或 5% 钼酸铵的浓硫酸溶液	乌头碱显黄棕色 吗啡显紫色转棕色 可待因显暗绿色至淡黄色
Marquis 试剂	浓硫酸中含有少量甲醛	吗啡显橙色至紫色 可待因显洋红色至黄棕色 古柯碱和咖啡碱不显色

此外,还有无机酸可与一些生物碱显色,如浓硫酸、浓硝酸、浓盐酸等。例如浓硫酸可使秋水仙碱显黄色,可待因渐显淡蓝色,小檗碱显绿色;阿托品、古柯碱、吗啡碱及士的宁等不显色。这些显色反应可用来检识生物碱。

三、生物碱的提取和分离

生物碱在动植物体内绝大多数和有机酸,如草酸、柠檬酸、单宁酸等成盐,极少数生物碱和糖形成苷。由于盐一般溶解在水和乙醇溶液中,所以把切碎的植物用这两种溶剂直接提取,即可取得生物碱的盐。有时在提取时先将植物用弱碱(氨或石灰水等)处理,这时生物碱即从其盐中游离出来,然后再用有机溶剂(氯仿、乙醚、石油醚等)萃取,即可得到游离的生物碱。有时生物碱夹杂有其他的杂质,难以分离可用生物碱沉淀试剂将它沉淀下来。沉淀试剂的种类很多,如盐酸、氢溴酸、氢碘酸、硝酸、苦味酸等。用苦味酸等与生物碱成盐,把生成的盐重结晶精制,然后将盐溶解,再将与碱成盐的酸中和,即可得到纯的生物碱。这些方法操作简便,但有一定的局限性,分离不易完全,特别是含量较少的生物碱,分离很困难,需借助各种层析法进行分离。

? 问题与思考 ●●●

如何从中药麻黄中提取分离麻黄碱和伪麻黄碱,并检识它们?(试从结构和性质的异同点出发进行分析)

第三节　醌类化合物

醌类化合物是指分子内部具有醌式结构及其在生物合成方面与醌类有密切联系的化合物。天然醌类主要分为苯醌、萘醌、菲醌、蒽醌等类型。其中蒽醌及其衍生物的种类最多,也尤为重要。

醌类化合物在植物界分布较广,如蓼科的大黄、何首乌、虎杖,茜草科的茜草,豆科的决明子、番泻叶,鼠李科的鼠李,百合科的芦荟,唇形科的丹参,紫草科的紫草等,均含有醌类化合物。

醌类是一类比较重要的活性成分,有多方面的生理活性。如番泻叶中番泻苷具有较强的泻下作用;大黄中的游离蒽醌对细菌,尤其是对金黄色葡萄球菌有明显的抑制作用;丹参中的丹参醌类具有扩张冠状动脉的作用,用于治疗冠心病、心肌梗死等病症;紫草中的萘醌类成分紫草素具有止血、抗炎、抗病毒、抗菌等作用。还有一些醌类化合物具有驱绦虫、解痉、利尿、利胆、镇咳、平喘等作用。

此外,广泛存在于自然界中的泛醌类也称为辅酶 Q 类,能参与生物体内的氧化还原过程,是生物氧化反应中的一种递氢体。其中辅酶 Q_{10} 可用于治疗心脏病、高血压及癌症。

一、醌类化合物的结构类型

醌类化合物的结构类型见表 17-5。

表 17-5　醌类化合物的结构类型

结构类型	基本母核	代表化合物	实　例
苯醌类	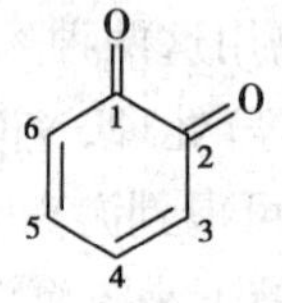 邻苯醌		结构不稳定,故天然存在的少见
	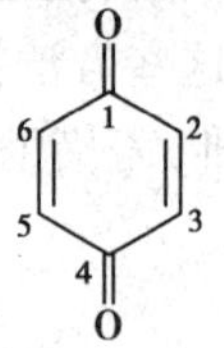 对苯醌	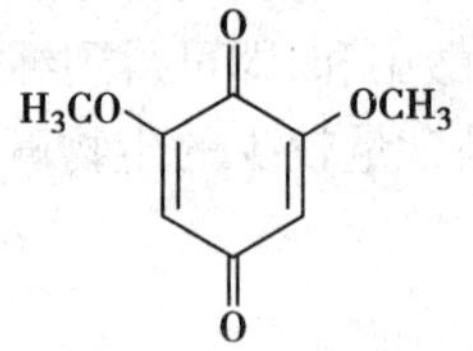 2,6- 二甲氧基苯醌	中药风眼草的果实中分得的 2,6- 二甲氧基苯醌具有较强的抗菌作用
萘醌类	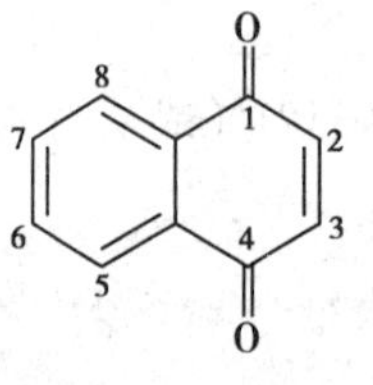 α-(1,4)萘醌	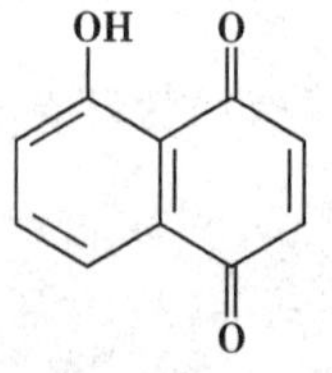 胡桃醌	胡桃科植物胡桃未成熟的外皮中的胡桃醌具有抗菌、抗癌及中枢神经镇痛作用

结构类型	基本母核	代表化合物	实　例
萘醌类	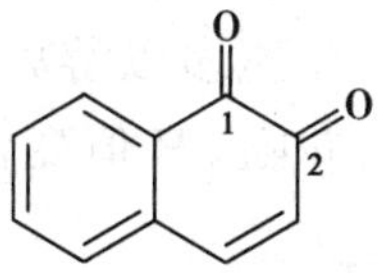 β-(1,2)萘醌	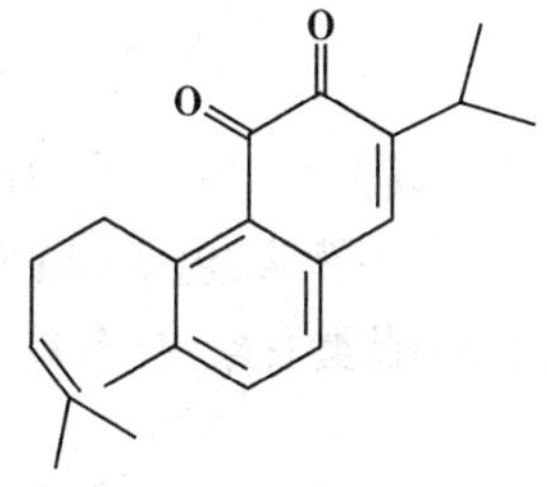 红根草邻醌	唇形科植物红根草中分得的红根草邻醌有抗肿瘤活性
	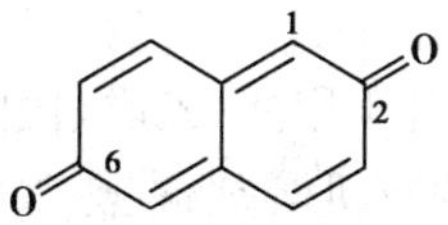 amphi-(2,6)萘醌	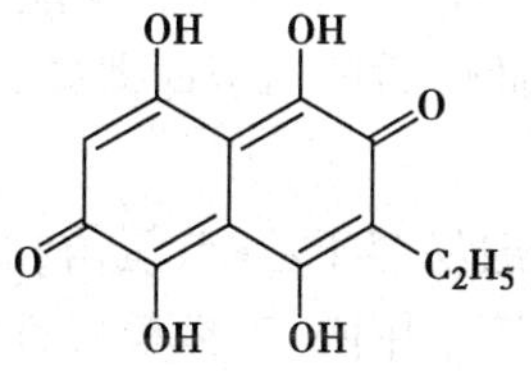 1,4,5,8-四羟基-3-乙基萘酚-2,6-二酮	从低等植物地衣中(cetraria cucullata)分离得到1,4,5,8-四羟基-3-乙基萘酚-2,6-二酮
菲醌类	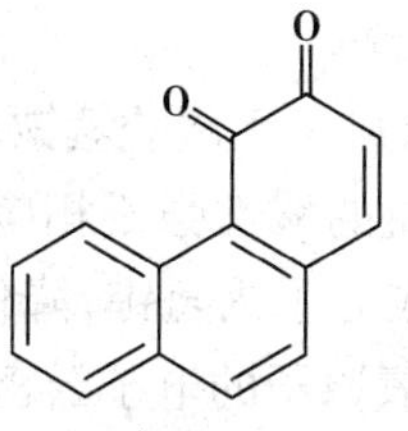 邻菲醌	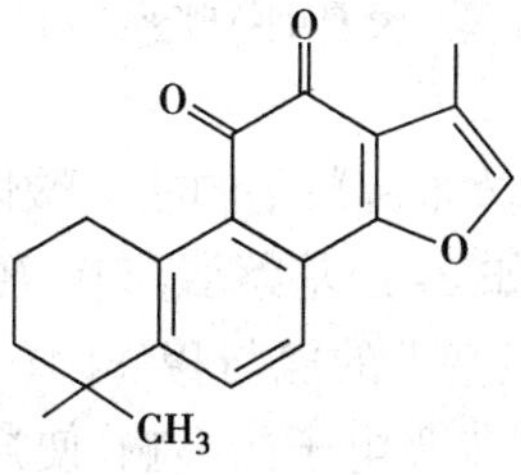 丹参醌ⅡA	从中药丹参根中可提取得到多种菲醌类成分,其中丹参醌ⅡA、丹参醌ⅡB、隐丹参醌、丹参酸甲酯、羟基丹参醌ⅡA等为邻醌类衍生物。由丹参醌ⅡA制得的丹参醌ⅡA磺酸钠注射液可治疗冠心病、心肌梗死
	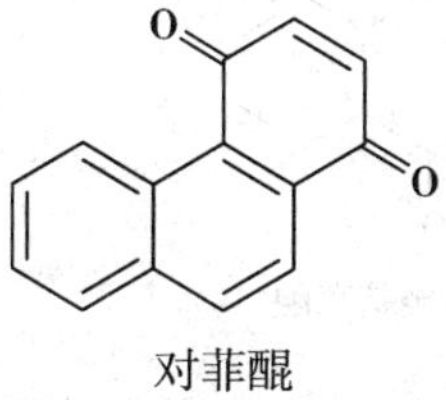 对菲醌	 丹参新醌丙	丹参新醌甲、丹参新醌乙、丹参新醌丙为对醌类化合物
蒽醌类	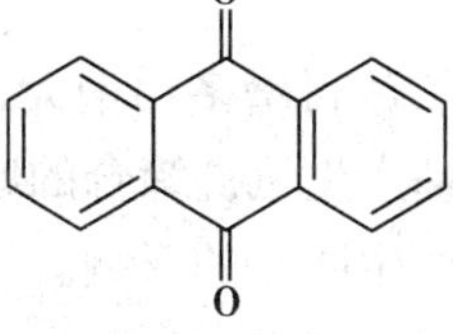	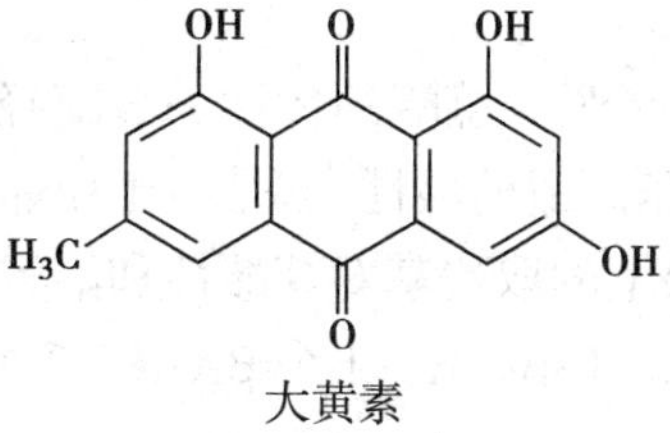 大黄素	从中药大黄中分离出多种游离羟基蒽醌均属于这个类型。具有抗菌、抗肿瘤、利胆保肝、利尿等作用

二、醌类化合物的性质

（一）性状

天然醌类化合物多为有色结晶,其颜色与分子中酚羟基有关。一般分子中酚羟基等助色团越多,颜色越深,甚至为棕红色或紫红色。苯醌、萘醌、菲醌多以游离状态存在,蒽醌类化合物往往以苷的形式存在。蒽醌类化合物多具有荧光,并随 pH 值变化而显不同的颜色。

（二）升华性及挥发性

游离醌类化合物大多具有升华性,常压下加热即能升华而不分解。小分子苯醌及萘醌类还具有挥发性,能随水蒸气蒸馏。此性质可用于这类成分的提取精制。

（三）溶解性

游离醌类化合物极性较小,一般易溶于乙醚、氯仿和苯,可溶于甲醇、乙醇、丙酮,不溶或难溶于水。成苷后由于极性增大,易溶于甲醇、乙醇等极性较大的有机溶剂,在热水中也可溶解,但在冷水中溶解度较小,不溶或难溶于乙醚、氯仿及苯等有机溶剂。

（四）酸性

醌类化合物结构中多具有酚羟基、羧基,因此显酸性,其酸性的强弱与分子中羧基、酚羟基的数目和位置有关。

1. 因羧基的酸性强于酚羟基,故带有羧基的醌类酸性较强,可溶于碳酸氢钠水溶液中。

2. 羟基的位置与酸性有关。如 β- 羟基萘醌与 β- 羟基蒽醌的酸性强于相应的 α- 羟基萘醌与 α- 羟基蒽醌。这是因为 α- 羟基上的氢与相邻的羰基形成分子内氢键,降低了分子的解离度,故酸性较弱。而 β- 羟基受羰基吸电子的影响,使羟基上氧原子的电子云密度降低,质子解离度增高,故酸性增强。

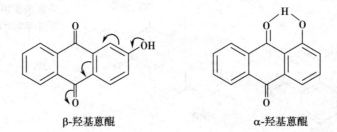

β-羟基蒽醌　　　　　　　　　　α-羟基蒽醌

含 β- 羟基的萘醌和蒽醌可以溶于碳酸钠溶液中,而含 α- 羟基的萘醌和蒽醌只能溶于氢氧化钠溶液中。

3. 酚羟基数目增多则酸性增强。蒽醌的酸性一般随羟基的数目增多而增大,但处于相邻二羟基蒽醌的酸性小于一个羟基蒽醌的酸性,这是由于相邻羟基产生氢键缔合的原因。

综上所述,醌类化合物母核上的取代基对其酸性和溶解性产生明显的影响。

酸性顺序:含 COOH > 2 个以上 β-OH > 1 个 β-OH > 2 个以上 α-OH > 1 个 α-OH

对应溶解性：　　5%NaHCO₃　　　　　5%Na₂CO₃　　　　　1%NaOH　　5%NaOH

由于羟基蒽醌类化合物具有此类性质,所以可用 pH 梯度萃取法对其进行提取分离。

问题与思考 ●●●

比较下列化合物的酸性强弱,并说明理由。

(1) 1,3-二羟基-6-甲基蒽醌　(2) 1-羟基-3-羧基蒽醌　(3) 1-羟基-3-甲基蒽醌

(五) 颜色反应

醌类化合物都含有羰基,大多亦含有酚羟基,易发生氧化和还原反应而显色。

1. 菲格尔反应(Feigl 反应) 醌类在碱性条件下加热能迅速被醛类还原,再与邻二硝基苯发生氧化反应生成紫色化合物。

+2HCHO+2OH⁻ ⟶ +2HCOO⁻

OH⁻

(紫色)

2. 与活泼亚甲基试剂的反应 苯醌、萘醌类化合物当其醌环上有未被取代的位置时,可在碱性条件下与一些含有活泼亚甲基的化合物(如丙二酸二乙酯、乙酰乙酸乙酯、丙二腈等)发生加成反应,然后经氧化而呈蓝色或蓝紫色,并逐渐转变为紫色,紫红色或绿色,最后成为暗黄色。蒽醌类化合物因醌环两侧有苯环,不能发生该反应,故可加以区别。

3. 与金属离子的反应 蒽醌类化合物结构中如有 α-酚羟基或邻二酚羟基存在,则可与Pb²⁺、Mg²⁺ 等金属离子形成有色的络合物。如与醋酸镁反应则生成稳定的橙红、紫红或蓝紫色等络合物。其产物可能具有下列结构:

此反应不仅可作为羟基蒽醌的检识,而且可以初步判断羟基的位置。如果母核的 1 个苯环上只有 1 个 α-OH 或者 1 个 β-OH,或者 2 个羟基不在同环时,显橙黄色至橙色;若 1 个苯环上有 2 个羟基且处在邻位时显蓝至蓝紫色,处在间位时显橙红至红色,处在对位时显紫红色至紫色。

4. 碱性条件下的显色反应(Bornträger 反应) 羟基醌类在碱性溶液中发生颜色改变,会使颜色加深,多呈橙、红、紫红及蓝色。羟基蒽醌类化合物遇碱显红~紫红色,其机制如下:

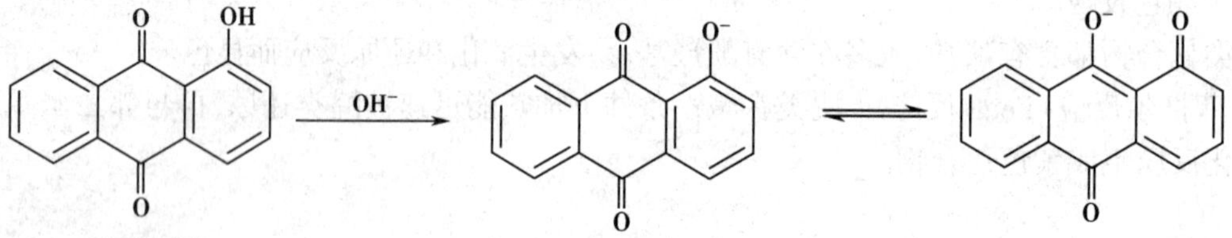

α-羟基蒽醌   红色

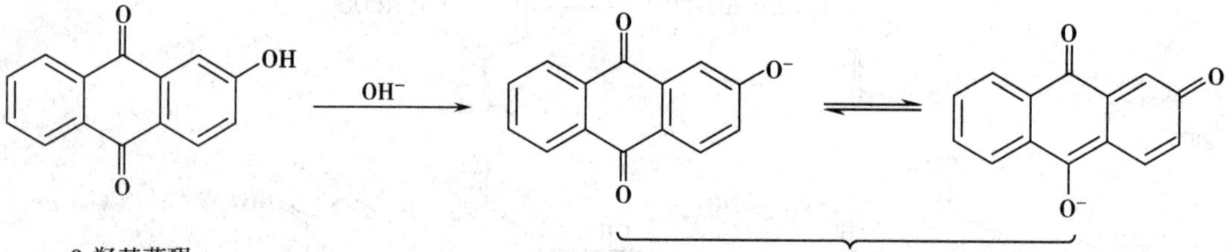

β-羟基蒽醌   红色

? 问题与思考 ••••

鉴别蒽醌类化合物显色反应有哪些? 其反应机制是什么?

三、醌类化合物的提取与分离

醌类化合物结构不同,在植物体内存在的形式不同,以及各种类型之间的极性和溶解度上的区别,提取方法也各不相同,常用的有以下几种:

(一) 有机溶剂提取法

游离醌类极性较小,易溶于亲脂性有机溶剂中,因此,药材多用乙醇或甲醇、乙醚、石油醚等亲脂性有机溶剂提取,将提取液浓缩,往往会有晶体析出,再通过重结晶等精制处理即可获得游离醌类的有效成分。对于醌为苷元的苷类,极性较大,难溶于亲脂性大的有机溶剂,而易溶于甲醇、乙醇、水等溶剂。在实际工作中,常常选择甲醇、乙醇为溶剂进行提取,可以把不同类型、不同性质的醌类全部提取出来,所得的总醌类提取物可进一步纯化与分离。

(二) 碱提酸沉法

具有羧基、酚羟基的醌类化合物,因显酸性可用碱液使其成盐溶于水而提取,再将提取液用酸酸化使醌类化合物游离而沉淀析出。

（三）水蒸气蒸馏法

分子量较小的苯醌类和萘醌类化合物因具挥发性,故可用水蒸气蒸馏法提出。

（四）其他方法

近年来,超临界流体萃取法和超声波提取法在醌类成分提取中也有应用,既提高了提出率,又避免醌类成分的分解。

第四节　挥　发　油

挥发油又称精油,是存在于植物中的一类难溶于水、可随水蒸气蒸馏、多数具有芳香气味的挥发性油状液体的总称。在植物界主要分布于菊科、芸香科、唇形科、姜科、樟科、木兰科等植物中。挥发油大多具有显著的生理活性,具有祛风、祛痰、止咳、平喘、解热、镇痛、抗菌消炎等作用,为中药中一类重要的化学成分。

一、挥发油的结构和分类

挥发油为一混合物,其中的化学成分较为复杂。大多数植物的挥发油往往含有十几种或几十种成分,如保加利亚玫瑰油中已检出近 300 种化合物。按化学结构可将挥发油中的化学成分分为萜类化合物、芳香族化合物、脂肪族化合物三大类,少数挥发油中存有含氮和含硫的化合物。挥发油中的萜类化合物主要是单萜、倍半萜以及它们的含氧衍生物,是挥发油的主要组成部分。如薄荷油中的薄荷醇的含量约为 8%,樟脑油中的樟脑的含量约为 50% 等。挥发油中的芳香族化合物大多是苯丙素衍生物。其结构多具 6C—3C 骨架,如桂皮油中的桂皮醛,丁香油中的丁香酚等。挥发油中的脂肪族化合物分子较小,如橙皮油中的正壬醇、鱼腥草中癸酰乙醛（鱼腥草素）等。挥发油的结构类别和实例见表 17-6。

表 17-6　挥发油主要的结构类别和实例

类别	代表化合物	来源与用途
萜类化合物 （主要为单萜、倍半萜及其含氧衍生物）	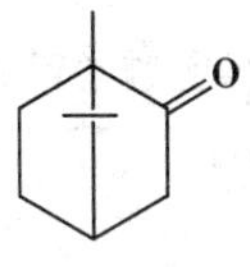 樟脑	存在于樟树的挥发油中,具防腐及兴奋中枢神经系统等作用,临床上可作为局部抗炎和止痒涂剂
芳香族化合物 （小分子,多为苯丙素类衍生物,具有 6C—3C 结构。少数有 6C—2C、6C—1C 骨架）	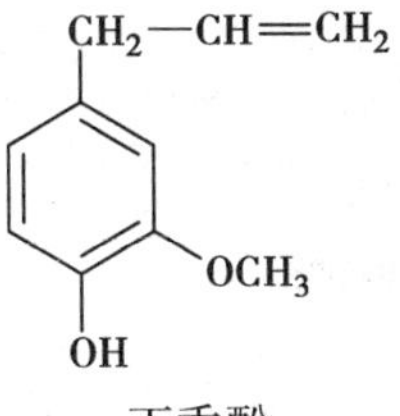 丁香酚	存在于中药丁香中。主要用于抗菌、降血压;也可用于香水、香精的调配

续表

类别	代表化合物	来源与用途
脂肪族化合物 （分子量小，多为不饱和 含氧衍生物）	$H_3C—(CH_2)_8—\overset{\overset{\displaystyle O}{\|\|}}{C}—CH_2CHO$ 鱼腥草素	存在于三白草科鱼腥草中，主要用于消炎抗菌
其他类化合物 （分子中含 S、N 等元素）	$H_2C{=}CH—CH_2—\overset{\overset{\displaystyle O}{\|\|}}{S}—S—CH_2—CH{=}CH_2$ 大蒜辣素	百合科大蒜鳞茎中成分。具有抗菌、抗真菌作用，临床用于痢疾、百日咳、肺结核、头癣及阴道滴虫等症

二、挥发油的性质

挥发油在常温下多为无色或浅黄色油状液体，少数具有其他颜色。挥发油中一些含量高的成分在低温时可能有晶体析出，这种析出的晶体称为"脑"，如薄荷脑、樟脑等。大多数挥发油具有香气或其他特殊气味，有辛辣烧灼的感觉，呈现中性或酸性。在常温下挥发油易挥发，且不留痕迹，这是挥发油与脂肪油本质的区别。挥发油难溶于水，易溶于高浓度的乙醇、石油醚、乙醚、氯仿、二硫化碳、苯等有机溶剂。与空气、光线长期接触，挥发油会逐渐氧化变质，颜色变深，失去原有香味，并聚合形成树脂样物质，失去挥发性。

三、挥发油的颜色反应

利用挥发油成分的结构和所含的官能团能与显色剂发生呈色或沉淀反应检查挥发油。如挥发油中含有酚类化合物遇三氯化铁乙醇溶液呈蓝紫色或绿色；含有醛、酮类化合物遇羟胺、2,4-二硝基苯肼、氨基脲等羰基试剂产生结晶性沉淀，含有醛类化合物还能与硝酸银的氨溶液发生银镜反应；含有不饱和化合物则可使溴的氯仿溶液红色褪去。也可以通过薄层色谱法将挥发油展开，再喷以显色剂，薄板上挥发油中各种成分显不同颜色，常用的显色剂有香草醛-浓硫酸试剂、2,4-二硝基苯肼试剂、三氯化铁试剂、异羟肟酸铁试剂、荧光黄钠-溴蒸气等。挥发油薄层色谱常用的显色剂见表17-7。

表 17-7　挥发油薄层色谱常用的显色剂

类别	显色剂	作用基团	斑点颜色
通用 显色剂	香草醛-浓硫酸 茴香醛-浓硫酸	各类基团	依化合物官能团不同显不同颜色 （需喷后105℃烘烤）
功能基显 色剂	2% 高锰酸钾水溶液	不饱和化合物	红色底上显黄色斑点
	三氯化铁醇溶液	酚类	绿色或蓝色
	异羟肟酸铁	酯或内酯	淡红色
	2,4 二硝基苯肼	醛类或酮类	黄色
	对二甲氨基苯甲醛	薁类	深蓝色
	荧光黄钠-溴蒸气	不饱和化合物/薁类	红色底上显黄色斑点

问题与思考

挥发油的三氯甲烷溶液中加入 5% 溴的三氯甲烷溶液,如果红棕色褪去,表明油中含有( ):

A. 奠类成分　　B. 羰基成分　　C. 酚类成分　　D. 不饱和结构　　E. 醇类成分

四、挥发油的提取

挥发油的提取传统方法多采用蒸馏法、溶剂提取法、压榨法和吸收法等。现在超临界流体萃取法和微波辅助提取技术在挥发油提取中的应用也较多。

(一) 蒸馏法

挥发油具有挥发性,可以随水蒸气一同馏出,由于其难溶在馏出液中,并容易与水分层,所以蒸馏法是从植物中提取挥发油最常用的方法,可分为共水蒸馏法和水蒸气蒸馏法两种。共水蒸馏法是将粉碎好的药材置于蒸馏器中,加水浸泡,煮沸,使挥发油和水蒸气一起蒸出。此法简单,但蒸馏器底部与直火接触,温度较高,易使挥发油中某些成分分解,过热时甚至使药材焦化,影响挥发油的质量。水蒸气蒸馏法是利用水蒸气加热待提取的中药,避免其挥发油受到高温的影响。方法是将药材粗粉先用水浸泡,然后通入水蒸气使挥发油和水蒸气一起蒸出。此法可避免直火加热引起的不利因素。

馏出液中的挥发油,大多数由于挥发油难溶或不溶于水而与水分层,可用乙醚等低沸点有机溶剂萃取,回收溶剂即得挥发油。但挥发油中的一些含氧化合物在水中有一定的溶解度,可采用加入 $NaCl$ 或 Na_2SO_4 等盐,用盐析法促使挥发油自水中析出,或盐析后用亲脂性有机溶剂萃取。

(二) 溶剂提取法

有些挥发油中的成分遇热不稳定,则不宜采用水蒸气蒸馏法提取。可用低沸点、亲脂性的有机溶剂,如石油醚、乙醚、二硫化碳等,与药材粗粉在提取器中回流提取或冷浸提取,将提取液低温蒸去溶剂即得挥发油。但此挥发油中往往含有较多的树脂、油脂和蜡等脂溶性杂质,需再利用乙醇对这些杂质的溶解度随温度下降而变小的性质,用热的乙醇将粗的挥发油溶解,逐渐放冷,滤除杂质,减压回收乙醇即得纯的挥发油。

(三) 压榨法

压榨法适用于提取挥发油含量丰富的新鲜药材(如橙、柠檬、橘的果皮等)。挥发油存在于该类果皮的油囊中,原料经粉碎撕裂,油囊破裂经挤压即可得油 - 水混合物,然后静置分层或离心机分出油层,即得粗品。压榨法提取挥发油,优点是在常温下进行,成分不致受热分解,保持挥发油的原有新鲜香气。不足之处是产品不纯,可能含有水、叶绿素、黏液质及细胞组织等杂质,因而常呈混浊状态,同时此法不易将挥发油提取完全。因此,常将压榨后的原料再进行水蒸气蒸馏,使挥发油完全提出。

(四) 超临界流体萃取法

该法是利用二氧化碳通过加压、加温达到超临界流体状态来提取挥发油成分,具有提取温度低、提取率高、挥发油含杂质较少等优点。

(五) 微波辅助提取技术

微波提取是利用微波能进行物质提取的一种新发展的技术。微波提取得到的挥发油质量大都优于或相当于传统方法的产品,具有操作简单、提取时间短、提取效率高、产品纯正等特点。

> **❓ 问题与思考** ●●●
>
> 挥发油有哪些提取方法? 比较各法的特点。

第五节 鞣 质

鞣质又称单宁或鞣酸,是一类分子量较大,结构复杂的多元酚类化合物。鞣质能与蛋白质结合形成致密、柔韧、不易腐败、难透水的化合物。因此制革工业上用以鞣皮为革,所以称为鞣质。鞣质广泛分布在植物界,某些植物中含量比较丰富,如合欢树皮(含鞣质 30%~50%)、二茶树皮、石榴皮等。某些寄生于植物体的昆虫所生的虫瘿中也含有较多量的鞣质,如五倍子中的鞣质含量高达 70%。

一、鞣质的结构与分类

鞣质的结构按其水解情况分为可水解鞣质和缩合鞣质两类。

(一) 可水解鞣质

可水解鞣质分子中具有酯键和苷键,在稀酸和酶的作用下,可水解成比较简单的化合物,从而失去鞣质的性质。根据水解后产生多元酚的种类,可水解鞣质分为没食子酸鞣质和逆没食子酸鞣质两小类。

没食子酸鞣质类的结构主要是葡萄糖上的羟基与没食子酸上的羧基形成的酯类混合物,成分比较复杂,水解后能生成没食子酸和糖或多元醇,例如五倍子鞣质和大黄鞣质等。

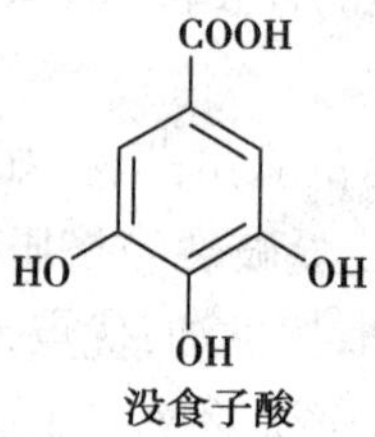

没食子酸

逆没食子酸鞣质是六羟基联苯二甲酸或与其有生源关系的酚酸和多元醇(以葡萄糖为主)形成的酯,水解后能生成逆没食子酸和糖,或同时伴有黄没食子酸或其他酸产生。

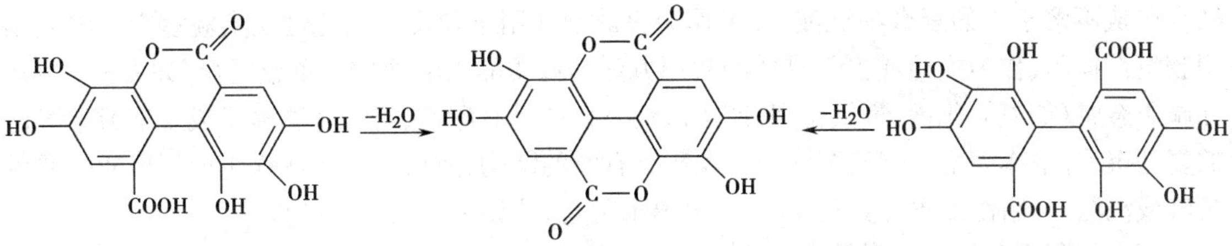

黄没食子酸　　　　　　逆没食子酸　　　　　　六羟基联苯二甲酸

（二）缩合鞣质

缩合鞣质通常是由羟基黄烷类化合物以碳 - 碳缩合而成。结构中不具有酯键和苷键，不能被水解。缩合鞣质的水溶液与空气接触或久置，可进一步缩合成分子量更大、难溶于水的无定形棕红色沉淀，称为鞣红。缩合鞣质在中药中分布较广，天然鞣质多属于此类。如切开的水果放置后变成红棕色，茶叶水溶液久置形成棕红色不溶物就是因为形成了鞣红。

组成缩合鞣质最重要的单元是黄烷 -3- 醇，其中最常见的是儿茶素。儿茶素不是鞣质，不具有鞣质的通性，但可作为鞣质的前体物。在强酸的催化下，（+）儿茶素可发生聚合反应，生成双儿茶素。双儿茶素为二聚体，仅有部分鞣质的性质。这种类型的二聚体仍具有亲电和亲核中心，可以继续聚缩下去。随着聚合度的增加，鞣质的性质亦越趋于显著，三、四及五聚物等成为真正的缩合鞣质。如肉桂鞣质 A_1 具有鞣质的性质。

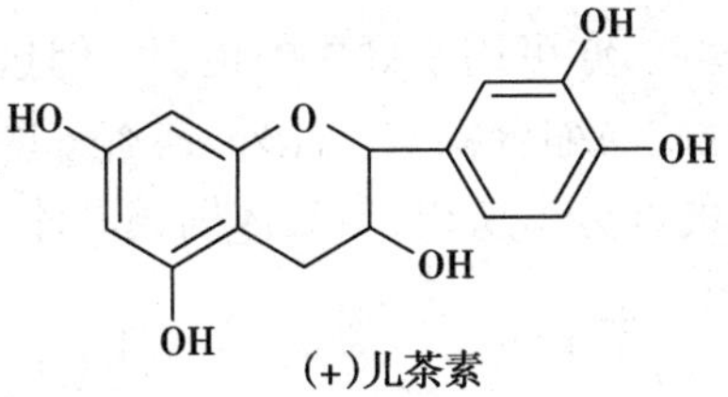

（+）儿茶素

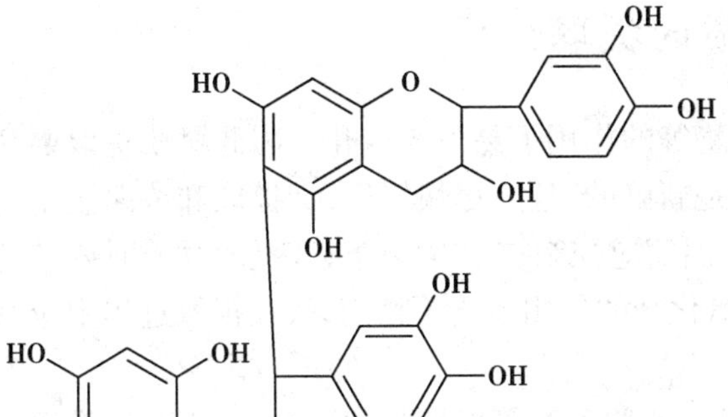

双儿茶素

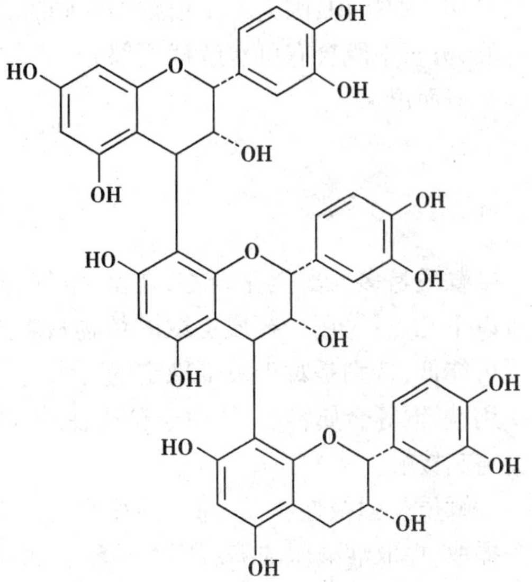

肉桂鞣质A_1

二、鞣质的性质

鞣质一般为浅褐色至红棕色的无定形粉末，相对分子量在 500~3000 之间，能溶于水、甲醇、乙醇、丙酮、乙酸乙酯等极性较大的有机溶剂，不溶于石油醚、乙醚、氯仿、苯等极性较小的亲脂性有机溶剂，但可溶于乙醚和乙醇的混合溶剂。

鞣质为多元酚类化合物，易氧化，具有较强的还原性，能还原斐林试剂。鞣质可与蛋白质结合生成不溶于水的复合物沉淀，故可作为收敛剂并用于鞣皮。据此性质实验室中一般使用明胶沉淀鞣质，作为提纯或去除鞣质的常用方法。鞣质的水溶液能与重金属盐（如汞盐、铅盐）和碱土金属（如氢氧化钙、氢氧化钡）产生沉淀。鞣质具有酸性，可与生物碱生成难溶或不溶性的复盐沉淀，常作为生物碱的沉淀剂。鞣质具有酚的结构，故可与三氯化铁生成绿黑或蓝黑色溶液或沉淀，可用作鞣质的鉴别反应，蓝黑墨水正是利用之一性质制备的。

可水解鞣质与缩合鞣质结构上的不同造成性质上的差异，故可通过化学性质定性地加以区别（表 17-8）。

表 17-8　可水解鞣质与缩合鞣质的区别

试剂	可水解鞣质	缩合鞣质
与稀酸共沸	无沉淀	暗红色鞣红沉淀
溴水	无沉淀	黄色或橙红色沉淀
三氯化铁	蓝或蓝黑色	绿或墨绿色
石灰水	青灰色沉淀	棕色或棕红色沉淀
乙酸铅	沉淀	沉淀（可溶于稀乙酸）
甲醛和盐酸（Mannich 反应）	无沉淀	暗红色鞣红沉淀

以上几种反应，既可用于区别可水解鞣质与缩合鞣质，亦可用于鞣质的检识。但这些方法只是初步的检识，因为不少植物中常同时含有可水解鞣质与缩合鞣质。此外，还有一些复杂的鞣质，分子中既含有可水解鞣质部分，又含有缩合鞣质的部分。所以，要具体问题具体分析，不能一概而论。

三、鞣质的提取

鞣质是多元酚类化合物，在水、空气、光和酶等的作用下易发生变化。因此鞣质提取要注意以下几点：①用于鞣质提取的植物材料最好是新鲜的，且应尽快提取；②提取和浓缩温度应尽可能低，特别是对于极不稳定的可水解鞣质，温度应控制在 50℃以下；③提取鞣质时要避免使用铁、铜等金属容器；④由于鞣质在酸、碱或氧化剂的作用下均不稳定，故在提取过程中应避免与其接触。

鞣质是强极性物质，通常使用水、乙醇、丙酮、乙酸乙酯等极性强的溶剂，采用冷浸或渗漉法提取，提取液减压浓缩后用石油醚、乙醚等溶剂萃取，以除去弱极性成分，然后再用乙酸乙酯萃取鞣质，回收乙酸乙酯即得。

中药注射剂中即使含有少量鞣质，鞣质也能与蛋白质结合成水不溶性沉淀，肌内注射也可引起局部疼痛和硬结，静脉注射时可引起凝血。此外，鞣质在液体制剂的灭菌和贮藏过程中易发生氧化，产生变色、混浊甚至沉淀，对注射剂的澄明度和稳定性产生很大影响。因而，在提取分离其他有效成分时或制备中药注射剂时，鞣质常视为杂质被去除。去除鞣质常用的方法有以下几种：

1. **热处理法**　鞣质的水溶液为胶体溶液，加热煮沸可破坏胶体的稳定性使之聚集沉淀，冷却析出沉淀，过滤，即可除去大部分鞣质。

2. 明胶沉淀法　在含有鞣质的水液中,加入 4% 明胶溶液,可使鞣质沉淀完全,过滤,再用 3~5 倍量乙醇沉淀滤液中过量的明胶。

3. 钙盐沉淀法　在中药提取液中加入氢氧化钙与鞣质生成沉淀,过滤除去。此法仅适用于有效成分不被钙盐沉淀的中药提取液。

4. 聚酰胺吸附法　鞣质为多元酚类化合物,能和聚酰胺形成较牢固的氢键,不易被洗脱。因此可将中药的水溶液或醇提取液通过聚酰胺吸附柱,鞣质被吸附于柱顶端,不易洗脱而除去。此法操作简便,除去鞣质较为彻底。

此外,氨水或氢氧化铝沉淀法、白陶土或活性炭吸附法也常用于除去鞣质。

本章小结

本章主要围绕黄酮、生物碱、醌、挥发油和鞣质的结构特点、分类和理化性质展开的,主要内容小结如下:

2- 苯基色原酮是黄酮的基本母核。黄酮酸性的强弱与羟基的位置和数目有关,据此常可采用 pH 梯度萃取法来提取分离;黄酮类化合物可根据形态、颜色或显色反应进行检识;黄酮类化合物可根据被提取物的性质及伴存的杂质来选择适合的提取溶剂。

生物碱的学习,应遵循"共性→个性"的认知规律,通过分析生物碱类化合物的结构特点,总结出该类成分的理化性质,进而分析每一种生物碱类成分独特的提取分离方法。重点了解生物碱的碱性、碱性强弱的影响因素及其在提取、分离中的应用。

蒽醌类成分是醌类学习的重点,醌类化合物重点掌握结构与酸性强弱顺序规律;蒽醌类化合物的检识一般利用 Feigl 反应鉴定苯醌、萘醌。利用 Bornträger 反应初步确定羟基蒽醌化合物。

挥发油主要由脂肪族、芳香族、萜类等组成;挥发油的提取根据其溶解能力及结构特点选择不同的提取方法;挥发油的检识包括一般检查、理化常数的测定和功能基的检识三类。

鞣质为多元酚类化合物,与三氯化铁生成绿黑或蓝黑色溶液或沉淀,可用作鞣质的鉴别反应;在提取分离其他有效成分时或制备中药注射剂时,鞣质常视为杂质被去除。

（刘　华）

 复习题

1. 问答题。

(1) 黄酮类化合物的基本母核有何特点? 黄酮类化合物如何分类?

(2) 黄酮类化合物的显色反应有哪些? 比较常用的是哪些?

(3) 按化学结构分类,生物碱的基本母核常见的有哪些类型? 如何检识中药中是否有生物碱类成分?

(4) 试述挥发油的通性。提取挥发油常用的方法有几种? 各有何特点?

(5) 何为鞣质? 怎样分类? 为何要从中药提取液中除去鞣质? 如何除去?

2. 选择题。

(1) 下列化合物（　　　）的醇溶液与 $NaBH_4$ 反应,生成紫～紫红色。

A. 黄酮醇　　　　　　　B. 二氢黄酮类　　　　　C. 黄酮　　　　　　　D. 异黄酮类

(2) 大黄素型蒽醌母核上的羟基分布情况是（　　　）。

A. 在一个苯环的 β 位　　　　　　　　　B. 在二个苯环的 β 位

C. 在一个苯环的 α 或 β 位　　　　　　　D. 在二个苯环的 α 或 β 位

(3) 酸水液中可直接被三氯甲烷提取出来的生物碱是（　　　）。

A. 弱碱　　　　　　　　B. 中强碱　　　　　　　C. 强碱　　　　　　　D. 酚性碱

(4) 醌类共有的反应是（　　　）。

A. Borntrager's 反应　　　B. Feigl 反应　　　　C. $Mg(Ac)_2$ 反应　　　D. 三氯化铝反应

(5) 在 5% $NaHCO_3$ 水溶液中溶解度最大的化合物是（　　　）。

A. 3,5,7- 三羟基黄酮　　　　　　　　　B. 7,4′- 二羟基黄酮

C. 3,6- 二羟基花色素　　　　　　　　　D. 2′- 羟基查耳酮

(6) 提取大黄中总醌类成分常用的溶剂是（　　　）。

A. 水　　　　　　　　　B. 乙醚　　　　　　　　C. 乙醇　　　　　　　D. 醋酸乙酯

(7) 区别挥发油和油脂的方法是（　　　）。

A. 将样品加到水中观察其溶解性　　　　B. 比旋度不同　　　　C. 折光率不同

D. 将样品滴在滤纸上放置或加热观察油斑是否消失　　　　　E. 相对密度不同

(8) 鞣质不能与哪类成分生成沉淀（　　　）。

A. 蛋白质　　　　　　　B. 生物碱　　　　　　　C. 咖啡因　　　　　　D. 铁氰化钾氨

(9) 下列黄酮类化合物中的不同位置的取代羟基,酸性最强的是（　　　）。

A. 6-OH　　　　　　　　B. 3-OH　　　　　　　　C. 7-OH　　　　　　　D. 5-OH

(10) 属挥发油特殊提取方法的是（　　　）。

A. 酸提碱沉　　　　　　　B. 碱提酸沉　　　　　　　　C. 溶剂法

D. 水蒸气蒸馏　　　　　　E. 煎煮法

(11) 生物碱产生碱性的原因是（　　　）。

A. 碳原子的杂化状态　　　　　　　　　B. 碳原子的电性效应

C. 氧原子的存在　　　　　　　　　　　D. 氮原子的电子云密度

(12) 下列哪种化合物不能通过鞣质水解而得到（　　　）。

A. 没食子酸　　　　B. 羟基黄烷 -3- 醇　　　C. 逆没食子酸　　　D. 葡萄糖

3. 比较下列各组化合物。

(1) 比较下列蒽醌类化合物的酸性强弱。

A. 1,3- 二羟基蒽醌　　　　B. 1- 羟基 -2- 羧基蒽醌　　　　C. 1- 羟基蒽醌

(2) 比较下列化合物水溶性大小。

A. 黄酮　　　　　　　　　B. 二氢黄酮　　　　　　　　C. 花色素

(3) 比较下列黄酮类化合物酸性强弱。

A. 5,7- 二羟基黄酮　　　　B. 7,4′- 二羟基黄酮　　　　C. 6,4′- 二羟基黄酮

(4) 比较下列化合物碱性强弱。

A. 伯胺生物碱　　　　B. 仲胺生物碱　　　　C. 酰胺生物碱　　　　D. 季铵生物碱

第十八章

有机合成与方法设计

学习目标 ▶

1. 掌握　常见构建碳架及官能团的有机合成方法。
2. 熟悉　有机合成路线设计原则,常见基团保护方法及导向基团的应用。
3. 了解　合成子、合成树等有机合成设计中的一些概念。

　　有机合成是有机化学学科中极其重要的一个组成部分,也是一个很有挑战性和创造性的领域,通过有机合成不仅能够合成自然界供给不足的化合物,而且能够合成自然界不存在的、新的有意义的化合物。有机合成构成了一个丰富多彩的分子世界,为人类的进步作出了巨大贡献。有机合成是以有机化学反应为工具,从简单分子合成复杂分子的合成设计和策略。

第一节　有　机　合　成

　　有机化合物大多都是含有一种或多种官能团的化合物,巧妙构建分子骨架和正确引入官能团是有机合成的关键问题所在,即在合成目标化合物骨架的同时,还要考虑在特定位置上引入所需的官能团。当起始原料和产物的碳原子数相同时,只需要通过简单的官能团的转换反应即可完成,否则需要通过增长碳链、缩减碳链、改变碳链骨架等策略满足合成需要。

一、官能团的建立

　　官能团的引入和官能团的转换是官能团建立的重要手段。烷烃的卤代、芳环上的亲电取代、亲核取代反应和芳环上侧链的氧化反应是引入官能团常用的方法,通过取代、加成、消去、氧化、还原等反应可实现从某一种官能团到另一种官能团的转换。官能团转换反应是有机化学的基元反应,熟悉和灵活运用这些基元反应是有机合成的基本功。

(一) 烯烃的合成

　　C=C 双键的形成是合成烯烃的关键,卤代烃在强碱性条件下发生消去反应是形成 C=C 双键的重要方法之一。

$$CH_3CH_2CH_2CH_2Br \xrightarrow[\triangle]{KOH/C_2H_5OH} CH_3CH_2CH=CH_2$$

$$CH_3CH_2\underset{\underset{Br}{|}}{C}HCH_3 \xrightarrow[\triangle]{KOH/C_2H_5OH} CH_3CH=CHCH_3 \quad 主要产物$$

$$CH_3CH_2\underset{\underset{Br}{|}}{\overset{\overset{CH_3}{|}}{C}}CH_3 \xrightarrow[\triangle]{KOH/C_2H_5OH} CH_3CH=C(CH_3)_2 \quad 主要产物$$

醇在酸催化条件下的脱水反应是形成 C=C 双键的又一种方法。

$$CH_3CH_2CH_2CH_2OH \xrightarrow[\triangle]{H_2SO_4} CH_3CH_2CH=CH_2$$

$$CH_3CH_2\underset{\underset{OH}{|}}{C}HCH_3 \xrightarrow[\triangle]{H_2SO_4} CH_3CH=CHCH_3 \quad 主要产物$$

$$CH_3CH_2\underset{\underset{OH}{|}}{\overset{\overset{CH_3}{|}}{C}}CH_3 \xrightarrow[\triangle]{H_2SO_4} CH_3CH=C(CH_3)_2 \quad 主要产物$$

（二）卤代烃的合成

1. 烃的直接卤代可制备卤代烃。烯烃 α - 位的卤代：

$$CH_3CH=CH_2 \xrightarrow[\triangle]{Cl_2} ClCH_2CH=CH_2$$

2. 烷基取代芳烃 α - 位的卤代：

3. 醇与常用的卤化剂 HX、PX₃、PX₅、SOCl₂ 等发生反应可制备相关的卤代烃：

$$CH_3CH_2CH_2CH_2OH \xrightarrow{SOCl_2} CH_3CH_2CH_2CH_2Cl$$

$$CH_3\underset{\underset{OH}{|}}{C}HCH_3 \xrightarrow{HBr} CH_3\underset{\underset{Br}{|}}{C}HCH_3$$

$$CH_3CH_2CH_2CH_2OH \xrightarrow{PCl_3} CH_3CH_2CH_2CH_2Cl$$

4. 不饱和烃与 HX、X₂ 的加成反应：

$$CH_3CH=CHCH_3 \xrightarrow{Cl_2} CH_3\underset{\underset{Cl}{|}}{C}H-\underset{\underset{Cl}{|}}{C}HCH_3$$

（三）醇的合成

1. 烯烃的酸催化水合

$$H_2C=CH_2 + H_2O \xrightarrow{HgSO_4} CH_3CH_2OH$$

2. 碱性高锰酸钾的氧化反应

$$\text{环戊烯} \xrightarrow[\text{OH}^-]{\text{KMnO}_4} \text{环戊二醇(OH OH)}$$

3. 卤代烃的水解　卤代烃的水解通常用于伯醇的制备。

$$\text{CH}_3\text{CH}_2\text{CH}_2\text{CH}_2\text{X} + \text{H}_2\text{O} \xrightarrow{\text{OH}^-} \text{CH}_3\text{CH}_2\text{CH}_2\text{CH}_2\text{OH}$$

4. 羰基化合物的还原　醛、酮、羧酸及其衍生物可以被 $LiAlH_4$ 还原成相应的醇，$NaBH_4$ 还原能力较差，不能还原羧酸和酯，可作为选择性还原剂使用。

$$\text{CH}_3\text{CH}_2\text{CH}_2\text{CHO} \xrightarrow{\text{NaBH}_4} \text{CH}_3\text{CH}_2\text{CH}_2\text{CH}_2\text{OH}$$

$$\text{CH}_3\text{CH}_2\overset{\text{O}}{\overset{\|}{\text{C}}}\text{CH}_3 \xrightarrow{\text{NaBH}_4} \text{CH}_3\text{CH}_2\overset{\text{OH}}{\underset{}{\text{CH}}}\text{CH}_3$$

$$(\text{CH}_3)_2\text{CHCH}_2\text{COOH} \xrightarrow[\text{(2)}\,\text{H}_3\text{O}^+]{\text{(1)}\,\text{LiAlH}_4} (\text{CH}_3)_2\text{CHCH}_2\text{CH}_2\text{OH}$$

$$\text{C}_6\text{H}_5\text{—CH}_2\text{COOCH}_3 \xrightarrow[\text{(2)}\,\text{H}_3\text{O}^+]{\text{(1)}\,\text{LiAlH}_4} \text{C}_6\text{H}_5\text{—CH}_2\text{CH}_2\text{OH}$$

5. 醛、酮与格氏试剂的反应　卤代烃与金属镁作用生成高活性的格氏试剂，它可以与醛、酮反应生成相应的伯醇、仲醇和叔醇。

$$\text{RMgBr} + \text{HCHO} \xrightarrow{\text{无水乙醚}} \text{RCH}_2\overset{\text{OMgBr}}{\underset{}{|}} \xrightarrow{\text{H}_3\text{O}^+} \text{RCH}_2\text{OH}$$

$$\text{RMgBr} + \text{R'CHO} \xrightarrow{\text{无水乙醚}} \text{R'CH}\overset{\text{R}}{\underset{}{|}}\text{OMgBr} \xrightarrow{\text{H}_3\text{O}^+} \text{R'CH}\overset{\text{R}}{\underset{}{|}}\text{OH}$$

$$\text{RMgBr} + \text{R'}\overset{\text{O}}{\overset{\|}{\text{C}}}\text{R''} \xrightarrow{\text{无水乙醚}} \text{R'}\overset{\text{OMgBr}}{\underset{\text{R''}}{\overset{|}{\text{C}}}}\text{R} \xrightarrow{\text{H}_3\text{O}^+} \text{R'}\overset{\text{OH}}{\underset{\text{R''}}{\overset{|}{—\text{C}—}}}\text{R}$$

（四）酚的合成

碱溶法是制备酚的一种重要方法，利用芳磺酸的钠盐和氢氧化钠熔融，磺酸基被碱取代，酸化制得苯酚。

$$\text{C}_6\text{H}_5\text{—SO}_3\text{Na} + \text{NaOH} \xrightarrow{300℃} \text{C}_6\text{H}_5\text{—ONa} \xrightarrow{\text{HCl}} \text{C}_6\text{H}_5\text{—OH}$$

重氮盐水解也是一种常用的方法：

$$\text{C}_6\text{H}_5\text{—NH}_2 \xrightarrow[\text{H}_2\text{SO}_4]{\text{NaNO}_2} \text{C}_6\text{H}_5\text{—N}_2^+\text{HSO}_4^- \xrightarrow{\text{H}_3\text{O}^+} \text{C}_6\text{H}_5\text{—OH}$$

（五）醚的合成

1. 醇脱水反应　醇在浓酸催化作用下可脱水成醚，该法是制备单醚的较理想的方法，但通常只适用于伯醇、仲醇制醚，叔醇易发生消去反应一般不用此法制备。

$$2C_2H_5OH \xrightarrow[130℃\sim140℃]{H_2SO_4} C_2H_5OC_2H_5$$

2. 威廉森反应　醇钠或酚钠与卤代烃反应制备多种结构的醚。由于仲、叔卤代烃在此条件下易发生消去反应，RX常为伯卤代烃；在烷芳混醚中，由于芳香族卤代烃的活泼性差，常选用酚钠盐与脂肪族卤代烃进行反应。

$$CH_3I + (CH_3)_3CONa \longrightarrow CH_3OC(CH_3)_3$$

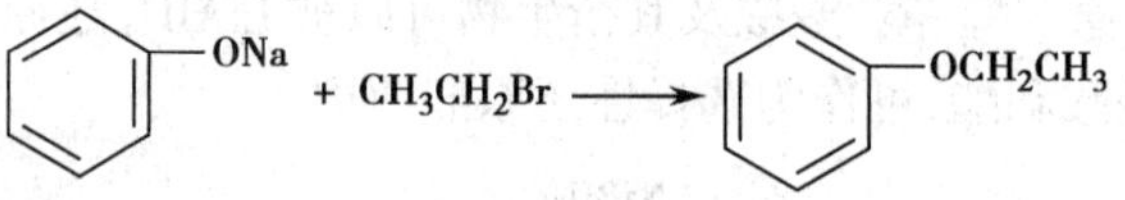

(六) 羰基化合物的合成

1. 醇的氧化　伯醇、仲醇分别氧化生成醛、酮。仲醇可以被多种氧化剂氧化生成酮，伯醇需选择适当的氧化剂才能控制反应停留在醛这一步。

$$CH_3CH_2CH_2CH_2OH \xrightarrow{CrO_3/\text{吡啶}} CH_3CH_2CH_2CHO$$

$$CH_3CH_2\underset{}{\overset{OH}{\overset{|}{C}}}HCH_3 \xrightarrow{KMnO_4/H^+} CH_3CH_2\overset{O}{\overset{\|}{C}}CH_3$$

2. 烯烃氧化　不同结构的烯烃氧化可分别得到醛和酮，通常在双键的两侧结构一样时，合成上才有意义。

$$CH_3CH_2CH{=}CHCH_2CH_3 \xrightarrow[(2)\,Zn/H_2O]{(1)\,O_3} CH_3CH_2CHO$$

$$CH_3CH_2\underset{\underset{CH_3}{|}}{C}{=}\overset{CH_3}{\overset{|}{C}}CH_2CH_3 \xrightarrow{KMnO_4/H^+} CH_3CH_2\overset{O}{\overset{\|}{C}}CH_3$$

3. 傅-克酰化反应是制备芳香酮的重要方法。

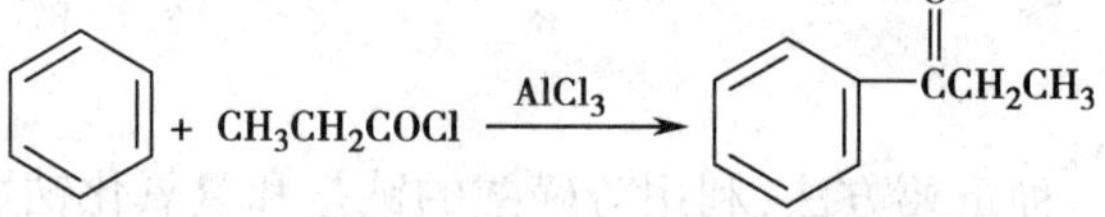

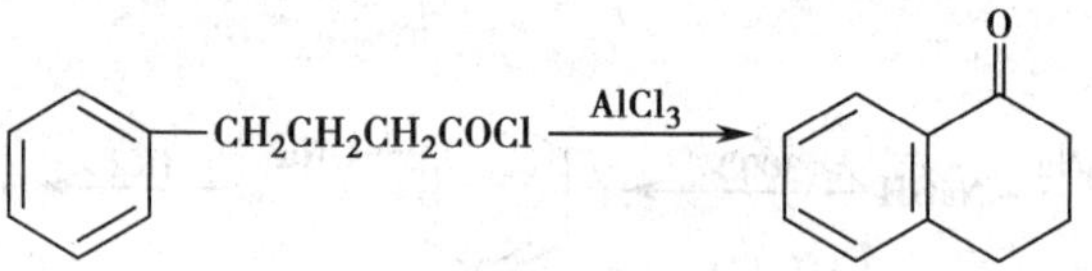

(七) 羧酸的合成

1. 氧化法　甲基芳烃、伯醇、醛可氧化生成和原料相同碳数的羧酸。

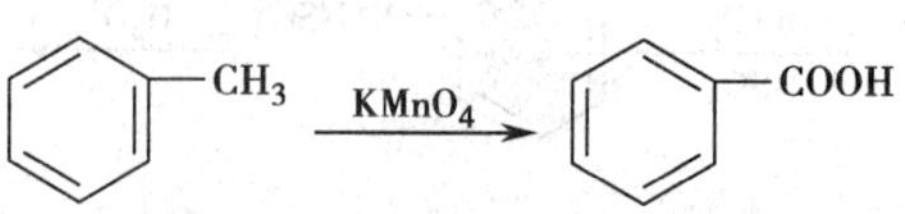

$$RCH_2CH_2CH_2OH \xrightarrow{KMnO_4} RCH_2CH_2COOH$$

$$RCH_2CH_2CHO \xrightarrow{KMnO_4} RCH_2CH_2COOH$$

2. 水解法　羧酸衍生物水解生成相应的羧酸。

$$
\overset{\overset{\text{O}}{\|}}{R-C-Cl} + H_2O \longrightarrow RCOOH + HCl
$$

$$
\overset{\overset{\text{O}}{\|}}{R-C}-O-\overset{\overset{\text{O}}{\|}}{C-R'} + H_2O \longrightarrow RCOOH + R'COOH
$$

$$
\overset{\overset{\text{O}}{\|}}{R-C-OC_2H_5} + H_2O \longrightarrow RCOOH + C_2H_5OH
$$

$$
\overset{\overset{\text{O}}{\|}}{R-C-NH_2} + H_2O \longrightarrow RCOOH + NH_3
$$

3. 格氏试剂与 CO_2 的反应

$$
\underset{\underset{\text{CH}_3}{|}}{CH_3CH_2CHCH_3} \overset{MgBr}{} + CO_2 \xrightarrow[\text{(2) } H_3O^+]{\text{(1) 无水乙醚}} \underset{\underset{\text{CH}_3}{|}}{CH_3CH_2CHCOOH}
$$

$$
\text{（苯基）MgBr} + CO_2 \xrightarrow[\text{(2) } H_3O^+]{\text{(1) 无水乙醚}} \text{（苯基）—COOH}
$$

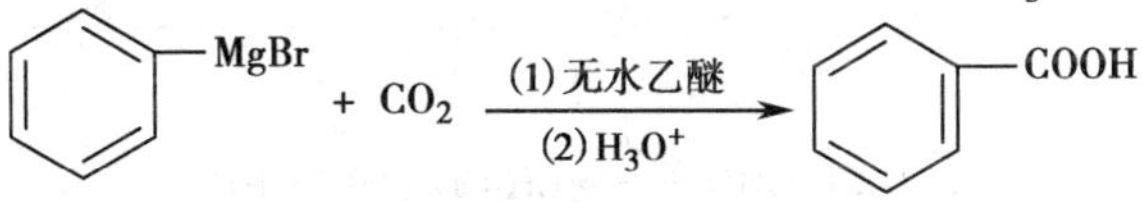

4. 卤代烃与 NaCN 的亲核取代反应

$$
RX + NaCN \longrightarrow RCN \longrightarrow RCOOH
$$

上述两类反应是两种制备多一个碳原子羧酸的重要方法。

二、分子骨架的形成

任何化合物都有特定的碳架,若起始原料不能满足目标化合物的碳架要求,那么在设计合成路线时,首先要考虑如何建立目标分子的碳架,碳架的建立通常包括增长碳链、减少碳链、成环、开环反应等,现将本书中涉及的有关内容归纳如下:

(一) 增长碳链的反应

1. 增加一个碳原子的方法　增加一个碳原子的方法常见于制备多一个碳原子的羧酸。如伯卤代烃与氰化物的反应,醛、酮与 HCN 的加成,格氏试剂与 CO_2 的反应,前面已述及。此外,格氏试剂与甲醛的反应也可以用于制备多一个碳原子的醇,例如:

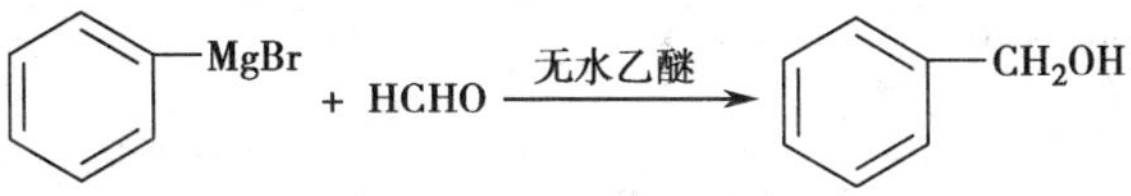

$$
\text{（苯基）—MgBr} + HCHO \xrightarrow{\text{无水乙醚}} \text{（苯基）—CH}_2\text{OH}
$$

2. 增加两个以上碳原子的方法

(1) 格氏试剂与环氧乙烷的反应

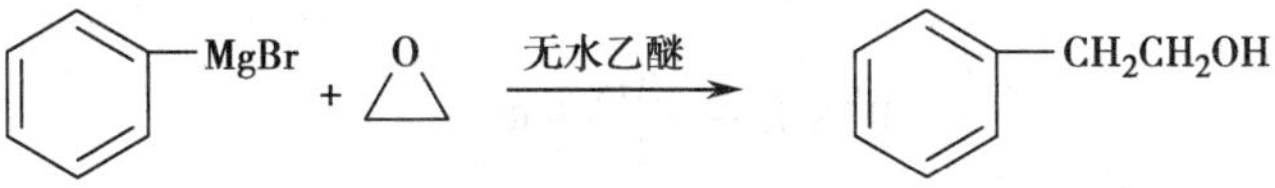

$$
\text{（苯基）—MgBr} + \text{（环氧乙烷）} \xrightarrow{\text{无水乙醚}} \text{（苯基）—CH}_2\text{CH}_2\text{OH}
$$

(2) 卤代烃与炔基钠的反应

$$RX + NaC\equiv CH \longrightarrow R-C\equiv CH$$

$$\underset{\underset{Br}{|}}{CH_3CHCH_3} + NaC\equiv CCH_2CH_3 \longrightarrow (CH_3)_2CHC\equiv CCH_2CH_3$$

(3) 羰基化合物与一些亲核试剂反应：如羰基化合物与格氏试剂、炔钠等的反应。

$$\underset{\overset{\displaystyle O}{\|}}{CH_3CCH_3} + CH_3CH_2CH_2MgBr \longrightarrow \underset{\underset{OH}{|}}{(CH_3)_2CCH_2CH_2CH_3}$$

(4) 醇醛缩合反应：该类反应可以导致主碳链上的原子数增加 2 个，总碳数成倍增长。

$$2CH_3CHO \xrightarrow{OH^-} \underset{\underset{OH}{|}}{CH_3CHCH_2CHO}$$

$$2CH_3CH_2CHO \xrightarrow{OH^-} \underset{\underset{OH}{|}}{CH_3CH_2\overset{\overset{\displaystyle CH_3}{|}}{CH}CHCHO}$$

(5) 酯缩合反应

$$2CH_3COOEt \xrightarrow{OH^-} \underset{\overset{\displaystyle O}{\|}}{CH_3CCH_2COOEt}$$

(6) 活泼亚甲基的烃基化

$$CH_2(COOC_2H_5)_2 \xrightarrow{NaOC_2H_5} \bar{C}H_2(COOC_2H_5)_2 \xrightarrow{RX} R\text{-}CH(COOC_2H_5)_2$$

$$\underset{\overset{\displaystyle O}{\|}}{CH_3CCH_2COOC_2H_5} \xrightarrow{NaOC_2H_5} \underset{\overset{\displaystyle O}{\|}}{CH_3C}\bar{C}HCOC_2H_5 \xrightarrow{RX} \underset{\overset{\displaystyle O}{\|}}{CH_3C}\underset{\underset{R}{|}}{CH}COC_2H_5$$

（二）减少碳原子的方法

1. 卤仿反应

$$\underset{\overset{\displaystyle O}{\|}}{RCCH_3} \xrightarrow[(2)H^+]{(1)I_2/NaOH} RCOOH$$

2. 烯烃的臭氧化裂解反应

$$\xrightarrow{KMnO_4/H^+} 2\ HOOCCH_2COOH$$

3. 霍夫曼降解反应

$$\underset{\overset{\displaystyle O}{\|}}{RCNH_2} \xrightarrow[(2)H^+]{(1)NaOX} RNH_2$$

（三）成环的方法

1. 获尔斯 - 阿德尔反应　这是构建六元环的重要方法。

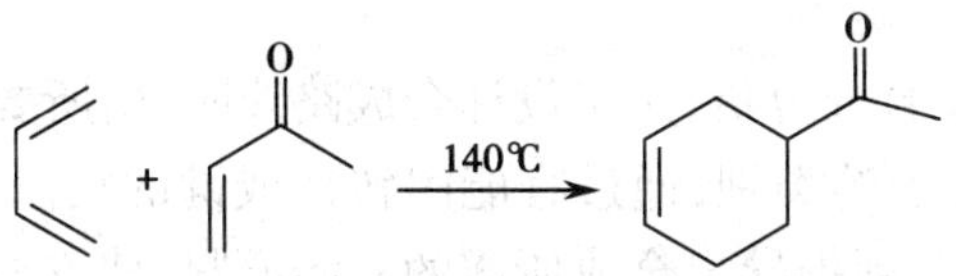

2. 二元酸缩合反应　己二酸和庚二酸可以发生缩合成环反应。

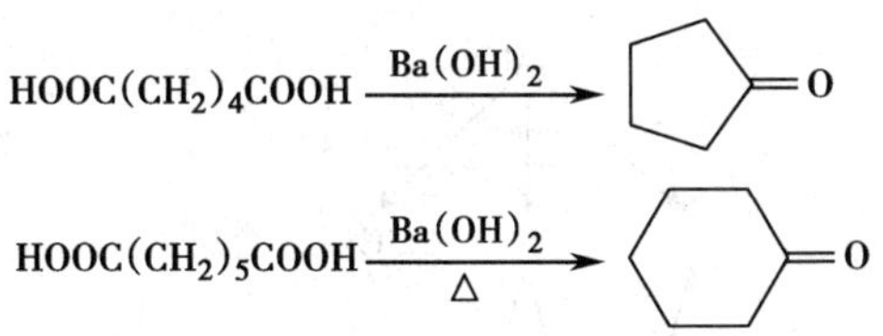

3. 分子内羟醛缩合反应

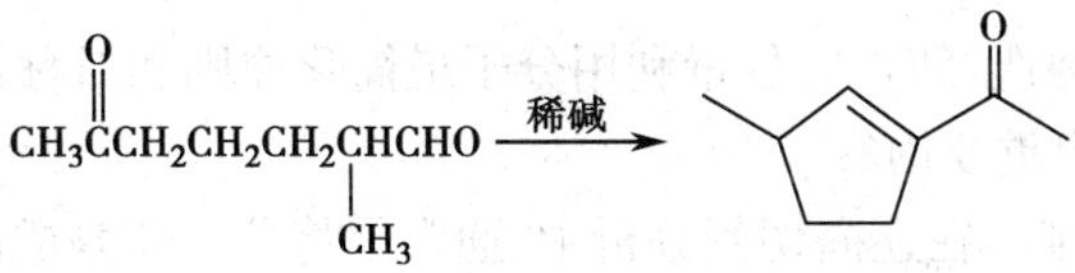

4. 分子内酯缩合反应

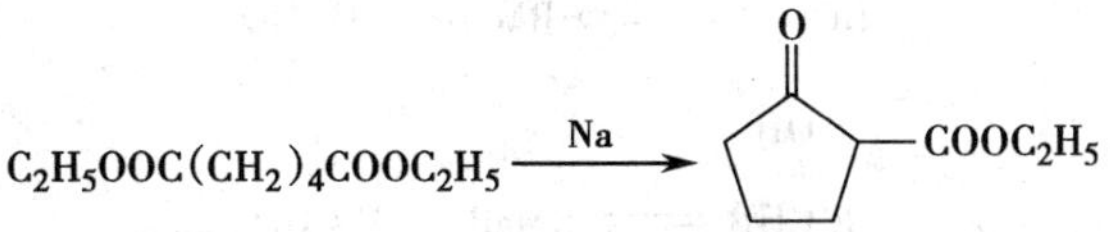

（四）开环反应

利用开环反应可以合成一些特殊结构的化合物,例如:1,6- 双官能团化合物易于由含六元环的化合物得到。

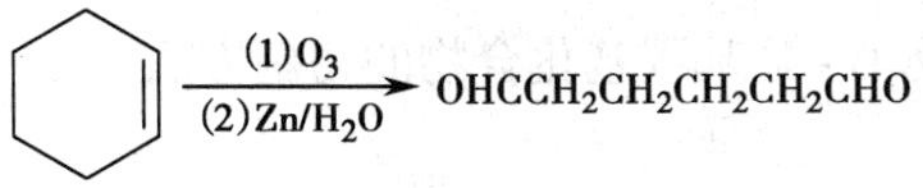

第二节　有机合成方法设计

一、有机合成路线的选择原则

一种有机化合物往往可以通过几条不同的合成路线制得,其最佳合成路线一般应符合下列原则:①合成路线应尽可能短,反应步骤的多寡直接关系到合成全过程的总收率,步骤越多,总收率越低;②尽可能采用产率高、副反应少、主副产物易分离的合成路线,以提高目标化合物的收率和纯度;③原料要廉价易得。

二、逆向合成分析法的原则

逆向合成分析法也称反合成分析,是指设计合成路线时,由所要合成的目标分子TM (target molecule) 出发,确定目标分子的类别;通过官能团转换或键的切割,导出合成 TM 所需的一个又一个前体分子(合成子),直到推导出合成所需的起始原料,建立合成树;将剖析的路线逆转,加进试剂和反应条件,即形成了合成的初步路线。

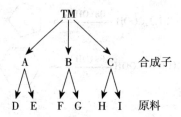

当切断的位置有多种选择时,应尽量利用分子最简化原则和对称性原则。此外,基团的定位作用也是要考虑的一个重要内容。

1. 最大简化切割原则　在逆向切割分析中,通常是将分子切割成简单易得的原料。例如,醇类化合物的切割方法:

$$RCH_2OH \Longrightarrow RMgBr + HCHO$$

$$\overset{OH}{\underset{}{R'CHR}} \Longrightarrow RMgBr + R'CHO$$

$$R' - \overset{R}{\underset{R''}{C}} - OH \Longrightarrow RMgBr + R'\overset{O}{\overset{\|}{C}}R''$$

α , β - 不饱和化合物及 β - 羟基羰基化合物的切割方法:

$$RCH_2CH{=}CCHO \underset{R}{} \Longrightarrow RCH_2CH - \overset{OH}{\underset{R}{CHCHO}} \Longrightarrow 2RCH_2CHO$$

2. 对称切割原则　利用目标分子对称性进行切割,使之成为简单易得的原料。例如:

问题与思考 •••

请利用逆向切割分析法推出合成下列化合物需要的原料。

(1) CH=C(CH₃)₂（苯基连接）

(2) 2,6-二溴甲苯结构

三、官能团保护

在有机合成过程中化合物同时存在多个官能团,如果只需要某个官能团参加反应而又不能影响其他部位的情况下,通常解决的办法是采用选择性试剂和进行官能团保护。

(一) 选择性试剂的应用

托伦试剂和斐林试剂是选择性的氧化剂,可以选择性地氧化—CHO,而碳碳双键和碳碳三键不受到影响。CrO_3/ 吡啶溶液也是选择性的氧化剂,可以将醇氧化成醛,而不生成相应的羧酸。

$$H_3C—CH=CH—CHO \xrightarrow{\text{托伦试剂}} H_3C—CH=CH—COOH$$

金属氢化物 $LiAlH_4$ 和 $NaBH_4$ 可以选择性的还原羰基,而不能还原碳碳双键和碳碳三键,$LiAlH_4$ 比 $NaBH_4$ 的还原能力强,除了可以还原羰基外,还可以还原—COOH、—COOR、—CONH₂、—CN 和—NO₂。Lindlar 催化剂可以选择性地还原碳碳三键,而对碳碳双键没有影响,例如:

$$R—CH=CHCH_2C\equiv CH \xrightarrow{Pd/BaSO_4} R—CH=CHCH_2CH=CH_2$$

$$H_2C=CH—CH=CH—CHO \xrightarrow{NaBH_4} H_2C=CH—CH=CH—CH_2OH$$

(二) 官能团的保护

官能团的保护是有机合成中常用的方法,通常选用适合的保护基将不需要反应的官能团暂时保护起来,当有关的官能团转变后再将被保护的基团释放出来。理想的保护基通常满足三个方面的要求:①易于与保护基团反应;②保护基必须在保护阶段经受得住各种反应条件;③保护基易于离去。

下面是常见官能团的保护及保护基的除去方法(逆向为保护基除去条件)。

1. 醇羟基的保护

$$R—OH \underset{OH^-,\ H_2O}{\overset{CH_3COCl}{\rightleftarrows}} R—O\overset{O}{\overset{\|}{C}}CH_3$$

$$R—OH \underset{OH^-,\ H_2O}{\overset{H_3C-\bigcirc-SO_2Cl}{\rightleftarrows}} R—OSO_2-\bigcirc-CH_3$$

$$R\text{—}OH \xrightleftharpoons[H_3O^+]{\text{干燥HCl, 丙酮}} R\text{—}O\diagdown\diagup O\text{—}R$$

$$\underset{\overset{|}{OH}\ \overset{|}{OH}}{R\text{—}CH\text{—}CH\text{—}R} \xrightleftharpoons[H_3O^+]{\text{干燥HCl, 丙酮}} R\text{—}CH\text{—}CH\text{—}R$$

2. 酚的保护

$$\text{C}_6\text{H}_5\text{—OH} \xrightleftharpoons[HF]{CH_3I\ or\ (CH_3)_2SO_4} \text{C}_6\text{H}_5\text{—OCH}_3$$

3. 醛、酮的保护

$$R\text{—}CHO \xrightleftharpoons[H_3O^+]{\text{干燥HCl, CH}_3\text{OH}} R\text{—}CH(OCH_3)_2$$

$$R\text{—}\underset{\overset{\|}{O}}{C}\text{—}R' \xrightleftharpoons[H_3O^+]{\text{干燥HCl, 乙二醇}} R\text{—}C\text{—}R'$$

4. 羧酸的保护

$$RCOOH \xrightleftharpoons[OH^-, H_2O]{R'OH/H^+} RCOOR'$$

5. 胺的保护

$$R\text{—}NH_2 \xrightleftharpoons[OH^-, H_2O]{CH_3COCl} R\text{—}NHCCH_3$$

四、导向基团的应用

官能团的导向作用在有机合成中非常重要,常常起关键性作用。例如乙酰乙酸乙酯分子中由于羰基的吸电子作用,使得其在碱性条件下十分容易形成碳负离子,易于发生酯缩合反应。又如合成过程中在芳环上引入一个基团,使某一个位置活化或钝化,有的基团在起到占位作用,可以在反应完毕后被除去。

(一)活化导向作用

在分子中引入致活基,不仅能使反应在所要求的部位进行,还可以使本来难以进行的反应得以实现。例如由苯合成1,3,5-三溴苯,如果直接用苯溴化得不到产物,但如用苯胺溴化,可使邻、对位活化,非常容易得到2,4,6-三溴苯胺,然后通过重氮化反应除去—NH$_2$,即可得到目标化合物。

$$\text{（苯）} \xrightarrow[\text{(2)Fe/HCl}]{\text{(1)HNO}_3/\text{H}_2\text{SO}_4} \text{（苯胺，NH}_2\text{）} \xrightarrow{\text{Br}_2/\text{H}_2\text{O}} \text{（2,4,6-三溴苯胺）}$$

$$\xrightarrow[0\sim5℃]{\text{HNO}_2} \text{（重氮盐 N}_2^+\text{，三溴）} \xrightarrow[\triangle]{\text{H}_3\text{PO}_2} \text{（1,3,5-三溴苯）}$$

（二）钝化导向作用

在分子中引入致活基可以起导向作用，引入致钝基同样也可以起导向作用。例如用苯胺合成对硝基苯胺，由于—NH_2为强致活基，若直接硝化时，很难得到高产率的目标化合物，如果将苯胺乙酰化，可使苯环的亲电反应活性大大下降，且由于乙酰苯胺的空间位阻较大，可导致进一步硝化时主要生成对位产物，然后水解释放出—NH_2，得到目标化合物。

$$\text{（苯胺 NH}_2\text{）} \xrightarrow{\text{CH}_3\text{COCl}} \text{（乙酰苯胺 NHCOCH}_3\text{）} \xrightarrow[\text{H}_2\text{SO}_4]{\text{HNO}_3} \text{（对硝基乙酰苯胺 NHCOCH}_3\text{, NO}_2\text{）} \xrightarrow{\text{H}_3\text{O}^+} \text{（对硝基苯胺 NH}_2\text{, NO}_2\text{）}$$

五、有机合成设计实例

有机合成需要正确的设计合成路线，首先要分析目标分子的结构特征，并与所给定原料进行对比，初步确定目标化合物分子是否需要增、减碳链，是否需要开环或关环等反应设计；然后从目标化合物出发，用逆向切割合成法依次拆开，直到起始原料；再从合成方向检查，对逐步合成路线进行分析，筛选出一条最佳合成路线；最后从头到尾完成合成，并注明合成条件、试剂等。

例 1
$$\underset{\text{OH}}{\text{CH}_3\text{CHCH}_3} \longrightarrow \underset{\text{CH}_3}{\text{CH}_3\text{CHCH}_2\text{CH}_2\text{COOH}}$$

目标化合物的逆向切割分析：

$$\underset{\text{CH}_3}{\text{CH}_3\text{CHCH}_2\text{CH}_2} \vdots \text{COOH} \Longrightarrow \underset{\text{CH}_3}{\text{CH}_3\text{CHCH}_2\text{CH}_2} \vdots \text{Br} + \text{NaCN} \Longrightarrow \underset{\text{CH}_3}{\text{CH}_3\text{CH}} \vdots \text{CH}_2\text{CH}_2\text{OH}$$

$$\Longrightarrow \underset{\text{CH}_3}{\text{CH}_3\text{CH}} \vdots \text{Br} + \overset{\text{O}}{\triangle} \Longrightarrow \underset{\text{OH}}{\text{CH}_3\text{CHCH}_3} + \text{HBr}$$

目标化合物的合成：

$$\underset{\text{CH}_3}{\text{CH}_3\text{CHOH}} \xrightarrow{\text{HBr}} \underset{\text{CH}_3}{\text{CH}_3\text{CH}-\text{Br}} \xrightarrow[\text{无水乙醚}]{\text{Mg}} \underset{\text{CH}_3}{\text{CH}_3\text{CHMgBr}} \xrightarrow[\text{(2)H}_3\text{O}^+]{\text{(1)}\overset{\triangledown}{\text{O}}} \underset{\text{CH}_3}{\text{CH}_3\text{CHCH}_2\text{CH}_2\text{OH}}$$

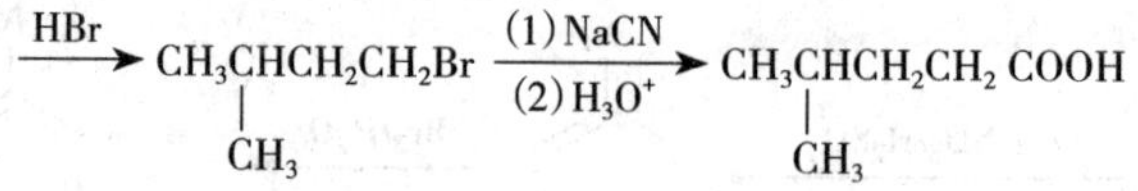

例 2 由苯乙酮和苯甲醛合成

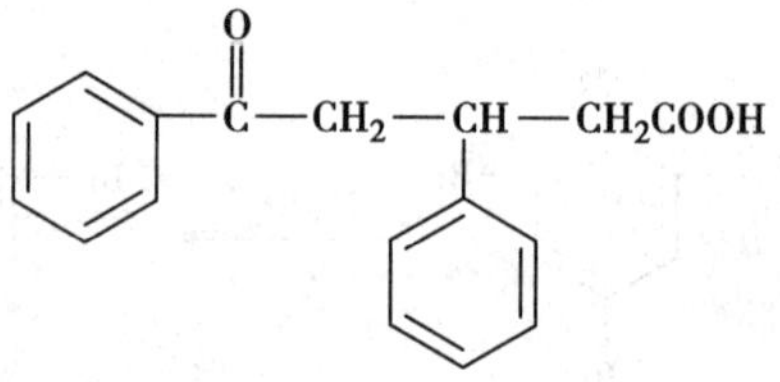

目标化合物的逆向切割分析:

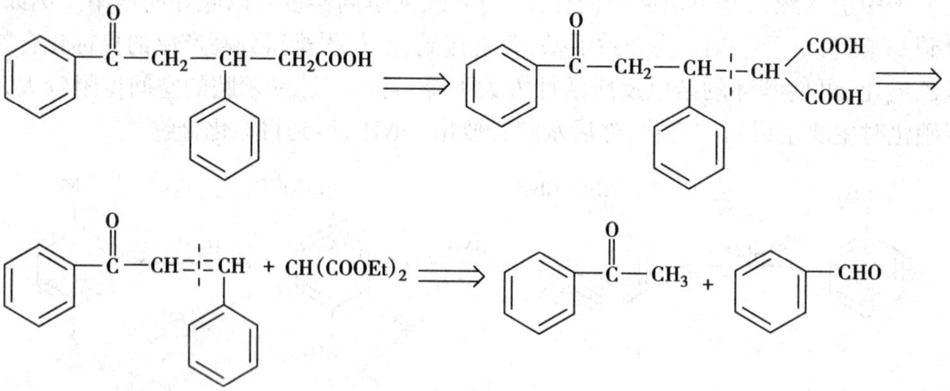

目标化合物的合成:

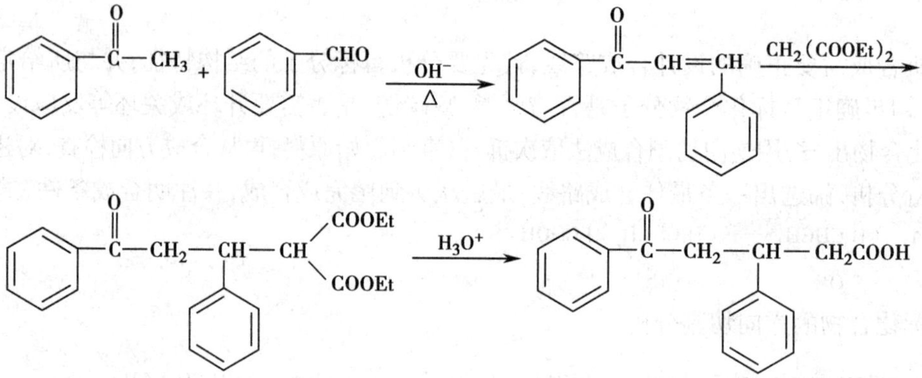

例 3 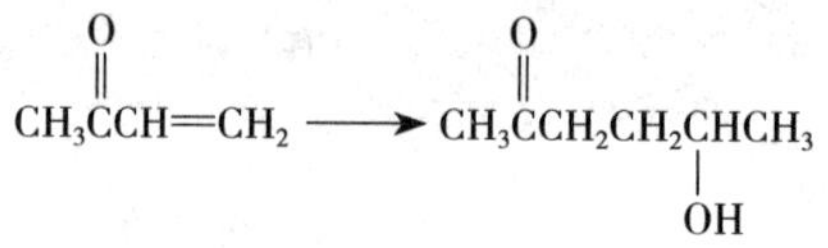

目标化合物的逆向切割分析:

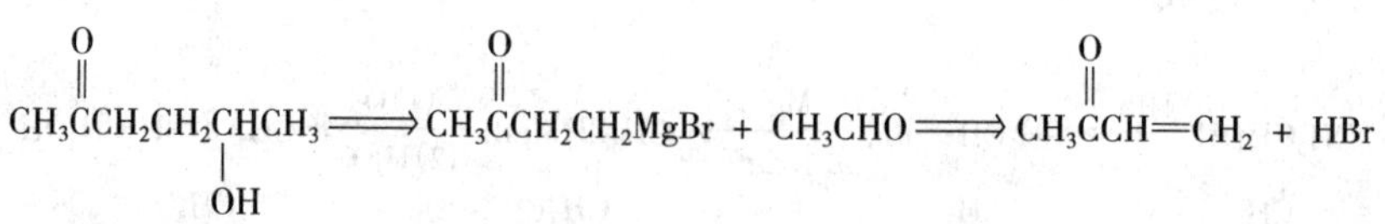

由于中间体格氏试剂可以和自身分子中的羰基反应,因此,必须将分子中的羰基进行保护。目标化合物的合成:

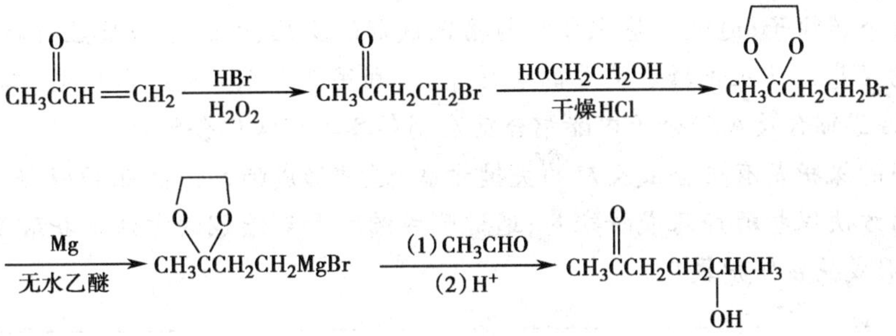

例4

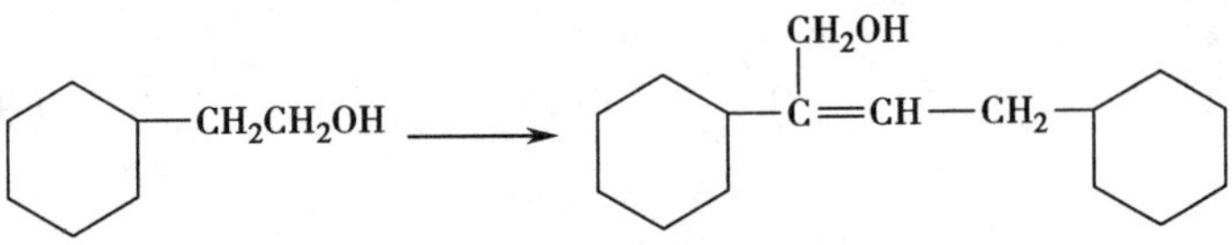

根据对称性切割原则,目标化合物的逆向切割分析如下:

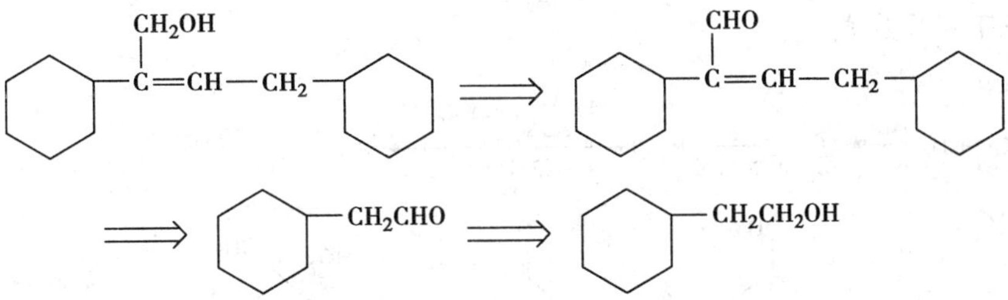

目标化合物的合成:

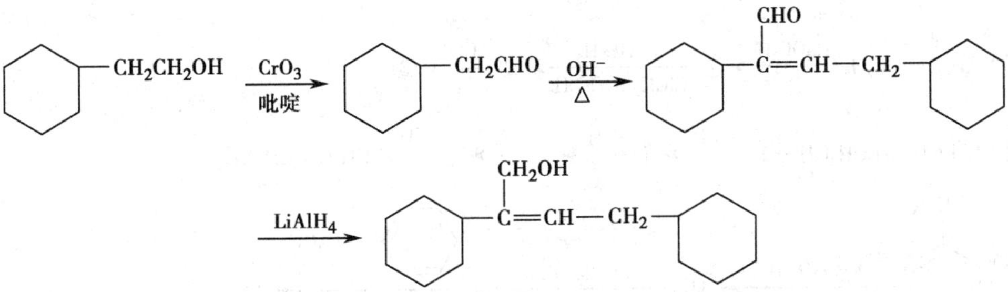

本章小结

　　在进行有机合成设计时,常采用逆向合成分析法,选取最优合成路线,通过适当反应正确引入官能团和巧妙构建分子骨架。

　　官能团的引入和转换是构建官能团的重要手段。通过取代、消去、加成、氧化、还原、缩合等反应实现官能团之间的转换。如通过烃、醇的卤代及不饱和烃的加成反应制备卤代烃;通过醛、酮与格氏试剂反应制备醇;羰基化合物、羧酸及其衍生物还原制备醇;通过威廉森反应制备多种结构的醚;通过醇氧化生成醛和酮;通过傅 - 克酰化反应制备芳香酮。

构建分子骨架是有机合成的关键问题。通过加成、缩合等反应使碳链增加一个或多个碳原子。如格氏试剂与 CO_2 的反应可增加一个碳原子；通过格氏试剂与环氧乙烷的反应可以增加 2 个碳原子；通过羰基化合物与格氏试剂的反应、醇醛缩合反应、酯缩合反应、活泼亚甲基的烃基化反应等增加需要的碳原子数；利用获尔斯 - 阿德尔反应、二元酸缩合反应、分子内羟醛缩合反应和分子内酯缩合反应制备各类环状化合物。

官能团的保护是有机合成反应的关键步骤，通过形成酯的方法保护醇羟基和羧基；通过形成醚的方法保护醇羟基或酚羟基；通过形成缩醛和环缩酮的方法保护醛基、酮基或邻二醇；通过形成酰胺保护氨基。

（张静夏）

复习题

1. 完成下列反应式。

(1)  $\xrightarrow{HBr}$ ① $\xrightarrow[\text{无水乙醚}]{Mg}$ ② $\xrightarrow[(2)H_3O^+]{(1) \triangle O,\ \text{无水乙醚}}$ ③

(2) 结构式（环戊基溴）$\xrightarrow{①}$ （环戊醇）$\xrightarrow{②}$ （环戊酮）$\xrightarrow[④]{③}$ （1-甲基环戊醇）

(3) $CH_3\overset{O}{\underset{\|}{C}}-OC_2H_5 \xrightarrow{NaOC_2H_5}$ ① $\xrightarrow[ClCH_2COOC_2H_5]{NaOC_2H_5}$ ② $\xrightarrow[\triangle]{H_3O^+}$ ③

(4) $CH_3CH_2CH_2CH_2OH \xrightarrow{K_2Cr_2O_7/H^+}$ ① $\xrightarrow{NH_3}$ ② $\xrightarrow{\triangle}$ ③ $\xrightarrow{④}$ $CH_3CH_2CH_2NH_2$

(5) 甲苯 $\xrightarrow{K_2Cr_2O_7/H^+}$ ① $\xrightarrow{SOCl_2}$ ② $\xrightarrow{苯-CH_2OH}$ ③

2. 用逆向切割法分析下列化合物的合成方法。

(1) 苯 $\longrightarrow$ 苯$\underset{CH_3}{\overset{|}{CH}}COOC_2H_5$

(2) 环己醇-OH $\longrightarrow$ $CH_3\overset{O}{\underset{\|}{C}}(CH_2)_4COOH$

(3)

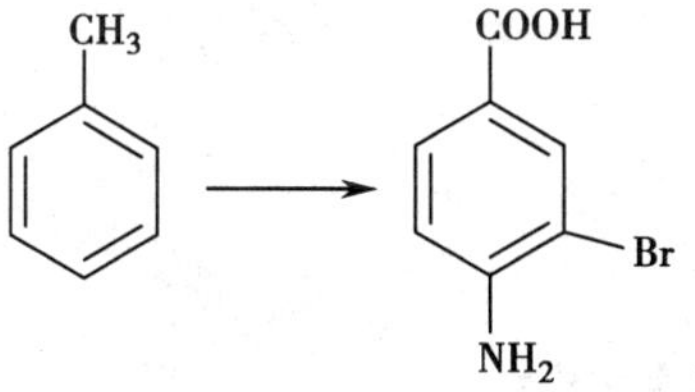

3. 按要求合成下列有机化合物。

(1) $CH_3CH_2OH \longrightarrow CH_3\overset{O}{\overset{\|}{C}}CH_2CHO$

(2) $HC{\equiv}CH \longrightarrow CH_3CH_2CH_2CH_2COOH$

(3)

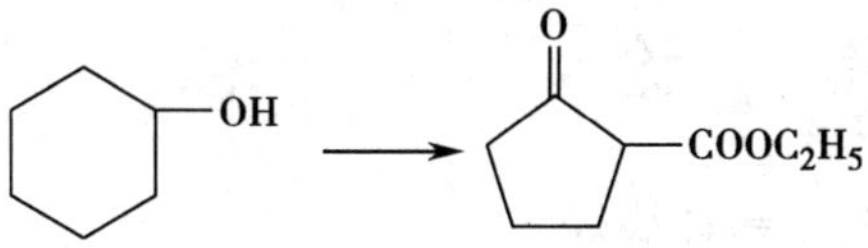

(4)

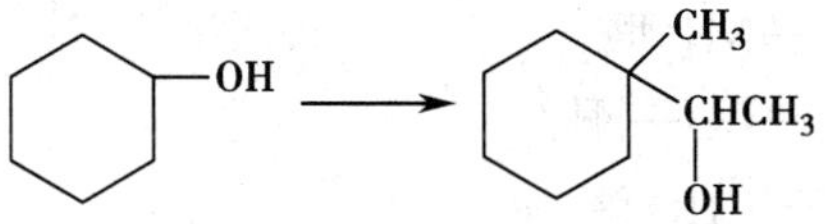

4. 由乙酰乙酸乙酯、氯甲基苯酮合成化合物 $CH_3\overset{O}{\overset{\|}{C}}CH_2CH_2\overset{O}{\overset{\|}{C}}Ph$。

5. 甲苯为原料合成对甲基苯甲酸苄酯。

复习题参考答案

第一章 绪 论

1. (1) C=C 烯烃　　　　　　　　(2) C≡C 炔烃
   (3) —O— 醚　　　　　　　　(4) —NH₂ 胺
   (5) —COOH 羧酸　　　　　　(6) —CO— 酮
   (7) —X 卤代烃　　　　　　　(8) —CHO 醛
   (9) Ar—OH 酚　　　　　　　(10) —OH 醇

2. (1) $CH_3CH_2CH_2Cl$ （—X）　CH_3CHCH_3 （—X）
   　　　　　　　　　　　　　　　　|
   　　　　　　　　　　　　　　　　Cl

   (2) $CH_3CH_2CH_2OH$ （—OH）　CH_3CHCH_3 （—OH）　$CH_3OCH_2CH_3$ （—O—）
   　　　　　　　　　　　　　　　　　|
   　　　　　　　　　　　　　　　　　OH

   (3) ▢ （C—C）　　　　△—CH₃ （C—C）

   　$CH_3CH_2CH=CH_2$ (C=C)　$CH_3CH=CHCH_3$ (C=C)　$CH_3C=CH_2$ (C=C)
   　　　　　　　　　　　　　　　　　　　　　　　　　　　　　　　　|
   　　　　　　　　　　　　　　　　　　　　　　　　　　　　　　　CH₃

3. 烯烃 (1)(3)　　　　　　　　醚 (2)(10)
   羧酸 (5)(6)　　　　　　　　醛酮 (4)(8)
   醇 (9)(11)　　　　　　　　酚 (13)(14)
   卤代烃 (7)(12)

4. (1) 　 H O
        | ‖
     H—C—C—H
        |
        H

   (2) 　 H O
        | ‖
     H—C—C—OH
        |
        H

   (3) 　 H H 　 H H
        | | 　 | |
     H—C—C—O—C—C—H
        | | 　 | |
        H H 　 H H

   (4) 　 H H H
        | | |
     H—C—C—C—H
        | | |
        H | H
        H—C—H
        |
        H

   (5) 　 H 　 　 H
        | 　 　 |
     H—C—C=C—C—OH
        | | | |
        H H H H

   (6)

5. (1) 路易斯酸　路易斯碱
$(CH_3)_3C^+$ ＋ H_2O ⟶ $(CH_3)_3\overset{+}{C}OH_2$

(2) $HOSO_2O \overset{\frown}{\curvearrowleft} H ＋ H\overset{\cdot\cdot}{O}—NO_2 \rightleftharpoons HOSO_2O^- ＋ H_2\overset{+}{O}—NO_2$

6. $C : H : O = \dfrac{64.9}{12.01} : \dfrac{13.5}{1.008} : \dfrac{21.6}{16.00} = 4 : 10 : 1$

实验式 $C_4H_{10}O$　　　　　分子式 $C_4H_{10}O$（分子量74）

第二章　烷烃和环烷烃

1. (1) 4-叔丁基癸烷
(2) 4-丙基辛烷
(3) 2,2-二甲基-5-乙基庚烷
(4) 反-1,3-二甲基环戊烷
(5) 2,2,3-三甲基-5-环丁基戊烷
(6) 2,2-二甲基丙烷

2. (1)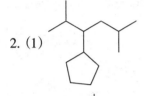
(2)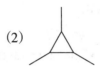

3. (1)
(2)

4.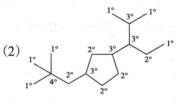
优势构象

5. (1) $\overset{1°}{CH_3}-\overset{4°}{C}-\overset{2°}{CH_2}-\overset{2°}{CH_2}-\overset{4°}{C}-\overset{2°}{CH_2}-CH_3$ 带 $\overset{1°}{CH_3}$, $\overset{1°}{CH_3}$, $\overset{1°}{CH_3}$, $\overset{3°}{CH}-\overset{1°}{CH_3}$, $\overset{1°}{CH_3}$, $\overset{1°}{CH_3}$

(2) [结构式]

6. (3)＞(1)＞(4)＞(2)

7. (1) $CH_3-\overset{\overset{\displaystyle Br}{|}}{\underset{\underset{\displaystyle CH_3}{|}}{C}}-CH_3$ 带 CH_3
(2) Br_2/光照

8. [结构式]

第三章　不饱和链烃

1. (1) 2-乙基-1-戊烯
(2) 4-甲基-2-丙基-1-戊烯
(3) 3-甲基-4-辛烯
(4) 顺-2-戊烯
(5) 顺-3-甲基-2-戊烯
(6) 1-十八碳烯

(7)（E)-6- 甲基 -3- 乙基 -2- 庚烯   (8) 3- 甲基 -1- 丁炔

(9) 5- 甲基 -3- 庚炔   (10) 1,5- 己二烯 -3- 炔

2. (1) $CH_2{=}\overset{\underset{|}{CH_3}}{C}{-}CH_2CH_2CH_3$

(2) $CH_3{-}\overset{\underset{|}{CH_3}}{\overset{|}{C}}{=}\overset{\underset{|}{CH_3}}{C}{-}CH_3$

(3) $CH_3{-}C{\equiv}C{-}CH_2CH_3$

(4) $CH{\equiv}C{-}CH_2{-}CH_2{-}C{\equiv}CH$

(5) $H_3C{-}\overset{\underset{|}{CH_3}}{CH}{-}C{\equiv}C{-}\overset{\underset{|}{CH_3}}{CH}{-}CH_3$

(6) $\underset{H}{\overset{H_3C}{>}}C{=}C\underset{CH_3}{\overset{CH_2CH_2CH_3}{<}}$

(7) $\underset{H}{\overset{H_3C}{>}}C{=}C\underset{H}{\overset{CH_2CH_3}{<}}$

(8) $\underset{CH_3CH_2}{\overset{H_3C}{>}}C{=}C\underset{CH_3}{\overset{CH_2CH_3}{<}}$

(9) $\underset{H}{\overset{(CH_3)_2CH}{>}}C{=}C\underset{CH(CH_3)_2}{\overset{CH_2CH_2CH_3}{<}}$

(10) $CH_2{=}CH{-}CH_2CH{=}CH_2$

3. $CH_2{=}CH{-}CH_2CH_3 \xrightarrow{Br_2/H_2O} \overset{\underset{}{Br}}{CH_2}{-}\overset{\underset{}{Br}}{CH}{-}CH_2CH_3$

$H_2C{=}CH{-}CH_2CH_3 \xrightarrow{HBr} CH_3{-}\overset{\underset{}{Br}}{CH}{-}CH_2CH_3$

$H_2C{=}CH{-}CH_2CH_3 \xrightarrow[H^+]{H_2O} CH_3{-}\overset{\underset{}{OH}}{CH}{-}CH_2CH_3$

$H_2C{=}CH{-}CH_2CH_3 \xrightarrow{H_2SO_4} CH_3{-}\overset{\underset{}{OSO_3H}}{CH}{-}CH_2CH_3$

$H_2C{=}CH{-}CH_2CH_3 \xrightarrow{HOBr} \overset{\underset{}{Br}}{CH_2}{-}\overset{\underset{}{OH}}{CH}{-}CH_2CH_3$

$H_2C{=}CH{-}CH_2CH_3 \xrightarrow[H^+]{KMnO_4} CH_3CH_2COOH + CO_2$

4. (1)

(2) $CH_3CH_2\overset{\underset{|}{OH}}{CH}CH_2Br$

(3) $\overset{CH_3CH_2{-}CH_2}{\underset{\underset{Br}{|}}{}}$

(4) $\overset{CH_2CH{=}CH_2}{\underset{\underset{Br}{|}}{}}$

(5) $\underset{CH_3CH_2}{\overset{H_3C}{>}}C{=}O \ + \ O{=}C\underset{CH_3}{\overset{OH}{<}}$

(6) $CH_3CH_2C{\equiv}C{-}Ag$

(7) $\overset{\overset{O}{\|}}{CH_3C}{-}CH_2CH_3$

(8) $CH_3CH_2COOH + CO_2$

(9) $H_2C{=}CH{-}\overset{\underset{Cl}{|}}{CH}{-}CH_3 \ + \ H_2C{-}CH{=}CH{-}CH_3$ 下标 Cl

(10)

5. 稳定性：$CH_2{=}CH\overset{+}{C}H{-}CH_3 > \overset{+}{C}H_2{-}CH_2CH{=}CH_2$

6. (1)

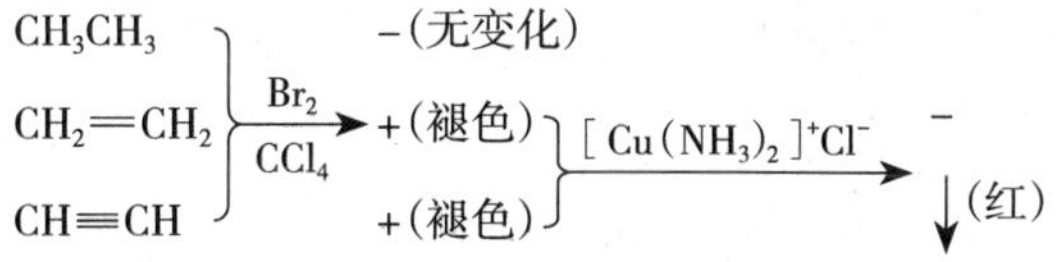

(2)

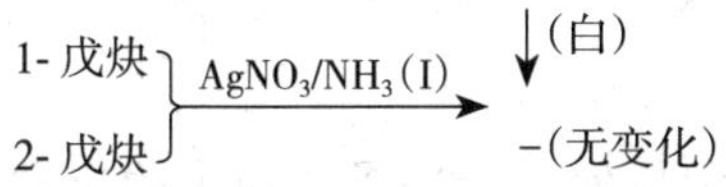

(3)

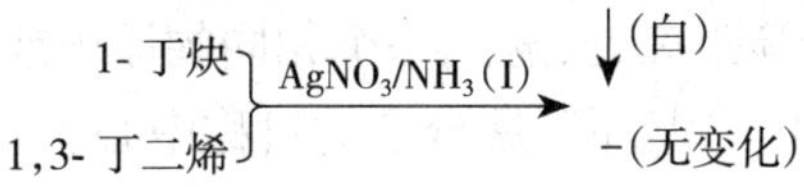

7. A: $CH_3CH=\overset{\overset{\displaystyle CH_3}{|}}{C}-CH_2CH_3$;　　　　　　B: $CH_3CH_2CH=CHCH_2CH_3$

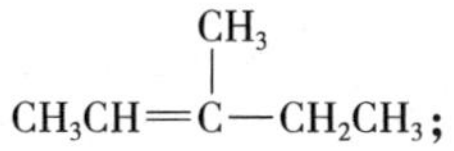

8. A: $CH\equiv C-\overset{\overset{\displaystyle CH_3}{|}}{CH}-CH_3$;　　　　　　B: $CH_2=\overset{\overset{\displaystyle CH_3}{|}}{C}-CH=CH_2$.

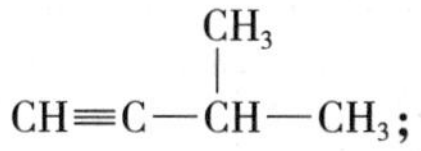

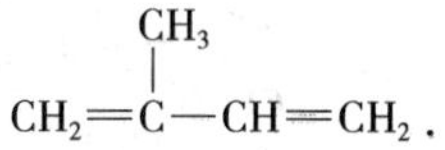

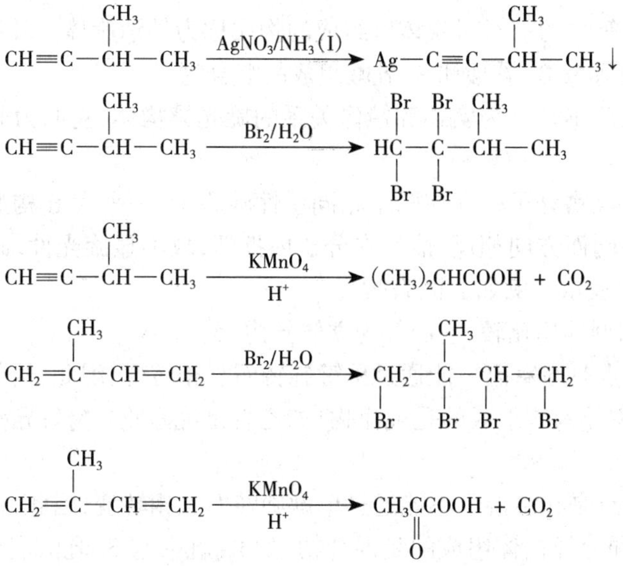

第四章　立体化学基础

1. (1) **构象异构体**:由于碳碳单键的旋转导致分子中的原子或原子团在空间产生不同的排列方式,其中每一种排列方式即为一种**构象**。不同种排列方式之间互称为**构象异构体**。例如环己烷的椅式构象和船式构象。

(2) **手性分子**:不能与其镜像重叠的分子称为手性分子。例如乳酸分子。

(3) **对映异构体**:互为实物与镜像关系,彼此不能重叠的异构体称为对映异构体,简称为对映体。例如 R- 乳酸分子和 S- 乳酸分子互为对映体。

(4) **手性碳原子**:凡是连有 4 个不同的原子或原子团的碳原子称为手性碳原子,又称为手性中心,用"C*"表示。例如乳酸分子中的 α 碳原子。

(5) **对称面(符号 σ)**:设想在分子中有一个平面,它能够把分子分割成互为实物与镜像关系的两半,此平面即称为此分子的对称面。例如顺 -1,2- 二溴环丙烷的对称面。

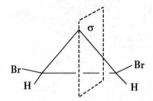

（6）对称中心（符号 i）：设想分子有一点，从分子中任何一个原子或原子团出发，向这个点作一直线，再从这个点将直线引长出去，在离此点等距离处，遇到一个相同的原子或原子团，这个点就称为分子的对称中心。例如 1,3- 二氯 -2,4- 二溴环丁烷分子的对称中心。

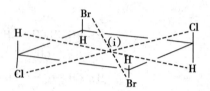

（7）外消旋体：由等量的一对对映体所组成的物质称为外消旋体。外消旋体常用符号（±）或以 dl 表示。例如由等量 R- 乳酸和 S- 乳酸组成的混合物。

（8）非对映体：彼此不是互为实物和镜像关系的旋光异构体，它们为非对映体。如麻黄碱与伪麻黄碱。

（9）内消旋体：化合物分子中存在两个相同手性碳原子，一个为 R 构型，另一为 S 构型，它们所引起的旋光度相同而方向相反，恰好在分子内抵消，故不显旋光性，此类化合物称为内消旋体，用"i"或"meso"表示。例如 i- 酒石酸。

2. 构象异构和构型异构比较，它们都为立体异构。

构象异构体的特点是在室温下能通过单键旋转而互相转变，因此，构象异构体在室温下不能分开，同分不同构象异构体组成的是纯净物（如乙烷是纯净物），构象异构体之间的转化是物理变化。

构型异构体的特点是在室温下不能通过单键旋转而互相转变，因此，构型异构体在室温下能够分开，不同构型同分异构体组成的是混合物（如 R- 乳酸与 S- 乳酸混合），构型异构体之间的转化是化学变化。

3.

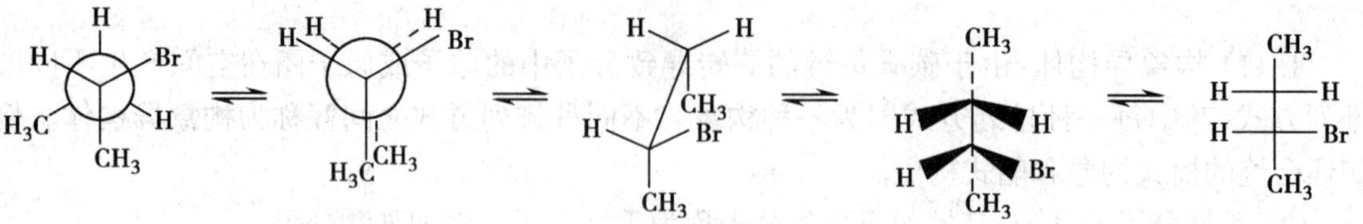

4.（1）

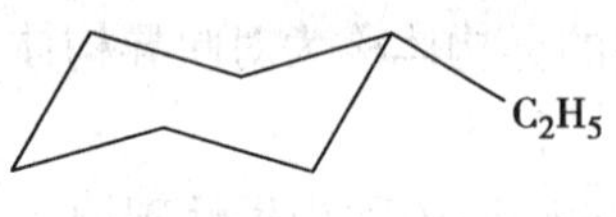

（2）

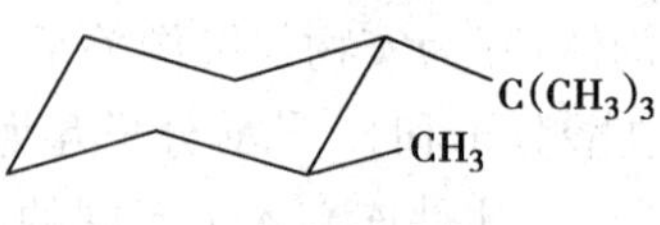

（3）

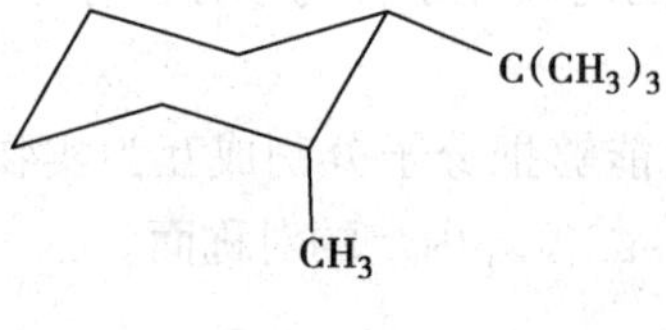

5. (1) ①和②互为实物和镜像彼此不能重合的关系,为对映体;

③和④互为实物和镜像,但④不离开纸面旋转180° 就能与③重合,因此③和④相同,代表同一化合物;

①与③④、②与③④是非对映异构体;

③和④是内消旋体。

(2) ①和②、③和④互为实物和镜像彼此不能重合的关系,为对映体;

①与③④、②与③④是非对映异构体。

6. (1) ① > ④ > ③ > ②

(2) ④ > ① > ② > ③

7. (1) 1 个手性碳原子,理论上各有 2 个立体异构体,理论上各有 1 对对映异构体。

(2) 2 个手性碳原子,理论上各有 4 个立体异构体,理论上各有 2 对对映异构体。

8. −96°

9. (1) ×　　 (2) √　　 (3) ×　　 (4) √　　 (5) ×　　 (6) ×

10.

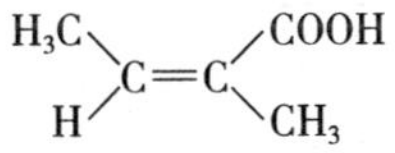

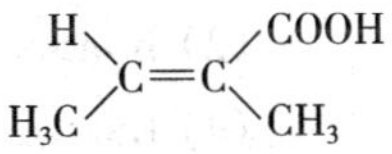

第五章　芳　香　烃

1. 共有 8 个异构体,分别是:

正丙苯　　　异丙苯　　　2-乙基甲苯　　　3-乙基甲苯

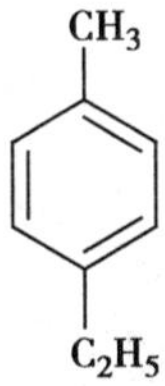

4-乙基甲苯　　1,2,3-三甲苯　　　1,3,5-三甲苯　　　1,2,4-三甲苯

2. (1) 2- 乙基 -5- 丙基甲苯　　　　　　 (2) 2- 萘磺酸(或 β- 萘磺酸)

(3) 4- 硝基 -3- 氯甲苯　　　　　　 (4) 2,6- 二甲基萘

3. (1) 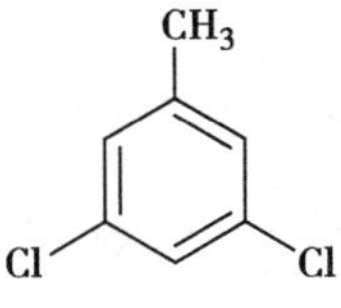　　　　　　(2) 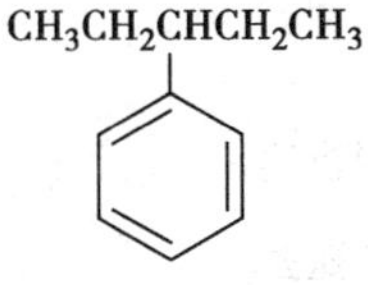　　　　　　(3)

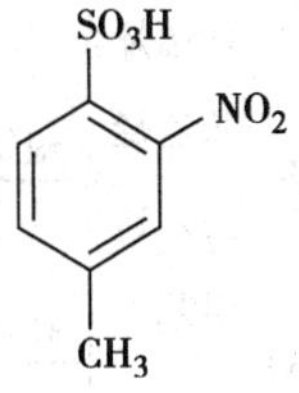

(4)

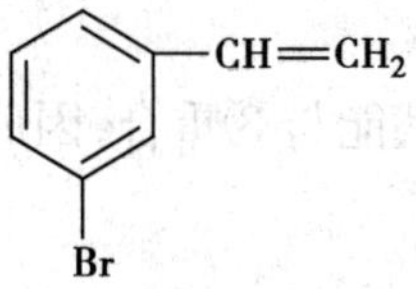

(5)

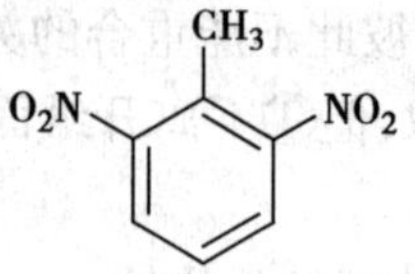

(6)

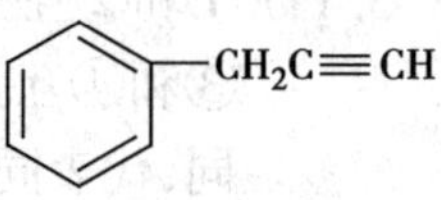

4. (1)

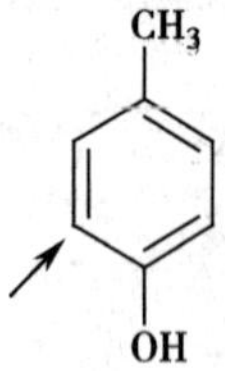

(2)

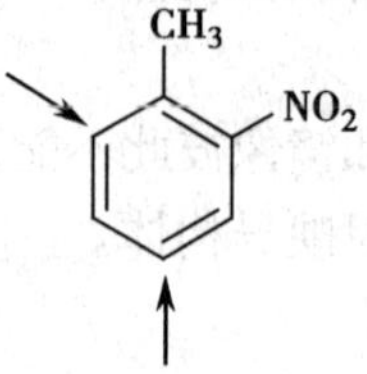

(3)

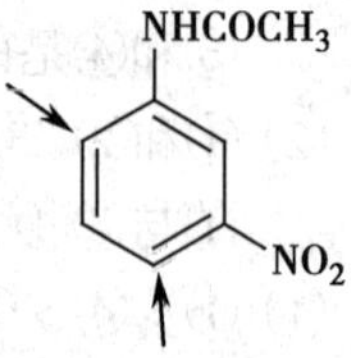

(4)

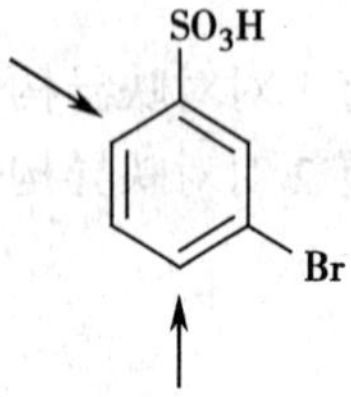

(5)

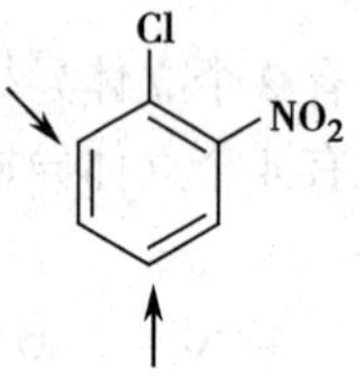

(6)

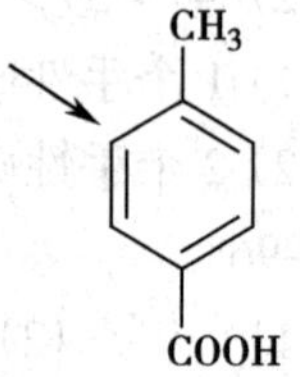

5. (1) b>c>a (2) b>a>c
(3) b>c>a (4) b>c>a

6. (1)

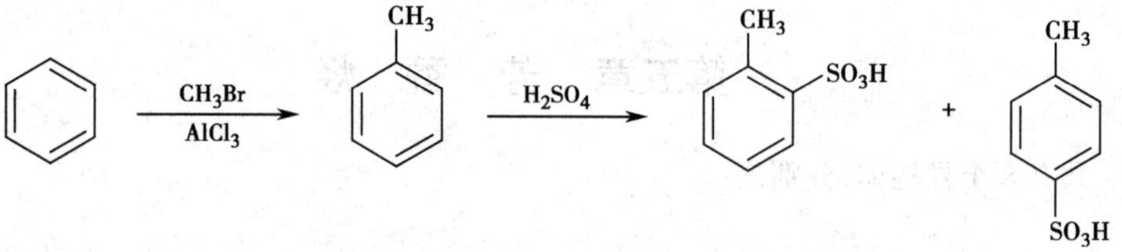

(2)

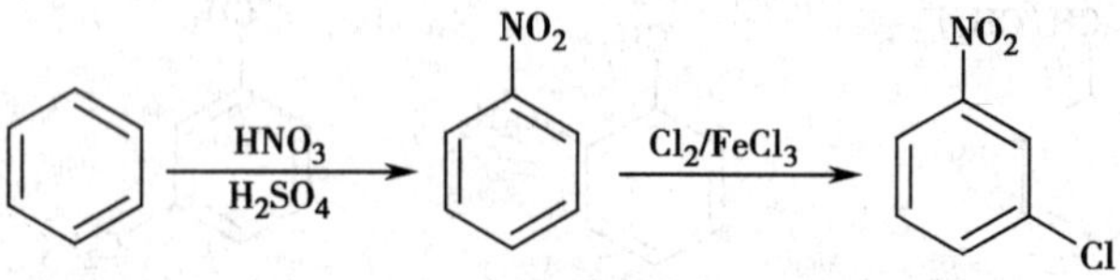

7. (1) 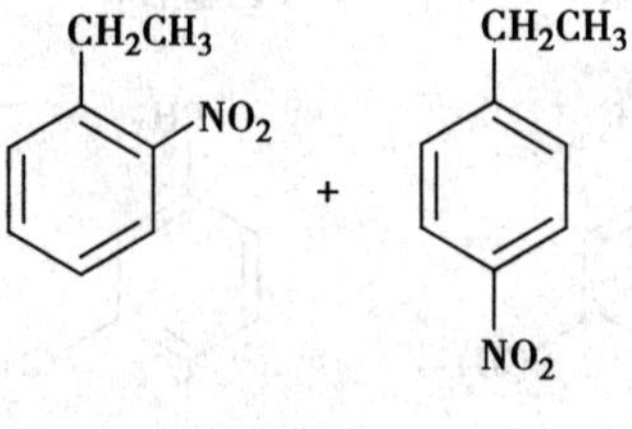 (2)

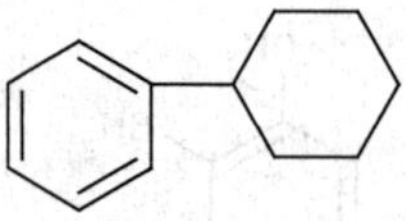

(3) 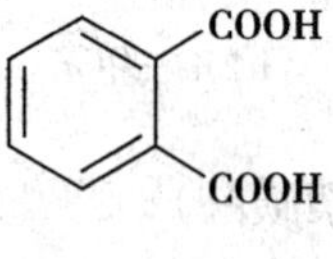 (4)

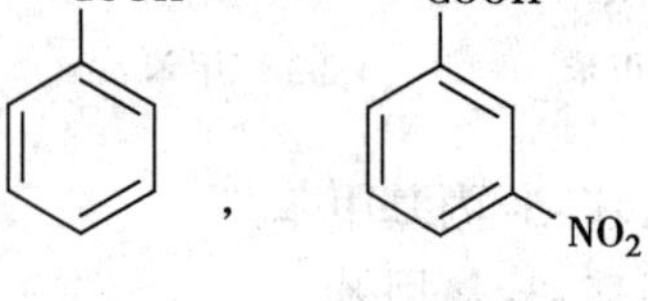

8. (1) 苯 环己烯 $\xrightarrow{Br_2/CCl_4}$ (−) 红棕色褪去

(2) 苯乙烯 苯乙炔 $\xrightarrow{银氨溶液}$ (−) 炔化银白色沉淀

(3) 甲苯 异丁烷 $\xrightarrow{高锰酸钾溶液}$ 紫红色褪去 (−)

9.

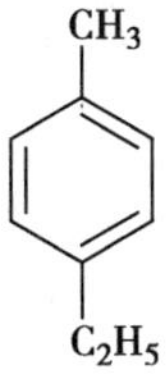

或

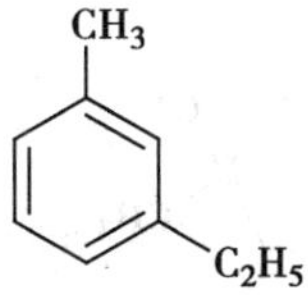

反应式如下：

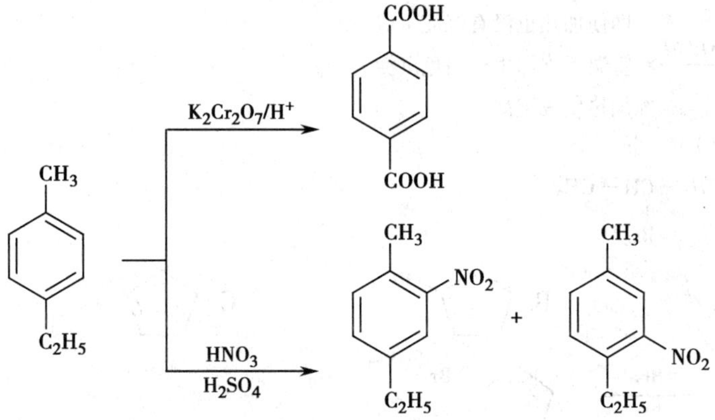

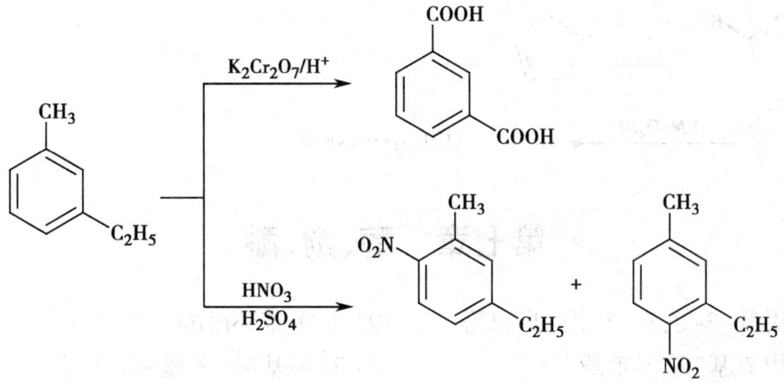

10. A. 
或 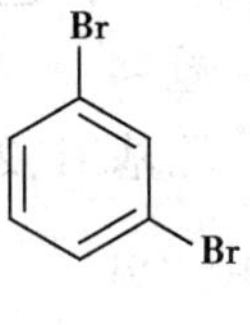
B.

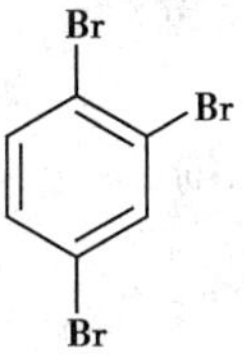

11. 环丁二烯(无芳香性);奥(有芳香性)

第六章　卤　代　烃

1. 略

2. 略

3. (1) 2,6-二甲基-3,4-二溴庚烷　　　　(2) 5-氯-2-己烯

(3) 4-丙基-4-溴庚烷　　　　(4) 3-溴-1-丙烯

(5) C_2H_5MgI　　　　(6) $CH_2=CHCH_2Cl$

(7) CF_2Cl_2

4. (1) 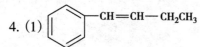 (2)

5. (1) A ┐
      B ├ AgNO_3/醇 → 即使加热也没有沉淀生成
      C ┘   室温下立即生成白色沉淀
                          加热生成沉淀

   (2) A ┐
      B ├ AgNO_3/醇 → 即使加热也没有沉淀生成
      C ┘   室温下立即生成白色沉淀
                          加热生成沉淀

6. (3) > (2) > (1)

7. H_3C—CH—CH_2—CH—CH_3
         | |
         CH_3   Br

8. A.   B.   Br   C.

   (1)   Br_2/hv →   Br

   (2)   Br   →

   (3)   KMnO_4/H^+ → HOOC—(CH_2)_3—COOH

第七章 醇、酚、醚

1. (1) 4-甲基-3-乙基-5-溴-1-己醇   (2) 3-甲基环己醇
   (3) 4-甲氧基-2-溴苯酚   (4) 2-甲基-1-苯基-2-丁醇
   (5) (Z)-3-甲基-2-己烯-1-醇   (6) 6-甲基-7-乙氧基-2-辛烯-4-醇
   (7) 2-异丙基环氧乙烷   (8) 12-冠-4
   (9) 5-甲氧基-3-溴邻苯二酚   (10) 6-乙基-1,2,4-苯三酚

2. (1)   OH   (2) CH_2—OH
                                   |
              OH   CH—OH
                                   |
                                 CH_2—OH

   (3)   OH   (4) CH_3CHCH_2CH_2CH_3
                                        |
                                      OCH_3

   (5)   OH   (6)   CH_3
       O_2N   NO_2 |
                                  CH_3CHCH_3
                                        |
              NO_2   OCH_2CH_2CH_3

(7)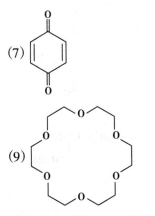

(8) H₃C—HC——C—CH₃
                \O/ |
                       CH₃

(9)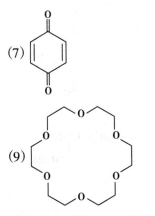

(10) CH₃CHCH₃
          |
          ... Br
     CH₃CHCH₃
          |
        OHCH₃

3. 沸点从高到低:(1)>(3)>(2)>(4)>(5)

4. 酸性从大到小:(4)>(1)>(5)>(2)>(3)

5. (1)
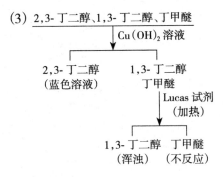

(2)
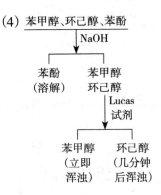

(3) 2,3-丁二醇、1,3-丁二醇、丁甲醚
         |Cu(OH)₂ 溶液
    ┌────┴────┐
2,3-丁二醇   1,3-丁二醇
(蓝色溶液)   丁甲醚
              |Lucas 试剂
              (加热)
         ┌────┴────┐
     1,3-丁二醇   丁甲醚
     (浑浊)   (不反应)

(4) 苯甲醇、环己醇、苯酚
         |NaOH
    ┌────┴────┐
   苯酚   苯甲醇
 (溶解)   环己醇
              |Lucas
              试剂
         ┌────┴────┐
     苯甲醇   环己醇
     (立即   (几分钟
     浑浊)   后浑浊)

6. (1) CH₃CHCH₂CH₂CH₃   CH₃CH=CHCH₃
          |
          Br

(2) CH₃CH₂CH=C̈CH₂CH₃   CH₃CH₂CH—C̈HCH₂CH₃
                | | |
               CH₃   Br   CH₃

(3) 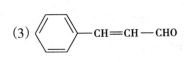 CH=CH—CHO

(4) HO—⟨benzene ring with Br, Br, CH₂CH₃⟩

(5) $(CH_3)_2C=O$ + $HOOCCCH_2CH_3$
      （O 在第二个碳下方）

(6)

(7) CH_3ONa $H_3C-O-H_2C-\overset{\overset{H}{|}}{\underset{\underset{OH}{|}}{C}}-CH_3$

(8) $(CH_3)_2CHCHCH_3$ $(CH_3)_2CHCHCH_3$
         $\underset{|}{ONa}$ $\underset{|}{OCH_2CH_3}$

(9) $CH_3CH_2CH-CHCH_3$
           $\underset{|}{Cl}\ \ \underset{|}{OH}$

(10) $\left[\begin{array}{l}O-PO_3H_2 \\ O-PO_3H_2 \\ O-PO_3H_2\end{array}\right.$

(11)

(12) $CH_3CHC\overset{O}{\underset{H}{\diagdown}}$ $H_3C-\overset{\overset{O}{\|}}{C}-CH_3$
       （CH₃ 上方）

7. (1) $\xrightarrow{H_2SO_4(冷)}$

(2) $\xrightarrow{H_2SO_4(热)}$

(3) $\xrightarrow{KMnO_4,H^+}$ $HOOC(CH_2)_4COOH$

(4) $\xrightarrow{HCl,ZnCl_2}$

(5) $\xrightarrow{Na}$

8. (1) $CH_3CH_2OH \xrightarrow[吡啶]{SOCl_2} CH_3CH_2Cl \xrightarrow{Mg,CO_2} CH_3CH_2CO_2MgCl \xrightarrow{H^+} CH_3CH_2COOH$

(2) $Cl-HC\overset{CH_3}{\underset{CH_3}{\diagup\!\!\!\diagdown}} \xrightarrow{KOH(醇溶液)} HC\overset{CH_2}{\diagup\!\!\!\diagdown} \xrightarrow{KMnO_4(稀冷)} HO-HC\overset{\overset{HO}{\diagup}CH_2}{\underset{CH_3}{\diagdown}}$

(3) $H_2C-CH_2 \xrightarrow{CH_3CH_2MgBr} CH_3CH_2CH_2CH_2OMgBr \xrightarrow{H^+} CH_3CH_2CH_2CH_2OH$
       \ O /

9. A 或 　　B 或

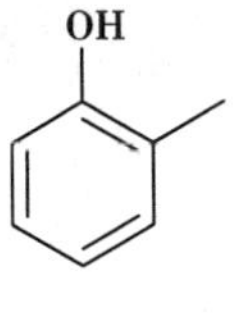

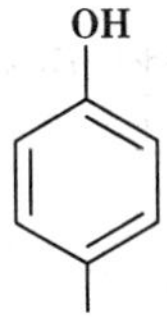

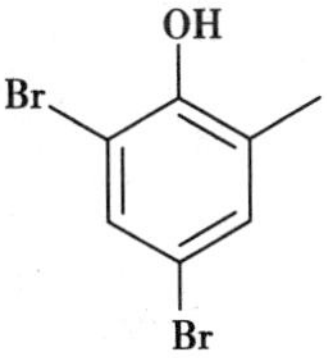

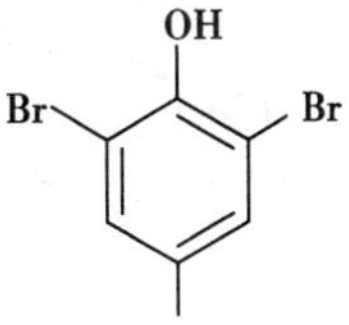

10.

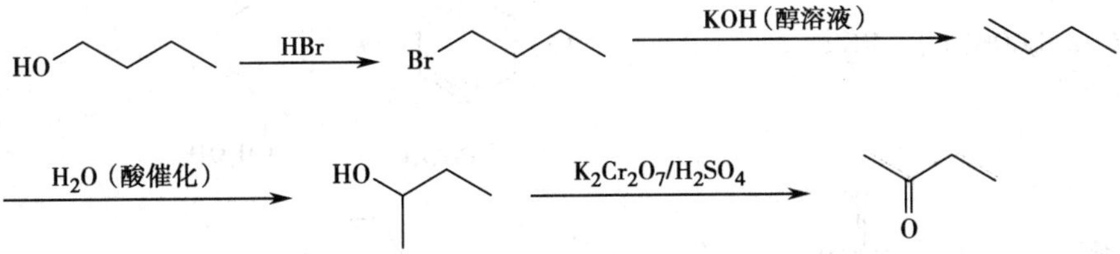

第八章　醛、酮、醌

1. (1) 2- 甲基丙醛
   (2) 3- 甲基环己酮
   (3) 4- 戊烯 -2- 酮
   (4) 乙二醛
   (5) 邻羟基苯甲醛（水杨醛）
   (6) 3- 苯基 -2- 丁酮
   (7) 对甲氧基苯甲醛
   (8) 2,5- 二甲基 -1,4- 萘醌

2. (1) CH_3CH_2CHCHO 带 Cl

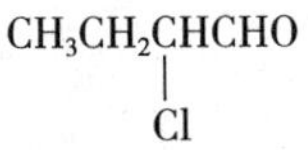

   (2) $O \quad O$ 上方 $HCCH_2CH_2CH_2CH$

   (3)

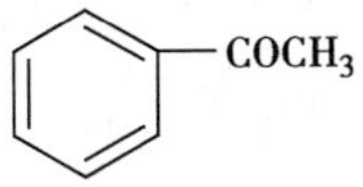

   (4)

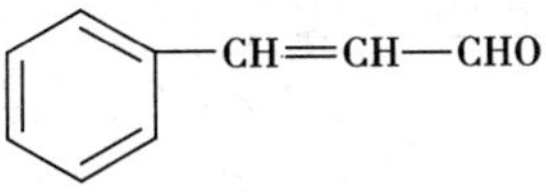

   (5) $CH_3CCH=CHCH_3$ （C上有 O）

   (6) O_2N——CH_2CHO

   (7) $CH_3CCH_2CCH_3$ （两个 O）

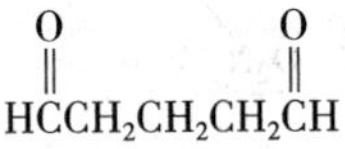

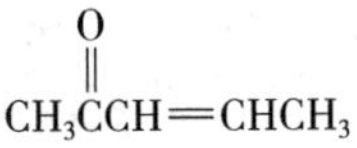

   (8)

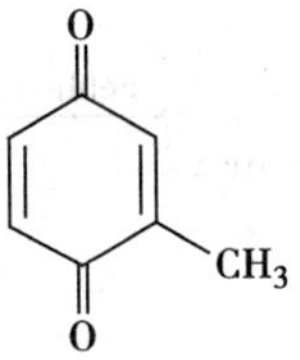

   (9) $O=$$=O$

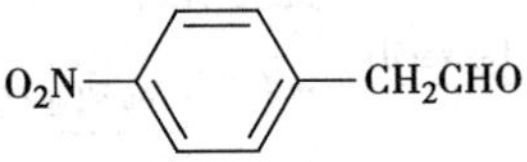

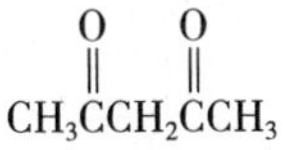

   (10)

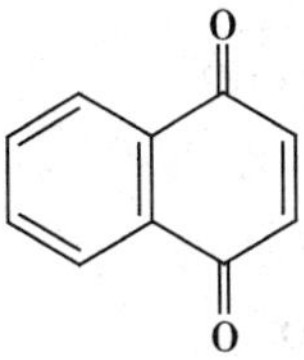

3. (4)

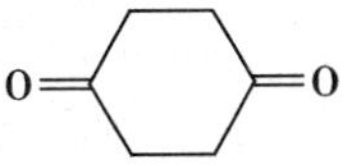

4. (1) (4)

5. (1) C；(2) A

6. (1) $CH_3CH_2CH=C—CHO$ 下方 CH_3

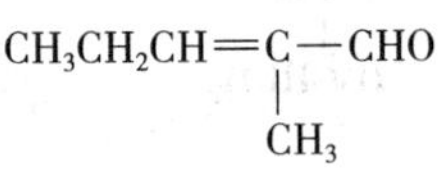

   (2)

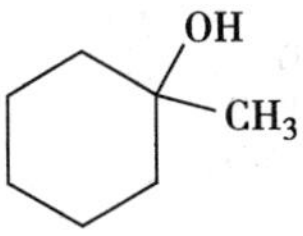

(3) 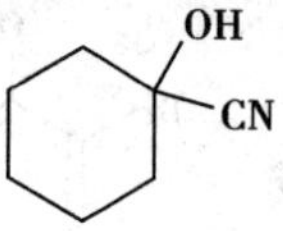

(4) 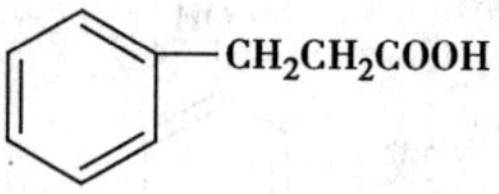

(5) $CH_3CH_2COONa + CHI_3\downarrow$

(6) 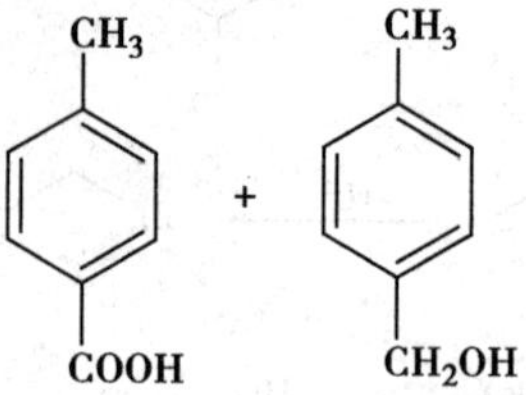

(7) 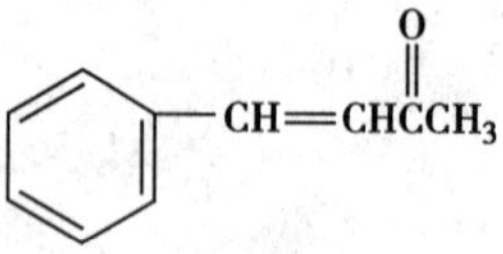

(8) 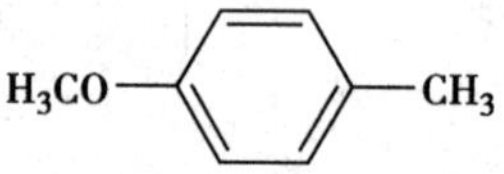

(9) 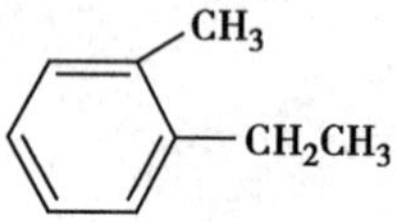

(10) $CH_3CH_2CH=CHCH_2OH$

(11) 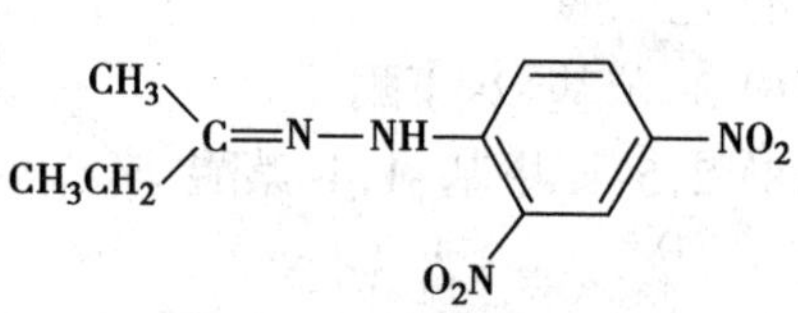

(12) 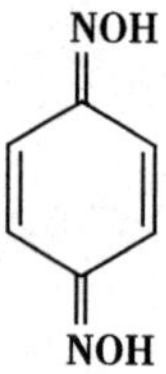

7. (1) 甲醛、乙醛、2-丁酮 $\xrightarrow{[Ag(NH_3)_2]^+}$ 甲醛：Ag↓；乙醛：Ag↓；2-丁酮：(－)
甲醛、乙醛 $\xrightarrow{I_2+NaOH}$ 甲醛：(－)；乙醛：黄色沉淀

(2) 2-戊酮、3-戊酮、环己酮 $\xrightarrow{I_2+NaOH}$ 2-戊酮：黄色 $CHI_3\downarrow$；3-戊酮：(－)；环己酮：(－)
3-戊酮、环己酮 $\xrightarrow{\text{饱和亚硫酸氢钠溶液}}$ 3-戊酮：(－)；环己酮：无色结晶

(3) 苯甲醛、苯乙醛、丙酮 $\xrightarrow[\triangle]{\text{Tollens 试剂}}$ 苯甲醛：Ag↓；苯乙醛：Ag↓；丙酮：(－)
苯甲醛、苯乙醛 $\xrightarrow[\triangle]{\text{Fehling 试剂}}$ 苯甲醛：(－)；苯乙醛：砖红色 $Cu_2O\downarrow$

8. A. $CH_3-\underset{CH_3}{\underset{|}{C}}=\underset{CH_3}{\underset{|}{C}}-CH_2CH_2CHO$　　B. $CH_3-\overset{O}{\overset{\|}{C}}-CH_2CH_2COOH$

9. A. $CH_3CH_2CH_2CH_2CH_2CHO$　　B. $CH_3\overset{O}{\overset{\|}{C}}CH_2CH_2CH_2CH_3$

C. $CH_3CH_2\overset{O}{\overset{\|}{C}}CH_2CH_2CH_3$　　D. 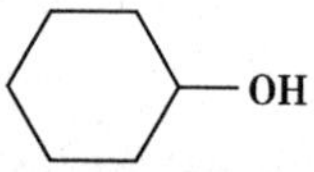

10. A. 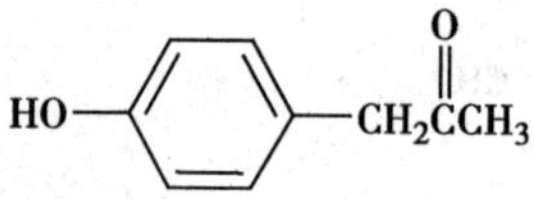　　B. 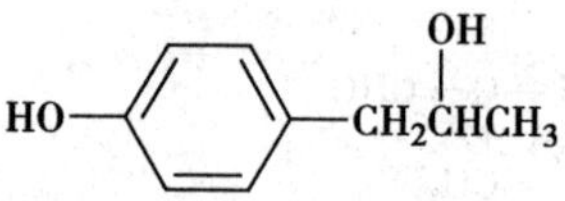

C. 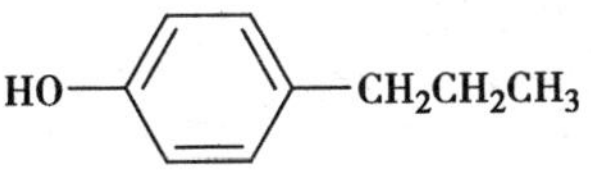　D. 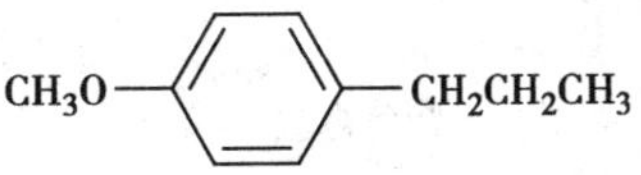

11. A. $CH_3CH_2-\overset{\overset{\displaystyle O}{\|}}{C}-CH_2CH_3$　B. $CH_3CH_2-\underset{\underset{\displaystyle CN}{|}}{\overset{\overset{\displaystyle OH}{|}}{C}}-CH_2CH_3$

C. $CH_3CH_2-\overset{\overset{\displaystyle OH}{|}}{CH}-CH_2CH_3$

第九章　羧酸和取代羧酸

1. (1) 2- 甲基 -2- 戊烯酸　(2) 苯乙酸
   (3) 间苯二甲酸　(4) 2- 甲基 -2- 环己基丙酸

2. (1) $CH_3CH{=}CHCH_2\underset{\underset{\displaystyle CH_3}{|}}{CH}COOH$　(2) 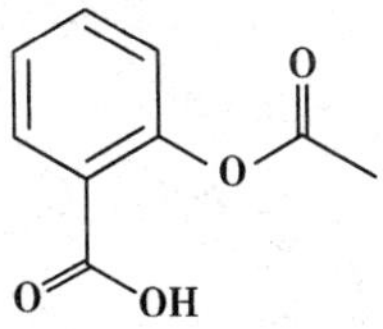

(3) 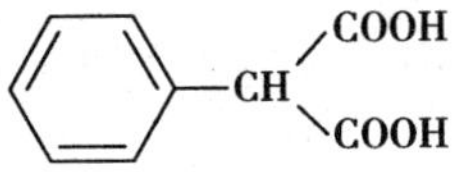　(4) $HOOC-CH_2-\overset{\overset{\displaystyle O}{\|}}{C}-COOH$

(5) 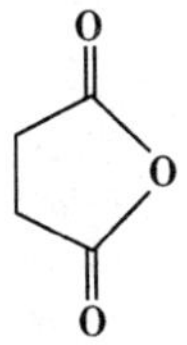　(6) 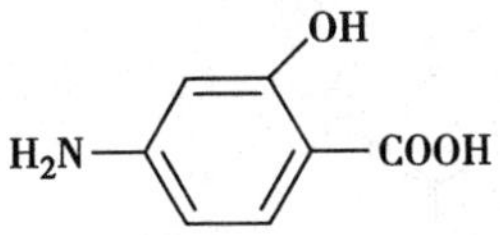

(7) 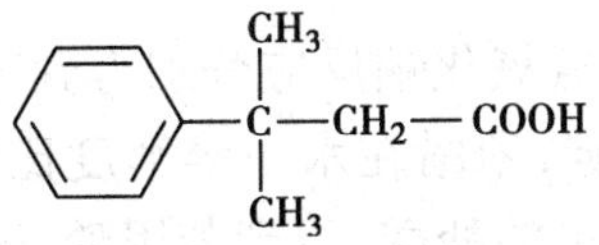

3. (1) 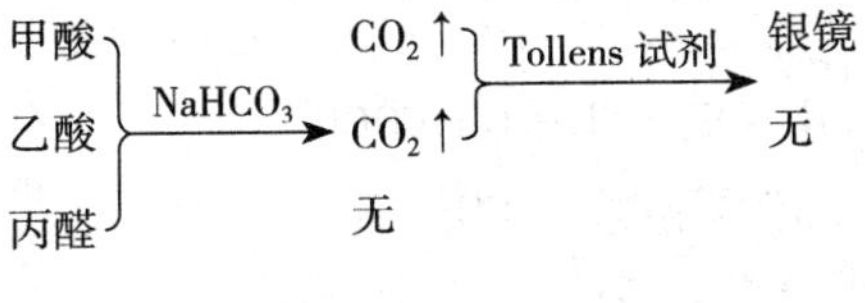

(2) 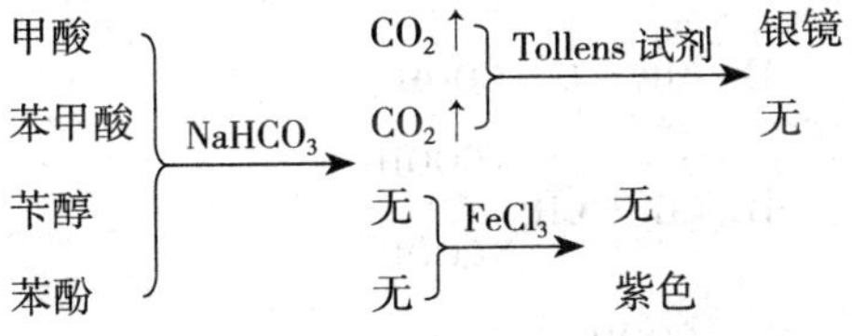

(3) 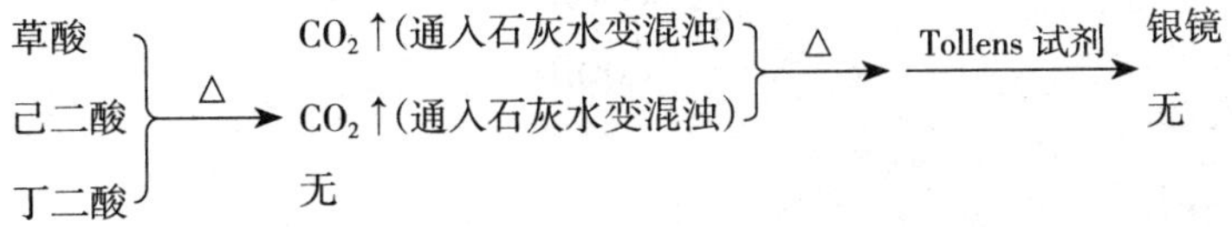

或

草酸
己二酸 ⎱ KMnO₄ ⟶ 无 ⎱ △ ⟶ CO₂↑(通入石灰水变混浊)
丁二酸 ⎰   无 ⎰   无

4. (1) 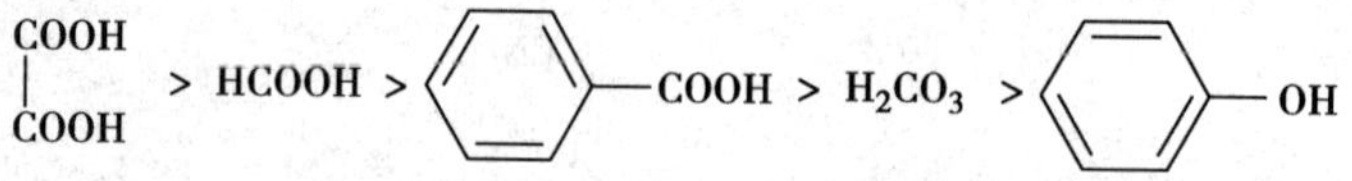 $\overset{COOH}{\underset{COOH}{|}}$ > HCOOH > ⬡—COOH > H_2CO_3 > ⬡—OH

(2) 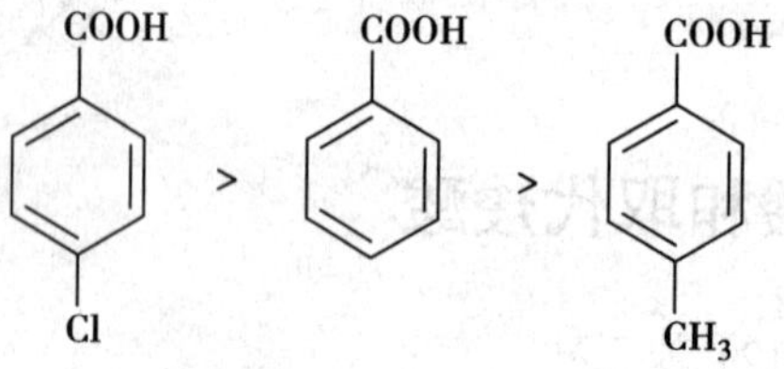 （对氯苯甲酸）> （苯甲酸）> （对甲基苯甲酸）

5. (1) $C_2H_5COOCH_3$

(2) 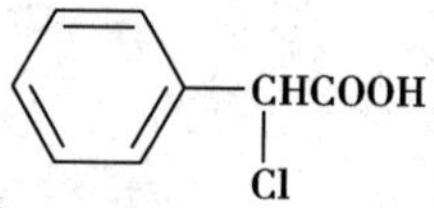 ⬡—$\overset{\underset{Cl}{|}}{CH}$COOH

(3) $(CH_3)_2CHCH_2\overset{O}{\overset{\|}{C}}Cl$

(4) 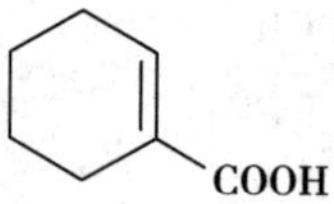 （环己烯甲酸）

(5) 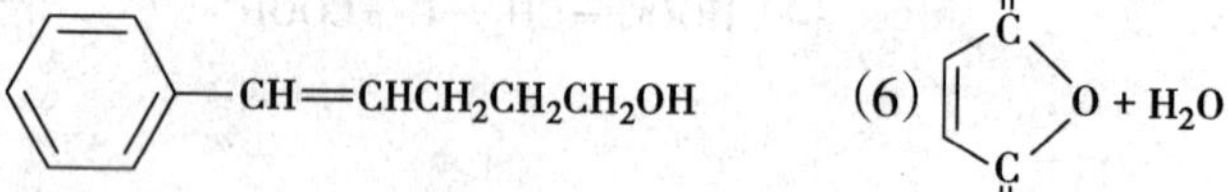 ⬡—CH=CHCH₂CH₂CH₂OH

(6) 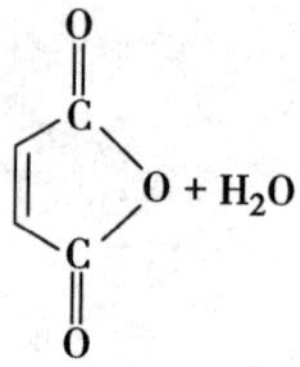 （酸酐）O + H_2O

(7) 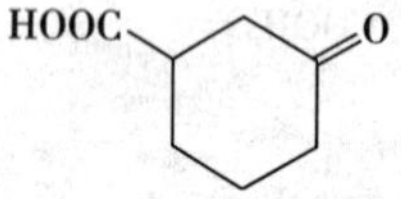 HOOC—（环己酮甲酸）

6. 混合物和氢氧化钠溶液反应,苯酚和苯甲酸能和氢氧化钠反应分别得到苯酚钠和苯甲酸钠,它们都溶于水。在滤液中,通入过量的二氧化碳,苯酚在水中溶解度比较小,沉淀析出,静置,过滤得到苯酚。在上述的滤液中,继续加过量的盐酸,得到苯甲酸,蒸馏得到苯甲酸。

7. (1) A. $CH_3—\overset{\underset{OH}{|}}{CH}—\overset{\underset{CH_3}{|}}{CH}—COOH$

B. $CH_3—CH=\overset{\underset{CH_3}{|}}{C}—COOH$

C. CH_3COOH

D. $CH_3—\overset{O}{\overset{\|}{C}}—COOH$

(2) A. $\overset{CH_2—COOH}{\underset{CH_2—COOH}{|}}$

B. $CH_3—CH\overset{COOH}{\underset{COOH}{\diagup}}$

C. $\overset{COOCH_3}{\underset{COOCH_3}{|}}$

D. $\overset{COOH}{\underset{COOH}{|}}$

E. CH_3OH

第十章　羧酸衍生物

1. (1) 2-甲基丙酰氯
   (3) 甲基丁烯二酸酐
   (5) δ-戊内酯
   (7) 苯甲酰胺
   (9) 甲乙酐

   (2) 3-溴丁酸
   (4) 苯乙酸乙酯
   (6) 2-苯基丁酰胺
   (8) 苯丙腈

2. (1) $CH_2=CH-\overset{\overset{\displaystyle O}{\|}}{C}-Br$

   (2)

   (3) $CH_3CH_2CH_2OCOCH_3$

   (4)

   (5)

   (6)

3. (1) c>a>b>d　　(2) a>b>c>d　　(3) d>c>b>a
   (4) d>a>b>c　　(5) a>b>c>d

4. (1)

   (2) $CH_3CH_2\overset{\overset{\displaystyle O}{\|}}{C}\underset{\underset{\displaystyle CH_3}{|}}{C}H\overset{\overset{\displaystyle O}{\|}}{C}OC_2H_5$

   (3)

   (4) $CH_3CH_2COOH + CH_3CHO$

   (5) $(CH_3)_3C-\overset{}{\underset{\underset{\displaystyle O}{\|}}{C}}-O-$

   (6) $HOCH_2CH_2CH_2CH_2-\overset{\overset{\displaystyle O}{\|}}{C}-NHCH_2CH_3$

   (7) $\underset{\underset{\displaystyle CH_3}{|}}{CH_3CH}CH_2NH_2$

   (8)

5. (1) $\xrightarrow{C_2H_5ONa}$ $\xrightarrow{Br(CH_2)_3COOC_2H_5}$ $\xrightarrow[\text{2. H}^+]{\text{1. 浓 NaOH, }\Delta}$

   (2) $\xrightarrow{C_2H_5ONa}$ $\xrightarrow{CH_3\overset{\overset{\displaystyle O}{\|}}{C}Cl}$ $\xrightarrow{C_2H_5ONa}$ $\xrightarrow{CH_3I}$ $\xrightarrow[\text{2. H}^+]{\text{1. 稀 NaOH}}$ $\xrightarrow{\Delta}$ $\xrightarrow{LiAlH_4}$

   (3) $\xrightarrow{C_2H_5ONa}$ $\xrightarrow[\text{2. H}^+]{\text{1.稀NaOH}}$ $\xrightarrow{\Delta}$

(4) $\xrightarrow{C_2H_5ONa}$ $\xrightarrow{CH_3CH_2CCl}$ (O above) $\xrightarrow[2.\ H^+]{1.\ 浓\ NaOH,\ \Delta}$

6. A. $HOOC-\overset{O}{\overset{\|}{C}}-CH_2-COOH$ B. (HOOC, COOH / HO, H — C=C)   C. (HO, COOH / HOOC, H — C=C)

7. A. $CH_3-\overset{O}{\overset{\|}{C}}-\overset{|}{CH}-\overset{O}{\overset{\|}{C}}-O-CH(CH_3)(CH_3)$ (苯基 on CH)

B. $CH_3-\overset{OH}{\overset{|}{CH}}-\overset{|}{CH}-\overset{O}{\overset{\|}{C}}-O-CH(CH_3)(CH_3)$ (苯基 on 中间CH)

C. $CH_3-\overset{O}{\overset{\|}{C}}-\overset{|}{CH}-\overset{O}{\overset{\|}{C}}-ONa$ (苯基 on CH)

D. $C_6H_5-CH_2-\overset{O}{\overset{\|}{C}}-CH_3$

第十一章　有机含氮化合物

1. (1) 乙基异丙基胺
(3) N,N-二甲基间甲基苯胺

(2) N-乙基苯胺
(4) 溴化三甲基苄胺

2. (1) $CH_3CH_2-\overset{H}{\underset{CH_3}{\overset{|}{\underset{|}{C}}}}-NH_2$

(2) $(CH_3CH_2)_2NH$

(3) 环己基-N(CH_3)(CH_2CH_3)

(4) $H_2NCH_2CH_2OH$

(5) $C_6H_5-\overset{O}{\overset{\|}{C}}-NH-C_6H_5$

(6) $(CH_3)_4N^+OH^-$

3. (1) 间氨基苯甲酸 (COOH / NH_2)

(2) $CH_3CH_2-\underset{CH_3}{\overset{|}{N}}-\overset{O}{\overset{\|}{C}}CH_3$

(3) $C_6H_5-\underset{NO}{\overset{|}{N}}-CH_3$

(4) $CH_3-C_6H_4-N=N-C_6H_4-N(C_2H_5)_2$

4. (1) a>d>c>b

(2) d>b>a>c

5. (1) 1-硝基丙烷 / 苯胺 $\xrightarrow{NaOH\ 溶液}$ 溶解 或 不溶 / 1-硝基丙烷 / 苯胺 $\xrightarrow{Br_2\ 水}$ 无 白色沉淀

(2)
$$间甲苯胺\atop 环己胺 \xrightarrow{Br_2水} {红棕色消失并产生白色沉淀 \atop 无}$$

(3)
$$1-氨基丁烷\atop 二乙胺\atop 二甲乙胺 \xrightarrow{NaNO_2/H^+} {有 N_2\uparrow放出 \atop 有黄色油状物生成 \atop 无}$$

(4)
$$4-甲基苯胺\atop N-甲基苯胺\atop N,N-二甲基苯胺 \xrightarrow{NaNO_2/H^+} {有 N_2\uparrow放出 \atop 有黄色油状物生成 \atop 翠绿色沉淀}$$

6. (1)
$$对甲苯酚\atop 对甲苯胺 \xrightarrow[分离]{NaOH 溶液} {有机层\xrightarrow{蒸馏,干燥}对甲苯胺 \atop 水层\xrightarrow{HCl,分离}对甲苯酚}$$

(2)
$$氨基环己烷\atop 环己醇 \xrightarrow[分离]{HCl 溶液} {有机层\xrightarrow{蒸馏,干燥}环己醇 \atop 水层\xrightarrow{NaOH,分离}氨基环己烷}$$

(3)
$$对甲苯胺\atop N-甲基苯胺\atop N,N-二甲基苯胺 \xrightarrow[过滤]{苯-SO_2Cl/乙醚}$$

沉淀 $\xrightarrow[过滤]{NaOH/H_2O}$ {溶液$\xrightarrow{酸化}$对甲苯胺 / (固体)N-甲基苯胺}

乙醚层 $\xrightarrow{蒸干}$ N,N-二甲基苯胺

7. (1) $CH_2{=}CH_2 \xrightarrow{HBr} \xrightarrow{NaCN} \xrightarrow{H_2/Ni} CH_3CH_2CH_2NH_2$

(2)

8. $NH_2{-}\overset{COOCH_3}{\underset{CH_3}{|}}{-}H$ 或 $H{-}\overset{COOCH_3}{\underset{CH_3}{|}}{-}NH_2$

第十二章　杂环化合物

1. (1) 2,3,4,5-四溴呋喃；　　　　(2) 1-乙基-4-巯基咪唑；
(3) 2-噻唑甲醛；　　　　　　　(4) 3-吡啶乙酸；
(5) 5-羟基-6-氯嘧啶；　　　　　(6) 7-氨基吲哚；
(7) 4-喹啉磺酸；　　　　　　　(8) 9-甲基-2-羟基嘌呤

2. (1)

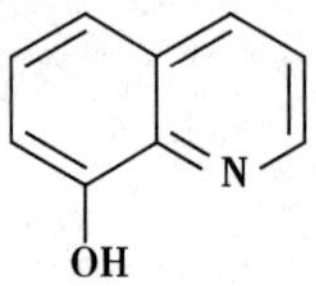

(2)

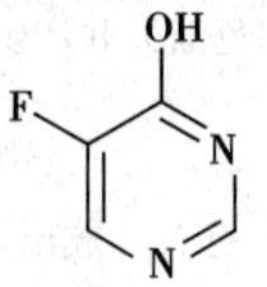

(3)

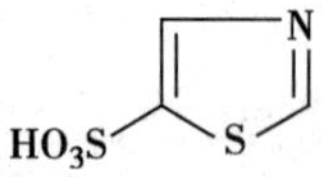

(4)

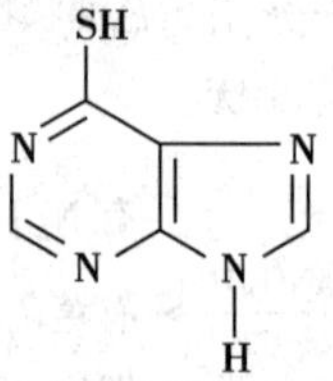

(5)

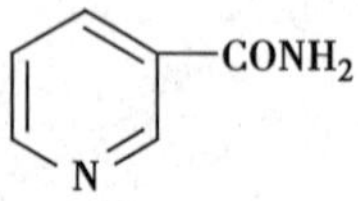

(6)

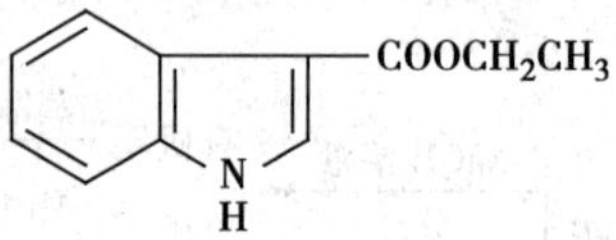

3. (1)

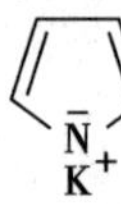

(2)

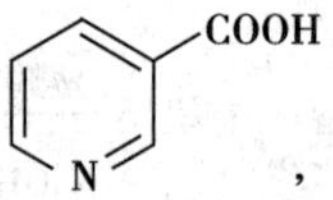

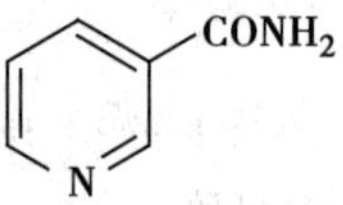

(3)

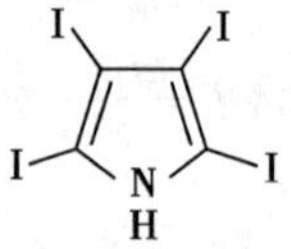

(4)

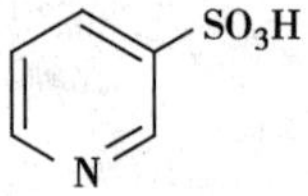

(5)

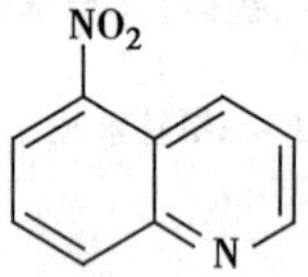

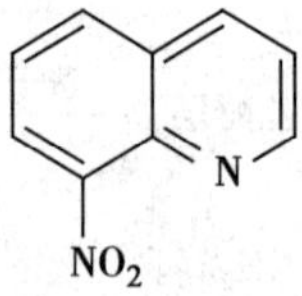

4. (1) 哌啶是脂肪仲胺,碱性最强,咪唑的碱性是芳香杂环中碱性强的,比吡啶和嘧啶强;嘧啶由于两个氮原子相互的吸电子作用,使碱性降低,比吡啶弱。吡咯没有碱性,氮上的氢还有一定的酸性,所以碱性强弱顺序是:哌啶 > 咪唑 > 吡啶 > 嘧啶 > 吡咯。

(2) 吡咯在结构上看似仲胺,但实际是氮原子上的一对电子参与形成芳香大 π 键,使氮原子上的电子云密度很低,不再具有给出电子的能力,所以没有碱性。由于氮上电子云密度低,氮上的氢活性增加,因此吡咯氮上的氢具有一定的酸性,可与固体氢氧化钾成盐。

(3) 吡咯是"富 π"杂环,芳香大 π 键是由五个原子、六个电子组成的,环上碳原子的电子云密度比苯环高,所以亲电取代反应活性远远大于苯,其亲电取代反应活性与苯酚或苯胺类似。而吡啶的结构中,氮原子具有吸电子作用,使环上碳原子的电子云密度大大降低,因此吡啶是"缺 π"杂环,亲电取代反应比苯难,亲电取代活性与硝基苯类似。

(4) 嘧啶环上有两个氮原子,一个氮原子质子化后,第二个氮原子对质子化的氮正离子的吸电子诱导效应与共轭效应,使质子化的氮正离子不稳定,质子易于离去,所以碱性较吡啶低;当一个氮原子质子化后,它的吸电性大为增强,使另一个氮原子的电子云密度大为降低,以致不能再接受质子,因此嘧啶为一元碱。

5. ① > ② > ③。①号氮原子是脂肪族伯胺,碱性强,②号氮原子是 sp^2 杂化,未共用电子对在 sp^2 轨道中,s 轨道成分多,受核的束缚力强,不易给出,故碱性较弱。③号氮原子没有碱性,氮上的一对电子已经参与形成共轭大 π 键。

6.

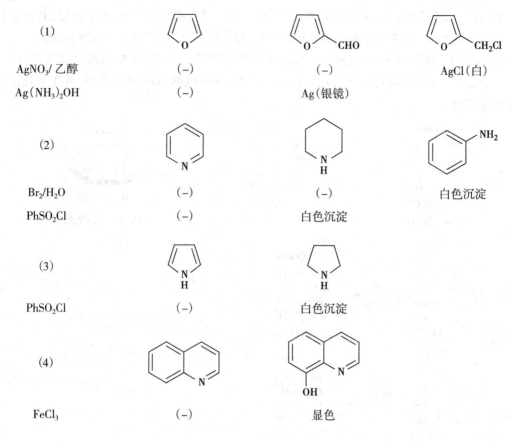

第十三章　糖　类

1. D- 葡萄糖的开链结构为：

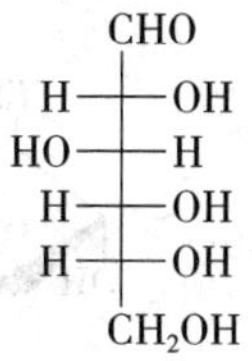

$$
\begin{array}{c}
\text{CHO} \\
\text{H}\!\!-\!\!\text{OH} \\
\text{HO}\!\!-\!\!\text{H} \\
\text{H}\!\!-\!\!\text{OH} \\
\text{H}\!\!-\!\!\text{OH} \\
\text{CH}_2\text{OH}
\end{array}
$$

α-D- 吡喃葡萄糖的 Haworth 结构和 β-D- 吡喃葡萄糖的 Haworth 结构分别为：

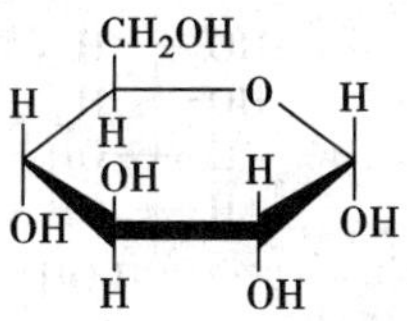

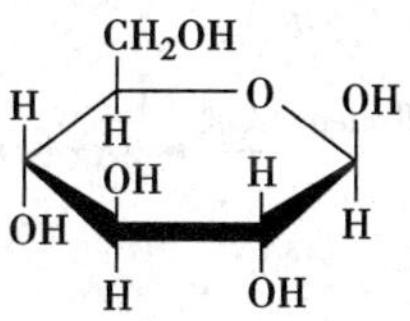

D/L 是指单糖的开链结构的 Fischer 投影式中编号最大的手性碳原子的构型,羟基在投影式右侧为 D- 型;羟基在投影式左侧为 L- 型。α/β 是指单糖成环后半缩醛羟基的位置,人为规定:若吡喃(或呋喃)环上的碳原子是以顺时针方向排列,则半缩醛羟基在环上方者为 β- 型,半缩醛羟基在环下方者为 α- 型。

2. (1) 糖的结晶在水中比旋光度自行转变为定值的现象称为变旋光现象。

(2) 含有多个手性碳原子的非对映异构体,只有一个手性碳原子的构型相反,其他手性碳原子的构型均相同,则它们互为差向异构体。D- 葡萄糖和 D- 甘露糖是 C_2 差向异构体。

(3) 除了 C_1 的构型不同外,其他手性碳原子的构型完全相同的异构体称为端基异构体。

(4) 凡是能与碱性弱氧化剂(如 Tollens 试剂、Fehling 试剂、Benedict 试剂)发生氧化反应的糖称为还原糖。

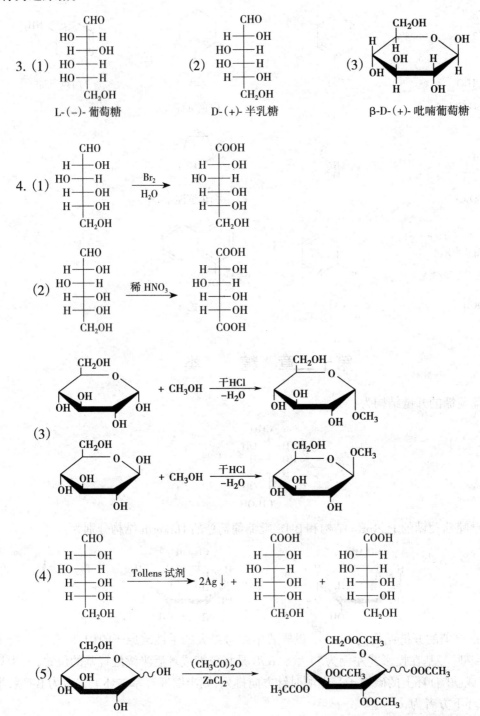

(6)

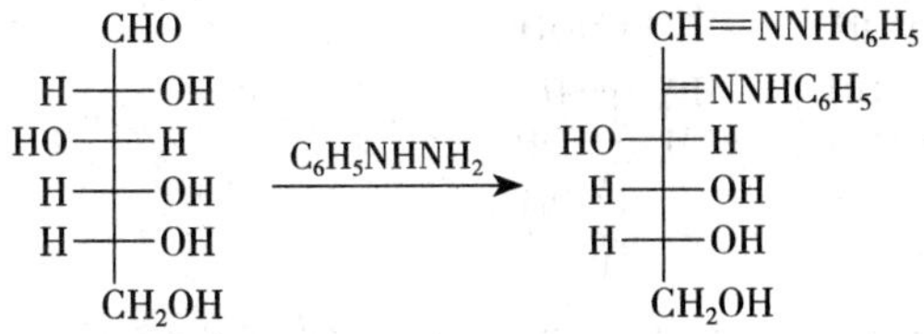

5. (1)
D- 葡萄糖 ⎫
D- 果糖 ⎭ 溴水 → 褪色 / (−)

(2)
麦芽糖 ⎫
蔗糖 ⎭ Benedict 试剂 或 Fehling 试剂 → 砖红色↓ / (−)

(3)
β -D- 吡喃葡萄糖甲苷 ⎫
D- 果糖 ⎭ Benedict 试剂 或 Fehling 试剂 → (−) / 砖红色↓

(4)
D- 葡萄糖
淀粉
纤维素 ⎭ Benedict 试剂 或 Fehling 试剂 → 砖红色↓ / (−) / (−) →I₂ 深蓝色 / (−)

6. 麦芽糖、纤维二糖、乳糖、蔗糖的结构及性质归纳见附下表。

二糖	水解产物	苷键	变旋光现象	还原性
麦芽糖	2 分子 D- 葡萄糖	α -1,4- 苷键	有	有
纤维二糖	2 分子 D- 葡萄糖	β-1,4- 苷键	有	有
乳糖	D- 葡萄糖、D- 半乳糖	β-1,4- 苷键	有	有
蔗糖	D- 葡萄糖、D- 果糖	α ,β-1,2 苷键	无	无

7.

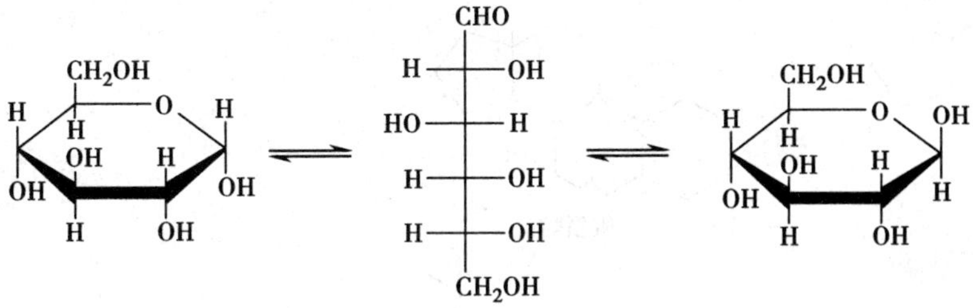

8. (1) 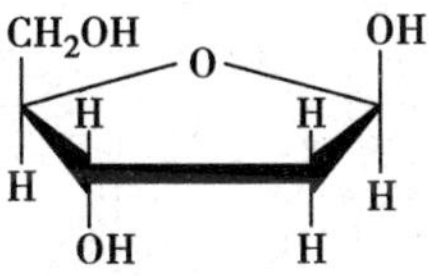 (2) 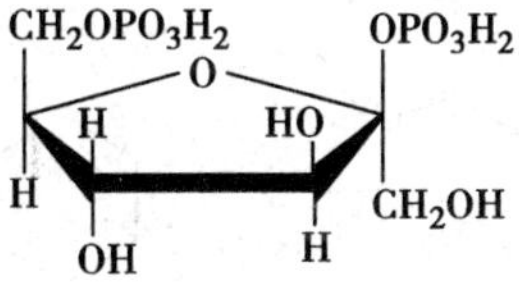 (3) 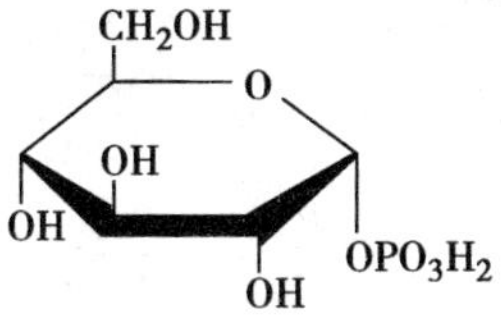 (4)

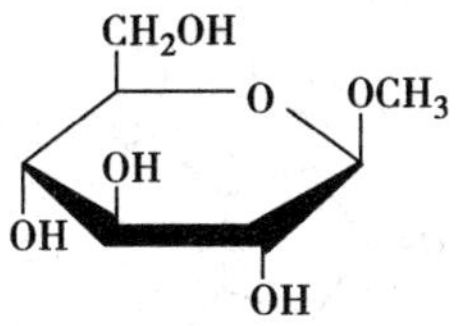

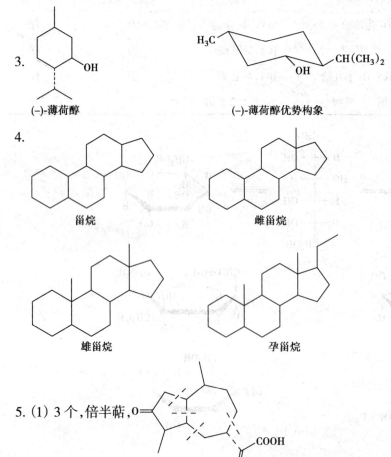

9.

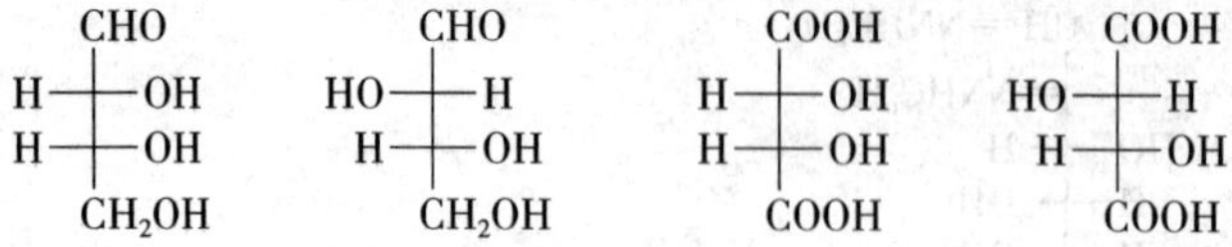

CHO	CHO	COOH	COOH
H─OH	HO─H	H─OH	HO─H
H─OH	H─OH	H─OH	H─OH
CH₂OH	CH₂OH	COOH	COOH
A	B	C	D

10. 直链淀粉、支链淀粉、糖原和纤维素都属于多糖,它们完全水解的产物均为 D- 葡萄糖,它们的组成结构单元是相同的。结构不同表现在:直链淀粉一般由 250~300 个 α-D- 葡萄糖结构单元通过 α-1,4- 苷键连接而成的链状高聚物;支链淀粉一般是由 6000~40 000 个 α-D- 吡喃葡萄糖结构单元以 α-1,4- 苷键和 α-1,6- 苷键结合而成的化合物;糖原结构与支链淀粉相似,但分支更多;纤维素一般是由 1000~15 000 个 D- 吡喃葡萄糖单元以 β-1,4- 苷键连接成的直链聚合物。

第十四章 类脂化合物

1. $CH_3CH_2CH_2CH_2CH=CHCH=CHCH=CH(CH_2)_7COOH$

2. (1) 卵磷脂是磷脂酸与胆碱的羟基酯化产物,而脑磷脂则是磷脂酸与乙醇胺羟基酯化产物;

(2) 三酰甘油是甘油与三种高级脂肪酸形成的酯,而甘油磷脂是甘油与两种高级脂肪酸和磷酸形成的酯;

(3) 甘油磷脂同(2),鞘磷脂是神经酰胺的伯醇羟基与磷酰胆碱(或磷酰乙醇胺)酯化而成。

3.

(−)-薄荷醇   (−)-薄荷醇优势构象

4.

甾烷   雌甾烷

雄甾烷   孕甾烷

5. (1) 3 个,倍半萜,

(2) 3 个, 倍半萜,

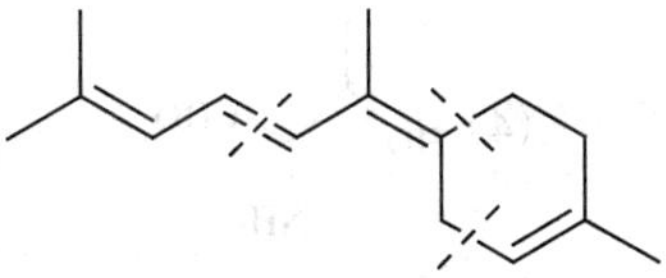

(3) 4 个, 二萜,

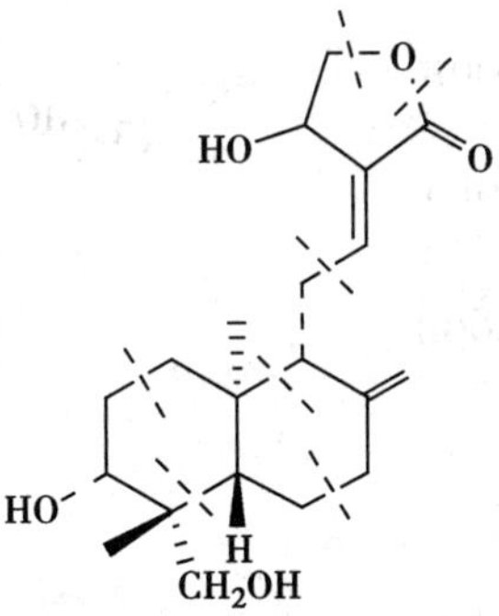

6. (1) 5β-;　　　(2) α

第十五章　氨基酸、蛋白质、核酸

1. (1) 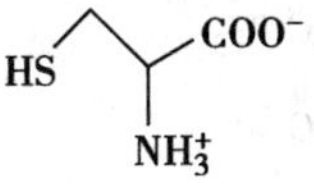 　　(2)

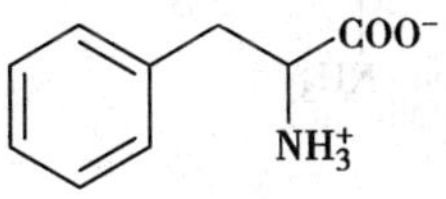

(3) 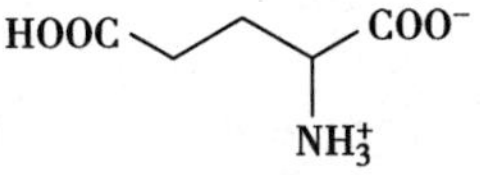 　　(4)

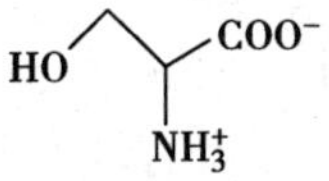

(5) 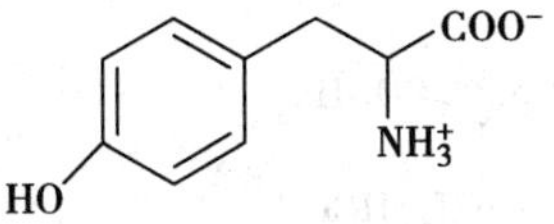 　　(6)

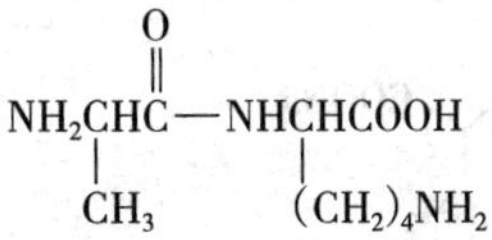

(7) 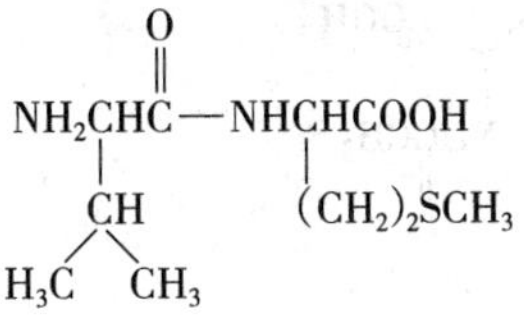 　　(8)

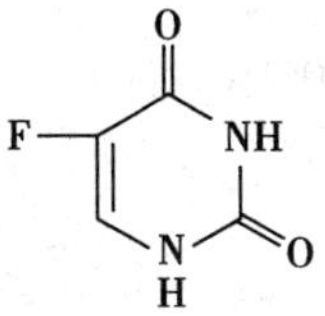

(9) 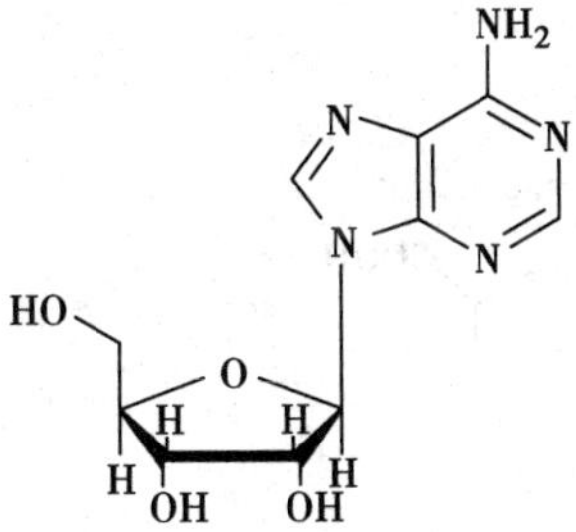 　　(10)

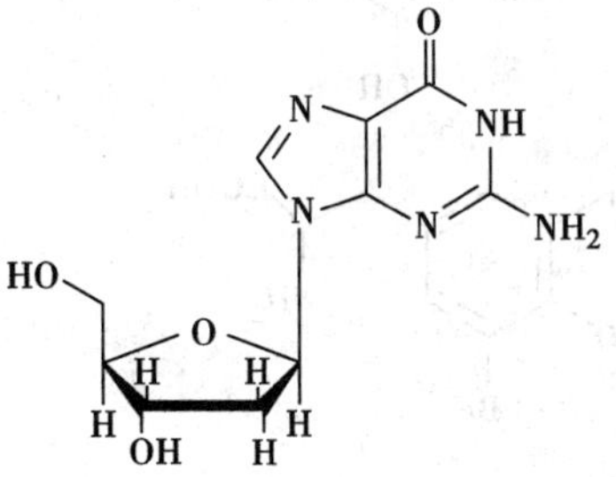

2. (1) 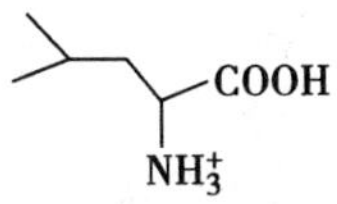 　　(2)

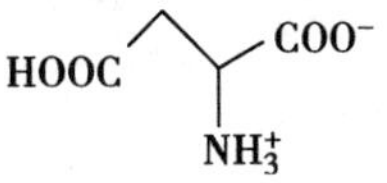

(3)

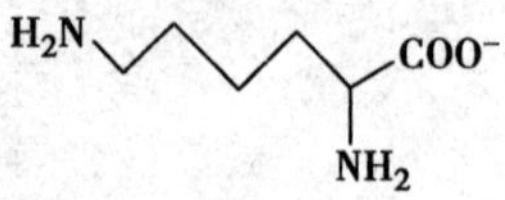

(4)

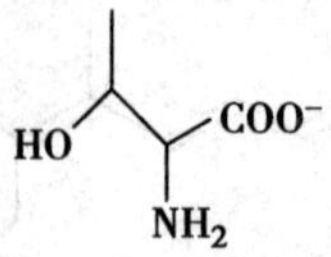

3. 丝氨酸

(1)

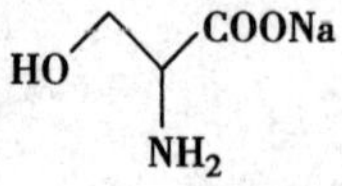

(2)

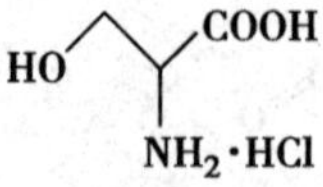

(3)

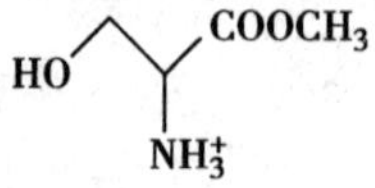

(4)

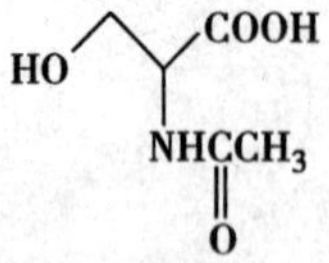

(5)

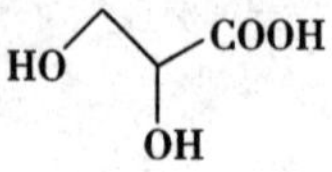

酪氨酸

(1)

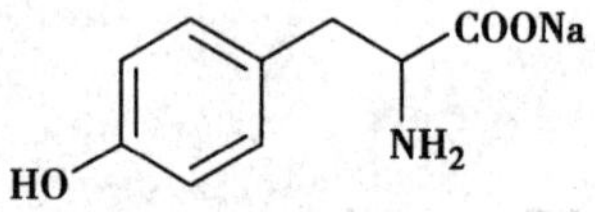

(2)

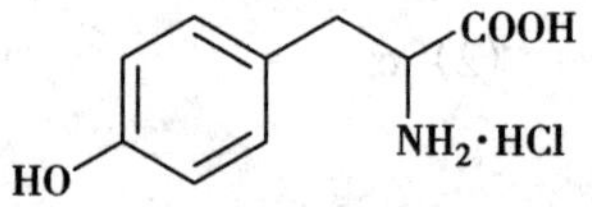

(3)

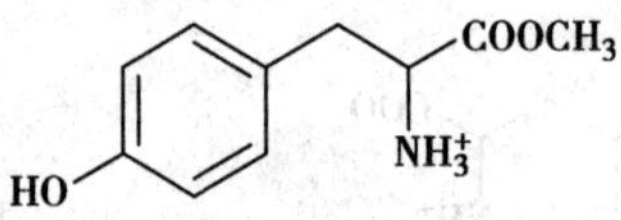

(4)

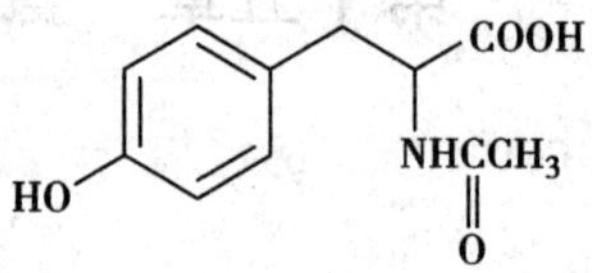

(5)

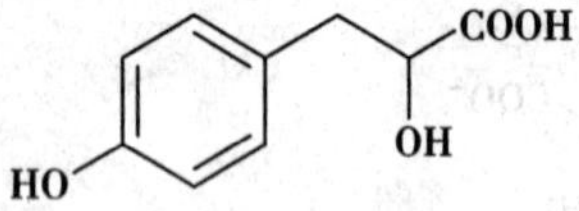

谷氨酸

(1)

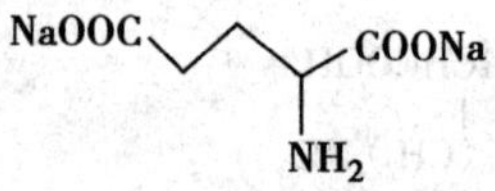

(2)

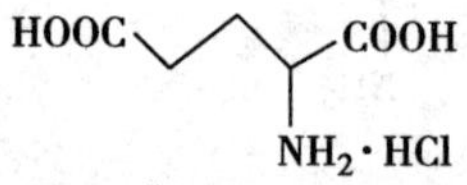

(3)

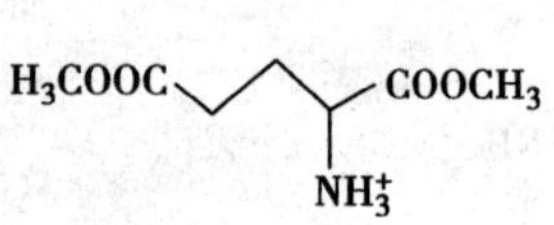

(4)

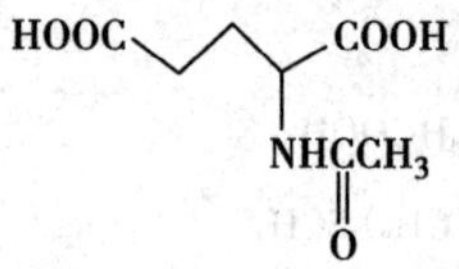

(5)

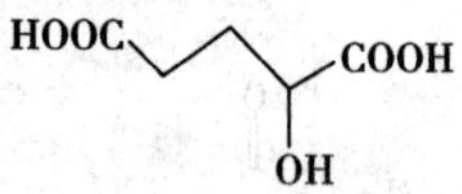

4. (1)

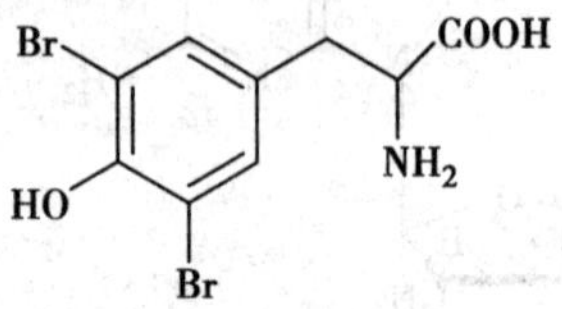

(2)

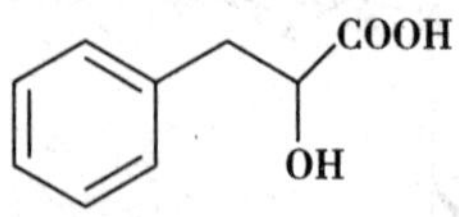

(3) 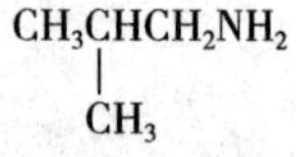 $CH_3CHCH_2NH_2$
　　　$|$
　　　CH_3

(4) 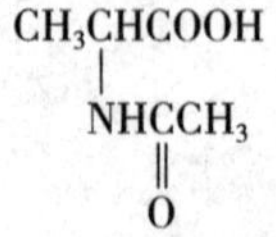 $CH_3CHCOOH$
　　　$|$
　　　$NHCCH_3$
　　　　$\|$
　　　　O

(5) 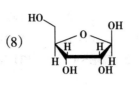   (6)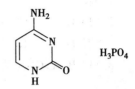

(7) 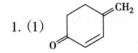   (8)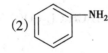

5. (1) 丙氨酰半胱氨酰缬氨酸;   (2) 谷氨酰酪氨酸;

   (3) 丝氨酰天冬氨酸;   (4) 蛋氨酰丙氨酸;

   (5) 苯丙氨酰脯氨酰蛋氨酸;   (6) 谷氨酰甘氨酸;

6. (1) 茚三酮溶液;   (2) ①稀的碱性硫酸铜溶液;②$NaOH/I_2$

   (3) ①茚三酮溶液;②米隆试剂。

第十六章   有机化合物波谱分析

1. (1)    (2)   (3) $CH_3CH\!=\!CHOCH_3$

2. (2)、(3) 可用红外光谱鉴定。(2)的前者由于分子的对称性,在 2100~2200cm^{-1} 处无吸收。(3)的后者在 1700cm^{-1} 左右有羰基的伸缩振动吸收。

3. (1) C=O   (2) —C≡C— (不对称分子)

4. (1)、(4)用 ^{1}H-NMR;   (2)、(3)用 IR 谱。

5. (1) 4 种   (2) 4 种   (3) 4 种   (4) 2 种   (5) 2 种   (6) 5 种

6. (1) c   (2) b

7. (1) $(CH_3)_4C$ (2) $CH_3CBr_2CH_3$ (3) CH_3OCH_3

   (4) CH_3COCH_3 (5) $CH_3C≡C—CH_3$ (6) $(CH_3)_3C—C(CH_3)_3$

8.

   2 个信号   3 个信号   4 个信号

9. $(CH_3)_3COC(CH_3)_3$

10. A. $CH_3COOCH_2CH_3$ B. CH_3COOH C. CH_3CH_2OH

11. $C_6H_5—CH_2—C≡C—C≡C—CH_3$ 或 $C_6H_5—C≡C—CH_2—C≡C—CH_3$

12. 解:由 MS 知 A 的相对分子质量为 88。由 IR 图谱中 3600cm^{-1} 的吸收峰可知,分子中应含有 υ_{O-H},这与 ^{1}H-NMR 图谱中 δ1.05(1H,s,加 D_2O 后消失)相一致,δ1.41(2H,q,J=7Hz)应与 δ0.95(3H,t,J=7Hz)相互偶合,其结构片段应为 $CH_3CH_2—$,δ1.20(6H,s)对应片段$(CH_3)_2C$。

   综合上述分析,A 的结构应为 $CH_3CH_2\overset{\displaystyle OH}{\underset{\displaystyle |}{C}}(CH_3)_2$。

第十七章　中草药化学

1. 略

2. (1) B　　(2) D　　(3) A　　(4) B　　(5) B　　(6) C

(7) D　　(8) D　　(9) C　　(10) D　　(11) D　　(12) B

3. (1) B>A>C　　(2) C>B>A　　(3) B>C>A　　(4) D>B>A>C

第十八章　有机合成与方法设计

1. (1) ① $(CH_3)_3C—Br$　　② $(CH_3)_3C—MgBr$　　③ $(CH_3)_3CCH_2CH_2OH$

(2) ① $NaOH$　　② $KMnO_4/H^+$　　③ CH_3MgBr

④ H_3O^+

(3) ① $CH_3CH_2CCOC_2H_5$ (with two C=O)　　② $CH_3CCHCOC_2H_5$ / $CH_2COOC_2H_5$ (with two C=O)　　③ $CH_3CH_2CH_2COOH$ (with C=O)

(4) ① $CH_3CH_2CH_2COOH$　　② $CH_3CH_2CH_2COONH_4$　　③ $CH_3CH_2CH_2CONH_2$

④ a: $NaOBr$, b: H_3O^+

(5) ① 〔benzene〕—$COOH$　　② 〔benzene〕—$COCl$　　③ 〔benzene〕—$COOCH_2$—〔benzene〕

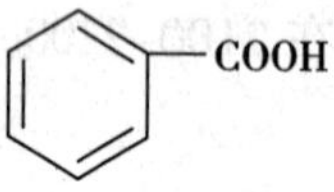

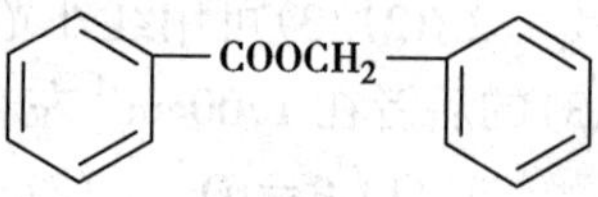

2. (1)

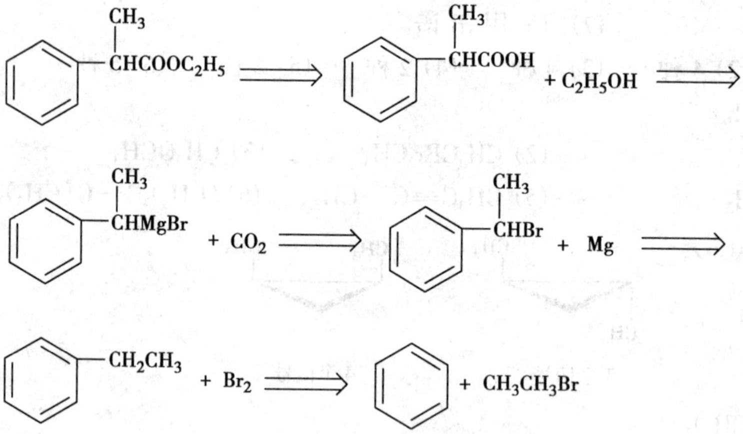

〔benzene〕—$CHCOOC_2H_5$ (CH_3) ⟹ 〔benzene〕—$CHCOOH$ (CH_3) $+ C_2H_5OH$ ⟹

〔benzene〕—$CHMgBr$ (CH_3) $+ CO_2$ ⟹ 〔benzene〕—$CHBr$ (CH_3) $+ Mg$ ⟹

〔benzene〕—CH_2CH_3 $+ Br_2$ ⟹ 〔benzene〕 $+ CH_3CH_3Br$

(2) $H_3C—CCH_2CH_2CH_2CH_2COOH$ (with C=O) ⟹ 〔cyclohexene〕—CH_3 ⟹ 〔cyclohexane〕—OH, CH_3

⟹ 〔cyclohexanone〕 $+ CH_3MgBr$ ⟹ 〔cyclohexane〕—OH

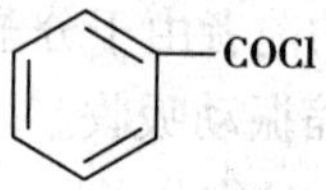

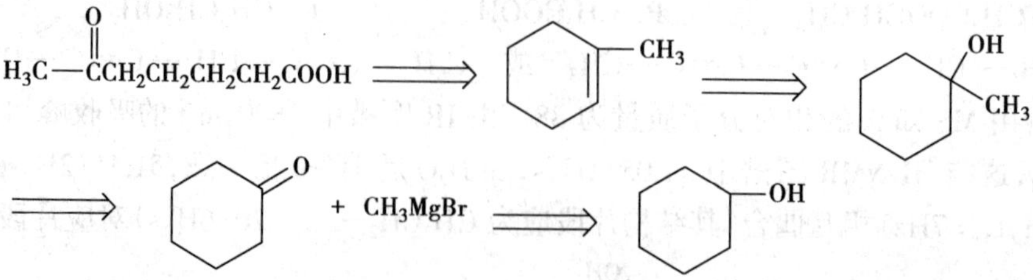

(3)

3. (1) $CH_3CH_2OH \xrightarrow{CrO_3/吡啶} CH_3CHO \xrightarrow{OH^-} CH_3\overset{OH}{\underset{|}{C}HCH_2CHO} \xrightarrow[\text{干燥 HCl}]{HOCH_2CH_2OH}$

$CH_3\overset{OH}{\underset{|}{C}HCH_2CH}\langle\overset{O}{\underset{O}{}}\rangle \xrightarrow{CrO_3} CH_3CCH_2CH\langle\overset{O}{\underset{O}{}}\rangle \xrightarrow{H_3O^+} CH_3\overset{O}{\underset{||}{C}}CH_2CHO$

(2) $CH\equiv CH \xrightarrow[NH_3]{NaNH_2} CH\equiv CNa \xrightarrow{CH_3CH_2Cl} CH_3CH_2C\equiv CH \xrightarrow[Pd/BaSO_4]{H_2}$

$CH_3CH_2CH=CH_2 \xrightarrow[ROOR]{HBr} CH_3CH_2CH_2CH_2Br \xrightarrow[\text{无水乙醚}]{Mg}$

$CH_3CH_2CH_2CH_2MgBr \xrightarrow[(2)H_3O^+]{(1)CO_2} CH_3CH_2CH_2CH_2COOH$

(3)

(4)

4. $CH_3\overset{O}{\underset{||}{C}}CH_2COOC_2H_5 \xrightarrow[C_6H_5COCH_2Cl]{NaOC_2H_5} CH_3\overset{O}{\underset{||}{C}}\overset{}{\underset{CH_2CC_6H_5}{\underset{\underset{O}{||}}{CH}}}COOC_2H_5 \xrightarrow[(2)H_3O^+]{(1)5\% NaOH}$

$CH_3\overset{O}{\underset{||}{C}}\overset{}{\underset{CH_2CC_6H_5}{\underset{\underset{O}{||}}{CH}}}COOH \xrightarrow[-CO_2]{\triangle} CH_3\overset{O}{\underset{||}{C}}CH_2CH_2\overset{O}{\underset{||}{C}}C_6H_5$

5.

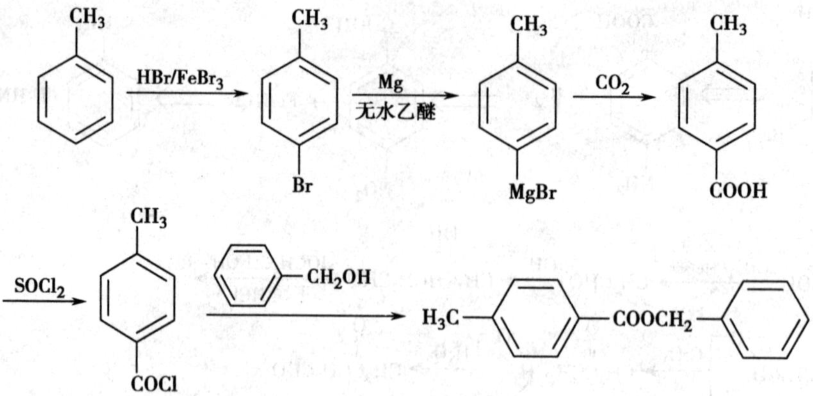
CH3
HBr/FeBr3
Br
Mg
无水乙醚
MgBr
CO2
COOH
SOCl2
COCl
CH2OH
H3C
COOCH2

参考文献

1. 赵正保 . 有机化学 . 第 2 版 . 北京:人民卫生出版社,2007

2. 邢其毅,徐瑞秋,周政,等 . 基础有机化学 . 第 2 版 . 北京:高等教育出版社,2001

3. 刑其毅,裴伟伟,徐瑞秋,等 . 基础有机化学 . 第 3 版 . 北京:高等教育出版社,2005

4. 倪沛洲 . 有机化学 . 第 5 版 . 北京:人民卫生出版社,2003

5. 倪沛洲 . 有机化学 . 第 6 版 . 北京:人民卫生出版社,2007

6. 陆涛 . 有机化学 . 第 7 版 . 北京:人民卫生出版社,2011

7. 魏俊杰,刘晓冬 . 有机化学 . 第 2 版 . 北京:高等教育出版社,2010

8. 吕以仙,陆阳 . 有机化学 . 第 5 版 . 北京:人民卫生出版社,2003

9. 吕以仙 . 有机化学 . 第 6 版 . 北京:人民卫生出版社,2005

10. 吕以仙 . 有机化学 . 第 7 版 . 北京:人民卫生出版社,2008

11. 胡宏纹 . 有机化学 . 北京:高等教育出版社,2006

12. 王礼琛 . 有机化学 . 北京:中国医药科技出版社,2006

13. 刘斌,陈任宏 . 有机化学 . 北京:人民卫生出版社,2010

14. 高鸿宾 . 有机化学 . 第 4 版 . 北京:高等教育出版社,2005

15. 唐伟方 . 有机化学 . 南京:东南大学出版社,2010

16. 伍越寰 . 有机化学 . 修订版 . 合肥:中国科学技术大学出版社,2005

17. 唐玉海 . 医用有机化学 . 北京:高等教育出版社,2006

18. John McMurry. Fundamentals of Organic Chemistry. 5th ed. 北京:机械工业出版社,2011

19. Jonathan Clayden. Organic Chemistry. New York:Oxford University Press,2000

20. K.Peter C. Organic Chemistry Structure and Function. 4th ed. 北京:化学工业出版社,2006

21. T. W. Graham Solomons, Craig B. Fryhle. Organic Chemistry. 8th ed. 北京:化学工业出版社,2009

22. 尤启冬,孙铁民,李青山,等 . 药物化学 . 第 7 版 . 北京:人民卫生出版社,2011

23. 陈耀祖 . 有机分析 . 北京:高等教育出版社,1983

24. 张正行 . 有机光谱分析 . 北京:人民卫生出版社,2009

25. 匡海学 . 中药化学 . 北京:中国中医药出版社,2011

26. 吴立军 . 天然药物化学 . 北京:人民卫生出版社,2004

27. 宋晓凯 . 天然药物化学 . 北京:化学工业出版社,2004

28. 梁光义 . 中药化学 . 北京:人民卫生出版社,1998

29. 杨红,冯维希 . 中药化学实用技术 . 北京:人民卫生出版社,2009

30. 梅成 . 微波萃取技术的应用 . 中成药,2002,24(2):134-135

31. 王大蟠 . 薄荷挥发油提取条件的研究 . 中医药研究,2002,15(6):26-27